江苏省研究生优秀教材

偏微分方程数值解法

(第三版)

孙志忠 著

科学出版社

北京

内 容 简 介

本书内容包括常微分方程两点边值问题的差分方法、椭圆型方程的差分方法、抛物型方程的差分方法、双曲型方程的差分方法、高维发展方程的交替方向法、分数阶微分方程的有限差分方法、Schrödinger 方程的差分方法、Burgers 方程的差分方法、Korteweg-de Vries 方程的差分方法. 力求做到：(a) 精选内容；(b) 难点分散；(c) 循序渐进. 先举例示范，再要求学生模仿，最后到熟练掌握；先介绍基础篇，再引入提高篇.

本书可作为信息与计算科学及数学与应用数学专业高年级本科生的基础课教材，亦可作为高等学校数学及其他专业研究生的教学参考书.

图书在版编目(CIP)数据

偏微分方程数值解法/孙志忠著. —3 版. —北京：科学出版社, 2022.1
江苏省研究生优秀教材
ISBN 978-7-03-070161-9

Ⅰ. ①偏… Ⅱ. ①孙… Ⅲ. ①偏微分方程–数值计算–高等学校–教材
Ⅳ. ①O241.82

中国版本图书馆 CIP 数据核字（2021）第 213998 号

责任编辑：张中兴 梁 清 孙翠勤 / 责任校对：杨聪敏
责任印制：张 伟 / 封面设计：蓝正设计

科学出版社 出版
北京东黄城根北街 16 号
邮政编码：100717
http://www.sciencep.com
北京九州迅驰传媒文化有限公司印刷
科学出版社发行 各地新华书店经销
*
2005 年 1 月第 一 版 开本：720 × 1000 1/16
2012 年 3 月第 二 版 印张：27
2022 年 1 月第 三 版 字数：539 000
2024 年 11 月第十七次印刷

定价：79.00 元

(如有印装质量问题，我社负责调换)

作者简介

男, 1963 年 3 月生. 1984 年在南京大学数学系获学士学位, 1987 年在南京大学数学系获硕士学位, 1990 年在中国科学院计算数学与科学工程计算研究所获博士学位. 1990 年至今在东南大学数学学院任教. 1994 年 12 月起任副教授, 1998 年 4 月起任教授, 2004 年 7 月起任博士生导师. 2023 年 4 月退休. 江苏省高校“青蓝工程”中青年学术带头人, 江苏省计算数学学会常务理事. 专业为计算数学与科学工程计算. 研究方向为偏微分方程数值解法中的差分方法理论. 主讲计算方法、数值分析、偏微分方程数值解和非线性发展方程的数值方法等课程. 培养毕业硕士生 32 人、博士生 12 人, 指导博士后 2 人. 主持完成国家自然科学基金项目 5 项和江苏省自然科学基金项目 1 项. 出版专著 8 部、教材 4 部、教辅 3 部, 发表 SCI 论文 130 余篇. 爱思唯尔 2020、2021，2022 中国高被引学者. 2022、2023 全球 2%Top 科学家. 负责的全校工科研究生数值分析课程被评为江苏省研究生培养创新工程优秀研究生课程. 荣获江苏省高等教育教学成果奖一等奖 (排名 6)、江苏省研究生优秀教材奖、江苏省科学技术奖三等奖 (排名 2), 荣获全国数学建模优秀教练员称号.

第三版前言

本书第二版 2012 年 3 月出版. 内容包括: 1. 常微分方程两点边值问题的差分解法; 2. 椭圆型方程的差分解法; 3. 抛物型方程的差分解法; 4. 双曲型方程的差分解法; 5. 高维方程的交替方向法; 6. 有限元方法简介; 附录 A. 有限 Fourier 级数; 附录 B. Schrödinger 方程的差分方法.

近 20 年来分数阶微分方程以及非线性偏微分方程的数值求解得到了深入的研究, 涌现了很多好的研究成果, 并得到了广泛应用. 本书第三版对这两类微分方程问题的差分方法做了适当介绍.

本书第三版在保留上一版风格的前提下做了如下修订.

(1) 第 1 章补充了带 ϵ 的嵌入定理的证明, 增加了极值原理的介绍. 极值原理方法的好处是可以直接得到差分解关于边界值的稳定性.

(2) 第 2 章增加了椭圆型微分方程解的无穷模估计, 以及紧致差分格式的解在无穷模下的误差估计.

(3) 第 3 章细致地讨论了向前 Euler 格式和向后 Euler 格式的极值原理分析方法, 增加了向前 Euler 格式当步长比大于 1/2 时在无穷范数下不稳定的严格证明, 给出了 Richardson 格式在无穷范数下完全不稳定的严格证明.

(4) 第 4 章改写了显式差分格式第一层值的计算, 增加了当步长比大于等于 1 时显式差分格式在无穷范数下不稳定的严格证明. 将原附录 A 关于"有限 Fourier 级数"移到本章末尾.

(5) 第 5 章用 H^2 分析代替了原 H^1 分析, 得到了差分格式解在无穷范数下的误差估计.

(6) 第 6 章用"分数阶微分方程的差分方法"代替了原"有限元方法简介".

(7) 将原附录 B 适当压缩后作为新的第 7 章.

(8) 增加了 Burgers 方程和 Korteweg-de Vries 方程差分方法的介绍, 分别作为新的第 8 章和第 9 章.

(9) 对定义、引理、定理、推论、数学表达式、例题等采用两位数的标号, 第一位为章标号, 第二位为序标号.

(10) 统一了全书记号. 一维空间区域为区间 $[0,L]$, 做 m 等分, 步长为 h. 二维空间区域为 $[0,L_1]\times[0,L_2]$, 将区间 $[0,L_1]$ 做 m_1 等分, 步长为 h_1; 将区间 $[0,L_2]$ 做 m_2 等分, 步长为 h_2.

本版具体内容如下: 1. 常微分方程两点边值问题的差分方法; 2. 椭圆型方程的差分方法; 3. 抛物型方程的差分方法; 4. 双曲型方程的差分方法; 5. 高维发展方程的交替方向法; 6. 分数阶微分方程的有限差分方法; 7. Schrödinger 方程的差分方法; 8. Burgers 方程的差分方法; 9. Korteweg-de Vries 方程的差分方法.

老师们可以根据学生的层次及教学时数安排教学. 前 5 章是基本篇，后 4 章是提高篇. 2.3 节、3.7 节、4.5 节、5.2 节、5.4 节、6.5 节、7.3 节、8.3 节和 9.3 节可以作为选学内容. 5.2 节和 5.4 节以 2.3 节为基础. 跳过第 5 章, 不影响后面章节的阅读; 跳过第 6 章, 也不影响后面章节的阅读.

杜瑞连帮助编程计算了算例 4.1、5.3、5.4、6.1、6.2 和 6.3, 王旭平帮助编程计算了算例 7.1、7.2、8.1、8.2、9.1 和 9.2. 杜瑞连、王旭平、张启峰、高广花、任金城、孙红、齐韧钧阅读了部分书稿, 提出了不少建议, 减少了手稿中的许多笔误. 科学出版社的编辑为本书的出版付出了辛勤的劳动. 作者向他们致以诚挚的谢意!

最后, 我由衷地感谢我的研究生导师朱幼兰教授、吴启光教授和苏煜城教授. 没有他们的引路, 我不可能写出这部作品.

孙志忠
东南大学数学学院

2021 年 3 月

第二版前言

现代科学、技术、工程中的大量数学模型都可以用微分方程来描述, 很多近代自然科学的基本方程本身就是微分方程. 绝大多数微分方程（特别是偏微分方程）定解问题的解很难以实用的解析形式来表示. 在科学的计算机化进程中, 科学与工程计算作为一门工具性、方法性、边缘交叉性的新学科开始了自己的新发展, 微分方程数值解法也得到了前所未有的发展和应用. 由于科学基本规律大多是通过微分方程来描述的, 科学与工程计算的主要任务就是求解形形色色的微分方程定解问题. 因此, 今天需要掌握和应用微分方程数值解法的已不再限于数学系的学生, 大量从事力学、物理学、天文学的科研人员, 电子、电机、机械、动力、航空、航天、土木、地质勘探、油田开发等领域的工程技术人员也把这门学科作为自己领域的一种主要研究手段.

本书作为微分方程数值解法入门性质的教材而编写. 力求具有如下四个方面的特点：一是精选内容, 重点介绍有限差分方法, 简单介绍有限元方法. 对于微分方程定解问题的每一个差分方法, 基本上按照 ① 差分格式的建立; ② 差分格式解的存在性; ③ 差分格式的求解; ④ 算例; ⑤ 差分格式的先验估计; ⑥ 差分格式的可解性、收敛性和稳定性等六个方面展开. 前四个方面是基本的. 理论分析重点是差分格式解的先验估计. 有了先验估计, 收敛性和稳定性是很容易得到的. 对有限元方法作了一个简单的介绍, 按 ① 变分原理; ② Ritz-Galerkin 方法; ③ 区域剖分及基函数的性质; ④ 有限元方程; ⑤ 有限元方程的求解; ⑥ 算例等六个方面展开. 重点告诉学生如何应用有限元方法, 而不涉及有限元理论. 二是难点分散, 多条“平行线展开”. 先对简单问题介绍微分方程数值解法中的常用研究方法, 然后将这些研究方法逐个应用到较复杂的问题上. 三是强调会“用”各种数值方法. 先举例示范, 再要求学生模仿, 在计算机上算出数值结果, 对结果作出分析, 最后到熟练掌握所学各种方法. 四是在每章的小结与拓展中给学有余力的同学留下较多的可进一步钻研的空间.

本书自 2005 年 1 月出版以来, 被众多高校选作教材, 作者感到欣慰. 在本书第二版出版之际, 作如下修订:

1. 将原附录 A《微分方程定解问题解的先验估计式——能量方法》有关内容分散于第 1 章至第 4 章, 见新 1.1 节, 新 2.1 节, 新 3.1 节和新 4.1 节. 针对微分方程定解问题, 在介绍差分方法之前, 先讲其解的估计的能量分析法.

2. 改写了双曲型方程隐式差分格式和 Richardson 外推法收敛性的证明. 对紧差分格式构造的推导做了一些简化. 将差分格式解的存在性移至差分格式求解之前.

3. 增加了非线性抛物方程和 Schrödinger 方程的差分方法, 见第 3.7 节及新附录 B.

4. 对引理、定理、算例、图、表以及数学表达式进行了统一编号.

讲完全书内容约需 48 至 54 学时. 建议安排 24 学时上机实验.

我的研究生李福乐、刘剑明、张在斌、李雪玲、吴静宇、赵璇帮助作了部分数值计算、绘图及文字排版工作. 我的研究生高广花阅读了全部书稿, 指出了不少笔误. 作者向他们致以谢意.

感谢东南大学数学系、教务处的领导对撰写本书的关心和鼓励. 感谢科学出版社的编辑对本书的出版付出的辛勤劳动.

诚望各位专家及广大读者提供宝贵意见. E-mail 地址:zzsun@seu.edu.cn.

孙志忠
东南大学数学系

2011 年 12 月

第一版前言

现代科学、技术、工程中的大量数学模型都可以用微分方程来描述, 很多近代自然科学的基本方程本身就是微分方程. 绝大多数微分方程 (特别是偏微分方程) 定解问题的解很难以实用的解析形式来表示. 在科学的计算机化进程中, 科学与工程计算作为一门工具性、方法性、边缘交叉性的新学科开始了自己的新发展, 微分方程数值解法也得到了前所未有的发展和应用. 由于科学基本规律大多是通过微分方程来描述的, 科学与工程计算的主要任务就是求解形形色色的微分方程定解问题. 因此, 今天需要掌握和应用微分方程数值解法的已不再限于数学系的学生, 大量从事力学、物理学、天文学的科研人员, 电子、电机、机械、动力、航空、航天、土木、地质勘探、油田开发等领域的工程技术人员也把这门学科作为自己领域的一种主要研究手段.

作为微分方程数值解法入门性质的教材, 本书力求具有如下 4 个方面的特点: 一是精选内容, 重点介绍有限差分方法, 简单介绍有限元方法. 对于微分方程定解问题的每一个差分方法, 基本上按照 (1) 差分格式的建立; (2) 差分格式的求解; (3) 算例; (4) 差分格式解的先验估计; (5) 差分格式的可解性、收敛性和稳定性等 5 个方面展开. 前 3 个方面是基本的, 理论分析的重点是差分格式解的先验估计, 有了先验估计, 可解性、收敛性和稳定性是很容易得到的. 对有限元方法作了一个简单的介绍, 按 (1) 变分原理; (2) Ritz-Galerkin 方法; (3) 区域剖分及基函数的性质; (4) 有限元方程; (5) 有限元方程的求解; (6) 算例等 6 个方面展开. 重点告诉学生如何应用有限元方法, 而不涉及有限元方法的理论分析. 二是难点分散, 多条 "平行线展开". 先对简单问题介绍微分方程数值解法中的常用研究方法, 然后将这些研究方法逐个应用到较复杂的问题上. 三是强调会 "用" 各种数值方法. 先举例示范, 再要求学生模仿, 在计算机上算出数值结果, 对结果作出分析, 最后熟练掌握所学各种方法. 四是在每章的小结与拓展中给学有余力的同学留下较多的可进一步钻研的空间.

我的研究生李福乐、刘剑明、李雪玲、吴静宇帮助作了部分数值计算、绘图及文字排版工作, 作者向他们致以谢意. 吴宏伟老师应用本书的初稿在我校信息与计算科学专业 01 级本科生 48 学时的微分方程数值解课程中试用, 并提出了宝贵意见. 我也应用本书的初稿在我校计算数学专业 03 级硕士研究生 60 学时的微分方程数值解课程中试用. 要求学生将 2.4 节、3.6 节、4.3 节、5.4 节、6.3 节的有关结论给出详细的推演过程, 并作研讨. 讲完全书基本内容约需 45 至 55 学时. 附录 A 可加深对课程内容的理解, 老师在讲解有关章节前可布置学生自学. 附录 B 为扩大学生知识面而写, 给学有余力的同学提供一些学习素材. 感谢东南大学数学系、教务处的领导对撰写本书的关心和鼓励. 感谢科学出版社的编辑对本书的出版付出的辛勤劳动. 诚望各位专家及广大读者提供宝贵意见. E-mail 地址: zzsun@seu.edu.cn.

孙志忠
东南大学数学系

2004 年 6 月

目　录

第三版前言
第二版前言
第一版前言
第 1 章　常微分方程两点边值问题的差分方法 …… 1
1.1　Dirichlet 边值问题 …… 1
1.1.1　基本微分不等式 …… 2
1.1.2　解的先验估计式 …… 5
1.2　差分格式 …… 7
1.2.1　差分格式的建立 …… 9
1.2.2　差分格式解的存在性 …… 11
1.2.3　差分格式的求解与数值算例 …… 12
1.2.4　差分格式解的先验估计式 …… 16
1.2.5　差分格式解的收敛性和稳定性 …… 25
1.2.6　Richardson 外推法 …… 26
1.2.7　紧致差分格式 …… 29
1.3　导数边界值问题 …… 32
1.3.1　差分格式的建立 …… 32
1.3.2　差分格式的求解与数值算例 …… 35
1.4　小结与拓展 …… 39
习题 1 …… 40
第 2 章　椭圆型方程的差分方法 …… 44
2.1　Dirichlet 边值问题 …… 45
2.2　五点差分格式 …… 48
2.2.1　差分格式的建立 …… 48
2.2.2　差分格式解的存在性 …… 51
2.2.3　差分格式的求解与数值算例 …… 51
2.2.4　差分格式解的先验估计式 …… 54
2.2.5　差分格式解的收敛性和稳定性 …… 57
2.2.6　Richardson 外推法 …… 58

2.3 紧致差分格式 ······ 61
2.3.1 差分格式的建立 ······ 62
2.3.2 差分格式解的存在性 ······ 64
2.3.3 差分格式的求解与数值算例 ······ 66
2.3.4 差分格式解的先验估计式 ······ 69
2.3.5 差分格式解的收敛性和稳定性 ······ 74
2.4 导数边界值问题 ······ 75
2.4.1 差分格式的建立 ······ 75
2.4.2 差分格式的求解与数值算例 ······ 78
2.5 双调和方程边值问题 ······ 80
2.6 小结与拓展 ······ 82
习题 2 ······ 84
第 3 章 抛物型方程的差分方法 ······ 86
3.1 Dirichlet 初边值问题 ······ 86
3.2 向前 Euler 格式 ······ 89
3.2.1 差分格式的建立 ······ 90
3.2.2 差分格式解的存在性 ······ 92
3.2.3 差分格式的求解与数值算例 ······ 92
3.2.4 差分格式解的先验估计式 ······ 95
3.2.5 差分格式解的收敛性和稳定性 ······ 99
3.3 向后 Euler 格式 ······ 103
3.3.1 差分格式的建立 ······ 103
3.3.2 差分格式解的存在性 ······ 105
3.3.3 差分格式的求解与数值算例 ······ 105
3.3.4 差分格式解的先验估计式 ······ 109
3.3.5 差分格式解的收敛性和稳定性 ······ 112
3.4 Richardson 格式 ······ 113
3.4.1 差分格式的建立 ······ 113
3.4.2 差分格式的求解与数值算例 ······ 115
3.4.3 差分格式的不稳定性 ······ 116
3.5 Crank-Nicolson 格式 ······ 119
3.5.1 差分格式的建立 ······ 119
3.5.2 差分格式解的存在性 ······ 121
3.5.3 差分格式的求解与数值算例 ······ 122
3.5.4 差分格式解的先验估计式 ······ 124

3.5.5 差分格式解的收敛性和稳定性 …… 127
3.5.6 Richardson 外推法 …… 128
3.6 紧致差分格式 …… 130
3.6.1 差分格式的建立 …… 131
3.6.2 差分格式解的存在性 …… 133
3.6.3 差分格式的求解与数值算例 …… 134
3.6.4 差分格式解的先验估计式 …… 136
3.6.5 差分格式解的收敛性和稳定性 …… 138
3.7 非线性抛物方程 …… 139
3.7.1 向前 Euler 格式 …… 141
3.7.2 向后 Euler 格式 …… 147
3.7.3 Crank-Nicolson 格式 …… 153
3.8 导数边界值问题 …… 161
3.9 小结与拓展 …… 164
习题 3 …… 165
第 4 章　双曲型方程的差分方法 …… 174
4.1 Dirichlet 初边值问题 …… 174
4.2 显式差分格式 …… 176
4.2.1 差分格式的建立 …… 176
4.2.2 差分格式解的存在性 …… 179
4.2.3 差分格式的求解与数值算例 …… 180
4.2.4 差分格式解的先验估计式 …… 183
4.2.5 差分格式解的收敛性和稳定性 …… 187
4.3 隐式差分格式 …… 191
4.3.1 差分格式的建立 …… 191
4.3.2 差分格式解的存在性 …… 194
4.3.3 差分格式的求解与数值算例 …… 196
4.3.4 差分格式解的先验估计式 …… 198
4.3.5 差分格式解的收敛性和稳定性 …… 200
4.4 紧致差分格式 …… 203
4.5 有限 Fourier 级数及其应用 …… 206
4.5.1 有限 Fourier 级数 …… 206
4.5.2 两点边值问题差分解的先验估计式 …… 210
4.5.3 抛物型方程第一边值问题差分解的先验估计式 …… 212
4.5.4 双曲型方程第一边值问题差分解的先验估计式 …… 214

4.6 小结与拓展 …… 218
习题 4 …… 219
第 5 章 高维发展方程的交替方向法 …… 226
5.1 二维抛物型方程的交替方向隐格式 …… 226
5.1.1 差分格式的建立 …… 227
5.1.2 差分格式解的存在性 …… 232
5.1.3 差分格式的求解与数值算例 …… 233
5.1.4 差分格式解的先验估计式 …… 238
5.1.5 差分格式解的收敛性和稳定性 …… 242
5.2 二维抛物型方程的紧致交替方向隐格式 …… 243
5.2.1 差分格式的建立 …… 244
5.2.2 差分格式解的存在性 …… 247
5.2.3 差分格式的求解与数值算例 …… 249
5.2.4 差分格式解的先验估计式 …… 252
5.2.5 差分格式解的收敛性和稳定性 …… 255
5.3 二维双曲型方程的交替方向隐格式 …… 257
5.3.1 差分格式的建立 …… 257
5.3.2 差分格式解的存在性 …… 262
5.3.3 差分格式的求解与数值算例 …… 263
5.3.4 差分格式解的先验估计式 …… 268
5.3.5 差分格式解的收敛性和稳定性 …… 273
5.4 二维双曲型方程的紧致交替方向隐格式 …… 275
5.5 小结与拓展 …… 281
习题 5 …… 282
第 6 章 分数阶微分方程的有限差分方法 …… 287
6.1 分数阶导数的定义和性质 …… 287
6.1.1 分数阶积分 …… 287
6.1.2 Grünwald-Letnikov 分数阶导数 …… 287
6.1.3 Riemann-Liouville 分数阶导数 …… 288
6.1.4 Caputo 分数阶导数 …… 288
6.1.5 Riesz 分数阶导数 …… 290
6.2 Caputo 分数阶导数的插值逼近 …… 290
6.2.1 $\boldsymbol{\alpha\,(0<\alpha<1)}$ 阶分数阶导数的逼近 …… 290
6.2.2 $\boldsymbol{\gamma\,(1<\gamma<2)}$ 阶分数阶导数的逼近 …… 293
6.3 时间分数阶慢扩散方程的差分方法 …… 296

6.3.1 差分格式的建立 …… 296
6.3.2 差分格式的可解性 …… 297
6.3.3 差分格式的稳定性 …… 298
6.3.4 差分格式的收敛性 …… 300
6.3.5 数值算例 …… 300
6.4 时间分数阶波方程的差分方法 …… 301
6.4.1 差分格式的建立 …… 302
6.4.2 差分格式的可解性 …… 303
6.4.3 差分格式的稳定性 …… 304
6.4.4 差分格式的收敛性 …… 306
6.4.5 数值算例 …… 307
6.5 时间分数阶混合扩散和波方程的差分方法 …… 308
6.5.1 差分格式的建立 …… 309
6.5.2 差分格式的可解性 …… 310
6.5.3 差分格式的稳定性 …… 311
6.5.4 差分格式的收敛性 …… 314
6.5.5 数值算例 …… 315
6.6 小结与拓展 …… 317
习题 6 …… 318
第 7 章 Schrödinger 方程的差分方法 …… 320
7.1 Schrödinger 方程 …… 320
7.2 二层非线性差分格式 …… 322
7.2.1 差分格式的建立 …… 323
7.2.2 差分格式解的守恒性和有界性 …… 324
7.2.3 差分格式解的存在性和唯一性 …… 327
7.2.4 差分格式解的收敛性 …… 329
7.2.5 数值算例 …… 334
7.3 三层线性化差分格式 …… 336
7.3.1 差分格式的建立 …… 336
7.3.2 差分格式解的守恒性和有界性 …… 337
7.3.3 差分格式解的存在性和唯一性 …… 339
7.3.4 差分格式解的收敛性 …… 340
7.3.5 数值算例 …… 348
7.4 小结与拓展 …… 349
习题 7 …… 349

第 8 章 Burgers 方程的差分方法 …… 352
8.1 Burgers 方程 …… 352
8.2 二层非线性差分格式 …… 354
8.2.1 记号及引理 …… 354
8.2.2 差分格式的建立 …… 355
8.2.3 差分格式解的守恒性和有界性 …… 356
8.2.4 差分格式解的存在性和唯一性 …… 358
8.2.5 差分格式解的收敛性 …… 361
8.2.6 数值算例 …… 366
8.3 三层线性化差分格式 …… 368
8.3.1 差分格式的建立 …… 368
8.3.2 差分格式解的守恒性和有界性 …… 369
8.3.3 差分格式解的存在性和唯一性 …… 370
8.3.4 差分格式解的收敛性 …… 371
8.3.5 数值算例 …… 375
8.4 小结与拓展 …… 376
习题 8 …… 378
第 9 章 Korteweg-de Vries 方程的差分方法 …… 380
9.1 Korteweg-de Vries 方程 …… 380
9.2 空间一阶差分格式 …… 381
9.2.1 差分格式的建立 …… 381
9.2.2 差分格式解的存在性 …… 383
9.2.3 差分格式解的守恒性和有界性 …… 385
9.2.4 差分格式解的收敛性 …… 386
9.2.5 数值算例 …… 388
9.3 空间二阶差分格式 …… 390
9.3.1 差分格式的建立 …… 390
9.3.2 差分格式解的存在性 …… 394
9.3.3 差分格式解的守恒性和有界性 …… 396
9.3.4 差分格式解的收敛性 …… 397
9.3.5 数值算例 …… 401
9.3.6 引理 9.2 的证明 …… 402
9.4 小结与拓展 …… 406
习题 9 …… 406
参考文献 …… 408
索引 …… 411

第 1 章　常微分方程两点边值问题的差分方法

有限差分方法是用于求解微分方程定解问题的最广泛的数值方法, 其基本思想是用离散的只含有有限个未知量的差分方程组去近似代替连续变量的微分方程和定解条件, 并把差分方程组的解作为微分方程定解问题的近似解. 常微分方程两点边值问题可以看成一维椭圆型方程定解问题, 模型简单. 本章研究此模型问题的差分解法, 介绍微分方程数值解法中的一些基本概念、差分格式的极值原理分析方法和能量分析方法, 以及提高数值解精度的 Richardson 外推法.

1.1　Dirichlet 边值问题

考虑如下定解问题:

$$\begin{cases} -u'' + q(x)u = f(x), \quad 0 < x < L, & (1.1\text{a}) \\ u(0) = \alpha, \quad u(L) = \beta, & (1.1\text{b}) \end{cases}$$

其中 $q(x) \geqslant 0$, $f(x)$ 为已知函数, α 和 β 为已知常数.

当 $q(x) \equiv 0$ 时, 在方程(1.1a)中用 s 代替 x, 并在两边关于 s 从 0 到 x 积分一次, 得到

$$u'(x) = u'(0) - \int_0^x f(s)\mathrm{d}s.$$

在上式中用 ξ 代替 x, 再在两边关于 ξ 从 0 到 x 积分一次, 并应用左边界条件 $u(0) = \alpha$, 得到

$$\begin{aligned} u(x) =& \alpha + u'(0)x - \int_0^x \left[\int_0^\xi f(s)\mathrm{d}s\right] \mathrm{d}\xi \\ =& \alpha + u'(0)x - \int_0^x \left[\int_s^x f(s)\mathrm{d}\xi\right] \mathrm{d}s \\ =& \alpha + u'(0)x - \int_0^x (x-s)f(s)\mathrm{d}s. \end{aligned}$$

再应用右边界条件 $u(L)=\beta$, 可得

$$u'(0)=\frac{\beta-\alpha+\displaystyle\int_0^L(L-s)f(s)\mathrm{d}s}{L}.$$

因而(1.1) 的解可表示为

$$u(x)=\alpha+\left[\beta-\alpha+\int_0^L(L-s)f(s)\mathrm{d}s\right]\frac{x}{L}-\int_0^x(x-s)f(s)\mathrm{d}s.$$

要想求出某点处的值还需要借助于数值积分. 当 $q(x)\not\equiv 0$ 时, 用同样的方法要想得到解的精确表达式是困难的, 甚至是办不到的. 读者可对 $q(x)\equiv 1$ 的情形试一试.

尽管难以求出精确解, 但我们可以设法给出解的估计式.

1.1.1 基本微分不等式

本书中 $C^m[0,L]$ 表示闭区间 $[0,L]$ 上所有具有 m 阶连续导数的函数的集合. 设函数 $u\in C[0,L]$. 记

$$\|u\|_\infty=\max_{0\leqslant x\leqslant L}|u(x)|,\quad \|u\|=\sqrt{\int_0^L u^2(x)\mathrm{d}x}.$$

如果函数 $u\in C^1[0,L]$, 则进一步记

$$|u|_1=\sqrt{\int_0^L\left[u'(x)\right]^2\mathrm{d}x},\quad \|u\|_1=\sqrt{\|u\|^2+|u|_1^2}.$$

引理 1.1 (I) 设函数 $u\in C^2[0,L],v\in C^1[0,L]$, 则有

$$-\int_0^L u''(x)v(x)\mathrm{d}x=\int_0^L u'(x)v'(x)\mathrm{d}x+u'(0)v(0)-u'(L)v(L). \tag{1.2}$$

(II) 设函数 $v\in C^2[0,L]$, 且 $v(0)=0$, $v(L)=0$, 则有

$$-\int_0^L v''(x)v(x)\mathrm{d}x=|v|_1^2. \tag{1.3}$$

(III) 设函数 $v\in C^1[0,L]$, 且 $v(0)=v(L)=0$, 则有

$$\|v\|_\infty \leqslant \frac{\sqrt{L}}{2}|v|_1, \quad \|v\| \leqslant \frac{L}{\sqrt{6}}|v|_1.$$

(IV) 设函数 $v \in C^1[0, L]$, 且 $v(0) = v(L) = 0$, 则对任意 $\epsilon > 0$ 有

$$\|v\|_\infty^2 \leqslant \epsilon\,|v|_1^2 + \frac{1}{4\epsilon}\|v\|^2. \tag{1.4}$$

(V) 设函数 $v \in C^1[0, L]$, 则对任意 $\epsilon > 0$ 有

$$\|v\|_\infty^2 \leqslant \epsilon\,|v|_1^2 + \left(\frac{1}{\epsilon} + \frac{1}{L}\right)\|v\|^2. \tag{1.5}$$

证明 (I) 由分部积分直接可得(1.2).

(II) 由(1.2)易得(1.3).

(III) 对于任意的 $x \in (0, L)$, 有

$$v(x) = \int_0^x v'(s)\mathrm{d}s, \tag{1.6}$$

$$v(x) = -\int_x^L v'(s)\mathrm{d}s. \tag{1.7}$$

将(1.6)和(1.7)两端平方并应用 Cauchy-Schwarz 不等式, 得到

$$v^2(x) \leqslant \int_0^x \mathrm{d}s \int_0^x \left[v'(s)\right]^2 \mathrm{d}s = x\int_0^x \left[v'(s)\right]^2 \mathrm{d}s, \tag{1.8}$$

$$v^2(x) \leqslant \int_x^L \mathrm{d}s \int_x^L \left[v'(s)\right]^2 \mathrm{d}s = (L-x)\int_x^L \left[v'(s)\right]^2 \mathrm{d}s. \tag{1.9}$$

将(1.8)乘以 $L-x$, 将(1.9)乘以 x, 并将结果相加, 得

$$Lv^2(x) \leqslant x(L-x)\int_0^L \left[v'(s)\right]^2 \mathrm{d}s = x(L-x)|v|_1^2. \tag{1.10}$$

注意到当 $x \in (0, L)$ 时,

$$x(L-x) \leqslant \frac{L^2}{4},$$

由(1.10)易得

$$Lv^2(x) \leqslant \frac{L^2}{4}\,|v|_1^2, \quad x \in (0, L).$$

将上式两边开方, 得

$$|v(x)| \leqslant \frac{\sqrt{L}}{2}|v|_1, \quad x \in (0, L).$$

易知

$$\|v\|_\infty \leqslant \frac{\sqrt{L}}{2}|v|_1.$$

对(1.10)式两端关于 x 积分, 得

$$L\int_0^L v^2(x)\mathrm{d}x \leqslant |v|_1^2 \int_0^L x(L-x)\mathrm{d}x = \frac{L^3}{6}|v|_1^2.$$

两边开方得

$$\|v\| \leqslant \frac{L}{\sqrt{6}}|v|_1.$$

(IV) 对任意 $\epsilon > 0$, 有

$$\begin{aligned} v^2(x) &= \int_0^x \frac{\mathrm{d}}{\mathrm{d}s}[v^2(s)]\mathrm{d}s = 2\int_0^x v(s)v'(s)\mathrm{d}s, \\ v^2(x) &= -\int_x^L \frac{\mathrm{d}}{\mathrm{d}s}[v^2(s)]\mathrm{d}s = -2\int_x^L v(s)v'(s)\mathrm{d}s. \end{aligned}$$

将以上两式相加并除以 2, 得到

$$\begin{aligned} v^2(x) &\leqslant \int_0^x |v(s)v'(s)|\,\mathrm{d}s + \int_x^L |v(s)v'(s)|\,\mathrm{d}s \\ &= \int_0^L |v(s)v'(s)|\,\mathrm{d}s \\ &\leqslant \epsilon\int_0^L \left[v'(s)\right]^2\mathrm{d}s + \frac{1}{4\epsilon}\int_0^L \left[v(s)\right]^2\mathrm{d}s = \epsilon|v|_1^2 + \frac{1}{4\epsilon}\|v\|^2, \quad 0 \leqslant x \leqslant L. \end{aligned}$$

因而(1.4)成立.

(V) 设 $x \in [0, L]$ 使得

$$|v(x)| = \|v\|_\infty.$$

当 $y \in [0, x]$ 时,

$$\|v\|_\infty^2 = v^2(x) = v^2(y) + \int_y^x \left[\frac{\mathrm{d}}{\mathrm{d}s}v^2(s)\right]\mathrm{d}s$$

$$
\begin{aligned}
&= v^2(y) + 2\int_y^x v(s)v'(s)\mathrm{d}s \leqslant v^2(y) + 2\int_y^x |v(s)v'(s)|\,\mathrm{d}s \\
&\leqslant v^2(y) + 2\int_0^L |v(s)v'(s)|\,\mathrm{d}s \leqslant v^2(y) + 2\|v\|\cdot|v|_1;
\end{aligned}
$$

当 $y \in [x, L]$ 时,

$$
\begin{aligned}
\|v\|_\infty^2 &= v^2(x) = v^2(y) - \int_x^y \left[\frac{\mathrm{d}}{\mathrm{d}s}v^2(s)\right]\mathrm{d}s \\
&= v^2(y) - 2\int_x^y v(s)v'(s)\mathrm{d}s \leqslant v^2(y) + 2\int_x^y |v(s)v'(s)|\,\mathrm{d}s \\
&\leqslant v^2(y) + 2\int_0^L |v(s)v'(s)|\,\mathrm{d}s \leqslant v^2(y) + 2\|v\|\cdot|v|_1.
\end{aligned}
$$

由以上两式得到

$$
\|v\|_\infty^2 \leqslant v^2(y) + 2\|v\|\cdot|v|_1, \quad y \in [0, L].
$$

将上式两边关于 y 从 0 到 L 求积分, 得到

$$
L\|v\|_\infty^2 \leqslant \|v\|^2 + 2L\|v\|\cdot|v|_1.
$$

易得

$$
\|v\|_\infty^2 \leqslant 2\|v\|\cdot|v|_1 + \frac{1}{L}\|v\|^2 \leqslant \epsilon|v|_1^2 + \frac{1}{\epsilon}\|v\|^2 + \frac{1}{L}\|v\|^2 = \epsilon|v|_1^2 + \left(\frac{1}{\epsilon} + \frac{1}{L}\right)\|v\|^2.
$$

因而(1.5)成立.

引理证毕. □

1.1.2 解的先验估计式

我们给出齐次边值问题解的先验估计式.

定理 1.1 设函数 $v \in C^2[0, L]$ 为两点边值问题

$$
\begin{cases}
-v'' + q(x)v = f(x), \quad 0 < x < L, & (1.11\text{a}) \\
v(0) = 0, \quad v(L) = 0 & (1.11\text{b})
\end{cases}
$$

的解, 其中 $q(x) \geqslant 0$, 则有

$$
|v|_1 \leqslant \frac{L}{\sqrt{6}}\|f\|, \tag{1.12}
$$

$$
\|v\|_\infty \leqslant \frac{L^2}{2\sqrt{6}}\|f\|_\infty. \tag{1.13}
$$

证明　(I) 将(1.11a)两端同乘以 $v(x)$, 并关于 x 在 $(0,L)$ 上积分, 得

$$-\int_0^L v''(x)v(x)\mathrm{d}x+\int_0^L q(x)v^2(x)\mathrm{d}x=\int_0^L f(x)v(x)\mathrm{d}x. \tag{1.14}$$

注意到(1.11b), 由引理 1.1 有

$$-\int_0^L v''(x)v(x)\mathrm{d}x=|v|_1^2.$$

由 $q(x)\geqslant 0$, 有

$$\int_0^L q(x)v^2(x)\mathrm{d}x\geqslant 0.$$

此外, 应用 Cauchy-Schwarz 不等式, 有

$$\int_0^L f(x)v(x)\mathrm{d}x\leqslant \|f\|\cdot\|v\|.$$

将以上三式代入(1.14), 得

$$|v|_1^2\leqslant \|f\|\cdot\|v\|.$$

再次应用引理 1.1, 有

$$|v|_1^2\leqslant \frac{L}{\sqrt{6}}\|f\|\cdot|v|_1,$$

于是

$$|v|_1\leqslant \frac{L}{\sqrt{6}}\|f\|.$$

(II) 注意到

$$\|f\|\leqslant \sqrt{L}\|f\|_\infty,$$

由(1.12)及引理 1.1, 得

$$\|v\|_\infty\leqslant \frac{\sqrt{L}}{2}|v|_1\leqslant \frac{\sqrt{L}}{2}\cdot\frac{L}{\sqrt{6}}\|f\|\leqslant \frac{L^2}{2\sqrt{6}}\|f\|_\infty.$$

定理证毕. □

称(1.12)和(1.13)为两点边值问题(1.11)解的**先验估计式**.

1.2 差分格式

由上节我们知道, 对于一般的 $q(x)$, 要想求出问题(1.1) 的精确解的表达式是很难做到的. 这就促使人们换个思路去寻找近似解 (数值解).

首先我们列出几个常用的数值微分公式.

引理 1.2 设 c, h 为给定的常数, 且 $h>0$.

(I) 如果函数 $g \in C^2[c-h, c+h]$, 则有

$$g(c)=\frac{1}{2}[g(c-h)+g(c+h)]-\frac{h^2}{2}g''(\xi_0),\quad c-h<\xi_0<c+h;$$

(II) 如果函数 $g \in C^2[c, c+h]$, 则有

$$g'(c)=\frac{1}{h}[g(c+h)-g(c)]-\frac{h}{2}g''(\xi_1),\quad c<\xi_1<c+h;$$

(III) 如果函数 $g \in C^2[c-h, c]$, 则有

$$g'(c)=\frac{1}{h}[g(c)-g(c-h)]+\frac{h}{2}g''(\xi_2),\quad c-h<\xi_2<c;$$

(IV) 如果函数 $g \in C^3[c-h, c+h]$, 则有

$$g'(c)=\frac{1}{2h}[g(c+h)-g(c-h)]-\frac{h^2}{6}g'''(\xi_3),\quad c-h<\xi_3<c+h;$$

(V) 如果函数 $g \in C^4[c-h, c+h]$, 则有

$$g''(c)=\frac{1}{h^2}[g(c+h)-2g(c)+g(c-h)]-\frac{h^2}{12}g^{(4)}(\xi_4),\quad c-h<\xi_4<c+h;$$

(VI) 如果函数 $g \in C^3[c, c+h]$, 则有

$$g''(c)=\frac{2}{h}\left[\frac{g(c+h)-g(c)}{h}-g'(c)\right]-\frac{h}{3}g'''(\xi_5),\quad c<\xi_5<c+h;$$

如果函数 $g \in C^4[c, c+h]$, 则有

$$g''(c)=\frac{2}{h}\left[\frac{g(c+h)-g(c)}{h}-g'(c)\right]-\frac{h}{3}g'''(c)-\frac{h^2}{12}g^{(4)}(\xi_6),$$
$$c<\xi_6<c+h;$$

(VII) 如果函数 $g \in C^3[c-h, c]$, 则有

$$g''(c) = \frac{2}{h}\left[g'(c) - \frac{g(c)-g(c-h)}{h}\right] + \frac{h}{3}g'''(\xi_7), \quad c-h < \xi_7 < c;$$

如果函数 $g \in C^4[c-h, c]$, 则有

$$g''(c) = \frac{2}{h}\left[g'(c) - \frac{g(c)-g(c-h)}{h}\right] + \frac{h}{3}g'''(c) - \frac{h^2}{12}g^{(4)}(\xi_8),$$
$$c-h < \xi_8 < c;$$

(VIII) 如果函数 $g \in C^6[c-h, c+h]$, 则有

$$\begin{aligned}&\frac{1}{12}[g''(c-h) + 10g''(c) + g''(c+h)]\\ =&\frac{1}{h^2}[g(c+h) - 2g(c) + g(c-h)] + \frac{h^4}{240}g^{(6)}(\xi_9), \quad c-h < \xi_9 < c+h.\end{aligned}$$

证明 应用带微分余项的 Taylor 公式很容易得到 (I)—(VII). 下面用带积分余项的 Taylor 公式证明 (VIII).

由带积分余项的 Taylor 公式可得

$$\begin{aligned}g(c+h) =& g(c) + hg'(c) + \frac{h^2}{2}g''(c) + \frac{h^3}{6}g'''(c) + \frac{h^4}{24}g^{(4)}(c)\\ &+ \frac{h^5}{120}g^{(5)}(c) + \frac{h^6}{120}\int_0^1 g^{(6)}(c+sh)(1-s)^5\mathrm{d}s,\\ g(c-h) =& g(c) - hg'(c) + \frac{h^2}{2}g''(c) - \frac{h^3}{6}g'''(c) + \frac{h^4}{24}g^{(4)}(c)\\ &- \frac{h^5}{120}g^{(5)}(c) + \frac{h^6}{120}\int_0^1 g^{(6)}(c-sh)(1-s)^5\mathrm{d}s.\end{aligned}$$

将以上两式相加, 得

$$\begin{aligned}&\frac{1}{h^2}\left[g(c+h) - 2g(c) + g(c-h)\right]\\ =& g''(c) + \frac{h^2}{12}g^{(4)}(c) + \frac{h^4}{120}\int_0^1 \left[g^{(6)}(c+sh) + g^{(6)}(c-sh)\right](1-s)^5\mathrm{d}s. \quad (1.15)\end{aligned}$$

类似地, 由带积分余项的 Taylor 公式

$$g''(c+h) = g''(c) + hg'''(c) + \frac{h^2}{2}g^{(4)}(c) + \frac{h^3}{6}g^{(5)}(c)$$

$$+\frac{h^4}{6}\int_0^1 g^{(6)}(c+sh)(1-s)^3\mathrm{d}s,$$

$$g''(c-h)=g''(c)-hg'''(c)+\frac{h^2}{2}g^{(4)}(c)-\frac{h^3}{6}g^{(5)}(c)$$
$$+\frac{h^4}{6}\int_0^1 g^{(6)}(c-sh)(1-s)^3\mathrm{d}s,$$

可得

$$\begin{aligned}&\frac{1}{12}\left[g''(c+h)+10g''(c)+g''(c-h)\right]\\=&g''(c)+\frac{h^2}{12}g^{(4)}(c)+\frac{h^4}{72}\int_0^1\left[g^{(6)}(c+sh)+g^{(6)}(c-sh)\right](1-s)^3\mathrm{d}s.\end{aligned}\tag{1.16}$$

将 (1.16) 和 (1.15) 两式相减并应用积分中值定理, 得到

$$\begin{aligned}&\frac{1}{12}\left[g''(c+h)+10g''(c)+g''(c-h)\right]-\frac{1}{h^2}\left[g(c+h)-2g(c)+g(c-h)\right]\\=&\frac{h^4}{360}\int_0^1\left[g^{(6)}(c+sh)+g^{(6)}(c-sh)\right](1-s)^3\left[5-3(1-s)^2\right]\mathrm{d}s\\=&\frac{h^4}{360}\left[g^{(6)}(c+\hat{s}h)+g^{(6)}(c-\hat{s}h)\right]\int_0^1(1-s)^3\left[5-3(1-s)^2\right]\mathrm{d}s\\=&\frac{h^4}{480}\left[g^{(6)}(c+\hat{s}h)+g^{(6)}(c-\hat{s}h)\right]\\=&\frac{h^4}{240}g^{(6)}(\xi_9),\quad \hat{s}\in(0,1),\quad \xi_9\in(c-h,c+h).\end{aligned}$$

引理证毕. □

1.2.1 差分格式的建立

本书中如果无特殊说明, 均假设所考虑的微分方程定解问题存在具有所需阶数的光滑解.

用有限差分法解两点边值问题的第一步是将求解区间 $[0,L]$ 进行**网格剖分**. 将区间 $[0,L]$ 作 m 等分, 记 $h=L/m$, $x_i=a+ih$, $0\leqslant i\leqslant m$, $\Omega_h=\{x_i\,|\,0\leqslant i\leqslant m\}$. 称 h 为**网格步长**, x_i 为**网格结点**, Ω_h 为**网格**, 称定义在网格 Ω_h 上的函数为**网格函数**. 设 $v=\{v_i\,|\,0\leqslant i\leqslant m\}$ 为 Ω_h 上的网格函数, 记

$$v_{i-\frac12}=\frac12\left(v_i+v_{i-1}\right),\quad \delta_x v_{i-\frac12}=\frac1h\left(v_i-v_{i-1}\right),\quad \delta_x^2 v_i=\frac1h\left(\delta_x v_{i+\frac12}-\delta_x v_{i-\frac12}\right).$$

定义网格函数 $U=\{U_i\,|\,0\leqslant i\leqslant m\}$, 其中

$$U_i=u(x_i),\quad 0\leqslant i\leqslant m.$$

在网格结点上考虑定解问题 (1.1), 有

$$\begin{cases}-u''(x_i)+q(x_i)u(x_i)=f(x_i), \quad 1\leqslant i\leqslant m-1, & (1.17\text{a})\\ u(x_0)=\alpha,\quad u(x_m)=\beta. & (1.17\text{b})\end{cases}$$

由引理 1.2, 有

$$\begin{aligned}u''(x_i)&=\frac{1}{h^2}\left[u(x_{i-1})-2u(x_i)+u(x_{i+1})\right]-\frac{h^2}{12}u^{(4)}(\xi_i)\\&=\delta_x^2U_i-\frac{h^2}{12}u^{(4)}(\xi_i),\quad x_{i-1}<\xi_i<x_{i+1}.\end{aligned}$$

将上式代入到 (1.17a), 并注意到(1.17b), 可得

$$\begin{cases}-\delta_x^2U_i+q(x_i)U_i=f(x_i)-\dfrac{h^2}{12}u^{(4)}(\xi_i), \quad 1\leqslant i\leqslant m-1, & (1.18\text{a})\\ U_0=\alpha,\quad U_m=\beta. & (1.18\text{b})\end{cases}$$

忽略小量项 $-\dfrac{h^2}{12}u^{(4)}(\xi_i)$, 有如下近似等式:

$$\begin{cases}-\delta_x^2U_i+q(x_i)U_i\approx f(x_i), \quad 1\leqslant i\leqslant m-1, & (1.19\text{a})\\ U_0=\alpha,\quad U_m=\beta. & (1.19\text{b})\end{cases}$$

(1.19) 是微分方程定解问题的解满足的近似方程.

在上式中用 u_i 代替 U_i, 并用 “=” 代替 “≈”, 可得

$$\begin{cases}-\delta_x^2u_i+q(x_i)u_i=f(x_i), \quad 1\leqslant i\leqslant m-1, & (1.20\text{a})\\ u_0=\alpha,\quad u_m=\beta. & (1.20\text{b})\end{cases}$$

称 (1.20) 为求解 (1.1) 的**差分格式**. (1.20) 中共有 $m+1$ 个方程, $m+1$ 个待定量 $u_0,u_1,\cdots,u_m$.

我们的目的是求出 $(u_0,u_1,\cdots,u_m)$, 然后用 u_i 作为 $u(x_i)$ 的近似值. 利用(1.20b), 也可把(1.20a)看成关于 $(u_1,u_2,\cdots,u_{m-1})$ 的 $m-1$ 阶方程组.

建立差分格式 (1.20) 的过程称为**离散化过程**. 反过来, 如果在 (1.20a) 式中用精确的 U_i 去代替 u_i, 则我们只能得到近似等式 (1.19a), 称左边与右边的差

$$R_i\equiv-\delta_x^2U_i+q(x_i)U_i-f(x_i)$$

为差分格式 (1.20a) 的**局部截断误差**. 一般来说, R_i 与 h 是有关的, 即 $R_i = R_i(h)$. 观察 (1.18a), 可知

$$R_i = -\frac{h^2}{12}u^{(4)}(\xi_i).$$

它正是我们建立差分格式时丢掉的小量项. 它反映了差分格式 (1.20a) 对原微分方程 (1.1a) 的近似程度. 当

$$\lim_{h\to 0}\max_{1\leqslant i\leqslant m-1}|R_i| = 0$$

时, 称差分格式 (1.20a) 和微分方程问题(1.1a)是**相容**的.

假设差分格式已经建立, 此时人们自然会问, 差分格式是否有解? 用什么方法去得到差分格式的解? 差分格式的解能否作为微分方程定解问题的近似解 (**收敛性**)? 计算过程中的误差对解的影响如何 (**稳定性**)?

1.2.2 差分格式解的存在性

定理 1.2 差分格式 (1.20) 是唯一可解的.

证明 差分格式 (1.20) 是线性的. 考虑其齐次方程组

$$\begin{cases} -\delta_x^2 u_i + q(x_i)u_i = 0, \quad 1\leqslant i\leqslant m-1, & (1.21\text{a}) \\ u_0 = 0, \quad u_m = 0. & (1.21\text{b}) \end{cases}$$

令 $\max\limits_{0\leqslant i\leqslant m}|u_i| = M$. 现设 $M>0$. 则由(1.21b)可知, 存在 k $(1\leqslant k\leqslant m-1)$ 使得 $|u_k| = M$ 且 $|u_{k-1}|$ 和 $|u_{k+1}|$ 中至少有一个严格小于 M. 考虑(1.21a)式中 $i=k$ 的方程, 有

$$-u_{k-1} + \left[2 + h^2 q(x_k)\right]u_k - u_{k+1} = 0,$$

即

$$\left[2 + h^2 q(x_k)\right]u_k = u_{k-1} + u_{k+1}.$$

两边取绝对值, 得到

$$2M \leqslant \left[2 + h^2 q(x_k)\right]|u_k| = |u_{k-1} + u_{k+1}| \leqslant |u_{k-1}| + |u_{k+1}| < M + M = 2M,$$

与假设 $M>0$ 矛盾. 因而 $M=0$, 即(1.21)只有零解

$$u_i = 0, \quad 0\leqslant i\leqslant m.$$

因而差分格式 (1.20) 是唯一可解的.

定理证毕. □

1.2.3 差分格式的求解与数值算例

将 (1.20a) 两边同时乘以 h^2, 可得

$$-u_{i-1}+\left[2+h^2q(x_i)\right]u_i-u_{i+1}=h^2f(x_i),\quad 1\leqslant i\leqslant m-1.$$

于是 (1.20) 可写为

$$\begin{pmatrix} 1 & 0 & & & \\ -1 & 2+h^2q(x_1) & -1 & & \\ & \ddots & \ddots & \ddots & \\ & & -1 & 2+h^2q(x_{m-1}) & -1 \\ & & & 0 & 1 \end{pmatrix}\begin{pmatrix} u_0 \\ u_1 \\ \vdots \\ u_{m-1} \\ u_m \end{pmatrix}=\begin{pmatrix} \alpha \\ h^2f(x_1) \\ \vdots \\ h^2f(x_{m-1}) \\ \beta \end{pmatrix},$$

或

$$\begin{pmatrix} 2+h^2q(x_1) & -1 & & & \\ -1 & 2+h^2q(x_2) & -1 & & \\ & \ddots & \ddots & \ddots & \\ & & -1 & 2+h^2q(x_{m-2}) & -1 \\ & & & -1 & 2+h^2q(x_{m-1}) \end{pmatrix}\begin{pmatrix} u_1 \\ u_2 \\ \vdots \\ u_{m-2} \\ u_{m-1} \end{pmatrix}$$

$$=\begin{pmatrix} h^2f(x_1)+\alpha \\ h^2f(x_2) \\ \vdots \\ h^2f(x_{m-2}) \\ h^2f(x_{m-1})+\beta \end{pmatrix}.$$

上述方程组的系数矩阵是三对角的, 称其为**三对角方程组**.

对于三对角方程组可采用如下追赶法 (又称为 Thomas 算法) 求解. 已知三对角方程组

$$\begin{cases} \beta_l u_l+\ \gamma_l u_{l+1} & =d_l, \\ \alpha_{l+1}u_l+\ \beta_{l+1}u_{l+1}+\ \gamma_{l+1}u_{l+2} & =d_{l+1}, \\ \qquad\cdots\cdots & \\ \alpha_{n-1}u_{n-2}+\ \beta_{n-1}u_{n-1}+\ \gamma_{n-1}u_n & =d_{n-1}, \\ \alpha_n u_{n-1}+\ \beta_n u_n & =d_n. \end{cases}\tag{1.22}$$

从 (1.22) 的第一个方程解出 u_l, 得到

$$u_l = \frac{d_l}{\beta_l} - \frac{\gamma_l}{\beta_l} u_{l+1}.$$

记

$$g_l = \frac{d_l}{\beta_l}, \quad w_l = \frac{\gamma_l}{\beta_l},$$

则有

$$u_l = g_l - w_l u_{l+1}. \tag{1.23}$$

将此式代入到 (1.22) 的第二个方程, 得到

$$\alpha_{l+1}(g_l - w_l u_{l+1}) + \beta_{l+1} u_{l+1} + \gamma_{l+1} u_{l+2} = d_{l+1}.$$

即

$$u_{l+1} = g_{l+1} - w_{l+1} u_{l+2},$$

其中

$$g_{l+1} = \frac{d_{l+1} - \alpha_{l+1} g_l}{\beta_{l+1} - \alpha_{l+1} w_l}, \quad w_{l+1} = \frac{\gamma_{l+1}}{\beta_{l+1} - \alpha_{l+1} w_l}.$$

完全类似地, 可得

$$u_i = g_i - w_i u_{i+1}, \quad l+1 \leqslant i \leqslant n-1, \tag{1.24}$$

其中

$$g_i = \frac{d_i - \alpha_i g_{i-1}}{\beta_i - \alpha_i w_{i-1}}, \quad w_i = \frac{\gamma_i}{\beta_i - \alpha_i w_{i-1}}.$$

将关系式

$$u_{n-1} = g_{n-1} - w_{n-1} u_n$$

代入到 (1.22) 的最后一个方程, 得到

$$\alpha_n(g_{n-1} - w_{n-1} u_n) + \beta_n u_n = d_n.$$

于是

$$u_n = g_n,$$

其中

$$g_n = \frac{d_n - \alpha_n g_{n-1}}{\beta_n - \alpha_n w_{n-1}}.$$

若 u_n 已求出, 则由 (1.24) 和 (1.23) 可依次求出 $u_{n-1}, u_{n-2}, \cdots, u_{l+1}, u_l$. 整个求解过程可分为如下两步:

第 1 步　依次确定 $g_l, w_l; g_{l+1}, w_{l+1}; g_{l+2}, w_{l+2}; \cdots; g_{n-1}, w_{n-1}; g_n$.

第 2 步　依相反次序确定 $u_n, u_{n-1}, u_{n-2}, \cdots, u_l$.

计算公式如下:

(I) $g_l = \dfrac{d_l}{\beta_l}, \quad w_l = \dfrac{\gamma_l}{\beta_l},$

$$g_i = \frac{d_i - \alpha_i g_{i-1}}{\beta_i - \alpha_i w_{i-1}}, \quad w_i = \frac{\gamma_i}{\beta_i - \alpha_i w_{i-1}}, \quad i = l+1, l+2, \cdots, n-1,$$

$$g_n = \frac{d_n - \alpha_n g_{n-1}}{\beta_n - \alpha_n w_{n-1}}.$$

(II) $u_n = g_n,$

$$u_i = g_i - w_i u_{i+1}, \quad i = n-1, n-2, \cdots, l.$$

通常, 第 1 步, 标号由小变大, 称为 “追” 过程; 第 2 步, 标号由大变小, 称为 “赶” 过程. 整个求解过程称为**追赶法**.

若 $l = 1, n = N$, 则追赶法总的运算量为 $5N-4$ 次乘除法, $3N-3$ 次加减法.

算例 1.1　应用差分格式 (1.20) 计算如下两点边值问题:

$$\begin{cases} -u'' + u = \mathrm{e}^x(\sin x - 2\cos x), & 0 \leqslant x \leqslant \pi, \\ u(0) = 0, \quad u(\pi) = 0. \end{cases} \tag{1.25}$$

该定解问题的精确解为 $u(x) = \mathrm{e}^x \sin x$.

将区间 $[0, \pi]$ 作 m 等分, 记 $h = \pi/m,\ x_i = ih,\ 0 \leqslant i \leqslant m$. 差分格式为

$$\begin{cases} -\delta_x^2 u_i + u_i = \mathrm{e}^{x_i}(\sin x_i - 2\cos x_i), & 1 \leqslant i \leqslant m-1, \\ u_0 = 0, \quad u_m = 0. \end{cases}$$

表 1.1 列出了 4 个结点处的精确解和取不同步长时所得的数值解. 表 1.2 给出了取不同步长时在这 4 个结点处所得数值解误差的绝对值和数值解的最大误差

$$E_\infty(h) = \max_{0 \leqslant i \leqslant m} |u(x_i) - u_i|.$$

表 1.1 算例 1.1 部分结点处的精确解和取不同步长时所得的数值解

h	x			
	$\pi/5$	$2\pi/5$	$3\pi/5$	$4\pi/5$
$\pi/10$	1.064007	3.266548	6.166191	7.178725
$\pi/20$	1.092311	3.322830	6.239355	7.237039
$\pi/40$	1.099410	3.336920	6.257628	7.251546
$\pi/80$	1.101186	3.340444	6.262195	7.255169
$\pi/160$	1.101630	3.341320	6.263337	7.256074
精确解	1.101778	3.341619	6.263717	7.256376

表 1.2 算例 1.1 取不同步长时部分结点处数值解的误差的绝对值和数值解的最大误差

h	x				$E_\infty(h)$	$E_\infty(2h)/E_\infty(h)$
	$\pi/5$	$2\pi/5$	$3\pi/5$	$4\pi/5$		
$\pi/10$	3.777e−2	7.507e−2	9.753e−2	7.765e−2	9.753e−2	
$\pi/20$	9.467e−3	1.879e−2	2.436e−2	1.934e−2	2.439e−2	3.999
$\pi/40$	2.368e−3	4.698e−3	6.089e−3	4.829e−3	6.115e−3	3.999
$\pi/80$	5.921e−4	1.175e−3	1.522e−3	1.207e−3	1.529e−3	3.999
$\pi/160$	1.480e−4	2.937e−4	3.806e−4	3.017e−4	3.822e−4	4.001

从表 1.2 可以看出, 当步长 h 缩小到原来的 1/2 时, 最大误差约缩小到原来的 1/4. 图 1.1 给出了精确解 $u(x)$ 的曲线和取步长 $h=\pi/10$ 时所得数值解 $u_h(x)$ 的曲线. 图 1.2 给出了取不同步长时所得数值解误差 $|u(x)-u_h(x)|$ 的曲线.

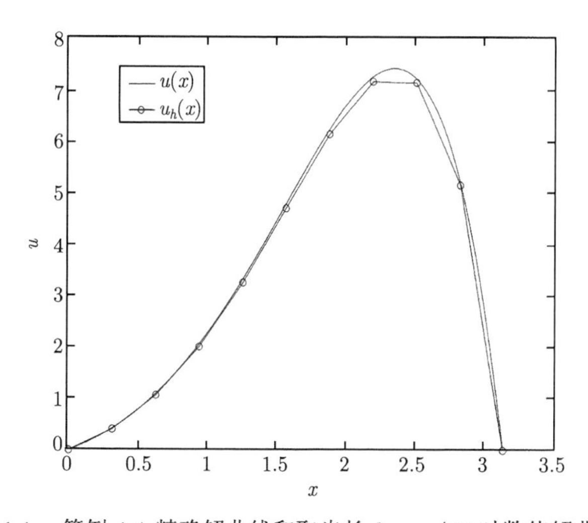

图 1.1 算例 1.1 精确解曲线和取步长 $h=\pi/10$ 时数值解曲线

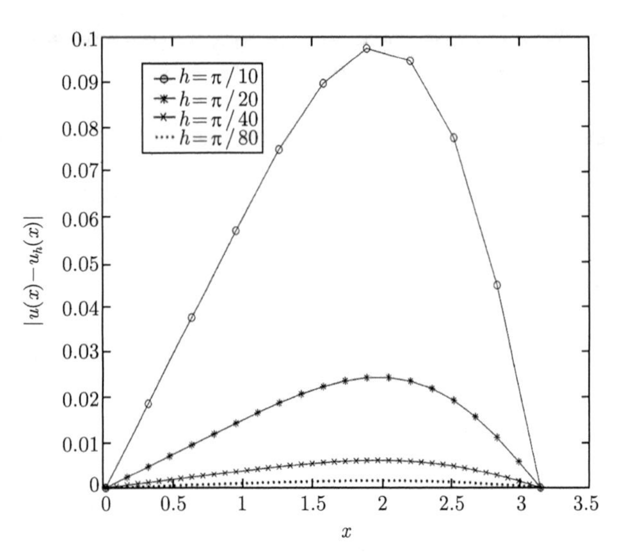

图 1.2　算例 1.1 取不同步长时所得数值解的误差曲线

1.2.4　差分格式解的先验估计式

差分格式解的先验估计式在差分格式的分析中起着关键作用.

记

$$\mathcal{U}_h=\big\{v\,|\,v=\{v_i\,|\,0\leqslant i\leqslant m\}\text{为 }\Omega_h\text{ 上的网格函数}\big\},$$

$$\mathring{\mathcal{U}}_h=\{v\,|\,v=\{v_i\,|\,0\leqslant i\leqslant m\}\in\mathcal{U}_h\text{且}v_0=v_m=0\}.$$

设 $u,v\in\mathcal{U}_h$, 引进如下记号:

$$(u,v)=h\Big(\frac{1}{2}u_0v_0+\sum_{i=1}^{m-1}u_iv_i+\frac{1}{2}u_mv_m\Big),\quad \|u\|=\sqrt{(u,u)},$$

$$(\delta_xu,\delta_xv)=h\sum_{i=1}^{m}(\delta_xu_{i-\frac{1}{2}})(\delta_xv_{i-\frac{1}{2}}),\quad \|\delta_xu\|=\sqrt{(\delta_xu,\delta_xu)},$$

$$(\delta_x^2u,\delta_x^2v)=h\sum_{i=1}^{m-1}(\delta_x^2u_i)(\delta_x^2v_i),\quad \|\delta_x^2u\|=\sqrt{(\delta_x^2u,\delta_x^2u)},$$

$$\|u\|_\infty=\max_{0\leqslant i\leqslant m}|u_i|,\quad |u|_1=\|\delta_xu\|,\quad |u|_2=\|\delta_x^2u\|,$$

$$\|u\|_1=\sqrt{\|u\|^2+|u|_1^2},\quad \|u\|_2=\sqrt{\|u\|^2+|u|_1^2+|u|_2^2}.$$

容易证明

(1) (u,v) 为 $\mathcal{U}_h$ 上的内积, $(\delta_x u, \delta_x v)$ 和 $(\delta_x^2 u, \delta_x^2 v)$ 为 $\mathring{\mathcal{U}}_h$ 上的内积.

(2) $\|u\|, \|u\|_1, \|u\|_2, \|u\|_\infty$ 为 $\mathcal{U}_h$ 上的范数. 分别称为 (离散的) 2 范数 (平均范数), H^1 范数, H^2 范数和无穷范数 (一致范数).

(3) $|u|_1, |u|_2$ 为 $\mathcal{U}_h$ 上的半范数.

(4) $|u|_1, |u|_2$ 为 $\mathring{\mathcal{U}}_h$ 上的范数. 称 $\|\delta_x u\|$ 为差商的 2 范数. 称 $|u|_1$ 为 H^1 范数.

(5) 在 $\mathring{\mathcal{U}}_h$ 上, $|u|_1$ 和 $\|u\|_1$ 是两个等价范数, $|u|_2$ 和 $\|u\|_2$ 是两个等价范数.

对于差分格式(1.20)解的先验估计可以用极值原理分析方法得到, 也可以用能量分析方法得到.

极值原理分析法

设 $v = (v_0, v_1, \cdots, v_{m-1}, v_m) \in \mathcal{U}_h$, 记

$$L_h v_i = -\delta_x^2 v_i + q(x_i) v_i, \quad 1 \leqslant i \leqslant m-1.$$

引理 1.3 设

$$L_h v_i \leqslant 0, \quad 1 \leqslant i \leqslant m-1. \tag{1.26}$$

如果 $M = \max\limits_{0 \leqslant i \leqslant m} v_i \geqslant 0$, 则

$$\max_{1 \leqslant i \leqslant m-1} v_i \leqslant \max_{i=0,m} v_i\,.$$

证明 反证法. 设

$$\max_{1 \leqslant i \leqslant m-1} v_i > \max_{i=0,m} v_i,$$

则存在 $i_0 \in \{1, 2, \cdots, m-1\}$ 使得 $v_{i_0} = M$ 且 v_{i_0-1} 和 v_{i_0+1} 中至少有一个严格小于 M. 因而

$$L_h v_{i_0} = -\frac{1}{h^2}(v_{i_0-1} - 2v_{i_0} + v_{i_0+1}) + q(x_i) v_{i_0} > 0.$$

与条件(1.26)矛盾.

引理证毕. □

定理 1.3 设 $v = \{v_i \,|\, 0 \leqslant i \leqslant m\}$ 为差分格式

$$\begin{cases} -\delta_x^2 v_i + q(x_i) v_i = f_i, \quad 1 \leqslant i \leqslant m-1, \\ v_0 = \alpha, \quad v_m = \beta \end{cases}$$

的解, 则有

$$\|v\|_\infty \leqslant \max\{|\alpha|, |\beta|\} + \frac{L^2}{8} \max_{1 \leqslant i \leqslant m-1} |f_i|. \tag{1.27}$$

证明　定义

$$C = \max_{1\leqslant i\leqslant m-1} |f_i|, \quad P(x) = x(L-x), \quad P_i = P(x_i), \quad w_i = \frac{1}{2}CP_i, \quad 0 \leqslant i \leqslant m.$$

则有

$$L_h(\pm v_i - w_i) = \pm L_h v_i - L_h w_i = \pm f_i - \frac{1}{2}CL_hP_i$$

$$= \pm f_i - \frac{1}{2}C(2 + q(x_i)P_i) = \pm f_i - C - \frac{1}{2}Cq(x_i)P_i \leqslant 0, \quad 1 \leqslant i \leqslant m-1.$$

(I) 如果 $\max\limits_{0\leqslant i\leqslant m}\{\pm v_i - w_i\} \geqslant 0$, 由引理 1.3 得到

$$\max_{1\leqslant i\leqslant m-1}\{\pm v_i - w_i\} \leqslant \max_{i=0,m}\{\pm v_i - w_i\} = \max_{i=0,m}\{\pm v_i\} \leqslant \max\{|\alpha|, |\beta|\},$$

从而

$$\begin{aligned}\max_{1\leqslant i\leqslant m-1}\{\pm v_i\} &= \max_{1\leqslant i\leqslant m-1}\{\pm v_i - w_i + w_i\} \\ &\leqslant \max_{1\leqslant i\leqslant m-1}\{\pm v_i - w_i\} + \max_{1\leqslant i\leqslant m-1} w_i \\ &\leqslant \max\{|\alpha|, |\beta|\} + \frac{1}{2}C\max_{1\leqslant i\leqslant m-1} P_i \\ &\leqslant \max\{|\alpha|, |\beta|\} + \frac{L^2}{8}\max_{1\leqslant i\leqslant m-1} |f_i|.\end{aligned}$$

因而

$$\|v\|_\infty \leqslant \max\{|\alpha|, |\beta|\} + \frac{L^2}{8}\max_{1\leqslant i\leqslant m-1} |f_i|.$$

(II) 如果 $\max\limits_{0\leqslant i\leqslant m}\{\pm v_i - w_i\} < 0$, 则有

$$\begin{aligned}\max_{0\leqslant i\leqslant m}\{\pm v_i\} &= \max_{0\leqslant i\leqslant m}\{\pm v_i - w_i + w_i\} \\ &\leqslant \max_{0\leqslant i\leqslant m}\{\pm v_i - w_i\} + \max_{0\leqslant i\leqslant m} w_i \\ &\leqslant \frac{1}{2}C\max_{1\leqslant i\leqslant m-1} P_i \\ &\leqslant \frac{L^2}{8}\max_{1\leqslant i\leqslant m-1} |f_i|.\end{aligned}$$

因而

$$\|v\|_\infty \leqslant \frac{L^2}{8} \max_{1\leqslant i\leqslant m-1} |f_i|.$$

(1.27)也是成立的.

定理证毕. □

能量分析法

以下引理先列出几个常用的恒等式和不等式.

引理 1.4 (I) 设 $u=\{u_i\,|\,0\leqslant i\leqslant m\},\ v=\{v_i\,|\,0\leqslant i\leqslant m\}\in\mathcal{U}_h$, 则有

$$-(\delta_x^2 u, v) = (\delta_x u, \delta_x v) + (\delta_x u_{\frac{1}{2}})v_0 - (\delta_x u_{m-\frac{1}{2}})v_m. \tag{1.28}$$

(II) 设 $v\in\mathring{\mathcal{U}}_h$, 则有

$$-(\delta_x^2 v, v) = |v|_1^2, \tag{1.29}$$

$$\|v\|_\infty \leqslant \frac{\sqrt{L}}{2}|v|_1, \tag{1.30}$$

$$\|v\| \leqslant \frac{L}{\sqrt{6}}|v|_1. \tag{1.31}$$

(III) 设 $v\in\mathcal{U}_h$, 则

$$|v|_1^2 \leqslant \frac{4}{h^2}\|v\|^2. \tag{1.32}$$

(IV) 设 $v\in\mathring{\mathcal{U}}_h$, 则对任意的 $\epsilon>0$ 有

$$\|v\|_\infty^2 \leqslant \epsilon\,|v|_1^2 + \frac{1}{4\epsilon}\|v\|^2. \tag{1.33}$$

(V) 设 $v\in\mathcal{U}_h$, 则对任意的 $\epsilon>0$ 有

$$\|v\|_\infty^2 \leqslant \epsilon\,|v|_1^2 + \left(\frac{1}{\epsilon}+\frac{1}{L}\right)\|v\|^2. \tag{1.34}$$

证明 (I)

$$\begin{aligned}
-(\delta_x^2 u, v) &= -h\sum_{i=1}^{m-1}(\delta_x^2 u_i)v_i \\
&= -\sum_{i=1}^{m-1}\left(\delta_x u_{i+\frac{1}{2}} - \delta_x u_{i-\frac{1}{2}}\right)v_i
\end{aligned}$$

$$
\begin{aligned}
&=\sum_{i=1}^{m-1}\left(\delta_x u_{i-\frac{1}{2}}\right)v_i-\sum_{i=1}^{m-1}\left(\delta_x u_{i+\frac{1}{2}}\right)v_i\\
&=\sum_{i=1}^{m-1}\left(\delta_x u_{i-\frac{1}{2}}\right)v_i-\sum_{i=2}^{m}\left(\delta_x u_{i-\frac{1}{2}}\right)v_{i-1}\\
&=\sum_{i=1}^{m}\left(\delta_x u_{i-\frac{1}{2}}\right)(v_i-v_{i-1})+\left(\delta_x u_{\frac{1}{2}}\right)v_0-\left(\delta_x u_{m-\frac{1}{2}}\right)v_m\\
&=(\delta_x u,\delta_x v)+(\delta_x u_{\frac{1}{2}})v_0-(\delta_x u_{m-\frac{1}{2}})v_m.
\end{aligned}
$$

因而 (1.28) 得证.

(II) 由 (1.28) 易知 (1.29) 成立.

对于 $1\leqslant i\leqslant m-1$, 有

$$
v_i=\sum_{j=1}^{i}(v_j-v_{j-1})=h\sum_{j=1}^{i}\delta_x v_{j-\frac{1}{2}},
$$

$$
v_i=-\sum_{j=i+1}^{m}(v_j-v_{j-1})=-h\sum_{j=i+1}^{m}\delta_x v_{j-\frac{1}{2}}.
$$

将以上二式两边分别平方, 再应用 Cauchy-Schwarz 不等式, 可得

$$
v_i^2\leqslant\left(h\sum_{j=1}^{i}1^2\right)h\sum_{j=1}^{i}(\delta_x v_{j-\frac{1}{2}})^2=x_i h\sum_{j=1}^{i}(\delta_x v_{j-\frac{1}{2}})^2, \tag{1.35}
$$

$$
v_i^2\leqslant\left(h\sum_{j=i+1}^{m}1^2\right)h\sum_{j=i+1}^{m}(\delta_x v_{j-\frac{1}{2}})^2=(L-x_i)h\sum_{j=i+1}^{m}(\delta_x v_{j-\frac{1}{2}})^2. \tag{1.36}
$$

将 (1.35) 乘以 $L-x_i$, 将 (1.36) 乘以 x_i, 并将所得结果相加, 得

$$
Lv_i^2\leqslant x_i(L-x_i)h\sum_{j=1}^{m}(\delta_x v_{j-\frac{1}{2}})^2=x_i(L-x_i)|v|_1^2,\quad 1\leqslant i\leqslant m-1. \tag{1.37}
$$

应用

$$
x_i(L-x_i)\leqslant\frac{L^2}{4},
$$

可得

$$
Lv_i^2\leqslant\frac{L^2}{4}|v|_1^2,
$$

即

$$|v_i| \leqslant \frac{\sqrt{L}}{2}|v|_1, \quad 1 \leqslant i \leqslant m-1.$$

再注意到 $v_0 = 0$, $v_m = 0$, 有

$$\|v\|_\infty \leqslant \frac{\sqrt{L}}{2}|v|_1.$$

将 (1.37) 两边同乘以 h, 并对 i 求和, 得

$$\begin{aligned} L\|v\|^2 \leqslant & h\sum_{i=1}^{m-1} x_i(L-x_i)|v|_1^2 = h\sum_{i=1}^{m-1}(ih)\times\big((m-i)h\big)|v|_1^2 \\ = & h^3\left(m\sum_{i=1}^{m-1} i - \sum_{i=1}^{m-1} i^2\right)|v|_1^2 = \frac{1}{6}m(m^2-1)h^3|v|_1^2 \\ \leqslant & \frac{1}{6}(mh)^3|v|_1^2 = \frac{1}{6}L^3|v|_1^2. \end{aligned}$$

由上式易知

$$\|v\| \leqslant \frac{L}{\sqrt{6}}|v|_1.$$

(III) 由

$$\begin{aligned} |v|_1^2 &= h\sum_{i=1}^{m}\left(\delta_x v_{i-\frac{1}{2}}\right)^2 = \frac{1}{h^2}\,h\sum_{i=1}^{m}(v_i - v_{i-1})^2 \\ &\leqslant \frac{2}{h^2}\,h\sum_{i=1}^{m}\left(v_i^2 + v_{i-1}^2\right) = \frac{4}{h^2}\,h\left(\frac{1}{2}v_0^2 + \sum_{i=1}^{m-1} v_i^2 + \frac{1}{2}v_m^2\right) = \frac{4}{h^2}\|v\|^2, \end{aligned}$$

知 (1.32) 成立.

(IV) 对 $1 \leqslant i \leqslant m-1$, 有

$$v_i^2 = \sum_{l=0}^{i-1}(v_{l+1}^2 - v_l^2) = 2h\sum_{l=0}^{i-1}\left(v_{l+\frac{1}{2}}\right)\left(\delta_x v_{l+\frac{1}{2}}\right),$$

$$v_i^2 = -\sum_{l=i}^{m-1}(v_{l+1}^2 - v_l^2) = -2h\sum_{l=i}^{m-1}\left(v_{l+\frac{1}{2}}\right)\left(\delta_x v_{l+\frac{1}{2}}\right).$$

将以上两式相加, 可得

$$v_i^2 \leqslant h\sum_{l=0}^{m-1}|v_{l+\frac{1}{2}}|\cdot|\delta_x v_{l+\frac{1}{2}}|$$

$$\leqslant \epsilon h \sum_{l=0}^{m-1} \left(\delta_x v_{l+\frac{1}{2}}\right)^2 + \frac{1}{4\epsilon} h \sum_{l=0}^{m-1} \left(v_{l+\frac{1}{2}}\right)^2 \leqslant \epsilon |v|_1^2 + \frac{1}{4\epsilon}\|v\|^2.$$

因而 (1.33) 得证.

(V) 设

$$|v_l| = \|v\|_\infty,$$

其中 $0 \leqslant l \leqslant m$.

当 $0 \leqslant i \leqslant l$ 时,

$$\begin{aligned}\|v\|_\infty^2 &= v_l^2 = v_i^2 + \sum_{j=i+1}^{l} (v_j^2 - v_{j-1}^2) \\ &= v_i^2 + 2h \sum_{j=i+1}^{l} v_{j-\frac{1}{2}} \delta_x v_{j-\frac{1}{2}} \leqslant v_i^2 + 2h \sum_{j=i+1}^{l} |v_{j-\frac{1}{2}} \delta_x v_{j-\frac{1}{2}}| \\ &\leqslant v_i^2 + 2h \sum_{j=1}^{m} |v_{j-\frac{1}{2}} \delta_x v_{j-\frac{1}{2}}| \leqslant v_i^2 + 2\|v\| \cdot |v|_1.\end{aligned}$$

当 $l \leqslant i \leqslant m$ 时,

$$\begin{aligned}\|v\|_\infty^2 &= v_l^2 = v_i^2 - \sum_{j=l+1}^{i} (v_j^2 - v_{j-1}^2) \\ &= v_i^2 - 2h \sum_{j=l+1}^{i} v_{j-\frac{1}{2}} \delta_x v_{j-\frac{1}{2}} \leqslant v_i^2 + 2h \sum_{j=l+1}^{i} |v_{j-\frac{1}{2}} \delta_x v_{j-\frac{1}{2}}| \\ &\leqslant v_i^2 + 2h \sum_{j=1}^{m} |v_{j-\frac{1}{2}} \delta_x v_{j-\frac{1}{2}}| \leqslant v_i^2 + 2\|v\| \cdot |v|_1.\end{aligned}$$

由以上两式得到

$$\|v\|_\infty^2 \leqslant v_i^2 + 2\|v\| \cdot |v|_1, \quad 0 \leqslant i \leqslant m.$$

将 $i=0$ 和 $i=m$ 两式乘以 $\dfrac{1}{2}h$, 将其余式子乘以 h, 并将结果求和, 得到

$$L\|v\|_\infty^2 \leqslant \|v\|^2 + 2L\|v\| \cdot |v|_1.$$

因而

$$\|v\|_\infty^2 \leqslant 2\|v\| \cdot |v|_1 + \frac{1}{L}\|v\|^2 \leqslant \epsilon |v|_1^2 + \left(\frac{1}{\epsilon} + \frac{1}{L}\right)\|v\|^2.$$

引理证毕. □

注 1.1 通常称(1.28)、(1.29)为分部求和公式, 称(1.30)、(1.31)、(1.33)、(1.34)为嵌入定理, 称(1.32)为逆估计式.

定理 1.4 设 $v=\{v_i\,|\,0\leqslant i\leqslant m\}$ 为差分格式

$$\begin{cases}-\delta_x^2 v_i+q(x_i)v_i=f_i, \quad 1\leqslant i\leqslant m-1, & (1.38\text{a})\\ v_0=0, \quad v_m=0 & (1.38\text{b})\end{cases}$$

的解, 则有

$$|v|_1\leqslant\frac{L}{\sqrt{6}}\|f\|, \quad \|v\|_\infty\leqslant\frac{L^2}{2\sqrt{6}}\|f\|_\infty,$$

其中

$$\|f\|_\infty=\max_{1\leqslant i\leqslant m-1}|f_i|, \quad \|f\|=\sqrt{h\sum_{i=1}^{m-1}f_i^2}\,.$$

证明 将 (1.38a) 两边同时乘以 $h\,v_i$, 并对 i 求和, 得

$$h\sum_{i=1}^{m-1}(-\delta_x^2 v_i)v_i+h\sum_{i=1}^{m-1}q(x_i)v_i^2=h\sum_{i=1}^{m-1}f_i v_i. \tag{1.39}$$

由引理 1.4, 有

$$h\sum_{i=1}^{m-1}(-\delta_x^2 v_i)v_i=|v|_1^2.$$

由 $q(x)\geqslant 0$, 有

$$h\sum_{i=1}^{m-1}q(x_i)v_i^2\geqslant 0.$$

由 Cauchy-Schwarz 不等式, 有

$$h\sum_{i=1}^{m-1}f_i\,v_i\leqslant\sqrt{h\sum_{i=1}^{m-1}f_i^2}\cdot\sqrt{h\sum_{i=1}^{m-1}v_i^2}=\|f\|\cdot\|v\|.$$

将以上三式代入到 (1.39), 可得

$$|v|_1^2\leqslant\|f\|\cdot\|v\|.$$

利用引理 1.4, 得

$$|v|_1^2 \leqslant \|f\| \cdot \frac{L}{\sqrt{6}} |v|_1,$$

因而

$$|v|_1 \leqslant \frac{L}{\sqrt{6}} \|f\|.$$

再次利用引理 1.4, 可得

$$\|v\|_\infty \leqslant \frac{\sqrt{L}}{2} |v|_1 \leqslant \frac{\sqrt{L}}{2} \cdot \frac{L}{\sqrt{6}} \|f\| \leqslant \frac{L^2}{2\sqrt{6}} \|f\|_\infty.$$

定理证毕. □

关于边界值的估计可以借助于边界条件的齐次化方法得到.

定理 1.5　设 $v = \{v_i \,|\, 0 \leqslant i \leqslant m\}$ 为差分格式

$$\begin{cases} -\delta_x^2 v_i + q(x_i) v_i = f_i, & 1 \leqslant i \leqslant m-1, \\ v_0 = \alpha, \quad v_m = \beta \end{cases}$$

的解, 则有

$$\|v\|_\infty \leqslant \frac{L^2}{2\sqrt{6}} \|f\|_\infty + \left(\frac{L^2}{2\sqrt{6}} \kappa + 1 \right) \max\{|\alpha|, |\beta|\}, \tag{1.40}$$

其中 $\kappa = \max\limits_{0 \leqslant x \leqslant L} |q(x)|$, $\|f\|_\infty = \max\limits_{1 \leqslant i \leqslant m-1} |f_i|$.

证明　记

$$p(x) = \frac{L-x}{L} \alpha + \frac{x}{L} \beta, \quad q_i = q(x_i), \quad p_i = p(x_i), \quad w_i = v_i - p_i, \quad 0 \leqslant i \leqslant m.$$

易知 $w = (w_0, w_1, \cdots, w_{m-1}, w_m)$ 满足如下差分方程组:

$$\begin{cases} -\delta_x^2 w_i + q(x_i) w_i = f_i - q_i p_i, & 1 \leqslant i \leqslant m-1, \\ w_0 = 0, \quad w_m = 0. \end{cases}$$

由定理 1.4 得到

$$\begin{aligned} \|w\|_\infty &\leqslant \frac{L^2}{2\sqrt{6}} \|f - qp\|_\infty \\ &\leqslant \frac{L^2}{2\sqrt{6}} \left(\|f\|_\infty + \kappa \|p\|_\infty \right) \end{aligned}$$

$$\leqslant \frac{L^2}{2\sqrt{6}}\left(\|f\|_\infty + \kappa\max\{|\alpha|,|\beta|\}\right).$$

因而

$$\begin{aligned}\|v\|_\infty &= \|w+p\|_\infty \leqslant \|w\|_\infty + \|p\|_\infty \\ &\leqslant \frac{L^2}{2\sqrt{6}}\left(\|f\|_\infty + \kappa\max\{|\alpha|,|\beta|\}\right) + \max\{|\alpha|,|\beta|\} \\ &= \frac{L^2}{2\sqrt{6}}\|f\|_\infty + \left(\frac{L^2}{2\sqrt{6}}\kappa + 1\right)\max\{|\alpha|,|\beta|\}.\end{aligned}$$

定理证毕. □

极值原理分析方法和能量分析方法的简单比较

比较估计式(1.27)和(1.40), 它们形式上相同, 右端的系数有一点差异.

能量分析方法和极值原理分析方法是分析差分格式的两个重要方法. 有些差分格式满足极值原理, 我们可以用极值原理分析方法. 对于不满足极值原理的差分格式, 能量分析方法是一个很好的选择.

1.2.5 差分格式解的收敛性和稳定性

收敛性

定理 1.6 设 $\{u(x)\,|\,0 \leqslant x \leqslant L\}$ 为定解问题 (1.1) 的解, $\{u_i\,|\,0 \leqslant i \leqslant m\}$ 为差分格式 (1.20) 的解. 记

$$e_i = u(x_i) - u_i, \quad 0 \leqslant i \leqslant m,$$

则有

$$\|e\|_\infty \leqslant \frac{M_4 L^2}{24\sqrt{6}}h^2,$$

其中

$$M_4 = \max_{0\leqslant x\leqslant L}|u^{(4)}(x)|.$$

证明 将 (1.18) 与 (1.20) 相减得到误差方程组

$$\begin{cases}-\delta_x^2 e_i + q(x_i)e_i = R_i, \quad 1 \leqslant i \leqslant m-1, \\ e_0 = 0, \quad e_m = 0.\end{cases}$$

由定理 1.4, 得

$$\|e\|_\infty \leqslant \frac{L^2}{2\sqrt{6}}\max_{1\leqslant i\leqslant m-1}|R_i| \leqslant \frac{M_4 L^2}{24\sqrt{6}}h^2.$$

定理证毕. □

定义 1.1 如果 $\|e\| = O(h^p)$, 则称差分格式在范数 $\|\cdot\|$ 下是 p 阶收敛的.

由此定义及定理 1.6 知, 差分格式 (1.20) 在无穷范数 $\|\cdot\|_\infty$ 下是二阶收敛的.

稳定性

实际计算时, 误差是不可避免的. 例如在计算 $f(x_i)$ 时就可能会有一个小的误差 g_i. 设 $v = (v_0, v_1, \cdots, v_m)$ 为差分格式

$$\begin{cases} -\delta_x^2 v_i + q(x_i)v_i = f(x_i) + g_i, & 1 \leqslant i \leqslant m-1, \\ v_0 = \alpha, \quad v_m = \beta \end{cases} \tag{1.41}$$

的解. 记

$$\varepsilon_i = v_i - u_i, \quad 0 \leqslant i \leqslant m,$$

将 (1.41) 与 (1.20) 相减, 得

$$\begin{cases} -\delta_x^2 \varepsilon_i + q(x_i)\varepsilon_i = g_i, & 1 \leqslant i \leqslant m-1, \\ \varepsilon_0 = 0, \quad \varepsilon_m = 0. \end{cases} \tag{1.42}$$

称 (1.42) 为**摄动方程**. 它的形式与 (1.20) 相同. 由定理 1.4, 有

$$\|\varepsilon\|_\infty \leqslant \frac{L^2}{2\sqrt{6}} \max_{1\leqslant i\leqslant m-1} |g_i|.$$

当 $\max\limits_{1\leqslant i\leqslant m-1} |g_i|$ 很小时, $\|\varepsilon\|_\infty$ 也很小. 于是我们得到下述定理.

定理 1.7 差分格式 (1.20) 的解在下述意义下对右端函数是稳定的: 设 $\{u_i \mid 0 \leqslant i \leqslant m\}$ 为差分格式

$$\begin{cases} -\delta_x^2 u_i + q(x_i)u_i = f_i, & 1 \leqslant i \leqslant m-1, \\ u_0 = 0, \quad u_m = 0 \end{cases}$$

的解, 则有

$$\|u\|_\infty \leqslant \frac{L^2}{2\sqrt{6}} \max_{1\leqslant i\leqslant m-1} |f_i|.$$

1.2.6 Richardson 外推法

设未知量 p 的一个近似式为 $p_0(h)$, 且当 $h \to 0$ 时 $p_0(h)$ 与 p 之间的关系可表示为

$$p_0(h) = p + \alpha h^2 + O(h^4), \tag{1.43}$$

其中 α 是与 h 无关的非零常数. 称(1.43)为 $p_0(h)$ 的一个渐进展开式. 由于

$$p_0(h) - p = \alpha h^2 + O(h^4),$$

称 $p_0(h)$ 为 p 的二阶近似值.

在 (1.43) 中用 $h/2$ 代替 h, 得

$$p_0\left(\frac{h}{2}\right) = p + \alpha\left(\frac{h}{2}\right)^2 + O\left(\left(\frac{h}{2}\right)^4\right). \tag{1.44}$$

易见 $p_0(h/2)$ 也是 p 的一个二阶近似值. 现在用 4/3 乘以 (1.44) 的两端, 用 1/3 乘以 (1.43) 的两端, 并将结果相减, 可得

$$\frac{4}{3}p_0\left(\frac{h}{2}\right) - \frac{1}{3}p_0(h) = p + O(h^4).$$

若记

$$p_1(h) = \frac{4}{3}p_0\left(\frac{h}{2}\right) - \frac{1}{3}p_0(h), \tag{1.45}$$

则有

$$p_1(h) = p + O(h^4).$$

若取 $p_1(h)$ 作为 p 的又一近似值, 它却比 $p_0(h)$ 和 $p_0(h/2)$ 具有更高的误差阶.

我们把 (1.45) 称为 **Richardson 外推公式**, 而把这种从低精度的近似值 $p_0(h)$ 和 $p_0(h/2)$ 经过线性组合得到高精度近似值的方法称为 **Richardson 外推法**. 在差分方法中, 外推法也是很有效的. 记 h 为步长, 所得差分格式 (1.20) 的解为 $u_i(h)$, $0 \leqslant i \leqslant m$. 我们有如下定理.

定理 1.8 设两点边值问题

$$\begin{cases} -w''(x) + q(x)w(x) = \dfrac{1}{12}u^{(4)}(x), \quad 0 < x < L, \\ w(0) = 0, \quad w(L) = 0 \end{cases} \tag{1.46}$$

具有光滑解, 则

$$\max_{0 \leqslant i \leqslant m}\left|u(x_i) - \left[\frac{4}{3}u_{2i}\left(\frac{h}{2}\right) - \frac{1}{3}u_i(h)\right]\right| = O(h^4),$$

其中 $h = L/m$, $x_i = ih$, $0 \leqslant i \leqslant m$.

证明　由 Taylor 展开式, 可得

$$u''(x_i) = \delta_x^2 U_i - \frac{h^2}{12} u^{(4)}(x_i) - \frac{h^4}{360} u^{(6)}(\eta_i), \quad \eta_i \in (x_{i-1}, x_{i+1}).$$

于是 (1.18) 可写为

$$\begin{cases} -\delta_x^2 U_i + q(x_i) U_i = f(x_i) - \dfrac{h^2}{12} u^{(4)}(x_i) - \dfrac{h^4}{360} u^{(6)}(\eta_i), \quad 1 \leqslant i \leqslant m-1, \\ U_0 = \alpha, \quad U_m = \beta. \end{cases} \tag{1.47}$$

将 (1.47) 与 (1.20) 相减, 得到如下误差方程组:

$$\begin{cases} -\delta_x^2 e_i + q(x_i) e_i = -\dfrac{h^2}{12} u^{(4)}(x_i) - \dfrac{h^4}{360} u^{(6)}(\eta_i), \quad 1 \leqslant i \leqslant m-1, \\ e_0 = 0, \quad e_m = 0. \end{cases} \tag{1.48}$$

记

$$W_i = w(x_i), \quad 0 \leqslant i \leqslant m.$$

对 (1.46) 离散化, 得到

$$\begin{cases} -\delta_x^2 W_i + q(x_i) W_i = \dfrac{1}{12} u^{(4)}(x_i) - \dfrac{h^2}{12} w^{(4)}(\tilde{\eta}_i), \quad 1 \leqslant i \leqslant m-1, \\ w_0 = 0, \quad w_m = 0, \end{cases} \tag{1.49}$$

其中 $\tilde{\eta}_i \in (x_{i-1}, x_{i+1})$.

记

$$r_i = e_i + h^2 W_i, \quad 0 \leqslant i \leqslant m.$$

用 h^2 乘以 (1.49), 并将结果与 (1.48) 相加, 得

$$\begin{cases} -\delta_x^2 r_i + q(x_i) r_i = -\dfrac{h^4}{360} u^{(6)}(\eta_i) - \dfrac{h^4}{12} w^{(4)}(\tilde{\eta}_i), \quad 1 \leqslant i \leqslant m-1, \\ r_0 = 0, \quad r_m = 0. \end{cases}$$

由定理 1.4, 有

$$\max_{0 \leqslant i \leqslant m} |r_i| \leqslant \frac{L^2}{2\sqrt{6}} \cdot \left[\frac{h^4}{360} \max_{0 \leqslant x \leqslant L} |u^{(6)}(x)| + \frac{h^4}{12} \max_{0 \leqslant x \leqslant L} |w^{(4)}(x)| \right],$$

即

$$u(x_i) - u_i(h) + h^2 W_i = O(h^4), \quad 0 \leqslant i \leqslant m.$$

移项, 得

$$u_i(h) = u(x_i) + h^2 w(x_i) + O(h^4), \quad 0 \leqslant i \leqslant m.$$

类似地, 可得

$$u_{2i}\left(\frac{h}{2}\right) = u(x_i) + \left(\frac{h}{2}\right)^2 w(x_i) + O(h^4), \quad 0 \leqslant i \leqslant m.$$

由以上两式有

$$\frac{4}{3}u_{2i}\left(\frac{h}{2}\right) - \frac{1}{3}u_i(h) = u(x_i) + O(h^4), \quad 0 \leqslant i \leqslant m.$$

定理证毕. □

算例 1.2 用外推方法计算算例 1.1 所给两点边值问题(1.25).

表 1.3 给出了最大误差

$$\hat{E}_\infty(h) = \max_{1 \leqslant i \leqslant m-1} \left| u(x_i) - \left[\frac{4}{3}u_{2i}\left(\frac{h}{2}\right) - \frac{1}{3}u_i(h)\right] \right|.$$

表 1.3 算例 1.2 取不同步长时数值解的最大误差

h	$\hat{E}_\infty(h)$	$\hat{E}_\infty(2h)/\hat{E}_\infty(h)$
π/10	1.009e−4	
π/20	6.846e−6	14.74
π/40	4.308e−7	15.89
π/80	2.697e−8	15.97
π/160	1.689e−9	15.97
π/320	9.588e−11	17.62

比较表 1.3 和表 1.2, 可见外推法大大提高了数值解的精度.

1.2.7 紧致差分格式

设 $w = \{w_i \,|\, 0 \leqslant i \leqslant m\} \in \mathcal{U}_h$. 定义算子

$$(\mathcal{A}w)_i = \begin{cases} \dfrac{1}{12}(w_{i-1} + 10w_i + w_{i+1}), & 1 \leqslant i \leqslant m-1, \\ w_i, & i = 0, m. \end{cases}$$

在点 x_i 处考虑微分方程 (1.1a), 有

$$-u''(x_i)+q(x_i)u(x_i)=f(x_i),\quad 0\leqslant i\leqslant m.$$

用算子 $\mathcal{A}$ 作用上式得到

$$-\mathcal{A}u''(x_i)+\mathcal{A}\left[q(x_i)u(x_i)\right]=\mathcal{A}f(x_i),\quad 1\leqslant i\leqslant m-1. \tag{1.50}$$

由引理 1.2, 有

$$\mathcal{A}u''(x_i)=\delta_x^2u(x_i)+\frac{h^4}{240}u^{(6)}(\xi_i),$$

其中 $\xi_i\in(x_{i-1},x_{i+1})$.

将上式代入到 (1.50) 可得

$$\begin{cases}-\delta_x^2U_i+\mathcal{A}\left[q(x_i)U_i\right]=\mathcal{A}f(x_i)+\dfrac{h^4}{240}u^{(6)}(\xi_i),\quad 1\leqslant i\leqslant m-1,\\ U_0=\alpha,\quad U_m=\beta.\end{cases}$$

忽略小量项 $\dfrac{1}{240}u^{(6)}(\xi)h^4$, 用 u_i 代替 U_i, 得到如下差分格式:

$$\begin{cases}-\delta_x^2u_i+\dfrac{1}{12}\left[q(x_{i-1})u_{i-1}+10q(x_i)u_i+q(x_{i+1})u_{i+1}\right]\\ =\dfrac{1}{12}\left[f(x_{i-1})+10f(x_i)+f(x_{i+1})\right],\quad 1\leqslant i\leqslant m-1,\\ u_0=\alpha,\quad u_m=\beta.\end{cases} \tag{1.51}$$

可以证明差分格式 (1.51) 是唯一可解的, 在无穷范数下是四阶收敛的且是稳定的.

用 x_{i-1},x_i,x_{i+1} 三点所构造的差分格式中差分格式 (1.51) 的精度达到最高阶 $O(h^4)$, 称其为**紧致差分格式**.

算例 1.3 *应用差分格式 (1.51) 计算算例 1.1 所给的两点边值问题*(1.25).

将区间 $[\,0,\pi]$ 作 m 等分, 记 $h=\pi/m$, $x_i=ih$, $0\leqslant i\leqslant m$. 差分格式为

$$\begin{cases}-\dfrac{1}{h^2}(u_{i-1}-2u_i+u_{i+1})+\dfrac{1}{12}(u_{i-1}+10u_i+u_{i+1})\\ =\dfrac{1}{12}[\mathrm{e}^{x_{i-1}}(\sin x_{i-1}-2\cos x_{i-1})+10\mathrm{e}^{x_i}(\sin x_i-2\cos x_i)\\ \quad+\mathrm{e}^{x_{i+1}}(\sin x_{i+1}-2\cos x_{i+1})],\quad 1\leqslant i\leqslant m-1,\\ u_0=0,\quad u_m=0.\end{cases}$$

表 1.4 列出了 4 个结点处的精确解和取不同步长时所得的数值解. 表 1.5 给出了取不同步长时在这 4 个结点处所得数值解的误差的绝对值和数值解的最大误差

$$E_{\infty}(h)=\max_{0\leqslant i\leqslant m}|u(x_i)-u_i|.$$

表 1.4　算例 1.3 部分结点处的精确解和取不同步长时所得的数值解

h	x			
	$\pi/5$	$2\pi/5$	$3\pi/5$	$4\pi/5$
$\pi/10$	1.101789	3.341453	6.263188	7.255585
$\pi/20$	1.101778	3.341608	6.263684	7.256326
$\pi/40$	1.101778	3.341618	6.263715	7.256373
$\pi/80$	1.101778	3.341618	6.263717	7.256376
$\pi/160$	1.101778	3.341619	6.263717	7.256376
精确解	1.101778	3.341619	6.263717	7.256376

表 1.5　算例 1.3 取不同步长时部分结点处数值解的误差的绝对值和数值解的最大误差

h	x				$E_{\infty}(h)$	$E_{\infty}(2h)/E_{\infty}(h)$
	$\pi/5$	$2\pi/5$	$3\pi/5$	$4\pi/5$		
$\pi/10$	1.105e−5	1.658e−4	5.289e−4	7.910e−4	7.910e−4	
$\pi/20$	5.547e−7	1.063e−5	3.339e−5	4.971e−5	4.971e−5	15.91
$\pi/40$	3.253e−8	6.685e−7	2.093e−6	3.111e−6	3.111e−6	15.98
$\pi/80$	2.000e−9	4.185e−8	1.309e−7	1.945e−7	1.946e−7	15.99
$\pi/160$	1.246e−10	2.616e−9	8.180e−9	1.216e−8	1.216e−8	16.00

从表 1.5 可以看出, 当步长 h 缩小到原来的 1/2 时, 最大误差约缩小到原来的 1/16. 图 1.3 给出了精确解曲线和取 $h=\pi/10$ 时所得数值解曲线. 由于数值

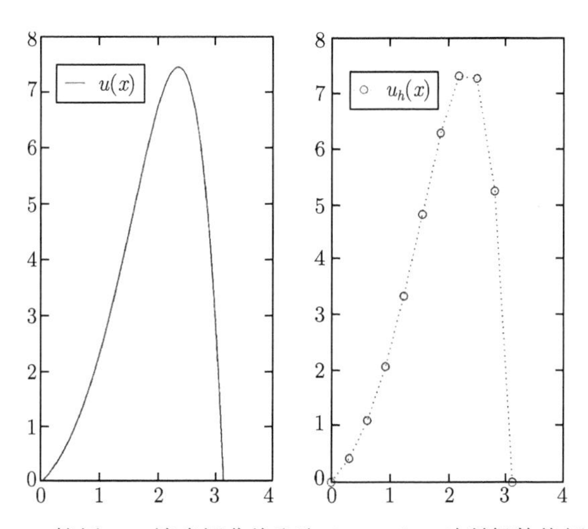

图 1.3　算例 1.3 精确解曲线和取 $h=\pi/10$ 时所得数值解曲线

解的相对误差只有万分之一左右, 数值解曲线和精确解曲线用肉眼已经几乎难以分辨. 图 1.4 给出了取不同步长时所得数值解的误差曲线.

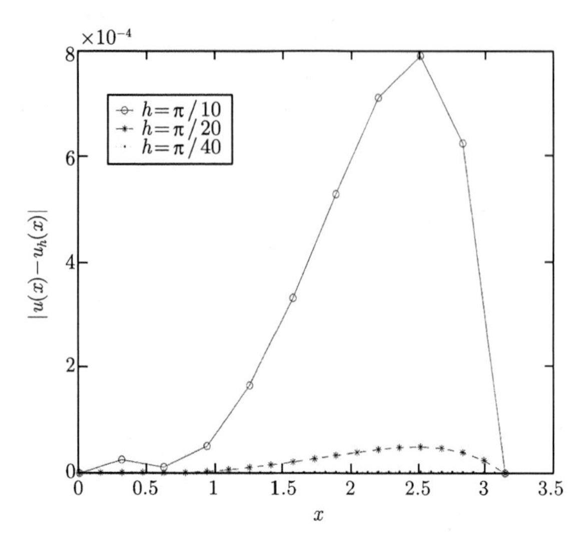

图 1.4 算例 1.3 取不同步长时所得数值解的误差曲线

1.3 导数边界值问题

考虑如下导数边界值问题:

$$\begin{cases} -u'' + q(x)u = f(x), \quad 0 < x < L, & (1.52a) \\ -u'(0) + \lambda_1 u(0) = \alpha, \quad u'(L) + \lambda_2 u(L) = \beta, & (1.52b) \end{cases}$$

其中 $q(x)\geqslant 0, f(x)$ 为已知连续函数, $\lambda_1\geqslant 0,\ \lambda_2\geqslant 0,\ \alpha,\ \beta$ 为已知常数, $\lambda_1+\lambda_2=0$ 和 $q(x)\equiv 0$ 不同时成立.

设 $v=(v_0,v_1,\cdots,v_m)\in\mathcal{U}_h$. 记

$$D_+v_i=\frac{1}{h}(v_{i+1}-v_i), \quad D_-v_i=\frac{1}{h}(v_i-v_{i-1}).$$

1.3.1 差分格式的建立

在结点处考虑 (1.52), 有

$$\begin{cases} -u''(x_i) + q(x_i)u(x_i) = f(x_i), \quad 1 \leqslant i \leqslant m-1, & (1.53a) \\ -u'(x_0) + \lambda_1 u(x_0) = \alpha, \quad u'(x_m) + \lambda_2 u(x_m) = \beta. & (1.53b) \end{cases}$$

对于 (1.53a), 应用

$$u''(x_i) = \delta_x^2 U_i - \frac{h^2}{12} u^{(4)}(\xi_i), \quad \xi_i \in (x_{i-1}, x_{i+1}), \quad 1 \leqslant i \leqslant m-1;$$

对于 (1.53b), 应用

$$\begin{cases} u'(x_0) = \dfrac{u(x_1) - u(x_0)}{h} - \dfrac{h}{2} u''(\xi_0) = D_+ U_0 - \dfrac{h}{2} u''(\xi_0), \quad \xi_0 \in (x_0, x_1), \\ u'(x_m) = \dfrac{u(x_m) - u(x_{m-1})}{h} + \dfrac{h}{2} u''(\xi_m) = D_- U_m + \dfrac{h}{2} u''(\xi_m), \quad \xi_m \in (x_{m-1}, x_m), \end{cases}$$

有

$$\begin{cases} -\delta_x^2 U_i + q(x_i) U_i = f(x_i) - \dfrac{h^2}{12} u^{(4)}(\xi_i), \quad 1 \leqslant i \leqslant m-1, & (1.54\text{a}) \\ -D_+ U_0 + \lambda_1 U_0 = \alpha - \dfrac{h}{2} u''(\xi_0), & (1.54\text{b}) \\ D_- U_m + \lambda_2 U_m = \beta - \dfrac{h}{2} u''(\xi_m). & (1.54\text{c}) \end{cases}$$

在上式中忽略小量项, 并用 u_i 代替 U_i, 可得如下差分格式:

$$\begin{cases} -\delta_x^2 u_i + q(x_i) u_i = f(x_i), \quad 1 \leqslant i \leqslant m-1, & (1.55\text{a}) \\ -D_+ u_0 + \lambda_1 u_0 = \alpha, \quad D_- u_m + \lambda_2 u_m = \beta. & (1.55\text{b}) \end{cases}$$

(1.55a) 的截断误差为 $O(h^2)$, 而 (1.55b) 的截断误差为 $O(h)$.

为了提高导数边界条件的逼近精度, 注意到方程 (1.52a), 有

$$u''(x_0) = q(x_0) u(x_0) - f(x_0), \quad u''(x_m) = q(x_m) u(x_m) - f(x_m).$$

由 Taylor 展开式, 有

$$\begin{aligned} u'(x_0) =& D_+ U_0 - \frac{h}{2} u''(x_0) - \frac{h^2}{6} u'''(\bar{\xi}_0) \\ =& D_+ U_0 - \frac{h}{2} [q(x_0) u(x_0) - f(x_0)] - \frac{h^2}{6} u'''(\bar{\xi}_0), \quad x_0 < \bar{\xi}_0 < x_1, \\ u'(x_m) =& D_- U_m + \frac{h}{2} u''(x_m) - \frac{h^2}{6} u'''(\bar{\xi}_m) \\ =& D_- U_m + \frac{h}{2} [q(x_m) u(x_m) - f(x_m)] - \frac{h^2}{6} u'''(\bar{\xi}_m), \quad x_{m-1} < \bar{\xi}_m < x_m. \end{aligned}$$

将以上二式代入到 (1.53b), 注意到(1.54a), 得到

$$\begin{cases} -\delta_x^2 U_i + q(x_i)U_i = f(x_i) - \dfrac{h^2}{12}u^{(4)}(\xi_i), \quad 1 \leqslant i \leqslant m-1, \\ -D_+U_0 + \dfrac{h}{2}\left[q(x_0)U_0 - f(x_0)\right] + \lambda_1 U_0 = \alpha - \dfrac{h^2}{6}u'''(\bar{\xi}_0), \\ D_-U_m + \dfrac{h}{2}\left[q(x_m)U_m - f(x_m)\right] + \lambda_2 U_m = \beta + \dfrac{h^2}{6}u'''(\bar{\xi}_m). \end{cases}$$

略去小量项, 并用 u_i 代替 U_i, 可对定解问题 (1.52) 建立如下差分格式:

$$\begin{cases} -\delta_x^2 u_i + q(x_i)u_i = f(x_i), \quad 1 \leqslant i \leqslant m-1, & (1.56\text{a}) \\ -D_+u_0 + \dfrac{h}{2}q(x_0)u_0 + \lambda_1 u_0 = \alpha + \dfrac{h}{2}f(x_0), & (1.56\text{b}) \\ D_-u_m + \dfrac{h}{2}q(x_m)u_m + \lambda_2 u_m = \beta + \dfrac{h}{2}f(x_m). & (1.56\text{c}) \end{cases}$$

方程 (1.52a) 的离散化差分格式 (1.56a) 和边界条件 (1.52b) 的离散化格式 (1.56b) 和 (1.56c) 的截断误差均为 $O(h^2)$.

将(1.56b)和(1.56c)改写为

$$-\frac{2}{h}\Big[D_+u_0 - \big(\lambda_1 u_0 - \alpha\big)\Big] + q(x_0)u_0 = f(x_0), \tag{1.57}$$

$$-\frac{2}{h}\Big[\big(\beta - \lambda_2 u_m\big) - D_-u_m\Big] + q(x_m)u_m = f(x_m). \tag{1.58}$$

可以将(1.57)和(1.58)分别看成

$$-u''(x_0) + q(x_0)u(x_0) = f(x_0)$$

和

$$-u''(x_m) + q(x_m)u(x_m) = f(x_m)$$

的离散化. 事实上, 有

$$-\frac{2}{h}\Big[D_+U_0 - \big(\lambda_1 U_0 - \alpha\big)\Big] + q(x_0)U_0 = f(x_0) + O(h),$$

$$-\frac{2}{h}\Big[\big(\beta - \lambda_2 U_m\big) - D_-U_m\Big] + q(x_m)U_m = f(x_m) + O(h).$$

1.3.2 差分格式的求解与数值算例

差分格式 (1.55) 可以写成如下线性方程组:

$$
\begin{pmatrix}
1+\lambda_1 h & -1 & & & \\
-1 & 2+h^2q(x_1) & -1 & & \\
 & \ddots & \ddots & \ddots & \\
 & & -1 & 2+h^2q(x_{m-1}) & -1 \\
 & & & -1 & 1+\lambda_2 h
\end{pmatrix}
\begin{pmatrix} u_0 \\ u_1 \\ \vdots \\ u_{m-1} \\ u_m \end{pmatrix}
$$

$$
= \begin{pmatrix} h\alpha \\ h^2 f(x_1) \\ \vdots \\ h^2 f(x_{m-1}) \\ h\beta \end{pmatrix}. \tag{1.59}
$$

可用追赶法求解 (1.59).

算例 1.4 应用差分格式 (1.55) 计算如下两点边值问题:

$$
\begin{cases}
-u'' + u = \mathrm{e}^x(\sin x - 2\cos x), \quad 0 < x < \pi, \\
-u'(0) = -1, \quad u'(\pi) = -\mathrm{e}^{\pi}.
\end{cases} \tag{1.60}
$$

该问题的精确解为 $u(x) = \mathrm{e}^x \sin x$.

将区间 $[0,\pi]$ 作 m 等分, 记 $h = \pi/m$, $x_i = ih$, $0 \leqslant i \leqslant m$. 差分格式为

$$
\begin{cases}
-\dfrac{u_{i-1} - 2u_i + u_{i+1}}{h^2} + u_i = \mathrm{e}^{x_i}(\sin x_i - 2\cos x_i), \quad 1 \leqslant i \leqslant m-1, \\
-\dfrac{u_1 - u_0}{h} = -1, \quad \dfrac{u_m - u_{m-1}}{h} = -\mathrm{e}^{\pi}.
\end{cases}
$$

表 1.6 给出了 4 个结点处的精确解和取不同步长时所得的数值解. 表 1.7 给出了取不同步长时在这 4 个结点处所得数值解误差的绝对值 $|u(x_i) - u_i|$ 和数值解的最大误差

$$
E_\infty(h) = \max_{0 \leqslant i \leqslant m} |u(x_i) - u_i|.
$$

表 1.6　算例 1.4 部分结点处的精确解和取不同步长时所得的数值解

h	x			
	$\pi/5$	$2\pi/5$	$3\pi/5$	$4\pi/5$
$\pi/160$	1.064444	3.271905	6.133363	7.012527
$\pi/320$	1.083244	3.306943	6.198800	7.134814
$\pi/640$	1.092544	3.324326	6.231323	7.195686
$\pi/1280$	1.097169	3.332984	6.247536	7.226053
精确解	1.101778	3.341619	6.263717	7.256376

表 1.7　算例 1.4 取不同步长时部分结点处数值解的误差的绝对值和数值解的最大误差

h	x				$E_\infty(h)$	$E_\infty(2h)/E_\infty(h)$
	$\pi/5$	$2\pi/5$	$3\pi/5$	$4\pi/5$		
$\pi/160$	3.733e−2	6.971e−2	1.304e−1	2.438e−1	4.565e−1	
$\pi/320$	1.853e−2	3.468e−2	6.492e−2	1.216e−1	2.277e−1	2.005
$\pi/640$	9.234e−3	1.729e−2	3.239e−2	6.069e−2	1.137e−1	2.003
$\pi/1280$	4.609e−3	8.635e−3	1.618e−2	3.032e−2	5.683e−2	2.001

从表 1.7 可以看出, 当步长缩小到原来的 1/2 时, 最大误差约缩小到原来的 1/2. 可以猜测 $E_\infty(h) \approx ch$. 图 1.5 给出了精确解曲线和取步长 $h = \pi/160$ 时所得数值解曲线. 图 1.6 给出了取不同步长时所得数值解的误差曲线.

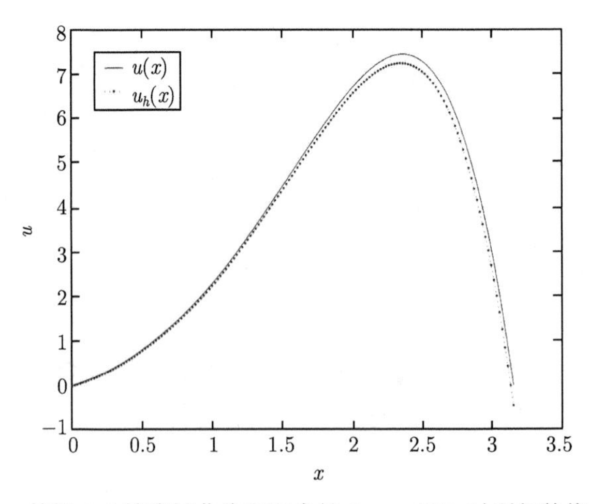

图 1.5　算例 1.4 精确解曲线和取步长 $h = \pi/160$ 时所得数值解曲线

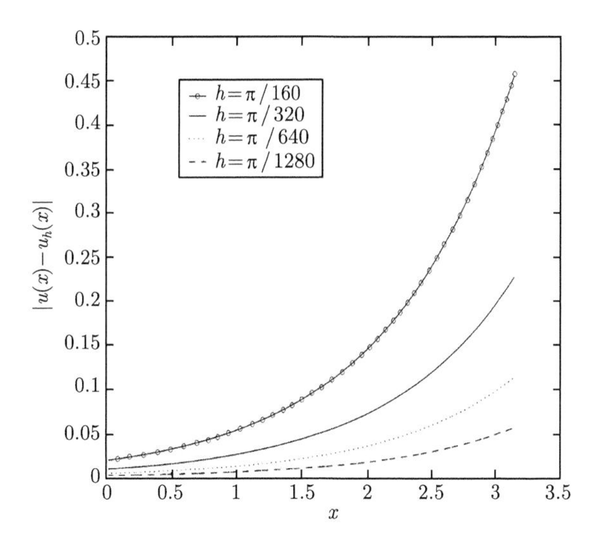

图 1.6 算例 1.4 取不同步长时所得数值解的误差曲线

差分格式 (1.56) 可写成如下矩阵向量形式:

$$\begin{pmatrix} 1+h\lambda_1+\dfrac{h^2}{2}q(x_0) & -1 & & & \\ -1 & 2+h^2q(x_1) & -1 & & \\ & \ddots & \ddots & \ddots & \\ & & -1 & 2+h^2q(x_{m-1}) & -1 \\ & & & -1 & 1+h\lambda_2+\dfrac{h^2}{2}q(x_m) \end{pmatrix}$$

$$\cdot\begin{pmatrix} u_0 \\ u_1 \\ \vdots \\ u_{m-1} \\ u_m \end{pmatrix} = \begin{pmatrix} h\alpha+\dfrac{h^2}{2}f(x_0) \\ h^2f(x_1) \\ \vdots \\ h^2f(x_{m-1}) \\ h\beta+\dfrac{h^2}{2}f(x_m) \end{pmatrix}. \tag{1.61}$$

可用追赶法求解 (1.61).

算例 1.5 应用差分格式 (1.56) 计算算例 1.4 所给两点边值问题 (1.60).

将区间 $[0,\pi]$ 作 m 等分, 记 $h=\pi/m$, $x_i=ih$, $0\leqslant i\leqslant m$. 差分格式为

$$\begin{cases}-\dfrac{u_{i-1}-2u_i+u_{i+1}}{h^2}+u_i=\mathrm{e}^{x_i}(\sin x_i-2\cos x_i), & 1\leqslant i\leqslant m-1,\\ -\dfrac{u_1-u_0}{h}+\dfrac{h}{2}u_0=-1-h, \quad \dfrac{u_m-u_{m-1}}{h}+\dfrac{h}{2}u_m=(h-1)\mathrm{e}^{\pi}.\end{cases}$$

表 1.8 给出了 4 个结点处的精确解和取不同步长时所得的数值解. 表 1.9 给出了取不同步长时在这 4 个结点处所得数值解的误差的绝对值 $|u(x_i)-u_i|$ 和数值解的最大误差

$$E_\infty(h)=\max_{0\leqslant i\leqslant m}|u(x_i)-u_i|.$$

表 1.8　算例 1.5 部分结点处的精确解和取不同步长时所得的数值解

h	x			
	$\pi/5$	$2\pi/5$	$3\pi/5$	$4\pi/5$
$\pi/10$	1.113391	3.358955	6.339003	7.501848
$\pi/20$	1.104682	3.346009	6.282778	7.318382
$\pi/40$	1.102504	3.342720	6.268497	7.271918
$\pi/80$	1.101959	3.341894	6.264913	7.260264
$\pi/160$	1.101778	3.341687	6.264016	7.257348
精确解	1.101778	3.341619	6.263717	7.256376

表 1.9　算例 1.5 取不同步长时部分结点处数值解的误差的绝对值和数值解的最大误差

h	x				$E_\infty(h)$	$E_\infty(2h)/E_\infty(h)$
	$\pi/5$	$2\pi/5$	$3\pi/5$	$4\pi/5$		
$\pi/10$	1.161e−2	1.734e−2	7.529e−2	2.455e−1	6.041e−1	*
$\pi/20$	2.905e−3	4.391e−3	1.906e−2	6.201e−2	1.524e−1	3.964
$\pi/40$	7.263e−4	1.101e−3	4.780e−3	1.554e−2	3.818e−2	3.992
$\pi/80$	1.816e−4	2.755e−4	1.196e−3	3.888e−3	9.550e−3	3.998
$\pi/160$	4.539e−5	6.890e−5	2.991e−4	9.722e−4	2.388e−3	3.999

从表 1.9 可以看出, 当步长缩小到原来的 1/2 时, 最大误差约缩小到原来的 1/4. 可以猜测 $E_\infty(h)\approx ch^2$. 图 1.7 给出了精确解曲线和取步长 $h=\pi/10$ 时所得数值解曲线. 图 1.8 给出了取不同步长时所得数值解的误差曲线.

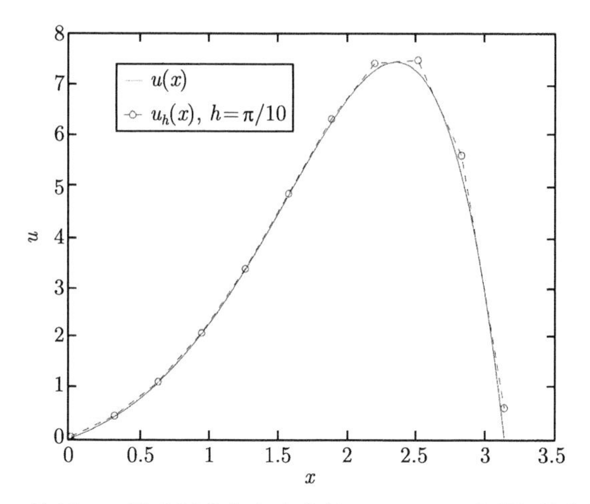

图 1.7 算例 1.5 精确解曲线和取步长 $h = \pi/10$ 时所得数值解曲线

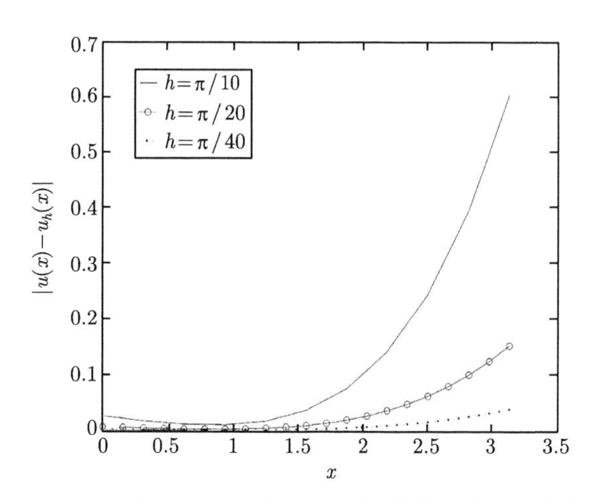

图 1.8 算例 1.5 取不同步长时所得数值解的误差曲线

1.4 小结与拓展

1.1 节先对最简二阶常微分方程两点边值问题 (1.1) 应用两次积分方法得出了精确解的表达式; 然后介绍了几个基本恒等式和不等式, 用能量分析方法得到了常微分方程两点齐次边值问题解的先验估计式. 能量分析方法也是微分方程数值解法中的一个基本的分析方法.

1.2 节对常微分方程两点边值问题 (1.1) 建立了差分格式 (1.20), 证明了差分格式是唯一可解的, 给出了差分格式的求解方法及数值算例. 用极值原理和能量分析两种方法证明了差分格式 (1.20) 的收敛性和稳定性. 引理 1.4 中介绍的两个恒等式及五个不等式在能量分析方法中是非常有用的. 引理 1.4 中的大部分结果取自 [1].

网格剖分、网格函数、截断误差、收敛性和稳定性是差分方法中的几个基本概念. 提高数值解精度有两个途径, 一是设法减少截断误差, 构造高精度差分格式; 二是利用 Richardson 外推方法.

对于导数边界值问题, 我们仅给出了差分格式. 读者可以应用 1.2 节介绍的分析方法证明差分格式的唯一可解性、收敛性和稳定性. 从算例 1.4 的数值结果可以猜测差分格式 (1.55) 是一阶收敛的. 从算例 1.5 的数值结果可以猜测差分格式 (1.56) 是二阶收敛的. 有兴趣的读者可以尝试进行证明.

对于变系数方程

$$-u'' + p(x)u' + q(x)u = f(x),$$

可建立差分格式

$$-\delta_x^2 u_i + p(x_i) \cdot \frac{u_{i+1} - u_{i-1}}{2h} + q(x_i)u_i = f(x_i).$$

对于守恒型方程

$$-(a(x)u')' + q(x)u = f(x),$$

可建立差分格式

$$-\frac{1}{h}\left[a(x_{i+\frac{1}{2}})\delta_x u_{i+\frac{1}{2}} - a(x_{i-\frac{1}{2}})\delta_x u_{i-\frac{1}{2}}\right] + q(x_i)u_i = f(x_i),$$

其中 $x_{i+\frac{1}{2}} = \frac{1}{2}(x_i + x_{i+1})$.

习　题　1

1.1　设函数 $f \in C^3[c-h, c+h]$, 证明

$$\frac{f(c+h) - f(c-h)}{2h} = f'(c) + \frac{h^2}{6}f'''(\xi), \quad c-h < \xi < c+h;$$

$$\frac{f(c+h) + f(c-h)}{2} = f(c) + \frac{h^2}{2}\int_0^1 \left[f''(c+sh) + f''(c-sh)\right](1-s)\mathrm{d}s;$$

$$\frac{f(c+h) - f(c-h)}{2h} = f'(c) + \frac{h^2}{4}\int_0^1 \left[f'''(c+sh) + f'''(c-sh)\right](1-s)^2\mathrm{d}s;$$

$$f''(c)=\frac{2}{h}\left[\frac{f(c+h)-f(c)}{h}-f'(c)\right]-h\int_0^1 f'''(c+sh)(1-s)^2\mathrm{d}s;$$

$$\frac{f(c+h)-f(c-h)}{2h}=\frac{1}{2}\int_0^1\Big[f'(c+sh)+f'(c-sh)\Big]\mathrm{d}s;$$

$$\frac{1}{h^2}\big[f(c+h)-2f(c)+f(c-h)\big]=\int_0^1\Big[f''(c+sh)+f''(c-sh)\Big](1-s)\mathrm{d}s.$$

1.2 用差分格式 (1.20) 计算如下两点边值问题:

$$\begin{cases}-u''=6x, & 0<x<1,\\ u(0)=0, & u(1)=1.\end{cases}$$

取 $h=1/4$, 计算 $1/4, 1/2, 3/4$ 三点处的数值解, 并与精确解比较. 解释所观察到的现象. 已知精确解为 $u(x)=x(2-x^2)$.

1.3 设 $u=\{u_i\,|\,0\leqslant i\leqslant m\}\in\mathcal{U}_h$, $v=\{v_i\,|\,0\leqslant i\leqslant m\}\in\mathcal{U}_h$, 试证明有下列 Cauchy-Schwarz 不等式

$$|(u,v)|\leqslant\|u\|\cdot\|v\|.$$

1.4 设 $u=\{u_i\,|\,0\leqslant i\leqslant m\}\in\mathcal{U}_h$, 且 $u_0=0$, 证明

$$\|u\|_\infty\leqslant\sqrt{L}\,|u|_1,\quad \|u\|\leqslant\frac{L}{\sqrt{2}}\,|u|_1.$$

1.5 设 $u=\{u_i\,|\,0\leqslant i\leqslant m\}\in\mathcal{U}_h$, 证明

$$\|u\|_\infty^2\leqslant 2\max\{u_0^2,u_m^2\}+\frac{L}{2}|u|_1^2.$$

1.6 $u=\{u_i\,|\,0\leqslant i\leqslant m\}\in\mathcal{U}_h$. 记

$$\|\delta_x v\|_\infty=\max_{0\leqslant i\leqslant m-1}|\delta_x v_{i+\frac{1}{2}}|,\quad \|\delta_x v\|=\sqrt{h\sum_{i=0}^{m-1}(\delta_x v_{i+\frac{1}{2}})^2},$$

$$\|\delta_x^2 v\|=\sqrt{h\sum_{i=1}^{m-1}(\delta_x^2 v_i)^2}.$$

证明对于任意的 $\epsilon>0$, 有

$$\|\delta_x v\|_\infty^2\leqslant\epsilon\|\delta_x^2 v\|^2+\left(\frac{1}{L}+\frac{1}{\epsilon}\right)\|\delta_x v\|^2.$$

1.7 用紧致差分格式 (1.51) 计算两点边值问题

$$\begin{cases}-u''+u=\left(\dfrac{1}{20}x^4-6\right)x, & 0<x<1,\\[2mm] u(0)=0, & u(1)=\dfrac{21}{20}.\end{cases}$$

取 $h=1/4$, 计算 $1/4, 1/2, 3/4$ 三点处的数值解, 并与精确解比较. 解释所观察到的现象. 已知精确解为 $u(x)=\frac{1}{20}x^5+x^3$.

1.8 用差分格式 (1.55) 计算两点边值问题

$$\begin{cases} -u''=0, \quad 0<x<1, \\ -u'(0)+u(0)=-1, \quad u'(1)=4. \end{cases}$$

取 $h=1/4$, 计算 $1/4, 1/2, 3/4$ 三点处的数值解, 并与精确解比较. 解释所观察到的现象. 已知精确解为 $u(x)=4x+3$.

1.9 用差分格式 (1.20) 计算如下两点边值问题:

$$\begin{cases} -u''+\left(x-\frac{1}{2}\right)^2 u=\left(x^2-x+\frac{5}{4}\right)\sin x, \quad 0<x<\frac{\pi}{2}, \\ u(0)=0, \quad u\left(\frac{\pi}{2}\right)=1. \end{cases}$$

填充表 1.10 和表 1.11, 并画出解曲线图和误差曲线图. 已知其精确解为 $u(x)=\sin x$.

表 1.10 习题 1.9 部分结点处的精确解和取不同步长时所得的数值解

h	x						
	$\pi/16$	$2\pi/16$	$3\pi/16$	$4\pi/16$	$5\pi/16$	$6\pi/16$	$7\pi/16$
$\pi/16$							
$\pi/32$							
$\pi/64$							
$\pi/128$							
精确解							

表 1.11 习题 1.9 取不同步长时部分结点处数值解的误差的绝对值和数值解的最大误差

h	x							$E_\infty(h)$	$\frac{E_\infty(2h)}{E_\infty(h)}$
	$\pi/16$	$2\pi/16$	$3\pi/16$	$4\pi/16$	$5\pi/16$	$6\pi/16$	$7\pi/16$		
$\pi/16$									
$\pi/32$									
$\pi/64$									
$\pi/128$									

1.10 分别用差分格式 (1.55) 与 (1.56) 计算两点边值问题

$$\begin{cases} -u'' + (1+\sin x)u = \mathrm{e}^x \sin x, \quad 0 < x < 1, \\ -u'(0) + u(0) = 0, \quad u'(1) + 2u(1) = 3\mathrm{e}. \end{cases}$$

已知其精确解为 $u(x) = \mathrm{e}^x$. 填充数据表 1.12 和数据表 1.13, 并画出精确解曲线图、数值解曲线图和误差曲线图.

表 1.12　习题 1.10 部分结点处的精确解和取不同步长时所得的数值解

h	x		
	1/4	2/4	3/4
1/4			
1/8			
1/16			
1/32			
1/64			
精确解			

表 1.13　习题 1.10 取不同步长时部分结点处数值解的误差的绝对值和数值解的最大误差

h	x			$E_\infty(h)$	$E_\infty(2h)/E_\infty(h)$
	1/4	2/4	3/4		
1/4					
1/8					
1/16					
1/32					
1/64					

第 2 章　椭圆型方程的差分方法

各种物理性质的许多稳定过程都归结为椭圆型偏微分方程, 诸如定常热传导问题和扩散问题、导体中电流分布问题、静电学和静磁学问题、弹性理论和渗流理论问题等等.

椭圆型方程边值问题的精确解只在一些特殊情况下可以求得. 有些问题即使求得了它的解析解, 但计算往往也很复杂. 因此必须善于近似地求解这些问题.

较具有代表性的椭圆型方程是二维 Poisson 方程

$$-\left(\frac{\partial^2 u}{\partial x^2}+\frac{\partial^2 u}{\partial y^2}\right)=f(x,y),\quad (x,y)\in \varOmega$$

和 Laplace 方程

$$-\left(\frac{\partial^2 u}{\partial x^2}+\frac{\partial^2 u}{\partial y^2}\right)=0,\quad (x,y)\in \varOmega,$$

其中 $\varOmega$ 为 $\mathbf{R}^2$ 中的一个有界区域.

定解条件通常有如下 3 类:

(1) 第 1 类边值条件 (Dirichlet 边界条件) $u\Big|_{\varGamma}=\varphi(x,y)$,

(2) 第 2 类边值条件 (Neumann 边界条件) $\dfrac{\partial u}{\partial \boldsymbol{n}}\Big|_{\varGamma}=\varphi_1(x,y)$,

(3) 第 3 类边值条件 (Robin 边界条件) $\left[\dfrac{\partial u}{\partial \boldsymbol{n}}+\lambda(x,y)u\right]\Big|_{\varGamma}=\psi(x,y)$,

其中 $\varGamma$ 为 $\varOmega$ 的边界, $\boldsymbol{n}$ 为 $\varGamma$ 的单位外法向, $\lambda(x,y)\Big|_{\varGamma}\neq 0$. 我们将第 2 类边值条件和第 3 类边值条件统称为导数边界值条件.

本章以二维 Poisson 方程的定解问题为例研究其有限差分解法. 涉及如下 3 个问题:

(1) 如何选取网格, 将微分方程离散化为差分方程组;

(2) 差分方程组解的存在唯一性以及如何解相应的差分方程组;

(3) 当网格步长趋于零时, 差分方程组的解是否收敛于微分方程的解.

2.1 Dirichlet 边值问题

考虑二维 Poisson 方程 Dirichlet 边值问题

$$\begin{cases} -\Delta u = f(x,y), \quad (x,y) \in \Omega, & (2.1\text{a}) \\ u = \varphi(x,y), \quad (x,y) \in \Gamma, & (2.1\text{b}) \end{cases}$$

其中 $\Delta u = \dfrac{\partial^2 u}{\partial x^2} + \dfrac{\partial^2 u}{\partial y^2}$. 为简单起见, 只考虑矩形区域 $\Omega = (0, L_1) \times (0, L_2)$, Γ 为 Ω 的边界. 我们先来介绍一下齐次 Dirichlet 边值问题 (第一边值问题) 解的先验估计式.

记

$$\kappa = \left(\frac{6}{L_1^2} + \frac{6}{L_2^2}\right)^{-\frac{1}{2}}, \tag{2.2}$$

则有

$$\kappa \leqslant \frac{1}{6}\sqrt{3L_1L_2}. \tag{2.3}$$

引理 2.1 记 $\Omega = (0, L_1) \times (0, L_2)$, Γ 为 Ω 的边界. 设 $w \in C^1(\bar{\Omega})$, 且当 $(x,y) \in \Gamma$ 时 $w(x,y) = 0$, 则有

$$\|w\| \leqslant \kappa |w|_1, \tag{2.4}$$

其中

$$\|w\|^2 = \iint_\Omega w^2(x,y)\mathrm{d}x\mathrm{d}y, \quad |w|_1^2 = \iint_\Omega \left[w_x^2(x,y) + w_y^2(x,y)\right] \mathrm{d}x\mathrm{d}y.$$

证明 由引理 1.1, 有

$$\int_0^{L_1} w^2(x,y)\mathrm{d}x \leqslant \frac{L_1^2}{6} \int_0^{L_1} w_x^2(x,y)\mathrm{d}x, \quad y \in (0, L_2),$$

$$\int_0^{L_2} w^2(x,y)\mathrm{d}y \leqslant \frac{L_2^2}{6} \int_0^{L_2} w_y^2(x,y)\mathrm{d}y, \quad x \in (0, L_1),$$

即

$$\frac{6}{L_1^2} \int_0^{L_1} w^2(x,y)\mathrm{d}x \leqslant \int_0^{L_1} w_x^2(x,y)\mathrm{d}x, \quad y \in (0, L_2), \tag{2.5}$$

$$\frac{6}{L_2^2}\int_0^{L_2} w^2(x,y)\mathrm{d}y \leqslant \int_0^{L_2} w_y^2(x,y)\mathrm{d}y, \quad x\in(0,L_1). \tag{2.6}$$

将 (2.5) 的两端关于 y 在 $(0,L_2)$ 上积分, 将 (2.6) 的两端关于 x 在 $(0,L_1)$ 上积分, 并将所得结果相加再开方即得 (2.4).

引理证毕. □

引理 2.2　记 $\Omega=(0,L_1)\times(0,L_2)$, Γ 为 Ω 的边界. 设 $w\in C^2(\Omega)$, 且当 $(x,y)\in\Gamma$ 时 $w(x,y)=0$, 则有

$$\|w\|_\infty \leqslant \frac{1}{12}\sqrt{3(\sqrt{2}+1)L_1L_2}\,\|\Delta w\|.$$

证明　设

$$|w(x^*,y^*)|=\|w\|_\infty.$$

由引理 1.1, 并注意到 $w(0,y)=w(L_1,y)=0$, $w(x,0)=w(x,L_2)=0$, $w_x(x,0)=w_x(x,L_2)=0$, 有

$$\begin{aligned}
\|w\|_\infty^2 =&\ w^2(x^*,y^*)\\
\leqslant&\ \epsilon_1\int_0^{L_1} w_x^2(x,y^*)\mathrm{d}x+\frac{1}{4\epsilon_1}\int_0^{L_1} w^2(x,y^*)\mathrm{d}x\\
\leqslant&\ \epsilon_1\int_0^{L_1}\left[\epsilon_2\int_0^{L_2} w_{xy}^2(x,y)\mathrm{d}y+\frac{1}{4\epsilon_2}\int_0^{L_2} w_x^2(x,y)\mathrm{d}y\right]\mathrm{d}x\\
&+\frac{1}{4\epsilon_1}\int_0^{L_1}\left[\epsilon_2\int_0^{L_2} w_y^2(x,y)\mathrm{d}y+\frac{1}{4\epsilon_2}\int_0^{L_2} w^2(x,y)\mathrm{d}y\right]\mathrm{d}x\\
=&\ \epsilon_1\epsilon_2\|w_{xy}\|^2+\frac{\epsilon_1}{4\epsilon_2}\|w_x\|^2+\frac{\epsilon_2}{4\epsilon_1}\|w_y\|^2+\frac{1}{16\epsilon_1\epsilon_2}\|w\|^2.
\end{aligned}$$

此外易知

$$\|\Delta w\|^2=\|w_{xx}\|^2+\|w_{yy}\|^2+2\|w_{xy}\|^2,$$

进而可得

$$\|w_{xy}\|^2\leqslant\frac{1}{2}\|\Delta w\|^2.$$

于是

$$\|w\|_\infty^2\leqslant\frac{1}{2}\epsilon_1\epsilon_2\|\Delta w\|^2+\frac{\epsilon_1}{4\epsilon_2}\|w_x\|^2+\frac{\epsilon_2}{4\epsilon_1}\|w_y\|^2+\frac{1}{16\epsilon_1\epsilon_2}\|w\|^2.$$

取 $\epsilon_1 = \epsilon_2 = \sqrt{2\epsilon}$, 得到

$$\|w\|_\infty^2 \leqslant \epsilon\|\Delta w\|^2 + \frac{1}{4}|w|_1^2 + \frac{1}{32\epsilon}\|w\|^2. \tag{2.7}$$

由引理 2.1 有

$$\|w\| \leqslant \kappa|w|_1.$$

再由

$$|w|_1^2 = -(\Delta w, w) \leqslant \|\Delta w\| \cdot \|w\|,$$

得到

$$|w|_1 \leqslant \kappa\|\Delta w\| \tag{2.8}$$

和

$$\|w\| \leqslant \kappa^2\|\Delta w\|. \tag{2.9}$$

将(2.8)和(2.9)代入(2.7)得到

$$\|w\|_\infty^2 \leqslant \epsilon\|\Delta w\|^2 + \frac{1}{4}\kappa^2\|\Delta w\|^2 + \frac{1}{32\epsilon}\kappa^4\|\Delta w\|^2.$$

取 $\epsilon = \dfrac{\sqrt{2}}{8}\kappa^2$, 得到

$$\|w\|_\infty^2 \leqslant \left(\frac{\sqrt{2}}{4} + \frac{1}{4}\right)\kappa^2\|\Delta w\|^2.$$

因而

$$\|w\|_\infty \leqslant \frac{1}{2}\sqrt{\sqrt{2}+1}\kappa\|\Delta w\| \leqslant \frac{1}{12}\sqrt{3(\sqrt{2}+1)L_1L_2}\,\|\Delta w\|.$$

引理证毕. □

定理 2.1 设 $\{v(x,y)\,|\,(x,y)\in\Omega\}$ 为椭圆型方程 Dirichlet 边值问题

$$\begin{cases} -\Delta v = f(x,y), \quad (x,y)\in\Omega, & (2.10\text{a}) \\ v(x,y) = 0, \quad (x,y)\in\Gamma & (2.10\text{b}) \end{cases}$$

的解, 其中 $\Omega = (0,L_1)\times(0,L_2)$, Γ 为 Ω 的边界, 则有

$$\|v\|_\infty \leqslant \frac{1}{12}\sqrt{3(\sqrt{2}+1)L_1L_2}\,\|f\|.$$

证明 用 $-\Delta v$ 与 (2.10a) 做内积, 得到

$$\|\Delta v\|^2 = -(\Delta v, f) \leqslant \|\Delta v\| \cdot \|f\|,$$

因而

$$\|\Delta v\| \leqslant \|f\|.$$

由引理 2.2, 得到

$$\|v\|_\infty \leqslant \frac{1}{12}\sqrt{3(\sqrt{2}+1)L_1L_2}\,\|\Delta v\| \leqslant \frac{1}{12}\sqrt{3(\sqrt{2}+1)L_1L_2}\,\|f\|.$$

定理证毕. □

2.2 五点差分格式

2.2.1 差分格式的建立

将区间 $[0,L_1]$ 作 m_1 等分, 记 $h_1 = L_1/m_1$, $x_i = ih_1$, $0 \leqslant i \leqslant m_1$; 将区间 $[0,L_2]$ 作 m_2 等分, 记 $h_2 = L_2/m_2$, $y_j = jh_2$, $0 \leqslant j \leqslant m_2$. 称 h_1 为 x 方向的步长, 称 h_2 为 y 方向的步长. 用两簇平行线

$$x = x_i, \quad 0 \leqslant i \leqslant m_1;$$
$$y = y_j, \quad 0 \leqslant j \leqslant m_2$$

将区域 $\overline{\Omega}$ 剖分为 m_1m_2 个小矩形, 称两簇直线的交点 (x_i, y_j) 为网格结点, 如图 2.1 所示.

记

$$\Omega_h = \Big\{(x_i, y_j)\,|\,0 \leqslant i \leqslant m_1,\ 0 \leqslant j \leqslant m_2\Big\}.$$

称属于 Ω 的结点

$$\mathring{\Omega}_h = \Big\{(x_i, y_j)\,|\,1 \leqslant i \leqslant m_1 - 1,\ 1 \leqslant j \leqslant m_2 - 1\Big\}$$

为内结点, 称位于 Γ 上的结点

$$\Gamma_h = \Omega_h \setminus \mathring{\Omega}_h$$

为边界结点. 对于边界结点, 再分成两类: 称位于 Ω 的四个顶点的结点为角点, 称其余的点为边界上内结点. 显然 $\Omega_h = \mathring{\Omega}_h \cup \Gamma_h$. 为方便起见, 记

$$\omega = \Big\{(i,j)\,|\,(x_i, y_j) \in \mathring{\Omega}_h\Big\}, \quad \gamma = \Big\{(i,j)\,|\,(x_i, y_j) \in \Gamma_h\Big\}, \quad \bar{\omega} = \omega \cup \gamma.$$

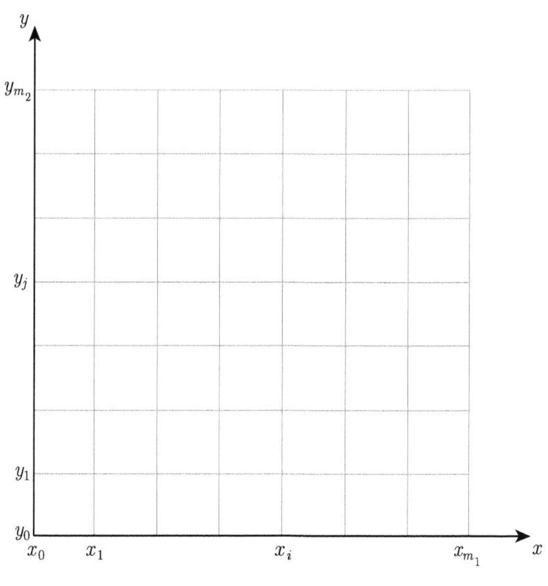

图 2.1 矩形网格剖分

记

$$\mathcal{V}_h = \left\{ v \,|\, v = \{v_{ij} \mid (i,j) \in \bar{\omega}\} \text{为}\Omega_h\text{上的网格函数} \right\},$$

$$\mathring{\mathcal{V}}_h = \left\{ v \,|\, v \in \mathcal{V}_h; \text{当}(i,j) \in \gamma \text{时}\ v_{ij} = 0 \right\}.$$

设 $v = \{v_{ij} \,|\, 0 \leqslant i \leqslant m_1,\ 0 \leqslant j \leqslant m_2\} \in \mathcal{V}_h$, 引进如下记号:

$$\delta_x v_{i-\frac{1}{2},j} = \frac{1}{h_1}\big(v_{i,j} - v_{i-1,j}\big), \quad \delta_x^2 v_{ij} = \frac{1}{h_1}\big(\delta_x v_{i+\frac{1}{2},j} - \delta_x v_{i-\frac{1}{2},j}\big),$$

$$\delta_y v_{i,j-\frac{1}{2}} = \frac{1}{h_2}\big(v_{i,j} - v_{i,j-1}\big), \quad \delta_y^2 v_{ij} = \frac{1}{h_2}\big(\delta_y v_{i,j+\frac{1}{2}} - \delta_y v_{i,j-\frac{1}{2}}\big),$$

$$\Delta_h v_{ij} = \delta_x^2 v_{ij} + \delta_y^2 v_{ij}, \quad \|v\|_\infty = \max_{0\leqslant i\leqslant m_1, 0\leqslant j\leqslant m_2} |v_{ij}|.$$

称 $\|v\|_\infty$ 为 v 的无穷范数.

在结点 (x_i, y_j) 处考虑边值问题 (2.1), 有

$$\begin{cases} -\left[\dfrac{\partial^2 u}{\partial x^2}(x_i, y_j) + \dfrac{\partial^2 u}{\partial y^2}(x_i, y_j)\right] = f(x_i, y_j), \quad (i,j) \in \omega, & (2.11\text{a}) \\ u(x_i, y_j) = \varphi(x_i, y_j), \quad (i,j) \in \gamma. & (2.11\text{b}) \end{cases}$$

定义 Ω_h 上的网格函数

$$U=\left\{U_{ij}\,|\,(i,j)\in\bar{\omega}\right\},$$

其中

$$U_{ij}=u(x_i,y_j),\quad (i,j)\in\bar{\omega}.$$

由引理 1.2, 有

$$\begin{aligned}\frac{\partial^2 u}{\partial x^2}(x_i,y_j)&=\frac{1}{h_1^2}\Big[u(x_{i-1},y_j)-2u(x_i,y_j)+u(x_{i+1},y_j)\Big]-\frac{h_1^2}{12}\frac{\partial^4 u(\xi_{ij},y_j)}{\partial x^4}\\&=\delta_x^2U_{ij}-\frac{h_1^2}{12}\frac{\partial^4 u(\xi_{ij},y_j)}{\partial x^4},\quad x_{i-1}<\xi_{ij}<x_{i+1};\\\frac{\partial^2 u}{\partial y^2}(x_i,y_j)&=\frac{1}{h_2^2}\Big[u(x_i,y_{j-1})-2u(x_i,y_j)+u(x_i,y_{j+1})\Big]-\frac{h_2^2}{12}\frac{\partial^4 u(x_i,\eta_{ij})}{\partial y^4}\\&=\delta_y^2U_{ij}-\frac{h_2^2}{12}\frac{\partial^4 u(x_i,\eta_{ij})}{\partial y^4},\quad y_{j-1}<\eta_{ij}<y_{j+1}.\end{aligned}$$

将以上两式代入 (2.11a), 并注意到 (2.11b), 可得

$$\begin{cases}-\Delta_h U_{ij}=f(x_i,y_j)-\dfrac{h_1^2}{12}\dfrac{\partial^4 u(\xi_{ij},y_j)}{\partial x^4}-\dfrac{h_2^2}{12}\dfrac{\partial^4 u(x_i,\eta_{ij})}{\partial y^4},\quad (i,j)\in\omega,\\U_{ij}=\varphi(x_i,y_j),\quad (i,j)\in\gamma.\end{cases}\tag{2.12}$$

在上式中略去小量项

$$(R_1)_{ij}=-\frac{h_1^2}{12}\frac{\partial^4 u(\xi_{ij},y_j)}{\partial x^4}-\frac{h_2^2}{12}\frac{\partial^4 u(x_i,\eta_{ij})}{\partial y^4},\tag{2.13}$$

并用 u_{ij} 代替 U_{ij}, 得到如下差分格式:

$$\begin{cases}-\Delta_h u_{ij}=f(x_i,y_j),\quad (i,j)\in\omega, & (2.14\text{a})\\u_{ij}=\varphi(x_i,y_j),\quad (i,j)\in\gamma. & (2.14\text{b})\end{cases}$$

称 $(R_1)_{ij}$ 为差分格式 (2.14a) 的局部截断误差, 它反映了差分格式 (2.14a) 对精确解的满足程度, 即 $(R_1)_{ij}$ 为在差分格式 (2.14a) 中用精确解代替近似解后等式两边之差

$$(R_1)_{ij}=-\Delta_h U_{ij}-f(x_i,y_j).$$

记

$$M_4=\max\left\{\max_{(x,y)\in\bar{\Omega}}\left|\frac{\partial^4 u(x,y)}{\partial x^4}\right|,\ \max_{(x,y)\in\bar{\Omega}}\left|\frac{\partial^4 u(x,y)}{\partial y^4}\right|\right\},\tag{2.15}$$

则有

$$\left|(R_1)_{ij}\right| \leqslant \frac{M_4}{12}(h_1^2+h_2^2), \quad (i,j)\in\omega. \tag{2.16}$$

2.2.2 差分格式解的存在性

定理 2.2 *差分格式 (2.14) 存在唯一解.*

证明 差分格式 (2.14) 是线性的. 考虑其齐次方程组

$$\begin{cases} -\Delta_h u_{ij}=0, \quad (i,j)\in\omega, & (2.17\text{a}) \\ u_{ij}=0, \quad (i,j)\in\gamma. & (2.17\text{b}) \end{cases}$$

设 $\|u\|_\infty = M > 0$. 则由 (2.17b) 知, 存在 $(i_0,j_0)\in\omega$ 使得 $|u_{i_0,j_0}|=M$, 且 $|u_{i_0-1,j_0}|$, $|u_{i_0+1,j_0}|$, $|u_{i_0,j_0-1}|$, $|u_{i_0,j_0+1}|$ 中至少有一个严格小于 M. 考虑 (2.17a) 中 $(i,j)=(i_0,j_0)$ 的等式, 有

$$\left(\frac{2}{h_1^2}+\frac{2}{h_2^2}\right)u_{i_0,j_0}=\frac{1}{h_1^2}(u_{i_0-1,j_0}+u_{i_0+1,j_0})+\frac{1}{h_2^2}(u_{i_0,j_0-1}+u_{i_0,j_0+1}).$$

将上式两边取绝对值, 可得

$$\begin{aligned}\left(\frac{2}{h_1^2}+\frac{2}{h_2^2}\right)M &\leqslant \frac{1}{h_1^2}(|u_{i_0-1,j_0}|+|u_{i_0+1,j_0}|)+\frac{1}{h_2^2}(|u_{i_0,j_0-1}|+|u_{i_0,j_0+1}|) \\ &< \left(\frac{2}{h_1^2}+\frac{2}{h_2^2}\right)M,\end{aligned}$$

与假设 $M>0$ 矛盾. 故 $M=0$. 因而差分格式 (2.14) 是唯一可解的.

定理证毕. □

2.2.3 差分格式的求解与数值算例

差分格式 (2.14) 是以 $\left\{u_{ij}\,|\,1\leqslant i\leqslant m_1-1,\ 1\leqslant j\leqslant m_2-1\right\}$ 为未知量的线性方程组. 可将差分格式 (2.14a) 改写为

$$\begin{aligned}&-\frac{1}{h_2^2}u_{i,j-1}-\frac{1}{h_1^2}u_{i-1,j}+2\left(\frac{1}{h_1^2}+\frac{1}{h_2^2}\right)u_{ij}-\frac{1}{h_1^2}u_{i+1,j}-\frac{1}{h_2^2}u_{i,j+1} \\ &=f(x_i,y_j), \quad (i,j)\in\omega. \end{aligned}\tag{2.18}$$

记

$$\boldsymbol{u}_j=\begin{pmatrix} u_{1j} \\ u_{2j} \\ \vdots \\ u_{m_1-1,j}\end{pmatrix}, \quad 0\leqslant j\leqslant m_2.$$

结合 (2.14b) 可将 (2.18) 写为

$$\boldsymbol{D}\boldsymbol{u}_{j-1}+\boldsymbol{C}\boldsymbol{u}_j+\boldsymbol{D}\boldsymbol{u}_{j+1}=\boldsymbol{f}_j,\quad 1\leqslant j\leqslant m_2-1, \tag{2.19}$$

其中

$$\boldsymbol{C}=\begin{pmatrix} 2\Big(\dfrac{1}{h_1^2}+\dfrac{1}{h_2^2}\Big) & -\dfrac{1}{h_1^2} & & & \\ -\dfrac{1}{h_1^2} & 2\Big(\dfrac{1}{h_1^2}+\dfrac{1}{h_2^2}\Big) & -\dfrac{1}{h_1^2} & & \\ & \ddots & \ddots & \ddots & \\ & & -\dfrac{1}{h_1^2} & 2\Big(\dfrac{1}{h_1^2}+\dfrac{1}{h_2^2}\Big) & -\dfrac{1}{h_1^2} \\ & & & -\dfrac{1}{h_1^2} & 2\Big(\dfrac{1}{h_1^2}+\dfrac{1}{h_2^2}\Big) \end{pmatrix},$$

$$\boldsymbol{D}=\begin{pmatrix} -\dfrac{1}{h_2^2} & & & & \\ & -\dfrac{1}{h_2^2} & & & \\ & & \ddots & & \\ & & & -\dfrac{1}{h_2^2} & \\ & & & & -\dfrac{1}{h_2^2} \end{pmatrix},\quad \boldsymbol{f}_j=\begin{pmatrix} f(x_1,y_j)+\dfrac{1}{h_1^2}\varphi(x_0,y_j) \\ f(x_2,y_j) \\ \vdots \\ f(x_{m_1-2},y_j) \\ f(x_{m_1-1},y_j)+\dfrac{1}{h_1^2}\varphi(x_{m_1},y_j) \end{pmatrix}.$$

(2.19) 可进一步写为

$$\begin{pmatrix} \boldsymbol{C} & \boldsymbol{D} & & & \\ \boldsymbol{D} & \boldsymbol{C} & \boldsymbol{D} & & \\ & \ddots & \ddots & \ddots & \\ & & \boldsymbol{D} & \boldsymbol{C} & \boldsymbol{D} \\ & & & \boldsymbol{D} & \boldsymbol{C} \end{pmatrix}\begin{pmatrix} \boldsymbol{u}_1 \\ \boldsymbol{u}_2 \\ \vdots \\ \boldsymbol{u}_{m_2-2} \\ \boldsymbol{u}_{m_2-1} \end{pmatrix}=\begin{pmatrix} \boldsymbol{f}_1-\boldsymbol{D}\boldsymbol{u}_0 \\ \boldsymbol{f}_2 \\ \vdots \\ \boldsymbol{f}_{m_2-2} \\ \boldsymbol{f}_{m_2-1}-\boldsymbol{D}\boldsymbol{u}_{m_2} \end{pmatrix}. \tag{2.20}$$

上述线性方程组的系数矩阵是一个三对角块矩阵，每一行至多有 5 个非零元素，通常称这种绝大多数元素为零的矩阵为**稀疏矩阵**. 常用迭代法求解以大型稀疏矩阵为系数矩阵的线性方程组. 可以证明 (2.20) 的系数矩阵是对称正定的.

Jacobi 迭代方法 对 $k=0,1,2,\cdots$, 计算

$$u_{ij}^{(k+1)}=\left[f(x_i,y_j)+\frac{1}{h_2^2}u_{i,j-1}^{(k)}+\frac{1}{h_1^2}u_{i-1,j}^{(k)}+\frac{1}{h_1^2}u_{i+1,j}^{(k)}+\frac{1}{h_2^2}u_{i,j+1}^{(k)}\right]\Big/\left[2\left(\frac{1}{h_1^2}+\frac{1}{h_2^2}\right)\right],$$

$$i=1,2,\cdots,m_1-1;\quad j=1,2,\cdots,m_2-1.$$

Gauss-Seidel迭代方法 对 $k=0,1,2,\cdots$, 计算

$$u_{ij}^{(k+1)}=\left[f(x_i,y_j)+\frac{1}{h_2^2}u_{i,j-1}^{(k+1)}+\frac{1}{h_1^2}u_{i-1,j}^{(k+1)}+\frac{1}{h_1^2}u_{i+1,j}^{(k)}+\frac{1}{h_2^2}u_{i,j+1}^{(k)}\right]\Big/\left[2\left(\frac{1}{h_1^2}+\frac{1}{h_2^2}\right)\right],$$

$$i=1,2,\cdots,m_1-1;\quad j=1,2,\cdots,m_2-1.$$

算例 2.1 应用差分格式 (2.14) 计算如下问题:

$$\begin{cases}-\Delta u=(\pi^2-1)\mathrm{e}^x\sin(\pi y), & 0<x<2,\quad 0<y<1,\\ u(0,y)=\sin(\pi y),\quad u(2,y)=\mathrm{e}^2\sin(\pi y), & 0\leqslant y\leqslant 1,\\ u(x,0)=0,\quad u(x,1)=0, & 0<x<2.\end{cases}\tag{2.21}$$

该问题的精确解为 $u(x,y)=\mathrm{e}^x\sin(\pi y)$.

将 $[0,2]$ 作 m_1 等分, 将 $[0,1]$ 作 m_2 等分, 用Gauss-Seidel迭代方法求解差分方程组 (2.14), 精确至 $\|u^{(l+1)}-u^{(l)}\|_\infty\leqslant\dfrac{1}{2}\times10^{-10}$.

表 2.1 给出了 5 个结点处的精确解和取不同步长所得的数值解. 表 2.2 给出了这些结点处取不同步长时所得数值解和精确解差的绝对值 $|u(x_i,y_j)-u_{ij}|$. 表 2.3 给出了取不同步长时所得数值解的最大误差

$$E_\infty(h_1,h_2)=\max_{(i,j)\in\omega}\left|u(x_i,y_j)-u_{ij}\right|.$$

表 2.1 算例 2.1 部分结点处的精确解和取不同步长时所得的数值解

(h_1,h_2)	(x,y)				
	$(1/2,1/4)$	$(1,1/4)$	$(3/2,1/4)$	$(1/2,1/2)$	$(1,1/2)$
(1/8, 1/8)	1.179943	1.946264	3.198998	1.668692	2.752434
(1/16, 1/16)	1.169343	1.928138	3.176531	1.653700	2.726799
(1/32, 1/32)	1.166702	1.923620	3.170908	1.649965	2.720410
(1/64, 1/64)	1.166042	1.922492	3.169502	1.649032	2.718814
精确解	1.165822	1.922116	3.169033	1.648721	2.718282

表 2.2　算例 2.1 取不同步长时部分结点处数值解误差的绝对值

(h_1, h_2)	(x, y)				
	$(1/2, 1/4)$	$(1, 1/4)$	$(3/2, 1/4)$	$(1/2, 1/2)$	$(1, 1/2)$
(1/8, 1/8)	1.412e−2	2.415e−2	2.997e−2	1.997e−2	3.415e−2
(1/16, 1/16)	3.521e−3	6.023e−3	7.499e−3	4.979e−3	8.517e−3
(1/32, 1/32)	8.796e−4	1.505e−3	1.875e−3	1.244e−3	2.128e−3
(1/64, 1/64)	2.198e−4	3.761e−4	4.688e−4	3.109e−4	5.319e−4

表 2.3　算例 2.1 取不同步长时数值解的最大误差

(h_1, h_2)	$E_\infty(h_1, h_2)$	$E_\infty(2h_1, 2h_2)/E_\infty(h_1, h_2)$
(1/8, 1/8)	4.238e−2	
(1/16, 1/16)	1.061e−2	3.994
(1/32, 1/32)	2.656e−3	3.995
(1/64, 1/64)	6.640e−4	4.000

由表 2.3 可以看出, 当步长 h_1, h_2 同时缩小到原来的 1/2 时, 最大误差约缩小到原来的 1/4. 图 2.2 和图 2.3 分别给出了当 $h_1 = h_2 = 1/8$ 时的数值解和精确解曲面. 图 2.4 给出了取不同步长时数值解的误差曲面.

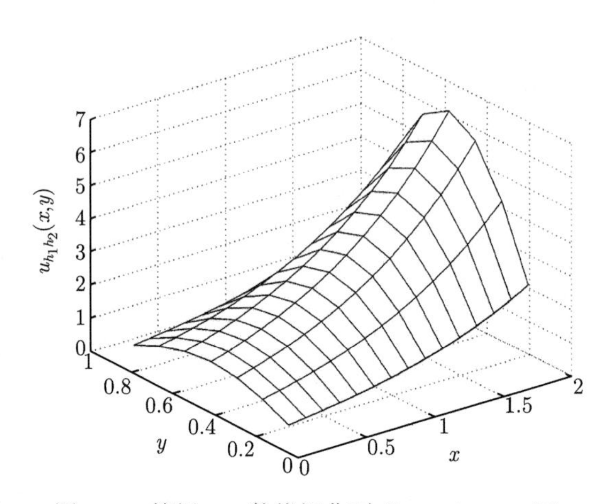

图 2.2　算例 2.1 数值解曲面 ($h_1 = h_2 = 1/8$)

2.2.4　差分格式解的先验估计式

本节应用极值原理来给出差分方程组

$$\begin{cases} -\Delta_h v_{ij} = g_{ij}, & (i,j) \in \omega, \\ v_{ij} = \varphi_{ij}, & (i,j) \in \gamma \end{cases} \tag{2.22}$$

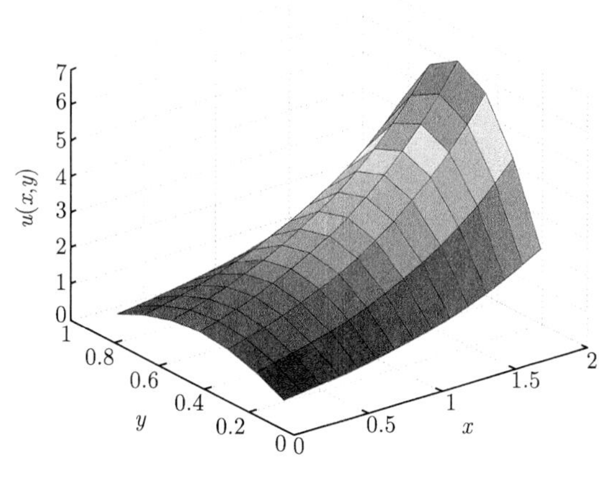

图 2.3 算例 2.1 精确解曲面

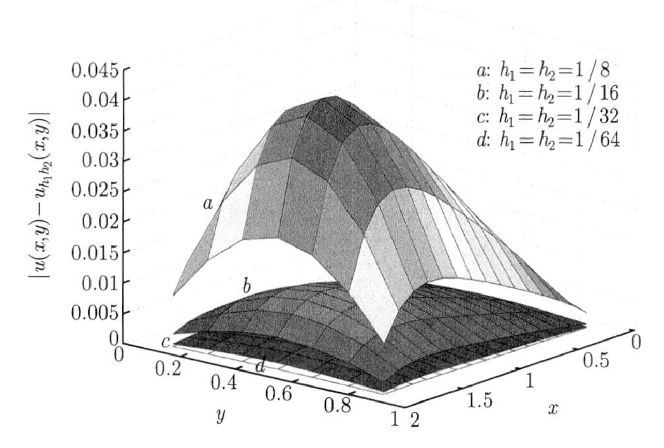

图 2.4 算例 2.1 取不同步长时数值解的误差曲面

解的先验估计式.

设 $v=\{v_{ij}\,|\,0\leqslant i\leqslant m_1,\ 0\leqslant j\leqslant m_2\}$ 为 Ω_h 上的网格函数, 记

$$(L_hv)_{ij}=-\Big(\delta_x^2v_{ij}+\delta_y^2v_{ij}\Big),\quad (i,j)\in\omega.$$

引理 2.3 (极值原理) 设 $v=\{v_{ij}\,|\,(i,j)\in\bar{\omega}\}$ 为 Ω_h 上的网格函数. 如果

$$(L_hv)_{ij}\leqslant 0,\quad (i,j)\in\omega,$$

则有

$$\max_{(i,j)\in\omega}v_{ij}\leqslant\max_{(i,j)\in\gamma}v_{ij}.$$

证明 用反证法. 设

$$\max_{(i,j)\in\omega} v_{ij} > \max_{(i,j)\in\gamma} v_{ij},$$

且 $\max\limits_{(i,j)\in\omega} v_{ij} = M$, 则一定存在 $(i_0, j_0) \in \omega$ 使得 $v_{i_0,j_0} = M$, 且 v_{i_0-1,j_0}, v_{i_0+1,j_0}, v_{i_0,j_0-1} 和 v_{i_0,j_0+1} 中至少有一个的值严格小于 M. 因此

$$\begin{aligned}(L_h v)_{i_0,j_0} &= 2\left(\frac{1}{h_1^2}+\frac{1}{h_2^2}\right) v_{i_0,j_0} - \frac{1}{h_1^2}\Big(v_{i_0-1,j_0}+v_{i_0+1,j_0}\Big) - \frac{1}{h_2^2}\Big(v_{i_0,j_0-1}+v_{i_0,j_0+1}\Big)\\ &> 2\left(\frac{1}{h_1^2}+\frac{1}{h_2^2}\right) M - \frac{1}{h_1^2}\Big(M+M\Big) - \frac{1}{h_2^2}\Big(M+M\Big) = 0.\end{aligned}$$

这与条件矛盾.

引理证毕. □

定理 2.3 设 $\{v_{ij}\,|\,(i,j)\in\bar{\omega}\}$ 为差分格式 (2.22) 的解, 则有

$$\max_{(i,j)\in\omega} |v_{ij}| \leqslant \max_{(i,j)\in\gamma} |\varphi_{ij}| + \frac{1}{16}\left(L_1^2+L_2^2\right) \max_{(i,j)\in\omega} |g_{ij}|.$$

证明 记

$$C = \max_{(i,j)\in\omega} |g_{ij}|, \quad P(x,y) = x(L_1-x)+y(L_2-y),$$

并定义 Ω_h 上的网格函数

$$w_{ij} = \frac{1}{4} C P(x_i, y_j), \quad (i,j)\in\bar{\omega},$$

则有

$$\begin{aligned} &w_{ij} \geqslant 0, \quad (i,j)\in\bar{\omega},\\ &(L_h w)_{ij} = C, \quad (i,j)\in\omega.\end{aligned}$$

因而

$$L_h(\pm v - w)_{ij} = \pm(L_h v)_{ij} - (L_h w)_{ij} = \pm g_{ij} - C \leqslant 0, \quad (i,j)\in\omega.$$

由引理 2.3, 知

$$\max_{(i,j)\in\omega} (\pm v - w)_{ij} \leqslant \max_{(i,j)\in\gamma} (\pm v - w)_{ij} \leqslant \max_{(i,j)\in\gamma} |\pm v_{ij}| + \max_{(i,j)\in\gamma} (-w_{ij}) \leqslant \max_{(i,j)\in\gamma} |v_{ij}|,$$

于是

$$\begin{aligned}\max_{(i,j)\in\omega}(\pm v)_{ij} &= \max_{(i,j)\in\omega}(\pm v - w + w)_{ij} \\ &\leqslant \max_{(i,j)\in\omega}(\pm v - w)_{ij} + \max_{(i,j)\in\omega} w_{ij} \\ &\leqslant \max_{(i,j)\in\gamma}|v_{ij}| + \max_{(i,j)\in\omega} w_{ij} \\ &\leqslant \max_{(i,j)\in\gamma}|\varphi_{ij}| + \frac{1}{16}\left(L_1^2 + L_2^2\right)\max_{(i,j)\in\omega}|g_{ij}|.\end{aligned}$$

易知

$$\max_{(i,j)\in\omega}|v_{ij}| \leqslant \max_{(i,j)\in\gamma}|\varphi_{ij}| + \frac{1}{16}\left(L_1^2 + L_2^2\right)\max_{(i,j)\in\omega}|g_{ij}|.$$

定理证毕. □

2.2.5 差分格式解的收敛性和稳定性

收敛性

定理 2.4 设 $\{u(x,y)\,|\,(x,y)\in\bar{\Omega}\}$ 为定解问题 (2.1) 的解, $\{u_{ij}\,|\,(i,j)\in\bar{\omega}\}$ 为差分格式 (2.14) 的解, 则有

$$\max_{(i,j)\in\omega}\left|u(x_i,y_j)-u_{ij}\right| \leqslant \frac{1}{192}M_4\left(L_1^2+L_2^2\right)(h_1^2+h_2^2),$$

其中 M_4 由 (2.15) 定义.

证明 记

$$e_{ij} = u(x_i,y_j) - u_{ij}, \quad (i,j)\in\bar{\omega},$$

将 (2.12) 与 (2.14) 相减, 得到误差方程组

$$\begin{cases}-\Delta_h e_{ij} = (R_1)_{ij}, & (i,j)\in\omega, \\ e_{ij} = 0, & (i,j)\in\gamma,\end{cases} \tag{2.23}$$

其中 $(R_1)_{ij}$ 由 (2.13) 定义. 由 (2.16), 有

$$\max_{(i,j)\in\omega}|(R_1)_{ij}| \leqslant \frac{1}{12}M_4(h_1^2+h_2^2).$$

应用定理 2.3, 有

$$\max_{(i,j)\in\omega}|e_{ij}| \leqslant \frac{1}{16}(L_1^2+L_2^2)\max_{(i,j)\in\omega}|(R_1)_{ij}| \leqslant \frac{1}{192}M_4\left(L_1^2+L_2^2\right)(h_1^2+h_2^2).$$

定理证毕. □

稳定性

假设在应用差分格式 (2.14) 时, 计算右端函数 $f(x_i, y_j)$ 有误差 f_{ij}, 计算边界值有误差 φ_{ij}. 设 $\{v_{ij} \mid (i,j) \in \bar{\omega}\}$ 为差分格式

$$\begin{cases} -\Delta_h v_{ij} = f(x_i, y_j) + f_{ij}, \quad (i,j) \in \omega, \\ v_{ij} = \varphi(x_i, y_j) + \varphi_{ij}, \quad (i,j) \in \gamma \end{cases} \tag{2.24}$$

的解. 记

$$\varepsilon_{ij} = v_{ij} - u_{ij}, \quad (i,j) \in \omega \cup \gamma.$$

将 (2.24) 与 (2.14) 相减, 得

$$\begin{cases} -\Delta_h \varepsilon_{ij} = f_{ij}, \quad (i,j) \in \omega, \\ \varepsilon_{ij} = \varphi_{ij}, \quad (i,j) \in \gamma. \end{cases} \tag{2.25}$$

应用定理 2.3, 得到

$$\max_{(i,j)\in\omega} |\varepsilon_{ij}| \leqslant \max_{(i,j)\in\gamma} |\varphi_{ij}| + \frac{1}{16}\left(L_1^2 + L_2^2\right) \max_{(i,j)\in\omega} |f_{ij}|.$$

由上式可知, 当 $\max\limits_{(i,j)\in\gamma} |\varphi_{ij}|$ 和 $\max\limits_{(i,j)\in\omega} |f_{ij}|$ 为小量时, $\max\limits_{(i,j)\in\omega} |\varepsilon_{ij}|$ 也为小量. 我们称差分格式 (2.14) 关于边界值和右端函数是稳定的.

称 (2.25) 为**摄动方程**, 它的形式和差分格式 (2.14) 是一样的. 于是我们得到如下定理.

定理 2.5　*差分格式 (2.14) 的解在下述意义下关于边界值和右端函数是稳定的: 设 $\{u_{ij}\}$ 为*

$$\begin{cases} -\Delta_h u_{ij} = f_{ij}, \quad (i,j) \in \omega, \\ u_{ij} = \varphi_{ij}, \quad (i,j) \in \gamma \end{cases}$$

的解, 则有

$$\max_{(i,j)\in\omega} |u_{ij}| \leqslant \max_{(i,j)\in\gamma} |\varphi_{ij}| + \frac{1}{16}\left(L_1^2 + L_2^2\right) \max_{(i,j)\in\omega} |f_{ij}|.$$

2.2.6　Richardson 外推法

记差分格式 (2.14) 的解为 $u_{ij}(h_1, h_2)$.

定理 2.6 设定解问题

$$\begin{cases} -\Delta v = \dfrac{1}{12}\dfrac{\partial^4 u(x,y)}{\partial x^4}, & (x,y)\in\Omega, \\ v=0, & (x,y)\in\Gamma \end{cases} \tag{2.26}$$

和

$$\begin{cases} -\Delta w = \dfrac{1}{12}\dfrac{\partial^4 u(x,y)}{\partial y^4}, & (x,y)\in\Omega, \\ w=0, & (x,y)\in\Gamma \end{cases} \tag{2.27}$$

存在光滑解, 则有

$$\max_{(i,j)\in\omega}\left|u(x_i,y_j)-\left[\frac{4}{3}u_{2i,2j}\left(\frac{h_1}{2},\frac{h_2}{2}\right)-\frac{1}{3}u_{ij}(h_1,h_2)\right]\right| = O(h_1^4+h_2^4),$$

其中 $h_1=L_1/m_1, h_2=L_2/m_2$.

证明 (2.12) 可以写为

$$\begin{cases} -\Delta_h U_{ij} = f(x_i,y_j)-\dfrac{h_1^2}{12}\dfrac{\partial^4 u(x_i,y_j)}{\partial x^4}-\dfrac{h_2^2}{12}\dfrac{\partial^4 u(x_i,y_j)}{\partial y^4} \\ \qquad\qquad -\dfrac{h_1^4}{360}\dfrac{\partial^6 u(\bar{\xi}_{ij},y_j)}{\partial x^6}-\dfrac{h_2^4}{360}\dfrac{\partial^6 u(x_i,\bar{\eta}_{ij})}{\partial y^6}, \quad (i,j)\in\omega, \\ u(x_i,y_j)=\varphi(x_i,y_j), \quad (i,j)\in\gamma, \end{cases}$$

其中 $\bar{\xi}_{ij}\in(x_{i-1},x_{i+1})$, $\bar{\eta}_{ij}\in(y_{j-1},y_{j+1})$. 误差方程组 (2.23) 可写为

$$\begin{cases} -\Delta_h e_{ij} = -\dfrac{h_1^2}{12}\dfrac{\partial^4 u(x_i,y_j)}{\partial x^4}-\dfrac{h_2^2}{12}\dfrac{\partial^4 u(x_i,y_j)}{\partial y^4} \\ \qquad\qquad -\dfrac{h_1^4}{360}\dfrac{\partial^6 u(\bar{\xi}_{ij},y_j)}{\partial x^6}-\dfrac{h_2^4}{360}\dfrac{\partial^6 u(x_i,\bar{\eta}_{ij})}{\partial y^6}, \quad (i,j)\in\omega, \\ e_{ij}=0, \quad (i,j)\in\gamma. \end{cases} \tag{2.28}$$

令

$$V_{ij}=v(x_i,y_j), \quad W_{ij}=w(x_i,y_j), \quad (i,j)\in\bar{\omega}.$$

对 (2.26) 和 (2.27) 分别离散化, 可得

$$\begin{cases} -\Delta_h V_{ij} = \dfrac{1}{12}\dfrac{\partial^4 u(x_i,y_j)}{\partial x^4} - \dfrac{h_1^2}{12}\dfrac{\partial^4 v(x_{ij}^{(1)},y_j)}{\partial x^4} - \dfrac{h_2^2}{12}\dfrac{\partial^4 v(x_i,y_{ij}^{(1)})}{\partial y^4}, & (i,j)\in\omega, \\ V_{ij}=0, \quad (i,j)\in\gamma \end{cases} \tag{2.29}$$

和

$$\begin{cases} -\Delta_h W_{ij} = \dfrac{1}{12}\dfrac{\partial^4 u(x_i,y_j)}{\partial y^4} - \dfrac{h_1^2}{12}\dfrac{\partial^4 w(x_{ij}^{(2)},y_j)}{\partial x^4} - \dfrac{h_2^2}{12}\dfrac{\partial^4 w(x_i,y_{ij}^{(2)})}{\partial y^4}, & (i,j)\in\omega, \\ W_{ij}=0, \quad (i,j)\in\gamma, \end{cases} \tag{2.30}$$

其中 $x_{ij}^{(1)},x_{ij}^{(2)}\in(x_{i-1},x_{i+1}),y_{ij}^{(1)},y_{ij}^{(2)}\in(y_{j-1},y_{j+1})$.

记

$$r_{ij}=e_{ij}+h_1^2V_{ij}+h_2^2W_{ij}.$$

将 (2.29) 的两边同乘以 h_1^2, 将 (2.30) 的两边同乘以 h_2^2, 并将所得结果和 (2.28) 相加, 得到

$$\begin{cases} -\Delta_h r_{ij} = -\dfrac{h_1^4}{360}\dfrac{\partial^6 u(\overline{\xi}_{ij},y_j)}{\partial x^6} - \dfrac{h_2^4}{360}\dfrac{\partial^6 u(x_i,\overline{\eta}_{ij})}{\partial y^6} \\ \qquad\qquad -h_1^2\left[\dfrac{h_1^2}{12}\dfrac{\partial^4 v(x_{ij}^{(1)},y_j)}{\partial x^4} + \dfrac{h_2^2}{12}\dfrac{\partial^4 v(x_i,y_{ij}^{(1)})}{\partial y^4}\right] \\ \qquad\qquad -h_2^2\left[\dfrac{h_1^2}{12}\dfrac{\partial^4 w(x_{ij}^{(2)},y_j)}{\partial x^4} + \dfrac{h_2^2}{12}\dfrac{\partial^4 w(x_i,y_{ij}^{(2)})}{\partial y^4}\right], \quad (i,j)\in\omega, \\ r_{ij}=0, \quad (i,j)\in\gamma. \end{cases}$$

由定理 2.3, 有

$$r_{ij}=O(h_1^4+h_2^4), \quad (i,j)\in\omega,$$

即

$$u_{ij}(h_1,h_2)=u(x_i,y_j)+h_1^2v(x_i,y_j)+h_2^2w(x_i,y_j)+O(h_1^4+h_2^4), \quad (i,j)\in\omega. \tag{2.31}$$

同理, 可得

$$u_{2i,2j}\left(\frac{h_1}{2},\frac{h_2}{2}\right)=u(x_i,y_j)+\left(\frac{h_1}{2}\right)^2 v(x_i,y_j)+\left(\frac{h_2}{2}\right)^2 w(x_i,y_j)$$

$$+O\left(\left(\frac{h_1}{2}\right)^4+\left(\frac{h_2}{2}\right)^4\right), \quad (i,j)\in\omega. \tag{2.32}$$

将 (2.32) 的两边同乘以 4/3, 将 (2.31) 的两边同乘以 1/3, 并将所得结果相减, 得

$$\frac{4}{3}u_{2i,2j}\left(\frac{h_1}{2},\frac{h_2}{2}\right)-\frac{1}{3}u_{ij}(h_1,h_2)=u(x_i,y_j)+O(h_1^4+h_2^4), \quad (i,j)\in\omega.$$

定理证毕. □

算例 2.2 用 Richardson 外推算法计算算例 2.1 中所给定解问题 (2.21). 表 2.4 给出了取不同步长时, 外推一次所得数值结果的最大误差

$$\widetilde{E}_\infty(h_1,h_2)=\max_{(i,j)\in\omega}\left|u(x_i,y_j)-\left[\frac{4}{3}u_{2i,2j}\left(\frac{h_1}{2},\frac{h_2}{2}\right)-\frac{1}{3}u_{ij}(h_1,h_2)\right]\right|.$$

表 2.4 算例 2.2 取不同步长时外推算法数值解的最大误差

(h_1,h_2)	$\widetilde{E}_\infty(h_1,h_2)$	$\widetilde{E}_\infty(2h_1,2h_2)/\widetilde{E}_\infty(h_1,h_2)$
(1/8,1/8)	2.109e−4	
(1/16,1/16)	1.402e−5	15.04
(1/32,1/32)	8.717e−7	16.08
(1/64,1/64)	4.809e−8	18.13

从该表可以看出, 当步长 h_1,h_2 同时缩小到原来的 1/2 时, 最大误差约缩小到原来的 1/16. 比较表 2.4 和表 2.3, 可见外推算法大大提高了数值解的精度.

2.3 紧致差分格式

本节对于定解问题 (2.1) 建立一个具有 $O(h_1^4+h_2^4)$ 阶精度的差分格式.

设 $v=\{v_{ij}\,|\,(i,j)\in\bar{\omega}\}\in\mathcal{V}_h$. 定义算子

$$(\mathcal{A}v)_{ij}=\begin{cases}\dfrac{1}{12}(v_{i-1,j}+10v_{ij}+v_{i+1,j}), & 1\leqslant i\leqslant m_1-1, \quad 0\leqslant j\leqslant m_2,\\ v_{ij}, & i=0,m_1, \quad 0\leqslant j\leqslant m_2,\end{cases}$$

$$(\mathcal{B}v)_{ij}=\begin{cases}\dfrac{1}{12}(v_{i,j-1}+10v_{ij}+v_{i,j+1}), & 1\leqslant j\leqslant m_2-1, \quad 0\leqslant i\leqslant m_1,\\ v_{ij}, & j=0,m_2, \quad 0\leqslant i\leqslant m_1.\end{cases}$$

易知

$$(\mathcal{A}v)_{ij}=\left(\mathcal{I}+\frac{h_1^2}{12}\delta_x^2\right)v_{ij}, \quad (\mathcal{B}v)_{ij}=\left(\mathcal{I}+\frac{h_2^2}{12}\delta_y^2\right)v_{ij}, \quad (i,j)\in\omega,$$

其中 $\mathcal{I}$ 为恒同算子, 即 $\mathcal{I}v_{ij}=v_{ij}$.

在不会引起混淆的情况下, 简记为 $\mathcal{A}v_{ij}$, $\mathcal{B}v_{ij}$.

设 $v,w\in\overset{\circ}{\mathcal{V}}_h$, 引进如下内积和范数:

$$(v,w)=h_1h_2\sum_{i=1}^{m_1-1}\sum_{j=1}^{m_2-1}v_{ij}w_{ij},\quad \|v\|=\sqrt{(v,v)},$$

$$(\delta_xv,\delta_xw)=h_1h_2\sum_{i=1}^{m_1}\sum_{j=1}^{m_2-1}(\delta_xv_{i-\frac12,j})(\delta_xw_{i-\frac12,j}),\quad \|\delta_xv\|=\sqrt{(\delta_xv,\delta_xv)},$$

$$(\delta_yv,\delta_yw)=h_1h_2\sum_{i=1}^{m_1-1}\sum_{j=1}^{m_2}(\delta_yv_{i,j-\frac12})(\delta_yw_{i,j-\frac12}),\quad \|\delta_yv\|=\sqrt{(\delta_yv,\delta_yv)},$$

$$(\Delta_hv,\Delta_hw)=h_1h_2\sum_{i=1}^{m_1-1}\sum_{j=1}^{m_2-1}(\Delta_hv_{ij})(\Delta_hw_{ij}),\quad \|\Delta_hv\|=\sqrt{(\Delta_hv,\Delta_hv)},$$

$$(\delta_x\delta_yv,\delta_x\delta_yw)=h_1h_2\sum_{i=1}^{m_1}\sum_{j=1}^{m_2}(\delta_x\delta_yv_{i-\frac12,j-\frac12})(\delta_x\delta_yw_{i-\frac12,j-\frac12}),$$

$$\|\delta_x\delta_yv\|=\sqrt{(\delta_x\delta_yv,\delta_x\delta_yv)},\quad |v|_1=\sqrt{\|\delta_xv\|^2+\|\delta_yv\|^2},\quad \|v\|_1=\sqrt{\|v\|^2+|v|_1^2}.$$

称 $\|v\|$ 为 **2 范数** (平均范数), $\|v\|_1$ 为H^1 **范数**, $|v|_1$ 为**差商的 2 范数**.

2.3.1 差分格式的建立

在结点 (x_i,y_j) 处考虑微分方程 (2.1a), 有

$$-\frac{\partial^2u}{\partial x^2}(x_i,y_j)-\frac{\partial^2u}{\partial y^2}(x_i,y_j)=f(x_i,y_j),\quad 0\leqslant i\leqslant m_1,\quad 0\leqslant j\leqslant m_2.$$

用算子 $\mathcal{AB}$ 作用上式两边, 易得

$$-\mathcal{AB}\frac{\partial^2u}{\partial x^2}(x_i,y_j)-\mathcal{AB}\frac{\partial^2u}{\partial y^2}(x_i,y_j)=\mathcal{AB}f(x_i,y_j),$$
$$1\leqslant i\leqslant m_1-1,\quad 1\leqslant j\leqslant m_2-1,$$

即

$$-\mathcal{B}\left(\mathcal{A}\frac{\partial^2u}{\partial x^2}(x_i,y_j)\right)-\mathcal{A}\left(\mathcal{B}\frac{\partial^2u}{\partial y^2}(x_i,y_j)\right)=\mathcal{AB}f(x_i,y_j),$$

$$1 \leqslant i \leqslant m_1 - 1, \quad 1 \leqslant j \leqslant m_2 - 1. \tag{2.33}$$

由引理 1.2, 有

$$\mathcal{A}\frac{\partial^2 u}{\partial x^2}(x_i, y_j) = \delta_x^2 U_{ij} + \frac{h_1^4}{240}\frac{\partial^6 u}{\partial x^6}(\xi_{ij}, y_j), \quad 1 \leqslant i \leqslant m_1 - 1, \quad 0 \leqslant j \leqslant m_2, \tag{2.34}$$

$$\mathcal{B}\frac{\partial^2 u}{\partial y^2}(x_i, y_j) = \delta_y^2 U_{ij} + \frac{h_2^4}{240}\frac{\partial^6 u}{\partial y^6}(x_i, \eta_{ij}), \quad 0 \leqslant i \leqslant m_1, \quad 1 \leqslant j \leqslant m_2 - 1, \tag{2.35}$$

其中 $\xi_{ij} \in (x_{i-1}, x_{i+1}), \eta_{ij} \in (y_{j-1}, y_{j+1})$.

记

$$P_{ij} = \frac{h_1^4}{240}\frac{\partial^6 u}{\partial x^6}(\xi_{ij}, y_j), \quad 1 \leqslant i \leqslant m_1 - 1, \quad 0 \leqslant j \leqslant m_2, \tag{2.36}$$

$$Q_{ij} = \frac{h_2^4}{240}\frac{\partial^6 u}{\partial y^6}(x_i, \eta_{ij}), \quad 0 \leqslant i \leqslant m_1, \quad 1 \leqslant j \leqslant m_2 - 1. \tag{2.37}$$

由 (2.34) 和 (2.35), 可得

$$\mathcal{A}\frac{\partial^2 u}{\partial x^2}(x_i, y_j) = \delta_x^2 U_{ij} + P_{ij}, \quad 1 \leqslant i \leqslant m_1 - 1, \quad 0 \leqslant j \leqslant m_2,$$

$$\mathcal{B}\frac{\partial^2 u}{\partial y^2}(x_i, y_j) = \delta_y^2 U_{ij} + Q_{ij}, \quad 0 \leqslant i \leqslant m_1, \quad 1 \leqslant j \leqslant m_2 - 1.$$

将以上两式代入 (2.33), 得到

$$-\left[\mathcal{B}(\delta_x^2 U_{ij} + P_{ij}) + \mathcal{A}(\delta_y^2 U_{ij} + Q_{ij})\right] = \mathcal{AB} f_{ij}, \quad (i, j) \in \omega,$$

即

$$-\left(\mathcal{B}\delta_x^2 U_{ij} + \mathcal{A}\delta_y^2 U_{ij}\right) = \mathcal{AB} f_{ij} + (R_2)_{ij}, \quad (i, j) \in \omega, \tag{2.38}$$

其中

$$(R_2)_{ij} = \mathcal{B}P_{ij} + \mathcal{A}Q_{ij}, \quad (i, j) \in \omega. \tag{2.39}$$

注意到边值条件 (2.1b), 有

$$U_{ij} = \varphi(x_i, y_j), \quad (i, j) \in \gamma. \tag{2.40}$$

在 (2.38) 中略去小量项 $(R_2)_{ij}$, 注意到 (2.40), 并用 u_{ij} 代替 U_{ij}, 得到如下差分格式:

$$\begin{cases} -\left(\mathcal{B}\delta_x^2 u_{ij} + \mathcal{A}\delta_y^2 u_{ij}\right) = \mathcal{AB} f_{ij}, \quad (i, j) \in \omega, & (2.41\text{a}) \\ u_{ij} = \varphi(x_i, y_j), \quad (i, j) \in \gamma. & (2.41\text{b}) \end{cases}$$

记

$$M_6=\max\left\{\max_{(x,y)\in\bar{\Omega}}\left|\frac{\partial^6 u(x,y)}{\partial x^6}\right|,\max_{(x,y)\in\bar{\Omega}}\left|\frac{\partial^6 u(x,y)}{\partial y^6}\right|\right\}. \tag{2.42}$$

由 (2.36)、(2.37) 和 (2.39) 知

$$|(R_2)_{ij}|\leqslant\frac{1}{240}M_6(h_1^4+h_2^4),\quad (i,j)\in\omega. \tag{2.43}$$

2.3.2 差分格式解的存在性

引理 2.4　设 $v\in\mathring{\mathcal{V}}_h$, 则有

$$\|\delta_x v\|^2\leqslant\frac{4}{h_1^2}\|v\|^2,\quad \|\delta_y v\|^2\leqslant\frac{4}{h_2^2}\|v\|^2, \tag{2.44}$$

$$-\left(\mathcal{B}\delta_x^2 v+\mathcal{A}\delta_y^2 v,v\right)\geqslant\frac{2}{3}|v|_1^2. \tag{2.45}$$

证明　(I)

$$\begin{aligned}\|\delta_x v\|^2=&h_1h_2\sum_{i=1}^{m_1}\sum_{j=1}^{m_2-1}\left(\frac{v_{ij}-v_{i-1,j}}{h_1}\right)^2\\ \leqslant&h_1h_2\sum_{i=1}^{m_1}\sum_{j=1}^{m_2-1}\frac{2(v_{ij})^2+2(v_{i-1,j})^2}{h_1^2}\leqslant\frac{4}{h_1^2}\|v\|^2;\\ \|\delta_y v\|^2=&h_1h_2\sum_{i=1}^{m_1-1}\sum_{j=1}^{m_2}\left(\frac{v_{ij}-v_{i,j-1}}{h_2}\right)^2\\ \leqslant&h_1h_2\sum_{i=1}^{m_1-1}\sum_{j=1}^{m_2}\frac{2(v_{ij})^2+2(v_{i,j-1})^2}{h_2^2}\leqslant\frac{4}{h_2^2}\|v\|^2.\end{aligned}$$

(2.44)成立.

(II) 由分部求和公式以及(2.44), 可得

$$\begin{aligned}&-\left(\mathcal{B}\delta_x^2 v+\mathcal{A}\delta_y^2 v,v\right)\\ =&-\left[\left(\mathcal{I}+\frac{h_2^2}{12}\delta_y^2\right)\delta_x^2 v+\left(\mathcal{I}+\frac{h_1^2}{12}\delta_x^2\right)\delta_y^2 v,v\right]\\ =&-\left(\delta_x^2 v,v\right)-\frac{h_2^2}{12}\left(\delta_y^2\delta_x^2 v,v\right)-\left(\delta_y^2 v,v\right)-\frac{h_1^2}{12}\left(\delta_x^2\delta_y^2 v,v\right)\end{aligned}$$

$$
\begin{aligned}
&=\|\delta_x v\|^2+\frac{h_2^2}{12}\left(\delta_y\delta_x^2 v,\delta_y v\right)+\|\delta_y v\|^2+\frac{h_1^2}{12}\left(\delta_x\delta_y^2 v,\delta_x v\right)\\
&=\|\delta_x v\|^2+\frac{h_2^2}{12}\left(\delta_x^2\delta_y v,\delta_y v\right)+\|\delta_y v\|^2+\frac{h_1^2}{12}\left(\delta_y^2\delta_x v,\delta_x v\right)\\
&=\|\delta_x v\|^2-\frac{h_2^2}{12}\|\delta_x\delta_y v\|^2+\|\delta_y v\|^2-\frac{h_1^2}{12}\|\delta_y\delta_x v\|^2\\
&=\|\delta_x v\|^2-\frac{h_2^2}{12}\|\delta_y\delta_x v\|^2+\|\delta_y v\|^2-\frac{h_1^2}{12}\|\delta_x\delta_y v\|^2\\
&\geqslant\|\delta_x v\|^2-\frac{h_2^2}{12}\cdot\frac{4}{h_2^2}\|\delta_x v\|^2+\|\delta_y v\|^2-\frac{h_1^2}{12}\cdot\frac{4}{h_1^2}\|\delta_y v\|^2\\
&=\frac{2}{3}\left(\|\delta_x v\|^2+\|\delta_y v\|^2\right)\\
&=\frac{2}{3}|v|_1^2.
\end{aligned}
$$

(2.45)成立.

引理证毕. □

定理 2.7 *差分格式 (2.41) 存在唯一解.*

证明 差分格式 (2.41) 是线性的. 考虑其齐次方程组

$$
\begin{cases}
-\left(\mathcal{B}\delta_x^2 u_{ij}+\mathcal{A}\delta_y^2 u_{ij}\right)=0, \quad (i,j)\in\omega, & (2.46\text{a})\\
u_{ij}=0, \quad (i,j)\in\gamma. & (2.46\text{b})
\end{cases}
$$

用 u 和 (2.46a) 的两边做内积, 得到

$$
-\left(\mathcal{B}\delta_x^2 u+\mathcal{A}\delta_y^2 u,u\right)=0.
$$

由引理 2.4 可得

$$
\frac{2}{3}|u|_1^2\leqslant 0.
$$

注意到 (2.46b), 有

$$
u_{ij}=0, \quad 0\leqslant i\leqslant m_1, \quad 0\leqslant j\leqslant m_2.
$$

因而差分格式 (2.41) 是唯一可解的.

定理证毕. □

2.3.3 差分格式的求解与数值算例

差分格式 (2.41) 是以 $\{u_{ij}\,|\,(i,j)\in\overline{\omega}\}$ 为未知量的线性方程组. (2.41a) 可改写为

$$
\begin{aligned}
&-\frac{1}{12}\left(\frac{1}{h_1^2}+\frac{1}{h_2^2}\right)u_{i-1,j-1}-\frac{1}{6}\left(\frac{5}{h_2^2}-\frac{1}{h_1^2}\right)u_{i,j-1}-\frac{1}{12}\left(\frac{1}{h_1^2}+\frac{1}{h_2^2}\right)u_{i+1,j-1}\\
&-\frac{1}{6}\left(\frac{5}{h_1^2}-\frac{1}{h_2^2}\right)u_{i-1,j}+\frac{5}{3}\left(\frac{1}{h_1^2}+\frac{1}{h_2^2}\right)u_{ij}-\frac{1}{6}\left(\frac{5}{h_1^2}-\frac{1}{h_2^2}\right)u_{i+1,j}\\
&-\frac{1}{12}\left(\frac{1}{h_1^2}+\frac{1}{h_2^2}\right)u_{i-1,j+1}-\frac{1}{6}\left(\frac{5}{h_2^2}-\frac{1}{h_1^2}\right)u_{i,j+1}-\frac{1}{12}\left(\frac{1}{h_1^2}+\frac{1}{h_2^2}\right)u_{i+1,j+1}\\
=\ &\mathcal{AB}f_{ij},\quad (i,j)\in\omega.
\end{aligned}
\tag{2.47}
$$

记

$$
\boldsymbol{u}_j=\begin{pmatrix} u_{1j}\\ u_{2j}\\ \vdots\\ u_{m_1-1,j}\end{pmatrix},\quad 0\leqslant j\leqslant m_2.
$$

利用 (2.41b) 可将 (2.47) 写为

$$
\boldsymbol{D}\boldsymbol{u}_{j-1}+\boldsymbol{C}\boldsymbol{u}_j+\boldsymbol{D}\boldsymbol{u}_{j+1}=\boldsymbol{f}_j,\quad 1\leqslant j\leqslant m_2-1,\tag{2.48}
$$

其中

$$
\boldsymbol{C}=\begin{pmatrix} c_1 & c_2 & & & \\ c_2 & c_1 & c_2 & & \\ & \ddots & \ddots & \ddots & \\ & & c_2 & c_1 & c_2\\ & & & c_2 & c_1\end{pmatrix},\quad
\boldsymbol{D}=\begin{pmatrix} c_3 & c_4 & & & \\ c_4 & c_3 & c_4 & & \\ & \ddots & \ddots & \ddots & \\ & & c_4 & c_3 & c_4\\ & & & c_4 & c_3\end{pmatrix},
$$

$$
c_1=\frac{5}{3}\left(\frac{1}{h_1^2}+\frac{1}{h_2^2}\right),\quad c_2=-\frac{1}{6}\left(\frac{5}{h_1^2}-\frac{1}{h_2^2}\right),
$$

$$
c_3=-\frac{1}{6}\left(\frac{5}{h_2^2}-\frac{1}{h_1^2}\right),\quad c_4=-\frac{1}{12}\left(\frac{1}{h_1^2}+\frac{1}{h_2^2}\right),
$$

$$
\boldsymbol{f}_j=\begin{pmatrix}
\mathcal{A}\mathcal{B}f_{1,j}-c_4u_{0,j-1}-c_2u_{0j}-c_4u_{0,j+1}\\
\mathcal{A}\mathcal{B}f_{2j}\\
\vdots\\
\mathcal{A}\mathcal{B}f_{m_1-2,j}\\
\mathcal{A}\mathcal{B}f_{m_1-1,j}-c_4u_{m_1,j-1}-c_2u_{m_1,j}-c_4u_{m_1,j+1}
\end{pmatrix}.
$$

可将 (2.48) 进一步写为

$$
\begin{pmatrix}
\boldsymbol{C} & \boldsymbol{D} & & & \\
\boldsymbol{D} & \boldsymbol{C} & \boldsymbol{D} & & \\
 & \ddots & \ddots & \ddots & \\
 & & \boldsymbol{D} & \boldsymbol{C} & \boldsymbol{D}\\
 & & & \boldsymbol{D} & \boldsymbol{C}
\end{pmatrix}
\begin{pmatrix}
\boldsymbol{u}_1\\ \boldsymbol{u}_2\\ \vdots\\ \boldsymbol{u}_{m_2-2}\\ \boldsymbol{u}_{m_2-1}
\end{pmatrix}
=\begin{pmatrix}
\boldsymbol{f}_1-\boldsymbol{D}\boldsymbol{u}_0\\ \boldsymbol{f}_2\\ \vdots\\ \boldsymbol{f}_{m_2-2}\\ \boldsymbol{f}_{m_2-1}-\boldsymbol{D}\boldsymbol{u}_{m_2}
\end{pmatrix}. \tag{2.49}
$$

上述线性方程组的系数矩阵是一个三对角块矩阵, 每一行至多有 9 个非零元素.

可以证明 (2.49) 的系数矩阵是对称正定的. 事实上, 设

$$
\begin{pmatrix}
\boldsymbol{u}_1\\ \boldsymbol{u}_2\\ \vdots\\ \boldsymbol{u}_{m_2-2}\\ \boldsymbol{u}_{m_2-1}
\end{pmatrix}\neq\boldsymbol{0},
$$

并约定当 $(i,j)\in\gamma$ 时 $u_{ij}=0$. 由引理 2.4, 有

$$
\begin{aligned}
&h_1h_2\left(\boldsymbol{u}_1^{\mathrm{T}},\boldsymbol{u}_2^{\mathrm{T}},\cdots,\boldsymbol{u}_{m_2-2}^{\mathrm{T}},\boldsymbol{u}_{m_2-1}^{\mathrm{T}}\right)
\begin{pmatrix}
\boldsymbol{C} & \boldsymbol{D} & & & \\
\boldsymbol{D} & \boldsymbol{C} & \boldsymbol{D} & & \\
 & \ddots & \ddots & \ddots & \\
 & & \boldsymbol{D} & \boldsymbol{C} & \boldsymbol{D}\\
 & & & \boldsymbol{D} & \boldsymbol{C}
\end{pmatrix}
\begin{pmatrix}
\boldsymbol{u}_1\\ \boldsymbol{u}_2\\ \vdots\\ \boldsymbol{u}_{m_2-2}\\ \boldsymbol{u}_{m_2-1}
\end{pmatrix}\\
=&-\left(\mathcal{B}\delta_x^2u+\mathcal{A}\delta_y^2u,u\right)\geqslant\frac{2}{3}|u|_1^2>0.
\end{aligned}
$$

常用迭代法求解以大型稀疏矩阵为系数矩阵的线性方程组 (2.49).

算例 2.3 应用紧致差分格式 (2.41) 计算算例 2.1 所给定解问题 (2.21).

将 $[0,2]$ 作 m_1 等分, 将 $[0,1]$ 作 m_2 等分, 用 Gauss-Seidel 迭代格式求解差分方程组 (2.41), 精确至 $\|u^{(l+1)} - u^{(l)}\|_\infty \leqslant \frac{1}{2} \times 10^{-10}$.

表 2.5 给出了 5 个结点处的精确解和取不同步长所得的数值解. 表 2.6 给出了在这些结点处取不同步长所得数值解和精确解差的绝对值 $|u(x_i, y_j) - u_{ij}|$. 表 2.7 给出了取不同步长所得数值解的最大误差

$$E_\infty(h_1, h_2) = \max_{(i,j)\in\omega} \left|u(x_i, y_j) - u_{ij}\right|.$$

表 2.5　算例 2.3 部分结点处的精确解和取不同步长时所得的数值解

(h_1, h_2)	(x, y)				
	$(1/2, 1/4)$	$(1, 1/4)$	$(3/2, 1/4)$	$(1/2, 1/2)$	$(1, 1/2)$
(1/8,1/8)	1.165930	1.922300	3.169263	1.648874	2.718543
(1/16,1/16)	1.165829	1.922127	3.169047	1.648731	2.718298
(1/32,1/32)	1.165822	1.922116	3.169034	1.648722	2.718283
(1/64,1/64)	1.165822	1.922116	3.169033	1.648721	2.718282
精确解	1.165822	1.922116	3.169033	1.648721	2.718282

表 2.6　算例 2.3 取不同步长时部分结点处数值解误差的绝对值

(h_1, h_2)	(x, y)				
	$(1/2, 1/4)$	$(1, 1/4)$	$(3/2, 1/4)$	$(1/2, 1/2)$	$(1, 1/2)$
(1/8,1/8)	1.079e−4	1.874e−4	2.302e−4	1.526e−4	2.612e−4
(1/16,1/16)	6.713e−6	1.149e−5	1.432e−5	9.494e−6	1.624e−5
(1/32,1/32)	4.119e−7	7.072e−7	8.872e−7	5.828e−7	1.001e−6
(1/64,1/64)	2.342e−9	5.227e−9	2.840e−8	2.733e−9	8.196e−9

表 2.7　算例 2.3 取不同步长时数值解的最大误差

(h_1, h_2)	$E_\infty(h_1, h_2)$	$E_\infty(2h_1, 2h_2)/E_\infty(h_1, h_2)$
(1/8,1/8)	3.255e−4	
(1/16,1/16)	2.025e−5	16.07
(1/32,1/32)	1.257e−6	16.11
(1/64,1/64)	4.564e−8	27.54

由表 2.7 可以看出, 当步长 h_1, h_2 同时缩小到原来的 1/2 时, 最大误差约缩小到原来的 1/16. 图 2.5 给出了取步长 $h_1 = h_2 = 1/8$ 时所得数值解的曲面图, 图 2.6 给出了精确解曲面图, 图 2.7 给出了不同步长的误差曲面图.

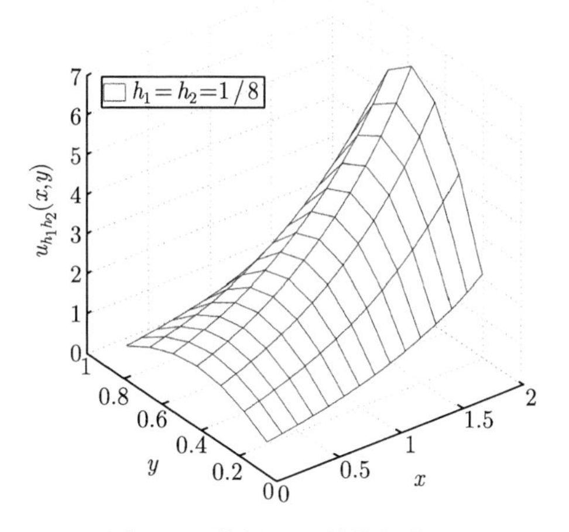

图 2.5 算例 2.3 数值解曲面

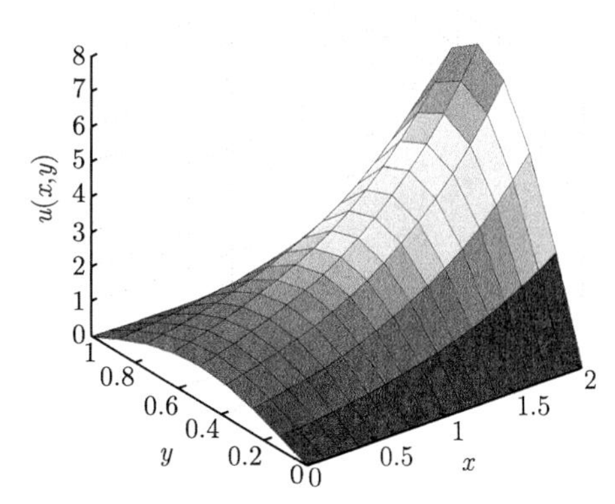

图 2.6 算例 2.3 精确解曲面

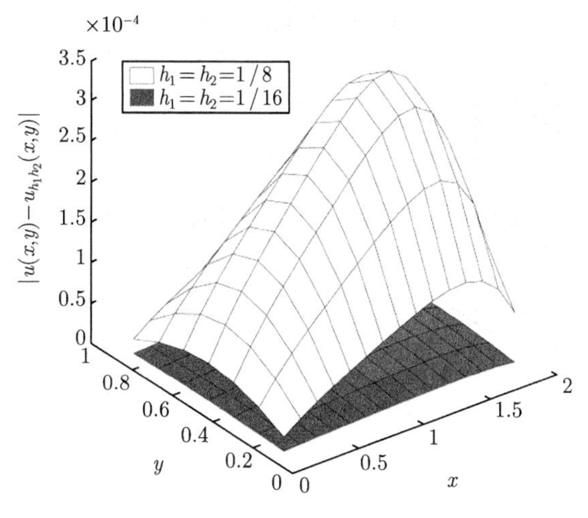

图 2.7 算例 2.3 误差曲面

2.3.4 差分格式解的先验估计式

为了给出差分格式解的先验估计式, 先介绍四个引理.

引理 2.5 设 $v \in \mathring{\mathcal{V}}_h$, 则有

$$\|\Delta_h v\|^2 = \|\delta_x^2 v\|^2 + 2\|\delta_x\delta_y v\|^2 + \|\delta_y^2 v\|^2.$$

证明　直接计算可得

$$\begin{aligned}\|\Delta_h v\|^2 &= (\delta_x^2 v + \delta_y^2 v, \delta_x^2 v + \delta_y^2 v)\\&= (\delta_x^2 v, \delta_x^2 v) + 2(\delta_x^2 v, \delta_y^2 v) + (\delta_y^2 v, \delta_y^2 v)\\&= \|\delta_x^2 v\|^2 - 2(\delta_x v, \delta_x \delta_y^2 v) + \|\delta_y^2 v\|^2\\&= \|\delta_x^2 v\|^2 - 2(\delta_x v, \delta_y^2 \delta_x v) + \|\delta_y^2 v\|^2\\&= \|\delta_x^2 v\|^2 + 2(\delta_y \delta_x v, \delta_y \delta_x v) + \|\delta_y^2 v\|^2\\&= \|\delta_x^2 v\|^2 + 2\|\delta_x \delta_y v\|^2 + \|\delta_y^2 v\|^2.\end{aligned}$$

引理证毕. □

引理 2.6　设 $v \in \mathring{\mathcal{V}}_h$, 则有

$$\frac{2}{3}\|\Delta_h v\|^2 \leqslant \left(\mathcal{B}\delta_x^2 v + \mathcal{A}\delta_y^2 v, \Delta_h v\right) \leqslant \|\Delta_h v\|^2.$$

证明　由分部求和公式以及逆估计, 可得

$$\begin{aligned}&\left(\mathcal{B}\delta_x^2 v + \mathcal{A}\delta_y^2 v, \Delta_h v\right)\\=&\left(\left(\mathcal{I} + \frac{h_2^2}{12}\delta_y^2\right)\delta_x^2 v + \left(\mathcal{I} + \frac{h_1^2}{12}\delta_x^2\right)\delta_y^2 v, \delta_x^2 v + \delta_y^2 v\right)\\=&\left(\delta_x^2 v + \delta_y^2 v, \delta_x^2 v + \delta_y^2 v\right) + \frac{h_2^2}{12}\left(\delta_y^2\delta_x^2 v, \delta_x^2 v + \delta_y^2 v\right) + \frac{h_1^2}{12}\left(\delta_x^2\delta_y^2 v, \delta_x^2 v + \delta_y^2 v\right)\\=&\|\Delta_h v\|^2 - \frac{h_2^2}{12}\left(\|\delta_x^2\delta_y v\|^2 + \|\delta_x\delta_y^2 v\|^2\right) - \frac{h_1^2}{12}\left(\|\delta_y\delta_x^2 v\|^2 + \|\delta_x\delta_y^2 v\|^2\right)\\=&\|\Delta_h v\|^2 - \frac{h_2^2}{12}\left(\|\delta_y\delta_x^2 v\|^2 + \|\delta_y^2\delta_x v\|^2\right) - \frac{h_1^2}{12}\left(\|\delta_x^2\delta_y v\|^2 + \|\delta_x\delta_y^2 v\|^2\right)\\\geqslant&\|\Delta_h v\|^2 - \frac{h_2^2}{12}\left(\frac{4}{h_2^2}\|\delta_x^2 v\|^2 + \frac{4}{h_2^2}\|\delta_y\delta_x v\|^2\right) - \frac{h_1^2}{12}\left(\frac{4}{h_1^2}\|\delta_x\delta_y v\|^2 + \frac{4}{h_1^2}\|\delta_y^2 v\|^2\right)\\=&\|\Delta_h v\|^2 - \frac{1}{3}\left(\|\delta_x^2 v\|^2 + \|\delta_y\delta_x v\|^2 + \|\delta_x\delta_y v\|^2 + \|\delta_y^2 v\|^2\right)\\=&\frac{2}{3}\|\Delta_h v\|^2.\end{aligned}$$

上式中最后一个等号利用了引理 2.5.

另外, 注意到上式中第三个等号易知

$$\left(\mathcal{B}\delta_x^2 v+\mathcal{A}\delta_y^2 v,\Delta_h v\right)\leqslant\|\Delta_h v\|^2.$$

引理证毕. □

引理 2.7 设 $v\in\mathring{\mathcal{V}}_h$, 则有

$$\|v\|\leqslant\kappa|v|_1,$$

其中 κ 由(2.2)定义.

证明 由引理 1.4, 并注意到 $v_{0j}=v_{m_1,j}=0$, 有

$$h_1\sum_{i=1}^{m_1-1}(v_{ij})^2\leqslant\frac{L_1^2}{6}h_1\sum_{i=0}^{m_1-1}(\delta_x v_{i+\frac{1}{2},j})^2,\quad 1\leqslant j\leqslant m_2-1.$$

将上式两边同乘以 h_2 并对 j 从 1 到 m_2-1 求和, 得

$$\|v\|^2\leqslant\frac{L_1^2}{6}\|\delta_x v\|^2.$$

同理有

$$\|v\|^2\leqslant\frac{L_2^2}{6}\|\delta_y v\|^2.$$

由以上两式易知

$$\frac{6}{L_1^2}\|v\|^2\leqslant\|\delta_x v\|^2,\quad \frac{6}{L_2^2}\|v\|^2\leqslant\|\delta_y v\|^2.$$

再将这两式相加, 得到

$$\left(\frac{6}{L_1^2}+\frac{6}{L_2^2}\right)\|v\|^2\leqslant|v|_1^2,$$

即

$$\frac{1}{\kappa^2}\|v\|^2\leqslant|v|_1^2.$$

两边开方即得

$$\|v\|\leqslant\kappa|v|_1.$$

引理证毕. □

注 2.1 由引理 2.7 知对任意网格函数 $v\in\mathring{\mathcal{V}}_h$, 有

$$|v|_1^2\leqslant\|v\|_1^2\leqslant\left(1+\kappa^2\right)|v|_1^2.$$

因而空间 $\mathring{\mathcal{V}}_h$ 中范数 $|\cdot|_1$ 和范数 $\|\cdot\|_1$ 是等价的.

引理 2.8 设 $v \in \mathring{\mathcal{V}}_h$, 则有

$$\|v\|_\infty \leqslant \frac{1}{12}\sqrt{3(\sqrt{2}+1)L_1L_2}\,\|\Delta_h v\|. \tag{2.50}$$

证明 设

$$|v_{i_0,j_0}| = \|v\|_\infty.$$

由引理 1.4, 有

$$\begin{aligned}
\|v\|_\infty^2 = v_{i_0,j_0}^2 \leqslant & \epsilon_1 h_1 \sum_{i=1}^{m_1} (\delta_x v_{i-\frac{1}{2},j_0})^2 + \frac{1}{4\epsilon_1} h_1 \sum_{i=1}^{m_1-1} (v_{i,j_0})^2 \\
\leqslant & \epsilon_1 h_1 \sum_{i=1}^{m_1} \left[\epsilon_2 h_2 \sum_{j=1}^{m_2} (\delta_y\delta_x v_{i-\frac{1}{2},j-\frac{1}{2}})^2 + \frac{1}{4\epsilon_2} h_2 \sum_{j=1}^{m_2-1} (\delta_x v_{i-\frac{1}{2},j})^2\right] \\
& + \frac{1}{4\epsilon_1} h_1 \sum_{i=1}^{m_1-1} \left[\epsilon_2 h_2 \sum_{j=1}^{m_2} (\delta_y v_{i,j-\frac{1}{2}})^2 + \frac{1}{4\epsilon_2} h_2 \sum_{j=1}^{m_2-1} (v_{ij})^2\right] \\
= & \epsilon_1\epsilon_2 \|\delta_x\delta_y v\|^2 + \frac{\epsilon_1}{4\epsilon_2}\|\delta_x v\|^2 + \frac{\epsilon_2}{4\epsilon_1}\|\delta_y v\|^2 + \frac{1}{16\epsilon_1\epsilon_2}\|v\|^2.
\end{aligned} \tag{2.51}$$

由引理 2.5, 有

$$\|\delta_x\delta_y v\|^2 \leqslant \frac{1}{2}\|\Delta_h v\|^2. \tag{2.52}$$

将(2.52)代入(2.51), 并取 $\epsilon_1 = \epsilon_2 = \sqrt{2\epsilon}$, 即得

$$\|v\|_\infty^2 \leqslant \epsilon\|\Delta_h v\|^2 + \frac{1}{4}|v|_1^2 + \frac{1}{32\epsilon}\|v\|^2. \tag{2.53}$$

又易知

$$|v|_1^2 = -\big(\Delta_h v, v\big) \leqslant \|v\| \cdot \|\Delta_h v\|.$$

再由引理 2.7, 得到

$$|v|_1^2 \leqslant \kappa |v|_1 \cdot \|\Delta_h v\|,$$

因而

$$|v|_1 \leqslant \kappa \|\Delta_h v\|.$$

再次应用引理 2.7, 得到

$$\|v\| \leqslant \kappa|v|_1 \leqslant \kappa^2\|\Delta_h v\|.$$

将以上两式代入到(2.53), 并取 $\epsilon = \dfrac{\sqrt{2}}{8}\kappa^2$, 得到

$$\|v\|_\infty^2 \leqslant \epsilon\|\Delta_h v\|^2 + \frac{1}{4}\kappa^2\|\Delta_h v\|^2 + \frac{1}{32\epsilon}\kappa^4\|\Delta_h v\|^2 = \frac{\sqrt{2}+1}{4}\kappa^2\|\Delta_h v\|^2.$$

将上式两边开方, 并注意到(2.3), 即可得到(2.50).

引理证毕. □

定理 2.8 设 $\{v_{ij}\,|\,(i,j)\in\bar{\omega}\}$ 为

$$\begin{cases} -\left(\mathcal{B}\delta_x^2 v_{ij} + \mathcal{A}\delta_y^2 v_{ij}\right) = g_{ij}, \quad (i,j)\in\omega, & (2.54\text{a}) \\ v_{ij} = 0, \quad (i,j)\in\gamma & (2.54\text{b}) \end{cases}$$

的解, 则有

$$\|v\|_\infty \leqslant \frac{1}{8}\sqrt{3(\sqrt{2}+1)L_1L_2}\,\|g\|,$$

其中

$$\|g\|^2 = h_1h_2\sum_{i=1}^{m_1-1}\sum_{j=1}^{m_2-1}(g_{ij})^2.$$

证明 用 $-\Delta_h v$ 与 (2.54a) 的两边做内积, 得

$$\left(\mathcal{B}\delta_x^2 v + \mathcal{A}\delta_y^2 v, \Delta_h v\right) = -\left(g, \Delta_h v\right).$$

由引理 2.6, 得到

$$\frac{2}{3}\|\Delta_h v\|^2 \leqslant -\left(g, \Delta_h v\right) \leqslant \|g\|\cdot\|\Delta_h v\|,$$

从而

$$\|\Delta_h v\| \leqslant \frac{3}{2}\|g\|. \tag{2.55}$$

再应用引理 2.8, 得到

$$\|v\|_\infty \leqslant \frac{1}{12}\sqrt{3(\sqrt{2}+1)L_1L_2}\,\|\Delta_h v\| \leqslant \frac{1}{8}\sqrt{3(\sqrt{2}+1)L_1L_2}\,\|g\|.$$

定理证毕. □

2.3.5　差分格式解的收敛性和稳定性

收敛性

定理 2.9　设 $\{u(x,y)\,|\,(x,y)\in\bar{\Omega}\}$ 是定解问题 (2.1) 的解, $\{u_{ij}\,|\,(i,j)\in\bar{\omega}\}$ 为差分格式 (2.41) 的解. 记

$$e_{ij}=u(x_i,y_j)-u_{ij},\quad 0\leqslant i\leqslant m_1,\quad 0\leqslant j\leqslant m_2,$$

则有

$$\|e\|_\infty\leqslant\frac{1}{1920}\sqrt{3(\sqrt{2}+1)}\,L_1L_2M_6(h_1^4+h_2^4),$$

其中 M_6 由 (2.42) 定义.

证明　将 (2.38) 和 (2.40) 与 (2.41) 相减, 得误差方程组

$$\begin{cases}-\left(\mathcal{B}\delta_x^2e_{ij}+\mathcal{A}\delta_y^2e_{ij}\right)=(R_2)_{ij},\quad (i,j)\in\omega,\\ e_{ij}=0,\quad (i,j)\in\gamma.\end{cases}$$

应用定理 2.8 并注意到 (2.43), 有

$$\begin{aligned}\|e\|_\infty&\leqslant\frac{1}{8}\sqrt{3(\sqrt{2}+1)L_1L_2}\,\|R_2\|\\&\leqslant\frac{1}{1920}\sqrt{3(\sqrt{2}+1)}\,L_1L_2M_6(h_1^4+h_2^4).\end{aligned}$$

定理证毕. □

稳定性

定理 2.10　差分格式 (2.41) 的解在下述意义下对右端函数是稳定的: 设 $\{u_{ij}\,|(i,j)\in\bar{\omega}\}$ 为

$$\begin{cases}-\left(\mathcal{B}\delta_x^2u_{ij}+\mathcal{A}\delta_y^2u_{ij}\right)=f_{ij},\quad (i,j)\in\omega,\\ u_{ij}=0,\quad (i,j)\in\gamma\end{cases}$$

的解, 则有

$$\|u\|_\infty\leqslant\frac{1}{8}\sqrt{3(\sqrt{2}+1)L_1L_2}\,\|f\|.$$

2.4 导数边界值问题

考虑如下导数边界值问题:

$$
\begin{cases}
-\Big(\dfrac{\partial^2 u}{\partial x^2}+\dfrac{\partial^2 u}{\partial y^2}\Big)=f(x,y), \quad (x,y)\in \Omega, & \text{(2.56a)}\\[2ex]
\Big[-\dfrac{\partial u}{\partial x}+\lambda_1(y)u\Big]\Big|_{x=0}=\psi_1(y), \quad 0\leqslant y\leqslant L_2, & \text{(2.56b)}\\[2ex]
\Big[\dfrac{\partial u}{\partial x}+\lambda_2(y)u\Big]\Big|_{x=L_1}=\psi_2(y), \quad 0\leqslant y\leqslant L_2, & \text{(2.56c)}\\[2ex]
\Big[-\dfrac{\partial u}{\partial y}+\lambda_3(x)u\Big]\Big|_{y=0}=\psi_3(x), \quad 0\leqslant x\leqslant L_1, & \text{(2.56d)}\\[2ex]
\Big[\dfrac{\partial u}{\partial y}+\lambda_4(x)u\Big]\Big|_{y=L_2}=\psi_4(x), \quad 0\leqslant x\leqslant L_1, & \text{(2.56e)}
\end{cases}
$$

其中 $\Omega=(0,L_1)\times(0,L_2)$, $\lambda_1(y)$ 和 $\lambda_2(y)$ 为 $[0,L_2]$ 上的非负连续函数, $\lambda_3(x)$ 和 $\lambda_4(x)$ 为 $[0,L_1]$ 上的非负连续函数, 且不恒为 0.

2.4.1 差分格式的建立

记

$$D_x v_{ij}=\frac{1}{h_1}(v_{i+1,j}-v_{ij}), \quad D_{\bar{x}} v_{ij}=\frac{1}{h_1}(v_{ij}-v_{i-1,j}),$$

$$D_y v_{ij}=\frac{1}{h_2}(v_{i,j+1}-v_{ij}), \quad D_{\bar{y}} v_{ij}=\frac{1}{h_2}(v_{ij}-v_{i,j-1}).$$

在网格结点上考虑微分方程(2.56a), 有

$$-\left[\frac{\partial^2 u(x_i,y_j)}{\partial x^2}+\frac{\partial^2 u(x_i,y_j)}{\partial y^2}\right]=f(x_i,y_j), \quad 0\leqslant i\leqslant m_1, \quad 0\leqslant j\leqslant m_2. \tag{2.57}$$

由 Taylor 展开式以及 (2.56b)—(2.56e), 有

$$\frac{\partial^2 u(x_i,y_j)}{\partial x^2}=\delta_x^2 U_{ij}-\frac{h_1^2}{12}\frac{\partial^4 u(\xi_{ij},y_j)}{\partial x^4}, \quad 1\leqslant i\leqslant m_1-1, \quad 0\leqslant j\leqslant m_2, \tag{2.58a}$$

$$\frac{\partial^2 u(x_i,y_j)}{\partial y^2}=\delta_y^2 U_{ij}-\frac{h_2^2}{12}\frac{\partial^4 u(x_i,\eta_{ij})}{\partial y^4}, \quad 0\leqslant i\leqslant m_1, \quad 1\leqslant j\leqslant m_2-1, \tag{2.58b}$$

$$
\begin{aligned}
&\frac{\partial^2 u(x_0,y_j)}{\partial x^2}\\
&=\frac{2}{h_1}\left[\frac{u(x_1,y_j)-u(x_0,y_j)}{h_1}-\frac{\partial u(x_0,y_j)}{\partial x}\right]-\frac{h_1}{3}\frac{\partial^3 u(\xi_{0j},y_j)}{\partial x^3}\\
&=\frac{2}{h_1}\Big[D_x U_{0j}+\psi_1(y_j)-\lambda_1(y_j)u(x_0,y_j)\Big]-\frac{h_1}{3}\frac{\partial^3 u(\xi_{0j},y_j)}{\partial x^3},\\
&\qquad 0\leqslant j\leqslant m_2,
\end{aligned}\tag{2.58c}
$$

$$
\begin{aligned}
&\frac{\partial^2 u(x_{m_1},y_j)}{\partial x^2}\\
&=\frac{2}{h_1}\left[\frac{\partial u(x_{m_1},y_j)}{\partial x}-\frac{u(x_{m_1},y_j)-u(x_{m_1-1},y_j)}{h_1}\right]+\frac{h_1}{3}\frac{\partial^3 u(\xi_{m_1,j},y_j)}{\partial x^3}\\
&=\frac{2}{h_1}\Big[\psi_2(y_j)-\lambda_2(y_j)u(x_{m_1},y_j)-D_{\bar{x}}U_{m_1,j}\Big]+\frac{h_1}{3}\frac{\partial^3 u(\xi_{m_1,j},y_j)}{\partial x^3},\\
&\qquad 0\leqslant j\leqslant m_2,
\end{aligned}\tag{2.58d}
$$

$$
\begin{aligned}
&\frac{\partial^2 u(x_i,y_0)}{\partial y^2}\\
&=\frac{2}{h_2}\left[\frac{u(x_i,y_1)-u(x_i,y_0)}{h_2}-\frac{\partial u(x_i,y_0)}{\partial y}\right]-\frac{h_2}{3}\frac{\partial^3 u(x_i,\eta_{i0})}{\partial y^3}\\
&=\frac{2}{h_2}\Big[D_y U_{i0}+\psi_3(x_i)-\lambda_3(x_i)u(x_i,y_0)\Big]-\frac{h_2}{3}\frac{\partial^3 u(x_i,\eta_{i0})}{\partial y^3},\\
&\qquad 0\leqslant i\leqslant m_1,
\end{aligned}\tag{2.58e}
$$

$$
\begin{aligned}
&\frac{\partial^2 u(x_i,y_{m_2})}{\partial y^2}\\
&=\frac{2}{h_2}\left[\frac{\partial u(x_i,y_{m_2})}{\partial y}-\frac{u(x_i,y_{m_2})-u(x_i,y_{m_2-1})}{h_2}\right]+\frac{h_2}{3}\frac{\partial^3 u(x_i,\eta_{i,m_2})}{\partial y^3}\\
&=\frac{2}{h_2}\Big[\psi_4(x_i)-\lambda_4(x_i)u(x_i,y_{m_2})-D_{\bar{y}}U_{i,m_2}\Big]+\frac{h_2}{3}\frac{\partial^3 u(x_i,\eta_{i,m_2})}{\partial x^3},\\
&\qquad 0\leqslant i\leqslant m_1,
\end{aligned}\tag{2.58f}
$$

其中 $\xi_{0j}\in(x_0,x_1),\ 0\leqslant j\leqslant m_2$，$\eta_{i0}\in(y_0,y_1),\ 0\leqslant i\leqslant m_1$；

$$\xi_{m_1,j}\in(x_{m_1-1},x_{m_1}),\quad \xi_{ij}\in(x_{i-1},x_{i+1}),\quad 1\leqslant i\leqslant m_1-1,\quad 0\leqslant j\leqslant m_2;$$

$$\eta_{i,m_2}\in(y_{m_2-1},y_{m_2}),\quad \eta_{ij}\in(y_{j-1},y_{j+1}),\quad 1\leqslant j\leqslant m_2-1,\quad 0\leqslant i\leqslant m_1.$$

将 (2.58) 代入 (2.57), 并舍去小量项, 对定解问题 (2.56) 可建立如下差分

格式:

$$
\left\{
\begin{aligned}
& -\left(\delta_x^2 u_{ij} + \delta_y^2 u_{ij}\right) = f(x_i, y_j), \quad (i,j) \in \omega, && \text{(2.59a)} \\
& -\frac{2}{h_1}\Big[D_x u_{0j} + \psi_1(y_j) - \lambda_1(y_j) u_{0j}\Big] - \delta_y^2 u_{0j} = f(x_0, y_j), \\
& \qquad\qquad\qquad\qquad 1 \leqslant j \leqslant m_2 - 1, && \text{(2.59b)} \\
& -\frac{2}{h_1}\Big[\psi_2(y_j) - \lambda_2(y_j) u_{m_1,j} - D_{\bar{x}} u_{m_1,j}\Big] - \delta_y^2 u_{m_1,j} = f(x_{m_1}, y_j), \\
& \qquad\qquad\qquad\qquad 1 \leqslant j \leqslant m_2 - 1, && \text{(2.59c)} \\
& -\delta_x^2 u_{i0} - \frac{2}{h_2}\Big[D_y u_{i0} + \psi_3(x_i) - \lambda_3(x_i) u_{i0}\Big] = f(x_i, y_0), \\
& \qquad\qquad\qquad\qquad 1 \leqslant i \leqslant m_1 - 1, && \text{(2.59d)} \\
& -\delta_x^2 u_{i,m_2} - \frac{2}{h_2}\Big[\psi_4(x_i) - \lambda_4(x_i) u_{i,m_2} - D_{\bar{y}} u_{i,m_2}\Big] = f(x_i, y_{m_2}), \\
& \qquad\qquad\qquad\qquad 1 \leqslant i \leqslant m_1 - 1, && \text{(2.59e)} \\
& -\frac{2}{h_1}\Big[D_x u_{00} + \psi_1(y_0) - \lambda_1(y_0) u_{00}\Big] \\
& \qquad -\frac{2}{h_2}\Big[D_y u_{00} + \psi_3(x_0) - \lambda_3(x_0) u_{00}\Big] = f(x_0, y_0), && \text{(2.59f)} \\
& -\frac{2}{h_1}\Big[\psi_2(y_0) - \lambda_2(y_0) u_{m_1,0} - D_{\bar{x}} u_{m_1,0}\Big] \\
& \qquad -\frac{2}{h_2}\Big[D_y u_{m_1,0} + \psi_3(x_{m_1}) - \lambda_3(x_{m_1}) u_{m_1,0}\Big] = f(x_{m_1}, y_0), && \text{(2.59g)} \\
& -\frac{2}{h_1}\Big[D_x u_{0,m_2} + \psi_1(y_{m_2}) - \lambda_1(y_{m_2}) u_{0,m_2}\Big] \\
& \qquad -\frac{2}{h_2}\Big[\psi_4(x_0) - \lambda_4(x_0) u_{0,m_2} - D_{\bar{y}} u_{0,m_2}\Big] = f(x_0, y_{m_2}), && \text{(2.59h)} \\
& -\frac{2}{h_1}\Big[\psi_2(y_{m_2}) - \lambda_2(y_{m_2}) u_{m_1,m_2} - D_{\bar{x}} u_{m_1,m_2}\Big] \\
& \qquad -\frac{2}{h_2}\Big[\psi_4(x_{m_1}) - \lambda_4(x_{m_1}) u_{m_1,m_2} - D_{\bar{y}} u_{m_1,m_2}\Big] = f(x_{m_1}, y_{m_2}). && \text{(2.59i)}
\end{aligned}
\right.
$$

(2.59a) 为内点处的差分格式, (2.59b)—(2.59e) 为边界上内结点处的差分格式, (2.59f)—(2.59i) 为 4 个角点处的差分格式.

2.4.2 差分格式的求解与数值算例

差分格式 (2.59) 是关于 $\{u_{ij}\,|\,(i,j)\in\bar{\omega}\}$ 的线性方程组, 可用 Jacobi 迭代法或 Gauss-Seidel 迭代法求解.

算例 2.4 *应用差分格式 (2.59) 计算如下问题:*

$$\begin{cases} -\left(\dfrac{\partial^2 u}{\partial x^2}+\dfrac{\partial^2 u}{\partial y^2}\right)=(\pi^2-1)\mathrm{e}^x\sin(\pi y), \quad 0<x<2, \quad 0<y<1,\\ \left.\left(-\dfrac{\partial u}{\partial x}+u\right)\right|_{x=0}=0, \quad 0\leqslant y\leqslant 1,\\ \left.\left(\dfrac{\partial u}{\partial x}+2yu\right)\right|_{x=2}=\mathrm{e}^2(1+2y)\,\sin(\pi y), \quad 0\leqslant y\leqslant 1,\\ \left.\left(-\dfrac{\partial u}{\partial y}+2xu\right)\right|_{y=0}=-\pi\mathrm{e}^x, \quad 0\leqslant x\leqslant 2,\\ \left.\left(\dfrac{\partial u}{\partial y}+x^2u\right)\right|_{y=1}=-\pi\mathrm{e}^x, \quad 0\leqslant x\leqslant 2. \end{cases}$$

该问题的精确解为 $u(x,y)=\mathrm{e}^x\sin(\pi y)$.

将 $[0,2]$ 作 m_1 等分, 将 $[0,1]$ 作 m_2 等分, 用 Gauss-Seidel 迭代格式求解差分方程组 (2.59), 精确至 $\|u^{(l+1)}-u^{(l)}\|_\infty\leqslant\dfrac{1}{2}\times10^{-10}$.

表 2.8 给出了 5 个结点处的精确解和取不同步长所得的数值解. 表 2.9 给出了这些结点处取不同步长时所得数值解和精确解差的绝对值 $|u(x_i,y_j)-u_{ij}|$. 表 2.10 给出了取不同步长时所得数值解的最大误差

$$E_\infty(h_1,h_2)=\max_{(i,j)\in\omega}\left|u(x_i,y_j)-u_{ij}\right|.$$

表 2.8 算例 2.4 部分结点处的精确解和取不同步长时所得的数值解

(h_1,h_2)	(x,y)				
	$(0,1/2)$	$(1/2,1/2)$	$(1,1/2)$	$(3/2,1/2)$	$(2,1/2)$
(1/8,1/8)	0.970647	1.612039	2.689368	4.469304	7.388177
(1/16,1/16)	0.992662	1.639547	2.711032	4.478549	7.388702
(1/32,1/32)	0.998160	1.646421	2.716462	4.480898	7.388957
(1/64,1/64)	0.999516	1.648118	2.717804	4.481476	7.389022
精确解	1.000000	1.648721	2.718282	4.481689	7.389056

表 2.9 算例 2.4 取不同步长时部分结点处数值解误差的绝对值

(h_1, h_2)	(x, y)				
	$(0, 1/2)$	$(1/2, 1/2)$	$(1, 1/2)$	$(3/2, 1/2)$	$(2, 1/2)$
(1/8,1/8)	2.935e−2	3.668e−2	2.891e−2	1.238e−2	8.789e−4
(1/16,1/16)	7.338e−3	9.174e−3	7.250e−3	3.140e−3	3.542e−4
(1/32,1/32)	1.840e−3	2.301e−3	1.819e−3	7.912e−4	9.938e−5
(1/64,1/64)	4.836e−4	6.037e−4	4.780e−4	2.127e−4	3.411e−5

表 2.10 算例 2.4 取不同步长时数值解的最大误差

(h_1, h_2)	$E_\infty(h_1, h_2)$	$E_\infty(2h_1, 2h_2)/E_\infty(h_1, h_2)$
(1/8,1/8)	7.850e−2	*
(1/16,1/16)	1.954e−2	4.017
(1/32,1/32)	4.879e−3	4.005
(1/64,1/64)	1.225e−3	3.983

由表 2.10 可以看出, 当步长 h_1, h_2 同时缩小到原来的 1/2 时, 最大误差约缩小到原来的 1/4. 图 2.8 给出了取步长 $h_1 = h_2 = 1/8$ 时所得数值解的曲面, 图 2.9 给出了精确解曲面, 图 2.10 给出了取不同步长时所得数值解的误差曲面.

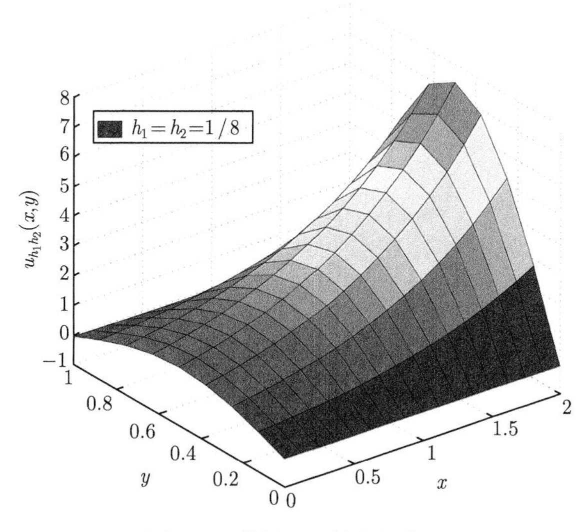

图 2.8 算例 2.4 数值解曲面

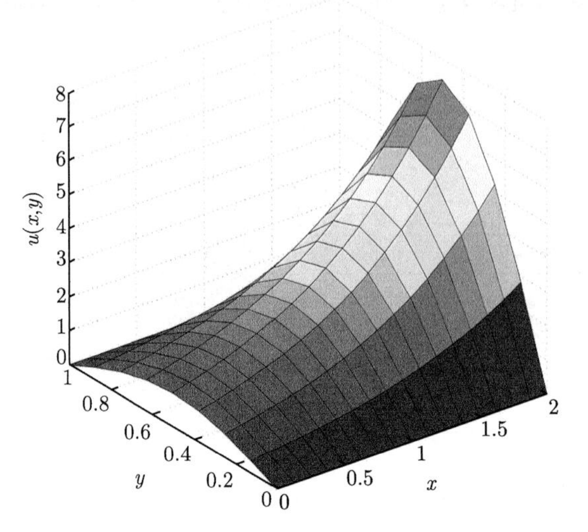

图 2.9　算例 2.4 精确解曲面

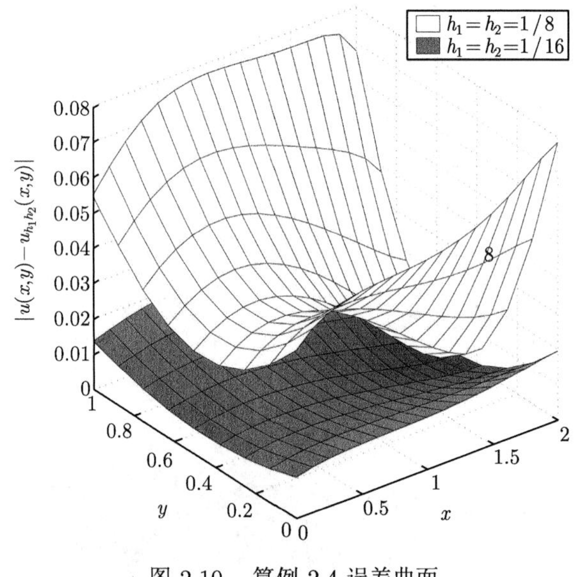

图 2.10　算例 2.4 误差曲面

2.5　双调和方程边值问题

作为高阶椭圆方程的例子, 考虑双调和方程的边值问题

$$\begin{cases} \Delta^2 u \equiv \dfrac{\partial^4 u}{\partial x^4} + 2\dfrac{\partial^4 u}{\partial x^2 \partial y^2} + \dfrac{\partial^4 u}{\partial y^4} = f(x,y), \quad (x,y) \in \Omega, \\ u(x,y) = \varphi(x,y), \quad \Delta u(x,y) = \psi(x,y), \quad (x,y) \in \Gamma, \end{cases} \tag{2.60}$$

其中 Ω 为矩形区域 $(0,L_1)\times(0,L_2)$, Γ 为 Ω 的边界, $\Delta u = \dfrac{\partial^2 u}{\partial x^2} + \dfrac{\partial^2 u}{\partial y^2}$.

令

$$v = \Delta u,$$

则 (2.60) 可写为如下等价的微分方程组:

$$\begin{cases} \Delta v = f(x,y), \quad (x,y) \in \Omega, \\ \Delta u = v(x,y), \quad (x,y) \in \Omega, \\ u(x,y) = \varphi(x,y), \quad (x,y) \in \Gamma, \\ v(x,y) = \psi(x,y), \quad (x,y) \in \Gamma. \end{cases} \tag{2.61}$$

对 (2.61) 可建立如下差分格式:

$$\begin{cases} \delta_x^2 v_{ij} + \delta_y^2 v_{ij} = f_{ij}, \quad (i,j) \in \omega, & (2.62\text{a}) \\ \delta_x^2 u_{ij} + \delta_y^2 u_{ij} = v_{ij}, \quad (i,j) \in \omega, & (2.62\text{b}) \\ u_{ij} = \varphi_{ij}, \quad (i,j) \in \gamma, & (2.62\text{c}) \\ v_{ij} = \psi_{ij}, \quad (i,j) \in \gamma, & (2.62\text{d}) \end{cases}$$

其中 $f_{ij} = f(x_i,y_j)$, $\varphi_{ij} = \varphi(x_i,y_j)$, $\psi_{ij} = \psi(x_i,y_j)$. 先求解 (2.62a) 和 (2.62d) 得到 $\{v_{ij}\,|\,(i,j)\in\omega\}$, 再求解 (2.62b) 和 (2.62c) 得到 $\{u_{ij}\,|\,(i,j)\in\omega\}$. 可以证明 (2.62) 是唯一可解的, 且是二阶收敛的.

也可对 (2.61) 建立如下紧致差分格式:

$$\begin{cases} \mathcal{B}\delta_x^2 v_{ij} + \mathcal{A}\delta_y^2 v_{ij} = \mathcal{A}\mathcal{B} f_{ij}, \quad (i,j) \in \omega, & (2.63\text{a}) \\ \mathcal{B}\delta_x^2 u_{ij} + \mathcal{A}\delta_y^2 u_{ij} = \mathcal{A}\mathcal{B} v_{ij}, \quad (i,j) \in \omega, & (2.63\text{b}) \\ u_{ij} = \varphi_{ij}, \quad (i,j) \in \gamma, & (2.63\text{c}) \\ v_{ij} = \psi_{ij}, \quad (i,j) \in \gamma. & (2.63\text{d}) \end{cases}$$

先求解 (2.63a) 和 (2.63d) 得到 $\{v_{ij}\,|\,(i,j)\in\omega\}$, 再求解 (2.63b) 和 (2.63c) 得到 $\{u_{ij}\,|\,(i,j)\in\omega\}$. 可以证明 (2.63) 也是唯一可解的, 且是四阶收敛的.

2.6　小结与拓展

本章讨论的是椭圆型方程的差分方法. 对于矩形域上的 Poisson 方程 Dirichlet 边值问题, 建立了一个 5 点差分格式, 可以用迭代方法求解差分方程组. 用极值原理证明了差分格式在无穷范数下是二阶收敛的, 对边界值和右端函数是稳定的. 应用 Richardson 外推法可以获得四阶精度. 读者可尝试用能量分析方法给出相应的结果.

我们还引入平均算子建立了一个空间 9 点具有四阶精度的紧致差分格式. 应用能量分析方法 (H^2 分析法) 证明了对任意的步长 h_1 和 h_2, 差分格式是唯一可解的, 在无穷范数下关于步长 h_1 和 h_2 均是四阶收敛的, 对右端函数是稳定的. 可以证明当步长满足 $1/\sqrt{5} \leqslant h_1/h_2 \leqslant \sqrt{5}$ 时, 紧致差分格式也满足极值原理. 在本书的第二版 [3] 中应用能量分析方法证明了紧致差分格式在 H^1 范数下的无条件稳定性和收敛性.

对于导数边界值问题以及双调和方程边界值问题, 仅列出了差分格式. 读者可尝试用能量分析方法或极值原理分析方法证明这些差分格式的唯一可解性、收敛性和稳定性.

假设所考虑的区域 Ω 是一个曲边区域, 如图 2.11 所示. 在区域 Ω 内取一点,

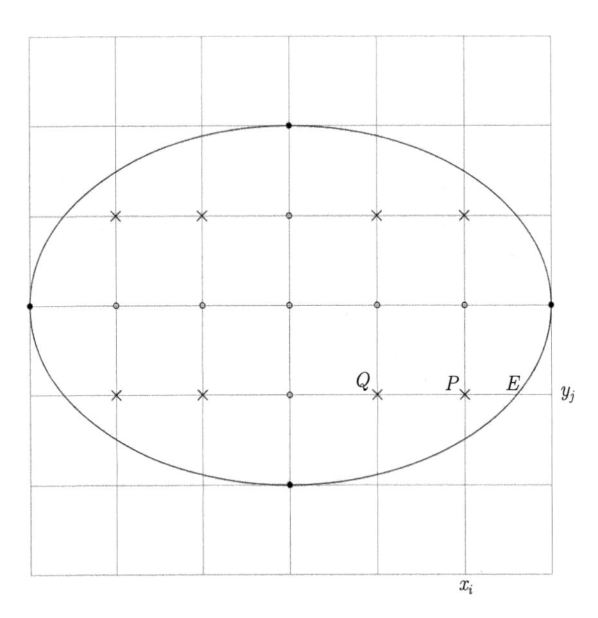

图 2.11　曲边区域的剖分

记为 (x_0, y_0). 取定步长 h, 用两簇平行直线

$$x = x_i \equiv x_0 + ih, \quad i = 0, \pm1, \pm2, \cdots,$$
$$y = y_j \equiv y_0 + jh, \quad j = 0, \pm1, \pm2, \cdots$$

将 Ω 剖分为有限个正方形, 两簇直线的交点称为结点. 我们仅限于考虑位于 $\bar{\Omega}$ 内的结点. 这些结点又可分为 3 类.

- 该结点的 4 个相邻结点均在 $\bar{\Omega}$ 内, 称这种结点为正则内点, 其全体记为 $\mathring{\Omega}_h$ 在图中用 " ○" 表示;
- 该结点属于 Ω 但不属于 $\mathring{\Omega}_h$, 称这种结点为非正则内点, 在图中用 "×" 表示;
- 该结点恰在 Γ 上, 称这种结点为边界结点, 在图中用 "•" 表示.

对于 Dirichlet 边值问题, 在边界结点处 u 的值已知, 在正则内点上可按已介绍的方法建立 5 点差分格式, 在非正则内点上可用插值的方法建立差分格式. 例如图 2.11 中 P 点为一个非正则内点, 设其坐标为 (x_i, y_j). 在 P 点的右边, $y = y_j$ 与 Ω 的边界相交于 E 点, 其坐标为 $(x_i + h_E, y_j)$, P 点的左边 Q 点的坐标为 (x_{i-1}, y_j). 应用 Q 和 E 两点作 u 的线性插值, 求 u 在 P 点的值, 可得

$$u(x_i, y_j) = \frac{h_E}{h + h_E} u(x_{i-1}, y_j) + \frac{h}{h + h_E} u(E) - \frac{h h_E}{2} \frac{\partial^2 u(\xi_i, y_j)}{\partial x^2}.$$

略去小量项

$$-\frac{h h_E}{2} \frac{\partial^2 u(\xi_i, y_j)}{\partial x^2},$$

并用 u_{ij} 代替 $u(x_i, y_j)$, 可得到 P 点处的差分格式

$$u_{ij} - \frac{h_E}{h + h_E} u_{i-1,j} = \frac{h}{h + h_E} u(E).$$

如果所考虑的微分方程是变系数的, 例如

$$-\left[a(x,y)\frac{\partial^2 u}{\partial x^2} + b(x,y)\frac{\partial^2 u}{\partial y^2}\right] + c(x,y)\frac{\partial u}{\partial x} + d(x,y)\frac{\partial u}{\partial y} + e(x,y)u = f(x,y),$$

则可建立如下差分格式:

$$-\left[a(x_i, y_j)\delta_x^2 u_{ij} + b(x_i, y_j)\delta_y^2 u_{ij}\right] + c(x_i, y_j)\frac{u_{i+1,j} - u_{i-1,j}}{2h_1}$$
$$+ d(x_i, y_j)\frac{u_{i,j+1} - u_{i,j-1}}{2h_2} + e(x_i, y_j)u_{ij} = f(x_i, y_j).$$

习 题 2

2.1 用差分格式 (2.14) 计算如下定解问题:

$$\begin{cases} -\left(\dfrac{\partial^2 u}{\partial x^2}+\dfrac{\partial^2 u}{\partial y^2}\right)=-6(x+y), \quad 0<x<1, \quad 0<y<1, \\ u(x,0)=x^3, \quad u(x,1)=1+x^3, \quad 0\leqslant x\leqslant 1, \\ u(0,y)=y^3, \quad u(1,y)=1+y^3, \quad 0\leqslant y\leqslant 1. \end{cases}$$

取 $h=1/3$, 计算 $(1/3,1/3)$, $(2/3,1/3)$, $(1/3,2/3)$, $(2/3,2/3)$ 4 个结点处的数值解, 并与精确解比较, 解释所观察到的现象. 已知精确解为 $u(x,y)=x^3+y^3$.

2.2 设 $\Omega_h=\{(x_i,y_j)\,|\,(i,j)\in\bar{\omega}\}$, $v=\{v_{ij}\,|\,(i,j)\in\bar{\omega}\}$ 为 Ω_h 上的网格函数, 且

$$(L_h v)_{ij}\equiv-\left(\delta_x^2 v_{ij}+\delta_y^2 v_{ij}\right)\geqslant 0, \quad (i,j)\in\omega,$$

证明

$$\min_{(i,j)\in\omega} v_{ij}\geqslant\min_{(i,j)\in\gamma} v_{ij}.$$

2.3 考虑定解问题

$$\begin{cases} -\left(\dfrac{\partial^2 u}{\partial x^2}+\dfrac{\partial^2 u}{\partial y^2}\right)=f(x,y), \quad (x,y)\in\Omega, \\ u=\varphi(x,y), \quad (x,y)\in\Gamma, \end{cases}$$

其中 $\Omega=(0,1)\times(0,1)$, Γ 为 Ω 的边界. 作正方形网格剖分 ($h_1=h_2=1/m$). 分析下列差分格式的截断误差

$$\begin{cases} -\dfrac{1}{2h^2}(u_{i-1,j-1}+u_{i+1,j-1}+u_{i-1,j+1}+u_{i+1,j+1}-4u_{ij})=f(x_i,y_j), \qquad (i,j)\in\omega, \\ u_{ij}=\varphi(x_i,y_j), \qquad (i,j)\in\gamma. \end{cases}$$

证明极值原理成立且差分格式是二阶收敛的.

2.4 设 $\Omega_h=\{(x_i,y_j)\,|\,(i,j)\in\bar{\omega}\}$, $v=\{v_{ij}\,|\,(i,j)\in\bar{\omega}\}$ 为 Ω_h 上的网格函数,

$$(\hat{L}_h v)_{ij}\equiv-\left(\mathcal{B}\delta_x^2 v_{ij}+\mathcal{A}\delta_y^2 v_{ij}\right)\leqslant 0, \quad (i,j)\in\omega,$$

证明

(1) 当步长 h_1 和 h_2 满足 $1/\sqrt{5}\leqslant h_1/h_2\leqslant\sqrt{5}$ 时, 有 $\max\limits_{(i,j)\in\omega} v_{ij}\leqslant\max\limits_{(i,j)\in\gamma} v_{ij}$.

(2) 在上述步长比的约束下, 应用极值原理分析方法证明差分格式 (2.41) 在无穷范数下是四阶收敛的.

2.5 设 $v \in \mathring{\mathcal{V}}_h$, 证明

$$-(\Delta_h v, v) = |v|_1^2.$$

2.6 考虑差分格式 (2.59), 记 $U_j = (u_{0j}, u_{1j}, \cdots, u_{m_1,j})^{\mathrm{T}}$. 若将 (2.59) 写为如下形式

$$\begin{cases} A_0U_0 + C_0U_1 = F_0, \\ B_1U_0 + A_1U_1 + C_1U_2 = F_1, \\ B_2U_1 + A_2U_2 + C_2U_3 = F_2, \\ \cdots\cdots \\ B_{m_2-2}U_{m_2-3} + A_{m_2-2}U_{m_2-2} + C_{m_2-2}U_{m_2-1} = F_{m_2-2}, \\ B_{m_2-1}U_{m_2-2} + A_{m_2-1}U_{m_2-1} + C_{m_2-1}U_{m_2} = F_{m_2-1}, \\ B_{m_2}U_{m_2-1} + A_{m_2}U_{m_2} = F_{m_2}, \end{cases}$$

则 A_j, B_j, C_j, F_j 的具体的表达式是什么?

2.7 用差分格式 (2.14) 计算如下定解问题

$$\begin{cases} -\left(\dfrac{\partial^2 u}{\partial x^2} + \dfrac{\partial^2 u}{\partial y^2}\right) = 0, \quad 0 < x < 1, \ 0 < y < 1, \\ u(0,y) = \sin y + \cos y, \quad u(1,y) = \mathrm{e}(\sin y + \cos y), \quad 0 \leqslant y \leqslant 1, \\ u(x,0) = \mathrm{e}^x, \quad u(x,1) = \mathrm{e}^x(\sin 1 + \cos 1), \quad 0 < x < 1. \end{cases}$$

已知该问题的精确解为 $u(x,y) = \mathrm{e}^x(\sin y + \cos y)$. 分别取 $(h_1, h_2) = \left(\frac{1}{4}, \frac{1}{4}\right)$, $\left(\frac{1}{8}, \frac{1}{8}\right)$, $\left(\frac{1}{16}, \frac{1}{16}\right)$, $\left(\frac{1}{32}, \frac{1}{32}\right)$, $\left(\frac{1}{64}, \frac{1}{64}\right)$, 填充数据表 2.11, 并画出精确解曲面图、数值解曲面图和误差曲面图.

表 2.11 习题 2.7 部分结点处的精确解和取不同步长时所得的数值解

(h_1, h_2)	(x,y)					
	$\left(\frac{1}{4}, \frac{1}{4}\right)$	$\left(\frac{1}{2}, \frac{1}{4}\right)$	$\left(\frac{3}{4}, \frac{1}{4}\right)$	$\left(\frac{1}{4}, \frac{3}{4}\right)$	$\left(\frac{1}{2}, \frac{3}{4}\right)$	$\left(\frac{3}{4}, \frac{1}{4}\right)$
$\left(\frac{1}{4}, \frac{1}{4}\right)$						
$\left(\frac{1}{8}, \frac{1}{8}\right)$						
$\left(\frac{1}{16}, \frac{1}{16}\right)$						
$\left(\frac{1}{32}, \frac{1}{32}\right)$						
$\left(\frac{1}{64}, \frac{1}{64}\right)$						
精确解						

第 3 章　抛物型方程的差分方法

在研究热传导过程、气体膨胀过程和电磁场的传播等问题时, 常常遇到抛物型偏微分方程. 这类问题的自变量中, 有一个是实际问题中的时间变量, 常用 t 表示. 所以抛物型方程通常描述的是随时间变化的物理过程, 即所谓不定常的物理过程. 抛物型方程的定解问题有三类, 即纯初值问题、半无界域上的初边值问题和有界域上的初边值问题.

本章着重介绍有界域上抛物型方程 Dirichlet 初边值问题的差分方法, 包括如何建立差分格式、如何求解差分格式以及差分格式的收敛性和稳定性的证明等问题.

3.1　Dirichlet 初边值问题

考虑一维非齐次热传导方程 Dirichlet 初边值问题 (第一边界值问题)

$$\begin{cases} \dfrac{\partial u}{\partial t} - a\dfrac{\partial^2 u}{\partial x^2} = f(x,t), \quad 0 < x < L, \quad 0 < t \leqslant T, & (3.1\text{a}) \\ u(x,0) = \varphi(x), \quad 0 \leqslant x \leqslant L, & (3.1\text{b}) \\ u(0,t) = \alpha(t), \quad u(L,t) = \beta(t), \quad 0 < t \leqslant T & (3.1\text{c}) \end{cases}$$

的有限差分方法, 其中 a 为正常数,$f(x,t), \varphi(x), \alpha(t), \beta(t)$ 为已知函数, $\varphi(0) = \alpha(0)$, $\varphi(L) = \beta(0)$. 称 (3.1b) 为初值条件, (3.1c) 为边值条件.

在介绍差分格式之前, 我们先用能量分析方法给出齐次边值问题解的先验估计式.

定理 3.1　设 $v(x,t)$ 为抛物型方程齐次 Dirichlet 边值问题

$$\begin{cases} \dfrac{\partial v}{\partial t} - a\dfrac{\partial^2 v}{\partial x^2} = f(x,t), \quad 0 < x < L, \quad 0 < t \leqslant T, & (3.2\text{a}) \\ v(x,0) = \varphi(x), \quad 0 \leqslant x \leqslant L, & (3.2\text{b}) \\ v(0,t) = 0, \quad v(L,t) = 0, \quad 0 < t \leqslant T & (3.2\text{c}) \end{cases}$$

的解, 且 $\varphi(0) = \varphi(L) = 0$, 则有

$$\int_0^L v^2(x,t)\mathrm{d}x \leqslant \int_0^L \varphi^2(x)\mathrm{d}x + \frac{L^2}{12a}\int_0^t \left[\int_0^L f^2(x,s)\mathrm{d}x\right]\mathrm{d}s, \quad 0 \leqslant t \leqslant T; \quad (3.3)$$

$$\int_0^L \left[\frac{\partial v(x,t)}{\partial x}\right]^2 \mathrm{d}x \leqslant \int_0^L [\varphi'(x)]^2 \mathrm{d}x + \frac{1}{2a}\int_0^t \left[\int_0^L f^2(x,s)\mathrm{d}x\right]\mathrm{d}s, \quad 0 \leqslant t \leqslant T; \tag{3.4}$$

$$\begin{aligned}&\left(\max_{0\leqslant x\leqslant L} |v(x,t)|\right)^2 \\ \leqslant &\frac{L}{4}\left(\int_0^L [\varphi'(x)]^2 \mathrm{d}x + \frac{1}{2a}\int_0^t \left[\int_0^L f^2(x,s)\mathrm{d}x\right]\mathrm{d}s\right), \quad 0 \leqslant t \leqslant T.\end{aligned} \tag{3.5}$$

证明 (I) 将 (3.2a) 的两端同乘以 $2v$, 并关于 x 在 $(0,L)$ 上积分, 得

$$2\int_0^L \frac{\partial v(x,t)}{\partial t} v(x,t)\mathrm{d}x - 2a\int_0^L \frac{\partial^2 v(x,t)}{\partial x^2} v(x,t)\mathrm{d}x = 2\int_0^L f(x,t)v(x,t)\mathrm{d}x.$$

利用分部求和公式并注意到(3.2c)可得

$$\begin{aligned}&\frac{\mathrm{d}}{\mathrm{dt}}\int_0^L v^2(x,t)\mathrm{d}x + 2a\int_0^L \left[\frac{\partial v(x,t)}{\partial x}\right]^2 \mathrm{d}x \\ =& 2\int_0^L f(x,t)v(x,t)\mathrm{d}x \\ \leqslant& 2\sqrt{\int_0^L f^2(x,t)\mathrm{d}x}\sqrt{\int_0^L v^2(x,t)\mathrm{d}x} \\ \leqslant& \frac{12a}{L^2}\int_0^L v^2(x,t)\mathrm{d}x + \frac{L^2}{12a}\int_0^L f^2(x,t)\mathrm{d}x.\end{aligned}$$

应用引理 1.1, 有

$$\int_0^L v^2(x,t)\mathrm{d}x \leqslant \frac{L^2}{6}\int_0^L \left[\frac{\partial v(x,t)}{\partial x}\right]^2 \mathrm{d}x.$$

因而,

$$\frac{\mathrm{d}}{\mathrm{dt}}\int_0^L v^2(x,t)\mathrm{d}x \leqslant \frac{L^2}{12a}\int_0^L f^2(x,t)\mathrm{d}x.$$

两边再关于 t 积分, 得

$$\int_0^L v^2(x,t)\mathrm{d}x \leqslant \int_0^L v^2(x,0)\mathrm{d}x + \frac{L^2}{12a}\int_0^t \left[\int_0^L f^2(x,s)\mathrm{d}x\right]\mathrm{d}s$$

$$= \int_0^L \varphi^2(x)\mathrm{d}x + \frac{L^2}{12a}\int_0^t \left[\int_0^L f^2(x,s)\mathrm{d}x\right]\mathrm{d}s,$$

即为 (3.3).

(II) 将 (3.2a) 的两端同乘 $\frac{\partial v}{\partial t}$, 并关于 x 在 $(0,L)$ 上积分, 得

$$\begin{aligned}
&\int_0^L \left[\frac{\partial v(x,t)}{\partial t}\right]^2 \mathrm{d}x - a\int_0^L \frac{\partial^2 v(x,t)}{\partial x^2}\frac{\partial v(x,t)}{\partial t}\mathrm{d}x \\
=&\int_0^L f(x,t)\frac{\partial v(x,t)}{\partial t}\mathrm{d}x \\
\leqslant&\int_0^L \left[\frac{\partial v(x,t)}{\partial t}\right]^2 \mathrm{d}x + \frac{1}{4}\int_0^L f^2(x,t)\mathrm{d}x.
\end{aligned} \tag{3.6}$$

注意到 (3.2c), 有

$$\begin{aligned}
&-\int_0^L \frac{\partial^2 v(x,t)}{\partial x^2}\frac{\partial v(x,t)}{\partial t}\mathrm{d}x \\
=&-\left.\frac{\partial v(x,t)}{\partial x}\frac{\partial v(x,t)}{\partial t}\right|_{x=0}^{L} + \int_0^L \frac{\partial v(x,t)}{\partial x}\frac{\partial^2 v(x,t)}{\partial x \partial t}\mathrm{d}x \\
=&\frac{1}{2}\frac{\mathrm{d}}{\mathrm{d}t}\int_0^L \left[\frac{\partial v(x,t)}{\partial x}\right]^2 \mathrm{d}x.
\end{aligned} \tag{3.7}$$

将 (3.7) 代入 (3.6), 得

$$\frac{a}{2}\cdot\frac{\mathrm{d}}{\mathrm{d}t}\int_0^L \left[\frac{\partial v(x,t)}{\partial x}\right]^2 \mathrm{d}x \leqslant \frac{1}{4}\int_0^L f^2(x,t)\mathrm{d}x,$$

即

$$\frac{\mathrm{d}}{\mathrm{d}t}\int_0^L \left[\frac{\partial v(x,t)}{\partial x}\right]^2 \mathrm{d}x \leqslant \frac{1}{2a}\int_0^L f^2(x,t)\mathrm{d}x, \quad 0 < t \leqslant T.$$

再将上式对 t 积分, 得

$$\begin{aligned}
\int_0^L \left[\frac{\partial v(x,t)}{\partial x}\right]^2 \mathrm{d}x &\leqslant \int_0^L \left[\frac{\partial v(x,0)}{\partial x}\right]^2 \mathrm{d}x + \frac{1}{2a}\int_0^t \left[\int_0^L f^2(x,s)\mathrm{d}x\right]\mathrm{d}s \\
&= \int_0^L \left[\varphi'(x)\right]^2 \mathrm{d}x + \frac{1}{2a}\int_0^t \left[\int_0^L f^2(x,s)\mathrm{d}x\right]\mathrm{d}s,
\end{aligned}$$

即为 (3.4).

(III) 应用 (3.4) 以及引理 1.1 知 (3.5) 成立.

定理证毕. □

3.2 向前 Euler 格式

为了用差分方法求解问题(3.1), 将求解区域

$$D = \{(x,t) \mid 0 < x < L, 0 < t \leqslant T\}$$

作剖分. 取正整数 m 和 n. 将区间 $[0,L]$ 作 m 等分, 将区间 $[0,T]$ 作 n 等分, 并记 $h = L/m$, $\tau = T/n$, $x_i = ih$, $0 \leqslant i \leqslant m$, $t_k = k\tau$, $0 \leqslant k \leqslant n$. 分别称 h 和 τ 为空间步长和时间步长. 记 $r = a\tau/h^2$, 称 r 为**步长比**. 此外, 记 $x_{i+\frac{1}{2}} = \dfrac{1}{2}(x_i + x_{i+1})$, $t_{k+\frac{1}{2}} = \dfrac{1}{2}(t_k + t_{k+1})$.

用两簇平行直线

$$x = x_i, \quad 0 \leqslant i \leqslant m;$$
$$t = t_k, \quad 0 \leqslant k \leqslant n$$

将 $\bar{D}$ 分割成矩形网格, 见图 3.1. 记 $\Omega_h = \{x_i \mid 0 \leqslant i \leqslant m\}$, $\Omega_\tau = \{t_k \mid 0 \leqslant k \leqslant n\}$, $\Omega_{h\tau} = \Omega_h \times \Omega_\tau$. 称 (x_i, t_k) 为**结点**; 称在 $t = 0$, $x = 0$ 以及 $x = L$ 上的结点为**边界结点**, 其它所有结点为**内部结点**; 称在直线 $t = t_k$ 上的所有结点 $\{(x_i, t_k) \mid 0 \leqslant i \leqslant m\}$ 为**第 k 层结点**.

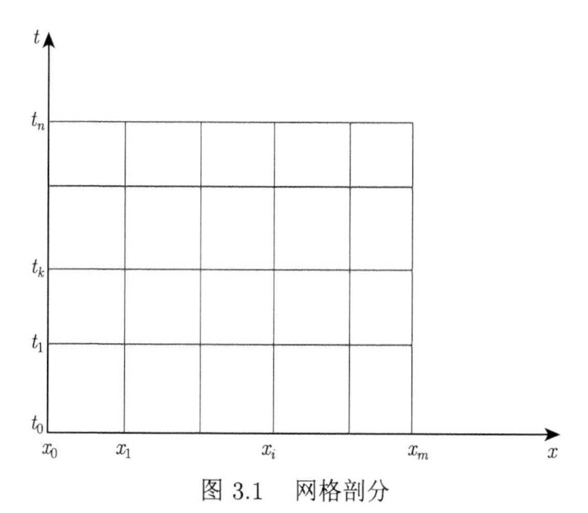

图 3.1 网格剖分

设 $\{v_i^k \mid 0 \leqslant i \leqslant m, 0 \leqslant k \leqslant n\}$ 为 $\Omega_{h\tau}$ 上的一个网格函数. 引进如下记号:

$$v_i^{k+\frac{1}{2}} = \frac{1}{2}(v_i^k + v_i^{k+1}), \quad \delta_t v_i^{k+\frac{1}{2}} = \frac{1}{\tau}(v_i^{k+1} - v_i^k),$$

$$D_t v_i^k = \frac{1}{\tau}(v_i^{k+1} - v_i^k), \quad D_{\bar{t}} v_i^k = \frac{1}{\tau}(v_i^k - v_i^{k-1}),$$

$$D_x v_i^k = \frac{1}{h}(v_{i+1}^k - v_i^k), \quad D_{\bar{x}} v_i^k = \frac{1}{h}(v_i^k - v_{i-1}^k),$$

$$\delta_x v_{i+\frac{1}{2}}^k = \frac{1}{h}(v_{i+1}^k - v_i^k), \quad \delta_x^2 v_i^k = \frac{1}{h^2}(v_{i-1}^k - 2v_i^k + v_{i+1}^k),$$

$$v_i^{\bar{k}} = \frac{1}{2}(v_i^{k+1} + v_i^{k-1}), \quad \Delta_t v_i^k = \frac{1}{2\tau}(v_i^{k+1} - v_i^{k-1}).$$

令 $v^k = (v_0^k, v_1^k, \cdots, v_m^k)$, 则 v^k 为 Ω_h 上的一个网格函数.

引进和第 1 章相同的记号:

$$\mathcal{U}_h = \left\{v \,|\, v = \{v_i \,|\, 0 \leqslant i \leqslant m\}\text{为 } \Omega_h \text{ 上的网格函数}\right\},$$

$$\mathring{\mathcal{U}}_h = \left\{v \,|\, v = \{v_i \,|\, 0 \leqslant i \leqslant m\} \in \mathcal{U}_h, \text{且} v_0 = v_m = 0\right\}.$$

设 $v \in \mathcal{U}_h$, 引进如下记号:

$$\|v\|_\infty = \max_{0 \leqslant i \leqslant m} |v_i|, \quad \|v\| = \sqrt{h\left(\frac{1}{2}v_0^2 + \sum_{i=1}^{m-1} v_i^2 + \frac{1}{2}v_m^2\right)},$$

$$|v|_1 = \sqrt{h\sum_{i=1}^{m}\left(\frac{v_i - v_{i-1}}{h}\right)^2}, \quad \|v\|_1 = \sqrt{\|v\|^2 + |v|_1^2}.$$

则 $\|v\|_\infty, \|v\|, \|v\|_1$ 均为 $\mathcal{U}_h$ 上的范数, 分别称为无穷范数 (一致范数), 2 范数 (平均范数) 和 H^1 范数. $|v|_1$ 为 $\mathcal{U}_h$ 上的半范数, 但为 $\mathring{\mathcal{U}}_h$ 上的范数, 称为差商的 2 范数.

3.2.1 差分格式的建立

定义 $\Omega_{h\tau}$ 上的网格函数

$$U = \{U_i^k \mid 0 \leqslant i \leqslant m,\ 0 \leqslant k \leqslant n\},$$

其中

$$U_i^k = u(x_i, t_k), \quad 0 \leqslant i \leqslant m, \quad 0 \leqslant k \leqslant n.$$

在结点 (x_i, t_k) 处考虑微分方程 (3.1a), 有

$$\frac{\partial u}{\partial t}(x_i, t_k) - a\frac{\partial^2 u}{\partial x^2}(x_i, t_k) = f(x_i, t_k), \quad 1 \leqslant i \leqslant m-1, \quad 0 \leqslant k \leqslant n-1. \tag{3.8}$$

将

$$\begin{aligned}\frac{\partial^2 u}{\partial x^2}(x_i, t_k) &= \frac{1}{h^2}[u(x_{i-1}, t_k) - 2u(x_i, t_k) + u(x_{i+1}, t_k)] - \frac{h^2}{12}\frac{\partial^4 u}{\partial x^4}(\xi_{ik}, t_k) \\ &= \delta_x^2 U_i^k - \frac{h^2}{12}\frac{\partial^4 u}{\partial x^4}(\xi_{ik}, t_k), \quad x_{i-1} < \xi_{ik} < x_{i+1}\end{aligned}$$

和

$$\begin{aligned}\frac{\partial u}{\partial t}(x_i, t_k) &= \frac{1}{\tau}[u(x_i, t_{k+1}) - u(x_i, t_k)] - \frac{\tau}{2}\frac{\partial^2 u}{\partial t^2}(x_i, \eta_{ik}) \\ &= D_t U_i^k - \frac{\tau}{2}\frac{\partial^2 u}{\partial t^2}(x_i, \eta_{ik}), \quad t_k < \eta_{ik} < t_{k+1}\end{aligned}$$

代入 (3.8), 得到

$$D_t U_i^k - a\delta_x^2 U_i^k = f(x_i, t_k) + \frac{\tau}{2}\frac{\partial^2 u}{\partial t^2}(x_i, \eta_{ik}) - \frac{ah^2}{12}\frac{\partial^4 u}{\partial x^4}(\xi_{ik}, t_k),$$

$$1 \leqslant i \leqslant m-1, \quad 0 \leqslant k \leqslant n-1. \tag{3.9}$$

注意到初边值条件 (3.1b) 和 (3.1c), 有

$$\begin{cases} U_i^0 = \varphi(x_i), \quad 0 \leqslant i \leqslant m, \\ U_0^k = \alpha(t_k), \quad U_m^k = \beta(t_k), \quad 1 \leqslant k \leqslant n. \end{cases} \tag{3.10}$$

在 (3.9) 中略去小量项

$$(R_1)_i^k = \frac{\tau}{2}\frac{\partial^2 u}{\partial t^2}(x_i, \eta_{ik}) - \frac{ah^2}{12}\frac{\partial^4 u}{\partial x^4}(\xi_{ik}, t_k),$$

并用 u_i^k 代替 U_i^k, 得到如下差分格式:

$$\begin{cases} D_t u_i^k - a\delta_x^2 u_i^k = f(x_i, t_k), \quad 1 \leqslant i \leqslant m-1, \quad 0 \leqslant k \leqslant n-1, & (3.11\text{a}) \\ u_i^0 = \varphi(x_i), \quad 0 \leqslant i \leqslant m, & (3.11\text{b}) \\ u_0^k = \alpha(t_k), \quad u_m^k = \beta(t_k), \quad 1 \leqslant k \leqslant n. & (3.11\text{c}) \end{cases}$$

称差分格式(3.11)为**向前 Euler 格式**. 称 $(R_1)_i^k$ 为差分格式 (3.11a) 的**局部截断误差**. 记

$$c_1 = \max\left\{\frac{1}{2}\max_{(x,t)\in\bar{D}}\left|\frac{\partial^2 u}{\partial t^2}(x,t)\right|,\ \frac{a}{12}\max_{(x,t)\in\bar{D}}\left|\frac{\partial^4 u}{\partial x^4}(x,t)\right|\right\}, \tag{3.12}$$

则有

$$|(R_1)_i^k| \leqslant c_1(\tau + h^2), \quad 1\leqslant i\leqslant m-1, \quad 0\leqslant k\leqslant n-1. \tag{3.13}$$

差分格式(3.11)的结点图见图 3.2. 图中“×”点表示差分格式是在这个结点处建立的,“○”表示差分格式中用到的结点.

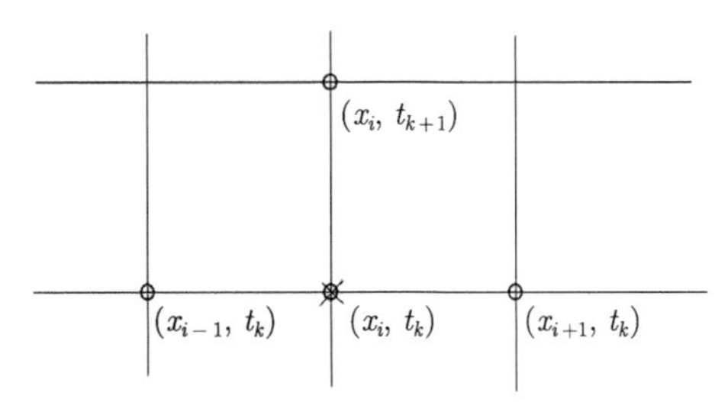

图 3.2　向前 Euler 格式(3.11)结点图

3.2.2　差分格式解的存在性

差分格式 (3.11a) 可写为

$$u_i^{k+1} = (1-2r)u_i^k + r(u_{i-1}^k + u_{i+1}^k) + \tau f(x_i, t_k), \quad 1\leqslant i\leqslant m-1, \quad 0\leqslant k\leqslant n-1.$$

上式表明第 $k+1$ 层上的值可由第 k 层上的值显式表示出来. 若已知第 k 层的值 $\{u_i^k \mid 0\leqslant i\leqslant m\}$, 则由上式就可直接得到第 $k+1$ 层上的值 $\{u_i^{k+1} \mid 0\leqslant i\leqslant m\}$. 因而差分格式对于任意步长比 r 均是唯一可解的.

差分格式(3.11)是显式的, 有时也称差分格式(3.11)为**古典显格式**.

3.2.3　差分格式的求解与数值算例

古典显格式(3.11) 可写成矩阵形式

$$\begin{pmatrix} u_1^{k+1} \\ u_2^{k+1} \\ \vdots \\ u_{m-2}^{k+1} \\ u_{m-1}^{k+1} \end{pmatrix} = \begin{pmatrix} 1-2r & r & & & \\ r & 1-2r & r & & \\ & \ddots & \ddots & \ddots & \\ & & r & 1-2r & r \\ & & & r & 1-2r \end{pmatrix} \begin{pmatrix} u_1^k \\ u_2^k \\ \vdots \\ u_{m-2}^k \\ u_{m-1}^k \end{pmatrix}$$

$$
+\begin{pmatrix} \tau f(x_1,t_k)+ru_0^k \\ \tau f(x_2,t_k) \\ \vdots \\ \tau f(x_{m-2},t_k) \\ \tau f(x_{m-1},t_k)+ru_m^k \end{pmatrix}.
$$

算例 3.1 应用向前 Euler 格式(3.11)计算定解问题

$$
\begin{cases} \dfrac{\partial u}{\partial t}-\dfrac{\partial^2 u}{\partial x^2}=0, & 0<x<1, \quad 0<t\leqslant 1, \\ u(x,0)=\mathrm{e}^x, & 0\leqslant x\leqslant 1, \\ u(0,t)=\mathrm{e}^t, \quad u(1,t)=\mathrm{e}^{1+t}, & 0<t\leqslant 1. \end{cases}
$$

上述定解问题的精确解为 $u(x,t)=\mathrm{e}^{x+t}$.

表 3.1 给出了取步长 $h=1/10$ 和 $\tau=1/200$ (步长比 $r=1/2$) 时计算得到的部分数值结果, 数值解很好地逼近精确解. 表 3.2 给出了取步长 $h=1/10$ 和 $\tau=1/100$ (步长比 $r=1$) 时计算得到的部分数值结果. 随着计算层数的增加, 误差越来越大, 数值结果无实用价值. 表 3.3 给出了步长比 $r=1/2$ 时, 取不同步长, 数值解的最大误差

$$
E_\infty(h,\tau)=\max_{1\leqslant i\leqslant m-1, 1\leqslant k\leqslant n}|u(x_i,t_k)-u_i^k|.
$$

从表 3.3 可以看出当空间步长缩小到原来的 1/2, 时间步长缩小到原来的 1/4 时, 最大误差约缩小到原来的 1/4. 图 3.3 给出了 $t=1$ 时的精确解曲线和取步长 $h=1/10$, $\tau=1/200$ 时所得数值解曲线. 图中 $u_{h\tau}(x,t)$ 表示以 h,τ 为步长所得结点 (x,t) 处的数值解. 由于此时相对误差为万分之二左右, 用肉眼已看不出数值解曲线和精确解曲线的区别. 图 3.4 给出了 $t=1$ 时的精确解和取不同步长所得数值解的误差曲线. 图 3.5 给出了不同步长的误差曲面.

表 3.1 算例 3.1 部分结点处数值解、精确解和误差的绝对值 ($h=1/10, \tau=1/200$)

k	(x,t)	数值解	精确解	| 精确解 − 数值解 |
20	(0.5, 0.1)	1.821889	1.822119	2.301e−4
40	(0.5, 0.2)	2.013409	2.013753	3.436e−4
60	(0.5, 0.3)	2.225128	2.225541	4.125e−4
80	(0.5, 0.4)	2.459135	2.459603	4.679e−4
100	(0.5, 0.5)	2.717760	2.718282	5.215e−4
120	(0.5, 0.6)	3.003588	3.004166	5.779e−4
140	(0.5, 0.7)	3.319478	3.320117	6.393e−4
160	(0.5, 0.8)	3.668590	3.669297	7.068e−4
180	(0.5, 0.9)	4.054419	4.055200	7.812e−4
200	(0.5, 1.0)	4.480826	4.481689	8.634e−4

表 3.2　算例 3.1 部分结点处数值解、精确解和误差的绝对值 ($h = 1/10, \tau = 1/100$)

k	(x,t)	数值解	精确解	| 精确解 − 数值解 |
1	(0.5, 0.01)	1.665222	1.665291	6.897e−5
2	(0.5, 0.02)	1.681888	1.682028	1.393e−4
3	(0.5, 0.03)	1.698721	1.698932	2.111e−4
4	(0.5, 0.04)	1.715723	1.716007	2.843e−4
5	(0.5, 0.05)	1.732894	1.733253	3.589e−4
6	(0.5, 0.06)	1.750393	1.750673	2.794e−4
7	(0.5, 0.07)	1.767291	1.768267	9.761e−4
8	(0.5, 0.08)	1.787463	1.786038	1.424e−3
9	(0.5, 0.09)	1.796973	1.803988	7.015e−3
10	(0.5, 0.10)	1.842269	1.822119	2.015e−2
11	(0.5, 0.11)	1.775371	1.840431	6.506e−2
12	(0.5, 0.12)	2.054576	1.858928	1.956e−1
13	(0.5, 0.13)	1.286980	1.877611	5.906e−1
14	(0.5, 0.14)	3.651896	1.896481	1.755e+0
15	(0.5, 0.15)	−3.277574	1.915541	5.193e+0
16	(0.5, 0.16)	1.721143e+1	1.934792	1.528e+1
17	(0.5, 0.17)	−4.283715e + 1	1.954237	4.479e+1
18	(0.5, 0.18)	1.329477e+2	1.973878	1.310e+2

表 3.3　算例 3.1 取不同步长时数值解的最大误差 ($r = 1/2$)

h	τ	$E_\infty(h,\tau)$	$E_\infty(2h,4\tau)/E_\infty(h,\tau)$
1/10	1/200	8.634e−4	*
1/20	1/800	2.175e−4	3.970
1/40	1/3200	5.437e−5	4.000
1/80	1/12800	1.359e−5	4.001

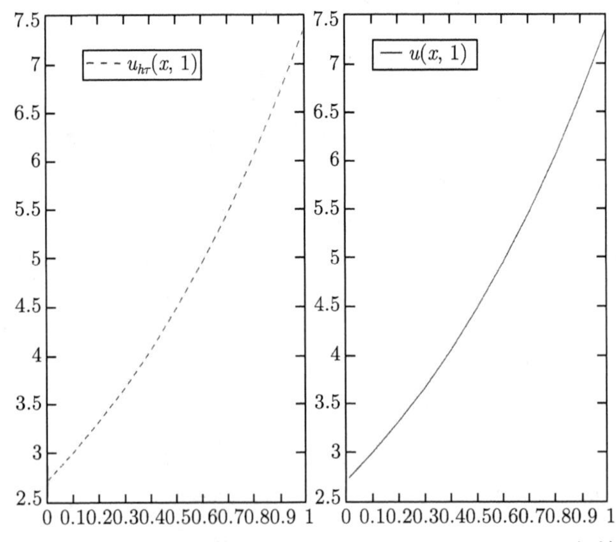

图 3.3　算例 3.1 $t = 1$ 时的数值解曲线 ($h = 1/10, \tau = 1/200$) 与精确解曲线

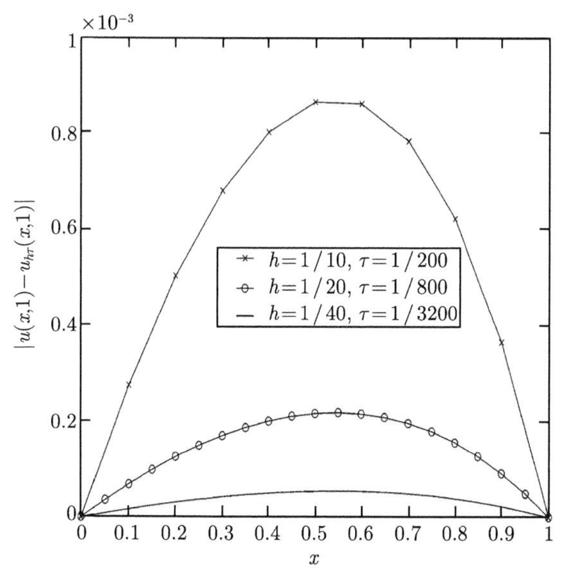

图 3.4 算例 3.1 $t=1$ 时不同步长数值解的误差曲线 $(r=1/2)$

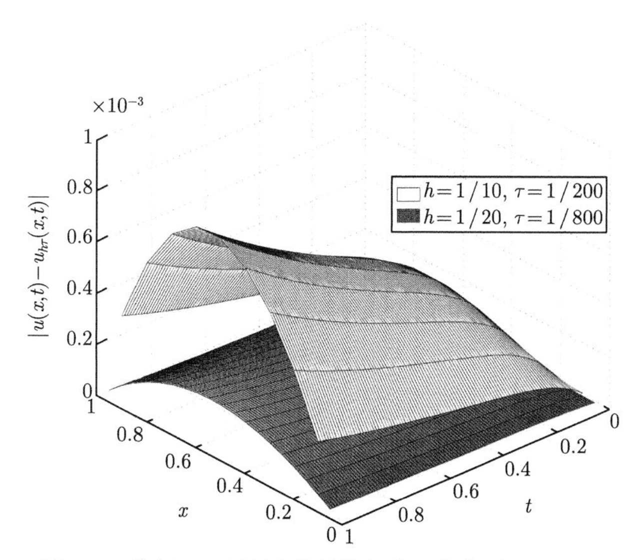

图 3.5 算例 3.1 不同步长数值解的误差曲面 $(r=1/2)$

3.2.4 差分格式解的先验估计式

我们将用极值原理的方法给出差分格式解的先验估计式.

设 $v=\{v_i^k\,|\,0\leqslant i\leqslant m, 0\leqslant k\leqslant n\}$ 是 $\Omega_{h\tau}$ 上的网格函数. 记

$$L_{\tau h}v_i^k=D_tv_i^k-a\delta_x^2v_i^k,\quad 1\leqslant i\leqslant m-1,\quad 0\leqslant k\leqslant n-1.$$

引理 3.1 (极值原理)　如图 3.6 所示, 记

$$\omega_k = \{(i,s)\,|\,1 \leqslant i \leqslant m-1, 1 \leqslant s \leqslant k\},$$

$$\gamma_k = \{(i,0)\,|\,0 \leqslant i \leqslant m\} \cup \{(0,s)\,|\,1 \leqslant s \leqslant k\} \cup \{(m,s)\,|\,1 \leqslant s \leqslant k\}.$$

设

$$(L_{\tau h}v)_i^s = D_t v_i^s - a\delta_x^2 v_i^s \leqslant 0, \quad 1 \leqslant i \leqslant m-1, \quad 0 \leqslant s \leqslant k-1, \tag{3.14}$$

则当 $r \leqslant \dfrac{1}{2}$ 时有

$$\max_{(i,s)\in\omega_k} v_i^s \leqslant \max_{(i,s)\in\gamma_k} v_i^s.$$

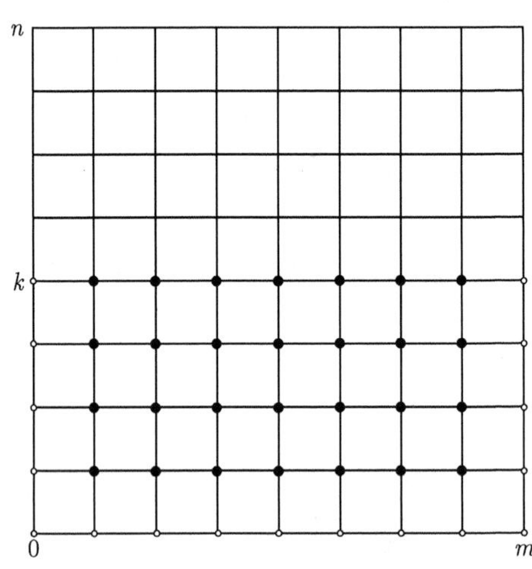

图 3.6　引理 3.1、定理 3.2、引理 3.2 和定理 3.8 证明的辅助图: "∘" 表示 γ_k, "•" 表示 ω_k

证明　反证法. 设

$$\max_{(i,s)\in\omega_k} v_i^s > \max_{(i,s)\in\gamma_k} v_i^s,$$

并记

$$M = \max_{i,s\in\omega_k} v_i^s.$$

(I) 设 $r < \dfrac{1}{2}$. 此时

$$(L_{\tau h}v)_i^{s-1} = \frac{1}{\tau}\Big\{v_i^s - \Big[rv_{i-1}^{s-1} + (1-2r)v_i^{s-1} + rv_{i+1}^{s-1}\Big]\Big\}.$$

存在 $i_0 \in \{1,2,\cdots,m-1\}, s_0 \in \{1,2,\cdots,k\}$ 使得 $v_{i_0}^{s_0} = M$, 且 $v_{i_0}^{s_0-1}$, $v_{i_0-1}^{s_0-1}$ 和 $v_{i_0+1}^{s_0-1}$ 中至少有一个严格小于 M. 因而

$$(L_{\tau h}v)_{i_0}^{s_0-1} = \frac{1}{\tau}\Big\{v_{i_0}^{s_0} - \Big[rv_{i_0-1}^{s_0-1} + (1-2r)v_{i_0}^{s_0-1} + rv_{i_0+1}^{s_0-1}\Big]\Big\} > 0.$$

与条件(3.14)矛盾.

(II) 设 $r = \dfrac{1}{2}$. 此时

$$(L_{\tau h}v)_i^{s-1} = \frac{1}{\tau}\Big[v_i^s - \frac{1}{2}\big(v_{i-1}^{s-1} + v_{i+1}^{s-1}\big)\Big].$$

存在 $i_0 \in \{1,2,\cdots,m-1\}, s_0 \in \{1,2,\cdots,k\}$ 使得 $v_{i_0}^{s_0} = M$, 且 $v_{i_0-1}^{s_0-1}$ 和 $v_{i_0+1}^{s_0-1}$ 中至少有一个严格小于 M. 因而

$$(L_{\tau h}v)_{i_0}^{s_0-1} = \frac{1}{\tau}\Big[v_{i_0}^{s_0} - \frac{1}{2}\big(v_{i_0-1}^{s_0-1} + v_{i_0+1}^{s_0-1}\big)\Big] > 0.$$

与条件(3.14)矛盾.

引理证毕. □

定理 3.2 设 $v = \{v_i^k \,|\, 0 \leqslant i \leqslant m,\ 0 \leqslant k \leqslant n\}$ 为差分方程

$$\begin{cases} D_t v_i^k - a\delta_x^2 v_i^k = g_i^k, & 1 \leqslant i \leqslant m-1, \quad 0 \leqslant k \leqslant n-1, \\ v_i^0 = \varphi_i, & 0 \leqslant i \leqslant m, \\ v_0^k = \alpha^k, \quad v_m^k = \beta^k, & 1 \leqslant k \leqslant n \end{cases}$$

的解, 则当步长比 $r \leqslant 1/2$ 时, 有

$$\max_{1\leqslant i\leqslant m-1} |v_i^k| \leqslant \max\{\max_{0\leqslant i\leqslant m} |\varphi_i|, \max_{1\leqslant s\leqslant k} |\alpha^s|, \max_{1\leqslant s\leqslant k} |\beta^s|\} + \frac{L^2}{8a} \max_{0\leqslant s\leqslant k-1} \max_{1\leqslant i\leqslant m-1} |g_i^s|, \quad 0 \leqslant k \leqslant n.$$

证明 如图 3.6 所示, 对于任意的 $k \in \{1,2,\cdots,n\}$, 定义

$$\omega_k = \{(i,s) \,|\, 1 \leqslant i \leqslant m-1, 1 \leqslant s \leqslant k\},$$

$$\gamma_k = \{(i,0) \,|\, 0 \leqslant i \leqslant m\} \cup \{(0,s) \,|\, 1 \leqslant s \leqslant k\} \cup \{(m,s) \,|\, 1 \leqslant s \leqslant k\}.$$

记

$$C_k = \max_{0\leqslant s\leqslant k-1} \max_{1\leqslant i\leqslant m-1} |g_i^s|, \quad P(x) = \frac{C_k}{2a}x(L-x), \quad P_i^s = P(x_i).$$

计算可得

$$L_{\tau h}(\pm v - P)_i^s = \pm g_i^s - C_k \leqslant 0, \quad 1 \leqslant i \leqslant m-1, \quad 0 \leqslant s \leqslant k-1.$$

由引理 3.1 得到

$$\max_{(i,s)\in\omega_k}(\pm v_i^s - P_i^s) \leqslant \max_{(i,s)\in\gamma_k}(\pm v_i^s - P_i^s)$$

$$\leqslant \max_{(i,s)\in\gamma_k}(\pm v_i^s) + \max_{(i,s)\in\gamma_k}(-P_i^s) \leqslant \max_{(i,s)\in\gamma_k}(\pm v_i^s).$$

进一步可得

$$\begin{aligned}\max_{(i,s)\in\omega_k}(\pm v_i^s) &= \max_{(i,s)\in\omega_k}(\pm v - P + P)_i^s \\ &\leqslant \max_{(i,s)\in\omega_k}(\pm v - P)_i^s + \max_{(i,s)\in\omega_k} P_i^s \leqslant \max_{(i,s)\in\gamma_k}(\pm v_i^s) + \max_{(i,s)\in\omega_k} P_i^s \\ &\leqslant \max\{\max_{0\leqslant i\leqslant m}|\varphi_i|, \max_{1\leqslant s\leqslant k}|\alpha^s|, \max_{1\leqslant s\leqslant k}|\beta^s|\} + \frac{L^2}{8a}\max_{0\leqslant s\leqslant k-1}\max_{1\leqslant i\leqslant m-1}|g_i^s|.\end{aligned}$$

因而

$$\max_{(i,s)\in\omega_k}|v_i^s| \leqslant \max\{\max_{0\leqslant i\leqslant m}|\varphi_i|, \max_{1\leqslant s\leqslant k}|\alpha^s|, \max_{1\leqslant s\leqslant k}|\beta^s|\} + \frac{L^2}{8a}\max_{0\leqslant s\leqslant k-1}\max_{1\leqslant i\leqslant m-1}|g_i^s|.$$

特别地,

$$\max_{1\leqslant i\leqslant m-1}|v_i^k| \leqslant \max\{\max_{0\leqslant i\leqslant m}|\varphi_i|, \max_{1\leqslant s\leqslant k}|\alpha^s|, \max_{1\leqslant s\leqslant k}|\beta^s|\} + \frac{L^2}{8a}\max_{1\leqslant s\leqslant k}\max_{1\leqslant i\leqslant m-1}|g_i^s|.$$

定理证毕. □

如果边界值为零, 则可以用下面更加简单的方法得到估计式.

定理 3.3　设 $v = \{v_i^k \,|\, 0 \leqslant i \leqslant m,\ 0 \leqslant k \leqslant n\}$ 为差分方程

$$\begin{cases} D_t v_i^k - a\delta_x^2 v_i^k = g_i^k, \quad 1 \leqslant i \leqslant m-1, \quad 0 \leqslant k \leqslant n-1, & (3.15\text{a}) \\ v_i^0 = \varphi_i, \quad 0 \leqslant i \leqslant m, & (3.15\text{b}) \\ v_0^k = 0, \quad v_m^k = 0, \quad 1 \leqslant k \leqslant n & (3.15\text{c}) \end{cases}$$

的解, 则当步长比 $r \leqslant 1/2$ 时, 有

$$\|v^k\|_\infty \leqslant \|\varphi\|_\infty + \tau\sum_{l=0}^{k-1}\|g^l\|_\infty, \quad 0 \leqslant k \leqslant n,$$

其中 $\|g^l\|_\infty = \max_{1\leqslant i\leqslant m-1}|g_i^l|$.

证明　将 (3.15a) 改写为

$$v_i^{k+1} = (1-2r)v_i^k + r(v_{i-1}^k + v_{i+1}^k) + \tau g_i^k, \quad 1 \leqslant i \leqslant m-1, \quad 0 \leqslant k \leqslant n-1,$$

则有

$$
\begin{aligned}
|v_i^{k+1}| &\leqslant (1-2r)\|v^k\|_\infty + r(\|v^k\|_\infty + \|v^k\|_\infty) + \tau\|g^k\|_\infty \\
&= \|v^k\|_\infty + \tau\|g^k\|_\infty, \quad 1 \leqslant i \leqslant m-1, \quad 0 \leqslant k \leqslant n-1.
\end{aligned}
$$

于是

$$
\|v^{k+1}\|_\infty \leqslant \|v^k\|_\infty + \tau\|g^k\|_\infty, \quad 0 \leqslant k \leqslant n-1.
$$

递推可得

$$
\|v^k\|_\infty \leqslant \|v^0\|_\infty + \tau\sum_{l=0}^{k-1}\|g^l\|_\infty, \quad 0 \leqslant k \leqslant n.
$$

定理证毕. □

3.2.5 差分格式解的收敛性和稳定性

收敛性

定理 3.4 设 $\{u(x,t)\,|\,(x,t) \in \bar{D}\}$ 为定解问题(3.1)的解, $\{u_i^k \mid 0 \leqslant i \leqslant m,\ 0 \leqslant k \leqslant n\}$ 为差分格式(3.11) 的解, 则当 $r \leqslant 1/2$ 时, 有

$$
\max_{0\leqslant i\leqslant m}|u(x_i,t_k) - u_i^k| \leqslant c_1T(\tau + h^2), \quad 0 \leqslant k \leqslant n,
$$

其中 c_1 由 (3.12) 定义.

证明 记

$$
e_i^k = u(x_i,t_k) - u_i^k, \quad 0 \leqslant i \leqslant m, \quad 0 \leqslant k \leqslant n.
$$

将 (3.9) 和 (3.10) 与(3.11)相减, 得到误差方程组

$$
\begin{cases}
D_te_i^k - a\delta_x^2e_i^k = (R_1)_i^k, \quad 1 \leqslant i \leqslant m-1, \quad 0 \leqslant k \leqslant n-1, \\
e_i^0 = 0, \quad 0 \leqslant i \leqslant m, \\
e_0^k = 0, \quad e_m^k = 0, \quad 1 \leqslant k \leqslant n.
\end{cases}
$$

应用定理 3.3, 并注意到 (3.13), 当 $r \leqslant 1/2$ 时, 有

$$
\|e^k\|_\infty \leqslant \tau\sum_{s=0}^{k-1}\max_{1\leqslant i\leqslant m-1}|(R_1)_i^s| \leqslant c_1 \cdot k\tau(\tau + h^2) \leqslant c_1T(\tau + h^2), \quad 0 \leqslant k \leqslant n.
$$

定理证毕. □

稳定性

如果在应用差分格式(3.11)时, 计算右端函数 $f(x_i,t_k)$ 有误差 g_i^k, 计算初值 $\varphi(x_i)$ 有误差 φ_i, 计算边界值 $\alpha(t_k)$ 时有误差 α^k, 计算边界值 $\beta(t_k)$ 时有误差 β^k, 则实际得到的是如下差分方程的解

$$\begin{cases} D_t v_i^k - a\delta_x^2 v_i^k = f(x_i,t_k) + g_i^k, & 1 \leqslant i \leqslant m-1, \quad 0 \leqslant k \leqslant n-1, \\ v_i^0 = \varphi(x_i) + \varphi_i, & 0 \leqslant i \leqslant m, \\ v_0^k = \alpha(t_k) + \alpha^k, \quad v_m^k = \beta(t_k) + \beta^k, & 1 \leqslant k \leqslant n. \end{cases} \tag{3.16}$$

令

$$\varepsilon_i^k = v_i^k - u_i^k, \quad 0 \leqslant i \leqslant m, \quad 0 \leqslant k \leqslant n,$$

将(3.11)与 (3.16) 相减, 可得**摄动方程组**

$$\begin{cases} D_t \varepsilon_i^k - a\delta_x^2 \varepsilon_i^k = g_i^k, & 1 \leqslant i \leqslant m-1, \quad 0 \leqslant k \leqslant n-1, \\ \varepsilon_i^0 = \varphi_i, & 0 \leqslant i \leqslant m, \\ \varepsilon_0^k = \alpha^k, \quad \varepsilon_m^k = \beta^k, & 1 \leqslant k \leqslant n. \end{cases} \tag{3.17}$$

应用定理 3.2, 当 $r \leqslant 1/2$ 时, 有

$$\begin{aligned} \max_{1 \leqslant i \leqslant m-1} |\varepsilon_i^k| \leqslant & \max\{\max_{0 \leqslant i \leqslant m} |\varphi_i|, \max_{1 \leqslant s \leqslant k} |\alpha^s|, \max_{1 \leqslant s \leqslant k} |\beta^s|\} \\ & + \frac{L^2}{8a} \max_{0 \leqslant s \leqslant k-1} \max_{1 \leqslant i \leqslant m-1} |g_i^s|, \quad 0 \leqslant k \leqslant n. \end{aligned}$$

上式说明当 $\max\limits_{0 \leqslant i \leqslant m} |\varphi_i|$, $\max\limits_{1 \leqslant k \leqslant n} |\alpha^k|$, $\max\limits_{1 \leqslant k \leqslant n} |\beta^k|$, $\dfrac{L^2}{8a} \max\limits_{0 \leqslant s \leqslant n-1} \max\limits_{1 \leqslant i \leqslant m-1} |g_i^s|$ 很小时, 误差 $\max\limits_{1 \leqslant k \leqslant n} \|\varepsilon^k\|_\infty$ 也很小.

摄动方程组 (3.17) 和差分方程(3.11)的形式完全一样. 上述结果可叙述如下.

定理 3.5　*当 $r \leqslant 1/2$ 时, 差分格式(3.11)的解关于初值、边界值和右端项在下述意义下是稳定的: 设 $\{u_i^k \mid 0 \leqslant i \leqslant m,\ 0 \leqslant k \leqslant n\}$ 为差分方程组*

$$\begin{cases} D_t u_i^k - a\delta_x^2 u_i^k = f_i^k, & 1 \leqslant i \leqslant m-1, \quad 0 \leqslant k \leqslant n-1, \\ u_i^0 = \varphi_i, & 0 \leqslant i \leqslant m, \\ u_0^k = \alpha^k, \quad u_m^k = \beta^k, & 1 \leqslant k \leqslant n \end{cases}$$

的解, 则有

$$\max_{1\leqslant i\leqslant m-1}|u_i^k|\leqslant \max\{\max_{0\leqslant i\leqslant m}|\varphi_i|,\max_{1\leqslant s\leqslant k}|\alpha^s|,\max_{1\leqslant s\leqslant k}|\beta^s|\}$$
$$+\frac{L^2}{8a}\max_{0\leqslant s\leqslant k-1}\max_{1\leqslant i\leqslant m-1}|f_i^s|,\quad 1\leqslant k\leqslant n.$$

称

$$\begin{cases}D_t\varepsilon_i^k-a\delta_x^2\varepsilon_i^k=0,\quad 1\leqslant i\leqslant m-1,\quad 0\leqslant k\leqslant n-1,\\ \varepsilon_i^0=\varphi_i,\quad 0\leqslant i\leqslant m,\\ \varepsilon_0^k=0,\quad \varepsilon_m^k=0,\quad 1\leqslant k\leqslant n\end{cases}$$

为差分格式 (3.11) 关于初值的摄动方程组.

称

$$\begin{cases}D_t\varepsilon_i^k-a\delta_x^2\varepsilon_i^k=0,\quad 1\leqslant i\leqslant m-1,\quad 0\leqslant k\leqslant n-1,\\ \varepsilon_i^0=0,\quad 0\leqslant i\leqslant m,\\ \varepsilon_0^k=\alpha_k,\quad \varepsilon_m^k=\beta_k,\quad 1\leqslant k\leqslant n\end{cases}$$

为差分格式 (3.11) 关于边界值的摄动方程组.

称

$$\begin{cases}D_t\varepsilon_i^k-a\delta_x^2\varepsilon_i^k=g_i^k,\quad 1\leqslant i\leqslant m-1,\quad 0\leqslant k\leqslant n-1,\\ \varepsilon_i^0=0,\quad 0\leqslant i\leqslant m,\\ \varepsilon_0^k=0,\quad \varepsilon_m^k=0,\quad 1\leqslant k\leqslant n\end{cases}$$

为差分格式 (3.11) 关于右端项的摄动方程组.

对于线性差分格式, 分析差分格式的稳定性和给出差分格式解的先验估计式的过程是相同的. 只要得到了差分解的先验估计式, 就得到了差分格式的稳定性.

下面来考虑 $r>1/2$ 的情况. 我们有如下结论.

定理 3.6 当 $r>1/2$ 时, 差分格式(3.11)在无穷范数下是不稳定的.

证明 首先注意到 $r>\dfrac{1}{2}$ 时, 有 $4r-1>1$.

考虑差分格式 (3.11) 关于初值的摄动方程组

$$\begin{cases}D_t\varepsilon_i^k-a\delta_x^2\varepsilon_i^k=0,\quad 1\leqslant i\leqslant m-1,\quad 0\leqslant k\leqslant n-1, & (3.18\text{a})\\ \varepsilon_i^0=(-1)^i\epsilon,\quad 0\leqslant i\leqslant m, & (3.18\text{b})\\ \varepsilon_0^k=0,\quad \varepsilon_m^k=0,\quad 1\leqslant k\leqslant n, & (3.18\text{c})\end{cases}$$

其中 ϵ 是一个小的正常数.

由 $r = a\dfrac{\tau}{h^2} > \dfrac{1}{2}$ 得到 $aTm^2 > \dfrac{1}{2}L^2 n$. 因而当 $n \to +\infty$ 时有 $m \to +\infty$.

记 $\lfloor A \rfloor$ 表示不大于 A 的最大正整数.

情况 I:

$$\min\left\{\left\lfloor \frac{m}{2} \right\rfloor, n\right\} = \left\lfloor \frac{m}{2} \right\rfloor.$$

将(3.18a)改写为

$$\varepsilon_i^{k+1} = r(\varepsilon_{i-1}^k + \varepsilon_{i+1}^k) + (1-2r)\varepsilon_i^k, \quad 1 \leqslant i \leqslant m-1, \quad 0 \leqslant k \leqslant n-1, \tag{3.19}$$

分析可知在图 3.7 所示三角形区域或梯形区域, 即当 $k \leqslant \min\left\{\left\lfloor \dfrac{m}{2} \right\rfloor, n\right\}$ 时, $\varepsilon_i^k \ (k \leqslant i \leqslant m-k)$ 的值由(3.18a)与初值(3.18b)完全确定, 而与边界值(3.18c)无关.

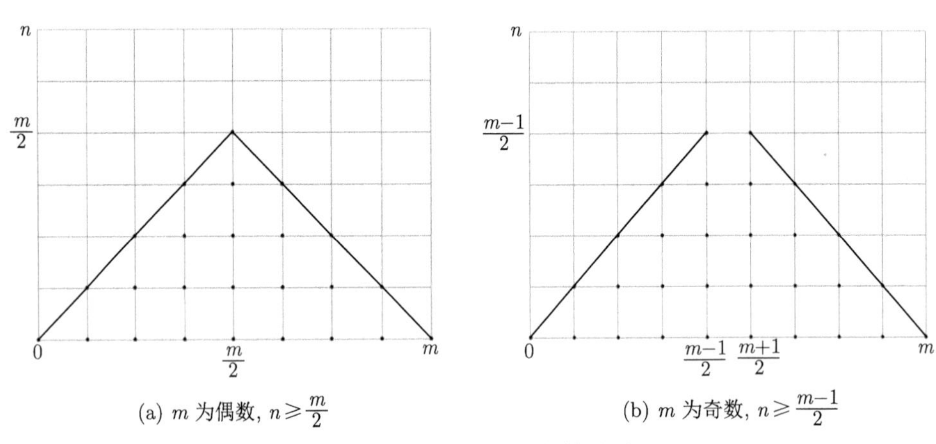

(a) m 为偶数, $n \geqslant \frac{m}{2}$　　(b) m 为奇数, $n \geqslant \frac{m-1}{2}$

图 3.7　定理 3.6 证明的辅助图

设在上述区域内解具有形式

$$\varepsilon_i^k = (-1)^{i+k} T(k), \quad k \leqslant i \leqslant m-k, \quad k \leqslant \min\left\{\left\lfloor \frac{m}{2} \right\rfloor, n\right\}.$$

将上式代入到(3.19)可得

$$T(k+1) = (4r-1)T(k), \quad k \leqslant \min\left\{\left\lfloor \frac{m}{2} \right\rfloor, n\right\}.$$

于是

$$T(k) = (4r-1)^k T(0) = (4r-1)^k \epsilon, \quad k \leqslant \min\left\{\left\lfloor \frac{m}{2} \right\rfloor, n\right\}.$$

因而在图 3.7 所示三角形区域或梯形区域的解为

$$\varepsilon_i^k = (-1)^{i+k}(4r-1)^k \epsilon, \quad k \leqslant i \leqslant m-k, \quad k \leqslant \min\left\{\left\lfloor \frac{m}{2} \right\rfloor, n\right\}.$$

易知

$$\left\|\varepsilon^{\min\left\{\left\lfloor\frac{m}{2}\right\rfloor,n\right\}}\right\|_{\infty} \geqslant (4r-1)^{\min\left\{\left\lfloor\frac{m}{2}\right\rfloor,n\right\}}\epsilon.$$

于是

$$\lim_{n\to+\infty}\left\|\varepsilon^{\min\left\{\left\lfloor\frac{m}{2}\right\rfloor,n\right\}}\right\|_{\infty} \geqslant \lim_{n\to+\infty}(4r-1)^{\min\left\{\left\lfloor\frac{m}{2}\right\rfloor,n\right\}}\epsilon = +\infty.$$

由

$$\max_{1\leqslant k\leqslant n}\left\|\varepsilon^k\right\|_{\infty} \geqslant \left\|\varepsilon^{\min\left\{\left\lfloor\frac{m}{2}\right\rfloor,n\right\}}\right\|_{\infty},$$

得到

$$\lim_{n\to+\infty}\max_{1\leqslant k\leqslant n}\left\|\varepsilon^k\right\|_{\infty} = +\infty.$$

情况 II: $\min\left\{\left\lfloor\dfrac{m}{2}\right\rfloor,n\right\} = \left\lfloor\dfrac{n}{2}\right\rfloor$. 类似地可证明上述不等式也是成立的.

综上当 $r > \dfrac{1}{2}$ 时, 差分格式 (3.11) 关于初值在无穷范数下是不稳定的.

定理证毕. □

由定理 3.5 和定理 3.6 知, 当步长比 $r \leqslant 1/2$ 时, 差分格式(3.11)是稳定的; 当步长比 $r > 1/2$ 时, 差分格式(3.11)是不稳定的. 我们把这种稳定性称为**条件稳定性**. 实际计算选取步长时必须使得步长比满足 $r \leqslant 1/2$, 即 $a\tau/h^2 \leqslant 1/2$.

3.3 向后 Euler 格式

向前 Euler 格式要求步长比 $r \leqslant 1/2$, 时间步长与空间步长相比必须小很多. 下面介绍一个无条件稳定的差分格式.

3.3.1 差分格式的建立

在结点 (x_i, t_k) 处考虑定解问题 (3.1a), 有

$$\frac{\partial u}{\partial t}(x_i,t_k) - a\frac{\partial^2 u}{\partial x^2}(x_i,t_k) = f(x_i,t_k), \quad 1\leqslant i\leqslant m-1, \quad 1\leqslant k\leqslant n. \tag{3.20}$$

将

$$\frac{\partial^2 u}{\partial x^2}(x_i,t_k) = \delta_x^2 U_i^k - \frac{h^2}{12}\frac{\partial^4 u}{\partial x^4}(\xi_{ik},t_k), \quad x_{i-1} < \xi_{ik} < x_{i+1}$$

和

$$\frac{\partial u}{\partial t}(x_i,t_k) = D_{\bar{t}}U_i^k + \frac{\tau}{2}\frac{\partial^2 u}{\partial t^2}(x_i,\overline{\eta}_{ik}), \quad t_{k-1} < \overline{\eta}_{ik} < t_k$$

代入(3.20), 得到

$$D_{\bar{t}}U_i^k - a\delta_x^2 U_i^k = f(x_i, t_k) - \frac{\tau}{2}\frac{\partial^2 u}{\partial t^2}(x_i, \overline{\eta}_{ik}) - \frac{ah^2}{12}\frac{\partial^4 u}{\partial x^4}(\xi_{ik}, t_k),$$

$$1 \leqslant i \leqslant m-1, \quad 1 \leqslant k \leqslant n. \tag{3.21}$$

注意到初边值条件 (3.1b) 和 (3.1c), 有

$$\begin{cases} U_i^0 = \varphi(x_i), & 0 \leqslant i \leqslant m, \\ U_0^k = \alpha(t_k), \quad U_m^k = \beta(t_k), & 1 \leqslant k \leqslant n. \end{cases} \tag{3.22}$$

在 (3.21) 中略去小量项

$$(R_2)_i^k = -\frac{\tau}{2}\frac{\partial^2 u}{\partial t^2}(x_i, \overline{\eta}_{ik}) - \frac{ah^2}{12}\frac{\partial^4 u}{\partial x^4}(\xi_{ik}, t_k),$$

并用 u_i^k 代替 U_i^k, 得到如下差分格式:

$$\begin{cases} D_{\bar{t}}u_i^k - a\delta_x^2 u_i^k = f(x_i, t_k), \quad 1 \leqslant i \leqslant m-1, \quad 1 \leqslant k \leqslant n, & (3.23\text{a}) \\ u_i^0 = \varphi(x_i), \quad 0 \leqslant i \leqslant m, & (3.23\text{b}) \\ u_0^k = \alpha(t_k), \quad u_m^k = \beta(t_k), \quad 1 \leqslant k \leqslant n. & (3.23\text{c}) \end{cases}$$

称差分格式 (3.23) 为**向后 Euler 格式**. 称 $(R_2)_i^k$ 为差分格式 (3.23a) 的局部截断误差. 注意到 (3.12), 有

$$|(R_2)_i^k| \leqslant c_1(\tau + h^2), \quad 1 \leqslant i \leqslant m-1, \quad 1 \leqslant k \leqslant n. \tag{3.24}$$

差分格式 (3.23) 的结点图见图 3.8.

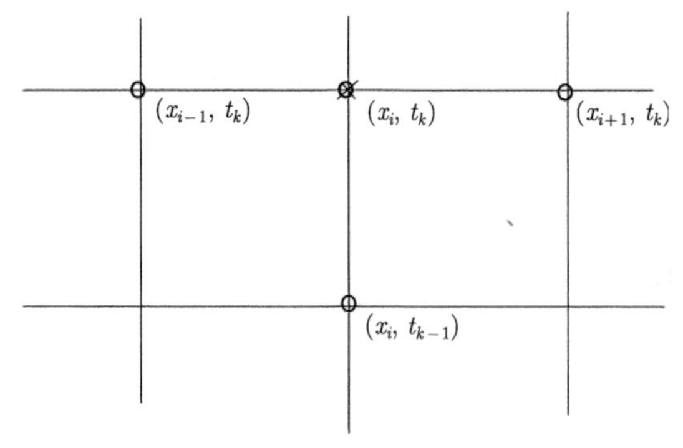

图 3.8　向后 Euler 格式 (3.23) 的结点图

3.3.2 差分格式解的存在性

定理 3.7 差分格式 (3.23) 是唯一可解的.

证明 记

$$u^k = (u_0^k, u_1^k, \cdots, u_{m-1}^k, u_m^k).$$

由 (3.23b) 知第 0 层上的值 u^0 已知. 设已确定出了第 $k-1$ 层的值 u^{k-1}, 则关于第 k 层值 u^k 的差分格式为

$$\begin{cases} D_{\bar{t}} u_i^k - a\delta_x^2 u_i^k = f(x_i, t_k), \quad 1 \leqslant i \leqslant m-1, \\ u_0^k = \alpha(t_k), \quad u_m^k = \beta(t_k), \end{cases}$$

即

$$\begin{cases} -ru_{i-1}^k + (1+2r)u_i^k - ru_{i+1}^k = u_i^{k-1} + \tau f(x_i, t_k), \quad 1 \leqslant i \leqslant m-1, \\ u_0^k = \alpha(t_k), \quad u_m^k = \beta(t_k). \end{cases}$$

可将上式写成如下矩阵形式:

$$\begin{pmatrix} 1+2r & -r & & & \\ -r & 1+2r & -r & & \\ & \ddots & \ddots & \ddots & \\ & & -r & 1+2r & -r \\ & & & -r & 1+2r \end{pmatrix} \begin{pmatrix} u_1^k \\ u_2^k \\ \vdots \\ u_{m-2}^k \\ u_{m-1}^k \end{pmatrix}$$

$$= \begin{pmatrix} u_1^{k-1} + \tau f(x_1, t_k) + ru_0^k \\ u_2^{k-1} + \tau f(x_2, t_k) \\ \vdots \\ u_{m-2}^{k-1} + \tau f(x_{m-2}, t_k) \\ u_{m-1}^{k-1} + \tau f(x_{m-1}, t_k) + ru_m^k \end{pmatrix}. \tag{3.25}$$

易见其系数矩阵是严格对角占优的, 因而有唯一解.

定理证毕. □

3.3.3 差分格式的求解与数值算例

从 (3.25) 可以看到在每一时间层上只要解一个三对角线性方程组.

算例 3.2 应用向后 Euler 格式 (3.23) 计算算例 3.1 所给定解问题:

$$\begin{cases} \dfrac{\partial u}{\partial t} - \dfrac{\partial^2 u}{\partial x^2} = 0, \quad 0 < x < 1, \quad 0 < t \leqslant 1, \\ u(x, 0) = \mathrm{e}^x, \quad 0 \leqslant x \leqslant 1, \\ u(0, t) = \mathrm{e}^t, \quad u(1, t) = \mathrm{e}^{1+t}, \quad 0 < t \leqslant 1. \end{cases}$$

其精确解为 $u(x,t)=\mathrm{e}^{x+t}$.

表 3.4 和表 3.5 分别给出了 $h=1/10,\tau=1/200$(步长比 $r=1/2$) 和 $h=1/10,\tau=1/100$(步长比 $r=1$) 时计算得到的部分数值结果, 数值解很好地逼近精确解. 表 3.6 给出了 $r=1/2$ 时, 取不同步长, 数值解的最大误差

$$E_\infty(h,\tau)=\max_{1\leqslant i\leqslant m-1,1\leqslant k\leqslant n}|u(x_i,t_k)-u_i^k|.$$

表 3.4　算例 3.2 部分结点处数值解、精确解和误差的绝对值 ($h=1/10,\tau=1/200$)

k	(x,t)	数值解	精确解	| 精确解 − 数值解 |
20	$(0.5,0.1)$	1.822566	1.822119	4.471e−4
40	$(0.5,0.2)$	2.014429	2.013753	6.763e−4
60	$(0.5,0.3)$	2.226358	2.225541	8.175e−4
80	$(0.5,0.4)$	2.460534	2.459603	9.304e−4
100	$(0.5,0.5)$	2.719320	2.718282	1.039e−3
120	$(0.5,0.6)$	3.005318	3.004166	1.152e−3
140	$(0.5,0.7)$	3.321391	3.320117	1.275e−3
160	$(0.5,0.8)$	3.670706	3.669297	1.409e−3
180	$(0.5,0.9)$	4.056758	4.055200	1.558e−3
200	$(0.5,1.0)$	4.483411	4.481689	1.722e−3

表 3.5　算例 3.2 部分结点处数值解、精确解和误差的绝对值 ($h=1/10,\tau=1/100$)

k	(x,t)	数值解	精确解	| 精确解 − 数值解 |
10	$(0.5,0.1)$	1.822891	1.822119	7.717e−4
20	$(0.5,0.2)$	2.014927	2.013753	1.174e−3
30	$(0.5,0.3)$	2.226965	2.225541	1.424e−3
40	$(0.5,0.4)$	2.461227	2.459603	1.624e−3
50	$(0.5,0.5)$	2.720096	2.718282	1.814e−3
60	$(0.5,0.6)$	3.006178	3.004166	2.012e−3
70	$(0.5,0.7)$	3.322344	3.320117	2.227e−3
80	$(0.5,0.8)$	3.671759	3.669297	2.462e−3
90	$(0.5,0.9)$	4.057922	4.055200	2.722e−3
100	$(0.5,1.0)$	4.484697	4.481689	3.008e−3

表 3.6　算例 3.2 取不同步长时数值解的最大误差 ($r=1/2$)

h	τ	$E_\infty(h,\tau)$	$E_\infty(2h,4\tau)/E_\infty(h,\tau)$
1/10	1/200	1.722e−3	*
1/20	1/800	4.346e−4	3.962
1/40	1/3200	1.087e−4	3.998
1/80	1/12800	2.718e−5	3.999

从表 3.6 可以看出当空间步长缩小到原来的 1/2, 时间步长缩小到原来的 1/4 时, 最大误差约缩小到原来的 1/4. 表 3.7 给出了 $r=1$ 时的类似结论. 图 3.9 给出了 $t=1$ 时的精确解曲线和取步长 $h=1/10,\tau=1/200$ 时所得数值解曲线. 图

3.10 和图 3.11 给出了 $t=1$ 时, 取不同步长所得数值解的误差曲线图, 图 3.12 给出了取不同步长所得数值解的误差曲面图.

表 3.7 算例 3.2 取不同步长时数值解的最大误差 ($r=1$)

h	τ	$E_\infty(h,\tau)$	$E_\infty(2h,4\tau)/E_\infty(h,\tau)$
1/10	1/100	3.008e−3	*
1/20	1/400	7.603e−4	3.956
1/40	1/1600	1.902e−4	3.997
1/80	1/6400	4.757e−5	3.998

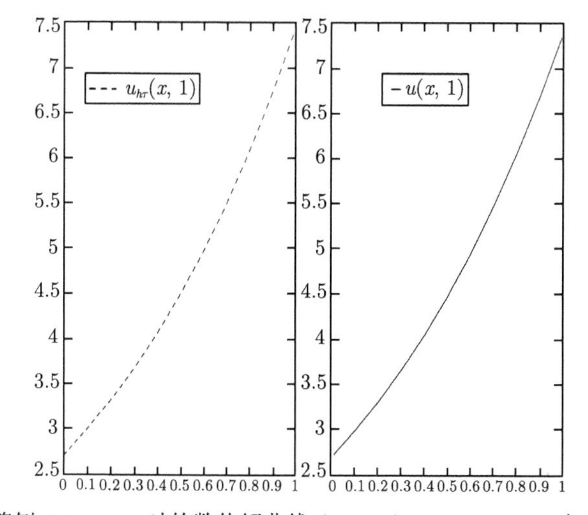

图 3.9 算例 3.2 $t=1$ 时的数值解曲线 ($h=1/10,\ \tau=1/200$) 与精确解曲线

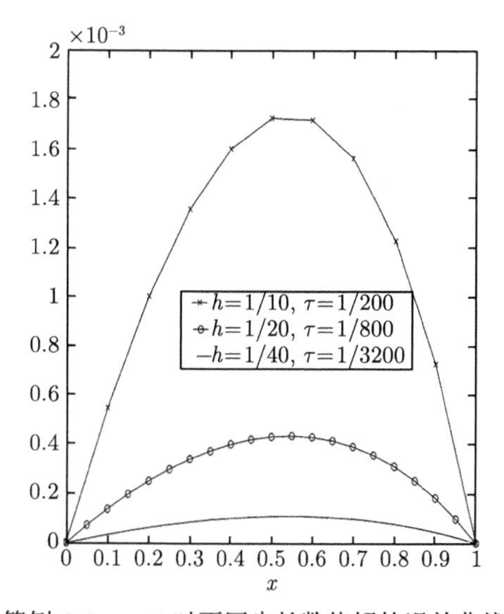

图 3.10 算例 3.2 $t=1$ 时不同步长数值解的误差曲线 ($r=1/2$)

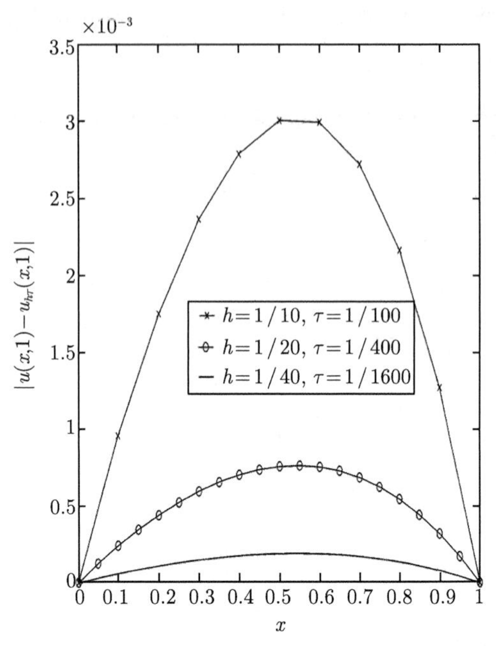

图 3.11　算例 3.2 $t=1$ 时不同步长数值解的误差曲线 $(r=1)$

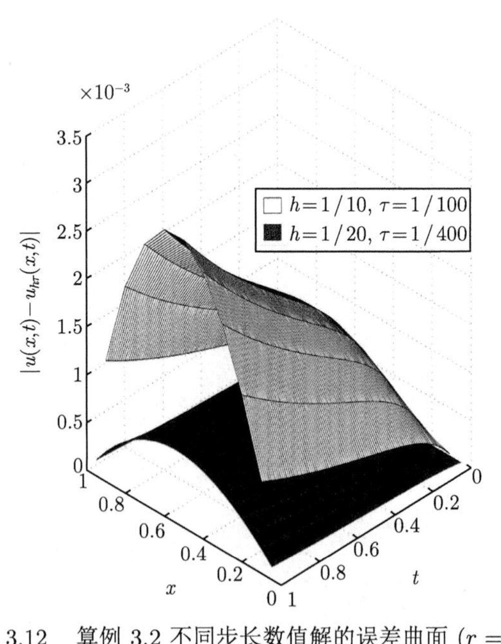

图 3.12　算例 3.2 不同步长数值解的误差曲面 $(r=1)$

3.3.4 差分格式解的先验估计式

我们将用极值原理的方法给出差分格式解的先验估计式.

设 $v = \{v_i^k \,|\, 0 \leqslant i \leqslant m, 0 \leqslant k \leqslant n\}$ 是 $\Omega_{h\tau}$ 上的网格函数. 记

$$L_{\tau h} v_i^k = D_{\bar{t}} v_i^k - a\delta_x^2 v_i^k, \quad 1 \leqslant i \leqslant m-1, \quad 1 \leqslant k \leqslant n.$$

引理 3.2 (极值原理) 如图 3.6 所示, 对于任意的 $k \in \{1, 2, \cdots, n\}$, 定义

$$\omega_k = \{(i,s) \,|\, 1 \leqslant i \leqslant m-1, 1 \leqslant s \leqslant k\},$$

$$\gamma_k = \{(i,0) \,|\, 0 \leqslant i \leqslant m\} \cup \{(0,s) \,|\, 1 \leqslant s \leqslant k\} \cup \{(m,s) \,|\, 1 \leqslant s \leqslant k\}.$$

设

$$L_{\tau h} v_i^s = D_{\bar{t}} v_i^s - a\delta_x^2 v_i^s \leqslant 0, \quad 1 \leqslant i \leqslant m-1, \quad 1 \leqslant s \leqslant k, \tag{3.26}$$

则对任意的步长比 r, 有

$$\max_{(i,s)\in\omega_k} v_i^s \leqslant \max_{(i,s)\in\gamma_k} v_i^s.$$

证明 反证法. 设

$$\max_{(i,s)\in\omega_k} v_i^s > \max_{(i,s)\in\gamma_k} v_i^s,$$

并记

$$M = \max_{(i,s)\in\omega_k} v_i^s,$$

则存在 $i_0 \in \{1, 2, \cdots, m-1\}, s_0 \in \{1, 2, \cdots, k\}$ 使得 $v_{i_0}^{s_0} = M$, 且 $v_{i_0-1}^{s_0}$, $v_{i_0+1}^{s_0}$, $v_{i_0}^{s_0-1}$ 中至少有一个严格小于 M. 因而

$$L_{\tau h} v_{i_0}^{s_0} = \frac{1}{\tau}\left[(1+2r)v_{i_0}^{s_0} - r(v_{i_0-1}^{s_0} + v_{i_0+1}^{s_0}) - v_{i_0}^{s_0-1}\right] > 0.$$

与条件(3.26)矛盾.

引理证毕. □

定理 3.8 设 $v = \{v_i^k \,|\, 0 \leqslant i \leqslant m,\ 0 \leqslant k \leqslant n\}$ 为差分方程

$$\begin{cases} D_{\bar{t}} v_i^k - a\delta_x^2 v_i^k = g_i^k, \quad 1 \leqslant i \leqslant m-1, \quad 1 \leqslant k \leqslant n, \\ v_i^0 = \varphi_i, \quad 0 \leqslant i \leqslant m, \\ v_0^k = \alpha^k, \quad v_m^k = \beta^k, \quad 1 \leqslant k \leqslant n \end{cases}$$

的解, 则对任意步长比 r 时, 有

$$\max_{1\leqslant i\leqslant m-1}|v_i^k|\leqslant \max\{\max_{0\leqslant i\leqslant m}|\varphi_i|,\max_{1\leqslant s\leqslant k}|\alpha^s|,\max_{1\leqslant s\leqslant k}|\beta^s|\}+\frac{L^2}{8a}\max_{1\leqslant s\leqslant k}\max_{1\leqslant i\leqslant m-1}|g_i^s|,\quad 1\leqslant k\leqslant n.$$

证明　如图 3.6 所示, 对于任意的 $k\in\{1,2,\cdots,n\}$, 定义

$$\omega_k=\{(i,s)\,|\,1\leqslant i\leqslant m-1,1\leqslant s\leqslant k\},$$

$$\gamma_k=\{(i,0)\,|\,0\leqslant i\leqslant m\}\cup\{(0,s)\,|\,1\leqslant s\leqslant k\}\cup\{(m,s)\,|\,1\leqslant s\leqslant k\}.$$

记

$$C_k=\max_{1\leqslant s\leqslant k}\max_{1\leqslant i\leqslant m-1}|g_i^s|,\quad P(x)=\frac{C_k}{2a}x(L-x),\quad P_i^s=P(x_i).$$

计算可得

$$L_{\tau h}(\pm v-P)_i^s=\pm g_i^s-C_k\leqslant 0,\quad 1\leqslant i\leqslant m-1,\quad 1\leqslant s\leqslant k.$$

由引理 3.2 得到

$$\begin{aligned}\max_{(i,s)\in\omega_k}(\pm v_i^s-P_i^s)&\leqslant \max_{(i,s)\in\gamma_k}(\pm v_i^s-P_i^s)\\&\leqslant \max_{(i,s)\in\gamma_k}(\pm v_i^s)+\max_{(i,s)\in\gamma_k}(-P_i^s)\leqslant \max_{(i,s)\in\gamma_k}(\pm v_i^s).\end{aligned}$$

进一步可得

$$\begin{aligned}\max_{(i,s)\in\omega_k}(\pm v_i^s)&\leqslant \max_{(i,s)\in\omega_k}(\pm v-P+P)_i^s\\&\leqslant \max_{(i,s)\in\omega_k}(\pm v-P)_i^s+\max_{(i,s)\in\omega_k}P_i^s\leqslant \max_{(i,s)\in\gamma_k}(\pm v_i^s)+\max_{(i,s)\in\omega_k}P_i^s\\&\leqslant \max\{\max_{0\leqslant i\leqslant m}|\varphi_i|,\max_{1\leqslant s\leqslant k}|\alpha^s|,\max_{1\leqslant s\leqslant k}|\beta^s|\}+\frac{L^2}{8a}\max_{1\leqslant s\leqslant k}\max_{1\leqslant i\leqslant m-1}|g_i^s|.\end{aligned}$$

因而

$$\max_{(i,s)\in\omega_k}|v_i^s|\leqslant \max\{\max_{0\leqslant i\leqslant m}|\varphi_i|,\max_{1\leqslant s\leqslant k}|\alpha^s|,\max_{1\leqslant s\leqslant k}|\beta^s|\}+\frac{L^2}{8a}\max_{1\leqslant s\leqslant k}\max_{1\leqslant i\leqslant m-1}|g_i^s|.$$

特别地,

$$\max_{1\leqslant i\leqslant m-1}|v_i^k|\leqslant \max\{\max_{0\leqslant i\leqslant m}|\varphi_i|,\max_{1\leqslant s\leqslant k}|\alpha^s|,\max_{1\leqslant s\leqslant k}|\beta^s|\}+\frac{L^2}{8a}\max_{0\leqslant s\leqslant k-1}\max_{1\leqslant i\leqslant m-1}|g_i^s|.$$

定理证毕. □

如果边界值为零, 则可用如下更简单的方法推导出估计式.

定理 3.9 设 $\{v_i^k \mid 0 \leqslant i \leqslant m,\ 0 \leqslant k \leqslant n\}$ 为差分方程组

$$\begin{cases} D_{\bar{t}} v_i^k - a\delta_x^2 v_i^k = g_i^k, \quad 1 \leqslant i \leqslant m-1, \quad 1 \leqslant k \leqslant n, & (3.27\text{a}) \\ v_i^0 = \varphi_i, \quad 0 \leqslant i \leqslant m, & (3.27\text{b}) \\ v_0^k = 0, \quad v_m^k = 0, \quad 1 \leqslant k \leqslant n & (3.27\text{c}) \end{cases}$$

的解, 则对任意步长比 r, 有

$$\|v^k\|_\infty \leqslant \|\varphi\|_\infty + \tau \sum_{l=1}^{k} \|g^l\|_\infty, \quad 0 \leqslant k \leqslant n,$$

其中 $\|g^l\|_\infty = \max\limits_{1 \leqslant i \leqslant m-1} |g_i^l|$.

证明 将 (3.27a) 改写为

$$(1+2r)v_i^k = r(v_{i-1}^k + v_{i+1}^k) + v_i^{k-1} + \tau g_i^k, \quad 1 \leqslant i \leqslant m-1, \quad 1 \leqslant k \leqslant n,$$

则有

$$\begin{aligned} (1+2r)|v_i^k| &\leqslant r(|v_{i-1}^k| + |v_{i+1}^k|) + |v_i^{k-1}| + \tau|g_i^k| \\ &\leqslant r(\|v^k\|_\infty + \|v^k\|_\infty) + \|v^{k-1}\|_\infty + \tau\|g^k\|_\infty, \\ &\qquad 1 \leqslant i \leqslant m-1, \quad 1 \leqslant k \leqslant n. \end{aligned}$$

于是

$$(1+2r)\|v^k\|_\infty \leqslant 2r\|v^k\|_\infty + \|v^{k-1}\|_\infty + \tau\|g^k\|_\infty, \quad 1 \leqslant k \leqslant n,$$

或

$$\|v^k\|_\infty \leqslant \|v^{k-1}\|_\infty + \tau\|g^k\|_\infty, \quad 1 \leqslant k \leqslant n.$$

递推可得

$$\|v^k\|_\infty \leqslant \|v^0\|_\infty + \tau \sum_{l=1}^{k} \|g^l\|_\infty = \|\varphi\|_\infty + \tau \sum_{l=1}^{k} \|g^l\|_\infty, \quad 1 \leqslant k \leqslant n.$$

定理证毕. □

3.3.5 差分格式解的收敛性和稳定性

收敛性

定理 3.10　设 $\{u(x,t)\,|\,(x,t)\in\bar{D}\}$ 为定解问题(3.1)的解, $\{u_i^k\,|\,0\leqslant i\leqslant m,\ 0\leqslant k\leqslant n\}$ 为差分格式 (3.23) 的解, 则对任意的步长比 r, 有

$$\max_{0\leqslant i\leqslant m}\left|u(x_i,t_k)-u_i^k\right|\leqslant c_1T(\tau+h^2),\quad 0\leqslant k\leqslant n,$$

其中 c_1 由 (3.12) 定义.

证明　记

$$e_i^k=u(x_i,t_k)-u_i^k,\quad 0\leqslant i\leqslant m,\quad 0\leqslant k\leqslant n.$$

将 (3.21)—(3.22) 分别与 (3.23) 相减, 得到误差方程

$$\begin{cases}D_{\bar{t}}e_i^k-a\delta_x^2e_i^k=(R_2)_i^k, & 1\leqslant i\leqslant m-1,\quad 1\leqslant k\leqslant n,\\ e_i^0=0, & 0\leqslant i\leqslant m,\\ e_0^k=0,\quad e_m^k=0, & 1\leqslant k\leqslant n.\end{cases}$$

应用定理 3.9 并注意到 (3.24), 可得

$$\|e^k\|_\infty\leqslant\tau\sum_{l=1}^{k}\max_{1\leqslant i\leqslant m-1}|(R_2)_i^l|\leqslant c_1\cdot k\tau(\tau+h^2)\leqslant c_1T(\tau+h^2),\quad 0\leqslant k\leqslant n.$$

定理证毕. □

稳定性

定理 3.11　差分格式 (3.23) 的解对任意步长比 r 关于初值、边界值和右端项在下述意义下是稳定的: 设 $\{u_i^k\mid 0\leqslant i\leqslant m,\ 0\leqslant k\leqslant n\}$ 为差分方程

$$\begin{cases}D_{\bar{t}}u_i^k-a\delta_x^2u_i^k=f_i^k, & 1\leqslant i\leqslant m-1,\quad 1\leqslant k\leqslant n,\\ u_i^0=\varphi_i, & 0\leqslant i\leqslant m,\\ u_0^k=\alpha^k,\quad u_m^k=\beta^k, & 1\leqslant k\leqslant n\end{cases}$$

的解, 则有

$$\max_{1\leqslant i\leqslant m-1}|u_i^k|\leqslant\max\{\max_{0\leqslant i\leqslant m}|\varphi_i|,\max_{1\leqslant s\leqslant k}|\alpha^s|,\max_{1\leqslant s\leqslant k}|\beta^s|\}$$
$$+\frac{L^2}{8a}\max_{1\leqslant s\leqslant k}\max_{1\leqslant i\leqslant m-1}|f_i^s|,\quad 1\leqslant k\leqslant n.$$

证明　直接应用定理 3.8.

定理证毕. □

3.4 Richardson 格式

向前 Euler 格式和向后 Euler 格式的收敛阶均为 $O(\tau+h^2)$, 即关于时间步长 τ 是一阶的, 关于空间步长 h 是二阶的. 为了使得收敛阶提高到 $O(\tau^2+h^2)$, 一个很自然的想法是用关于 t 的中心差商去近似关于时间的导数.

3.4.1 差分格式的建立

在结点 (x_i,t_k) 处考虑定解问题 (3.1a), 有

$$\frac{\partial u}{\partial t}(x_i,t_k)-a\frac{\partial^2 u}{\partial x^2}(x_i,t_k)=f(x_i,t_k),\quad 1\leqslant i\leqslant m-1,\quad 1\leqslant k\leqslant n-1. \tag{3.28}$$

将

$$\frac{\partial^2 u}{\partial x^2}(x_i,t_k)=\delta_x^2U_i^k-\frac{h^2}{12}\frac{\partial^4 u}{\partial x^4}(\xi_{ik},t_k),\quad x_{i-1}<\xi_{ik}<x_{i+1}$$

和

$$\frac{\partial u}{\partial t}(x_i,t_k)=\Delta_tU_i^k-\frac{\tau^2}{6}\frac{\partial^3 u}{\partial t^3}(x_i,\widetilde{\eta}_{ik}),\quad t_{k-1}<\widetilde{\eta}_{ik}<t_{k+1}$$

代入 (3.28), 得到

$$\Delta_tU_i^k-a\delta_x^2U_i^k=f(x_i,t_k)+\frac{\tau^2}{6}\frac{\partial^3 u}{\partial t^3}(x_i,\widetilde{\eta}_{ik})-\frac{ah^2}{12}\frac{\partial^4 u}{\partial x^4}(\xi_{ik},t_k),$$

$$1\leqslant i\leqslant m-1,\quad 1\leqslant k\leqslant n-1. \tag{3.29}$$

注意到初边值条件 (3.1b) 和 (3.1c), 有

$$\begin{cases}U_i^0=u(x_i,0)=\varphi(x_i), & 0\leqslant i\leqslant m,\\ U_0^k=\alpha(t_k),\quad U_m^k=\beta(t_k), & 1\leqslant k\leqslant n.\end{cases}$$

在 (3.29) 中略去小量项

$$(R_3)_i^k=\frac{\tau^2}{6}\frac{\partial^3 u}{\partial t^3}(x_i,\widetilde{\eta}_{ik})-\frac{ah^2}{12}\frac{\partial^4 u}{\partial x^4}(\xi_{ik},t_k),$$

并用 u_i^k 代替 U_i^k, 得到如下差分格式

$$\begin{cases}\Delta_tu_i^k-a\delta_x^2u_i^k=f(x_i,t_k),\quad 1\leqslant i\leqslant m-1,\quad 1\leqslant k\leqslant n-1, & (3.30\text{a})\\ u_i^0=\varphi(x_i),\quad 0\leqslant i\leqslant m, & (3.30\text{b})\\ u_0^k=\alpha(t_k),\quad u_m^k=\beta(t_k),\quad 1\leqslant k\leqslant n. & (3.30\text{c})\end{cases}$$

称差分格式 (3.30) 为 **Richardson 格式**. 称 $(R_3)_i^k$ 为差分格式 (3.30a) 的局部截断误差. Richardson 格式是一个显式格式, 它的结点图见图 3.13.

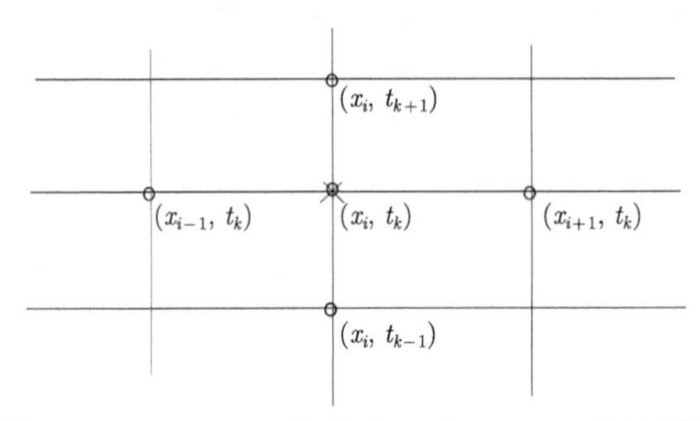

图 3.13　Richardson 格式 (3.30a)—(3.30c) 的结点图

(3.30b) 给出了第 0 层的值, 还需给出第 1 层的值的计算.

由 Taylor 展开式有

$$u(x_i,t_1)=u(x_i,t_0)+\tau u_t(x_i,t_0)+\frac{\tau^2}{2}u_{tt}(x_i,t_0)+\frac{\tau^3}{6}u_{ttt}(x_i,\eta_i),\quad \eta_i\in(t_0,t_1).$$

由方程 (3.1a) 可得

$$u_t(x,t)=au_{xx}(x,t)+f(x,t),$$

$$u_{tt}(x,t)=au_{xxt}(x,t)+f_t(x,t)=a\big[au_{xxxx}(x,t)+f_{xx}(x,t)\big]+f_t(x,t).$$

再由初值条件 (3.1b), 可得

$$u_t(x,t_0)=a\varphi_{xx}(x)+f(x,t_0),$$

$$u_{tt}(x,t_0)=a^2\varphi_{xxxx}(x)+af_{xx}(x,t_0)+f_t(x,t_0).$$

可以取

$$u_i^1=\varphi(x_i)+\tau\left[a\varphi''(x_i)+f(x_i,t_0)\right],\quad 1\leqslant i\leqslant m-1 \tag{3.31}$$

或

$$u_i^1=\varphi(x_i)+\tau\left[a\varphi''(x_i)+f(x_i,t_0)\right]$$
$$+\frac{\tau^2}{2}\left[a^2\varphi_{xxxx}(x_i)+af_{xx}(x_i,t_0)+f_t(x_0,t_0)\right],\quad 1\leqslant i\leqslant m-1 \tag{3.32}$$

作为 $u(x_i, t_1), 1 \leqslant i \leqslant m-1$ 的近似值.

可以用

$$u_i^1 = \varphi(x_i) + \tau\left[a\delta_x^2\varphi(x_i) + f(x_i, t_0)\right], \quad 1 \leqslant i \leqslant m-1$$

代替(3.31). 注意到(3.30b), 上式等价于

$$D_t u_i^0 - a\delta_x^2 u_i^0 = f(x_i, t_0), \quad 1 \leqslant i \leqslant m-1.$$

3.4.2 差分格式的求解与数值算例

差分格式 (3.30a) 可写为

$$u_i^{k+1} = 2r(u_{i-1}^k - 2u_i^k + u_{i+1}^k) + u_i^{k-1} + 2\tau f(x_i, t_k),$$
$$1 \leqslant i \leqslant m-1, \quad 1 \leqslant k \leqslant n-1.$$

应用 Richardson 格式计算第 $k+1$ 层上的值时, 需要用到第 k 层和第 $k-1$ 层上的值, 它是一个 3 层显格式. 现在第 0 层的值 u^0 已由 (3.30b) 给出, 第 1 层的值 u^1 已由 (3.31) 或 (3.32) 给出, 然后由 (3.30a) 依次求出第 2 层的值 u^2, 第 3 层的值 $u^3, \cdots$, 直到第 n 层的值 u^n.

算例 3.3 *应用 Richardson 格式 (3.30) 和 (3.31) 计算定解问题*

$$\begin{cases} \dfrac{\partial u}{\partial t} - \dfrac{\partial^2 u}{\partial x^2} = 0, \quad 0 < x < 1, \quad 0 < t \leqslant 1, \\ u(x, 0) = \mathrm{e}^x, \quad 0 \leqslant x \leqslant 1, \\ u(0, t) = \mathrm{e}^t, \quad u(1, t) = \mathrm{e}^{1+t}, \quad 0 < t \leqslant 1. \end{cases}$$

上述定解问题的精确解为 $u(x, t) = \mathrm{e}^{x+t}$.

表 3.8 和表 3.9 分别给出了取步长 $h = 1/10, \tau = 1/100$ 和 $h = 1/100, \tau = 1/100$ 计算得到的部分数值结果. 随着计算层数的增加, 误差越来越大, 数值结果无实用价值. 下面将证明 Richardson 格式是一个完全不稳定的差分格式. 不论步长比 r 为何值, 计算过程中只要有一个小的误差, 都有可能使得计算得到的解有很大的误差.

Richardson 格式是一个完全不稳定的差分格式, 根本不能用它来计算得到有用的数值结果. 这里列出的目的是作为不稳定格式的典型例子, 有助于阐明稳定性的重要意义.

表 3.8　算例 3.3 部分结点处数值解、精确解和误差的绝对值 ($h = 1/10, \tau = 1/100$)

k	(x,t)	数值解	精确解	| 精确解 − 数值解 |
1	(0.5, 0.01)	1.665208	1.665291	8.271e−5
2	(0.5, 0.02)	1.682053	1.682028	2.555e−5
3	(0.5, 0.03)	1.698878	1.698932	5.472e−5
4	(0.5, 0.04)	1.716059	1.716007	5.222e−5
5	(0.5, 0.05)	1.733227	1.733253	2.563e−5
6	(0.5, 0.06)	1.756722	1.750673	6.049e−3
7	(0.5, 0.07)	1.647045	1.768267	1.212e−1
8	(0.5, 0.08)	3.408799	1.786038	1.623e+0
9	(0.5, 0.09)	−1.619728e+1	1.803988	1.800e+1
10	(0.5, 0.10)	1.816445e+2	1.822119	1.798e+2

表 3.9　算例 3.3 部分结点处数值解、精确解和误差的绝对值 ($h = 1/100, \tau = 1/100$)

k	(x,t)	数值解	精确解	| 精确解 − 数值解 |
1	(0.5, 0.01)	1.665208	1.665291	8.271e−5
2	(0.5, 0.02)	1.682026	1.682028	1.932e−6
3	(0.5, 0.03)	1.698849	1.698932	8.303e−5
4	(0.5, 0.04)	1.716003	1.716007	3.864e−6
5	(0.5, 0.05)	1.733162	1.733253	9.113e−5
6	(0.5, 0.06)	1.756219	1.750673	5.546e−3
7	(0.5, 0.07)	−2.375314	1.768267	4.144e+0
8	(0.5, 0.08)	3.183175e+3	1.786038	3.181e+3
9	(0.5, 0.09)	−2.491744e+6	1.803988	2.492e+6
10	(0.5, 0.10)	1.978856e+9	1.822119	1.979e+9

3.4.3　差分格式的不稳定性

本小节只考虑初始误差对解的影响.

如果应用 Richardson 格式 (3.30) 和 (3.31) 进行计算时, u_i^0 有误差 ϕ_i, 计算 u_i^1 有误差 ψ_i, 则实际得到的是如下差分格式的解

$$\begin{cases} \Delta_t v_i^k - a\delta_x^2 v_i^k = f(x_i, t_k), \quad 1 \leqslant i \leqslant m-1, \quad 1 \leqslant k \leqslant n-1, \\ v_i^0 = \varphi(x_i) + \phi_i, \quad 1 \leqslant i \leqslant m-1, \\ v_i^1 = \varphi(x_i) + \tau\left[a\varphi''(x_i) + f(x_i, t_0)\right] + \psi_i, \quad 1 \leqslant i \leqslant m-1, \\ v_0^k = \alpha(t_k), \quad v_m^k = \beta(t_k), \quad 0 \leqslant k \leqslant n. \end{cases} \tag{3.33}$$

令

$$\varepsilon_i^k = v_i^k - u_i^k, \quad 0 \leqslant i \leqslant m, \quad 0 \leqslant k \leqslant n,$$

将 (3.33) 与 (3.30) 和 (3.31) 相减, 可得摄动方程组

$$
\begin{cases}
\Delta_t \varepsilon_i^k - a\delta_x^2 \varepsilon_i^k = 0, \quad 1 \leqslant i \leqslant m-1, \quad 1 \leqslant k \leqslant n-1, \\
\varepsilon_i^0 = \phi_i, \quad 1 \leqslant i \leqslant m-1, \\
\varepsilon_i^1 = \psi_i, \quad 1 \leqslant i \leqslant m-1, \\
\varepsilon_0^k = 0, \quad \varepsilon_m^k = 0, \quad 0 \leqslant k \leqslant n.
\end{cases}
$$

记

$$
\varepsilon^k = \left\{ \varepsilon_i^k \,|\, 0 \leqslant i \leqslant m \right\}.
$$

对于一个 3 层差分格式, 如果存在 $\varepsilon_0 > 0, C > 0, \tau_0 > 0, h_0 > 0$, 当 $\tau \leqslant \tau_0$, $h \leqslant h_0$ 且 $\|\varepsilon^0\| \leqslant \varepsilon_0$, $\|\varepsilon^1\| \leqslant \varepsilon_0$ 时, 有

$$
\|\varepsilon^k\| \leqslant C\big(\|\varepsilon^0\| + \|\varepsilon^1\|\big), \quad 2 \leqslant k \leqslant n, \tag{3.34}
$$

则称该差分格式是稳定的, 否则称为是不稳定的.

定理 3.12 对于任意步长比 r, Richardson 格式在无穷范数下均是不稳定的.

证明 考虑摄动方程组

$$
\begin{cases}
\Delta_t \varepsilon_i^k - a\delta_x^2 \varepsilon_i^k = 0, \quad 1 \leqslant i \leqslant m-1, \quad 1 \leqslant k \leqslant n-1, & (3.35\text{a}) \\
\varepsilon_i^0 = (-1)^i(-\epsilon), \quad 1 \leqslant i \leqslant m-1, & (3.35\text{b}) \\
\varepsilon_i^1 = (-1)^{i+1}\epsilon, \quad 1 \leqslant i \leqslant m-1, & (3.35\text{c}) \\
\varepsilon_0^k = 0, \quad \varepsilon_m^k = 0, \quad 0 \leqslant k \leqslant n, & (3.35\text{d})
\end{cases}
$$

其中 ϵ 是一个小正常数.

由 $r = a\dfrac{\tau}{h^2}$ 得到 $n = \dfrac{aT}{rL^2}m^2$. 当 n 适当大时, $n \geqslant \left\lfloor \dfrac{m}{2} \right\rfloor$. 因而 $\min\left\{ \left\lfloor \dfrac{m}{2} \right\rfloor, n \right\} = \left\lfloor \dfrac{m}{2} \right\rfloor$, 且当 $n \to +\infty$ 时 $m \to +\infty$.

将(3.35a)改写为

$$
\varepsilon_i^{k+1} = 2r(\varepsilon_{i-1}^k + \varepsilon_{i+1}^k) - 4r\varepsilon_i^k + \varepsilon_i^{k-1}, \quad 1 \leqslant i \leqslant m-1, \quad 1 \leqslant k \leqslant n-1. \tag{3.36}
$$

分析可知在图 3.14 所示三角形区域或梯形区域内, 即当 $k \leqslant \min\left\{ \left\lfloor \dfrac{m}{2} \right\rfloor, n \right\}$ 时, $\varepsilon_i^k\ (k \leqslant i \leqslant m-k)$ 的值由(3.35a)、初值(3.35b) 和(3.35c) 完全确定, 而与边界值(3.35d)无关.

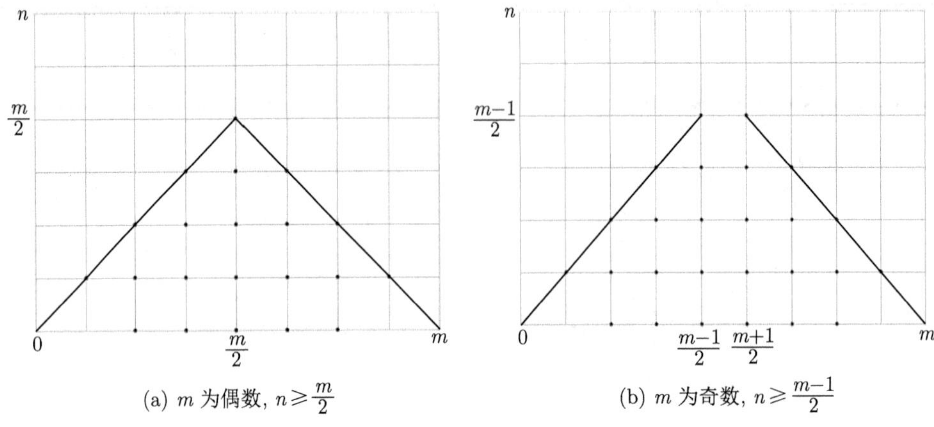

(a) m 为偶数, $n\geqslant\frac{m}{2}$　　(b) m 为奇数, $n\geqslant\frac{m-1}{2}$

图 3.14　定理 3.12 证明辅助图

设在上述区域内的解具有形式

$$\varepsilon_i^k=(-1)^{i+k}T(k),\quad k\leqslant i\leqslant m-k,\quad k\leqslant \min\left\{\left\lfloor\frac{m}{2}\right\rfloor,n\right\}.$$

将上式代入(3.36), 可得

$$T(k+1)-8rT(k)-T(k-1)=0,\quad k\leqslant \min\left\{\left\lfloor\frac{m}{2}\right\rfloor,n\right\}. \tag{3.37}$$

称二次方程

$$\lambda^2-8r\lambda-1=0$$

为(3.37)特征方程. 它的两个根为

$$\lambda_1=4r+\sqrt{16r^2+1}\in(1,+\infty),\quad \lambda_2=4r-\sqrt{16r^2+1}\in(-1,0).$$

注意到 $T(0)=-\epsilon,\quad T(1)=\epsilon$, 可得

$$\begin{aligned}T(k)&=\frac{T(1)-\lambda_2T(0)}{\lambda_1-\lambda_2}\lambda_1^k+\frac{\lambda_1T(0)-T(1)}{\lambda_1-\lambda_2}\lambda_2^k\\&=\left(\frac{1+\lambda_2}{\lambda_1-\lambda_2}\lambda_1^k-\frac{1+\lambda_1}{\lambda_1-\lambda_2}\lambda_2^k\right)\epsilon,\quad k\leqslant \min\left\{\left\lfloor\frac{m}{2}\right\rfloor,n\right\}.\end{aligned}$$

因而在图 3.14 所示三角形区域或梯形区域内的解为

$$\varepsilon_i^k=(-1)^{i+k}\left(\frac{1+\lambda_2}{\lambda_1-\lambda_2}\lambda_1^k-\frac{1+\lambda_1}{\lambda_1-\lambda_2}\lambda_2^k\right)\epsilon,\quad k\leqslant i\leqslant m-k,\quad k\leqslant \min\left\{\left\lfloor\frac{m}{2}\right\rfloor,n\right\}.$$

由上式得到

$$\left\|\varepsilon^{\min\left\{\left\lfloor\frac{m}{2}\right\rfloor,n\right\}}\right\|_\infty \geqslant \left(\frac{1+\lambda_2}{\lambda_1-\lambda_2}\lambda_1^{\min\left\{\left\lfloor\frac{m}{2}\right\rfloor,n\right\}}-\frac{1+\lambda_1}{\lambda_1-\lambda_2}\left|\lambda_2\right|^{\min\left\{\left\lfloor\frac{m}{2}\right\rfloor,n\right\}}\right)\epsilon.$$

因而有

$$\lim_{n\to+\infty}\left\|\varepsilon^{\min\left\{\left\lfloor\frac{m}{2}\right\rfloor,n\right\}}\right\|_\infty=+\infty.$$

由于

$$\max_{1\leqslant k\leqslant n}\left\|\varepsilon^k\right\|_\infty \geqslant \left\|\varepsilon^{\min\left\{\left\lfloor\frac{m}{2}\right\rfloor,n\right\}}\right\|_\infty,$$

所以

$$\lim_{n\to+\infty}\max_{1\leqslant k\leqslant n}\left\|\varepsilon^k\right\|_\infty=+\infty.$$

不存在与 τ 和 h 无关的常数 C 使得 (3.34) 成立. 因而对于任意步长比 r Richardson 格式是不稳定的.

定理证毕. □

3.5 Crank-Nicolson 格式

本节对于定解问题(3.1)建立一个具有 $O(\tau^2+h^2)$ 精度的且是无条件稳定的差分格式.

3.5.1 差分格式的建立

在点 $(x_i,t_{k+\frac{1}{2}})$ 处考虑微分方程 (3.1a), 有

$$\frac{\partial u}{\partial t}(x_i,t_{k+\frac{1}{2}})-a\frac{\partial^2 u}{\partial x^2}(x_i,t_{k+\frac{1}{2}})=f(x_i,t_{k+\frac{1}{2}}),\quad 1\leqslant i\leqslant m-1,\quad 0\leqslant k\leqslant n-1.$$

应用公式

$$\begin{aligned}\frac{\partial^2 u}{\partial x^2}(x_i,t_{k+\frac{1}{2}})=&\frac{1}{2}\left[\frac{\partial^2 u}{\partial x^2}(x_i,t_k)+\frac{\partial^2 u}{\partial x^2}(x_i,t_{k+1})\right]\\&-\frac{\tau^2}{8}\frac{\partial^4 u}{\partial x^2\partial t^2}(x_i,\zeta_{ik}),\quad \zeta_{ik}\in(t_k,t_{k+1}),\end{aligned}$$

可以得到

$$\frac{\partial u}{\partial t}(x_i,t_{k+\frac{1}{2}})-\frac{1}{2}a\left[\frac{\partial^2 u}{\partial x^2}(x_i,t_k)+\frac{\partial^2 u}{\partial x^2}(x_i,t_{k+1})\right]$$

$$= f(x_i, t_{k+\frac{1}{2}}) - \frac{a\tau^2}{8}\frac{\partial^4 u}{\partial x^2 \partial t^2}(x_i, \zeta_{ik}), \quad t_k < \zeta_{ik} < t_{k+1}.$$

再利用

$$\frac{\partial^2 u}{\partial x^2}(x_i, t_k) = \delta_x^2 U_i^k - \frac{h^2}{12}\frac{\partial^4 u}{\partial x^4}(\xi_{ik}, t_k), \quad x_{i-1} < \xi_{ik} < x_{i+1}$$

和

$$\frac{\partial u}{\partial t}(x_i, t_{k+\frac{1}{2}}) = \delta_t U_i^{k+\frac{1}{2}} - \frac{\tau^2}{24}\frac{\partial^3 u}{\partial t^3}(x_i, \eta_{ik}), \quad t_k < \eta_{ik} < t_{k+1},$$

得到

$$\delta_t U_i^{k+\frac{1}{2}} - a\delta_x^2 U_i^{k+\frac{1}{2}} = f(x_i, t_{k+\frac{1}{2}}) + (R_4)_i^k, \tag{3.38}$$

其中

$$(R_4)_i^k = \left[\frac{1}{24}\frac{\partial^3 u}{\partial t^3}(x_i, \eta_{ik}) - \frac{a}{8}\frac{\partial^4 u}{\partial x^2 \partial t^2}(x_i, \zeta_{ik})\right]\tau^2$$

$$-\frac{a}{24}\left[\frac{\partial^4 u}{\partial x^4}(\xi_{ik}, t_k) + \frac{\partial^4 u}{\partial x^4}(\xi_{i,k+1}, t_{k+1})\right]h^2.$$

注意到初边值条件 (3.1b) 和 (3.1c), 有

$$\begin{cases} U_i^0 = \varphi(x_i), \quad 0 \leqslant i \leqslant m, \\ U_0^k = \alpha(t_k), \quad U_m^k = \beta(t_k), \quad 1 \leqslant k \leqslant n. \end{cases} \tag{3.39}$$

在 (3.38)—(3.39) 中略去小量项 $(R_4)_i^k$, 并用 u_i^k 代替 U_i^k, 得到如下差分格式

$$\begin{cases} \delta_t u_i^{k+\frac{1}{2}} - a\delta_x^2 u_i^{k+\frac{1}{2}} = f(x_i, t_{k+\frac{1}{2}}), \quad 1 \leqslant i \leqslant m-1, \quad 0 \leqslant k \leqslant n-1, & (3.40\text{a}) \\ u_i^0 = \varphi(x_i), \quad 0 \leqslant i \leqslant m, & (3.40\text{b}) \\ u_0^k = \alpha(t_k), \quad u_m^k = \beta(t_k), \quad 1 \leqslant k \leqslant n. & (3.40\text{c}) \end{cases}$$

称差分格式 (3.40) 为 Crank-Nicolson 格式, 称 $(R_4)_i^k$ 为差分格式 (3.40a) 的局部截断误差. 记

$$c_2 = \max\left\{\frac{1}{24}\max_{(x,y)\in D}\left|\frac{\partial^3 u(x,t)}{\partial t^3}\right| + \frac{a}{8}\max_{(x,y)\in D}\left|\frac{\partial^4 u(x,t)}{\partial x^2 \partial t^2}\right|, \frac{a}{12}\max_{(x,y)\in D}\left|\frac{\partial^4 u(x,t)}{\partial x^4}\right|\right\}, \tag{3.41}$$

则

$$\left|(R_4)_i^k\right| \leqslant c_2(\tau^2 + h^2), \quad 1 \leqslant i \leqslant m-1, \quad 0 \leqslant k \leqslant n-1. \tag{3.42}$$

Crank-Nicolson 格式的结点图见图 3.15, 它是一个 2 层差分格式.

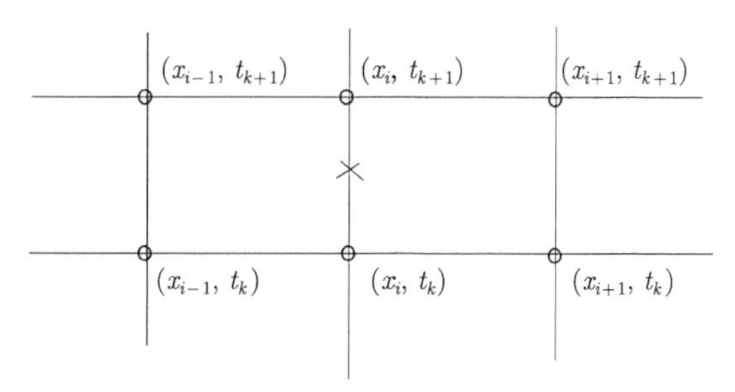

图 3.15 Crank-Nicolson 格式 (3.40) 的结点图

3.5.2 差分格式解的存在性

定理 3.13 差分格式 (3.40) 是唯一可解的.

证明 记

$$u^k = (u_0^k, u_1^k, \cdots, u_{m-1}^k, u_m^k).$$

由 (3.40b) 知第 0 层上的值 u^0 已知. 设已确定出了第 k 层的值 u^k, 则关于第 $k+1$ 层值 u^{k+1} 的差分格式为

$$\begin{cases} \delta_t u_i^{k+\frac{1}{2}} - a\delta_x^2 u_i^{k+\frac{1}{2}} = f(x_i, t_{k+\frac{1}{2}}), \quad 1 \leqslant i \leqslant m-1, \\ u_0^{k+1} = \alpha(t_{k+1}), \quad u_m^{k+1} = \beta(t_{k+1}). \end{cases}$$

写成如下矩阵形式

$$\begin{pmatrix} 1+r & -\frac{r}{2} & & & \\ -\frac{r}{2} & 1+r & -\frac{r}{2} & & \\ & \ddots & \ddots & \ddots & \\ & & -\frac{r}{2} & 1+r & -\frac{r}{2} \\ & & & -\frac{r}{2} & 1+r \end{pmatrix} \begin{pmatrix} u_1^{k+1} \\ u_2^{k+1} \\ \vdots \\ u_{m-2}^{k+1} \\ u_{m-1}^{k+1} \end{pmatrix}$$

$$= \begin{pmatrix} 1-r & \frac{r}{2} & & & \\ \frac{r}{2} & 1-r & \frac{r}{2} & & \\ & \ddots & \ddots & \ddots & \\ & & \frac{r}{2} & 1-r & \frac{r}{2} \\ & & & \frac{r}{2} & 1-r \end{pmatrix} \begin{pmatrix} u_1^k \\ u_2^k \\ \vdots \\ u_{m-2}^k \\ u_{m-1}^k \end{pmatrix}$$

$$
+\begin{pmatrix} \dfrac{r}{2}\left(u_0^k+u_0^{k+1}\right)+\tau f(x_1,t_{k+\frac{1}{2}}) \\ \tau f(x_2,t_{k+\frac{1}{2}}) \\ \vdots \\ \tau f(x_{m-2},t_{k+\frac{1}{2}}) \\ \dfrac{r}{2}\left(u_m^k+u_m^{k+1}\right)+\tau f(x_{m-1},t_{k+\frac{1}{2}}) \end{pmatrix}. \tag{3.43}
$$

易见其系数矩阵是严格对角占优的, 因而有唯一解.

定理证毕. □

3.5.3 差分格式的求解与数值算例

由 (3.43) 可知 (3.40) 在每一时间层均为一个三对角线性方程组, 可用追赶法求解.

算例 3.4　应用 Crank-Nicolson 格式 (3.40) 计算定解问题

$$
\begin{cases} \dfrac{\partial u}{\partial t}-\dfrac{\partial^2 u}{\partial x^2}=0, \quad 0<x<1, \quad 0<t\leqslant 1, \\ u(x,0)=\mathrm{e}^x, \quad 0\leqslant x\leqslant 1, \\ u(0,t)=\mathrm{e}^t, \quad u(1,t)=\mathrm{e}^{1+t}, \quad 0<t\leqslant 1. \end{cases}
$$

上述定解问题的精确解为 $u(x,t)=\mathrm{e}^{x+t}$.

表 3.10 给出了取步长 $h=1/10,\tau=1/10$ 时计算得到的部分数值结果. 表 3.11 给出了取步长 $h=1/100,\tau=1/100$ 时计算得到的部分数值结果. 数值解很好地逼近精确解. 表 3.12 给出了取不同步长时, 所得数值解的最大误差

$$
E_\infty(h,\tau)=\max_{1\leqslant i\leqslant m-1,1\leqslant k\leqslant n}|u(x_i,t_k)-u_i^k|.
$$

表 3.10　算例 3.4 部分结点处数值解、精确解和误差的绝对值 ($h=1/10,\tau=1/10$)

k	(x,t)	数值解	精确解	| 精确解 − 数值解 |
1	(0.5, 0.1)	1.822349	1.822119	2.305e−4
2	(0.5, 0.2)	2.014105	2.013753	3.522e−4
3	(0.5, 0.3)	2.225953	2.225541	4.124e−4
4	(0.5, 0.4)	2.460072	2.459603	4.692e−4
5	(0.5, 0.5)	2.718802	2.718282	5.204e−4
6	(0.5, 0.6)	3.004743	3.004166	5.770e−4
7	(0.5, 0.7)	3.320755	3.320117	6.379e−4
8	(0.5, 0.8)	3.670002	3.669297	7.051e−4
9	(0.5, 0.9)	4.055979	4.055200	7.795e−4
10	(0.5, 1.0)	4.482550	4.481689	8.612e−4

表 3.11 算例 3.4 部分结点处数值解、精确解和误差的绝对值 ($h = 1/100, \tau = 1/100$)

k	(x,t)	数值解	精确解	| 精确解 − 数值解 |
10	(0.5, 0.1)	1.822121	1.822119	2.281e−6
20	(0.5, 0.2)	2.013756	2.013753	3.420e−6
30	(0.5, 0.3)	2.225545	2.225541	4.115e−6
40	(0.5, 0.4)	2.459608	2.459603	4.672e−6
50	(0.5, 0.5)	2.718287	2.718282	5.210e−6
60	(0.5, 0.6)	3.004172	3.004166	5.776e−6
70	(0.5, 0.7)	3.320123	3.320117	6.389e−6
80	(0.5, 0.8)	3.669304	3.669297	7.064e−6
90	(0.5, 0.9)	4.055208	4.055200	7.808e−6
100	(0.5, 1.0)	4.481698	4.481689	8.629e−6

从表 3.12 可以看到当空间步长和时间步长同时缩小到原来的 1/2 时, 最大误差约缩小到原来的 1/4. 图 3.16 给出了 $t = 1$ 时的精确解曲线和取步长 $h = 1/10, \tau = 1/10$ 时所得数值解曲线. 图 3.17 给出了 $t = 1$ 时, 取不同步长所得数值解的误差曲线图. 图 3.18 给出了取不同步长时所得数值解的误差曲面图.

表 3.12 算例 3.4 取不同步长时数值解的最大误差

h	τ	$E_\infty(h,\tau)$	$E_\infty(2h,2\tau)/E_\infty(h,\tau)$
1/10	1/10	8.612e−4	*
1/20	1/20	2.174e−4	3.961
1/40	1/40	5.436e−5	3.999
1/80	1/80	1.359e−5	4.000
1/160	1/160	3.398e−6	3.999
1/320	1/320	8.495e−7	4.000
1/640	1/640	2.123e−7	4.001

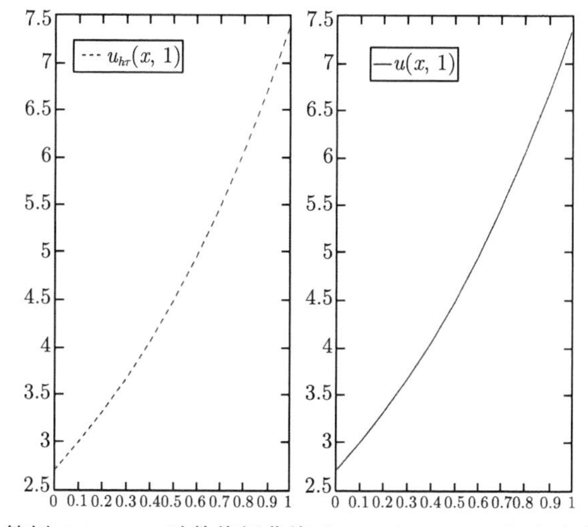

图 3.16 算例 3.4 $t = 1$ 时数值解曲线 ($h = 1/10, \tau = 1/10$) 与精确解曲线

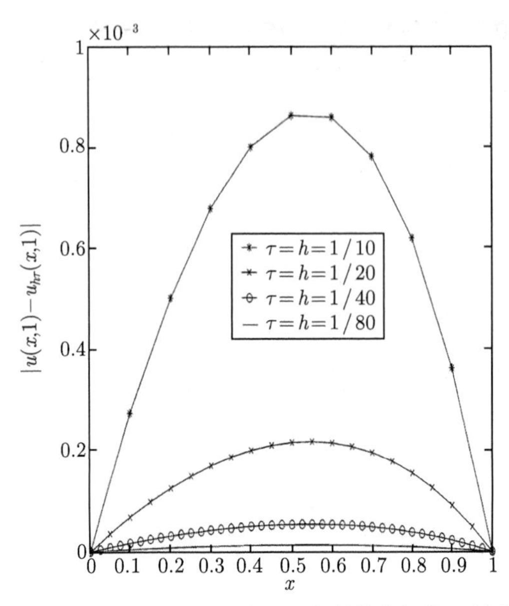

图 3.17　算例 3.4 $t=1$ 时不同步长数值解的误差曲线

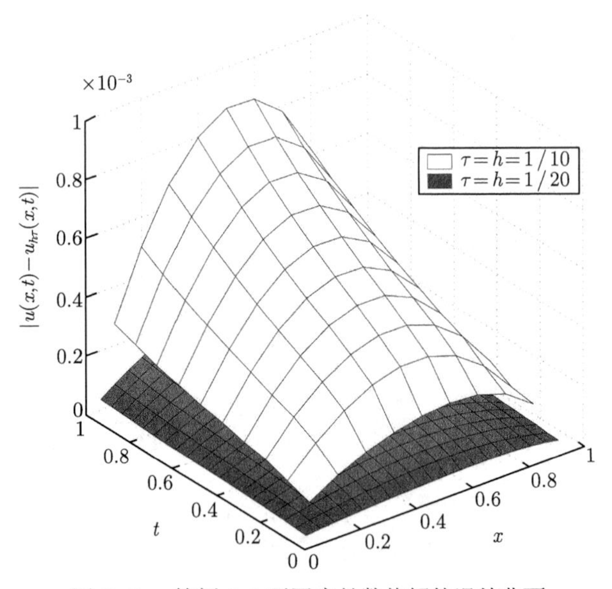

图 3.18　算例 3.4 不同步长数值解的误差曲面

3.5.4　差分格式解的先验估计式

定理 3.14　设 $\{v_i^k\,|\,0\leqslant i\leqslant m,\ 0\leqslant k\leqslant n\}$ 为差分方程组

$$\begin{cases}\delta_t v_i^{k+\frac{1}{2}} - a\delta_x^2 v_i^{k+\frac{1}{2}} = g_i^k, \quad 1 \leqslant i \leqslant m-1, \quad 0 \leqslant k \leqslant n-1, & (3.44\text{a}) \\ v_i^0 = \varphi_i, \quad 1 \leqslant i \leqslant m-1, & (3.44\text{b}) \\ v_0^k = 0, \quad v_m^k = 0, \quad 0 \leqslant k \leqslant n & (3.44\text{c})\end{cases}$$

的解, 则对任意步长比 r, 有

$$\|v^k\|^2 \leqslant \|v^0\|^2 + \frac{L^2}{12a}\tau\sum_{l=0}^{k-1}\|g^l\|^2, \quad 0 \leqslant k \leqslant n, \tag{3.45}$$

$$|v^k|_1^2 \leqslant |v^0|_1^2 + \frac{1}{2a}\tau\sum_{l=0}^{k-1}\|g^l\|^2, \quad 0 \leqslant k \leqslant n, \tag{3.46}$$

$$\|v^k\|_\infty^2 \leqslant \frac{L}{4}\left(|v^0|_1^2 + \frac{1}{2a}\tau\sum_{l=0}^{k-1}\|g^l\|^2\right), \quad 0 \leqslant k \leqslant n, \tag{3.47}$$

其中 $\|g^l\|^2 = h\sum_{i=1}^{m-1}(g_i^l)^2$.

证明 (a) 用 $2v^{k+\frac{1}{2}}$ 与 (3.44a) 的两边做内积, 得到

$$2(\delta_t v^{k+\frac{1}{2}}, v^{k+\frac{1}{2}}) - 2a(\delta_x^2 v^{k+\frac{1}{2}}, v^{k+\frac{1}{2}}) = 2(g^k, v^{k+\frac{1}{2}}), \quad 0 \leqslant k \leqslant n-1.$$

注意到

$$2(\delta_t v^{k+\frac{1}{2}}, v^{k+\frac{1}{2}}) = \frac{1}{\tau}(\|v^{k+1}\|^2 - \|v^k\|^2), \quad (\delta_x^2 v^{k+\frac{1}{2}}, v^{k+\frac{1}{2}}) = -|v^{k+\frac{1}{2}}|_1^2,$$

得

$$\begin{aligned}\frac{1}{\tau}(\|v^{k+1}\|^2 - \|v^k\|^2) =& -2a|v^{k+\frac{1}{2}}|_1^2 + 2(g^k, v^{k+\frac{1}{2}}) \\ \leqslant& -2a|v^{k+\frac{1}{2}}|_1^2 + \frac{12a}{L^2}\|v^{k+\frac{1}{2}}\|^2 + \frac{L^2}{12a}\|g^k\|^2.\end{aligned}$$

应用引理 1.4, 有

$$\begin{aligned}\frac{1}{\tau}\left(\|v^{k+1}\|^2 - \|v^k\|^2\right) \leqslant& -2a|v^{k+\frac{1}{2}}|_1^2 + 2a|v^{k+\frac{1}{2}}|_1^2 + \frac{L^2}{12a}\|g^k\|^2 \\ =& \frac{L^2}{12a}\|g^k\|^2, \quad 0 \leqslant k \leqslant n-1.\end{aligned}$$

将上式两边同乘以 τ 并移项, 得到

$$\|v^{k+1}\|^2 \leqslant \|v^k\|^2 + \frac{L^2}{12a}\tau\|g^k\|^2, \quad 0 \leqslant k \leqslant n-1. \tag{3.48}$$

由 (3.48) 递推得

$$\|v^k\|^2 \leqslant \|v^0\|^2 + \frac{L^2}{12a}\tau\sum_{l=0}^{k-1}\|g^l\|^2, \quad 0 \leqslant k \leqslant n.$$

(3.45) 得证.

(b) 用 $\delta_t v^{k+\frac{1}{2}}$ 与 (3.44a) 的两边做内积, 得到

$$\|\delta_t v^{k+\frac{1}{2}}\|^2 - a(\delta_x^2 v^{k+\frac{1}{2}}, \delta_t v^{k+\frac{1}{2}}) = (g^k, \delta_t v^{k+\frac{1}{2}}). \tag{3.49}$$

利用引理 1.4, 可得

$$-(\delta_x^2 v^{k+\frac{1}{2}}, \delta_t v^{k+\frac{1}{2}}) = \frac{1}{2\tau}(|v^{k+1}|_1^2 - |v^k|_1^2).$$

将上式代入 (3.49), 得

$$\begin{aligned}\|\delta_t v^{k+\frac{1}{2}}\|^2 + \frac{a}{2\tau}(|v^{k+1}|_1^2 - |v^k|_1^2) &= h\sum_{i=1}^{m-1} g_i^k \left(\delta_t v_i^{k+\frac{1}{2}}\right) \\ &\leqslant \frac{1}{4}\|g^k\|^2 + \|\delta_t v^{k+\frac{1}{2}}\|^2, \quad 0 \leqslant k \leqslant n-1.\end{aligned}$$

易知

$$|v^{k+1}|_1^2 \leqslant |v^k|_1^2 + \frac{1}{2a}\tau\|g^k\|^2, \quad 0 \leqslant k \leqslant n-1.$$

递推得到

$$|v^k|_1^2 \leqslant |v^0|_1^2 + \frac{1}{2a}\tau\sum_{l=0}^{k-1}\|g^l\|^2, \quad 0 \leqslant k \leqslant n.$$

(3.46) 得证.

(c) 应用引理 1.4 并注意到 (3.44c) 有 $\|v^k\|_\infty \leqslant \dfrac{\sqrt{L}}{2}|v^k|_1$. 再应用(3.46)可得 (3.47).

定理证毕. □

3.5.5 差分格式解的收敛性和稳定性

收敛性

定理 3.15 设 $\{u(x,t)\,|\,(x,t)\in\bar{D}\}$ 为定解问题(3.1)的解, $\{u_i^k\,|\,0\leqslant i\leqslant m, 0\leqslant k\leqslant n\}$ 为差分格式 (3.40) 的解, 则对任意的步长比 r, 有

$$\max_{1\leqslant k\leqslant n,1\leqslant i\leqslant m-1}\left|u(x_i,t_k)-u_i^k\right|\leqslant\frac{c_2L}{2}\cdot\sqrt{\frac{T}{2a}}(\tau^2+h^2),$$

其中 c_2 由 (3.41) 定义.

证明 记

$$e_i^k=u(x_i,t_k)-u_i^k,\quad 0\leqslant i\leqslant m,\quad 0\leqslant k\leqslant n.$$

将 (3.38) 和 (3.39) 与 (3.40) 相减, 得到误差方程组

$$\begin{cases}\delta_t e_i^{k+\frac{1}{2}}-a\delta_x^2 e_i^{k+\frac{1}{2}}=(R_4)_i^k,\quad 1\leqslant i\leqslant m-1,\quad 0\leqslant k\leqslant n-1,\\ e_i^0=0,\quad 0\leqslant i\leqslant m,\\ e_0^k=0,\quad e_m^k=0,\quad 1\leqslant k\leqslant n.\end{cases}\tag{3.50}$$

应用定理 3.14 并注意到 (3.42), 可得

$$\|e^k\|_\infty^2\leqslant\frac{L}{4}\cdot\frac{1}{2a}\tau\sum_{l=1}^{k-1}\|(R_4)^l\|^2\leqslant\frac{L}{4}\cdot\frac{T}{2a}Lc_2^2(\tau^2+h^2)^2.$$

两边开方得到

$$\|e^k\|_\infty\leqslant\frac{c_2L}{2}\cdot\sqrt{\frac{T}{2a}}(\tau^2+h^2),\quad 1\leqslant k\leqslant n.$$

定理证毕. □

稳定性

定理 3.16 差分格式 (3.40) 的解对任意步长比 r 关于初值和右端项在下述意义下是稳定的: 设 $\{u_i^k\mid 0\leqslant i\leqslant m, 0\leqslant k\leqslant n\}$ 为差分格式

$$\begin{cases}\delta_t u_i^{k+\frac{1}{2}}-a\delta_x^2 u_i^{k+\frac{1}{2}}=f_i^{k+\frac{1}{2}},\quad 1\leqslant i\leqslant m-1,\quad 0\leqslant k\leqslant n-1,\\ u_i^0=\varphi_i,\quad 1\leqslant i\leqslant m-1,\\ u_0^k=0,\quad u_m^k=0,\quad 0\leqslant k\leqslant n\end{cases}$$

的解, 则有

$$\|u^k\|^2 \leqslant \|u^0\|^2 + \frac{L^2}{12a}\tau\sum_{l=0}^{k-1}\|f^{l+\frac{1}{2}}\|^2, \quad 1 \leqslant k \leqslant n,$$

$$\|u^k\|_\infty^2 \leqslant \frac{L}{4}\left(|u^0|_1^2 + \frac{1}{2a}\tau\sum_{l=0}^{k-1}\|f^{l+\frac{1}{2}}\|^2\right), \quad 1 \leqslant k \leqslant n.$$

证明　直接应用定理 3.14.

定理证毕. □

3.5.6 Richardson 外推法

记差分格式 (3.40) 的解为 $u_i^k(h,\tau)$.

定理 3.17　设定解问题

$$\begin{cases} \dfrac{\partial v}{\partial t} - a\dfrac{\partial^2 v}{\partial x^2} = -p(x,t), \quad 0 < x < L, \quad 0 < t \leqslant T, \\ v(x,0) = 0, \quad 0 \leqslant x \leqslant L, \\ v(0,t) = 0, \quad v(L,t) = 0, \quad 0 < t \leqslant T \end{cases} \tag{3.51}$$

和

$$\begin{cases} \dfrac{\partial w}{\partial t} - a\dfrac{\partial^2 w}{\partial x^2} = -q(x,t), \quad 0 < x < L, \quad 0 < t \leqslant T, \\ w(x,0) = 0, \quad 0 \leqslant x \leqslant L, \\ w(0,t) = 0, \quad w(L,t) = 0, \quad 0 < t \leqslant T \end{cases} \tag{3.52}$$

存在光滑解, 其中

$$p(x,t) = \frac{1}{24}\frac{\partial^3 u}{\partial t^3}(x,t) - \frac{a}{8}\frac{\partial^4 u}{\partial x^2 \partial t^2}(x,t), \quad q(x,t) = -\frac{a}{12}\frac{\partial^4 u}{\partial x^4}(x,t),$$

则有

$$u_i^k(h,\tau) = u(x_i,t_k) + \tau^2 v(x_i,t_k) + h^2 w(x_i,t_k) + O(\tau^4 + h^4),$$
$$1 \leqslant i \leqslant m-1, \quad 1 \leqslant k \leqslant n;$$

$$\max_{1\leqslant i\leqslant m-1, 1\leqslant k\leqslant n}\left|u(x_i,t_k) - \left[\frac{4}{3}u_{2i}^{2k}\left(\frac{h}{2},\frac{\tau}{2}\right) - \frac{1}{3}u_i^k(h,\tau)\right]\right| = O(\tau^4 + h^4).$$

证明　细致分析可知

$$(R_4)_i^k = p(x_i, t_{k+\frac{1}{2}})\tau^2 + q(x_i, t_{k+\frac{1}{2}})h^2 + O(\tau^4 + h^4), \quad 1 \leqslant i \leqslant m-1, \quad 0 \leqslant k \leqslant n-1.$$

于是误差方程组(3.50)可写为

$$\begin{cases}\delta_t e_i^{k+\frac{1}{2}} - a\delta_x^2 e_i^{k+\frac{1}{2}} = p(x_i, t_{k+\frac{1}{2}})\tau^2 + q(x_i, t_{k+\frac{1}{2}})h^2 + O(\tau^4 + h^4), \\ \qquad\qquad\qquad\qquad 1 \leqslant i \leqslant m-1, \quad 0 \leqslant k \leqslant n-1, \\ e_i^0 = 0, \quad 0 \leqslant i \leqslant m, \\ e_0^k = 0, \quad e_m^k = 0, \quad 1 \leqslant k \leqslant n. \end{cases} \tag{3.53}$$

记

$$V_i^k = v(x_i, t_k), \quad W_i^k = w(x_i, t_k), \quad 0 \leqslant i \leqslant m, \quad 0 \leqslant k \leqslant n.$$

对 (3.51) 离散, 可得

$$\begin{cases}\delta_t V_i^{k+\frac{1}{2}} - a\delta_x^2 V_i^{k+\frac{1}{2}} = -p(x_i, t_{k+\frac{1}{2}}) + O(\tau^2 + h^2), \\ \qquad\qquad\qquad\qquad 1 \leqslant i \leqslant m-1, \quad 0 \leqslant k \leqslant n-1, \\ V_i^0 = 0, \quad 0 \leqslant i \leqslant m, \\ V_0^k = 0, \quad V_m^k = 0, \quad 1 \leqslant k \leqslant n. \end{cases} \tag{3.54}$$

对 (3.52) 离散, 可得

$$\begin{cases}\delta_t W_i^{k+\frac{1}{2}} - a\delta_x^2 W_i^{k+\frac{1}{2}} = -q(x_i, t_{k+\frac{1}{2}}) + O(\tau^2 + h^2), \\ \qquad\qquad\qquad\qquad 1 \leqslant i \leqslant m-1, \quad 0 \leqslant k \leqslant n-1, \\ W_i^0 = 0, \quad 0 \leqslant i \leqslant m, \\ W_0^k = 0, \quad W_m^k = 0, \quad 1 \leqslant k \leqslant n. \end{cases} \tag{3.55}$$

记

$$r_i^k = e_i^k + \tau^2 V_i^k + h^2 W_i^k, \quad 0 \leqslant i \leqslant m, \quad 0 \leqslant k \leqslant n.$$

将 (3.54) 同乘 τ^2, 将 (3.55) 同乘 h^2, 并将所得结果与 (3.53) 相加, 得到

$$\begin{cases}\delta_t r_i^{k+\frac{1}{2}} - a\delta_x^2 r_i^{k+\frac{1}{2}} = O(\tau^4 + h^4), \quad 1 \leqslant i \leqslant m-1, \quad 0 \leqslant k \leqslant n-1, \\ r_i^0 = 0, \quad 0 \leqslant i \leqslant m, \\ r_0^k = 0, \quad r_m^k = 0, \quad 1 \leqslant k \leqslant n. \end{cases}$$

由定理 3.14, 可得

$$\|r^k\|_\infty = O(\tau^4 + h^4), \quad 1 \leqslant k \leqslant n,$$

即

$$u(x_i,t_k)-u_i^k(h,\tau)+\tau^2V_i^k+h^2W_i^k=O(\tau^4+h^4),\quad 1\leqslant i\leqslant m-1,\quad 1\leqslant k\leqslant n.$$

移项得

$$u_i^k(h,\tau)=u(x_i,t_k)+\tau^2 v(x_i,t_k)+h^2 w(x_i,t_k)+O(\tau^4+h^4),$$
$$1\leqslant i\leqslant m-1,\quad 1\leqslant k\leqslant n. \tag{3.56}$$

同理有

$$u_{2i}^{2k}\left(\frac{h}{2},\frac{\tau}{2}\right)=u(x_i,t_k)+\left(\frac{\tau}{2}\right)^2 v(x_i,t_k)+\left(\frac{h}{2}\right)^2 w(x_i,t_k)$$
$$+O\left(\left(\frac{\tau}{2}\right)^4+\left(\frac{h}{2}\right)^4\right),\quad 1\leqslant i\leqslant m-1,\quad 1\leqslant k\leqslant n. \tag{3.57}$$

将 (3.57) 两边同乘以 4/3, 将 (3.56) 两边同乘以 1/3, 并将所得结果相减, 可得

$$\frac{4}{3}u_{2i}^{2k}\left(\frac{h}{2},\frac{\tau}{2}\right)-\frac{1}{3}u_i^k(h,\tau)=u(x_i,t_k)+O(\tau^4+h^4),\quad 1\leqslant i\leqslant m-1,\quad 1\leqslant k\leqslant n.$$

定理证毕. □

算例 3.5 用 Richardson 外推算法计算算例 3.4 中所给定解问题.

表 3.13 给出了取不同步长时, 外推一次所得数值结果的最大误差

$$\widetilde{E}_\infty(h,\tau)=\max_{1\leqslant i\leqslant m-1,1\leqslant k\leqslant n}\left|u(x_i,t_k)-\left[\frac{4}{3}u_{2i}^{2k}\left(\frac{h}{2},\frac{\tau}{2}\right)-\frac{1}{3}u_i^k(h,\tau)\right]\right|.$$

比较表 3.13 和表 3.12, 可见外推法大大提高了数值解的精度.

表 3.13 算例 3.5 外推一次数值解的最大误差

h	τ	$\widetilde{E}_\infty(h,\tau)$
1/10	1/10	8.160e−6
1/20	1/20	1.076e−6
1/40	1/40	1.383e−7
1/80	1/80	1.765e−8

3.6 紧致差分格式

本节对定解问题(3.1)建立一个具有 $O(\tau^2+h^4)$ 精度的无条件稳定的差分格式.

3.6.1 差分格式的建立

设 $w=\{w_i\,|\,0\leqslant i\leqslant m\}\in\mathcal{U}_h$. 定义算子

$$(\mathcal{A}w)_i=\begin{cases}\dfrac{1}{12}(w_{i-1}+10w_i+w_{i+1}), & 1\leqslant i\leqslant m-1,\\ w_i, & i=0,\,m.\end{cases}$$

在点 $(x_i,t_{k+\frac12})$ 处考虑微分方程 (3.1a), 有

$$\frac{\partial u}{\partial t}(x_i,t_{k+\frac12})-a\frac{\partial^2 u}{\partial x^2}(x_i,t_{k+\frac12})=f(x_i,t_{k+\frac12}),\quad 0\leqslant i\leqslant m,\quad 0\leqslant k\leqslant n-1.$$

由引理 1.2, 有

$$\begin{aligned}&\left[\delta_t U_i^{k+\frac12}-\frac{\tau^2}{24}\frac{\partial^3 u}{\partial t^3}(x_i,\theta_{ik})\right]-a\cdot\left[\frac12\left(\frac{\partial^2 u}{\partial x^2}(x_i,t_k)+\frac{\partial^2 u}{\partial x^2}(x_i,t_{k+1})\right)\right.\\&\left.-\frac{\tau^2}{8}\cdot\frac{\partial^4 u}{\partial x^2\partial t^2}(x_i,\widetilde{\theta}_{ik})\right]=f(x_i,t_{k+\frac12}),\quad 0\leqslant i\leqslant m,\quad 0\leqslant k\leqslant n-1,\end{aligned}$$

其中 $\theta_{ik},\widetilde{\theta}_{ik}\in(t_k,t_{k+1})$, 即

$$\begin{aligned}&\delta_t U_i^{k+\frac12}-a\cdot\frac12\left(\frac{\partial^2 u}{\partial x^2}(x_i,t_k)+\frac{\partial^2 u}{\partial x^2}(x_i,t_{k+1})\right)\\&=f(x_i,t_{k+\frac12})+\left[\frac{1}{24}\frac{\partial^3 u}{\partial t^3}(x_i,\theta_{ik})-\frac{a}{8}\frac{\partial^4 u}{\partial x^2\partial t^2}(x_i,\widetilde{\theta}_{ik})\right]\tau^2,\\&\qquad 0\leqslant i\leqslant m,\quad 0\leqslant k\leqslant n-1,\end{aligned}$$

将上式两端作用 $\mathcal{A}$, 得

$$\begin{aligned}&\mathcal{A}\delta_t U_i^{k+\frac12}-a\cdot\frac12\left(\mathcal{A}\frac{\partial^2 u}{\partial x^2}(x_i,t_k)+\mathcal{A}\frac{\partial^2 u}{\partial x^2}(x_i,t_{k+1})\right)\\&=\mathcal{A}f(x_i,t_{k+\frac12})+\mathcal{A}\left[\frac{1}{24}\frac{\partial^3 u}{\partial t^3}(x_i,\theta_{ik})-\frac{a}{8}\frac{\partial^4 u}{\partial x^2\partial t^2}(x_i,\widetilde{\theta}_{ik})\right]\tau^2,\\&\qquad 1\leqslant i\leqslant m-1,\quad 0\leqslant k\leqslant n-1.\end{aligned}\tag{3.58}$$

由引理 1.2, 有

$$\mathcal{A}\frac{\partial^2 u}{\partial x^2}(x_i,t_k)=\delta_x^2 U_i^k+\frac{h^4}{240}\frac{\partial^6 u}{\partial x^6}(\xi_{ik},t_k),$$

其中 $\xi_{ik} \in (x_{i-1}, x_{i+1})$. 将上式中上标为 k 和 $k+1$ 的两个等式相加并除以 2, 易得

$$\mathcal{A}\left[\frac{1}{2}\left(\frac{\partial^2 u}{\partial x^2}(x_i,t_k)+\frac{\partial^2 u}{\partial x^2}(x_i,t_{k+1})\right)\right]$$
$$=\frac{1}{2}(\delta_x^2U_i^k+\delta_x^2U_i^{k+1})+\frac{h^4}{240}\frac{\partial^6 u}{\partial x^6}(\bar{\xi}_{ik},\bar{t}_{ik}),\quad 1\leqslant i\leqslant m-1,\quad 0\leqslant k\leqslant n-1. \tag{3.59}$$

其中 $\bar{\xi}_{ik} \in (x_{i-1}, x_{i+1})$, $\bar{t}_{ik} \in (t_k, t_{k+1})$.

将 (3.59) 代入到 (3.58), 可得

$$\mathcal{A}\delta_t U_i^{k+\frac{1}{2}} - a\delta_x^2 U_i^{k+\frac{1}{2}} = \mathcal{A}f(x_i, t_{k+\frac{1}{2}}) + (R_5)_i^k,\quad 1\leqslant i\leqslant m-1,\quad 0\leqslant k\leqslant n-1, \tag{3.60}$$

其中

$$(R_5)_i^k=\mathcal{A}\left[\frac{1}{24}\frac{\partial^3 u}{\partial t^3}(x_i,\theta_{ik})-\frac{a}{8}\frac{\partial^4 u}{\partial x^2\partial t^2}(x_i,\widetilde{\theta}_{ik})\right]\tau^2+\frac{a}{240}\frac{\partial^6 u}{\partial x^6}(\bar{\xi}_{ik},\bar{t}_{ik})h^4.$$

注意到初边值条件 (3.1b) 和 (3.1c), 有

$$\begin{cases} U_i^0=\varphi(x_i), & 0\leqslant i\leqslant m,\\ U_0^k=\alpha(t_k), \quad U_m^k=\beta(t_k), & 1\leqslant k\leqslant n. \end{cases} \tag{3.61}$$

在 (3.60) 中略去小量项 $(R_5)_i^k$, 并用 u_i^k 代替 U_i^k, 得到如下差分格式

$$\begin{cases} \mathcal{A}\delta_t u_i^{k+\frac{1}{2}} - a\delta_x^2 u_i^{k+\frac{1}{2}} = \mathcal{A}f(x_i, t_{k+\frac{1}{2}}), \\ \qquad\qquad 1\leqslant i\leqslant m-1,\quad 0\leqslant k\leqslant n-1, & (3.62a)\\ u_i^0=\varphi(x_i),\quad 0\leqslant i\leqslant m, & (3.62b)\\ u_0^k=\alpha(t_k),\quad u_m^k=\beta(t_k),\quad 1\leqslant k\leqslant n. & (3.62c) \end{cases}$$

差分格式(3.62)的结点图见图 3.19. 它也是一个 2 层格式.

令

$$c_3=\max\left\{\frac{a}{240}\max_{(x,t)\in\bar{D}}\left|\frac{\partial^6 u(x,t)}{\partial x^6}\right|,\frac{1}{24}\max_{(x,t)\in\bar{D}}\left|\frac{\partial^3 u(x,t)}{\partial t^3}\right|+\frac{a}{8}\max_{(x,t)\in\bar{D}}\left|\frac{\partial^4 u(x,t)}{\partial x^2\partial t^2}\right|\right\}, \tag{3.63}$$

则有

$$\left|(R_5)_i^k\right| \leqslant c_3(\tau^2+h^4), \quad 1 \leqslant i \leqslant m-1, \quad 0 \leqslant k \leqslant n-1. \tag{3.64}$$

用图 3.19 中 6 个结点构造的所有差分格式中, 差分格式(3.62)的局部截断误差阶达到最高. 因而通常称差分格式(3.62)为**紧致差分格式**.

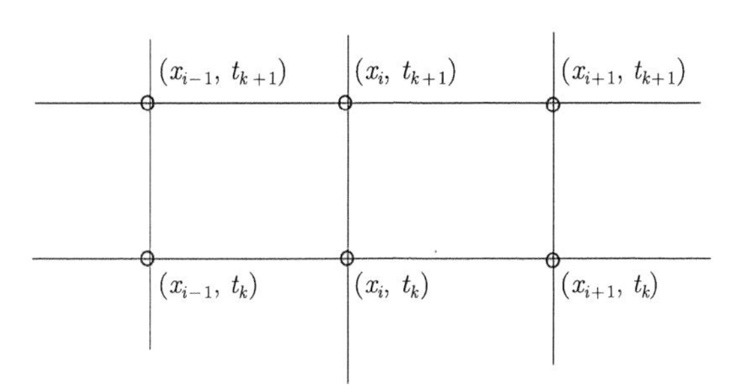

图 3.19 紧致差分格式(3.62)的结点图

3.6.2 差分格式解的存在性

定理 3.18 *差分格式(3.62)是唯一可解的.*

证明 记

$$u^k = (u_0^k, u_1^k, \cdots, u_{m-1}^k, u_m^k).$$

由 (3.62b) 知第 0 层上的值 u^0 已知. 设已确定出了第 k 层的值 u^k. 则由(3.62a)和(3.62c) 得到关于第 $k+1$ 层值 u^{k+1} 的差分格式为

$$\begin{cases} \mathcal{A}\delta_t u_i^{k+\frac{1}{2}} - a\delta_x^2 u_i^{k+\frac{1}{2}} = \mathcal{A}f(x_i, t_{k+\frac{1}{2}}), \quad 1 \leqslant i \leqslant m-1, \\ u_0^{k+1} = \alpha(t_{k+1}), \quad u_m^{k+1} = \beta(t_{k+1}). \end{cases}$$

写成如下矩阵形式:

$$\begin{pmatrix} \frac{5}{6}+r & \frac{1}{12}-\frac{1}{2}r & & & \\ \frac{1}{12}-\frac{1}{2}r & \frac{5}{6}+r & \frac{1}{12}-\frac{1}{2}r & & \\ & \ddots & \ddots & \ddots & \\ & & \frac{1}{12}-\frac{1}{2}r & \frac{5}{6}+r & \frac{1}{12}-\frac{1}{2}r \\ & & & \frac{1}{12}-\frac{1}{2}r & \frac{5}{6}+r \end{pmatrix} \begin{pmatrix} u_1^{k+1} \\ u_2^{k+1} \\ \vdots \\ u_{m-2}^{k+1} \\ u_{m-1}^{k+1} \end{pmatrix}$$

$$
=\begin{pmatrix}
\frac{5}{6}-r & \frac{1}{12}+\frac{1}{2}r & & & \\
\frac{1}{12}+\frac{1}{2}r & \frac{5}{6}-r & \frac{1}{12}+\frac{1}{2}r & & \\
 & \ddots & \ddots & \ddots & \\
 & & \frac{1}{12}+\frac{1}{2}r & \frac{5}{6}-r & \frac{1}{12}+\frac{1}{2}r \\
 & & & \frac{1}{12}+\frac{1}{2}r & \frac{5}{6}-r
\end{pmatrix}
\begin{pmatrix} u_1^k \\ u_2^k \\ \vdots \\ u_{m-2}^k \\ u_{m-1}^k \end{pmatrix}
$$

$$
+\begin{pmatrix}
\left(\frac{1}{12}+\frac{1}{2}r\right)u_0^k-\left(\frac{1}{12}-\frac{1}{2}r\right)u_0^{k+1}+\tau\mathcal{A}f(x_1,t_{k+\frac{1}{2}}) \\
\tau\mathcal{A}f(x_2,t_{k+\frac{1}{2}}) \\
\vdots \\
\tau\mathcal{A}f(x_{m-2},t_{k+\frac{1}{2}}) \\
\left(\frac{1}{12}+\frac{1}{2}r\right)u_m^k-\left(\frac{1}{12}-\frac{1}{2}r\right)u_m^{k+1}+\tau\mathcal{A}f(x_{m-1},t_{k+\frac{1}{2}})
\end{pmatrix}. \tag{3.65}
$$

易见其系数矩阵是严格对角占优的, 因而有唯一解.

定理证毕. □

3.6.3　差分格式的求解与数值算例

由 (3.65) 可知(3.62)在每一时间层求解均为解一个三对角线性方程组, 可用追赶法求解.

算例 3.6　*应用紧致差分格式(3.62)计算定解问题*

$$
\begin{cases}
\dfrac{\partial u}{\partial t}-\dfrac{\partial^2 u}{\partial x^2}=0, \quad 0<x<1, \quad 0<t\leqslant 1, \\
u(x,0)=\mathrm{e}^x, \quad 0\leqslant x\leqslant 1, \\
u(0,t)=\mathrm{e}^t, \quad u(1,t)=\mathrm{e}^{1+t}, \quad 0<t\leqslant 1.
\end{cases}
$$

上述定解问题的精确解为 $u(x,t)=\mathrm{e}^{x+t}$.

表 3.14 给出了 $h=1/10, \tau=1/100$ 时的部分数值结果, 数值解很好地逼近精确解. 表 3.15 给出了取不同步长比时所得数值解的最大误差

$$
E_\infty(h,\tau)=\max_{1\leqslant i\leqslant m-1, 1\leqslant k\leqslant n}|u(x_i,t_k)-u_i^k|.
$$

从表中可以看出, 当空间步长缩小到原来的 1/2, 时间步长缩小到原来的 1/4 时, 最大误差约缩小到原来的 1/16.

表 3.14 算例 3.6 部分结点处数值解、精确解和误差的绝对值 ($h = 1/10, \tau = 1/100$)

k	(x,t)	数值解	精确解	| 精确解 − 数值解 |
10	$(0.5, 0.1)$	1.822120	1.822119	1.084e−6
20	$(0.5, 0.2)$	2.013754	2.013753	1.625e−6
30	$(0.5, 0.3)$	2.225543	2.225541	1.955e−6
40	$(0.5, 0.4)$	2.459605	2.459603	2.219e−6
50	$(0.5, 0.5)$	2.718284	2.718282	2.475e−6
60	$(0.5, 0.6)$	3.004169	3.004166	2.743e−6
70	$(0.5, 0.7)$	3.320120	3.320117	3.035e−6
80	$(0.5, 0.8)$	3.669300	3.669297	3.355e−6
90	$(0.5, 0.9)$	4.055204	4.055200	3.709e−6
100	$(0.5, 1.0)$	4.481693	4.481689	4.099e−6

表 3.15 算例 3.6 取不同步长时数值解的最大误差

h	τ	$E_\infty(h,\tau)$	$E_\infty(2h,4\tau)/E_\infty(h,\tau)$
1/10	1/100	4.099e−06	*
1/20	1/400	2.582e−07	15.88
1/40	1/1600	1.614e−08	16.00
1/80	1/6400	1.009e−09	16.00
1/160	1/25600	6.571e−11	15.36

读者可以比较一下表 3.15 和表 3.12, 看一下为了得到同样精度要求的近似解, 紧致差分格式(3.62)和 Crank-Nicolson 格式 (3.40) 计算量的差别.

图 3.20 给出了 $t = 1$ 时的精确解曲线和取步长 $h = 1/10$, $\tau = 1/100$ 的数值解曲线. 图 3.21 给出了 $t = 1$ 时, 取不同步长所得数值解的误差曲线图. 图 3.22 给出了取不同步长所得数值解的误差曲面图.

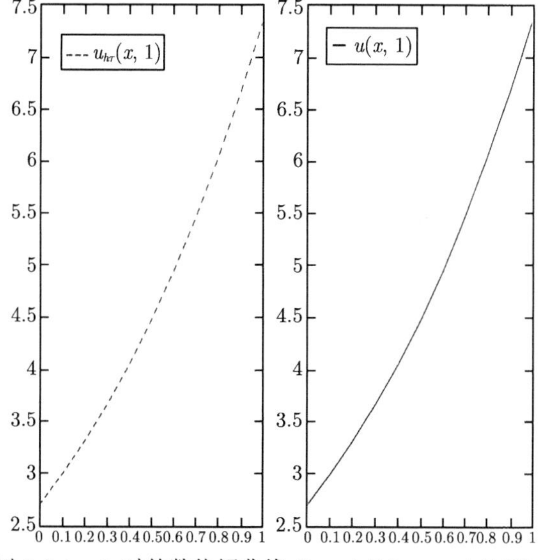

图 3.20 算例 3.6 $t = 1$ 时的数值解曲线 ($h = 1/10$, $\tau = 1/100$) 与精确解曲线

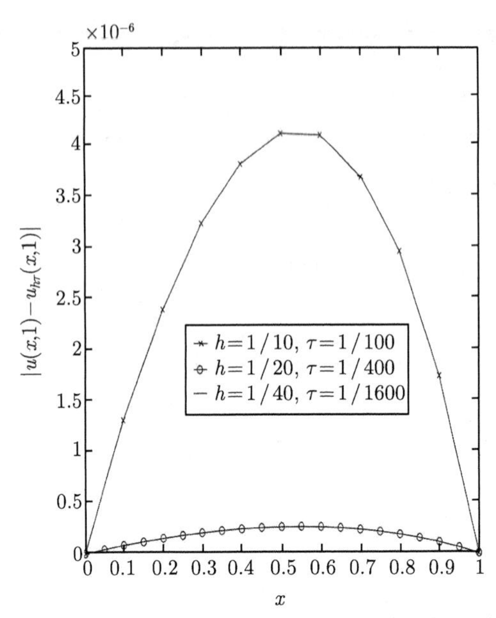

图 3.21 算例 3.6 $t=1$ 时的不同步长数值解的误差曲线

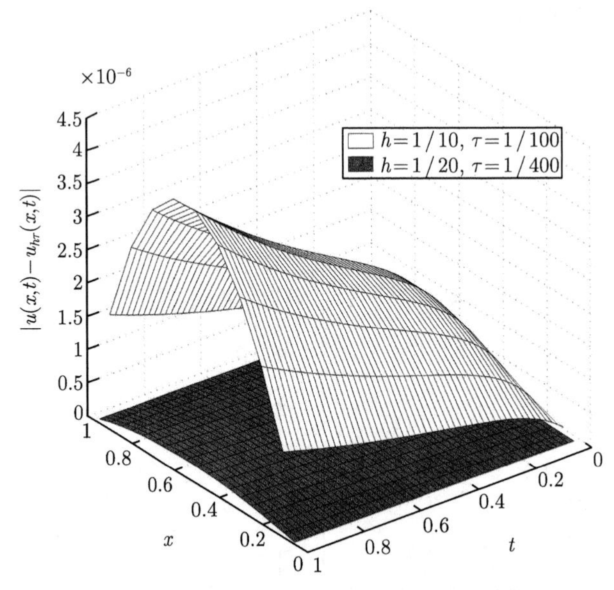

图 3.22 算例 3.6 不同步长数值解的误差曲面

3.6.4 差分格式解的先验估计式

定理 3.19 设 $\{v_i^k \,|\, 0 \leqslant i \leqslant m,\ 0 \leqslant k \leqslant n\}$ 为差分方程组

$$
\begin{cases}
\mathcal{A}\delta_t v_i^{k+\frac{1}{2}} - a\delta_x^2 v_i^{k+\frac{1}{2}} = g_i^k, \quad 1 \leqslant i \leqslant m-1, \quad 0 \leqslant k \leqslant n-1, & (3.66\text{a}) \\
v_i^0 = \varphi(x_i), \quad 1 \leqslant i \leqslant m-1, & (3.66\text{b}) \\
v_0^k = 0, \quad v_m^k = 0, \quad 0 \leqslant k \leqslant n & (3.66\text{c})
\end{cases}
$$

的解, 则有

$$
|v^k|_1^2 \leqslant |v^0|_1^2 + \frac{3}{4a}\tau\sum_{l=0}^{k-1}\|g^l\|^2, \quad 0 \leqslant k \leqslant n, \tag{3.67}
$$

$$
\|v^k\|_\infty^2 \leqslant \frac{L}{4}\left(|v^0|_1^2 + \frac{3}{4a}\tau\sum_{l=0}^{k-1}\|g^l\|^2\right), \quad 0 \leqslant k \leqslant n. \tag{3.68}
$$

证明 (a) 用 $\delta_t v^{k+\frac{1}{2}}$ 与 (3.66a) 两边做内积, 得到

$$
(\mathcal{A}\delta_t v^{k+\frac{1}{2}}, \delta_t v^{k+\frac{1}{2}}) - a(\delta_x^2 v^{k+\frac{1}{2}}, \delta_t v^{k+\frac{1}{2}}) = (g^k, \delta_t v^{k+\frac{1}{2}}), \quad 0 \leqslant k \leqslant n-1. \tag{3.69}
$$

现估计上式中每一项. 左端第一项

$$
\begin{aligned}
&(\mathcal{A}\delta_t v^{k+\frac{1}{2}}, \delta_t v^{k+\frac{1}{2}}) = \left(\left(\mathcal{I} + \frac{h^2}{12}\delta_x^2\right)\delta_t v^{k+\frac{1}{2}}, \delta_t v^{k+\frac{1}{2}}\right) \\
=\ & \|\delta_t v^{k+\frac{1}{2}}\|^2 + \frac{h^2}{12}(\delta_x^2\delta_t v^{k+\frac{1}{2}}, \delta_t v^{k+\frac{1}{2}}) = \|\delta_t v^{k+\frac{1}{2}}\|^2 - \frac{h^2}{12}|\delta_t v^{k+\frac{1}{2}}|_1^2 \\
\geqslant\ & \|\delta_t v^{k+\frac{1}{2}}\|^2 - \frac{h^2}{12}\cdot\frac{4}{h^2}\|\delta_t v^{k+\frac{1}{2}}\|^2 = \frac{2}{3}\|\delta_t v^{k+\frac{1}{2}}\|^2.
\end{aligned}
$$

左端第二项, 利用 $\delta_t v_0^{k+\frac{1}{2}} = 0, \delta_t v_m^{k+\frac{1}{2}} = 0$, 由分部求和公式, 得到

$$
-a\left(\delta_x^2 v^{k+\frac{1}{2}}, \delta_t v^{k+\frac{1}{2}}\right) = a\left(\delta_x v^{k+\frac{1}{2}}, \delta_x\delta_t v^{k+\frac{1}{2}}\right) = \frac{a}{2\tau}\left(|v^{k+1}|_1^2 - |v^k|_1^2\right);
$$

右端项

$$
(g^k, \delta_t v^{k+\frac{1}{2}}) \leqslant \frac{2}{3}\|\delta_t v^{k+\frac{1}{2}}\|^2 + \frac{3}{8}\|g^k\|^2.
$$

将以上三式代入 (3.69), 得到

$$
\frac{a}{2\tau}(|v^{k+1}|_1^2 - |v^k|_1^2) \leqslant \frac{3}{8}\|g^k\|^2,
$$

或

$$
|v^{k+1}|_1^2 \leqslant |v^k|_1^2 + \frac{3}{4a}\tau\|g^k\|^2, \quad 0 \leqslant k \leqslant n-1.
$$

递推可知

$$|v^{k+1}|_1^2 \leqslant |v^0|_1^2 + \frac{3}{4a}\tau\sum_{l=0}^{k}\|g^l\|^2, \quad 0 \leqslant k \leqslant n-1.$$

(b) 应用 $\|v^k\|_\infty^2 \leqslant \dfrac{L}{4}|v^k|_1^2$ 及 (3.67), 可得 (3.68).

定理证毕. □

3.6.5 差分格式解的收敛性和稳定性

收敛性

定理 3.20 设 $\{u(x,t)\,|\,(x,t) \in \bar{D}\}$ 为定解问题(3.1)的解, $\{u_i^k\,|\,0 \leqslant i \leqslant m,\ 0 \leqslant k \leqslant n\}$ 为差分格式(3.62) 的解, 则对任意的步长比 r, 有

$$\max_{1\leqslant i\leqslant m-1, 1\leqslant k\leqslant n}\left|u(x_i,t_k) - u_i^k\right| \leqslant \frac{Lc_3}{4}\cdot\sqrt{\frac{3T}{a}}(\tau^2+h^4),$$

其中 c_3 由 (3.63) 定义.

证明 记

$$e_i^k = u(x_i,t_k) - u_i^k, \quad 0 \leqslant i \leqslant m, \quad 0 \leqslant k \leqslant n.$$

将 (3.60) 和 (3.61) 与(3.62)相减, 得到误差方程组

$$\begin{cases} \mathcal{A}\delta_t e_i^{k+\frac{1}{2}} - a\delta_x^2 e_i^{k+\frac{1}{2}} = (R_5)_i^k, \quad 1 \leqslant i \leqslant m-1, \quad 0 \leqslant k \leqslant n-1, \\ e_i^0 = 0, \quad 0 \leqslant i \leqslant m, \\ e_0^k = 0, \quad e_m^k = 0, \quad 1 \leqslant k \leqslant n. \end{cases}$$

应用定理 3.19并注意到 (3.64), 可得

$$\|e^k\|_\infty^2 \leqslant \frac{L}{4}\cdot\frac{3}{4a}\tau\sum_{l=0}^{k-1}\|(R_5)^l\|^2 \leqslant \frac{L}{4}\cdot\frac{3T}{4a}Lc_3^2(\tau^2+h^4)^2, \quad 1 \leqslant k \leqslant n.$$

两边开方得

$$\|e^k\|_\infty \leqslant \frac{Lc_3}{4}\cdot\sqrt{\frac{3T}{a}}(\tau^2+h^4), \quad 1 \leqslant k \leqslant n.$$

定理证毕. □

稳定性

定理 3.21 差分格式(3.62)的解在下述意义下关于初值和右端项是稳定的: 设 $\{u_i^k\,|\,0 \leqslant i \leqslant m,\ 0 \leqslant k \leqslant n\}$ 为差分格式

$$
\begin{cases}
\mathcal{A}\delta_t u_i^{k+\frac{1}{2}} - a\delta_x^2 u_i^{k+\frac{1}{2}} = f_i^{k+\frac{1}{2}}, \quad 1 \leqslant i \leqslant m-1, \quad 0 \leqslant k \leqslant n-1, \\
u_i^0 = \varphi_i, \quad 1 \leqslant i \leqslant m-1, \\
u_0^k = 0, \quad u_m^k = 0, \quad 0 \leqslant k \leqslant n
\end{cases}
$$

的解, 则有

$$
\|u^k\|_\infty^2 \leqslant \frac{L}{4}\left(|u^0|_1^2 + \frac{3}{4a}\tau\sum_{l=0}^{k-1}\|f^{l+\frac{1}{2}}\|^2\right), \quad 0 \leqslant k \leqslant n.
$$

证明 直接应用定理 3.19.

定理证毕. □

3.7 非线性抛物方程

本节考虑非线性抛物方程的初边值问题

$$
\begin{cases}
\dfrac{\partial u}{\partial t} - a(u)\dfrac{\partial^2 u}{\partial x^2} = f(x,t), \quad 0 < x < L, \quad 0 < t \leqslant T, & (3.70\text{a}) \\
u(x,0) = \varphi(x), \quad 0 \leqslant x \leqslant L, & (3.70\text{b}) \\
u(0,t) = \alpha(t), \quad u(L,t) = \beta(t), \quad 0 < t \leqslant T & (3.70\text{c})
\end{cases}
$$

的求解, 其中 $a(u), f(x,t), \varphi(x), \alpha(t), \beta(t)$ 为已知函数. 设问题 (3.70) 有光滑解 $u(x,t)$, 且存在正常数 ϵ, a_0, a_1 和 L_p, 使得当 $|\epsilon_1| \leqslant \epsilon, |\epsilon_2| \leqslant \epsilon, (x,t) \in \bar{D}$ 时

$$
a_0 \leqslant a(u(x,t)+\epsilon_1) \leqslant a_1, \tag{3.71}
$$

$$
|a(u(x,t)+\epsilon_1) - a(u(x,t)+\epsilon_2)| \leqslant L_p|\epsilon_1 - \epsilon_2|, \tag{3.72}
$$

即 $a(u)$ 在解的一个 ϵ 邻域内有正的上、下界, 且满足 Lipschitz 条件, Lipschitz 常数为 L_p.

在介绍差分格式之前, 我们先给出重要的 Gronwall 不等式.

引理 3.3 (Gronwall 不等式) (a) 设 $\{F^k\}_{k=0}^\infty$ 是一个非负序列, c 和 g 是两个非负常数, 且满足

$$
F^{k+1} \leqslant (1+c\tau)F^k + \tau g, \quad k = 0,1,2,\cdots,
$$

则有

$$
F^k \leqslant \mathrm{e}^{ck\tau}\left(F^0 + \frac{g}{c}\right), \quad k = 1,2,3,\cdots.
$$

(b) 设 $\{F^k\}_{k=0}^{\infty}$ 和 $\{g^k\}_{k=0}^{\infty}$ 是两个非负序列, c 为非负常数, 且满足

$$F^{k+1} \leqslant (1+c\tau)F^k + \tau g^k, \quad k=0,1,2,\cdots,$$

则有

$$F^k \leqslant \mathrm{e}^{ck\tau}\left(F^0 + \tau\sum_{l=0}^{k-1} g^l\right), \quad k=0,1,2,\cdots.$$

证明　(a)

$$\begin{aligned}
&F^{k+1}\\
\leqslant&(1+c\tau)F^k+\tau g\\
\leqslant& (1+c\tau)[(1+c\tau)F^{k-1}+\tau g]+\tau g\\
=& (1+c\tau)^2F^{k-1}+[(1+c\tau)+1]\tau g\\
\leqslant& (1+c\tau)^2[(1+c\tau)F^{k-2}+\tau g]+[(1+c\tau)+1]\tau g\\
=& (1+c\tau)^3F^{k-2}+[(1+c\tau)^2+(1+c\tau)+1]\tau g\\
\leqslant&\cdots\\
\leqslant& (1+c\tau)^kF^1+[(1+c\tau)^{k-1}+(1+c\tau)^{k-2}+\cdots+1]\tau g\\
\leqslant& (1+c\tau)^k[(1+c\tau)F^0+\tau g]+[(1+c\tau)^{k-1}+(1+c\tau)^{k-2}+\cdots+1]\tau g\\
=& (1+c\tau)^{k+1}F^0+[(1+c\tau)^k+(1+c\tau)^{k-1}+\cdots+1]\tau g\\
=& (1+c\tau)^{k+1}F^0+\frac{(1+c\tau)^{k+1}-1}{c\tau}\cdot\tau g\\
\leqslant& \mathrm{e}^{c(k+1)\tau}\left(F^0+\frac{g}{c}\right), \quad k=0,1,\cdots.
\end{aligned}$$

(b)

$$\begin{aligned}
&F^{k+1}\\
\leqslant& (1+c\tau)F^k+\tau g^k\\
\leqslant& (1+c\tau)[(1+c\tau)F^{k-1}+\tau g^{k-1}]+\tau g^k\\
=& (1+c\tau)^2F^{k-1}+(1+c\tau)\tau g^{k-1}+\tau g^k\\
\leqslant& (1+c\tau)^2[(1+c\tau)F^{k-2}+\tau g^{k-2}]+(1+c\tau)\tau g^{k-1}+\tau g^k
\end{aligned}$$

$$
\begin{aligned}
&= (1+c\tau)^3F^{k-2} + (1+c\tau)^2\tau g^{k-2} + (1+c\tau)\tau g^{k-1} + \tau g^k \\
&\leqslant (1+c\tau)^3[(1+c\tau)F^{k-3} + \tau g^{k-3}] + (1+c\tau)^2\tau g^{k-2} + (1+c\tau)\tau g^{k-1} + \tau g^k \\
&= (1+c\tau)^4F^{k-3} + (1+c\tau)^3\tau g^{k-3} + (1+c\tau)^2\tau g^{k-2} + (1+c\tau)\tau g^{k-1} + \tau g^k \\
&\leqslant \cdots \\
&\leqslant (1+c\tau)^{k+1}F^0 + \tau\sum_{l=0}^{k}(1+c\tau)^{k-l}g^l \\
&\leqslant (1+c\tau)^{k+1}\left(F^0 + \tau\sum_{l=0}^{k}g^l\right), \quad k=0,1,2,\cdots.
\end{aligned}
$$

因而

$$
F^k \leqslant (1+c\tau)^k\Big(F^0 + \tau\sum_{l=0}^{k-1}g^l\Big) \leqslant \mathrm{e}^{ck\tau}\Big(F^0 + \tau\sum_{l=0}^{k-1}g^l\Big), \quad k=0,1,2,\cdots.
$$

引理证毕. □

3.7.1 向前 Euler 格式

在结点 (x_i,t_k) 处考虑微分方程 (3.70a), 有

$$
\frac{\partial u}{\partial t}(x_i,t_k) - a\big(u(x_i,t_k)\big)\frac{\partial^2 u}{\partial x^2}(x_i,t_k) = f(x_i,t_k), \quad 1\leqslant i\leqslant m-1, \quad 0\leqslant k\leqslant n-1. \tag{3.73}
$$

将

$$
\frac{\partial^2 u}{\partial x^2}(x_i,t_k) = \delta_x^2U_i^k - \frac{h^2}{12}\frac{\partial^4 u}{\partial x^4}(\xi_{ik},t_k), \quad \xi_{ik}\in(x_{i-1},x_{i+1})
$$

和

$$
\frac{\partial u}{\partial t}(x_i,t_k) = D_tU_i^k - \frac{\tau}{2}\frac{\partial^2 u}{\partial t^2}(x_i,\eta_{ik}), \quad \eta_{ik}\in(t_k,t_{k+1}),
$$

代入 (3.73) 得

$$
\begin{aligned}
D_tU_i^k - a(U_i^k)\delta_x^2U_i^k = f(x_i,t_k) + \frac{\tau}{2}\frac{\partial^2 u}{\partial t^2}(x_i,\eta_{ik}) - \frac{h^2}{12}a(U_i^k)\frac{\partial^4 u}{\partial x^4}(\xi_{ik},t_k),& \\
1\leqslant i\leqslant m-1, \quad 0\leqslant k\leqslant n-1.&
\end{aligned} \tag{3.74}
$$

记

$$(R_6)_i^k = \frac{\tau}{2}\frac{\partial^2 u}{\partial t^2}(x_i,\eta_{ik}) - \frac{h^2}{12}a(U_i^k)\frac{\partial^4 u}{\partial x^4}(\xi_{ik},t_k).$$

令

$$\max_{(x,t)\in\bar{D}}\left|\frac{\partial u(x,t)}{\partial t}\right| = M_t, \quad \max_{(x,t)\in\bar{D}}\left|\frac{\partial^2 u(x,t)}{\partial t^2}\right| = M_{tt},$$

$$\max_{(x,t)\in\bar{D}}\left|\frac{\partial^2 u(x,t)}{\partial x^2}\right| = M_{xx}, \quad \max_{(x,t)\in\bar{D}}\left|\frac{\partial^4 u(x,t)}{\partial x^4}\right| = M_{xxxx},$$

$$c_4 = \max\left\{\frac{1}{2}M_{tt}, \frac{a_1}{12}M_{xxxx}\right\},$$

则有

$$|(R_6)_i^k| \leqslant c_4(\tau + h^2), \quad 1\leqslant i\leqslant m-1, \quad 0\leqslant k\leqslant n-1. \tag{3.75}$$

注意到初边值条件 (3.70b) 和 (3.70c), 有

$$\begin{cases} U_i^0 = \varphi(x_i), & 0\leqslant i\leqslant m, \\ U_0^k = \alpha(t_k), \quad U_m^k = \beta(t_k), & 1\leqslant k\leqslant n. \end{cases} \tag{3.76}$$

在 (3.74) 中略去小量项 $(R_6)_i^k$, 并用 u_i^k 代替 U_i^k, 得到如下差分格式

$$\begin{cases} D_t u_i^k - a(u_i^k)\delta_x^2 u_i^k = f(x_i,t_k), \quad 1\leqslant i\leqslant m-1, \quad 0\leqslant k\leqslant n-1, & (3.77\text{a}) \\ u_i^0 = \varphi(x_i), \quad 0\leqslant i\leqslant m, & (3.77\text{b}) \\ u_0^k = \alpha(t_k), \quad u_m^k = \beta(t_k), \quad 1\leqslant k\leqslant n. & (3.77\text{c}) \end{cases}$$

记

$$\mu = \frac{\tau}{h^2},$$

则差分格式 (3.77a) 可写为

$$u_i^{k+1} = \left[1 - 2\mu a(u_i^k)\right]u_i^k + \mu a(u_i^k)\left(u_{i-1}^k + u_{i+1}^k\right) + \tau f(x_i,t_k),$$
$$1\leqslant i\leqslant m-1, \quad 0\leqslant k\leqslant n-1.$$

因而(3.77)是一个显式差分格式.

关于差分格式 (3.77) 的收敛性, 有如下结果.

定理 3.22　设 $\{u(x,t)\,|\,0\leqslant x\leqslant L, 0\leqslant t\leqslant T\}$ 为问题(3.70)的解, $\{u_i^k\,|\,0\leqslant i\leqslant m, 0\leqslant k\leqslant n\}$ 为差分格式(3.77) 的解, 且

$$2\mu\cdot a(u_i^k)\leqslant 1, \quad 1\leqslant i\leqslant m-1, \quad 0\leqslant k\leqslant n-1. \tag{3.78}$$

记

$$e_i^k = U_i^k - u_i^k, \quad 0 \leqslant i \leqslant m, \quad 0 \leqslant k \leqslant n,$$

$$c_5 = \frac{c_4}{L_p M_{xx}} \exp\left(L_p M_{xx} T\right).$$

则当步长 τ 和 h 满足

$$\tau \leqslant \frac{\epsilon}{2c_5}, \quad h \leqslant \sqrt{\frac{\epsilon}{2c_5}} \tag{3.79}$$

时, 有

$$\|e^k\|_\infty \leqslant c_5\left(\tau + h^2\right), \quad 0 \leqslant k \leqslant n. \tag{3.80}$$

证明 将 (3.74) 和 (3.76) 与(3.77)相减, 可得误差方程组

$$\begin{cases} D_t e_i^k - \left[a(U_i^k)\delta_x^2 U_i^k - a(u_i^k)\delta_x^2 u_i^k\right] = (R_6)_i^k, \\ \qquad\qquad 1 \leqslant i \leqslant m-1, \quad 0 \leqslant k \leqslant n-1, & (3.81\text{a}) \\ e_i^0 = 0, \quad 0 \leqslant i \leqslant m, & (3.81\text{b}) \\ e_0^k = 0, \quad e_m^k = 0, \quad 1 \leqslant k \leqslant n. & (3.81\text{c}) \end{cases}$$

由 (3.81b) 知, $\|e^0\|_\infty = 0$, 因而 (3.80) 对 $k=0$ 成立.

现设 (3.80) 对 $0 \leqslant k \leqslant l$ 成立, 则当 h, τ 满足 (3.79) 时, 有

$$\|e^k\|_\infty \leqslant \epsilon, \quad 0 \leqslant k \leqslant l.$$

应用条件 (3.71)—(3.72) 可得

$$a_0 \leqslant a(u_i^k) \leqslant a_1, \ |a(U_i^k) - a(u_i^k)| \leqslant L_p|e_i^k|, \ 1 \leqslant i \leqslant m-1, \ 0 \leqslant k \leqslant l. \tag{3.82}$$

改写 (3.81a) 得

$$\begin{aligned} e_i^{k+1} &= e_i^k + \tau\left[a(U_i^k)\delta_x^2 U_i^k - a(u_i^k)\delta_x^2 u_i^k\right] + \tau(R_6)_i^k \\ &= e_i^k + \tau\left[a(u_i^k)\delta_x^2(U_i^k - u_i^k) + \left(a(U_i^k) - a(u_i^k)\right)\delta_x^2 U_i^k\right] + \tau(R_6)_i^k \\ &= \left[1 - 2\mu a(u_i^k)\right] e_i^k + \mu a(u_i^k)(e_{i-1}^k + e_{i+1}^k) \\ &\quad + \tau\left[a(U_i^k) - a(u_i^k)\right]\delta_x^2 U_i^k + \tau(R_6)_i^k, \quad 1 \leqslant i \leqslant m-1. \end{aligned}$$

利用 (3.78)、(3.82) 和(3.75), 得到

$$|e_i^{k+1}| \leqslant \left[1 - 2\mu a(u_i^k)\right]|e_i^k| + \mu a(u_i^k)(|e_{i-1}^k| + |e_{i+1}^k|)$$

$$
\begin{aligned}
&+\tau|a(U_i^k)-a(u_i^k)|\cdot|\delta_x^2U_i^k|+\tau|(R_6)_i^k| \\
&\leqslant\left[1-2\mu a(u_i^k)\right]\|e^k\|_\infty+\mu a(u_i^k)(\|e^k\|_\infty+\|e^k\|_\infty) \\
&+\tau L_pM_{xx}\|e^k\|_\infty+c_4\tau(\tau+h^2) \\
&=(1+L_pM_{xx}\tau)\|e^k\|_\infty+c_4\tau(\tau+h^2),\quad 1\leqslant i\leqslant m-1,\quad 0\leqslant k\leqslant l,
\end{aligned}
$$

即

$$
\|e^{k+1}\|_\infty\leqslant(1+L_pM_{xx}\tau)\|e^k\|_\infty+c_4\tau(\tau+h^2),\quad 0\leqslant k\leqslant l.
$$

由 Gronwall 不等式 (引理 3.3) 得到

$$
\begin{aligned}
\|e^{l+1}\|_\infty&\leqslant\exp\left(L_pM_{xx}(l+1)\tau\right)\left[\|e^0\|_\infty+\frac{c_4}{L_pM_{xx}}(\tau+h^2)\right] \\
&\leqslant\frac{c_4}{L_pM_{xx}}\exp\left(L_pM_{xx}T\right)\left(\tau+h^2\right)=c_5\left(\tau+h^2\right).
\end{aligned}
$$

因而 (3.80) 对 $k=l+1$ 时也成立.

由归纳原理, (3.80) 对 $0\leqslant k\leqslant n$ 成立.

定理证毕. □

在条件 (3.78) 之下, 可以证明差分格式(3.77)对初值是稳定的. 我们也称 (3.78) 为稳定性条件. 可以看出, 这个稳定性条件不仅与 $\mu=\dfrac{\tau}{h^2}$ 有关, 而且与数值解 $\{u_i^k\}$ 有关.

可以建立时间变步长差分格式

$$
\begin{cases}
\dfrac{1}{\Delta t_k}(u_i^{k+1}-u_i^k)-a(u_i^k)\delta_x^2u_i^k=f(x_i,t_k),\quad 1\leqslant i\leqslant m-1,\quad 0\leqslant k\leqslant n-1,\\
u_i^0=\varphi(x_i),\quad 0\leqslant i\leqslant m,\\
u_0^k=\alpha(t_k),\quad u_m^k=\beta(t_k),\quad 1\leqslant k\leqslant n,
\end{cases}
$$

其中 $t_{k+1}=t_k+\Delta t_k$. 当 $\{u_i^k\,|\,0\leqslant i\leqslant m\}$ 已经求得时, 确定 Δt_k 使得

$$
\frac{\Delta t_k}{h^2}\max_{1\leqslant i\leqslant m-1}a(u_i^k)\leqslant\frac{1}{2}
$$

成立.

算例 3.7 应用向前 Euler 格式 (3.77) 计算定解问题

$$\begin{cases} \dfrac{\partial u}{\partial t} - u^4 \cdot \dfrac{\partial^2 u}{\partial x^2} = \mathrm{e}^{-t} \sin\left(\dfrac{\pi}{4} + \dfrac{\pi}{2}x\right)\left[\dfrac{\pi^2}{4}\mathrm{e}^{-4t}\sin^4\left(\dfrac{\pi}{4} + \dfrac{\pi}{2}x\right) - 1\right], \\ \qquad\qquad\qquad\qquad 0 < x < 1, \quad 0 < t \leqslant 1, \\ u(x,0) = \sin\left(\dfrac{\pi}{4} + \dfrac{\pi}{2}x\right), \quad 0 \leqslant x \leqslant 1, \\ u(0,t) = \dfrac{\sqrt{2}}{2}\mathrm{e}^{-t}, \quad u(1,t) = \dfrac{\sqrt{2}}{2}\mathrm{e}^{-t}, \quad 0 < t \leqslant 1. \end{cases} \tag{3.83}$$

上述定解问题的精确解为 $u(x,t) = \mathrm{e}^{-t}\sin\left(\dfrac{\pi}{4} + \dfrac{\pi}{2}x\right)$.

表 3.16 给出了取步长 $h = 1/10$ 和 $\tau = 1/200$ (步长比 $\mu = 1/2$) 时计算得到的部分数值结果, 数值解很好地逼近精确解. 表 3.17 给出了取步长 $h = 1/10$ 和 $\tau = 1/100$(步长比 $\mu = 1$) 时计算得到的部分数值结果. 随着计算层数的增加, 误差越来越大, 数值结果无实用价值. 表 3.18 给出了 $\mu = 1/2$ 时, 取不同步长, 数值解的最大误差

$$E_\infty(h,\tau) = \max_{1\leqslant i\leqslant m-1, 1\leqslant k\leqslant n} |u(x_i,t_k) - u_i^k|.$$

从表 3.18 可以看出当空间步长缩小到原来的 1/2, 时间步长缩小到原来的 1/4 时, 最大误差约缩小到原来的 1/4. 图 3.23 给出了 $t = 1$ 时的精确解曲线和取步长 $h = 1/10$, $\tau = 1/200$ 时所得数值解曲线. 图中 $u_{h\tau}(x,t)$ 表示以 h, τ 为步长所得结点 (x,t) 处的数值解. 由于此时相对误差为万分之二左右, 用肉眼已看不出数值解曲线和精确解曲线的区别. 图 3.24 给出了 $t = 1$ 时的精确解和取不同步长所得数值解的误差曲线. 图 3.25 给出了不同步长的误差曲面.

表 3.16 算例 3.7 部分结点处数值解、精确解和误差的绝对值 $\left(h = \dfrac{1}{10}, \tau = \dfrac{1}{200}\right)$

k	$(x,\ t)$	数值解	精确解	|精确解 − 数值解|
20	(0.5, 0.1)	0.9048948	0.9048374	5.737e-5
40	(0.5, 0.2)	0.8187399	0.8187308	9.192e-6
60	(0.5, 0.3)	0.7407599	0.7408182	5.831e-5
80	(0.5, 0.4)	0.6701864	0.6703200	1.337e-4
100	(0.5, 0.5)	0.6063173	0.6065307	2.134e-4
120	(0.5, 0.6)	0.5485161	0.5488116	2.955e-4
140	(0.5, 0.7)	0.4962070	0.4965853	3.783e-4
160	(0.5, 0.8)	0.4488686	0.4493290	4.604e-4
180	(0.5, 0.9)	0.4060293	0.4065697	5.404e-4
200	(0.5, 1.0)	0.3672621	0.3678794	6.173e-4

表 3.17　算例 3.7 部分结点处数值解、精确解和误差的绝对值 $\left(h=\dfrac{1}{10},\tau=\dfrac{1}{100}\right)$

k	$(x,\ t)$	数值解	精确解	|精确解 − 数值解|
1	(0.5, 0.01)	0.9900127	0.9900498	3.715e−5
2	(0.5, 0.02)	0.9801275	0.9801987	7.122e−5
3	(0.5, 0.03)	0.9703430	0.9704455	1.025e−4
4	(0.5, 0.04)	0.9606578	0.9607894	1.317e−4
5	(0.5, 0.05)	0.9510706	0.9512294	1.589e−4
6	(0.5, 0.06)	0.9415796	0.9417645	1.849e−4
7	(0.5, 0.07)	0.9321851	0.9323938	2.087e−4
8	(0.5, 0.08)	0.9228816	0.9231163	2.347e−4
9	(0.5, 0.09)	0.9136845	0.9139312	2.467e−4
10	(0.5, 0.10)	0.9045210	0.9048374	3.164e−4
11	(0.5, 0.11)	1.077546	0.8958341	1.817e−1
12	(0.5, 0.12)	−12.35406	0.8869204	1.324e+1
13	(0.5, 0.13)	2.273332e+6	0.8780954	2.273e+6

表 3.18　算例 3.7 取不同步长时数值解的最大误差 $(\mu=1/2)$

h	τ	$E_\infty(h,\tau)$	$E_\infty(2h,4\tau)/E_\infty(h,\tau)$
1/10	1/200	6.173e−4	*
1/20	1/800	1.557e−4	3.965
1/40	1/3200	3.902e−5	3.991
1/80	1/12800	9.760e−6	3.998

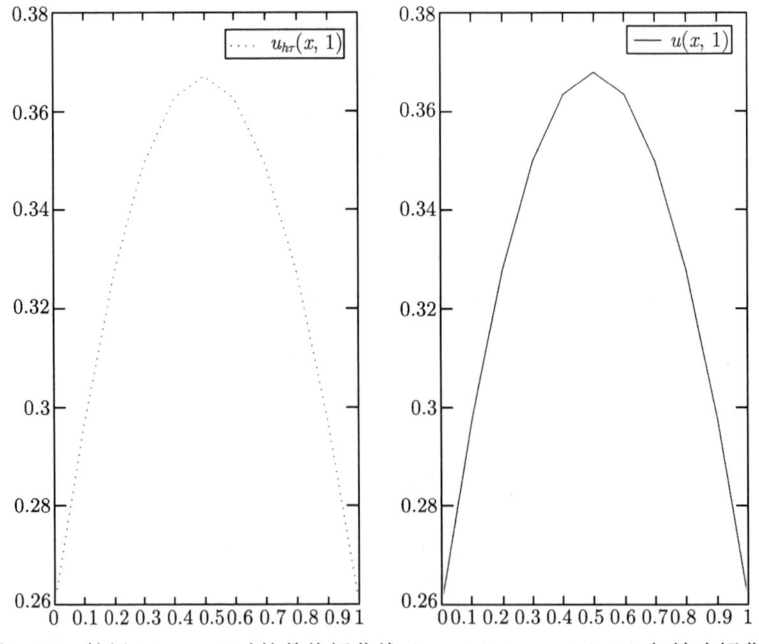

图 3.23　算例 3.7 $t=1$ 时的数值解曲线 $(h=1/10,\ \tau=1/200)$ 与精确解曲线

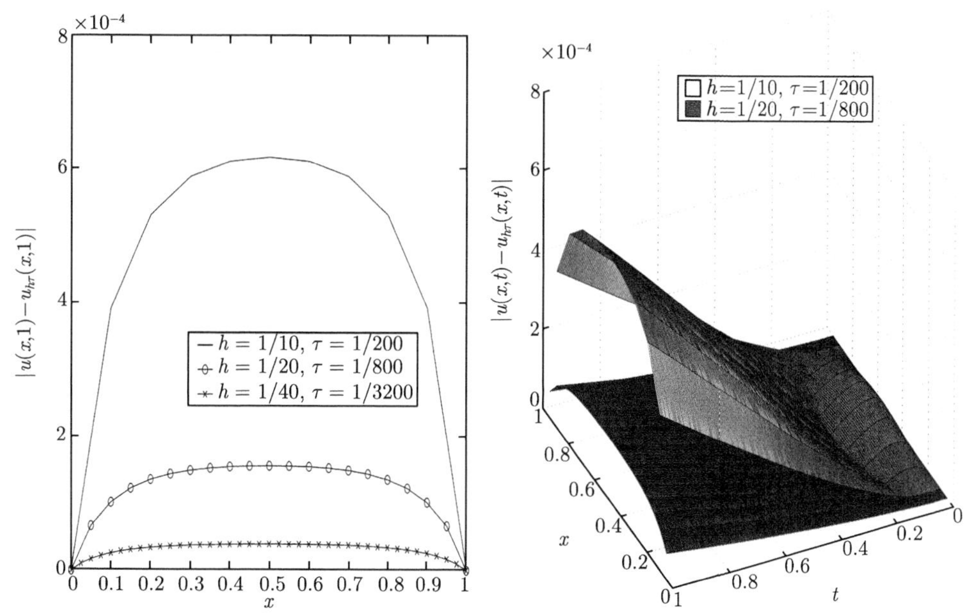

图 3.24 算例 3.7 $t=1$ 时的精确解和取不同步长所得数值解的误差曲线

图 3.25 算例 3.7 不同步长数值解的误差曲面 ($\mu=1/2$)

3.7.2 向后 Euler 格式

在结点 (x_i,t_k) 处考虑方程 (3.70a), 有

$$\frac{\partial u}{\partial t}(x_i,t_k)-a\big(u(x_i,t_k)\big)\frac{\partial^2 u}{\partial x^2}(x_i,t_k)=f(x_i,t_k),\ 1\leqslant i\leqslant m-1,\quad 1\leqslant k\leqslant n,$$

或

$$\begin{aligned}&\frac{\partial u}{\partial t}(x_i,t_k)-a\big(u(x_i,t_{k-1})\big)\frac{\partial^2 u}{\partial x^2}(x_i,t_k)\\ =&f(x_i,t_k)+\Big[a\big(u(x_i,t_k)\big)-a\big(u(x_i,t_{k-1})\big)\Big]\frac{\partial^2 u}{\partial x^2}(x_i,t_k),\\ &\qquad 1\leqslant i\leqslant m-1,\quad 1\leqslant k\leqslant n.\end{aligned}\tag{3.84}$$

将

$$\frac{\partial^2 u}{\partial x^2}(x_i,t_k)=\delta_x^2U_i^k-\frac{h^2}{12}\frac{\partial^4 u}{\partial x^4}(\xi_{ik},t_k),\quad \xi_{ik}\in(x_{i-1},x_{i+1})$$

和

$$\frac{\partial u}{\partial t}(x_i,t_k)=D_{\bar t}U_i^k+\frac{\tau}{2}\frac{\partial^2 u}{\partial t^2}(x_i,\bar\eta_{ik}),\quad \bar\eta_{ik}\in(t_{k-1},t_k),$$

代入 (3.84) 得

$$D_{\bar{t}}U_i^k-a(U_i^{k-1})\delta_x^2U_i^k=f(x_i,t_k)+\big[a(U_i^k)-a(U_i^{k-1})\big]\frac{\partial^2u}{\partial x^2}(x_i,t_k)$$
$$-\frac{\tau}{2}\frac{\partial^2u}{\partial t^2}(x_i,\bar{\eta}_{ik})-\frac{h^2}{12}a(U_i^{k-1})\frac{\partial^4u}{\partial x^4}(\xi_{ik},t_k),$$
$$1\leqslant i\leqslant m-1,\quad 1\leqslant k\leqslant n.$$

记

$$(R_7)_i^k=\big[a(U_i^k)-a(U_i^{k-1})\big]\frac{\partial^2u}{\partial x^2}(x_i,t_k)-\frac{\tau}{2}\frac{\partial^2u}{\partial t^2}(x_i,\bar{\eta}_{ik})-\frac{h^2}{12}a(U_i^{k-1})\frac{\partial^4u}{\partial x^4}(\xi_{ik},t_k),\tag{3.85}$$

则有

$$D_{\bar{t}}U_i^k-a(U_i^{k-1})\delta_x^2U_i^k=f(x_i,t_k)+(R_7)_i^k,\quad 1\leqslant i\leqslant m-1,\quad 1\leqslant k\leqslant n.\tag{3.86}$$

记

$$c_6=\max\left\{L_pM_tM_{xx}+\frac{1}{2}M_{tt},\frac{1}{12}a_1M_{xxxx}\right\},$$

由 (3.85) 可知

$$|(R_7)_i^k|\leqslant c_6(\tau+h^2),\quad 1\leqslant i\leqslant m-1,\quad 1\leqslant k\leqslant n.\tag{3.87}$$

注意到初边值条件 (3.70b) 和 (3.70c), 有

$$\begin{cases}U_i^0=\varphi(x_i),\quad 0\leqslant i\leqslant m,\\ U_0^k=\alpha(t_k),\quad U_m^k=\beta(t_k),\quad 1\leqslant k\leqslant n.\end{cases}\tag{3.88}$$

在 (3.86) 中略去小量项 $(R_7)_i^k$, 并用 u_i^k 代替 U_i^k, 得到如下差分格式

$$\begin{cases}D_{\bar{t}}u_i^k-a(u_i^{k-1})\delta_x^2u_i^k=f(x_i,t_k),\quad 1\leqslant i\leqslant m-1,\quad 1\leqslant k\leqslant n.\\ u_i^0=\varphi(x_i),\quad 0\leqslant i\leqslant m,\\ u_0^k=\alpha(t_k),\quad u_m^k=\beta(t_k),\quad 1\leqslant k\leqslant n.\end{cases}\tag{3.89}$$

我们有如下收敛定理.

定理 3.23 设 $\{u(x,t)\,|\,(x,t)\in\bar{D}\}$ 为问题(3.70)的解, $\{u_i^k\,|\,0\leqslant i\leqslant m,0\leqslant k\leqslant n\}$ 为差分格式(3.89) 的解. 记

$$e_i^k=u(x_i,t_k)-u_i^k,\quad 0\leqslant i\leqslant m,\quad 0\leqslant k\leqslant n,$$

$$c_7 = \frac{c_6}{L_p M_{xx}} \exp\left(L_p M_{xx} T\right),$$

则当步长 τ 和 h 满足

$$\tau \leqslant \frac{\epsilon}{2c_7}, \quad h \leqslant \sqrt{\frac{\epsilon}{2c_7}} \tag{3.90}$$

时, 有

$$\|e^k\|_\infty \leqslant c_7\left(\tau + h^2\right), \quad 0 \leqslant k \leqslant n. \tag{3.91}$$

证明 将 (3.86) 和 (3.88) 与 (3.89) 相减, 可得误差方程组

$$\begin{cases} D_{\bar{t}} e_i^k - a(u_i^{k-1})\delta_x^2 e_i^k = \left[a(U_i^{k-1}) - a(u_i^{k-1})\right]\delta_x^2 U_i^k + (R_7)_i^k, \\ \qquad\qquad 1 \leqslant i \leqslant m-1, \quad 1 \leqslant k \leqslant n, & (3.92\text{a}) \\ e_i^0 = 0, \quad 0 \leqslant i \leqslant m, & (3.92\text{b}) \\ e_0^k = 0, \quad e_m^k = 0, \quad 1 \leqslant k \leqslant n. & (3.92\text{c}) \end{cases}$$

由 (3.92b) 知 (3.91) 对 $k=0$ 成立.

现设 (3.91) 对 $0 \leqslant k \leqslant l$ 成立, 则当 h, τ 满足 (3.90) 时有

$$\|e^k\|_\infty \leqslant \epsilon, \quad 0 \leqslant k \leqslant l.$$

于是

$$a_0 \leqslant a(u_i^k) \leqslant a_1, \quad |a(U_i^k) - a(u_i^k)| \leqslant L_p|e_i^k|, \quad 1 \leqslant i \leqslant m-1, \quad 0 \leqslant k \leqslant l. \tag{3.93}$$

改写 (3.92a), 得到

$$\left[1 + 2\mu a(u_i^{k-1})\right] e_i^k \tag{3.94}$$

$$= \mu a(u_i^{k-1})\left(e_{i-1}^k + e_{i+1}^k\right) + e_i^{k-1}$$

$$+ \tau\left[a(U_i^{k-1}) - a(u_i^{k-1})\right]\delta_x^2 U_i^k + \tau(R_7)_i^k, \quad 1 \leqslant i \leqslant m-1, \quad 1 \leqslant k \leqslant n. \tag{3.95}$$

在(3.95)两边取绝对值, 并应用三角不等式以及 (3.93) 和(3.87), 可得到

$$\begin{aligned} &\left[1 + 2\mu a(u_i^{k-1})\right] |e_i^k| \\ \leqslant\, &\mu a(u_i^{k-1})(|e_{i-1}^k| + |e_{i+1}^k|) + |e_i^{k-1}| + \tau|a(U_i^{k-1}) - a(u_i^{k-1})| \cdot |\delta_x^2 U_i^k| + \tau|(R_7)_i^k| \\ \leqslant\, &2\mu a(u_i^{k-1})\|e^k\|_\infty + \|e^{k-1}\|_\infty + \tau L_p M_{xx}\|e^{k-1}\|_\infty + c_6\tau(\tau + h^2), \\ &\qquad 1 \leqslant i \leqslant m-1, \quad 1 \leqslant k \leqslant l+1. \end{aligned}$$

设 $\|e^k\|_\infty = |e^k_{i_k}|$. 在上式中令 $i = i_k$, 得

$$\|e^k\|_\infty \leqslant (1 + L_p M_{xx}\tau)\|e^{k-1}\|_\infty + c_6\tau(\tau + h^2), \quad 1 \leqslant k \leqslant l+1.$$

由 Gronwall 不等式 (引理 3.3) 得

$$\begin{aligned}\|e^{l+1}\|_\infty &\leqslant \exp\left[L_p M_{xx}(l+1)\tau\right] \cdot \left[\|e^0\|_\infty + \frac{c_6(\tau+h^2)}{L_p M_{xx}}\right] \\ &\leqslant \frac{c_6}{L_p M_{xx}} \exp\left(L_p M_{xx} T\right)\left(\tau + h^2\right) = c_7\left(\tau + h^2\right).\end{aligned}$$

因而 (3.91) 对 $k = l+1$ 成立.

由归纳原理,(3.91) 成立.

定理证毕. □

算例 3.8　应用向后 Euler 格式 (3.89) 计算算例 3.7 中所给定解问题(3.83).

表 3.19 和表 3.20 分别给出了 $h = 1/10, \tau = 1/200$ (步长比 $\mu = 1/2$) 和 $h = 1/10, \tau = 1/100$ (步长比 $\mu = 1$) 时计算得到的部分数值结果, 数值解很好地逼近精确解. 表 3.21 给出了 $\mu = 1/2$ 时, 取不同步长, 数值解的最大误差

$$E_\infty(h,\tau) = \max_{1\leqslant i\leqslant m-1, 1\leqslant k\leqslant n} |u(x_i, t_k) - u_i^k|.$$

表 3.19　算例 3.8 部分结点处数值解、精确解和误差的绝对值 $\left(h = \frac{1}{10}, \tau = \frac{1}{200}\right)$

k	$(x,\ t)$	数值解	精确解	|精确解 − 数值解|
20	(0.5, 0.1)	0.9032027	0.9048374	1.6347e-3
40	(0.5, 0.2)	0.8169320	0.8187308	1.7988e-3
60	(0.5, 0.3)	0.7391011	0.7408182	1.7171e-3
80	(0.5, 0.4)	0.6687385	0.6703200	1.5815e-3
100	(0.5, 0.5)	0.6050933	0.6065307	1.4374e-3
120	(0.5, 0.6)	0.5475135	0.5488116	1.2981e-3
140	(0.5, 0.7)	0.4954172	0.4965853	1.1681e-3
160	(0.5, 0.8)	0.4482804	0.4493290	1.0485e-3
180	(0.5, 0.9)	0.4056301	0.4065697	9.3957e-4
200	(0.5, 1.0)	0.3670387	0.3678794	8.4072e-4

表 3.20　算例 3.8 部分结点处数值解、精确解和误差的绝对值 $\left(h = \frac{1}{10}, \tau = \frac{1}{100}\right)$

k	$(x,\ t)$	数值解	精确解	|精确解 − 数值解|
10	(0.5, 0.1)	0.9013752	0.9048374	3.4622e−3
20	(0.5, 0.2)	0.8149169	0.8187308	3.8139e−3
30	(0.5, 0.3)	0.7371693	0.7408182	3.6489e−3
40	(0.5, 0.4)	0.6669493	0.6703200	3.3708e−3
50	(0.5, 0.5)	0.6034557	0.6065307	3.0750e−3
60	(0.5, 0.6)	0.5460219	0.5488116	2.7897e−3
70	(0.5, 0.7)	0.4940612	0.4965853	2.5241e−3
80	(0.5, 0.8)	0.4470484	0.4493290	2.2806e−3
90	(0.5, 0.9)	0.4045103	0.4065697	2.0593e−3
100	(0.5, 1.0)	0.3660203	0.3678794	1.8591e−3

表 3.21 算例 3.8 取不同步长时数值解的最大误差 ($\mu = 1/2$)

h	τ	$E_\infty(h,\tau)$	$E_\infty(2h,4\tau)/E_\infty(h,\tau)$
1/10	1/200	1.800e−3	*
1/20	1/800	4.520e−4	3.9812
1/40	1/3200	1.131e−4	3.9950
1/80	1/12800	2.829e−5	3.9989

表 3.22 算例 3.8 取不同步长时数值解的最大误差 ($\mu = 1$)

h	τ	$E_\infty(h,\tau)$	$E_\infty(2h,4\tau)/E_\infty(h,\tau)$
1/10	1/100	3.815e−3	*
1/20	1/400	9.611e−4	3.9538
1/40	1/1600	2.408e−4	3.9918
1/80	1/6400	6.022e−5	3.9980

从表 3.21 可以看出当空间步长缩小到原来的 1/2, 时间步长缩小到原来的 1/4 时, 最大误差约缩小到原来的 1/4. 表 3.22 给出了 $\mu = 1$ 时的类似结论. 图 3.26 给出了 $t = 1$ 时的精确解曲线和取步长 $h = 1/10, \tau = 1/200$ 时所得数值解曲线. 图 3.27 和图 3.28 给出了 $t = 1$ 时, 取不同步长所得数值解的误差曲线图, 图 3.29 给出了取不同步长所得数值解的误差曲面图.

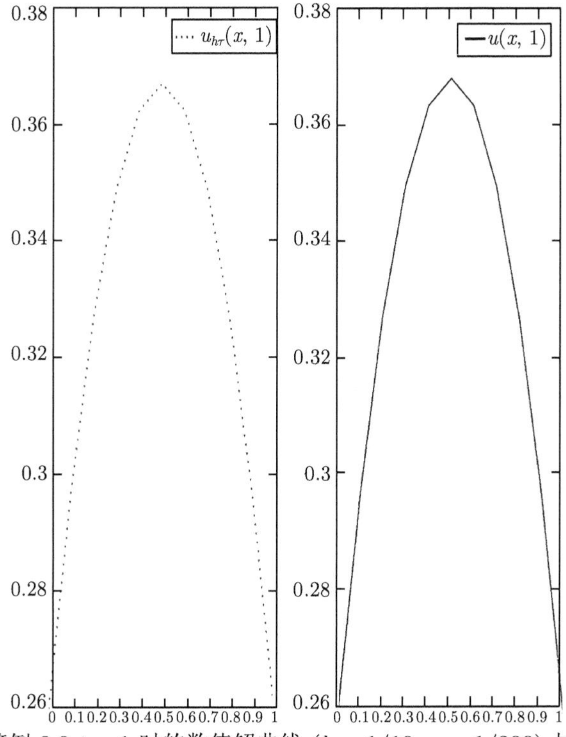

图 3.26 算例 3.8 $t = 1$ 时的数值解曲线 ($h = 1/10, \tau = 1/200$) 与精确解曲线

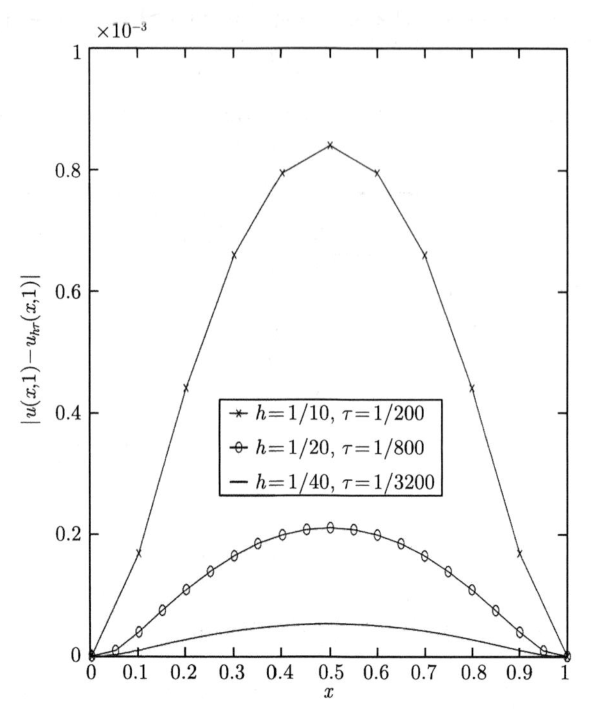

图 3.27　算例 3.8 $t = 1$ 时取不同步长时所得数值解的误差曲线 ($\mu = 1/2$)

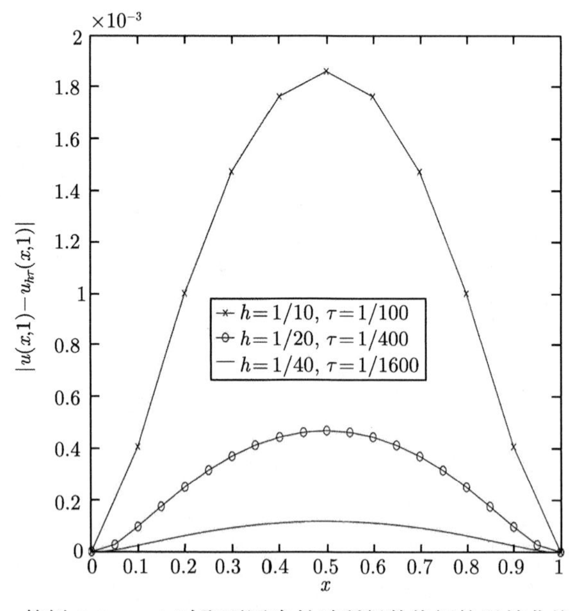

图 3.28　算例 3.8 $t = 1$ 时取不同步长时所得数值解的误差曲线 ($\mu = 1$)

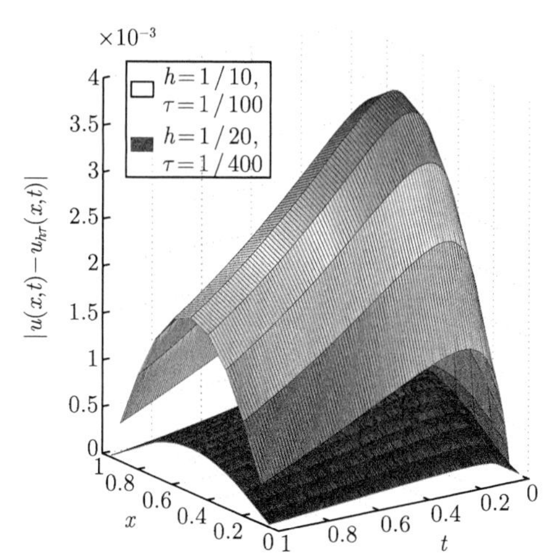

图 3.29 算例 3.8 $t=1$ 时取不同步长时所得数值解的误差曲面 ($\mu=1$)

3.7.3 Crank-Nicolson 格式

在点 $(x_i, t_{\frac{1}{2}})$ 处考虑方程(3.70a), 有

$$\frac{\partial u}{\partial t}(x_i, t_{\frac{1}{2}}) - a\big(u(x_i, t_{\frac{1}{2}})\big)\frac{\partial^2 u}{\partial x^2}(x_i, t_{\frac{1}{2}}) = f(x_i, t_{\frac{1}{2}}), \quad 1 \leqslant i \leqslant m-1,$$

即

$$\begin{aligned}&\frac{\partial u}{\partial t}(x_i, t_{\frac{1}{2}}) - a\Big(u(x_i,0) + \frac{\tau}{2}u_t(x_i,0)\Big)\frac{\partial^2 u}{\partial x^2}(x_i, t_{\frac{1}{2}})\\ =& f(x_i, t_{\frac{1}{2}}) + \Big[a\big(u(x_i, t_{\frac{1}{2}})\big) - a\Big(u(x_i,0) + \frac{\tau}{2}u_t(x_i,0)\Big)\Big]\frac{\partial^2 u}{\partial x^2}(x_i, t_{\frac{1}{2}}),\\ &\qquad 1 \leqslant i \leqslant m-1.\end{aligned} \tag{3.96}$$

由 Taylor 展开式有

$$\frac{\partial u}{\partial t}(x_i, t_{\frac{1}{2}}) = \delta_t U_i^{\frac{1}{2}} - \frac{\tau^2}{24}\frac{\partial^3 u}{\partial t^3}(x_i, \eta_{i0}), \quad \eta_{i0} \in (t_0, t_1),$$

$$\begin{aligned}\frac{\partial^2 u}{\partial x^2}(x_i, t_{\frac{1}{2}}) &= \frac{1}{2}\Big[\frac{\partial^2 u}{\partial x^2}(x_i, t_1) + \frac{\partial^2 u}{\partial x^2}(x_i, t_0)\Big] - \frac{\tau^2}{8}\frac{\partial^4 u}{\partial x^2 \partial t^2}(x_i, \zeta_{i0})\\ &= \frac{1}{2}\Big[\delta_x^2 U_i^1 - \frac{h^2}{12}\frac{\partial^4 u}{\partial x^4}(\xi_{i1}, t_1) + \delta_x^2 U_i^0 - \frac{h^2}{12}\frac{\partial^4 u}{\partial x^4}(\xi_{i0}, t_0)\Big]\\ &\quad - \frac{\tau^2}{8}\frac{\partial^4 u}{\partial x^2 \partial t^2}(x_i, \zeta_{i0})\\ &= \delta_x^2 U_i^{\frac{1}{2}} - \frac{h^2}{24}\Big[\frac{\partial^4 u}{\partial x^4}(\xi_{i1}, t_1) + \frac{\partial^4 u}{\partial x^4}(\xi_{i0}, t_0)\Big] - \frac{\tau^2}{8}\frac{\partial^4 u}{\partial x^2 \partial t^2}(x_i, \zeta_{i0}),\end{aligned}$$

其中 ξ_{i1}, $\xi_{i0} \in (x_{i-1}, x_{i+1})$, $\zeta_{i0} \in (t_0, t_1)$. 将以上两式代入 (3.96), 得

$$\delta_t U_i^{\frac{1}{2}} - a\big(u(x_i,0) + \frac{\tau}{2}u_t(x_i,0)\big)\delta_x^2 U_i^{\frac{1}{2}} = f(x_i, t_{\frac{1}{2}}) + (R_8)_i^0, \quad 1 \leqslant i \leqslant m-1, \tag{3.97}$$

其中

$$\begin{aligned}
&(R_8)_i^0 \\
=& \Big[a\big(u(x_i,t_{\frac{1}{2}})\big) - a\big(u(x_i,0) + \frac{\tau}{2}u_t(x_i,0)\big)\Big]\frac{\partial^2 u}{\partial x^2}(x_i, t_{\frac{1}{2}}) + \frac{\tau^2}{24}\frac{\partial^3 u}{\partial t^3}(x_i, \eta_{i0}) \\
&- \frac{\tau^2}{8}a\big(u(x_i,0) + \frac{\tau}{2}u_t(x_i,0)\big)\frac{\partial^4 u}{\partial x^2 \partial t^2}(x_i, \zeta_{i0}) \\
&- \frac{h^2}{24}a\big(u(x_i,0) + \frac{\tau}{2}u_t(x_i,0)\big)\Big[\frac{\partial^4 u}{\partial x^4}(\xi_{i,1}, t_1) + \frac{\partial^4 u}{\partial x^4}(\xi_{i,0}, t_0)\Big], \quad 1 \leqslant i \leqslant m-1.
\end{aligned}$$

在结点 (x_i, t_k) 处考虑方程(3.70a), 有

$$\frac{\partial u}{\partial t}(x_i, t_k) - a\big(u(x_i,t_k)\big)\frac{\partial^2 u}{\partial x^2}(x_i, t_k) = f(x_i, t_k), \quad 1 \leqslant i \leqslant m-1, \quad 1 \leqslant k \leqslant n-1. \tag{3.98}$$

由 Taylor 展开式有

$$\begin{aligned}
\frac{\partial u}{\partial t}(x_i, t_k) =& \Delta_t U_i^k - \frac{\tau^2}{6}\frac{\partial^3 u}{\partial t^3}(x_i, \eta_{ik}), \\
\frac{\partial^2 u}{\partial x^2}(x_i, t_k) =& \frac{1}{2}\Big[\frac{\partial^2 u}{\partial x^2}(x_i, t_{k+1}) + \frac{\partial^2 u}{\partial x^2}(x_i, t_{k-1})\Big] - \frac{\tau^2}{2}\frac{\partial^4 u}{\partial x^2 \partial t^2}(x_i, \zeta_{ik}) \\
=& \frac{1}{2}\Big[\delta_x^2 U_i^{k+1} - \frac{h^2}{12}\frac{\partial^4 u}{\partial x^4}(\xi_{i,k+1}, t_{k+1}) + \delta_x^2 U_i^{k-1} - \frac{h^2}{12}\frac{\partial^4 u}{\partial x^4}(\xi_{i,k-1}, t_{k-1})\Big] \\
&- \frac{\tau^2}{2}\frac{\partial^4 u}{\partial x^2 \partial t^2}(x_i, \zeta_{ik}) \\
=& \delta_x^2 U_i^{\bar{k}} - \frac{h^2}{24}\Big[\frac{\partial^4 u}{\partial x^4}(\xi_{i,k+1}, t_{k+1}) + \frac{\partial^4 u}{\partial x^4}(\xi_{i,k-1}, t_{k-1})\Big] \\
&- \frac{\tau^2}{2}\frac{\partial^4 u}{\partial x^2 \partial t^2}(x_i, \zeta_{ik}),
\end{aligned}$$

其中 $\xi_{i,k+1}, \xi_{i,k-1} \in (x_{i-1}, x_{i+1})$, η_{ik}, $\zeta_{ik} \in (t_{k-1}, t_{k+1})$. 将以上两式代入 (3.98), 得

$$\Delta_t U_i^k - a(U_i^k)\delta_x^2 U_i^{\bar{k}} = f(x_i, t_k) + (R_8)_i^k, \quad 1 \leqslant i \leqslant m-1, \quad 1 \leqslant k \leqslant n-1, \tag{3.99}$$

其中

$$
\begin{aligned}
(R_8)_i^k = & \tau^2\left[\frac{1}{6}\frac{\partial^3 u}{\partial t^3}(x_i,\eta_{ik}) - \frac{1}{2}a(U_i^k)\frac{\partial^4 u}{\partial x^2\partial t^2}(x_i,\zeta_{ik})\right] \\
& - \frac{h^2}{24}a(U_i^k)\left[\frac{\partial^4 u}{\partial x^4}(\xi_{i,k+1},t_{k+1}) + \frac{\partial^4 u}{\partial x^4}(\xi_{i,k-1},t_{k-1})\right], \\
& \qquad 1 \leqslant i \leqslant m-1, \quad 1 \leqslant k \leqslant n-1,
\end{aligned}
$$

记

$$
\max_{(x,t)\in\bar{D}}\left|\frac{\partial^2 u(x,t)}{\partial x^2}\right| = M_{xx}, \quad \max_{(x,t)\in\bar{D}}\left|\frac{\partial^2 u(x,t)}{\partial t^2}\right| = M_{tt}, \quad \max_{(x,t)\in\bar{D}}\left|\frac{\partial^3 u(x,t)}{\partial t^3}\right| = M_{ttt},
$$

$$
\max_{(x,t)\in\bar{D}}\left|\frac{\partial^3 u(x,t)}{\partial x\partial t^2}\right| = M_{xtt}, \quad \max_{(x,t)\in\bar{D}}\left|\frac{\partial^4 u(x,t)}{\partial x^2\partial t^2}\right| = M_{xxtt},
$$

$$
c_8 = \max\left\{\frac{1}{8}L_p M_{xx}M_{tt} + \frac{1}{8}a_1 M_{xxtt} + \frac{1}{24}M_{ttt}, \frac{a_1}{12}M_{xxxx}, \frac{1}{2}a_1 M_{xxtt} + \frac{1}{6}M_{ttt}\right\},
$$

则有

$$
|(R_8)_i^k| \leqslant c_8(\tau^2 + h^2), \quad 1 \leqslant i \leqslant m-1, \quad 0 \leqslant k \leqslant n-1. \tag{3.100}
$$

注意到初边值条件 (3.70b) 和 (3.70c), 有

$$
\begin{cases}
U_i^0 = \varphi(x_i), \quad 0 \leqslant i \leqslant m, \\
U_0^k = \alpha(t_k), \quad U_m^k = \beta(t_k), \quad 1 \leqslant k \leqslant n.
\end{cases} \tag{3.101}
$$

在(3.97)和(3.99)中略去小量项 $(R_8)_i^0$ 和 $(R_8)_i^k$, 并用 u_i^k 代替 U_i^k, 得到如下 Crank-Nicolson 格式

$$
\begin{cases}
\delta_t u_i^{\frac{1}{2}} - a\big(u(x_i,0) + \frac{\tau}{2}u_t(x_i,0)\big)\delta_x^2 u_i^{\frac{1}{2}} = f(x_i,t_{\frac{1}{2}}), \quad 1 \leqslant i \leqslant m-1, & (3.102\text{a}) \\
\Delta_t u_i^k - a(u_i^k)\delta_x^2 u_i^{\bar{k}} = f(x_i,t_k), \quad 1 \leqslant i \leqslant m-1, \quad 1 \leqslant k \leqslant n-1, & (3.102\text{b}) \\
u_i^0 = \varphi(x_i), \quad 0 \leqslant i \leqslant m, & (3.102\text{c}) \\
u_0^k = \alpha(t_k), \quad u_m^k = \beta(t_k), \quad 1 \leqslant k \leqslant n. & (3.102\text{d})
\end{cases}
$$

定理 3.24 设 $\{u(x,t)\,|\,0 \leqslant x \leqslant L, 0 \leqslant t \leqslant T\}$ 为问题(3.70)的解, $\{u_i^k\,|\,0 \leqslant i \leqslant m, 0 \leqslant k \leqslant n\}$ 为差分格式 (3.102)的解. 记

$$
e_i^k = u(x_i,t_k) - u_i^k, \quad 0 \leqslant i \leqslant m, \quad 0 \leqslant k \leqslant n,
$$

$$
c_9 = \frac{Lc_8}{2}\sqrt{\frac{1}{2a_0} + \frac{6}{L^2L_p^2M_{xx}^2}}\exp\left(\frac{L^2L_p^2M_{xx}^2T}{6a_0}\right).
$$

则当步长 τ 和 h 满足

$$\tau \leqslant \sqrt{\frac{\varepsilon}{2c_9}}, \quad h \leqslant \sqrt{\frac{\varepsilon}{2c_9}} \tag{3.103}$$

时, 有

$$\|e^k\|_\infty \leqslant c_9(\tau^2 + h^2), \quad 1 \leqslant k \leqslant n. \tag{3.104}$$

证明 将(3.97)、(3.99) 和(3.101)与(3.102)相减, 得到误差方程组

$$\begin{cases} \delta_t e_i^{\frac{1}{2}} - a\big(u(x_i,0) + \frac{\tau}{2}u_t(x_i,0)\big)\delta_x^2 e_i^{\frac{1}{2}} = (R_8)_i^0, \quad 1 \leqslant i \leqslant m-1, & (3.105\text{a}) \\ \Delta_t e_i^k - \Big[a(U_i^k)\delta_x^2 U_i^{\bar{k}} - a(u_i^k)\delta_x^2 u_i^{\bar{k}}\Big] = (R_8)_i^k, & \\ \qquad\qquad 1 \leqslant i \leqslant m-1, \quad 1 \leqslant k \leqslant n-1, & (3.105\text{b}) \\ e_i^0 = 0, \quad 0 \leqslant i \leqslant m, & (3.105\text{c}) \\ e_0^k = 0, \quad e_m^k = 0, \quad 1 \leqslant k \leqslant n. & (3.105\text{d}) \end{cases}$$

由 (3.105c)—(3.105d) 可得

$$\begin{cases} \delta_t e_0^{\frac{1}{2}} = 0, \quad \delta_t e_m^{\frac{1}{2}} = 0, & (3.106\text{a}) \\ \Delta_t e_0^k = 0, \quad \Delta_t e_m^k = 0, \quad 1 \leqslant k \leqslant n-1. & (3.106\text{b}) \end{cases}$$

由 (3.105c)得

$$\|e^0\| = 0, \quad |e^0|_1 = 0. \tag{3.107}$$

用 $-\delta_x^2 e^{\frac{1}{2}}$ 与 (3.105a) 的两边做内积, 得

$$-\big(\delta_t e^{\frac{1}{2}}, \delta_x^2 e^{\frac{1}{2}}\big) + h\sum_{i=1}^{m-1} a\big(u(x_i,0) + \frac{\tau}{2}u_t(x_i,0)\big)(\delta_x^2 e_i^{\frac{1}{2}})^2 = -\big((R_8)^0, \delta_x^2 e^{\frac{1}{2}}\big).$$

由分部求和公式, 并注意到 (3.106a), 以及 $a\big(u(x_i,0) + \frac{\tau}{2}u_t(x_i,0)\big) \geqslant a_0$, 可得

$$\frac{1}{2\tau}(|e^1|_1^2 - |e^0|_1^2) + a_0\|\delta_x^2 e^{\frac{1}{2}}\|^2 \leqslant a_0\|\delta_x^2 e^{\frac{1}{2}}\|^2 + \frac{1}{4a_0}\|(R_8)^0\|^2.$$

由(3.107) 和 (3.100) 知

$$\frac{1}{2\tau}|e^1|_1^2 \leqslant \frac{L}{4a_0}\left[c_8(\tau^2 + h^2)\right]^2,$$

即

$$|e^1|_1^2 \leqslant \frac{L}{2a_0} c_8^2 \tau (\tau^2+h^2)^2 \leqslant \frac{Lc_8^2}{2a_0}(\tau^2+h^2)^2. \tag{3.108}$$

由引理 1.4 得

$$\|e^1\|_\infty^2 \leqslant \frac{L}{4}|e^1|_1^2 \leqslant \frac{L^2c_8^2}{8a_0}(\tau^2+h^2)^2.$$

因而(3.104) 对 $k=1$ 成立.

现设 (3.104) 对 $1 \leqslant k \leqslant l$ 成立, 其中 $1 \leqslant l \leqslant n-1$. 当 τ, h 满足(3.103)时, 成立

$$\|e^k\|_\infty \leqslant \varepsilon, \quad 0 \leqslant k \leqslant l.$$

应用条件 (3.71)和 (3.72), 得到

$$a_0 \leqslant a(u_i^k) \leqslant a_1, \quad |a(U_i^k)-a(u_i^k)| \leqslant L_p|e_i^k|, \quad 1 \leqslant i \leqslant m-1, \quad 0 \leqslant k \leqslant l. \tag{3.109}$$

改写误差方程 (3.105b) 如下

$$\Delta_t e_i^k - a(u_i^k)\delta_x^2 e_i^{\bar{k}} = \left[a(U_i^k)-a(u_i^k)\right]\delta_x^2 U_i^{\bar{k}} + (R_8)_i^k, \quad 1 \leqslant i \leqslant m-1, \quad 1 \leqslant k \leqslant n-1.$$

用 $-\delta_x^2 e^{\bar{k}}$ 与上式两端做内积, 得到

$$\begin{aligned} & -\left(\Delta_t e^k, \delta_x^2 e^{\bar{k}}\right) + h\sum_{i=1}^{m-1} a(u_i^k)(\delta_x^2 e_i^{\bar{k}})^2 \\ = & -h\sum_{i=1}^{m-1}\left[a(U_i^k)-a(u_i^k)\right](\delta_x^2 U_i^{\bar{k}})(\delta_x^2 e_i^{\bar{k}}) - \left((R_8)^k, \delta_x^2 e^{\bar{k}}\right), \quad 1 \leqslant k \leqslant l. \end{aligned} \tag{3.110}$$

现在来估计上式中的每一项.

由分部求和公式, 并注意到 (3.106b), 可将左端的第一项变形为

$$-\left(\Delta_t e^k, \delta_x^2 e^{\bar{k}}\right) = \left(\Delta_t \delta_x e^k, \delta_x e^{\bar{k}}\right) = \frac{1}{4\tau}(|e^{k+1}|_1^2 - |e^{k-1}|_1^2), \quad 1 \leqslant k \leqslant l. \tag{3.111}$$

利用 (3.109) 的第一式, 对左端第二项有如下下界估计

$$h\sum_{i=1}^{m-1} a(u_i^k)(\delta_x^2 e_i^{\bar{k}})^2 \geqslant a_0\|\delta_x^2 e^{\bar{k}}\|^2, \quad 1 \leqslant k \leqslant l. \tag{3.112}$$

利用 (3.109) 的第二式, 对右端第一项有如下上界估计

$$-h\sum_{i=1}^{m-1}[a(U_i^k)-a(u_i^k)](\delta_x^2 U_i^{\bar{k}})(\delta_x^2 e_i^{\bar{k}})$$

$$\begin{aligned}
&\leqslant L_pM_{xx}h\sum_{i=1}^{m-1}|e_i^k|\cdot|\delta_x^2e_i^{\bar{k}}| \\
&\leqslant L_pM_{xx}\Big(\frac{L_pM_{xx}}{2a_0}\|e^k\|^2+\frac{a_0}{2L_pM_{xx}}\|\delta_x^2e^{\bar{k}}\|^2\Big) \\
&=\frac{L_p^2M_{xx}^2}{2a_0}\|e^k\|^2+\frac{a_0}{2}\|\delta_x^2e^{\bar{k}}\|^2; \qquad (3.113)
\end{aligned}$$

应用 Cauchy-Schwarz 不等式以及 (3.100), 可得右端第二项的估计

$$-\big((R_8)^k,\delta_x^2e^{\bar{k}}\big)\leqslant\frac{1}{2a_0}\|(R_8)^k\|^2+\frac{a_0}{2}\|\delta_x^2e^{\bar{k}}\|^2\leqslant\frac{Lc_8^2}{2a_0}\left(\tau^2+h^2\right)^2+\frac{a_0}{2}\|\delta_x^2e^{\bar{k}}\|^2. \tag{3.114}$$

将 (3.111)—(3.114) 代入到(3.110), 有

$$\frac{1}{4\tau}(|e^{k+1}|_1^2-|e^{k-1}|_1^2)\leqslant\frac{L_p^2M_{xx}^2}{2a_0}\|e^k\|^2+\frac{Lc_8^2}{2a_0}\left(\tau^2+h^2\right)^2,\quad 1\leqslant k\leqslant l.$$

由引理 1.4 得

$$\frac{1}{4\tau}(|e^{k+1}|_1^2-|e^{k-1}|_1^2)\leqslant\frac{L^2L_p^2M_{xx}^2}{12a_0}|e^k|_1^2+\frac{Lc_8^2}{2a_0}\left(\tau^2+h^2\right)^2,\quad 1\leqslant k\leqslant l,$$

或

$$|e^{k+1}|_1^2\leqslant|e^{k-1}|_1^2+\frac{L^2L_p^2M_{xx}^2}{3a_0}\tau|e^k|_1^2+\frac{2Lc_8^2}{a_0}\tau\left(\tau^2+h^2\right)^2,\quad 1\leqslant k\leqslant l,$$

令 $F^k=\max\{|e^{k+1}|_1^2,|e^k|_1^2\}$, 则有

$$F^k\leqslant\left(1+\frac{L^2L_p^2M_{xx}^2}{3a_0}\tau\right)F^{k-1}+\frac{2Lc_8^2}{a_0}\tau\left(\tau^2+h^2\right)^2,\quad 1\leqslant k\leqslant l.$$

由 Gronwall 不等式 (引理 3.3) 并注意到 (3.108), 得到

$$\begin{aligned}
F^l&\leqslant\exp\left(\frac{L^2L_p^2M_{xx}^2\ l\tau}{3a_0}\right)\cdot\left[F^0+\frac{6Lc_8^2}{L_p^2L^2M_{xx}^2}\left(\tau^2+h^2\right)^2\right] \\
&\leqslant\exp\left(\frac{L^2L_p^2M_{xx}^2T}{3a_0}\right)\cdot\left(\frac{Lc_8^2}{2a_0}+\frac{6c_8^2}{LL_p^2M_{xx}^2}\right)\left(\tau^2+h^2\right)^2,\quad 1\leqslant k\leqslant l.
\end{aligned}$$

因而

$$|e^{l+1}|_1^2\leqslant\exp\left(\frac{L^2L_p^2M_{xx}^2T}{3a_0}\right)\cdot\left(\frac{Lc_8^2}{2a_0}+\frac{6c_8^2}{L_p^2LM_{xx}^2}\right)\left(\tau^2+h^2\right)^2.$$

再次应用引理 1.4 得

$$\|e^{l+1}\|_\infty^2 \leqslant \frac{L}{4}|e^{l+1}|_1^2 \leqslant \frac{L}{4}\exp\left(\frac{L^2L_p^2M_{xx}^2T}{3a_0}\right)\cdot\left(\frac{Lc_8^2}{2a_0}+\frac{6c_8^2}{LL_p^2M_{xx}^2}\right)\left(\tau^2+h^2\right)^2,$$

或

$$\|e^{l+1}\|_\infty \leqslant \frac{Lc_8}{2}\sqrt{\frac{1}{2a_0}+\frac{6}{L^2L_p^2M_{xx}^2}}\exp\left(\frac{L^2L_p^2M_{xx}^2T}{6a_0}\right)\left(\tau^2+h^2\right),$$

因而(3.104) 对 $k=l+1$ 成立.

由归纳原理, 定理证毕. □

定理 3.25 差分格式 (3.102)是唯一可解的.

证明 记第 k 层的值为 $u^k=(u_0^k,u_1^k,\cdots,u_{m-1}^k,u_m^k)$.

第 0 层的值已由 (3.102c) 给出.

由 (3.102a) 及 (3.102d) 知关于 u^1 的差分方程组为

$$\begin{cases}\delta_t u_i^{\frac{1}{2}} - a\big(u(x_i,0)+\dfrac{\tau}{2}u_t(x_i,0)\big)\delta_x^2u_i^{\frac{1}{2}} = f(x_i,t_{\frac{1}{2}}), & 1\leqslant i\leqslant m-1,\\ u_0^1=\alpha(t_1), \quad u_m^1=\beta(t_1).\end{cases}$$

考虑其齐次方程组

$$\begin{cases}\dfrac{1}{\tau}u_i^1 - \dfrac{1}{2}a\big(u(x_i,0)+\dfrac{\tau}{2}u_t(x_i,0)\big)\delta_x^2u_i^1 = 0, \quad 1\leqslant i\leqslant m-1, & (3.115\text{a})\\ u_0^1=0, \quad u_m^1=0. & (3.115\text{b})\end{cases}$$

用 $-\delta_x^2u^1$ 与(3.115a)做内积, 得到

$$-\frac{1}{\tau}\left(u^1,\delta_x^2u^1\right)+\frac{1}{2}h\sum_{i=1}^{m-1}a\big(u(x_i,0)+\frac{\tau}{2}u_t(x_i,0)\big)\left(\delta_x^2u_i^1\right)^2=0.$$

应用分部求和公式以及 (3.115b), 并注意到 $a\big(u(x_i,0)+\dfrac{\tau}{2}u_t(x_i,0)\big)\geqslant a_0$, 我们得到

$$|u^1|_1^2=0.$$

于是

$$u_i^1=0, \quad 0\leqslant i\leqslant m.$$

因而差分格式 (3.102)唯一确定 u^1.

设第 $k-1$ 层的值 u^{k-1} 及第 k 层的值 u^k 已求得, 由 (3.102b) 及 (3.102d) 得到关于第 $k+1$ 层的值 u^{k+1} 的差分方程组为

$$\begin{cases} \Delta_t u_i^k - a(u_i^k)\delta_x^2 u_i^{\bar{k}} = f(x_i, t_k), \quad 1 \leqslant i \leqslant m-1, \\ u_0^{k+1} = \alpha(t_{k+1}), \quad u_m^{k+1} = \beta(t_{k+1}). \end{cases}$$

考虑其齐次方程组

$$\begin{cases} \dfrac{1}{2\tau} u_i^{k+1} - \dfrac{1}{2} a(u_i^k)\delta_x^2 u_i^{k+1} = 0, \quad 1 \leqslant i \leqslant m-1, & (3.116\text{a}) \\ u_0^{k+1} = 0, \quad u_m^{k+1} = 0. & (3.116\text{b}) \end{cases}$$

用 $-\delta_x^2 u^{k+1}$ 与(3.116a)做内积, 得到

$$-\frac{1}{2\tau}(u^{k+1}, \delta_x^2 u^{k+1}) + \frac{1}{2} h \sum_{i=1}^{m-1} a(u_i^k)(\delta_x^2 u_i^{k+1})^2 = 0.$$

应用分部求和公式以及 (3.116b), 并注意到 $a(u_i^k) \geqslant a_0$, 有

$$|u^{k+1}|_1^2 = 0.$$

于是

$$u_i^{k+1} = 0, \quad 0 \leqslant i \leqslant m.$$

因而差分格式 (3.102)唯一确定 u^{k+1}.

由归纳原理, 定理证毕. □

算例 3.9　应用 Crank-Nicolson 格式 (3.102) 计算算例 3.7 中所给的定解问题(3.83).

定义

$$E_\infty(h, \tau) = \max_{0 \leqslant i \leqslant m, 1 \leqslant k \leqslant n} |u(x_i, t_k) - u_i^k|.$$

表 3.23 给出了用不同步长计算得到的计算结果. 由表可知收敛阶关于空间步长和时间步长都是二阶的. 图 3.30 给出了当 $t = 1$ 取不同步长时误差曲线.

表 3.23　算例 3.9 取不同步长时数值解的最大误差

h	τ	$E_\infty(h,\tau)$	$\dfrac{E_\infty(h,\tau)}{E_\infty(h/2,\tau/2)}$	$\log_2 \dfrac{E_\infty(h,\tau)}{E_\infty(h/2,\tau/2)}$
1/10	1/10	1.105e − 3	6.0131	2.5881
1/20	1/20	1.838e − 4	5.7700	2.5286
1/40	1/40	3.185e − 5	5.2153	2.3828
1/80	1/80	6.108e − 6	4.7247	2.2402
1/160	1/160	1.293e − 6	4.3984	2.1370
1/320	1/320	2.939e − 7	4.1963	2.0691
1/640	1/640	7.004e − 8	4.0934	2.0333
1/1280	1/1280	1.711e − 8	*	*

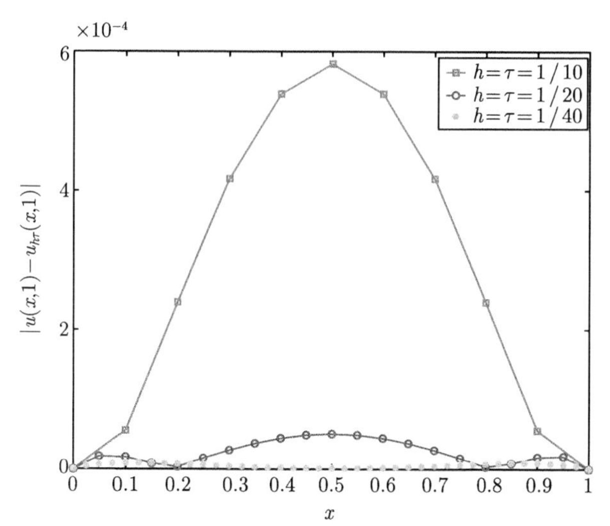

图 3.30 算例 3.9 $t=1$ 时取不同步长所得数值解的误差曲线

3.8 导数边界值问题

考虑如下含导数边界值条件的定解问题

$$\begin{cases} \dfrac{\partial u}{\partial t} - a\dfrac{\partial^2 u}{\partial x^2} = f(x,t), \quad 0 < x < L, \quad 0 < t \leqslant T, & (3.117\text{a}) \\ u(x,0) = \varphi(x), \quad 0 \leqslant x \leqslant L, & (3.117\text{b}) \\ \left[-a\dfrac{\partial u}{\partial x} + \lambda_1(t)u\right]\Bigg|_{x=0} = \alpha(t), \quad 0 < t \leqslant T, & (3.117\text{c}) \\ \left[a\dfrac{\partial u}{\partial x} + \lambda_2(t)u\right]\Bigg|_{x=L} = \beta(t), \quad 0 < t \leqslant T, & (3.117\text{d}) \end{cases}$$

其中 $\lambda_1(t), \lambda_2(t), \alpha(t), \beta(t), \varphi(x), f(x,t)$ 为已知函数. 通常 $\lambda_1(t) \geqslant 0, \lambda_2(t) \geqslant 0$.

由微分方程 (3.117a), 有

$$\delta_t U_i^{k+\frac{1}{2}} - a\delta_x^2 U_i^{k+\frac{1}{2}} = f(x_i, t_{k+\frac{1}{2}}) + O(\tau^2 + h^2), \quad 1 \leqslant i \leqslant m-1, \quad 0 \leqslant k \leqslant n-1. \tag{3.118}$$

由初始条件 (3.117b), 有

$$u(x_i, 0) = \varphi(x_i), \quad 0 \leqslant i \leqslant m.$$

现在来考虑边界条件 (3.117c) 的离散.

由 (3.117c), 有

$$a\frac{\partial u}{\partial x}(x_0,t)=\lambda_1(t)u(x_0,t)-\alpha(t). \tag{3.119}$$

由 (3.117a), 可得

$$a\frac{\partial^2 u}{\partial x^2}(x_0,t)=\frac{\partial u}{\partial t}(x_0,t)-f(x_0,t). \tag{3.120}$$

应用 Taylor 展开式以及 (3.119), 可得

$$a\frac{\partial u(x_0,t_k)}{\partial x}=a\frac{U_1^k-U_0^k}{h}-\frac{ah}{2}\frac{\partial^2 u(x_0,t_k)}{\partial x^2}+O(h^2)=\lambda_1(t_k)U_0^k-\alpha(t_k).$$

将上式上标为 k 和 $k+1$ 的两个等式作加权平均并应用 (3.120), 得到

$$\begin{aligned}
&\frac{a}{2}\left(\frac{U_1^k-U_0^k}{h}+\frac{U_1^{k+1}-U_0^{k+1}}{h}\right)\\
=&\frac{1}{2}\left[\lambda_1(t_k)U_0^k+\lambda_1(t_{k+1})U_0^{k+1}\right]-\frac{1}{2}\left[\alpha(t_k)+\alpha(t_{k+1})\right]\\
&+\frac{ah}{4}\left[\frac{\partial^2 u(x_0,t_k)}{\partial x^2}+\frac{\partial^2 u(x_0,t_{k+1})}{\partial x^2}\right]+O(h^2)\\
=&\frac{1}{2}\left[\lambda_1(t_k)U_0^k+\lambda_1(t_{k+1})U_0^{k+1}\right]-\frac{1}{2}\left[\alpha(t_k)+\alpha(t_{k+1})\right]\\
&+\frac{h}{2}\left[a\frac{\partial^2 u(x_0,t_{k+\frac{1}{2}})}{\partial x^2}+O(\tau^2)\right]+O(h^2)\\
=&\frac{1}{2}\left[\lambda_1(t_k)U_0^k+\lambda_1(t_{k+1})U_0^{k+1}\right]-\frac{1}{2}\left[\alpha(t_k)+\alpha(t_{k+1})\right]\\
&+\frac{h}{2}\left[\delta_t U_0^{k+\frac{1}{2}}-f(x_0,t_{k+\frac{1}{2}})+O(\tau^2)\right]+O(h^2),\quad 0\leqslant k\leqslant n-1.
\end{aligned} \tag{3.121}$$

同理, 由 (3.117d)

$$a\frac{\partial u}{\partial x}(x_m,t)=-\lambda_2(t)u(x_m,t)+\beta(t)$$

以及

$$a\frac{\partial^2 u}{\partial x^2}(x_m,t)=\frac{\partial u}{\partial t}(x_m,t)-f(x_m,t),$$

可得

$$\frac{a}{2}\left(\frac{U_m^k-U_{m-1}^k}{h}+\frac{U_m^{k+1}-U_{m-1}^{k+1}}{h}\right)$$

$$=-\frac{1}{2}\left[\lambda_2(t_k)U_m^k+\lambda_2(t_{k+1})U_m^{k+1}\right]+\frac{1}{2}\left[\beta(t_k)+\beta(t_{k+1})\right]$$

$$-\frac{h}{2}\left[\delta_t U_m^{k+\frac{1}{2}}-f(x_m,t_{k+\frac{1}{2}})+O(\tau^2)\right]+O(h^2),\quad 0\leqslant k\leqslant n-1. \tag{3.122}$$

在 (3.118)、(3.121) 和 (3.122) 中略去小量项, 并用 u_i^k 代替 U_i^k, 得到如下差分格式

$$\begin{cases}\delta_t u_i^{k+\frac{1}{2}}-a\delta_x^2 u_i^{k+\frac{1}{2}}=f(x_i,t_{k+\frac{1}{2}}),\quad 1\leqslant i\leqslant m-1,\quad 0\leqslant k\leqslant n-1, & (3.123\text{a})\\ u_i^0=\varphi(x_i),\quad 0\leqslant i\leqslant m, & (3.123\text{b})\\ -aD_x u_0^{k+\frac{1}{2}}+\frac{1}{2}\left[\lambda_1(t_k)u_0^k+\lambda_1(t_{k+1})u_0^{k+1}\right]+\frac{h}{2}\delta_t u_0^{k+\frac{1}{2}} & \\ \quad =\frac{1}{2}\left[\alpha(t_k)+\alpha(t_{k+1})\right]+\frac{h}{2}f(x_0,t_{k+\frac{1}{2}}),\quad 0\leqslant k\leqslant n-1, & (3.123\text{c})\\ aD_{\bar{x}} u_m^{k+\frac{1}{2}}+\frac{1}{2}\left[\lambda_2(t_k)u_m^k+\lambda_2(t_{k+1})u_m^{k+1}\right]+\frac{h}{2}\delta_t u_m^{k+\frac{1}{2}} & \\ \quad =\frac{1}{2}\left[\beta(t_k)+\beta(t_{k+1})\right]+\frac{h}{2}f(x_m,t_{k+\frac{1}{2}}),\quad 0\leqslant k\leqslant n-1. & (3.123\text{d})\end{cases}$$

差分格式 (3.123c)—(3.123d) 也可写为

$$\begin{cases}\delta_t u_0^{k+\frac{1}{2}}-\frac{2}{h}\left\{aD_x u_0^{k+\frac{1}{2}}-\frac{1}{2}\left[\lambda_1(t_k)u_0^k+\lambda_1(t_{k+1})u_0^{k+1}\right]\right.\\ \quad \left.+\frac{1}{2}\left[\alpha(t_k)+\alpha(t_{k+1})\right]\right\}=f(x_0,t_{k+\frac{1}{2}}),\quad 0\leqslant k\leqslant n-1,\\ \delta_t u_m^{k+\frac{1}{2}}-\frac{2}{h}\left\{\frac{1}{2}\left[\beta(t_k)+\beta(t_{k+1})\right]-\frac{1}{2}\left[\lambda_2(t_k)u_m^k+\lambda_2(t_{k+1})u_m^{k+1}\right]\right.\\ \quad \left.-aD_{\bar{x}} u_m^{k+\frac{1}{2}}\right\}=f(x_m,t_{k+\frac{1}{2}}),\quad 0\leqslant k\leqslant n-1.\end{cases}$$

3.9 小结与拓展

本章讲述了一维抛物型方程混合初边值问题的差分解法. 首先对齐次 Dirichlet 初边值问题应用能量分析法给出了解的先验估计式, 然后详细地介绍了 5 个差分格式. 它们依次为向前 Euler 格式、向后 Euler 格式、Richardson 格式、Crank-Nicolson 格式和紧致差分格式. 向前 Euler 格式是一个 2 层显格式, 条件稳定, 其稳定条件为 $r \leqslant 1/2$; Richardson 格式是一个 3 层显格式, 对任意的步长比 r 都是不稳定的, 称之为完全不稳定差分格式. 向后 Euler 格式、Crank-Nicolson 格式和紧致差分格式都是 2 层无条件稳定的差分格式, 在每一时间层上均只需解一个三对角线性方程组, 但它们的收敛速度不同. 理论分析方面, 应用极值原理方法分析了向前 Euler 格式和向后 Euler 格式, 应用能量方法分析了 Crank-Nicolson 格式和紧致差分格式. 关于向前 Euler 格式和 Richardson 格式的不稳定性的证明是通过举反例加以实现的. 介绍了 Crank-Nicolson 格式的外推算法, 给出了导数边界值问题的差分格式. 此外, 还介绍了求解非线性抛物方程的向前 Euler 格式、向后 Euler 格式和 Crank-Nicolson 格式, 用极值原理分析了前两个差分格式的收敛性, 用能量方法分析了 Crank-Nicolson 格式的收敛性.

建议读者对诸差分格式及算例的数值结果就计算量和精度作一比较. 读者也可尝试用能量方法分析向前 Euler 格式和向后 Euler 格式, 用极值原理方法分析 Crank-Nicolson 格式和紧致差分格式, 研究紧致差分格式的外推算法.

对一般变系数线性抛物型方程

$$\frac{\partial u}{\partial t} - a(x,t)\frac{\partial^2 u}{\partial x^2} - b(x,t)\frac{\partial u}{\partial x} - c(x,t)u = f(x,t),$$

可建立向前 Euler 格式

$$D_t u_i^k - a(x_i,t_k)\delta_x^2 u_i^k - \frac{1}{2}b(x_i,t_k)(D_x u_i^k + D_{\bar{x}} u_i^k) - c(x_i,t_k)u_i^k = f(x_i,t_k),$$

向后 Euler 格式

$$D_{\bar{t}} u_i^k - a(x_i,t_k)\delta_x^2 u_i^k - \frac{1}{2}b(x_i,t_k)(D_x u_i^k + D_{\bar{x}} u_i^k) - c(x_i,t_k)u_i^k = f(x_i,t_k)$$

和 Crank-Nicolson 格式

$$\delta_t u_i^{k+\frac{1}{2}} - a(x_i,t_{k+\frac{1}{2}})\delta_x^2 u_i^{k+\frac{1}{2}} - \frac{1}{2}b(x_i,t_{k+\frac{1}{2}})\left(D_x u_i^{k+\frac{1}{2}} + D_{\bar{x}} u_i^{k+\frac{1}{2}}\right)$$

$$- c(x_i,t_{k+\frac{1}{2}})u_i^{k+\frac{1}{2}} = f(x_i,t_{k+\frac{1}{2}}).$$

可用极值原理方法分析向前 Euler 格式和向后 Euler 格式、用能量方法分析 Crank-Nicolson 格式的收敛性和稳定性.

对变系数抛物型方程

$$r(x,t)\frac{\partial u}{\partial t}-\frac{\partial^2 u}{\partial x^2}=f(x,t),$$

可建立如下紧致差分格式

$$\begin{aligned}&\frac{1}{12}\Big[r(x_{i-1},t_{k+\frac{1}{2}})\delta_t u_{i-1}^{k+\frac{1}{2}}+10r(x_i,t_{k+\frac{1}{2}})\delta_t u_i^{k+\frac{1}{2}}\\&+r(x_{i+1},t_{k+\frac{1}{2}})\delta_t u_{i+1}^{k+\frac{1}{2}}\Big]-\delta_x^2 u_i^{k+\frac{1}{2}}\\=&\frac{1}{12}\left[f(x_{i-1},t_{k+\frac{1}{2}})+10f(x_i,t_{k+\frac{1}{2}})+f(x_{i+1},t_{k+\frac{1}{2}})\right].\end{aligned}$$

用能量方法可以分析该差分格式在无穷范数下以 $O(\tau^2+h^4)$ 阶收敛, 详细分析见文献 [4]. 带导数边界条件的紧致差分格式, 可参考文献 [2, 5].

习 题 3

3.1 考虑如下定解问题

$$\begin{cases}\dfrac{\partial u}{\partial t}-\dfrac{\partial^2 u}{\partial x^2}+\dfrac{\partial u}{\partial x}+u=f(x,t), & 0<x<L, \quad 0<t\leqslant T,\\ u(x,0)=\varphi(x), \quad 0\leqslant x\leqslant L,\\ u(0,t)=0, \quad u(L,t)=0, \quad 0<t\leqslant T,\end{cases}$$

其中 $\varphi(0)=\varphi(L)=0$. 构造如下向前 Euler 格式

$$\begin{cases}D_t u_i^k-\delta_x^2 u_i^k+\Delta_x u_i^k+u_i^k=f(x_i,t_k), \quad 1\leqslant i\leqslant m-1, \quad 0\leqslant k\leqslant n-1,\\ u_i^0=\varphi(x_i), \quad 0\leqslant i\leqslant m,\\ u_0^k=0, \quad u_m^k=0, \quad 1\leqslant k\leqslant n,\end{cases}$$

其中 $\Delta_x u_i^k=\dfrac{1}{2h}(u_{i+1}^k-u_{i-1}^k)$.

(1) 给出截断误差的表达式.

(2) 设 $r\leqslant 1/2$. 给出差分解的先验估计式.

(3) 设 $r\leqslant 1/2$. 证明差分格式是收敛的.

3.2 考虑如下定解问题

$$\begin{cases}\dfrac{\partial u}{\partial t}-a(x,t)\dfrac{\partial^2 u}{\partial x^2}=f(x,t), \quad 0<x<L, \quad 0<t\leqslant T,\\ u(x,0)=\varphi(x), \quad 0\leqslant x\leqslant L,\\ u(0,t)=\alpha(t), \quad u(L,t)=\beta(t), \quad 0<t\leqslant T,\end{cases}$$

其中 $a(x,t) \geqslant a_0 > 0$. 构造如下向后 Euler 格式

$$\begin{cases} D_{\bar{t}}u_i^k - a(x_i,t_k)\delta_x^2 u_i^k = f(x_i,t_k), & 1 \leqslant i \leqslant m-1, \quad 1 \leqslant k \leqslant n, \\ u_i^0 = \varphi(x_i), & 0 \leqslant i \leqslant m, \\ u_0^k = \alpha(t_k), \quad u_m^k = \beta(t_k), & 1 \leqslant k \leqslant n. \end{cases}$$

(1) 给出截断误差的表达式.

(2) 设 $\alpha(t) \equiv 0, \beta(t) \equiv 0$, 给出差分解的先验估计式.

(3) 证明差分格式是唯一可解的且是无条件收敛的.

3.3 对于抛物型方程

$$\frac{\partial u}{\partial t} - a\frac{\partial^2 u}{\partial x^2} = f(x,t),$$

试推导出下列 Du Fort-Frankel 格式

$$\frac{u_i^{k+1} - u_i^{k-1}}{2\tau} - a\frac{u_{i-1}^k - (u_i^{k+1} + u_i^{k-1}) + u_{i+1}^k}{h^2} = f(x_i,t_k)$$

的截断误差.

3.4 对于抛物型方程

$$\begin{cases} \dfrac{\partial u}{\partial t} - \dfrac{\partial^2 u}{\partial x^2} = f(x,t), & 0 < x < L, \quad 0 < t \leqslant T, \\ u(x,0) = \varphi(x), & 0 \leqslant x \leqslant L, \\ u(0,t) = \alpha(t), \quad u(L,t) = \beta(t), & 0 < t \leqslant T, \end{cases}$$

其中 $\varphi(0) = \alpha(0), \varphi(L) = \beta(0)$. 建立如下差分格式

$$\begin{cases} \dfrac{u_i^1 - u_i^0}{\tau} - \dfrac{u_{i-1}^1 - 2u_i^1 + u_{i+1}^1}{h^2} = f(x_i,t_1), & 1 \leqslant i \leqslant m-1, \\ \dfrac{3u_i^k - 4u_i^{k-1} + u_i^{k-2}}{2\tau} - \dfrac{u_{i-1}^k - 2u_i^k + u_{i+1}^k}{h^2} = f(x_i,t_k), & 1 \leqslant i \leqslant m-1, \quad 2 \leqslant k \leqslant n, \\ u_i^0 = \varphi(x_i), & 0 \leqslant i \leqslant m, \\ u_0^k = \alpha(t_k), \quad u_m^k = \beta(t_k), & 1 \leqslant k \leqslant n. \end{cases}$$

(1) 分析该差分格式的截断误差.

(2) 当边界值 $\alpha(t) \equiv 0, \beta(t) \equiv 0$ 时, 证明差分格式的解有如下先验估计式

$$|u^k|_1^2 \leqslant |u^0|_1^2 + \tau\sum_{l=1}^{k}\|f^l\|^2, \quad 1 \leqslant k \leqslant n.$$

(提示: 注意到

$$\frac{3u_i^k - 4u_i^{k-1} + u_i^{k-2}}{2\tau} = \frac{3}{2}D_{\bar{t}}u_i^k - \frac{1}{2}D_{\bar{t}}u_i^{k-1},$$

用 $D_{\bar{t}}u^k$ 与差分格式的两端做内积.)

(3) 证明差分格式的收敛性.

3.5 考虑如下定解问题

$$\begin{cases} \dfrac{\partial u}{\partial t}-\dfrac{\partial^2 u}{\partial x^2}=f(x,t), \quad 0<x<L, \quad 0<t\leqslant T, \\ u(x,0)=\varphi(x), \quad 0\leqslant x\leqslant L, \\ \dfrac{\partial u(0,t)}{\partial x}=0, \quad \dfrac{\partial u(L,t)}{\partial x}=0, \quad 0<t\leqslant T, \end{cases}$$

其中 $\varphi'(0)=\varphi'(L)=0$. 构造如下 Crank-Nicolson 格式

$$\begin{cases} \delta_t u_i^{k+\frac{1}{2}}-\delta_x^2 u_i^{k+\frac{1}{2}}=f(x_i,t_{k+\frac{1}{2}}), \quad 1\leqslant i\leqslant m-1, \quad 0\leqslant k\leqslant n-1, \\ u_i^0=\varphi(x_i), \quad 1\leqslant i\leqslant m-1, \\ D_x u_0^k=0, \quad D_{\bar{x}}u_m^k=0, \quad 0\leqslant k\leqslant n. \end{cases}$$

(1) 试给出差分解的先验估计式.

(2) 证明差分格式是唯一可解的.

3.6 对于抛物型方程

$$\frac{\partial u}{\partial t}-\frac{\partial^2 u}{\partial x^2}=0,$$

建立如下差分格式

$$\delta_t u_i^{k+\frac{1}{2}}-\left[\theta\delta_x^2 u_i^{k+1}+(1-\theta)\delta_x^2 u_i^k\right]=0,$$

其中 $\theta\in[0,1]$ 为常数. 试调整 θ, 使其截断误差为 $O(\tau^2+h^4)$, 并与紧致差分格式 (3.62a) 作对比.

3.7 对于非线性抛物微分方程 (3.70a), 建立如下差分格式

$$\frac{u_i^{k+1}-u_i^{k-1}}{2\tau}-a(u_i^k)\left(\frac{1}{4}\delta_x^2 u_i^{k+1}+\frac{1}{2}\delta_x^2 u_i^k+\frac{1}{4}\delta_x^2 u_i^{k-1}\right)=f(x_i,t_k).$$

试分析其局部截断误差.

3.8 用向前 Euler 格式(3.11)计算如下定解问题

$$\begin{cases} \dfrac{\partial u}{\partial t}-2\dfrac{\partial^2 u}{\partial x^2}=-\mathrm{e}^x\left[\cos\left(\dfrac{1}{2}-t\right)+2\sin\left(\dfrac{1}{2}-t\right)\right], \quad 0<x<1, \quad 0<t\leqslant 1, \\ u(x,0)=\mathrm{e}^x\sin\dfrac{1}{2}, \quad 0\leqslant x\leqslant 1, \\ u(0,t)=\sin\left(\dfrac{1}{2}-t\right), \quad u(1,t)=\mathrm{e}\sin\left(\dfrac{1}{2}-t\right), \quad 0<t\leqslant 1. \end{cases}$$

该问题的精确解为 $u(x,t)=\mathrm{e}^x\sin\left(\dfrac{1}{2}-t\right)$.

(1) 填写表 3.24 至表 3.28, 并分析所得结果.

(2) 取步长 $(h,\tau)=(1/10,1/400)$, $(1/20,1/1600)$, $(1/40,1/6400)$, 在同一个坐标系中画出 $t=1$ 时数值解的误差曲线.

表 3.24　习题 3.8 部分数值结果 ($h=1/100,\tau=1/100$)

k	(x,t)	数值解	精确解	| 精确解 − 数值解 |
1	(0.5, 0.01)			
2	(0.5, 0.02)			
3	(0.5, 0.03)			
4	(0.5, 0.04)			
5	(0.5, 0.05)			
6	(0.5, 0.06)			
7	(0.5, 0.07)			
8	(0.5, 0.08)			
9	(0.5, 0.09)			
10	(0.5, 0.10)			

表 3.25　习题 3.8 部分数值结果 ($h=1/100,\tau=1/1000$)

k	(x,t)	数值解	精确解	| 精确解 − 数值解 |
1	(0.5, 0.001)			
2	(0.5, 0.002)			
3	(0.5, 0.003)			
4	(0.5, 0.004)			
5	(0.5, 0.005)			
6	(0.5, 0.006)			
7	(0.5, 0.007)			
8	(0.5, 0.008)			
9	(0.5, 0.009)			
10	(0.5, 0.010)			

表 3.26　习题 3.8 部分数值结果 ($h=1/100,\tau=1/10000$)

k	(x,t)	数值解	精确解	| 精确解 − 数值解 |
1	(0.5, 0.0001)			
2	(0.5, 0.0002)			
3	(0.5, 0.0003)			
4	(0.5, 0.0004)			
5	(0.5, 0.0005)			
6	(0.5, 0.0006)			
7	(0.5, 0.0007)			
8	(0.5, 0.0008)			
9	(0.5, 0.0009)			
10	(0.5, 0.0010)			

表 3.27 习题 3.8 部分数值结果 ($h = 1/100, \tau = 1/40000$)

k	(x,t)	数值解	精确解	| 精确解 − 数值解 |
1	$(0.5, 0.000025)$			
2	$(0.5, 0.000050)$			
3	$(0.5, 0.000075)$			
4	$(0.5, 0.000100)$			
5	$(0.5, 0.000125)$			
6	$(0.5, 0.000150)$			
7	$(0.5, 0.000175)$			
8	$(0.5, 0.000200)$			
9	$(0.5, 0.000225)$			
10	$(0.5, 0.000250)$			
1000	$(0.5, 0.025000)$			
5000	$(0.5, 0.125000)$			
10000	$(0.5, 0.250000)$			
15000	$(0.5, 0.375000)$			
20000	$(0.5, 0.500000)$			
25000	$(0.5, 0.625000)$			
30000	$(0.5, 0.750000)$			
35000	$(0.5, 0.875000)$			
40000	$(0.5, 1.000000)$			

表 3.28 习题 3.8 数值解的最大误差

h	τ	$E_\infty(h,\tau)$	$E_\infty(2h,4\tau)/E_\infty(h,\tau)$
1/10	1/400		*
1/20	1/1600		
1/40	1/6400		

3.9 用向后 Euler 格式 (3.23) 计算题 3.8 所给定的定解问题.

(1) 填写表 3.29 和表 3.30.

(2) 取步长 $(h,\tau) = (1/10, 1/100)$, $(1/20, 1/400)$, $(1/40, 1/1600)$, 在同一个坐标系中画出 $t = 1$ 时数值解的误差曲线.

表 3.29 习题 3.9 部分数值结果 ($h = 1/100, \tau = 1/10000$)

(x,t)	数值解	精确解	| 精确解 − 数值解 |
$(0.5, 0.1)$			
$(0.5, 0.2)$			
$(0.5, 0.3)$			
$(0.5, 0.4)$			
$(0.5, 0.5)$			
$(0.5, 0.6)$			
$(0.5, 0.7)$			
$(0.5, 0.8)$			
$(0.5, 0.9)$			
$(0.5, 1.0)$			

表 3.30　习题 3.9 部分数值结果 ($h = 1/100, \tau = 1/40000$)

(x, t)	数值解	精确解	| 精确解 − 数值解 |
$(0.5, 0.1)$			
$(0.5, 0.2)$			
$(0.5, 0.3)$			
$(0.5, 0.4)$			
$(0.5, 0.5)$			
$(0.5, 0.6)$			
$(0.5, 0.7)$			
$(0.5, 0.8)$			
$(0.5, 0.9)$			
$(0.5, 1.0)$			

3.10　用 Richardson 格式 (3.30) 和 (3.31) 计算题 3.8 所给的定解问题. 填写表 3.31 和表 3.32 并分析所得结果.

表 3.31　习题 3.10 部分数值结果 ($h = 1/100, \tau = 1/100$)

k	(x, t)	数值解	精确解	| 精确解 − 数值解 |
1	$(0.5, 0.01)$			
2	$(0.5, 0.02)$			
3	$(0.5, 0.03)$			
4	$(0.5, 0.04)$			
5	$(0.5, 0.05)$			
6	$(0.5, 0.06)$			
7	$(0.5, 0.07)$			
8	$(0.5, 0.08)$			
9	$(0.5, 0.09)$			
10	$(0.5, 0.10)$			

表 3.32　习题 3.10 部分数值结果 ($h = 1/100, \tau = 1/1000$)

k	(x, t)	数值解	精确解	| 精确解 − 数值解 |
1	$(0.5, 0.001)$			
2	$(0.5, 0.002)$			
3	$(0.5, 0.003)$			
4	$(0.5, 0.004)$			
5	$(0.5, 0.005)$			
6	$(0.5, 0.006)$			
7	$(0.5, 0.007)$			
8	$(0.5, 0.008)$			
9	$(0.5, 0.009)$			
10	$(0.5, 0.010)$			

3.11　用 Crank-Nicolson 格式 (3.40) 计算题 3.8 所给的定解问题.

(1) 填写表 3.33 至表 3.36, 并分析所得结果.

(2) 取步长 $(h,\tau)=(1/10,1/10)$, $(1/20,1/20)$, $(1/40,1/40)$, 在同一个坐标系中画出 $t=1$ 时数值解的误差曲线.

(3) 利用表 3.33 和表 3.34 所得数值解进行外推, 得到新的近似值, 并观察这些近似值的实际误差.

表 3.33　习题 3.11 部分数值结果 $(h=1/100,\tau=1/100)$

(x,t)	数值解	精确解	|精确解 − 数值解|
(0.5, 0.1)			
(0.5, 0.2)			
(0.5, 0.3)			
(0.5, 0.4)			
(0.5, 0.5)			
(0.5, 0.6)			
(0.5, 0.7)			
(0.5, 0.8)			
(0.5, 0.9)			
(0.5, 1.0)			

表 3.34　习题 3.11 部分数值结果 $(h=1/200,\tau=1/200)$

(x,t)	数值解	精确解	|精确解 − 数值解|
(0.5, 0.1)			
(0.5, 0.2)			
(0.5, 0.3)			
(0.5, 0.4)			
(0.5, 0.5)			
(0.5, 0.6)			
(0.5, 0.7)			
(0.5, 0.8)			
(0.5, 0.9)			
(0.5, 1.0)			

表 3.35　习题 3.11 部分数值结果 $(h=1/200,\tau=1/2000)$

(x,t)	数值解	精确解	|精确解 − 数值解|
(0.5, 0.1)			
(0.5, 0.2)			
(0.5, 0.3)			
(0.5, 0.4)			
(0.5, 0.5)			
(0.5, 0.6)			
(0.5, 0.7)			
(0.5, 0.8)			
(0.5, 0.9)			
(0.5, 1.0)			

表 3.36　习题 3.11 数值解的最大误差

h	τ	$E_\infty(h,\tau)$	$E_\infty(2h,2\tau)/E_\infty(h,\tau)$
1/10	1/10		*
1/20	1/20		
1/40	1/40		
1/80	1/80		
1/160	1/160		

3.12　用紧致差分格式(3.62)计算题 3.8 所给的定解问题.

(1) 填写表 3.37 至表 3.40, 并分析所得结果.

(2) 取步长 $(h,\tau)=(1/10,1/100)$, $(1/20,1/400)$, $(1/40,1/1600)$, 在同一个坐标系中画出 $t=1$ 时数值解的误差曲线.

表 3.37　习题 3.12 部分数值结果 $(h=1/10,\tau=1/100)$

(x,t)	数值解	精确解	| 精确解 − 数值解 |
$(0.5,0.1)$			
$(0.5,0.2)$			
$(0.5,0.3)$			
$(0.5,0.4)$			
$(0.5,0.5)$			
$(0.5,0.6)$			
$(0.5,0.7)$			
$(0.5,0.8)$			
$(0.5,0.9)$			
$(0.5,1.0)$			

表 3.38　习题 3.12 部分数值结果 $(h=1/20,\tau=1/400)$

(x,t)	数值解	精确解	| 精确解 − 数值解 |
$(0.5,0.1)$			
$(0.5,0.2)$			
$(0.5,0.3)$			
$(0.5,0.4)$			
$(0.5,0.5)$			
$(0.5,0.6)$			
$(0.5,0.7)$			
$(0.5,0.8)$			
$(0.5,0.9)$			
$(0.5,1.0)$			

表 3.39 习题 3.12 部分数值结果 ($h = 1/200, \tau = 1/400$)

(x,t)	数值解	精确解	| 精确解 − 数值解 |
$(0.5, 0.1)$			
$(0.5, 0.2)$			
$(0.5, 0.3)$			
$(0.5, 0.4)$			
$(0.5, 0.5)$			
$(0.5, 0.6)$			
$(0.5, 0.7)$			
$(0.5, 0.8)$			
$(0.5, 0.9)$			
$(0.5, 1.0)$			

表 3.40 习题 3.12 数值解的最大误差

h	τ	$E_\infty(h,\tau)$	$E_\infty(2h,4\tau)/E_\infty(h,\tau)$
1/10	1/10		*
1/20	1/400		
1/40	1/1600		
1/80	1/6400		
1/160	1/25600		

第 4 章　双曲型方程的差分方法

在航空、气象、海洋、水利等许多流体力学的问题中, 都归纳出双曲型方程和双曲型方程组. 这类问题相当复杂, 内容十分丰富. 由于流体力学问题往往是不定常的、非线性的, 加上黏性、湍流和激波 (间断面) 等复杂的现象, 使得这类问题的求解更为困难. 为了避免由于微分方程的复杂性可能会掩盖用差分方法求解的实质, 本章以简单的波动方程模型问题来讲述双曲型方程差分格式的构造, 并分析差分格式的收敛性和稳定性.

4.1　Dirichlet 初边值问题

以波动方程作为模型, 讨论如下 Dirichlet 初边值问题 (第一边值问题)

$$\begin{cases} \dfrac{\partial^2 u}{\partial t^2}-c^2\dfrac{\partial^2 u}{\partial x^2}=f(x,t), \quad 0<x<L, \quad 0<t\leqslant T, & (4.1\mathrm{a}) \\ u(x,0)=\varphi(x), \quad \dfrac{\partial u}{\partial t}(x,0)=\psi(x), \quad 0\leqslant x\leqslant L, & (4.1\mathrm{b}) \\ u(0,t)=\alpha(t), \quad u(L,t)=\beta(t), \quad 0<t\leqslant T & (4.1\mathrm{c}) \end{cases}$$

的差分解法, 其中 c 为正常数 (通常称为波速), $f(x,t)$, $\varphi(x)$, $\psi(x)$, $\alpha(t)$, $\beta(t)$ 为已知函数, 且 $\varphi(0)=\alpha(0), \varphi(L)=\beta(0), \psi(0)=\alpha'(0), \psi(L)=\beta'(0)$. 称 (4.1b) 为初值条件, 称 (4.1c) 为边值条件.

关于齐次边值问题的解，我们有如下结果.

定理 4.1　设 $v(x,t)$ 为双曲型方程第一边值问题

$$\begin{cases} \dfrac{\partial^2 v}{\partial t^2}-c^2\dfrac{\partial^2 v}{\partial x^2}=g(x,t), \quad 0<x<L, \quad 0<t\leqslant T, & (4.2\mathrm{a}) \\ v(x,0)=\varphi(x), \quad \dfrac{\partial v}{\partial t}(x,0)=\psi(x), \quad 0\leqslant x\leqslant L, & (4.2\mathrm{b}) \\ v(0,t)=0, \quad v(L,t)=0, \quad 0<t\leqslant T & (4.2\mathrm{c}) \end{cases}$$

的解, 其中 $\varphi(0)=\varphi(L)=\psi(0)=\psi(L)=0$, 则有

$$\int_0^L\left[\frac{\partial v(x,t)}{\partial t}\right]^2\mathrm{d}x+c^2\int_0^L\left[\frac{\partial v(x,t)}{\partial x}\right]^2\mathrm{d}x$$

$$\leqslant \mathrm{e}^t \left\{ \int_0^L \psi^2(x)\mathrm{d}x + c^2 \int_0^L [\varphi'(x)]^2 \mathrm{d}x + \int_0^t \mathrm{e}^{-s} \left[\int_0^L g^2(x,s)\mathrm{d}x \right] \mathrm{d}s \right\}, \quad 0 < t \leqslant T.$$

证明 将 (4.2a) 两端同时乘以 $2\dfrac{\partial v}{\partial t}(x,t)$, 并关于 x 在 $(0,L)$ 上积分, 得

$$2\int_0^L \frac{\partial^2 v(x,t)}{\partial t^2} \cdot \frac{\partial v(x,t)}{\partial t}\mathrm{d}x - 2c^2 \int_0^L \frac{\partial^2 v(x,t)}{\partial x^2} \cdot \frac{\partial v(x,t)}{\partial t}\mathrm{d}x = 2\int_0^L g(x,t)\frac{\partial v(x,t)}{\partial t}\mathrm{d}x. \tag{4.3}$$

将

$$2\int_0^L \frac{\partial^2 v(x,t)}{\partial t^2} \cdot \frac{\partial v(x,t)}{\partial t}\mathrm{d}x = \frac{\mathrm{d}}{\mathrm{d}t}\int_0^L \left[\frac{\partial v(x,t)}{\partial t}\right]^2 \mathrm{d}x$$

和

$$\begin{aligned}
& -2\int_0^L \frac{\partial^2 v(x,t)}{\partial x^2} \cdot \frac{\partial v(x,t)}{\partial t}\mathrm{d}x \\
= & -2\,\frac{\partial v(x,t)}{\partial x} \cdot \frac{\partial v(x,t)}{\partial t}\bigg|_{x=0}^{L} + 2\int_0^L \frac{\partial v(x,t)}{\partial x} \cdot \frac{\partial^2 v(x,t)}{\partial x \partial t}\mathrm{d}x \\
= & \frac{\mathrm{d}}{\mathrm{d}t}\int_0^L \left[\frac{\partial v(x,t)}{\partial x}\right]^2 \mathrm{d}x
\end{aligned}$$

代入 (4.3), 得到

$$\frac{\mathrm{d}}{\mathrm{d}t}\left\{\int_0^L \left[\frac{\partial v(x,t)}{\partial t}\right]^2 \mathrm{d}x + c^2\int_0^L \left[\frac{\partial v(x,t)}{\partial x}\right]^2 \mathrm{d}x\right\} = 2\int_0^L g(x,t)\frac{\partial v(x,t)}{\partial t}\mathrm{d}x.$$

对上式右端应用 Cauchy-Schwarz 不等式，可得

$$\begin{aligned}
& \frac{\mathrm{d}}{\mathrm{d}t}\left\{\int_0^L \left[\frac{\partial v(x,t)}{\partial t}\right]^2 \mathrm{d}x + c^2\int_0^L \left[\frac{\partial v(x,t)}{\partial x}\right]^2 \mathrm{d}x\right\} \\
\leqslant & \int_0^L \left[\frac{\partial v(x,t)}{\partial t}\right]^2 \mathrm{d}x + \int_0^L g^2(x,t)\mathrm{d}x.
\end{aligned}$$

记

$$E(t) = \int_0^L \left[\frac{\partial v(x,t)}{\partial t}\right]^2 \mathrm{d}x + c^2\int_0^L \left[\frac{\partial v(x,t)}{\partial x}\right]^2 \mathrm{d}x, \quad G(t) = \int_0^L g^2(x,t)\mathrm{d}x,$$

则有

$$\frac{\mathrm{d}E(t)}{\mathrm{d}t} \leqslant E(t)+G(t), \quad 0<t\leqslant T.$$

将上式两端同时乘以 e^{-t}, 并移项, 得到

$$\frac{\mathrm{d}}{\mathrm{d}t}\left[E(t)\mathrm{e}^{-t}\right] \leqslant \mathrm{e}^{-t}G(t), \quad 0<t\leqslant T. \tag{4.4}$$

将 (4.4) 的两边对 t 积分, 得到

$$E(t)\mathrm{e}^{-t} \leqslant E(0)+\int_0^t \mathrm{e}^{-s}G(s)\mathrm{d}s, \quad 0<t\leqslant T.$$

再将上式两边同时乘以 e^{t}, 得

$$E(t) \leqslant \mathrm{e}^{t}\left[E(0)+\int_0^t \mathrm{e}^{-s}G(s)\mathrm{d}s\right], \quad 0<t\leqslant T,$$

即

$$\begin{aligned}&\int_0^L \left[\frac{\partial v(x,t)}{\partial t}\right]^2\mathrm{d}x+c^2\int_0^L\left[\frac{\partial v(x,t)}{\partial x}\right]^2\mathrm{d}x\\ \leqslant\ & \mathrm{e}^{t}\left\{\int_0^L \psi^2(x)\mathrm{d}x+c^2\int_0^L[\varphi'(x)]^2\mathrm{d}x+\int_0^t \mathrm{e}^{-s}\left[\int_0^L g^2(x,s)\mathrm{d}x\right]\mathrm{d}s\right\}, \quad 0<t\leqslant T.\end{aligned}$$

定理证毕. □

4.2 显式差分格式

4.2.1 差分格式的建立

为了用差分方法求解 (4.1), 将求解区域

$$D=\{(x,t)\mid 0<x<L,\ 0<t\leqslant T\}$$

进行剖分. 取正整数 m 和 n, 并记 $x_i=ih,\ 0\leqslant i\leqslant m,\ t_k=k\tau,\ 0\leqslant k\leqslant n$, 其中 $h=L/m$, $\tau=T/n$. 分别称 h 和 τ 为空间步长和时间步长. 记 $s=c\tau/h$, 称 s 为**步长比**.

用两簇平行直线

$$x=x_i, \quad 0\leqslant i\leqslant m;$$

$$t=t_k, \quad 0\leqslant k\leqslant n$$

将 $\bar{D}$ 分割成矩形网格, 见图 4.1. 记 $\Omega_h = \{\ x_i \mid 0 \leqslant i \leqslant m\ \}$, $\Omega_\tau = \{\ t_k \mid 0 \leqslant k \leqslant n\}$, $\Omega_{h\tau} = \Omega_h \times \Omega_\tau$. 称 (x_i, t_k) 为结点, 称在 $t = t_k$ 上的结点 $\{(x_i, t_k) \mid 0 \leqslant i \leqslant m\}$ 为第 k 层结点. 对于定义在 $\Omega_{h\tau}$ 的网格函数

$$v = \{v_i^k \mid 0 \leqslant i \leqslant m,\ 0 \leqslant k \leqslant n\},$$

采用 3.2 节的记号. 此外记

$$\delta_t^2 v_i^k = \frac{1}{\tau^2}(v_i^{k+1} - 2v_i^k + v_i^{k-1}).$$

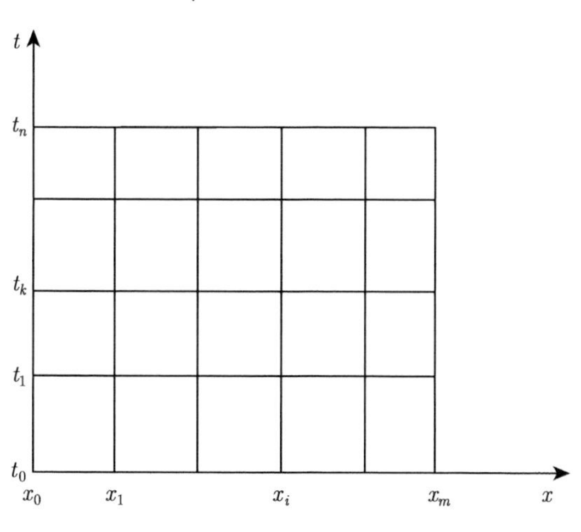

图 4.1 网格剖分

定义 $\Omega_{h\tau}$ 上的网格函数

$$U = \{U_i^k \,|\, 0 \leqslant i \leqslant m,\ 0 \leqslant k \leqslant n\},$$

其中

$$U_i^k = u(x_i, t_k), \quad 0 \leqslant i \leqslant m, \quad 0 \leqslant k \leqslant n.$$

(I) 由方程 (4.1a), 有

$$\frac{\partial^2 u(x_i, t_0)}{\partial t^2} = c^2 \frac{\partial^2 u(x_i, t_0)}{\partial x^2} + f(x_i, t_0), \quad 1 \leqslant i \leqslant m-1. \tag{4.5}$$

由引理 1.2 可得

$$\frac{\partial^2 u(x_i, t_0)}{\partial t^2} = \frac{2}{\tau}\left[\delta_t U_i^{\frac{1}{2}} - \frac{\partial u(x_i, t_0)}{\partial t}\right] - \frac{\tau}{3} \cdot \frac{\partial^3 u(x_i, \eta_{i0})}{\partial t^3}, \quad \eta_{i0} \in (t_0, t_1),$$

$$\frac{\partial^2 u(x_i, t_0)}{\partial x^2} = \delta_x^2 U_i^0 - \frac{h^2}{12} \frac{\partial^4 u(\xi_{i0}, t_0)}{\partial x^4}, \quad x_{i-1} < \xi_{i0} < x_{i+1}.$$

将以上两式代入到 (4.5)有

$$\frac{2}{\tau}\left[\delta_t U_i^{\frac{1}{2}} - \frac{\partial u(x_i,t_0)}{\partial t}\right] - c^2\delta_x^2 U_i^0 = f(x_i,t_0) + (R_1)_i^0,\quad 1\leqslant i\leqslant m-1. \tag{4.6}$$

其中

$$(R_1)_i^0 = \frac{\tau}{3}\cdot\frac{\partial^3 u(x_i,\eta_{i0})}{\partial t^3} - \frac{c^2h^2}{12}\cdot\frac{\partial^4 u(\xi_{i0},t_0)}{\partial x^4},\quad 1\leqslant i\leqslant m-1, \tag{4.7}$$

(II) 在结点 (x_i,t_k) 上考虑定解问题 (4.1a), 有

$$\frac{\partial^2 u(x_i,t_k)}{\partial t^2} - c^2\frac{\partial^2 u(x_i,t_k)}{\partial x^2} = f(x_i,t_k),\quad 1\leqslant i\leqslant m-1,\quad 1\leqslant k\leqslant n-1. \tag{4.8}$$

将

$$\begin{aligned}\frac{\partial^2 u(x_i,t_k)}{\partial x^2} &= \frac{u(x_{i-1},t_k)-2u(x_i,t_k)+u(x_{i+1},t_k)}{h^2} - \frac{h^2}{12}\frac{\partial^4 u(\xi_{ik},t_k)}{\partial x^4}\\ &= \delta_x^2 U_i^k - \frac{h^2}{12}\frac{\partial^4 u(\xi_{ik},t_k)}{\partial x^4},\quad x_{i-1}<\xi_{ik}<x_{i+1}\end{aligned}$$

和

$$\begin{aligned}\frac{\partial^2 u(x_i,t_k)}{\partial t^2} &= \frac{u(x_i,t_{k-1})-2u(x_i,t_k)+u(x_i,t_{k+1})}{\tau^2} - \frac{\tau^2}{12}\frac{\partial^4 u(x_i,\eta_{ik})}{\partial t^4}\\ &= \delta_t^2 U_i^k - \frac{\tau^2}{12}\frac{\partial^4 u(x_i,\eta_{ik})}{\partial t^4},\quad t_{k-1}<\eta_{ik}<t_{k+1}\end{aligned}$$

代入 (4.8), 得到

$$\delta_t^2 U_i^k - c^2\delta_x^2 U_i^k = f(x_i,t_k) + (R_1)_i^k,\quad 1\leqslant i\leqslant m-1,\quad 1\leqslant k\leqslant n-1, \tag{4.9}$$

其中

$$(R_1)_i^k = \frac{\tau^2}{12}\cdot\frac{\partial^4 u(x_i,\eta_{ik})}{\partial t^4} - \frac{c^2h^2}{12}\cdot\frac{\partial^4 u(\xi_{ik},t_k)}{\partial x^4},\quad 1\leqslant i\leqslant m-1,\quad 1\leqslant k\leqslant n-1, \tag{4.10}$$

观察(4.7)和(4.10)可知存在常数 c_1 使得

$$\begin{cases}|(R_1)_i^0|\leqslant c_1(\tau+h^2), & 1\leqslant i\leqslant m-1,\\ |(R_1)_i^k|\leqslant c_1(\tau^2+h^2), & 1\leqslant i\leqslant m-1,\quad 1\leqslant k\leqslant n-1.\end{cases} \tag{4.11}$$

由初值条件 (4.1b), 有

$$U_i^0 = \varphi(x_i), \quad 1 \leqslant i \leqslant m-1. \tag{4.12}$$

由边值条件 (4.1c), 有

$$U_0^k = \alpha(t_k), \quad U_m^k = \beta(t_k), \quad 0 \leqslant k \leqslant n. \tag{4.13}$$

在 (4.6) 和 (4.9) 中略去小量项, 注意到(4.12)和(4.13), 并用 u_i^k 代替 U_i^k, 可对问题 (4.1) 建立如下差分格式

$$\begin{cases} \dfrac{2}{\tau}\left[\delta_t u_i^{\frac{1}{2}} - \psi(x_i)\right] - c^2\delta_x^2 u_i^0 = f(x_i, t_0), \quad 1 \leqslant i \leqslant m-1, & \text{(4.14a)} \\ \delta_t^2 u_i^k - c^2\delta_x^2 u_i^k = f(x_i, t_k), \quad 1 \leqslant i \leqslant m-1, \quad 1 \leqslant k \leqslant n-1, & \text{(4.14b)} \\ u_i^0 = \varphi(x_i), \quad 1 \leqslant i \leqslant m-1, & \text{(4.14c)} \\ u_0^k = \alpha(t_k), \quad u_m^k = \beta(t_k), \quad 0 \leqslant k \leqslant n. & \text{(4.14d)} \end{cases}$$

差分格式 (4.14) 的结点图见图 4.2. 它是一个 3 层 5 点显式差分格式.

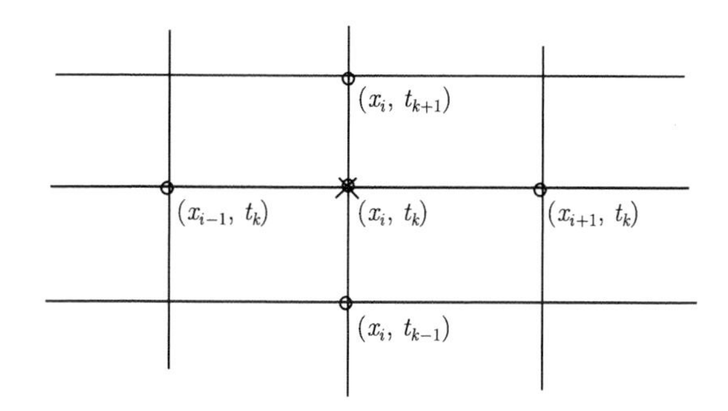

图 4.2 显式格式 (4.14) 结点图

4.2.2 差分格式解的存在性

记

$$u^k = (u_0^k, u_1^k, \cdots, u_{m-1}^k, u_m^k).$$

由(4.14c)和(4.14d)知 u^0.

由(4.14a)得到

$$u_i^1 = u_i^0 + \tau\psi(x_i) + \frac{\tau^2}{2}\left[c^2\delta_x^2 u_i^0 + f(x_i, t_0)\right], \quad 1 \leqslant i \leqslant m-1.$$

再结合(4.14d)知 u^1.

现设 u^{k-1} 和 u^k 已确定. 由 (4.14b) 可得

$$u_i^{k+1} = s^2 u_{i-1}^k + 2(1-s^2)u_i^k + s^2 u_{i+1}^k - u_i^{k-1} + \tau^2 f(x_i, t_k), \quad 1 \leqslant i \leqslant m-1.$$

易得 $\{u_i^{k+1} \mid 1 \leqslant i \leqslant m-1\}$. 因而差分格式 (4.14) 是**显式的**. 对于任意步长比 s, 均是唯一可解的.

4.2.3 差分格式的求解与数值算例

(4.14b) 可写成如下矩阵形式

$$\begin{pmatrix} u_1^{k+1} \\ u_2^{k+1} \\ \vdots \\ u_{m-2}^{k+1} \\ u_{m-1}^{k+1} \end{pmatrix} = \begin{pmatrix} 2(1-s^2) & s^2 & & & \\ s^2 & 2(1-s^2) & s^2 & & \\ & \ddots & \ddots & \ddots & \\ & & s^2 & 2(1-s^2) & s^2 \\ & & & s^2 & 2(1-s^2) \end{pmatrix} \begin{pmatrix} u_1^k \\ u_2^k \\ \vdots \\ u_{m-2}^k \\ u_{m-1}^k \end{pmatrix}$$

$$- \begin{pmatrix} u_1^{k-1} \\ u_2^{k-1} \\ \vdots \\ u_{m-2}^{k-1} \\ u_{m-1}^{k-1} \end{pmatrix} + \begin{pmatrix} \tau^2 f(x_1, t_k) + s^2 u_0^k \\ \tau^2 f(x_2, t_k) \\ \vdots \\ \tau^2 f(x_{m-2}, t_k) \\ \tau^2 f(x_{m-1}, t_k) + s^2 u_m^k \end{pmatrix}, \quad 1 \leqslant k \leqslant n-1.$$

算例 4.1 应用显式格式 (4.14) 计算定解问题

$$\begin{cases} \dfrac{\partial^2 u}{\partial t^2} - \dfrac{\partial^2 u}{\partial x^2} = 0, \quad 0 < x < 1, \quad 0 < t \leqslant 1, \\ u(x,0) = \mathrm{e}^x, \quad \dfrac{\partial u}{\partial t}(x,0) = \mathrm{e}^x, \quad 0 \leqslant x \leqslant 1, \\ u(0,t) = \mathrm{e}^t, \quad u(1,t) = \mathrm{e}^{1+t}, \quad 0 < t \leqslant 1. \end{cases} \tag{4.15}$$

该定解问题的精确解为 $u(x,t) = \mathrm{e}^{x+t}$.

表 4.1 和表 4.2 给出了取步长 $h = 1/100, \tau = 1/200$ (步长比 $s = 1/2$) 和步长 $h = 1/100, \tau = 1/100$ (步长比 $s = 1$) 时计算得到的部分数值结果, 数值解很好地逼近精确解. 表 4.3 给出了 $h = 1/100, \tau = 1/50$ (步长比 $s = 2$) 时计算得到的部分数值结果, 随着计算层数的增加, 误差越来越大, 数值结果无实用价值. 表 4.4 给出了 $s = 1/2$ 时, 取不同的步长, 数值解的最大误差

$$E_\infty(h,\tau) = \max_{1 \leqslant i \leqslant m-1, 1 \leqslant k \leqslant n} \left| u(x_i, t_k) - u_i^k \right|.$$

表 4.1 算例 4.1 部分结点处数值解、精确解和误差的绝对值 ($h = 1/100, \tau = 1/200$)

k	(x, t)	数值解	精确解	|精确解 − 数值解|
20	(0.5,0.1)	1.8221182	1.8221188	6.348e−7
40	(0.5,0.2)	2.0137515	2.0137527	1.162e−6
60	(0.5,0.3)	2.2255394	2.2255409	1.574e−6
80	(0.5,0.4)	2.4596012	2.4596031	1.864e−6
100	(0.5,0.5)	2.7182799	2.7182818	1.951e−6
120	(0.5,0.6)	3.0041654	3.0041660	5.895e−7
140	(0.5,0.7)	3.3201177	3.3201169	7.712e−7
160	(0.5,0.8)	3.6692987	3.6692967	2.043e−6
180	(0.5,0.9)	4.0552032	4.0552000	3.265e−6
200	(0.5,1.0)	4.4816935	4.4816891	4.426e−6

表 4.2 算例 4.1 部分结点处数值解、精确解和误差的绝对值 ($h = 1/100, \tau = 1/100$)

k	(x, t)	数值解	精确解	|精确解 − 数值解|
10	(0.5,0.1)	1.8221160	1.8221188	2.752e−6
20	(0.5,0.2)	2.0137472	2.0137527	5.532e−6
30	(0.5,0.3)	2.2255326	2.2255409	8.368e−6
40	(0.5,0.4)	2.4595918	2.4596031	1.129e−5
50	(0.5,0.5)	2.7182675	2.7182818	1.432e−5
60	(0.5,0.6)	3.0041547	3.0041660	1.129e−5
70	(0.5,0.7)	3.3201086	3.3201169	8.368e−6
80	(0.5,0.8)	3.6692911	3.6692967	5.532e−6
90	(0.5,0.9)	4.0551972	4.0552000	2.752e−6
100	(0.5,1.0)	4.4816891	4.4816891	1.210e−14

表 4.3 算例 4.1 部分结点处数值解、精确解和误差的绝对值 ($h = 1/100, \tau = 1/50$)

k	(x, t)	数值解	精确解	|精确解 − 数值解|
5	(0.5,0.1)	1.8221076e+00	1.8221188	1.122e−05
10	(0.5,0.2)	2.0137310e+00	2.0137527	2.175e−05
15	(0.5,0.3)	1.4923732e+00	2.2255409	7.332e−01
20	(0.5,0.4)	4.3303094e+05	2.4596031	4.330e+05
25	(0.5,0.5)	−2.5136946e+11	2.7182818	2.514e+11
30	(0.5,0.6)	1.4323236e+17	3.0041660	1.432e+17
35	(0.5,0.7)	−8.0432242e+22	3.3201169	8.043e+22
40	(0.5,0.8)	4.4673157e+28	3.6692967	4.467e+28
45	(0.5,0.9)	−2.4604668e+34	4.0552000	2.461e+34
50	(0.5,1.0)	1.3462410e+40	4.4816891	1.346e+40

表 4.4 算例 4.1 取不同步长时数值解的最大误差 ($s = 1/2$)

h	τ	$E_\infty(h, \tau)$	$E_\infty(2h, 2\tau)/E_\infty(h, \tau)$
1/10	1/20	4.370e−4	*
1/20	1/40	1.106e−4	3.9493
1/40	1/80	2.771e−5	3.9927
1/80	1/160	6.926e−6	4.0010
1/160	1/320	1.732e−6	3.9982
1/320	1/640	4.331e−7	4.0002
1/640	1/1280	1.083e−7	4.0003
1/1280	1/2560	2.706e−8	4.0000

由表 4.4 可以看出, 当空间步长和时间步长同时缩小到原来的 1/2 时, 最大误差大约缩小到原来的 1/4. 图 4.3 给出了 $t = 1$ 时精确解曲线和取步长 $h = 1/10$, $\tau = 1/20$ 时所得数值解曲线. 图 4.4 给出了 $t = 1$ 时, 取不同步长时所得数值解的误差曲线图. 图 4.5 是取不同步长时的误差曲面图.

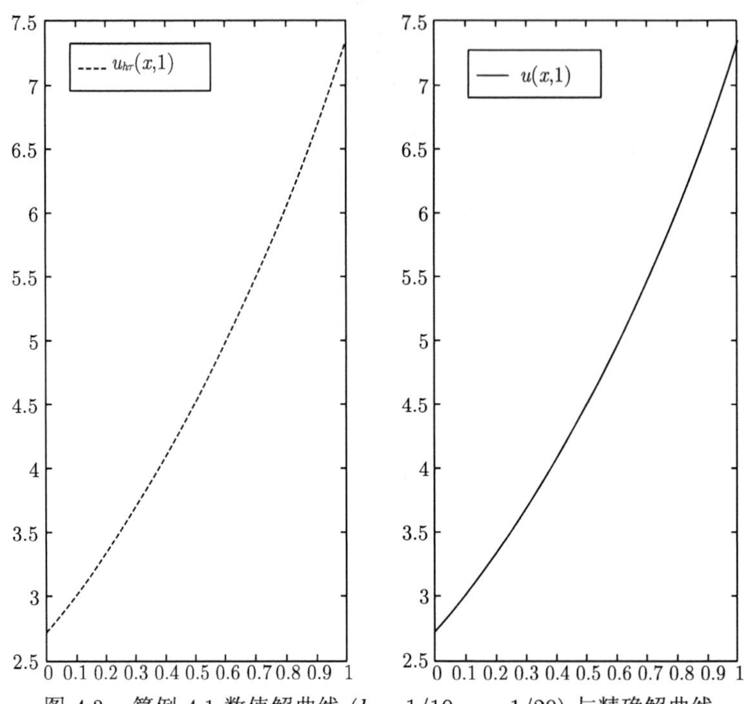

图 4.3　算例 4.1 数值解曲线 $(h = 1/10, \tau = 1/20)$ 与精确解曲线

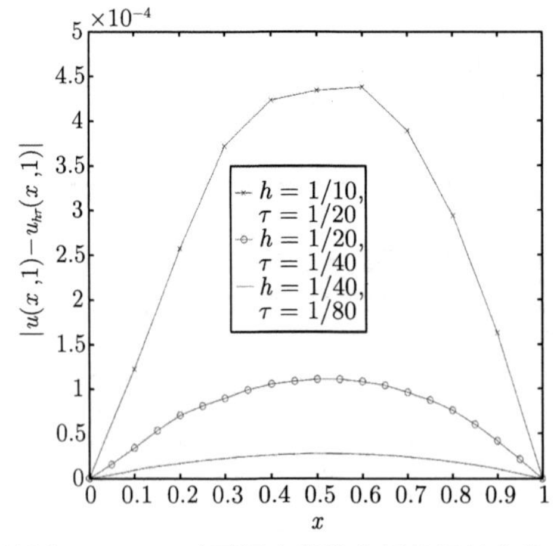

图 4.4　算例 4.1 $t = 1$ 时不同步长数值解的误差曲线 $(s = 1/2)$

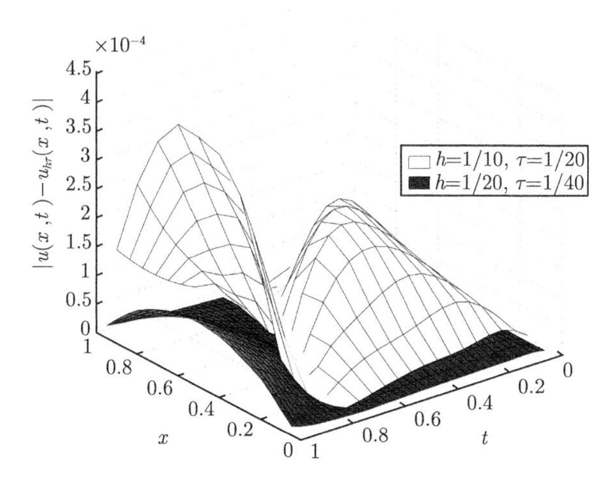

图 4.5 算例 4.1 不同步长数值解的误差曲面

4.2.4 差分格式解的先验估计式

定理 4.2 设 $\{v_i^k \mid 0 \leqslant i \leqslant m,\ 0 \leqslant k \leqslant n\}$ 为差分格式

$$\begin{cases} \dfrac{2}{\tau}\left(\delta_t v_i^{\frac{1}{2}} - \psi_i\right) - c^2\delta_x^2 v_i^0 = g_i^0, \quad 1 \leqslant i \leqslant m-1, & (4.16\text{a}) \\ \delta_t^2 v_i^k - c^2\delta_x^2 v_i^k = g_i^k, \quad 1 \leqslant i \leqslant m-1, \quad 1 \leqslant k \leqslant n-1, & (4.16\text{b}) \\ v_i^0 = \varphi_i, \quad 1 \leqslant i \leqslant m-1, & (4.16\text{c}) \\ v_0^k = 0, \quad v_m^k = 0, \quad 0 \leqslant k \leqslant n & (4.16\text{d}) \end{cases}$$

的解, 则当 $s<1$ 时, 有

$$\begin{aligned} &(1-s^2)\|\delta_t v^{k+\frac{1}{2}}\|^2 + c^2|v^{k+\frac{1}{2}}|_1^2 \\ \leqslant &\mathrm{e}^{\frac{3}{2}k\tau}\left[c^2\|\delta_x v^0\|^2 + 2\|\psi\|^2 + \frac{1}{2}\tau^2\|g^0\|^2 + \frac{3\tau}{2(1-s^2)}\sum_{l=1}^{k}\|g^l\|^2\right], \quad 0 \leqslant k \leqslant n-1, \end{aligned}$$

其中

$$\|\psi\|^2 = h\sum_{i=1}^{m-1}(\psi_i)^2, \quad \|g^k\|^2 = h\sum_{i=1}^{m-1}(g_i^k)^2.$$

证明 (I) 记

$$E^k = \|\delta_t v^{k+\frac{1}{2}}\|^2 + c^2(\delta_x v^k, \delta_x v^{k+1}),$$

则有

$$
\begin{aligned}
E^k =&\|\delta_t v^{k+\frac{1}{2}}\|^2 + c^2\|\delta_x v^{k+\frac{1}{2}}\|^2 - c^2\left[\|\delta_x v^{k+\frac{1}{2}}\|^2 - (\delta_x v^k, \delta_x v^{k+1})\right] \\
=&\|\delta_t v^{k+\frac{1}{2}}\|^2 + c^2\|\delta_x v^{k+\frac{1}{2}}\|^2 - \frac{1}{4}c^2\|\delta_x v^{k+1} - \delta_x v^k\|^2 \\
=&\|\delta_t v^{k+\frac{1}{2}}\|^2 + c^2\|\delta_x v^{k+\frac{1}{2}}\|^2 - \frac{1}{4}c^2\tau^2\|\delta_x\delta_t v^{k+\frac{1}{2}}\|^2 \\
\geqslant&\|\delta_t v^{k+\frac{1}{2}}\|^2 + c^2\|\delta_x v^{k+\frac{1}{2}}\|^2 - \frac{1}{4}c^2\tau^2\cdot\frac{4}{h^2}\|\delta_t v^{k+\frac{1}{2}}\|^2 \\
=&(1-s^2)\|\delta_t v^{k+\frac{1}{2}}\|^2 + c^2\|\delta_x v^{k+\frac{1}{2}}\|^2.
\end{aligned}
$$

因而当 $s<1$ 时,

$$
\|\delta_t v^{k+\frac{1}{2}}\|^2 \leqslant \frac{1}{1-s^2}E^k. \tag{4.17}
$$

(II) 用 $\delta_t v^{\frac{1}{2}}$ 与(4.16a)的两边做内积, 得到

$$
\frac{2}{\tau}\left(\delta_t v^{\frac{1}{2}} - \psi, \delta_t v^{\frac{1}{2}}\right) - c^2\left(\delta_x^2 v^0, \delta_t v^{\frac{1}{2}}\right) = \left(g^0, \delta_t v^{\frac{1}{2}}\right).
$$

变形得

$$
\begin{aligned}
&2\|\delta_t v^{\frac{1}{2}}\|^2 + c^2(\delta_x v^0, \delta_x v^1) \\
=&2\left(\psi, \delta_t v^{\frac{1}{2}}\right) + c^2\|\delta_x v^0\|^2 + \tau\left(g^0, \delta_t v^{\frac{1}{2}}\right) \\
\leqslant&\frac{1}{2}\|\delta_t v^{\frac{1}{2}}\|^2 + 2\|\psi\|^2 + c^2\|\delta_x v^0\|^2 + \frac{1}{2}\|\delta_t v^{\frac{1}{2}}\|^2 + \frac{1}{2}\tau^2\|g^0\|^2.
\end{aligned}
$$

因而

$$
E^0 \leqslant c^2\|\delta_x v^0\|^2 + 2\|\psi\|^2 + \frac{1}{2}\tau^2\|g^0\|^2. \tag{4.18}
$$

(III) 用 $2\Delta_t v^k$ 与 (4.16b) 的两边做内积, 得到

$$
2(\delta_t^2 v^k, \Delta_t v^k) - 2c^2(\delta_x^2 v^k, \Delta_t v^k) = 2(g^k, \Delta_t v^k), \quad 1 \leqslant k \leqslant n-1. \tag{4.19}
$$

现估计上式中的每一项. 左端第一项

$$
2\left(\delta_t^2 v^k, \Delta_t v^k\right) = \frac{1}{\tau}\left(\delta_t v^{k+\frac{1}{2}} - \delta_t v^{k-\frac{1}{2}}, \delta_t v^{k+\frac{1}{2}} + \delta_t v^{k-\frac{1}{2}}\right) = \frac{1}{\tau}\left(\|\delta_t v^{k+\frac{1}{2}}\|^2 - \|\delta_t v^{k-\frac{1}{2}}\|^2\right),
$$

对左端第二项应用引理 1.4, 并注意到 $\Delta_t v_0^k = 0, \Delta_t v_m^k = 0$, 有

$$
-2(\delta_x^2 v^k, \Delta_t v^k) = 2\left(\delta_x v^k, \Delta_t \delta_x v^k\right)
$$

$$
\begin{aligned}
&= \frac{1}{\tau} \cdot (\delta_x v^k, \delta_x v^{k+1} - \delta_x v^{k-1}) \\
&= \frac{1}{\tau} \Big[\big(\delta_x v^k, \delta_x v^{k+1}\big) - \big(\delta_x v^{k-1}, \delta_x v^k\big) \Big],
\end{aligned}
$$

将以上两式代入到 (4.19), 然后对右端应用 Cauchy-Schwarz 不等式得

$$
\begin{aligned}
&\frac{1}{\tau}\left\{ \Big[\|\delta_t v^{k+\frac{1}{2}}\|^2 + c^2(\delta_x v^k, \delta_x v^{k+1}) \Big] - \Big[\|\delta_t v^{k-\frac{1}{2}}\|^2 + c^2(\delta_x v^{k-1}, \delta_x v^k) \Big] \right\} \\
=& 2(g^k, \Delta_t v^k) \\
\leqslant& (1-s^2)\|\Delta_t v^k\|^2 + \frac{1}{1-s^2}\|g^k\|^2 \\
\leqslant& \frac{1-s^2}{2}\Big(\|\delta_t v^{k+\frac{1}{2}}\|^2 + \|\delta_t v^{k-\frac{1}{2}}\|^2 \Big) + \frac{1}{1-s^2}\|g^k\|^2.
\end{aligned}
$$

即

$$
\begin{aligned}
&\|\delta_t v^{k+\frac{1}{2}}\|^2 + c^2(\delta_x v^k, \delta_x v^{k+1}) \\
\leqslant& \|\delta_t v^{k-\frac{1}{2}}\|^2 + c^2(\delta_x v^{k-1}, \delta_x v^k) + \frac{1-s^2}{2}\tau\big(\|\delta_t v^{k+\frac{1}{2}}\|^2 + \|\delta_t v^{k-\frac{1}{2}}\|^2 \big) \\
&+ \frac{\tau}{1-s^2}\|g^k\|^2, \quad 1 \leqslant k \leqslant n-1.
\end{aligned}
$$

结合 (4.17), 得

$$
E^k \leqslant E^{k-1} + \frac{\tau}{2}(E^k + E^{k-1}) + \frac{\tau}{1-s^2}\|g^k\|^2, \quad 1 \leqslant k \leqslant n-1,
$$

或

$$
\left(1 - \frac{\tau}{2}\right) E^k \leqslant \left(1 + \frac{\tau}{2}\right) E^{k-1} + \frac{\tau}{1-s^2}\|g^k\|^2, \quad 1 \leqslant k \leqslant n-1.
$$

当 $\tau \leqslant 2/3$ 时, 有

$$
E^k \leqslant \left(1 + \frac{3}{2}\tau\right) E^{k-1} + \frac{3\tau}{2(1-s^2)}\|g^k\|^2, \quad 1 \leqslant k \leqslant n-1.
$$

由 Gronwall 不等式 (引理 3.3), 得

$$
E^k \leqslant \mathrm{e}^{\frac{3}{2}k\tau} \left[E^0 + \frac{3\tau}{2(1-s^2)} \sum_{l=1}^{k} \|g^l\|^2 \right], \quad 0 \leqslant k \leqslant n-1.
$$

由 E^k 的定义和(4.18), 易得

$$\begin{aligned}&(1-s^2)\|\delta_t v^{k+\frac{1}{2}}\|^2+c^2|v^{k+\frac{1}{2}}|_1^2\\ \leqslant &\mathrm{e}^{\frac{3}{2}k\tau}\left[c^2\|\delta_x v^0\|^2+2\|\psi\|^2+\frac{1}{2}\tau^2\|g^0\|^2+\frac{3\tau}{2(1-s^2)}\sum_{l=1}^{k}\|g^l\|^2\right],\quad 0\leqslant k\leqslant n-1.\end{aligned}$$

定理证毕. □

推论 4.1　设 $\{v_i^k \mid 0\leqslant i\leqslant m,\ 0\leqslant k\leqslant n\}$ 为差分格式 (4.16) 的解, 则当 $s<1$ 时, 有

$$|v^{k+1}|_1^2\leqslant\frac{2}{c^2(1-s^2)}\mathrm{e}^{\frac{3}{2}T}\left[c^2\|\delta_x v^0\|^2+2\|\psi\|^2+\frac{1}{2}\tau^2\|g^0\|^2+\frac{3\tau}{2(1-s^2)}\sum_{l=1}^{k}\|g^l\|^2\right],$$
$$0\leqslant k\leqslant n-1. \tag{4.20}$$

证明　记

$$G^k=\mathrm{e}^{\frac{3}{2}T}\left[c^2\|\delta_x v^0\|^2+2\|\psi\|^2+\frac{1}{2}\tau^2\|g^0\|^2+\frac{3\tau}{2(1-s^2)}\sum_{l=1}^{k}\|g^l\|^2\right].$$

由定理 4.2, 有

$$\|\delta_t v^{k+\frac{1}{2}}\|^2\leqslant\frac{1}{1-s^2}G^k,\quad |v^{k+\frac{1}{2}}|_1^2\leqslant\frac{1}{c^2}G^k,\quad 0\leqslant k\leqslant n-1. \tag{4.21}$$

另一方面, 由

$$v_i^{k+1}=\frac{1}{2}(v_i^{k+1}+v_i^k+v_i^{k+1}-v_i^k)=v_i^{k+\frac{1}{2}}+\frac{1}{2}\tau\delta_t v_i^{k+\frac{1}{2}},\quad 0\leqslant i\leqslant m$$

有

$$\begin{aligned}|v^{k+1}|_1^2&\leqslant 2|v^{k+\frac{1}{2}}|_1^2+2\cdot\frac{1}{4}\tau^2|\delta_t v^{k+\frac{1}{2}}|_1^2\\&\leqslant 2|v^{k+\frac{1}{2}}|_1^2+\frac{\tau^2}{2}\cdot\frac{4}{h^2}\|\delta_t v^{k+\frac{1}{2}}\|^2\\&=2|v^{k+\frac{1}{2}}|_1^2+\frac{2s^2}{c^2}\|\delta_t v^{k+\frac{1}{2}}\|^2.\end{aligned}$$

应用 (4.21), 得

$$|v^{k+1}|_1^2\leqslant 2\cdot\frac{1}{c^2}G^k+\frac{2s^2}{c^2}\cdot\frac{1}{1-s^2}G^k=\frac{2}{c^2(1-s^2)}G^k,\quad 0\leqslant k\leqslant n-1.$$

将 G^k 代入, 即得 (4.20).

推论证毕. □

4.2.5 差分格式解的收敛性和稳定性

收敛性

定理 4.3 设 $\{u(x,t) \mid (x,t) \in \bar{D}\}$ 是定解问题 (4.1) 的解, $\{u_i^k \mid 0 \leqslant i \leqslant m,\ 0 \leqslant k \leqslant n\}$ 为差分格式 (4.14) 的解. 记

$$e_i^k = u(x_i, t_k) - u_i^k, \quad 0 \leqslant i \leqslant m, \quad 0 \leqslant k \leqslant n,$$

则当 $s < 1$ 时, 有

$$\|e^k\|_\infty \leqslant \frac{Lc_1}{2c(1-s^2)} \mathrm{e}^{\frac{3}{4}T} \sqrt{1-s^2+3T}\,(\tau^2+h^2), \quad 1 \leqslant k \leqslant n.$$

证明 将(4.6)、(4.9)、(4.12)和(4.13)与 (4.14) 相减, 得误差方程组

$$\begin{cases} \dfrac{2}{\tau}\big(\delta_t e_i^{\frac{1}{2}} - 0\big) - c^2\delta_x^2 e_i^0 = (R_1)_i^0, \quad 1 \leqslant i \leqslant m-1, \\ \delta_t^2 e_i^k - c^2\delta_x^2 e_i^k = (R_1)_i^k, \quad 1 \leqslant i \leqslant m-1, \quad 1 \leqslant k \leqslant n-1, \\ e_i^0 = 0, \quad 1 \leqslant i \leqslant m-1, \\ e_0^k = 0, \quad e_m^k = 0, \quad 0 \leqslant k \leqslant n. \end{cases} \tag{4.22}$$

对 (4.22) 应用推论 4.1 和 (4.11), 得到

$$\begin{aligned} &|e^{k+1}|_1^2 \\ \leqslant &\frac{2}{c^2(1-s^2)}\mathrm{e}^{\frac{3}{2}T}\left[c^2\|\delta_x e^0\|^2 + \frac{1}{2}\tau^2\|(R_1)^0\|^2 + \frac{3}{2(1-s^2)}\tau\sum_{l=1}^{k}\|(R_1)^l\|^2\right] \\ \leqslant &\frac{2}{c^2(1-s^2)}\mathrm{e}^{\frac{3}{2}T}\left[\frac{1}{2}\tau^2 Lc_1^2(\tau+h^2)^2 + \frac{3}{2(1-s^2)}k\tau Lc_1^2(\tau^2+h^2)^2\right] \\ \leqslant &\frac{1}{c^2(1-s^2)^2}\mathrm{e}^{\frac{3}{2}T}L\big(1-s^2+3T\big)c_1^2(\tau^2+h^2)^2, \quad 0 \leqslant k \leqslant n-1. \end{aligned}$$

由引理 1.4 易知当 $s < 1$ 时, 有

$$\|e^k\|_\infty \leqslant \frac{\sqrt{L}}{2}|e^k|_1 \leqslant \frac{Lc_1}{2c(1-s^2)}\mathrm{e}^{\frac{3}{4}T}\sqrt{1-s^2+3T}\,(\tau^2+h^2), \quad 1 \leqslant k \leqslant n.$$

定理证毕. □

稳定性

定理 4.4 设 $s<1$, 差分格式 (4.14) 关于初值和右端函数在下述意义下是稳定的: 设 $\{u_i^k \mid 0\leqslant i\leqslant m,\ 0\leqslant k\leqslant n\}$ 为差分格式

$$
\begin{cases}
\dfrac{2}{\tau}\left(\delta_t v_i^{\frac{1}{2}}-\psi_i\right)-c^2\delta_x^2 v_i^0=f_i^0, \quad 1\leqslant i\leqslant m-1,\\
\delta_t^2 u_i^k-c^2\delta_x^2 u_i^k=f_i^k, \quad 1\leqslant i\leqslant m-1, \quad 1\leqslant k\leqslant n-1,\\
u_i^0=\varphi_i, \quad 1\leqslant i\leqslant m-1,\\
u_0^k=0, \quad u_m^k=0, \quad 0\leqslant k\leqslant n
\end{cases}
$$

的解, 则有

$$
|u^{k+1}|_1^2\leqslant \frac{2}{c^2(1-s^2)}\mathrm{e}^{\frac{3}{2}T}\left[c^2\|\delta_x u^0\|^2+2\|\psi\|^2+\frac{1}{2}\tau^2\|f^0\|^2+\frac{3\tau}{2(1-s^2)}\sum_{l=1}^{k}\|f^l\|^2\right],
$$
$$
0\leqslant k\leqslant n-1.
$$

证明 直接应用推论 4.1.

定理证毕. □

定理 4.5 如果 $s\geqslant 1$, 则差分格式 (4.14) 关于初值在无穷范数下是不稳定的.

证明 考虑摄动方程组

$$
\begin{cases}
\delta_t^2\varepsilon_i^k-c^2\delta_x^2\varepsilon_i^k=0, \quad 1\leqslant i\leqslant m-1, \quad 1\leqslant k\leqslant n-1, & (4.23\text{a})\\
\varepsilon_i^0=(-1)^i(-\epsilon), \quad 1\leqslant i\leqslant m-1, & (4.23\text{b})\\
\varepsilon_i^1=(-1)^{i+1}\epsilon, \quad 1\leqslant i\leqslant m-1, & (4.23\text{c})\\
\varepsilon_0^k=0, \quad \varepsilon_m^k=0, \quad 0\leqslant k\leqslant n, & (4.23\text{d})
\end{cases}
$$

其中 ϵ 是一个小正常数.

由 $s=c\dfrac{\tau}{h}\geqslant 1$ 得到 $cTm\geqslant Ln$. 因而当 $n\to+\infty$ 时, $m\to+\infty$.

将(4.23a)改写为

$$
\varepsilon_i^{k+1}=s^2(\varepsilon_{i-1}^k+\varepsilon_{i+1}^k)+2(1-s^2)\varepsilon_i^k-\varepsilon_i^{k-1}, \quad 1\leqslant i\leqslant m-1, \quad 1\leqslant k\leqslant n-1. \tag{4.24}
$$

分析可知在图 4.6 所示三角形区域或梯形区域内, 即当 $k\leqslant\min\left\{\left\lfloor\dfrac{m}{2}\right\rfloor,n\right\}$ 时, $\varepsilon_i^k\ (k\leqslant i\leqslant m-k)$ 的值与边界值(4.23d)无关, 而由(4.23a)、初值(4.23b)和(4.23c) 完全确定.

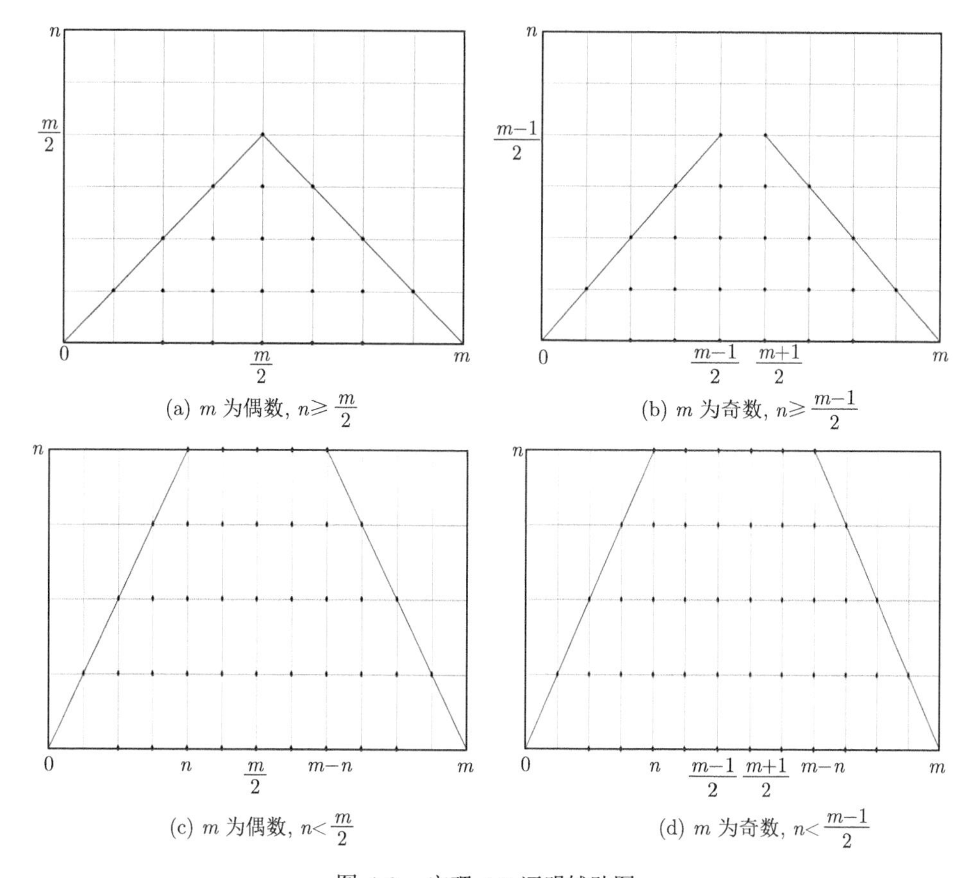

(a) m 为偶数, $n\geqslant\dfrac{m}{2}$　(b) m 为奇数, $n\geqslant\dfrac{m-1}{2}$

(c) m 为偶数, $n<\dfrac{m}{2}$　(d) m 为奇数, $n<\dfrac{m-1}{2}$

图 4.6　定理 4.5 证明辅助图

(a) 当 $s=1$ 时, 由(4.24)可知

$$\varepsilon_i^{k+1}=\varepsilon_{i-1}^k+\varepsilon_{i+1}^k-\varepsilon_i^{k-1},\quad k\leqslant i\leqslant m-k,\quad k\leqslant\min\left\{\left\lfloor\frac{m}{2}\right\rfloor,n\right\}. \tag{4.25}$$

设(4.25)的解具有形式

$$\varepsilon_i^{k+1}=(-1)^{i+k}T(k).$$

将它代入到(4.25)可得

$$T(k+1)-2T(k)+T(k-1)=0,\quad k\leqslant\min\left\{\left\lfloor\frac{m}{2}\right\rfloor,n\right\}.$$

因而

$$T(k)=T(1)k+T(0)(1-k),\quad k\leqslant\min\left\{\left\lfloor\frac{m}{2}\right\rfloor,n\right\}.$$

注意到 $T(0) = -\epsilon, \quad T(1) = \epsilon$, 有

$$T(k) = (2k-1)\epsilon, \quad k \leqslant \min\left\{\left\lfloor \frac{m}{2} \right\rfloor, n\right\}.$$

可得在图 4.6所示三角形区域或梯形区域内的解为

$$\varepsilon_i^k = (-1)^{i+k}(2k-1)\epsilon, \quad k \leqslant i \leqslant m-k, \quad k \leqslant \min\left\{\left\lfloor \frac{m}{2} \right\rfloor, n\right\}.$$

由上式得到

$$\left\|\varepsilon^{\min\left\{\left\lfloor \frac{m}{2} \right\rfloor, n\right\}}\right\|_\infty \geqslant \left(2\min\left\{\left\lfloor \frac{m}{2} \right\rfloor, n\right\} - 1\right)\epsilon.$$

因而

$$\lim_{n\to+\infty} \left\|\varepsilon^{\min\left\{\left\lfloor \frac{m}{2} \right\rfloor, n\right\}}\right\|_\infty = +\infty.$$

由于

$$\max_{1\leqslant k\leqslant n} \left\|\varepsilon^k\right\|_\infty \geqslant \left\|\varepsilon^{\min\left\{\left\lfloor \frac{m}{2} \right\rfloor, n\right\}}\right\|_\infty,$$

所以

$$\lim_{n\to+\infty} \max_{1\leqslant k\leqslant n} \left\|\varepsilon^k\right\|_\infty = +\infty.$$

(b) 当 $s > 1$ 时, 由(4.24)可得

$$\varepsilon_i^{k+1} = s^2(\varepsilon_{i-1}^k + \varepsilon_{i+1}^k) + 2(1-s^2)\varepsilon_i^k - \varepsilon_i^{k-1}, \quad k \leqslant i \leqslant m-k, \quad k \leqslant \min\left\{\left\lfloor \frac{m}{2} \right\rfloor, n\right\}. \tag{4.26}$$

设(4.26)的解具有形式

$$\varepsilon_i^{k+1} = (-1)^{i+k}T(k).$$

将它代入到(4.25)可得

$$T(k+1) + 2(1-2s^2)T(k) + T(k-1) = 0, \quad k \leqslant \min\left\{\left\lfloor \frac{m}{2} \right\rfloor, n\right\}.$$

它的特征方程

$$\lambda^2 + 2(1-2s^2)\lambda + 1 = 0$$

的两个根为

$$\lambda_1 = 2s^2 - 1 + 2s\sqrt{s^2-1} \in (1, +\infty), \quad \lambda_2 = 2s^2 - 1 - 2s\sqrt{s^2-1} \in (0, 1).$$

注意到 $T(0)=-\epsilon,\quad T(1)=\epsilon$, 可得

$$\begin{aligned}T(k)=&\frac{T(1)-\lambda_2T(0)}{\lambda_1-\lambda_2}\lambda_1^k+\frac{\lambda_1T(0)-T(1)}{\lambda_1-\lambda_2}\lambda_2^k\\=&\Big(\frac{1+\lambda_2}{\lambda_1-\lambda_2}\lambda_1^k-\frac{1+\lambda_1}{\lambda_1-\lambda_2}\lambda_2^k\Big)\epsilon,\quad k\leqslant\min\left\{\left\lfloor\frac{m}{2}\right\rfloor,n\right\}.\end{aligned}$$

因而在图 4.6 所示三角形区域或梯形区域内的解为

$$\varepsilon_i^k=(-1)^{i+k}\Big(\frac{1+\lambda_2}{\lambda_1-\lambda_2}\lambda_1^k-\frac{1+\lambda_1}{\lambda_1-\lambda_2}\lambda_2^k\Big)\epsilon,\quad k\leqslant i\leqslant m-k,\quad k\leqslant\min\left\{\left\lfloor\frac{m}{2}\right\rfloor,n\right\}.$$

由上式得到

$$\left\|\varepsilon^{\min\left\{\left\lfloor\frac{m}{2}\right\rfloor,n\right\}}\right\|_\infty\geqslant\Big(\frac{1+\lambda_2}{\lambda_1-\lambda_2}\lambda_1^{\min\left\{\left\lfloor\frac{m}{2}\right\rfloor n\right\}}-\frac{1+\lambda_1}{\lambda_1-\lambda_2}\lambda_2^{\min\left\{\left\lfloor\frac{m}{2}\right\rfloor,n\right\}}\Big)\epsilon.$$

因而

$$\lim_{n\to+\infty}\left\|\varepsilon^{\min\left\{\left\lfloor\frac{m}{2}\right\rfloor,n\right\}}\right\|_\infty=+\infty.$$

由于

$$\max_{1\leqslant k\leqslant n}\left\|\varepsilon^k\right\|_\infty\geqslant\left\|\varepsilon^{\min\left\{\left\lfloor\frac{m}{2}\right\rfloor,n\right\}}\right\|_\infty,$$

所以

$$\lim_{n\to+\infty}\max_{1\leqslant k\leqslant n}\left\|\varepsilon^k\right\|_\infty=+\infty.$$

综上 $s\geqslant1$, 则差分格式 (4.14) 关于初值在无穷范数下是不稳定的.

定理证毕. □

4.3 隐式差分格式

上节介绍的显式差分格式要求步长比 $s<1$. 本节我们介绍一个无条件稳定的差分格式.

4.3.1 差分格式的建立

(I) 在点 (x_i,t_0) 处考虑微分方程 (4.1a), 有

$$\frac{\partial^2u(x_i,t_0)}{\partial t^2}-\frac{1}{2}\,c^2\left[\frac{\partial^2u(x_i,t_1)}{\partial x^2}+\frac{\partial^2u(x_i,t_0)}{\partial x^2}\right]$$

$$= f(x_i,t_0) - \frac{1}{2}c^2\left[\frac{\partial^2 u(x_i,t_1)}{\partial x^2} - \frac{\partial^2 u(x_i,t_0)}{\partial x^2}\right], \quad 1 \leqslant i \leqslant m-1. \quad (4.27)$$

由引理 1.2 有

$$\frac{\partial^2 u(x_i,t_0)}{\partial t^2} = \frac{2}{\tau}\left[\delta_t U_i^{\frac{1}{2}} - u_t(x_i,t_0)\right] - \frac{\tau}{3}\frac{\partial^3 u(x_i,\eta_{i0})}{\partial t^3}, \quad \eta_{i0} \in (t_0,t_1),$$

$$\frac{\partial^2 u(x_i,t_k)}{\partial x^2} = \delta_x^2 U_i^k - \frac{h^2}{12}\frac{\partial^4 u(\xi_{ik},t_k)}{\partial x^4}, \quad \xi_{ik} \in (x_{i-1},x_{i+1}).$$

将以上两式代入到 (4.27), 可得

$$\frac{2}{\tau}\left[\delta_t U_i^{\frac{1}{2}} - u_t(x_i,t_0)\right] - c^2\delta_x^2 U_i^{\frac{1}{2}} = f(x_i,t_0) + (R_2)_i^0, \quad 1 \leqslant i \leqslant m-1, \quad (4.28)$$

其中

$$(R_2)_i^0 = \frac{\tau}{3}\cdot\frac{\partial^3 u(x_i,\eta_{i0})}{\partial t^3} - \frac{1}{2}c^2\left[\frac{\partial^2 u(x_i,t_1)}{\partial x^2} - \frac{\partial^2 u(x_i,t_0)}{\partial x^2}\right]$$
$$- \frac{c^2h^2}{24}\left[\frac{\partial^4 u(\xi_{i0},t_0)}{\partial x^4} + \frac{\partial^4 u(\xi_{i1},t_1)}{\partial x^4}\right], \quad 1 \leqslant i \leqslant m-1. \quad (4.29)$$

(II) 在结点 (x_i,t_k) 处考虑微分方程 (4.1a), 有

$$\frac{\partial^2 u(x_i,t_k)}{\partial t^2} - c^2\frac{\partial^2 u(x_i,t_k)}{\partial x^2} = f(x_i,t_k), \quad 1 \leqslant i \leqslant m-1, \quad 1 \leqslant k \leqslant n-1. \quad (4.30)$$

由引理 1.2, 可得

$$\frac{\partial^2 u(x_i,t_k)}{\partial x^2} = \frac{1}{2}\left[\frac{\partial^2 u(x_i,t_{k-1})}{\partial x^2} + \frac{\partial^2 u(x_i,t_{k+1})}{\partial x^2}\right] - \frac{\tau^2}{2}\cdot\frac{\partial^4 u(x_i,\zeta_{ik})}{\partial x^2\partial t^2}$$
$$= \frac{1}{2}\left[\delta_x^2 U_i^{k-1} - \frac{h^2}{12}\cdot\frac{\partial^2 u(\xi_{i,k-1},t_{k-1})}{\partial x^4} + \delta_x^2 U_i^{k+1} - \frac{h^2}{12}\cdot\frac{\partial^2 u(\xi_{i,k+1},t_{k+1})}{\partial x^4}\right]$$
$$- \frac{\tau^2}{2}\cdot\frac{\partial^4 u(x_i,\zeta_{ik})}{\partial x^2\partial t^2}, \quad \zeta_{ik} \in (t_{k-1},t_{k+1}), \quad \xi_{i,k-1},\xi_{i,k+1} \in (x_{i-1},x_{i+1}),$$

$$\frac{\partial^2 u(x_i,t_k)}{\partial t^2} = \delta_t^2 U_i^k - \frac{\tau^2}{12}\frac{\partial^4 u(x_i,\eta_{ik})}{\partial t^4}, \quad \eta_{ik} \in (t_{k-1},t_{k+1}).$$

将以上两式代入 (4.30), 得

$$\delta_t^2 U_i^k - \frac{c^2}{2}(\delta_x^2 U_i^{k-1} + \delta_x^2 U_i^{k+1}) = f(x_i,t_k) + (R_2)_i^k, \quad 1 \leqslant i \leqslant m-1, \quad 1 \leqslant k \leqslant n-1, \quad (4.31)$$

其中

$$
\begin{aligned}
(R_2)_i^k = &\tau^2 \left[\frac{1}{12} \cdot \frac{\partial^4 u(x_i, \eta_{ik})}{\partial t^4} - \frac{c^2}{2} \cdot \frac{\partial^4 u(x_i, \zeta_{ik})}{\partial x^2 \partial t^2}\right] \\
&- \frac{c^2 h^2}{24} \left[\frac{\partial^4 u(\xi_{i,k-1}, t_{k-1})}{\partial x^4} + \frac{\partial^4 u(\xi_{i,k+1}, t_{k+1})}{\partial x^4}\right].
\end{aligned} \tag{4.32}
$$

观察 (4.29) 和 (4.32) 可知存在正常数 c_2 使得

$$
\begin{cases}
|(R_2)_i^0| \leqslant c_2(\tau + h^2), \quad 1 \leqslant i \leqslant m-1, \\
|(R_2)_i^k| \leqslant c_2(\tau^2 + h^2), \quad 1 \leqslant i \leqslant m-1, \quad 1 \leqslant k \leqslant n-1.
\end{cases} \tag{4.33}
$$

由初值条件 (4.1b), 有

$$
U_i^0 = \varphi(x_i), \quad 1 \leqslant i \leqslant m-1, \tag{4.34}
$$

由边值条件 (4.1c), 有

$$
U_0^k = \alpha(t_k), \quad U_m^k = \beta(t_k), \quad 0 \leqslant k \leqslant n. \tag{4.35}
$$

在 (4.28) 和 (4.31) 中分别略去小量项 $(R_2)_i^0$ 和 $(R_2)_i^k$, 并注意到 (4.34) 和 (4.35), 用 u_i^k 代替 U_i^k, 可得如下差分格式

$$
\begin{cases}
\dfrac{2}{\tau}\left[\delta_t u_i^{\frac{1}{2}} - \psi(x_i)\right] - c^2 \delta_x^2 u_i^{\frac{1}{2}} = f(x_i, t_0), \quad 1 \leqslant i \leqslant m-1, & (4.36\text{a}) \\
\delta_t^2 u_i^k - \dfrac{c^2}{2}(\delta_x^2 u_i^{k-1} + \delta_x^2 u_i^{k+1}) = f(x_i, t_k), & \\
\qquad\qquad 1 \leqslant i \leqslant m-1, \quad 1 \leqslant k \leqslant n-1, & (4.36\text{b}) \\
u_i^0 = \varphi(x_i), \quad 1 \leqslant i \leqslant m-1, & (4.36\text{c}) \\
u_0^k = \alpha(t_k), \quad u_m^k = \beta(t_k), \quad 0 \leqslant k \leqslant n. & (4.36\text{d})
\end{cases}
$$

差分格式 (4.36a) 是一个 2 层 6 点的隐式差分格式. 差分格式 (4.36b) 是一个 3 层 7 点的隐式差分格式 (结点图见图 4.7).

注 4.1 也可用

$$
\frac{2}{\tau}\left[\delta_t u_i^{\frac{1}{2}} - \psi(x_i)\right] - c^2 \delta_x^2 u_i^1 = f(x_i, t_0), \quad 1 \leqslant i \leqslant m-1 \tag{4.37}
$$

代替 (4.36a). 差分格式 (4.37) 和 (4.36a) 具有相同的逼近精度.

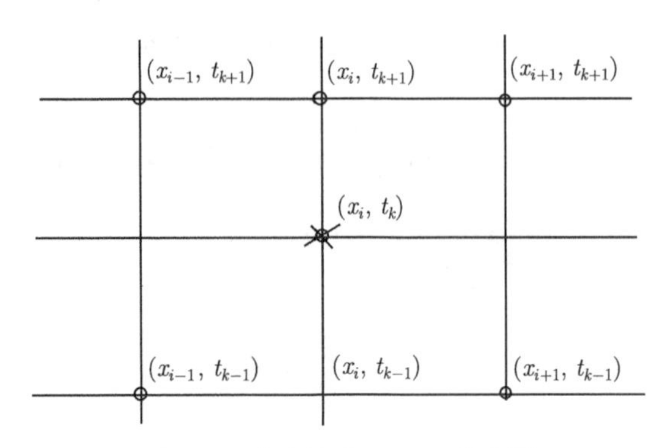

图 4.7　隐式格式 (4.36) 结点图

4.3.2　差分格式解的存在性

定理 4.6　*差分格式 (4.36) 是唯一可解的.*

证明　由 (4.36c) 和(4.36d)知 u^0 已给定.

改写 (4.36a) 为

$$u_i^1 - u_i^0 - \frac{1}{4}s^2(u_{i-1}^0 - 2u_i^0 + u_{i+1}^0 + u_{i-1}^1 - 2u_i^1 + u_{i+1}^1) = \tau\psi(x_i) + \frac{\tau^2}{2}f(x_i, t_0),$$
$$1 \leqslant i \leqslant m-1,$$

或

$$\begin{aligned} & -\frac{1}{2}s^2u_{i-1}^1 + (2+s^2)u_i^1 - \frac{1}{2}s^2u_{i+1}^1 \\ = & \frac{1}{2}s^2u_{i-1}^0 + (2-s^2)u_i^0 + \frac{1}{2}s^2u_{i+1}^0 + 2\tau\psi(x_i) + \tau^2 f(x_i, t_0), \quad 1 \leqslant i \leqslant m-1. \end{aligned}$$

因而 (4.36a) 可写成如下矩阵形式

$$\begin{pmatrix} 2+s^2 & -\frac{1}{2}s^2 & & & \\ -\frac{1}{2}s^2 & 2+s^2 & -\frac{1}{2}s^2 & & \\ & \ddots & \ddots & \ddots & \\ & & -\frac{1}{2}s^2 & 2+s^2 & -\frac{1}{2}s^2 \\ & & & -\frac{1}{2}s^2 & 2+s^2 \end{pmatrix} \begin{pmatrix} u_1^1 \\ u_2^1 \\ \vdots \\ u_{m-2}^1 \\ u_{m-1}^1 \end{pmatrix}$$

$$
= \begin{pmatrix} 2-s^2 & \frac{1}{2}s^2 & & & \\ \frac{1}{2}s^2 & 2-s^2 & \frac{1}{2}s^2 & & \\ & \ddots & \ddots & \ddots & \\ & & \frac{1}{2}s^2 & 2-s^2 & \frac{1}{2}s^2 \\ & & & \frac{1}{2}s^2 & 2-s^2) \end{pmatrix} \begin{pmatrix} u_1^0 \\ u_2^0 \\ \vdots \\ u_{m-2}^0 \\ u_{m-1}^0 \end{pmatrix}
$$

$$
+ \begin{pmatrix} \frac{1}{2}s^2(u_0^1+u_0^0)+2\tau\psi(x_1)+\tau^2 f(x_1,t_0) \\ 2\tau\psi(x_2)+\tau^2 f(x_2,t_0) \\ \vdots \\ 2\tau\psi(x_{m-2})+\tau^2 f(x_{m-2},t_0) \\ \frac{1}{2}s^2(u_m^1+u_m^0)+2\tau\psi(x_{m-1})+\tau^2 f(x_{m-1},t_0) \end{pmatrix}.
$$

观察其系数矩阵可知它是严格对角占优的, 因而有唯一解 u^1.

现假设已得到 u^{k-1}, u^k $(k \geqslant 1)$. 改写 (4.36b) 为

$$
u_i^{k+1} - 2u_i^k + u_i^{k-1} - \frac{1}{2}s^2(u_{i-1}^{k-1} - 2u_i^{k-1} + u_{i+1}^{k-1} + u_{i-1}^{k+1} - 2u_i^{k+1} + u_{i+1}^{k+1})
$$

$$
= \tau^2 f(x_i, t_k), \quad 1 \leqslant i \leqslant m-1,
$$

或

$$
-\frac{1}{2}s^2 u_{i-1}^{k+1} + (1+s^2)u_i^{k+1} - \frac{1}{2}s^2 u_{i+1}^{k+1}
$$

$$
= \frac{1}{2}s^2 u_{i-1}^{k-1} - (1+s^2)u_i^{k-1} + \frac{1}{2}s^2 u_{i+1}^{k-1} + 2u_i^k + \tau^2 f(x_i, t_k), \quad 1 \leqslant i \leqslant m-1.
$$

因而 (4.36b) 可写成如下矩阵形式

$$
\begin{pmatrix} 1+s^2 & -\frac{1}{2}s^2 & & & \\ -\frac{1}{2}s^2 & 1+s^2 & -\frac{1}{2}s^2 & & \\ & \ddots & \ddots & \ddots & \\ & & -\frac{1}{2}s^2 & 1+s^2 & -\frac{1}{2}s^2 \\ & & & -\frac{1}{2}s^2 & 1+s^2 \end{pmatrix} \begin{pmatrix} u_1^{k+1} \\ u_2^{k+1} \\ \vdots \\ u_{m-2}^{k+1} \\ u_{m-1}^{k+1} \end{pmatrix}
$$

$$= \begin{pmatrix} -(1+s^2) & \frac{1}{2}s^2 & & & \\ \frac{1}{2}s^2 & -(1+s^2) & \frac{1}{2}s^2 & & \\ & \ddots & \ddots & \ddots & \\ & & \frac{1}{2}s^2 & -(1+s^2) & \frac{1}{2}s^2 \\ & & & \frac{1}{2}s^2 & -(1+s^2) \end{pmatrix} \begin{pmatrix} u_1^{k-1} \\ u_2^{k-1} \\ \vdots \\ u_{m-2}^{k-1} \\ u_{m-1}^{k-1} \end{pmatrix}$$

$$+ \begin{pmatrix} \frac{1}{2}s^2(u_0^{k+1}+u_0^{k-1}) + 2u_1^k + \tau^2 f(x_1,t_k) \\ 2u_2^k + \tau^2 f(x_2,t_k) \\ \vdots \\ 2u_{m-2}^k + \tau^2 f(x_{m-2},t_k) \\ \frac{1}{2}s^2(u_m^{k+1}+u_m^{k-1}) + 2u_{m-1}^k + \tau^2 f(x_{m-1},t_k) \end{pmatrix}.$$

观察其系数矩阵可知它是严格对角占优的, 因而有唯一解 u^{k+1}.

由归纳原理, 差分格式 (4.36b) 和 (4.36d) 是唯一可解的.

定理证毕. □

4.3.3 差分格式的求解与数值算例

由定理 4.6 的证明过程可知在每一时间层上只要解一个三对角线性方程组.

算例 4.2 *应用隐式差分格式 (4.36) 计算算例 4.1 中的定解问题 (4.15).*

表 4.5 给出了 $h=1/100, \tau=1/100$ 时计算得到的部分数值结果. 表 4.6 给出了 $h=1/200, \tau=1/200$ 时计算得到的部分数值结果. 数值解很好地逼近精确解. 表 4.7 给出了取不同步长时, 数值解的最大误差

$$E_\infty(h,\tau) = \max_{1\leqslant i\leqslant m-1, 1\leqslant k\leqslant n} \left|u(x_i,t_k) - u_i^k\right|.$$

表 4.5　算例 4.2 部分结点处数值解、精确解和误差的绝对值 ($h=1/100, \tau=1/100$)

k	(x,t)	数值解	精确解	| 精确解 − 数值解 |
10	(0.5, 0.1)	1.8221206	1.8221188	1.782e−6
20	(0.5, 0.2)	2.0137572	2.0137527	4.495e−6
30	(0.5, 0.3)	2.2255492	2.2255409	8.261e−6
40	(0.5, 0.4)	2.4596163	2.4596031	1.322e−5
50	(0.5, 0.5)	2.7183011	2.7182818	1.926e−5
60	(0.5, 0.6)	3.0041894	3.0041660	2.335e−5
70	(0.5, 0.7)	3.3201439	3.3201169	2.696e−5
80	(0.5, 0.8)	3.6693268	3.6692967	3.013e−5
90	(0.5, 0.9)	4.0552329	4.0552000	3.296e−5
100	(0.5, 1.0)	4.4817245	4.4816891	3.543e−5

表 4.6 算例 4.2 部分结点处数值解、精确解和误差的绝对值 ($h = 1/200, \tau = 1/200$)

k	(x,t)	数值解	精确解	| 精确解 − 数值解 |
20	(0.5, 0.1)	1.8221192	1.8221188	4.481e−7
40	(0.5, 0.2)	2.0137538	2.0137527	1.129e−6
60	(0.5, 0.3)	2.2255430	2.2255409	2.073e−6
80	(0.5, 0.4)	2.4596064	2.4596031	3.317e−6
100	(0.5, 0.5)	2.7182867	2.7182818	4.856e−6
120	(0.5, 0.6)	3.0041719	3.0041660	5.875e−6
140	(0.5, 0.7)	3.3201237	3.3201169	6.746e−6
160	(0.5, 0.8)	3.6693042	3.6692967	7.550e−6
180	(0.5, 0.9)	4.0552082	4.0552000	8.250e−6
200	(0.5, 1.0)	4.4816979	4.4816891	8.855e−6

表 4.7 算例 4.2 取不同步长时数值解的最大误差 ($s = 1$)

h	τ	$E_\infty(h,\tau)$	$E_\infty(2h,2\tau)/E_\infty(h,\tau)$
1/10	1/10	3.5077e−3	*
1/20	1/20	8.8597e−4	3.959
1/40	1/40	2.2195e−4	3.992
1/80	1/80	5.5441e−5	4.003
1/160	1/160	1.3854e−5	4.002
1/320	1/320	3.4646e−6	3.999
1/640	1/640	8.6607e−7	4.000

由表 4.7 可以看出, 当步长缩小到原来的 1/2 时, 最大误差约缩小到原来的 1/4. 图 4.8 给出了 $t = 1$ 时精确解曲线和取步长 $h = \tau = 1/10$ 时所得数值解曲线. 图 4.9 给出了 $t = 1$ 时取不同步长时所得数值解的误差曲线. 图 4.10 是取不同步长时数值解误差曲面.

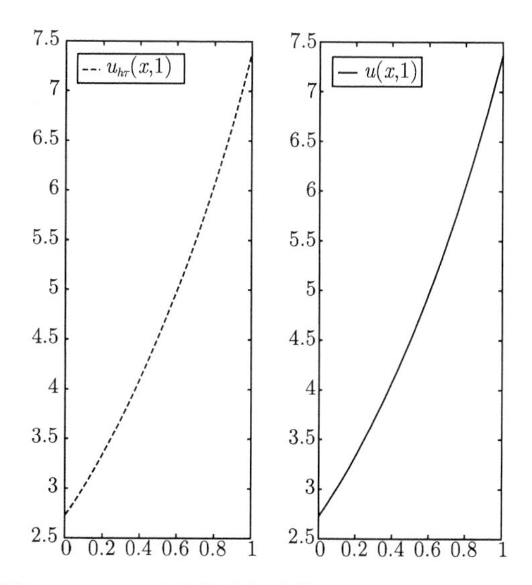

图 4.8 算例 4.2 $t = 1$ 时的数值解曲线 ($h = \tau = 1/10$) 与精确解曲线

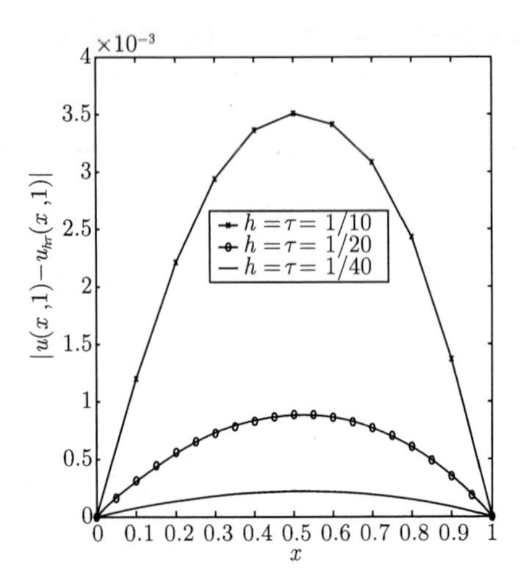

图 4.9　算例 4.2 $t=1$ 时不同步长数值解的误差曲线 $(s=1)$

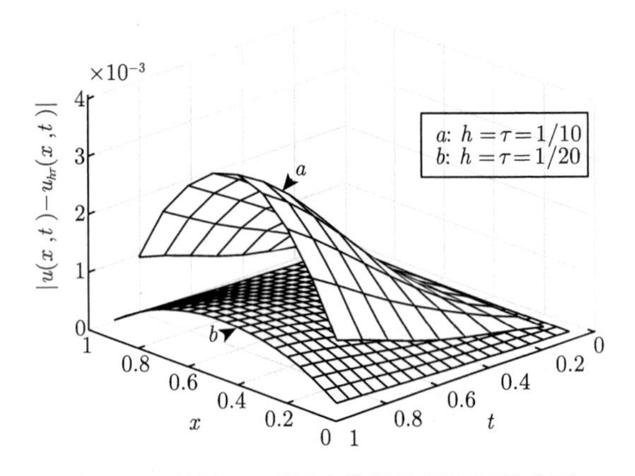

图 4.10　算例 4.2不同步长数值解的误差曲面

4.3.4　差分格式解的先验估计式

定理 4.7　设 $\{v_i^k \mid 0 \leqslant i \leqslant m, 0 \leqslant k \leqslant n\}$ 为差分格式

$$
\begin{cases}
\dfrac{2}{\tau}\cdot\left(\delta_t v_i^{\frac{1}{2}} - \psi_i\right) - \dfrac{c^2}{2}(\delta_x^2 v_i^0 + \delta_x^2 v_i^1) = g_i^0, \quad 1 \leqslant i \leqslant m-1, & (4.38\text{a}) \\
\delta_t^2 v_i^k - \dfrac{c^2}{2}(\delta_x^2 v_i^{k-1} + \delta_x^2 v_i^{k+1}) = g_i^k, & \\
\qquad\qquad 1 \leqslant i \leqslant m-1, \quad 1 \leqslant k \leqslant n-1, & (4.38\text{b}) \\
v_i^0 = \varphi_i, \quad 1 \leqslant i \leqslant m-1, & (4.38\text{c}) \\
v_0^k = 0, \quad v_m^k = 0, \quad 0 \leqslant k \leqslant n & (4.38\text{d})
\end{cases}
$$

的解. 记

$$E^k = \|\delta_t v^{k+\frac{1}{2}}\|^2 + \frac{c^2}{2}(|v^{k+1}|_1^2 + |v^k|_1^2),$$

则对任意的步长比 s, 有

$$E^k \leqslant \mathrm{e}^{\frac{3}{2}k\tau}\left[c^2|v^0|_1^2 + 2\|\psi\|^2 + \frac{\tau^2}{2}\|g^0\|^2 + \frac{3}{2}\tau\sum_{l=1}^{k}\|g^l\|^2\right], \quad 0 \leqslant k \leqslant n-1.$$

证明 由 (4.38d) 可得

$$\delta_t v_0^{\frac{1}{2}} = 0, \quad \delta_t v_m^{\frac{1}{2}} = 0, \tag{4.39}$$

$$\Delta_t v_0^k = 0, \quad \Delta_t v_m^k = 0, \quad 1 \leqslant k \leqslant n-1. \tag{4.40}$$

用 $\delta_t v^{\frac{1}{2}}$ 与 (4.38a) 两边做内积, 得

$$\frac{2}{\tau}\left[\|\delta_t v^{\frac{1}{2}}\|^2 - \left(\psi, \delta_t v^{\frac{1}{2}}\right)\right] - \frac{c^2}{2}\cdot\left(\delta_x^2 v^0 + \delta_x^2 v^1, \delta_t v^{\frac{1}{2}}\right) = \left(g^0, \delta_t v^{\frac{1}{2}}\right).$$

应用引理 1.4 以及 (4.39), 得

$$\begin{aligned}
&\frac{2}{\tau}\|\delta_t v^{\frac{1}{2}}\|^2 + \frac{c^2}{2\tau}\left(|v^1|_1^2 - |v^0|_1^2\right)\\
=&\left(g^0, \delta_t v^{\frac{1}{2}}\right) + \frac{2}{\tau}\left(\psi, \delta_t v^{\frac{1}{2}}\right)\\
\leqslant&\frac{1}{2\tau}\|\delta_t v^{\frac{1}{2}}\|^2 + \frac{2}{\tau}\|\psi\|^2 + \frac{1}{2\tau}\|\delta_t v^{\frac{1}{2}}\|^2 + \frac{\tau}{2}\|g^0\|^2.
\end{aligned}$$

由上式易知

$$E^0 = \|\delta_t v^{\frac{1}{2}}\|^2 + \frac{c^2}{2}\left(|v^1|_1^2 + |v^0|_1^2\right) \leqslant c^2|v^0|_1^2 + 2\|\psi\|^2 + \frac{\tau^2}{2}\|g^0\|^2. \tag{4.41}$$

用 $2\Delta_t v^k$ 与 (4.38b) 的两边做内积, 得到

$$2(\delta_t^2 v^k, \Delta_t v^k) - c^2(\delta_x^2 v^{k-1} + \delta_x^2 v^{k+1}, \Delta_t v^k) = 2(g^k, \Delta_t v^k), \quad 1 \leqslant k \leqslant n-1. \tag{4.42}$$

现在来估计上式中的每一项. 左端第一项

$$2(\delta_t^2 v^k, \Delta_t v^k) = \frac{1}{\tau}\cdot\left(\|\delta_t v^{k+\frac{1}{2}}\|^2 - \|\delta_t v^{k-\frac{1}{2}}\|^2\right); \tag{4.43}$$

对左端第二项应用引理 1.4 以及 (4.40), 得

$$\begin{aligned}
&-(\delta_x^2 v^{k-1}+\delta_x^2 v^{k+1},\Delta_t v^k)\\
=&(\delta_x v^{k-1}+\delta_x v^{k+1},\Delta_t\delta_x v^k)\\
=&\frac{1}{2\tau}(\delta_x v^{k-1}+\delta_x v^{k+1},\delta_x v^{k+1}-\delta_x v^{k-1})\\
=&\frac{1}{2\tau}(\|\delta_x v^{k+1}\|^2-\|\delta_x v^{k-1}\|^2)\\
=&\frac{1}{\tau}\left(\frac{\|\delta_x v^{k+1}\|^2+\|\delta_x v^k\|^2}{2}-\frac{\|\delta_x v^k\|^2+\|\delta_x v^{k-1}\|^2}{2}\right);
\end{aligned}\tag{4.44}$$

右端项

$$2(g^k,\Delta_t v^k)\leqslant\|\Delta_t v^k\|^2+\|g^k\|^2\leqslant\frac{1}{2}\left(\|\delta_t v^{k+\frac{1}{2}}\|^2+\|\delta_t v^{k-\frac{1}{2}}\|^2\right)+\|g^k\|^2.\tag{4.45}$$

将 (4.43)、(4.44)和 (4.45) 代入 (4.42), 得到

$$\frac{1}{\tau}(E^k-E^{k-1})\leqslant\frac{1}{2}(E^k+E^{k-1})+\|g^k\|^2,\quad 1\leqslant k\leqslant n-1,$$

或

$$\left(1-\frac{\tau}{2}\right)E^k\leqslant\left(1+\frac{\tau}{2}\right)E^{k-1}+\tau\|g^k\|^2,\quad 1\leqslant k\leqslant n-1.$$

当 $\tau\leqslant 2/3$ 时, 有

$$E^k\leqslant\left(1+\frac{3\tau}{2}\right)E^{k-1}+\frac{3}{2}\tau\|g^k\|^2,\quad 1\leqslant k\leqslant n-1.$$

由 Gronwall 不等式 (引理 3.3) 可得

$$E^k\leqslant \mathrm{e}^{\frac{3}{2}k\tau}\left[E^0+\frac{3}{2}\tau\sum_{l=1}^{k}\|g^l\|^2\right],\quad 1\leqslant k\leqslant n-1.\tag{4.46}$$

将 E^k 的表达式代入 (4.46), 并注意 (4.41), 即得所要不等式.

定理证毕. □

4.3.5 差分格式解的收敛性和稳定性

收敛性

定理 4.8 设 $\{u(x,t)\mid(x,t)\in\bar{D}\}$ 为定解问题 (4.1), $\{u_i^k\mid 0\leqslant i\leqslant m,\ 0\leqslant$

$k \leqslant n\}$ 为差分格式 (4.36) 的解. 记

$$e_i^k = u(x_i, t_k) - u_i^k, \quad 0 \leqslant i \leqslant m, \quad 0 \leqslant k \leqslant n,$$

则对任意的步长比 s, 有

$$\|e^k\|_\infty \leqslant \frac{\sqrt{2}}{c} \cdot \frac{L}{4} \mathrm{e}^{\frac{3}{4}T} \sqrt{1+6T}\, c_2(\tau^2 + h^2), \quad 1 \leqslant k \leqslant n.$$

证明 将 (4.28)、(4.31)、(4.34) 和 (4.35), 与 (4.36) 相减, 得到误差方程组

$$\begin{cases} \dfrac{2}{\tau} \cdot \delta_t e_i^{\frac{1}{2}} - \dfrac{c^2}{2}(\delta_x^2 e_i^0 + \delta_x^2 e_i^1) = (R_2)_i^0, \quad 1 \leqslant i \leqslant m-1, \\ \delta_t^2 e_i^k - \dfrac{c^2}{2}(\delta_x^2 e_i^{k-1} + \delta_x^2 e_i^{k+1}) = (R_2)_i^k, \\ \qquad\qquad 1 \leqslant i \leqslant m-1, \quad 1 \leqslant k \leqslant n-1, \\ e_i^0 = 0, \quad 1 \leqslant i \leqslant m-1, \\ e_0^k = 0, \quad e_m^k = 0, \quad 0 \leqslant k \leqslant n. \end{cases}$$

由定理 4.7, 得

$$\begin{aligned} &\|\delta_t e^{k+\frac{1}{2}}\|^2 + \frac{c^2}{2}(|e^{k+1}|_1^2 + |e^k|_1^2) \\ \leqslant &\mathrm{e}^{\frac{3}{2}k\tau} \left[c^2 |e^0|_1^2 + \frac{\tau^2}{4} \|(R_2)^0\|^2 + \frac{3}{2}\tau \sum_{l=1}^{k} \|(R_2)^l\|^2 \right], \quad 0 \leqslant k \leqslant n-1. \end{aligned}$$

结合 (4.33), 得到

$$\begin{aligned} &\|\delta_t e^{k+\frac{1}{2}}\|^2 + \frac{c^2}{2}(|e^{k+1}|_1^2 + |e^k|_1^2) \\ \leqslant &\mathrm{e}^{\frac{3}{2}k\tau} \left[\frac{\tau^2}{4} L c_2^2 (\tau + h^2)^2 + \frac{3}{2} k\tau L c_2^2 (\tau^2 + h^2)^2 \right] \\ \leqslant &\mathrm{e}^{\frac{3}{2}T} \left(\frac{1}{4} + \frac{3}{2}T \right) L c_2^2 (\tau^2 + h^2)^2, \quad 0 \leqslant k \leqslant n-1. \end{aligned}$$

由上式易得

$$|e^k|_1 \leqslant \frac{\sqrt{2}}{c} \cdot \mathrm{e}^{\frac{3}{4}T} \sqrt{\left(\frac{1}{4} + \frac{3}{2}T \right) L}\, c_2 (\tau^2 + h^2), \quad 1 \leqslant k \leqslant n.$$

因而

$$\|e^k\|_\infty \leqslant \frac{\sqrt{L}}{2}|e^k|_1 \leqslant \frac{\sqrt{2}}{c}\cdot\frac{L}{4}\mathrm{e}^{\frac{3}{4}T}\sqrt{1+6T}\,c_2(\tau^2+h^2),\quad 1\leqslant k\leqslant n.$$

定理证毕. □

稳定性

定理 4.9 差分格式 (4.36) 对于任意步长比 s 关于初值和右端函数在下述意义下是稳定的: 设 $\{u_i^k \mid 0\leqslant i\leqslant m, 0\leqslant k\leqslant n\}$ 为差分格式

$$\begin{cases}\dfrac{2}{\tau}\cdot\left(\delta_t u_i^{\frac{1}{2}}-\psi_i\right)-\dfrac{c^2}{2}\left(\delta_x^2u_i^0+\delta_x^2u_i^1\right)=f_i^0, \quad 1\leqslant i\leqslant m-1,\\ \delta_t^2u_i^k-\dfrac{c^2}{2}\left(\delta_x^2u_i^{k-1}+\delta_x^2u_i^{k+1}\right)=f_i^k, \quad 1\leqslant i\leqslant m-1, \quad 1\leqslant k\leqslant n-1,\\ u_i^0=\varphi_i, \quad 1\leqslant i\leqslant m-1,\\ u_0^k=0, \quad u_m^k=0, \quad 0\leqslant k\leqslant n\end{cases}$$

的解, 则对任意的步长比 s, 有

$$\begin{aligned}&\|\delta_t u^{k+\frac{1}{2}}\|^2+\frac{c^2}{2}\left(|u^{k+1}|_1^2+|u^k|_1^2\right)\\ &\leqslant \mathrm{e}^{\frac{3}{2}k\tau}\left[c^2|u^0|_1^2+2\|\psi\|^2+\frac{\tau^2}{2}\|f^0\|^2+\frac{3}{2}\tau\sum_{l=1}^{k}\left\|f^l\right\|^2\right], \quad 0\leqslant k\leqslant n-1.\end{aligned}$$

证明 由定理 4.7 易得.

定理证毕 □

注 4.2 可以对 (4.1) 建立如下加权差分格式

$$\begin{cases}\dfrac{2}{\tau}\left[\delta_t u_i^{\frac{1}{2}}-\psi(x_i)\right]-c^2\delta_x^2u_i^{\frac{1}{2}}=f(x_i,t_0), \quad 1\leqslant i\leqslant m-1,\\ \delta_t^2u_i^k-c^2\left[\theta\delta_x^2u_i^{k-1}+(1-2\theta)\delta_x^2u_i^k+\theta\delta_x^2u_i^{k+1}\right]=f(x_i,t_k),\\ \qquad\qquad 1\leqslant i\leqslant m-1, \quad 1\leqslant k\leqslant n-1,\\ u_i^0=\varphi(x_i), \quad 1\leqslant i\leqslant m-1,\\ u_0^k=\alpha(t_k), \quad u_m^k=\beta(t_k), \quad 0\leqslant k\leqslant n,\end{cases} \tag{4.47}$$

其中 $\theta\in\left[0,\dfrac{1}{2}\right]$. 当 $\theta=0$ 时, (4.47)是显式差分格式(4.14); 当 $\theta=\dfrac{1}{2}$ 时, (4.47)是隐式差分格式(4.36). 可以证明当 $(1-4\theta)s^2<1$ 时差分格式(4.47)是稳定的和收敛的.

4.4　紧致差分格式

对于定解问题 (4.1) 可以建立如下紧致差分格式

$$\begin{cases} \dfrac{2}{\tau}\cdot\mathcal{A}\left(\delta_t u_i^{\frac{1}{2}}-\psi(x_i)\right)-\dfrac{c^2}{2}\left(\delta_x^2 u_i^0+\delta_x^2 u_i^1\right)=\mathcal{A}f(x_i,t_0), \quad 1\leqslant i\leqslant m-1, \\ \mathcal{A}\delta_t^2 u_i^k-\dfrac{c^2}{2}\left(\delta_x^2 u_i^{k-1}+\delta_x^2 u_i^{k+1}\right)=\mathcal{A}f(x_i,t_k), \\ \qquad\qquad 1\leqslant i\leqslant m-1, \quad 1\leqslant k\leqslant n-1, \\ u_i^0=\varphi(x_i), \quad 1\leqslant i\leqslant m-1, \\ u_0^k=\alpha(t_k), \quad u_m^k=\beta(t_k), \quad 0\leqslant k\leqslant n. \end{cases} \tag{4.48}$$

差分格式 (4.48) 的结点图见图 4.11.

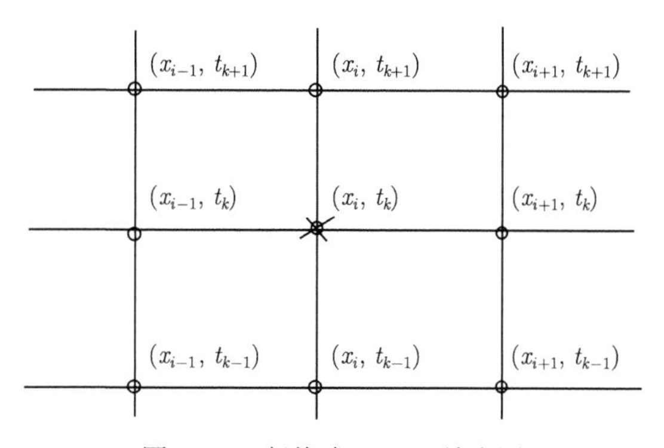

图 4.11　紧格式 (4.48) 结点图

可以证明差分格式 (4.48) 对任意步长比 s 是唯一可解的、收敛的, 且是无条件稳定的, 并有如下估计式

$$\max_{0\leqslant i\leqslant m, 0\leqslant k\leqslant n}|u(x_i,t_k)-u_i^k|=O(\tau^2+h^4).$$

算例 4.3　应用差分格式 (4.48) 计算算例 4.1 中的定解问题 (4.15).

表 4.8 给出了 $h=1/10, \tau=1/100$ 时计算得到的部分数值结果. 表 4.9 给出了 $h=1/20, \tau=1/400$ 时计算得到的部分数值结果. 数值解很好地逼近精确解. 表 4.10给出了取不同步长时, 数值解的最大误差

$$E_\infty(h,\tau)=\max_{1\leqslant i\leqslant m-1, 1\leqslant k\leqslant n}|u(x_i,t_k)-u_i^k|.$$

由表 4.10 可以看出当 h 缩小到原来的 1/2, τ 缩小到原来的 1/4 时, 最大误差约缩小到原来的 1/16. 图 4.12 给出了 $t=1$ 时的精确解曲线和取步长 $h=1/10, \tau=1/100$ 时所得数值解曲线. 图 4.13 给出了 $t=1$ 时取不同步长所得数值解的误差曲线. 图 4.14 是取不同步长时所得数值解的误差曲面.

表 4.8 算例 4.3 部分结点处数值解、精确解和误差的绝对值 ($h=1/10, \tau=1/100$)

(x,t)	数值解	精确解	|精确解 − 数值解|
(0.5, 0.1)	1.8221205	1.8221188	1.708e−6
(0.5, 0.2)	2.0137569	2.0137527	4.184e−6
(0.5, 0.3)	2.2255485	2.2255409	7.540e−6
(0.5, 0.4)	2.4596151	2.4596031	1.195e−5
(0.5, 0.5)	2.7182987	2.7182818	1.686e−5
(0.5, 0.6)	3.0041866	3.0041660	2.057e−5
(0.5, 0.7)	3.3201398	3.3201169	2.288e−5
(0.5, 0.8)	3.6693220	3.6692967	2.530e−5
(0.5, 0.9)	4.0552275	4.0552000	2.757e−5
(0.5, 1.0)	4.4817182	4.4816891	2.914e−5

表 4.9 算例 4.3 部分结点处数值解、精确解和误差的绝对值 ($h=1/20, \tau=1/400$)

(x,t)	数值解	精确解	| 精确解 − 数值解 |
(0.5, 0.1)	1.8221189	1.8221188	1.077e−7
(0.5, 0.2)	2.0137530	2.0137527	2.635e−7
(0.5, 0.3)	2.2255414	2.2255409	4.740e−7
(0.5, 0.4)	2.4596039	2.4596031	7.473e−7
(0.5, 0.5)	2.7182829	2.7182818	1.073e−6
(0.5, 0.6)	3.0041673	3.0041660	1.271e−6
(0.5, 0.7)	3.3201184	3.3201169	1.443e−6
(0.5, 0.8)	3.6692983	3.6692967	1.585e−6
(0.5, 0.9)	4.0552017	4.0552000	1.716e−6
(0.5, 1.0)	4.4816909	4.4816891	1.828e−6

表 4.10 算例 4.3 取不同步长时数值解的最大误差

h	τ	$E_\infty(h,\tau)$	$E_\infty(2h,4\tau)/E_\infty(h,\tau)$
1/10	1/100	2.9143e−5	*
1/20	1/400	1.8277e−6	15.945
1/40	1/1600	1.1427e−7	15.994
1/80	1/6400	7.4753e−9	15.287

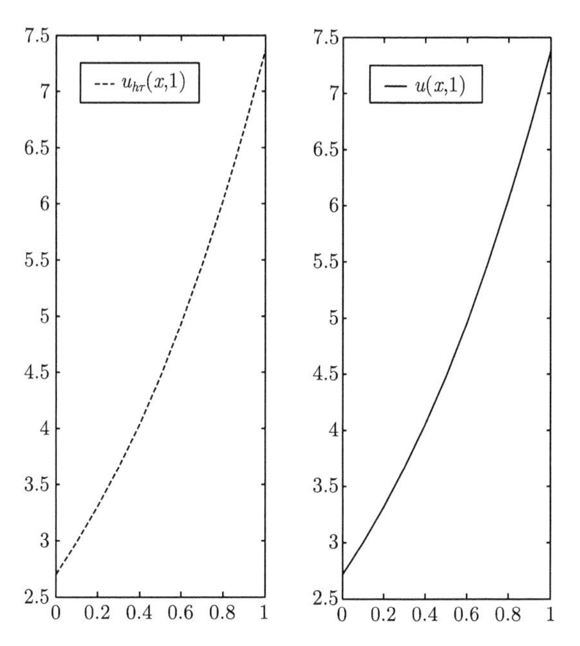

图 4.12 算例 4.3 $t=1$ 时的数值解曲线 $(h=1/10,\tau=1/100)$ 与精确解曲线

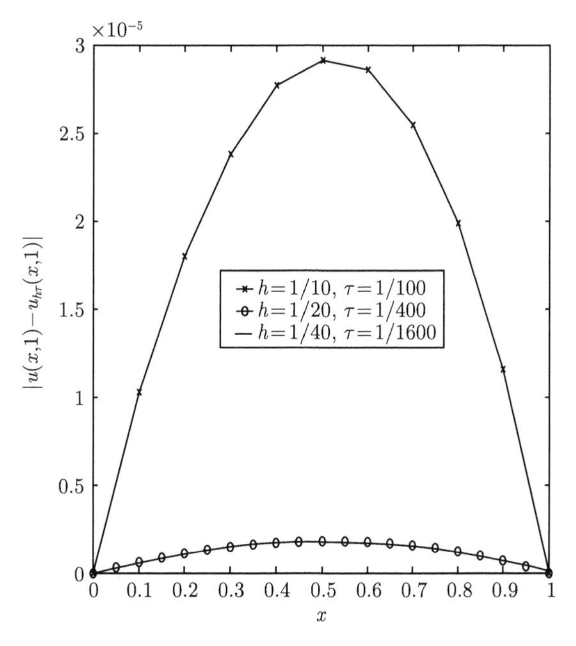

图 4.13 算例 4.3 $t=1$ 时不同步长数值解误差曲线

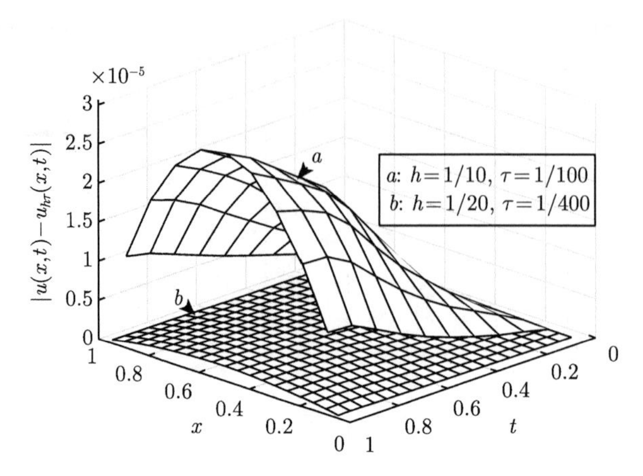

图 4.14　算例 4.3 不同步长数值解的误差曲面

4.5　有限 Fourier 级数及其应用

4.5.1　有限 Fourier 级数

对于定义在区间 $[0,L]$ 上的函数 $f(x)$, 如果 $f(0)=0,\ f(L)=0$, 则在一定条件下, 可展开为如下的 Fourier 级数 (正弦级数)

$$f(x)=\sum_{l=1}^{\infty} a_l \sin\left(\frac{l\pi x}{L}\right), \quad x\in[0,L], \tag{4.49}$$

其中系数 $\{a_l\}$ 由下式确定

$$a_l=\frac{2}{L}\int_0^L f(x)\sin\left(\frac{l\pi x}{L}\right)\mathrm{d}x, \quad l=1,2,\cdots,$$

且有

$$\int_0^L f^2(x)\mathrm{d}x=\frac{L}{2}\sum_{l=1}^{\infty} a_l^2.$$

类似地, 如果将区间 $[0,L]$ 作 m 等分, 记 $h=L/m, x_i=ih,\ 0\leqslant i\leqslant m$. 只在结点 $\Omega_h\equiv\{x_i\mid 0\leqslant i\leqslant m\}$ 处考察函数 $f(x)$. 可在 (4.49) 中取有限项的和

$$f(x_i)=\sum_{l=1}^{m-1} A_l \sin\left(\frac{l\pi x_i}{L}\right), \quad 1\leqslant i\leqslant m-1. \tag{4.50}$$

称表达式 (4.50) 为函数 $f(x)$ 在区间 $[0,L]$ 上关于结点 Ω_h 的**有限 Fourier 级数展开式**, 称 $\{A_l\}$ 为**有限 Fourier 系数**.

引理 4.1 对于 $\theta \in (-2,2)$, 有

$$\sum_{l=1}^{m-1}\cos(l\pi\theta)=\begin{cases}\dfrac{1}{2}\left[\dfrac{\sin\left(\left(m-\dfrac{1}{2}\right)\pi\theta\right)}{\sin\left(\dfrac{1}{2}\pi\theta\right)}-1\right], & \theta\neq 0,\\ m-1, & \theta=0.\end{cases}$$

证明 当 $\theta=0$ 时, 结果显然.
当 $\theta\neq 0$ 时, 应用积化和差公式有

$$\begin{aligned}2\sin\left(\frac{1}{2}\pi\theta\right)\sum_{l=1}^{m-1}\cos\left(l\pi\theta\right)&=\sum_{l=1}^{m-1}\left[\sin\left(\left(l+\frac{1}{2}\right)\pi\theta\right)-\sin\left(\left(l-\frac{1}{2}\right)\pi\theta\right)\right]\\&=\sin\left(\left(m-\frac{1}{2}\right)\pi\theta\right)-\sin\left(\frac{1}{2}\pi\theta\right).\end{aligned}$$

两边除以 $2\sin\left(\dfrac{1}{2}\pi\theta\right)$, 即得所要结果.

引理证毕. □

引理 4.2

$$h\sum_{l=1}^{m-1}\left(\sin\frac{l\pi x_i}{L}\right)\left(\sin\frac{l\pi x_j}{L}\right)=\begin{cases}0, & 1\leqslant i,j\leqslant m-1, \quad i\neq j,\\ \dfrac{L}{2}, & 1\leqslant i,j\leqslant m-1, \quad i=j.\end{cases}$$

证明 (I) 当 $1\leqslant i,j\leqslant m-1,\ i\neq j$ 时, 应用引理 4.1, 可得

$$\begin{aligned}&h\sum_{l=1}^{m-1}\left(\sin\frac{l\pi x_i}{L}\right)\left(\sin\frac{l\pi x_j}{L}\right)\\=&\frac{1}{2}h\sum_{l=1}^{m-1}\left[\cos\frac{l\pi(x_i-x_j)}{L}-\cos\frac{l\pi(x_i+x_j)}{L}\right]\\=&\frac{1}{2}h\left[\sum_{l=1}^{m-1}\cos\frac{l\pi(x_i-x_j)}{L}-\sum_{l=1}^{m-1}\cos\frac{l\pi(x_i+x_j)}{L}\right]\\=&\frac{1}{4}h\left[\frac{\sin\left(\left(m-\dfrac{1}{2}\right)\pi\dfrac{x_i-x_j}{L}\right)}{\sin\dfrac{\pi(x_i-x_j)}{2L}}-\frac{\sin\left(\left(m-\dfrac{1}{2}\right)\pi\dfrac{x_i+x_j}{L}\right)}{\sin\dfrac{\pi(x_i+x_j)}{2L}}\right]\end{aligned}$$

$$
\begin{aligned}
&=\frac{1}{4}h\left[\frac{\sin\left((i-j)\pi-\dfrac{\pi(x_i-x_j)}{2L}\right)}{\sin\dfrac{\pi(x_i-x_j)}{2L}}-\frac{\sin\left((i+j)\pi-\dfrac{\pi(x_i+x_j)}{2L}\right)}{\sin\dfrac{\pi(x_i+x_j)}{2L}}\right]\\
&=\frac{1}{4}h\left[\frac{(-1)^{i-j-1}\sin\dfrac{\pi(x_i-x_j)}{2L}}{\sin\dfrac{\pi(x_i-x_j)}{2L}}-\frac{(-1)^{i+j-1}\sin\dfrac{\pi(x_i+x_j)}{2L}}{\sin\dfrac{\pi(x_i+x_j)}{2L}}\right]\\
&=\frac{1}{4}h\left[(-1)^{i-j-1}-(-1)^{i+j-1}\right]=0.
\end{aligned}
$$

(II) 当 $1\leqslant i,j\leqslant m-1, i=j$ 时, 应用引理 4.1, 可得

$$
\begin{aligned}
&h\sum_{l=1}^{m-1}\sin^2\left(\frac{l\pi x_i}{L}\right)\\
=&\frac{1}{2}h\sum_{l=1}^{m-1}\left[1-\cos\left(\frac{2l\pi x_i}{L}\right)\right]\\
=&\frac{1}{2}h\left[(m-1)-\sum_{l=1}^{m-1}\cos\left(\frac{2l\pi x_i}{L}\right)\right]\\
=&\frac{1}{2}h\left\{(m-1)-\frac{1}{2}\left[\frac{\sin\left(2\left(m-\dfrac{1}{2}\right)\dfrac{\pi x_i}{L}\right)}{\sin\dfrac{\pi x_i}{L}}-1\right]\right\}\\
=&\frac{1}{2}h\left\{m-1-\frac{1}{2}\left[\frac{\sin\left(2i\pi-\dfrac{\pi x_i}{L}\right)}{\sin\dfrac{\pi x_i}{L}}-1\right]\right\}\\
=&\frac{1}{2}h\left\{m-1-\frac{1}{2}\left[\frac{-\sin\dfrac{\pi x_i}{L}}{\sin\dfrac{\pi x_i}{L}}-1\right]\right\}\\
=&\frac{1}{2}mh=\frac{L}{2}.
\end{aligned}
$$

引理证毕. □

定理 4.10　对于有限 Fourier 级数 (4.50), 有

$$A_l = \frac{2}{L} \cdot h \sum_{i=1}^{m-1} f(x_i) \sin \frac{l\pi x_i}{L}, \quad 1 \leqslant l \leqslant m-1,$$

$$h \sum_{i=1}^{m-1} f^2(x_i) = \frac{L}{2} \sum_{l=1}^{m-1} A_l^2. \tag{4.51}$$

证明 (a) (4.50) 可写为

$$f(x_i) = \sum_{j=1}^{m-1} A_j \sin \frac{j\pi x_i}{L}, \quad 1 \leqslant i \leqslant m-1.$$

将上式两端同时乘以 $\sin \frac{l\pi x_i}{L}$, 并对 i 从 1 到 $m-1$ 求和, 再应用引理 4.2, 得

$$\begin{aligned}
& h \sum_{i=1}^{m-1} f(x_i) \sin \frac{l\pi x_i}{L} \\
= & h \sum_{i=1}^{m-1} \left[\sum_{j=1}^{m-1} A_j \left(\sin \frac{j\pi x_i}{L} \right) \left(\sin \frac{l\pi x_i}{L} \right) \right] \\
= & \sum_{j=1}^{m-1} A_j \left[h \sum_{i=1}^{m-1} \left(\sin \frac{i\pi x_j}{L} \right) \left(\sin \frac{i\pi x_l}{L} \right) \right] \\
= & A_l \left[h \sum_{i=1}^{m-1} \sin^2 \left(\frac{i\pi x_l}{L} \right) \right] \\
= & \frac{L}{2} A_l, \quad 1 \leqslant l \leqslant m-1.
\end{aligned}$$

因而

$$A_l = \frac{2}{L} \cdot h \sum_{i=1}^{m-1} f(x_i) \sin \frac{l\pi x_i}{L}, \quad 1 \leqslant l \leqslant m-1.$$

(b)

$$\begin{aligned}
& h \sum_{i=1}^{m-1} f^2(x_i) = h \sum_{i=1}^{m-1} \left[\sum_{j=1}^{m-1} A_j \sin \frac{j\pi x_i}{L} \right]^2 \\
= & h \sum_{i=1}^{m-1} \left[\sum_{j=1}^{m-1} A_j \sin \frac{j\pi x_i}{L} \right] \cdot \left[\sum_{l=1}^{m-1} A_l \sin \frac{l\pi x_i}{L} \right] \\
= & \sum_{j=1}^{m-1} A_j \left[h \sum_{i=1}^{m-1} \sin \frac{j\pi x_i}{L} \right] \cdot \left[\sum_{l=1}^{m-1} A_l \sin \frac{l\pi x_i}{L} \right]
\end{aligned}$$

$$
\begin{aligned}
&= \sum_{j=1}^{m-1} \sum_{l=1}^{m-1} A_j A_l \left[h \sum_{i=1}^{m-1} \left(\sin \frac{j\pi x_i}{L} \right) \left(\sin \frac{l\pi x_i}{L} \right) \right] \\
&= \sum_{j=1}^{m-1} \sum_{l=1}^{m-1} A_j A_l \left[h \sum_{i=1}^{m-1} \left(\sin \frac{i\pi x_j}{L} \right) \left(\sin \frac{i\pi x_l}{L} \right) \right] \\
&= \sum_{l=1}^{m-1} A_l^2 \left[h \sum_{i=1}^{m-1} \sin^2 \left(\frac{i\pi x_l}{L} \right) \right] \\
&= \frac{L}{2} \sum_{l=1}^{m-1} A_l^2.
\end{aligned}
$$

定理证毕. □

由 (4.51) 可见计算网格函数

$$
f = \{ f_i \,|\, 0 \leqslant i \leqslant m, \text{且}\ f_0 = 0, f_m = 0 \}
$$

的 2 范数可转化为计算有限 Fourier 级数的系数平方和. 可以应用有限 Fourier 级数给出常系数差分格式解在 2 范数下的先验估计式以及分析差分格式在 2 范数下的稳定性和收敛性.

4.5.2　两点边值问题差分解的先验估计式

考虑两点边值问题

$$
\begin{cases}
-v'' + qv = f(x), & 0 < x < L, \\
v(0) = 0, \quad v(L) = 0,
\end{cases}
$$

其中 q 为非负常数.

记 $h = L/m,\ x_i = ih,\ 0 \leqslant i \leqslant m$. 对其建立如下差分格式

$$
\begin{cases}
-\delta_x^2 v_i + q v_i = f_i, \quad 1 \leqslant i \leqslant m-1, & (4.52\text{a}) \\
v_0 = 0, \quad v_m = 0. & (4.52\text{b})
\end{cases}
$$

定理 4.11　设 $v = \{ v_i \,|\, 0 \leqslant i \leqslant m \}$ 为差分格式 (4.52) 的解, 则

$$
\|v\| \leqslant \frac{L^2}{4} \|f\|,
$$

其中 $\|f\| = \sqrt{h \sum_{i=1}^{m-1} (f_i)^2}$.

证明 令 $f_0=0,\ f_m=0$, 则有

$$v_i=\sum_{l=1}^{m-1}A_l\sin\frac{l\pi x_i}{L},\quad f_i=\sum_{l=1}^{m-1}\alpha_l\sin\frac{l\pi x_i}{L},\quad 1\leqslant i\leqslant m-1. \tag{4.53}$$

将上式代入 (4.52a) 得

$$\begin{aligned}&-\frac{1}{h^2}\left[\sum_{l=1}^{m-1}A_l\sin\frac{l\pi x_{i+1}}{L}-2\sum_{l=1}^{m-1}A_l\sin\frac{l\pi x_i}{L}+\sum_{l=1}^{m-1}A_l\sin\frac{l\pi x_{i-1}}{L}\right]\\&+q\sum_{l=1}^{m-1}A_l\sin\frac{l\pi x_i}{L}\\=&\sum_{l=1}^{m-1}\alpha_l\sin\frac{l\pi x_i}{L},\quad 1\leqslant i\leqslant m-1,\end{aligned}$$

或

$$\begin{aligned}&\sum_{l=1}^{m-1}A_l\left(-\frac{1}{h^2}\right)\left[\sin\frac{l\pi x_{i+1}}{L}-2\sin\frac{l\pi x_i}{L}+\sin\frac{l\pi x_{i-1}}{L}\right]+q\sum_{l=1}^{m-1}A_l\sin\frac{l\pi x_i}{L}\\=&\sum_{l=1}^{m-1}\alpha_l\sin\frac{l\pi x_i}{L},\quad 1\leqslant i\leqslant m-1.\end{aligned}$$

化简得到

$$\sum_{l=1}^{m-1}\left[\frac{4}{h^2}\sin^2\left(\frac{l\pi h}{2L}\right)+q\right]A_l\sin\frac{l\pi x_i}{L}=\sum_{l=1}^{m-1}\alpha_l\sin\frac{l\pi x_i}{L},\quad 1\leqslant i\leqslant m-1.$$

比较系数得到

$$\left[\frac{4}{h^2}\sin^2\left(\frac{l\pi h}{2L}\right)+q\right]A_l=\alpha_l,\quad 1\leqslant l\leqslant m-1. \tag{4.54}$$

解得

$$A_l=\frac{\alpha_l}{\dfrac{4}{h^2}\sin^2\left(\dfrac{l\pi h}{2L}\right)+q},\quad 1\leqslant l\leqslant m-1.$$

由于当 $0<x<\pi/2$ 时, 有

$$\frac{x}{\sin x}<\frac{\pi}{2},$$

得到

$$|A_l| \leqslant \frac{|\alpha_l|}{\dfrac{4}{h^2}\sin^2\left(\dfrac{l\pi h}{2L}\right)} \leqslant \frac{L^2}{4}|\alpha_l|, \quad 1 \leqslant l \leqslant m-1.$$

因而

$$\|v\|^2 = \frac{L}{2}\sum_{l=1}^{m-1} A_l^2 \leqslant \frac{L}{2}\sum_{l=1}^{m-1}\left(\frac{L^2}{4}|\alpha_l|\right)^2 = \left(\frac{L^2}{4}\right)^2\|f\|^2.$$

两边开方得到

$$\|v\| \leqslant \frac{L^2}{4}\|f\|.$$

定理证毕. □

从上面分析过程可知, 只需将 (4.53) 的通项

$$v_i = A_l \sin\frac{l\pi x_i}{L}, \quad f_i = \alpha_l \sin\frac{l\pi x_i}{L}$$

代入 (4.52a), 即可得到

$$A_l\left(-\frac{1}{h^2}\right)\left[\sin\frac{l\pi x_{i+1}}{L} - 2\sin\frac{l\pi x_i}{L} + \sin\frac{l\pi x_{i-1}}{L}\right] + qA_l\sin\frac{l\pi x_i}{L} = \alpha_l\sin\frac{l\pi x_i}{L},$$
$$1 \leqslant i \leqslant m-1.$$

两边约去 $\sin\dfrac{\pi x_i}{L}$, 即可得到 (4.54).

4.5.3 抛物型方程第一边值问题差分解的先验估计式

考虑抛物型方程第一边值问题

$$\begin{cases} \dfrac{\partial v}{\partial t} - a\dfrac{\partial^2 v}{\partial x^2} = 0, \quad 0 < x < L, \quad 0 < t \leqslant T, \\ v(x,0) = \varphi(x), \quad 0 \leqslant x \leqslant L, \\ v(0,t) = 0, \quad v(L,t) = 0, \quad 0 < t \leqslant T, \end{cases}$$

其中 a 为正常数, $\varphi(0) = \varphi(L) = 0$. 记 $h = \dfrac{L}{m}$, $\tau = \dfrac{T}{n}$, $r = a\dfrac{\tau}{h^2}$, $x_i = ih$, $0 \leqslant i \leqslant m$, $t_k = k\tau$, $0 \leqslant k \leqslant n$. 建立如下差分格式

$$\begin{cases} \dfrac{1}{\tau}(v_i^{k+1} - v_i^k) - a\left[\theta\delta_x^2 v_i^{k+1} + (1-\theta)\delta_x^2 v_i^k\right] = 0, \\ \qquad\qquad 1 \leqslant i \leqslant m-1, \quad 0 \leqslant k \leqslant n-1, & (4.55\text{a}) \\ v_i^0 = \varphi(x_i), \quad 1 \leqslant i \leqslant m-1, & (4.55\text{b}) \\ v_0^k = 0, \quad v_m^k = 0, \quad 0 \leqslant k \leqslant n, & (4.55\text{c}) \end{cases}$$

其中 $\theta \in [0,1]$. 当 $\theta = 0$ 时, (4.55) 为向前 Euler 格式; 当 $\theta = 1$ 时, (4.55) 为向后 Euler 格式; 当 $\theta = 1/2$ 时, (4.55) 为 Crank-Nicolson 格式; 当 $\theta = \dfrac{1}{2}\left(1-\dfrac{1}{6r}\right)$ 时 (4.55) 为紧致差分格式.

定理 4.12 设 $\left\{v_i^k \,|\, 0 \leqslant i \leqslant m, 0 \leqslant k \leqslant n\right\}$ 为差分格式 (4.55) 的解. 记 $r = a\tau/h^2$, 则当 $2r(1-2\theta) \leqslant 1$ 时, 有

$$\|v^k\| \leqslant \|\varphi\|, \quad 1 \leqslant k \leqslant n.$$

证明 由 (4.55c) 可知 (4.55) 的解可写为

$$v_i^k = \sum_{l=1}^{m-1} T_l(k) \sin \frac{l\pi x_i}{L}, \quad 1 \leqslant i \leqslant m-1, \quad 0 \leqslant k \leqslant n. \tag{4.56}$$

将 (4.56) 代入到 (4.55a), 得

$$\begin{aligned}
&\frac{1}{\tau}\sum_{l=1}^{m-1}[T_l(k+1)-T_l(k)]\sin\frac{l\pi x_i}{L} - a\sum_{l=1}^{m-1}\Big[\theta T_l(k+1)+(1-\theta)T_l(k)\Big] \\
&\cdot\frac{1}{h^2}\left(\sin\frac{l\pi x_{i+1}}{L} - 2\sin\frac{l\pi x_i}{L} + \sin\frac{l\pi x_{i-1}}{L}\right) = 0,
\end{aligned}$$

化简得

$$\begin{aligned}
&\sum_{l=1}^{m-1}\left\{\left[1+4r\theta\sin^2\left(\frac{l\pi h}{2}\right)\right]T_l(k+1)\right. \\
&\left.-\left[1-4r(1-\theta)\sin^2\left(\frac{l\pi h}{2}\right)\right]T_l(k)\right\}\sin\frac{l\pi x_i}{2} = 0, \quad 1 \leqslant i \leqslant m-1.
\end{aligned}$$

因而

$$\left[1+4r\theta\sin^2\left(\frac{l\pi h}{2L}\right)\right]T_l(k+1) - \left[1-4r(1-\theta)\sin^2\left(\frac{l\pi h}{2L}\right)\right]T_l(k) = 0,$$

$$1 \leqslant l \leqslant m-1.$$

记

$$G(l) = \frac{1-4r(1-\theta)\sin^2\left(\dfrac{l\pi h}{2L}\right)}{1+4r\theta\sin^2\left(\dfrac{l\pi h}{2L}\right)},$$

则有

$$T_l(k+1) = G(l)T_l(k), \quad 1 \leqslant l \leqslant m-1, \quad 0 \leqslant k \leqslant n-1. \tag{4.57}$$

当 $2r(1-2\theta) \leqslant 1$ 时,

$$2r(1-2\theta)\sin^2\left(\frac{l\pi h}{2L}\right) \leqslant 1, \quad 1 \leqslant l \leqslant m-1.$$

易知

$$-1 < G(l) < 1, \quad 1 \leqslant l \leqslant m-1.$$

于是由 (4.57), 得

$$|T_l(k+1)| \leqslant |T_l(k)|, \quad 1 \leqslant l \leqslant m-1, \quad 0 \leqslant k \leqslant n-1. \tag{4.58}$$

由 (4.56) 和(4.58), 有

$$\|v^{k+1}\|^2 = \frac{L}{2}\sum_{l=1}^{m-1}\Big(T_l(k+1)\Big)^2 \leqslant \frac{L}{2}\sum_{l=1}^{m-1}\Big(T_l(k)\Big)^2 = \|v^k\|^2, \quad 0 \leqslant k \leqslant n-1.$$

递推可得

$$\|v^k\| \leqslant \|v^0\| = \|\varphi\|, \quad 1 \leqslant k \leqslant n.$$

定理证毕. □

4.5.4 双曲型方程第一边值问题差分解的先验估计式

考虑双曲型方程第一边值问题

$$\begin{cases} \dfrac{\partial^2 v}{\partial t^2} - c^2\dfrac{\partial^2 v}{\partial x^2} = 0, \quad 0 < x < L, \quad 0 < t \leqslant T, \\ v(x,0) = \varphi(x), \quad \dfrac{\partial v}{\partial t}(x,0) = \psi(x), \quad 0 \leqslant x \leqslant L, \\ v(0,t) = 0, \quad v(L,t) = 0, \quad 0 < t \leqslant T, \end{cases}$$

其中 c 为正常数, $\varphi(0) = \varphi(L) = \psi(0) = \psi(L) = 0$. 建立如下差分格式

$$\begin{cases} \delta_t^2 v_i^k - c^2\left[\theta\delta_x^2 v_i^{k+1} + (1-2\theta)\delta_x^2 v_i^k + \theta\delta_x^2 v_i^{k-1}\right] = 0, \\ \qquad\qquad 1 \leqslant i \leqslant m-1, \quad 1 \leqslant k \leqslant n-1, & (4.59\text{a}) \\ v_i^0 = \varphi(x_i), \quad v_i^1 = \varphi(x_i) + \tau\psi(x_i), \quad 1 \leqslant i \leqslant m-1, & (4.59\text{b}) \\ v_0^k = 0, \quad v_m^k = 0, \quad 0 \leqslant k \leqslant n. & (4.59\text{c}) \end{cases}$$

可以证明 (4.59) 的截断误差为

$$R_i^k = \begin{cases} O(\tau^2 + h^2), & \theta \neq \dfrac{1}{12}\left(1 - \dfrac{1}{s^2}\right), \\ O(\tau^4 + h^4), & \theta = \dfrac{1}{12}\left(1 - \dfrac{1}{s^2}\right), \end{cases}$$

其中 $s = \dfrac{c\tau}{h}$. 当 $\theta = 0$ 时 (4.59) 为显式格式, 当 $\theta \neq 0$ 时 (4.59) 为隐式格式.

定理 4.13 设 $\{v_i^k \mid 0 \leqslant i \leqslant m, 0 \leqslant k \leqslant n\}$ 为差分格式 (4.59) 的解, 则当

$$(1 - 4\theta)s^2 \leqslant 1$$

时, 有

$$\|v^k\|^2 \leqslant 4\|\varphi\|^2 + 2T^2\|\psi\|^2, \quad 0 \leqslant k \leqslant n.$$

证明 由 (4.59c) 可知 (4.59) 的解可写为

$$v_i^k = \sum_{l=1}^{m-1} T_l(k) \sin \frac{l\pi x_i}{L}, \quad 1 \leqslant i \leqslant m-1, \quad 0 \leqslant k \leqslant n. \tag{4.60}$$

将 (4.60) 代入到 (4.59a), 得到

$$\begin{aligned} &\sum_{l=1}^{m-1} \frac{1}{\tau^2}\Big[T_l(k+1) - 2T_l(k) + T_l(k-1)\Big] \sin \frac{l\pi x_i}{L} \\ &- c^2 \sum_{l=1}^{m-1} \Big[\theta T_l(k+1) + (1-2\theta)T_l(k) + \theta T_l(k-1)\Big] \\ &\cdot \frac{1}{h^2}\left(\sin \frac{l\pi x_{i+1}}{L} - 2\sin \frac{l\pi x_i}{L} + \sin \frac{l\pi x_{i-1}}{L}\right) = 0. \end{aligned}$$

化简得

$$\begin{aligned} &\sum_{l=1}^{m-1} \Bigg\{\Big[T_l(k+1) - 2T_l(k) + T_l(k-1)\Big] \\ &+ 4s^2 \sin^2\left(\frac{l\pi h}{2L}\right)\Big[\theta T_l(k+1) + (1-2\theta)T_l(k) + \theta T_l(k-1)\Big]\Bigg\} \sin \frac{l\pi x_i}{L} = 0, \end{aligned}$$

即

$$\sum_{l=1}^{m-1} \left\{\left[1 + 4\theta s^2 \sin^2\left(\frac{l\pi h}{2L}\right)\right] T_l(k+1) - 2\left[1 - 2(1-2\theta)s^2 \sin^2\left(\frac{l\pi h}{2L}\right)\right] T_l(k)\right.$$

$$+\left[1+4\theta s^2\sin^2\left(\frac{l\pi h}{2L}\right)\right]T_l(k-1)\Bigg\}\sin\frac{l\pi x_i}{2}=0,$$

$$1\leqslant i\leqslant m-1,\quad 1\leqslant k\leqslant n-1.$$

因而

$$\left[1+4\theta s^2\sin^2\left(\frac{l\pi h}{2L}\right)\right]T_l(k+1)-2\left[1-2(1-2\theta)s^2\sin^2\left(\frac{l\pi h}{2L}\right)\right]T_l(k)$$

$$+\left[1+4\theta s^2\sin^2\left(\frac{l\pi h}{2L}\right)\right]T_l(k-1)=0,\quad 1\leqslant l\leqslant m-1,\quad 1\leqslant k\leqslant n-1.$$

记

$$C_l=\frac{1-2(1-2\theta)s^2\sin^2\left(\dfrac{l\pi h}{2L}\right)}{1+4\theta s^2\sin^2\left(\dfrac{l\pi h}{2L}\right)},$$

则有

$$T_l(k+1)-2C_lT_l(k)+T_l(k-1)=0,\quad 1\leqslant l\leqslant m-1,\quad 1\leqslant k\leqslant n-1.\tag{4.61}$$

(4.61) 为二阶常系数差分方程. 设 (4.61)具有形为 $T_l(k)=\lambda^k$ 的解. 将这个形式解代入到(4.61), 可得二次方程

$$\lambda^2-2C_l\lambda+1=0.\tag{4.62}$$

称二次方程(4.62)为差分方程 (4.61) 的**特征方程**.

当 $(1-4\theta)s^2\leqslant 1$ 时,

$$(1-4\theta)s^2\sin^2\left(\frac{l\pi h}{2L}\right)<1,\quad 1\leqslant l\leqslant m-1.$$

易知

$$-1<C_l<1.$$

记

$$\theta_l=\arctan\frac{\sqrt{1-C_l^2}}{C_l}.$$

特征方程(4.62)的根 (称为特征根) 为

$$\lambda=\cos\theta_l\pm\mathrm{i}\sin\theta_l.$$

因而得到 (4.61) 的通解为

$$T_l(k)=\mu_l\cos(k\theta_l)+\nu_l\sin(k\theta_l),\tag{4.63}$$

其中 μ_l, ν_l 为待定常数.

由 $T_l(0)$ 和 $T_l(1)$ 可得

$$\mu_l = T_l(0), \quad \nu_l = \frac{T_l(1) - T_l(0)\cos\theta_l}{\sin\theta_l}. \tag{4.64}$$

将(4.64)代入(4.63), 得到 (4.61) 的解为

$$T_l(k) = -\frac{\sin((k-1)\theta_l)}{\sin\theta_l}\,T_l(0) + \frac{\sin(k\theta_l)}{\sin\theta_l}\,T_l(1), \quad 1 \leqslant l \leqslant m-1, \quad 0 \leqslant k \leqslant n. \tag{4.65}$$

设

$$\varphi_i = \sum_{l=1}^{m-1} a_l \sin\frac{l\pi x_i}{L}, \quad \psi_i = \sum_{l=1}^{m-1} b_l \sin\frac{l\pi x_i}{L}, \quad 1 \leqslant i \leqslant m-1,$$

则有

$$T_l(0) = a_l, \quad T_l(1) = a_l + \tau b_l, \quad 1 \leqslant l \leqslant m-1. \tag{4.66}$$

将 (4.66) 代入 (4.65), 得

$$T_l(k) = \frac{\sin(k\theta_l) - \sin\big((k-1)\theta_l\big)}{\sin\theta_l}\,a_l + \tau\frac{\sin(k\theta_l)}{\sin\theta_l}\,b_l, \quad 1 \leqslant l \leqslant m-1, \quad 0 \leqslant k \leqslant n. \tag{4.67}$$

注意到

$$\frac{\sin(k\theta_l) - \sin\big((k-1)\theta_l\big)}{\sin\theta_l} = \frac{2\cos\left(\left(k-\dfrac{1}{2}\right)\theta_l\right)\sin\dfrac{\theta_l}{2}}{\sin\theta_l} = \frac{\cos\left(\left(k-\dfrac{1}{2}\right)\theta_l\right)}{\cos\dfrac{\theta_l}{2}}$$

及

$$\frac{1}{\sqrt{2}} \leqslant \cos\frac{x}{2} \leqslant 1, \quad x \in \left(-\frac{\pi}{2}, \frac{\pi}{2}\right),$$

有

$$\left|\frac{\sin(k\theta_l) - \sin\big((k-1)\theta_l\big)}{\sin\theta_l}\right| \leqslant \frac{1}{\cos\dfrac{\theta_l}{2}} \leqslant \sqrt{2}. \tag{4.68}$$

另一方面, 由数学归纳法可证

$$|\sin k\theta_l| \leqslant k\,|\sin\theta_l|, \quad 0 \leqslant k \leqslant n.$$

于是

$$\left|\frac{\tau\sin(k\theta_l)}{\sin\theta_l}\right| \leqslant k\tau \leqslant T, \quad 0 \leqslant k \leqslant n. \tag{4.69}$$

将 (4.68) 和 (4.69) 代入 (4.67), 得

$$|T_l(k)| \leqslant \sqrt{2}\,|a_l| + T|b_l|, \quad 1 \leqslant l \leqslant m-1, \quad 0 \leqslant k \leqslant n.$$

于是

$$\big(T_l(k)\big)^2 \leqslant 2\left[(\sqrt{2}\,a_l)^2 + (Tb_l)^2\right] = 4{a_l}^2 + 2T^2{b_l}^2, \quad 1 \leqslant l \leqslant m-1, \quad 0 \leqslant k \leqslant n.$$

将上式两边对 l 求和, 得

$$\|v^k\|^2 = \frac{L}{2}\sum_{l=1}^{m-1}\big(T_l(k)\big)^2 \leqslant \frac{L}{2}\sum_{l=1}^{m-1}\big(4{a_l}^2+2T^2{b_l}^2\big) = 4\|\varphi\|^2+2T^2\|\psi\|^2, \quad 0 \leqslant k \leqslant n.$$

定理证毕. □

注 4.3 用有限 Fourier 级数法分析得出的稳定性是 2 范数下的稳定性. 关于双曲方程的显式差分格式(4.14), 步长比 $s=1$ 是差分格式稳定性和不稳定性的一个临界点. 从定理 4.13可知当步长比 $s=1$ 时在 2 范数下是稳定的; 而从定理 4.5可知当步长比 $s=1$ 时在无穷范数下是不稳定的. 这两个结论不矛盾. 2 范数比无穷范数弱.

4.6 小结与拓展

本章研究了一维双曲型方程初边值问题的差分解法. 首先对齐次边值问题应用能量分析法给出了解的先验估计式. 然后详细地介绍了 3 层 5 点显式差分格式和 3 层 7 点隐式差分格式, 用能量分析法给出了差分格式解的先验估计式并证明了差分格式的唯一可解性、收敛性和稳定性. 最后列出了一个 3 层 9 点隐式差分格式 (紧致差分格式), 读者可以应用 4.3 节中介绍的方法对这一差分格式作理论分析. 关于一阶双曲型方程初边值问题的差分方法求解作为习题供读者练习. Richardson 外推方法对于双曲型方程也是适用的.

4.5 节介绍了有限 Fourier 级数及其性质, 然后应用有限 Fourier 级数讨论了常微分方程两点边值问题差分格式解的先验估计式、抛物型方程第一边值问题差分格式解的先验估计式以及双曲型方程第一边值问题差分格式解的先验估计式. 有限 Fourier 级数和 Von Neumann 分析法、Fourier 级数法本质上是一致的 [6–10].

读者可将有限 Fourier 级数推广到二维矩形网格函数, 并用它研究二维椭圆型方程第一边值问题差分格式解的先验估计式、二维抛物型方程第一边值问题差分格式解的先验估计式和双曲型方程第一边值问题差分格式解的先验估计式. 对抛物型方程及双曲型方程差分格式的解也可考虑关于右端函数的估计式.

本书着重介绍了分析差分格式的极值原理方法、能量分析方法和有限 Fourier 级数方法. 读者可以查阅文献 [6–10] 了解其它分析方法. 能量分析方法是功效最强大的方法.

习 题 4

4.1 考虑一阶双曲型方程定解问题

$$\begin{cases} \dfrac{\partial u}{\partial t}+a\dfrac{\partial u}{\partial x}=f(x,t), \quad 0<x\leqslant L, \quad 0<t\leqslant T, \\ u(x,0)=\varphi(x), \quad 0\leqslant x\leqslant L, \\ u(0,t)=\alpha(t), \quad 0<t\leqslant T, \end{cases}$$

其中 $a>0$ 为常数, $\varphi(0)=\alpha(0)$. 将区间 $[0,L]$ 作 m 等分, $[0,T]$ 作 n 等分, 记 $h=L/m, \tau=T/n, x_i=ih, 0\leqslant i\leqslant m, t_k=k\tau, 0\leqslant k\leqslant n$. 建立如下差分格式

$$\begin{cases} \dfrac{u_i^{k+1}-u_i^k}{\tau}+a\dfrac{u_i^k-u_{i-1}^k}{h}=f(x_i,t_k), \quad 1\leqslant i\leqslant m, \quad 0\leqslant k\leqslant n-1, \\ u_i^0=\varphi(x_i), \quad 0\leqslant i\leqslant m, \\ u_0^k=\alpha(t_k), \quad 1\leqslant k\leqslant n. \end{cases}$$

(1) 给出差分格式截断误差的表达式.

(2) 如果 $\alpha(t)\equiv 0$, 证明当 $s=a\tau/h\leqslant 1$ 时, 差分格式的解有如下先验估计式

$$\left\|u^k\right\|_\infty\leqslant\left\|u^0\right\|_\infty+\tau\sum_{l=0}^{k-1}\left\|f^l\right\|_\infty, \quad 1\leqslant k\leqslant n,$$

其中

$$\|u^k\|_\infty=\max_{1\leqslant i\leqslant m}|u_i^k|, \quad \|f^k\|_\infty=\max_{1\leqslant i\leqslant m}|f(x_i,t_k)|.$$

(3) 证明当 $s\leqslant 1$ 时差分格式的解在范数 $\|\cdot\|_\infty$ 下是一阶收敛的.

(4) 如何求解差分格式?

4.2 对于题 4.1 所给定解问题建立如下差分格式

$$\begin{cases} \dfrac{1}{2}\left(\dfrac{u_i^{k+1}-u_i^k}{\tau}+\dfrac{u_{i-1}^{k+1}-u_{i-1}^k}{\tau}\right)+\dfrac{a}{2}\left(\dfrac{u_i^k-u_{i-1}^k}{h}+\dfrac{u_i^{k+1}-u_{i-1}^{k+1}}{h}\right) \\ \quad =f(x_{i-\frac{1}{2}},t_{k+\frac{1}{2}}), \quad 1\leqslant i\leqslant m, \quad 0\leqslant k\leqslant n-1, \\ u_i^0=\varphi(x_i), \quad 1\leqslant i\leqslant m, \\ u_0^k=\alpha(t_k), \quad 0\leqslant k\leqslant n. \end{cases}$$

(1) 给出差分格式截断误差的表达式.

(2) 如果 $\alpha(t)\equiv 0$, 证明对任意步长比 s, 有

$$\|u^k\|_A^2 \leqslant \mathrm{e}^{\frac{3}{2}k\tau}\left(\|u^0\|_A^2+\frac{3}{2}\tau\sum_{l=0}^{k-1}\left\|f^{l+\frac{1}{2}}\right\|^2\right),\quad 1\leqslant k\leqslant n,$$

其中

$$\|u^k\|_A^2=h\sum_{i=1}^{m}\left(\frac{u_i^k+u_{i-1}^k}{2}\right)^2,\quad \|f^{l+\frac{1}{2}}\|^2=h\sum_{i=1}^{m}\left[f(x_{i-\frac{1}{2}},t_{l+\frac{1}{2}})\right]^2.$$

(提示：将差分格式两边同时乘以 $\dfrac{1}{2}(u_i^{k+1}+u_{i-1}^{k+1}+u_i^k+u_{i-1}^k)$, 对 i 求和, 再利用 Gronwall 不等式.)

(3) 证明差分格式在范数 $\|\cdot\|_A$ 下是二阶收敛的.

(4) 如何求解差分格式?

4.3　考虑如下差分格式

$$\begin{cases}\dfrac{1}{2}\left(\dfrac{u_i^{k+1}-u_i^k}{\tau}+\dfrac{u_{i-1}^{k+1}-u_{i-1}^k}{\tau}\right)+\dfrac{a}{2}\left(\dfrac{u_i^k-u_{i-1}^k}{h}+\dfrac{u_i^{k+1}-u_{i-1}^{k+1}}{h}\right)=0,\\ \qquad\qquad 1\leqslant i\leqslant m,\quad 0\leqslant k\leqslant n-1,\\ u_i^0=\varphi(x_i),\quad 1\leqslant i\leqslant m,\\ u_0^k=0,\quad 0\leqslant k\leqslant n,\end{cases}$$

其中 $a>0, mh=1$. 试证明

$$h\sum_{i=1}^{m}\left(\frac{u_i^k-u_{i-1}^k}{h}\right)^2\leqslant h\sum_{i=1}^{m}\left(\frac{u_i^0-u_{i-1}^0}{h}\right)^2,\quad 1\leqslant k\leqslant n.$$

(提示：将差分方程的两边同时乘以 $\delta_x\delta_t u_{i-\frac{1}{2}}^{k+\frac{1}{2}}$, 注意到它有如下两种等价形式: $\dfrac{1}{\tau}(\delta_x u_{i-\frac{1}{2}}^{k+1}-\delta_x u_{i-\frac{1}{2}}^{k})$, $\dfrac{1}{h}(\delta_t u_i^{k+\frac{1}{2}}-\delta_t u_{i-1}^{k+\frac{1}{2}})$, 然后对 i 从 1 到 m 求和.)

4.4　设 $\{v_i^k\,|\,0\leqslant i\leqslant m, 0\leqslant k\leqslant n\}$ 为差分格式 (4.38) 的解, 其中 $g_i^k\equiv 0$. 试证明对任意步长比, 有

$$2\|\delta_t v^{\frac{1}{2}}\|^2+\frac{c^2}{2}(|v^1|_1^2+|v^0|_1^2)=|v^0|_1^2,$$

$$h\sum_{i=1}^{m-1}(\delta_t v_i^{k+\frac{1}{2}})^2+\frac{c^2}{2}\left(|v^{k+1}|_1^2+|v^k|_1^2\right)=\|\delta_t v^{\frac{1}{2}}\|^2+\frac{c^2}{2}(|v^1|_1^2+|v^0|_1^2),\quad 0\leqslant k\leqslant n-1.$$

4.5　对定解问题

$$\begin{cases}\dfrac{\partial^2 u}{\partial t^2}-c^2\dfrac{\partial^2 u}{\partial x^2}=f(x,t),\quad 0<x<L,\quad 0<t\leqslant T,\\ u(x,0)=\varphi(x),\quad \dfrac{\partial u(x,0)}{\partial t}=\psi(x),\quad 0\leqslant x\leqslant L,\\ u(0,t)=0,\quad u(L,t)=0,\quad 0<t\leqslant T,\end{cases}$$

其中 $\varphi(0)=\varphi(L)=\psi(0)=\psi(L)=0$. 建立差分格式

$$\begin{cases}\delta_t^2 u_i^k-\dfrac{c^2}{4}\left(\delta_x^2 u_i^{k-1}+2\delta_x^2 u_i^k+\delta_x^2 u_i^{k+1}\right)=f(x_i,t_k), \quad 1\leqslant i\leqslant m-1, \quad 1\leqslant k\leqslant n-1,\\ u_i^0=\varphi(x_i), \quad u_i^1=\varphi(x_i)+\tau\psi(x_i), \quad 1\leqslant i\leqslant m-1,\\ u_0^k=0, \quad u_m^k=0, \quad 0\leqslant k\leqslant n.\end{cases}$$

(1) 试分析差分格式的截断误差.

(2) 给出差分格式解的先验估计式.

4.6 考虑定解问题

$$\begin{cases}\dfrac{\partial^2 u}{\partial t^2}-c^2\dfrac{\partial^2 u}{\partial x^2}=0, \quad 0<x<L, \quad 0<t\leqslant T,\\ u(x,0)=\varphi(x), \quad \dfrac{\partial u(x,0)}{\partial t}=\psi(x), \quad 0\leqslant x\leqslant L,\\ u(0,t)=\alpha(t), \quad u(L,t)=\beta(t), \quad 0<t\leqslant T,\end{cases} \tag{4.70}$$

其中 c 为常数, $\varphi(x),\psi(x),\alpha(t),\beta(t)$ 为已知函数, $\varphi(0)=\alpha(0)$, $\varphi(L)=\beta(0)$, $\psi(0)=\alpha'(0)$, $\phi(L)=\beta'(0)$. 令

$$v=\frac{\partial u}{\partial t}, \quad w=c\frac{\partial u}{\partial x},$$

则 (4.70) 等价于

$$\begin{cases}\dfrac{\partial v}{\partial t}-c\dfrac{\partial w}{\partial x}=0, \quad 0<x<L, \quad 0<t\leqslant T,\\ \dfrac{\partial w}{\partial t}-c\dfrac{\partial v}{\partial x}=0, \quad 0<x<L, \quad 0<t\leqslant T,\\ v(x,0)=\psi(x), \quad w(x,0)=c\varphi'(x), \quad 0\leqslant x\leqslant L,\\ v(0,t)=\alpha'(t), \quad v(L,t)=\beta'(t), \quad 0<t\leqslant T.\end{cases} \tag{4.71}$$

定义如下记号:

$$\delta_t u_i^{k+\frac{1}{2}}=\frac{1}{\tau}(u_i^{k+1}-u_i^k), \quad \delta_t u_{i-\frac{1}{2}}^{k+\frac{1}{2}}=\frac{1}{2}(\delta_t u_{i-1}^{k+\frac{1}{2}}+\delta_t u_i^{k+\frac{1}{2}}),$$

$$\delta_x u_{i-\frac{1}{2}}^k=\frac{1}{h}(u_i^k-u_{i-1}^k), \quad \delta_x u_{i-\frac{1}{2}}^{k+\frac{1}{2}}=\frac{1}{2}(\delta_x u_{i-\frac{1}{2}}^k+\delta_x u_{i-\frac{1}{2}}^{k+1}).$$

对 (4.71) 建立差分格式

$$\begin{cases}\delta_t v_{i-\frac{1}{2}}^{k+\frac{1}{2}}-c\delta_x w_{i-\frac{1}{2}}^{k+\frac{1}{2}}=0, \quad 1\leqslant i\leqslant m, \quad 0\leqslant k\leqslant n-1, & (4.72\text{a})\\ \delta_t w_{i-\frac{1}{2}}^{k+\frac{1}{2}}-c\delta_x v_{i-\frac{1}{2}}^{k+\frac{1}{2}}=0, \quad 1\leqslant i\leqslant m, \quad 0\leqslant k\leqslant n-1, & (4.72\text{b})\\ v_i^0=\psi(x_i), \quad w_i^0=c\varphi'(x_i), \quad 0\leqslant i\leqslant m, & (4.72\text{c})\\ v_0^k=\alpha'(t_k), \quad v_m^k=\beta'(t_k), \quad 1\leqslant k\leqslant n. & (4.72\text{d})\end{cases}$$

当 $\{w_i^k\,|\,0\leqslant i\leqslant m,1\leqslant k\leqslant n\}$ 求出以后, 由

$$u_0^k=\alpha(t_k),\quad c\delta_x u_{i-\frac{1}{2}}^k=w_{i-\frac{1}{2}}^k,\qquad 1\leqslant i\leqslant m,\quad 1\leqslant k\leqslant n \tag{4.73}$$

求出 $\{u_i^k\,|\,0\leqslant i\leqslant m,1\leqslant k\leqslant n\}$.

(1) 试分析差分格式 (4.72) 和 (4.73) 的截断误差.

(2) 设 $\{v_0^k,w_0^k,v_1^k,w_1^k,\cdots,v_m^k,w_m^k\}$ 为已知, 将 (4.72) 写为关于

$$\{v_0^{k+1},w_0^{k+1},v_1^{k+1},w_1^{k+1},\cdots,v_m^{k+1},w_m^{k+1}\}$$

的线性方程组 (矩阵向量形式).

(3) 设 $\alpha(t)\equiv 0,\beta(t)\equiv 0$. 将 (4.72a) 两边同乘以 $2v_{i-\frac{1}{2}}^{k+\frac{1}{2}}$, 将 (4.72b) 两边同乘以 $2w_{i-\frac{1}{2}}^{k+\frac{1}{2}}$, 然后将结果相加并对 i 从 1 到 m 求和, 利用 (4.72d), 得到关于

$$h\sum_{i=1}^{m}\left[(v_{i-\frac{1}{2}}^k)^2+(w_{i-\frac{1}{2}}^k)^2\right]$$

的先验估计式; 然后由 (4.73) 得出关于 $h\sum\limits_{i=1}^{m}(\delta_x u_{i-\frac{1}{2}}^k)^2$ 的先验估计式; 最后应用引理 1.4 得出关于 $\max\limits_{0\leqslant i\leqslant m}|u_i^k|$ 的先验估计式.

(4) 考虑差分格式 (4.72) 和 (4.73) 的误差方程, 证明差分解 $\{u_i^k\,|\,0\leqslant i\leqslant m,1\leqslant k\leqslant n\}$ 在无穷范数下是二阶收敛的.

4.7 设 $\Omega=(0,L_1)\times(0,L_2)$. 取整数 m_1,m_2. 记 $h_1=\dfrac{L_1}{m_1},h_2=\dfrac{L_2}{m_2},x_i=ih_1,y_j=jh_2$, $\Omega_h=\{(x_i,y_j)\,|\,0\leqslant i\leqslant m_1,0\leqslant j\leqslant m_2\}$, $\omega=\{(i,j)\,|\,(x_i,y_j)\in\Omega\}$, $\gamma=\{(i,j)\,|\,(x_i,y_j)\in\partial\Omega\}$.

设 $f=\{f(x_i,y_j)\,|\,0\leqslant i\leqslant m_1,0\leqslant j\leqslant m_2\}$, 且当 $(i,j)\in\gamma$ 时 $f(x_i,y_j)=0$. 记

$$\|f\|^2=h_1h_2\sum_{i=1}^{m_1-1}\sum_{j=1}^{m_2-1}f^2(x_i,y_j).$$

设 f 可以展开成下列有限 Fourier 级数

$$f(x_i,y_j)=\sum_{l_1=1}^{m_1-1}\sum_{l_2=1}^{m_2-1}A_{l_1,l_2}\left(\sin\frac{l_1\pi x_i}{L_1}\right)\left(\sin\frac{l_2\pi y_j}{L_2}\right).$$

证明

(1)

$$A_{l_1,l_2}=\frac{4}{L_1L_2}\cdot h_1h_2\sum_{i=1}^{m_1-1}\sum_{j=1}^{m_2-1}f(x_i,y_j)\left(\sin\frac{l_1\pi x_i}{L_1}\right)\left(\sin\frac{l_2\pi y_j}{L_2}\right),\quad (l_1,l_2)\in\omega.$$

(2)

$$\|f\|^2=\frac{L_1L_2}{4}\sum_{l_1=1}^{m_1-1}\sum_{l_2=1}^{m_2-1}A_{l_1,l_2}^2.$$

4.8 设 $u=\{u_{ij}\,|\,0\leqslant i\leqslant m_1, 0\leqslant j\leqslant m_2\}$ 为下列差分格式的解

$$\begin{cases} -\left(\delta_x^2 u_{ij}+\delta_y^2 u_{ij}\right)=f(x_i,y_j), & (i,j)\in\omega, \\ u_{ij}=0, \quad (i,j)\in\gamma \end{cases}$$

用题 4.7 中的有限 Fourier 级数的理论证明

$$\|u\|\leqslant \frac{1}{\dfrac{4}{L_1^2}+\dfrac{4}{L_2^2}}\|f\|.$$

4.9 用显式差分格式 (4.14) 计算如下定解问题

$$\begin{cases} \dfrac{\partial^2 u}{\partial t^2}-\dfrac{\partial^2 u}{\partial x^2}=(t^2-x^2)\sin(xt), & 0<x<1, \quad 0<t\leqslant 1, \\ u(x,0)=0, \quad \dfrac{\partial u(x,0)}{\partial t}=x, & 0\leqslant x\leqslant 1, \\ u(0,t)=0, \quad u(1,t)=\sin t, & 0<t\leqslant 1. \end{cases}$$

该问题的精确解为 $u(x,t)=\sin(xt)$.

(1) 填写表 4.11、表 4.12和表 4.13.

表 4.11 习题 4.9 部分数值结果 ($h=1/100, \tau=1/200$)

(x,t)	数值解	精确解	|精确解 − 数值解|
(0.5, 0.1)			
(0.5, 0.2)			
(0.5, 0.3)			
(0.5, 0.4)			
(0.5, 0.5)			
(0.5, 0.6)			
(0.5, 0.7)			
(0.5, 0.8)			
(0.5, 0.9)			
(0.5, 1.0)			

表 4.12 习题 4.9 部分数值结果 ($h=1/200, \tau=1/100$)

k	(x,t)	数值解	精确解	|精确解 − 数值解|
1	(0.5, 0.01)			
2	(0.5, 0.02)			
3	(0.5, 0.03)			
4	(0.5, 0.04)			
5	(0.5, 0.05)			
6	(0.5, 0.06)			
7	(0.5, 0.07)			
8	(0.5, 0.08)			
9	(0.5, 0.09)			
10	(0.5, 0.10)			

(2) 画出精确解的曲面图和取 $h=1/10, \tau=1/20$ 所得数值解的曲面图.

(3) 在同一坐标系中画出 $(h,\tau)=(1/10,1/20),(1/20,1/40),(1/40,1/80)$ 所得数值解的误差曲面图.

表 4.13　习题 4.9 取不同步长时数值解的最大误差 ($s=1/2$)

h	τ	$E_\infty(h,\tau)$	$E_\infty(2h,2\tau)/E_\infty(h,\tau)$
1/10	1/20		*
1/20	1/40		
1/40	1/80		
1/80	1/160		
1/160	1/320		
1/320	1/640		
1/640	1/1280		

4.10　用隐式差分格式 (4.36) 计算题 4.9 所给定解问题.

(1) 填写表 4.14、表 4.15 和表 4.16.

表 4.14　习题 4.10 部分数值结果 ($h=1/100, \tau=1/200$)

(x,t)	数值解	精确解	|精确解 − 数值解|
(0.5, 0.1)			
(0.5, 0.2)			
(0.5, 0.3)			
(0.5, 0.4)			
(0.5, 0.5)			
(0.5, 0.6)			
(0.5, 0.7)			
(0.5, 0.8)			
(0.5, 0.9)			
(0.5, 1.0)			

表 4.15　习题 4.10 部分数值结果 ($h=1/200, \tau=1/100$)

(x,t)	数值解	精确解	|精确解 − 数值解|
(0.5, 0.1)			
(0.5, 0.2)			
(0.5, 0.3)			
(0.5, 0.4)			
(0.5, 0.5)			
(0.5, 0.6)			
(0.5, 0.7)			
(0.5, 0.8)			
(0.5, 0.9)			
(0.5, 1.0)			

(2) 画出精确解的曲面图和取步长 $h=1/10, \tau=1/10$ 所得数值解的曲面图.

(3) 在同一坐标系中画出 $(h,\tau)=(1/10,1/10),(1/20,1/20),(1/40,1/40)$ 所得数值解的误差曲面图.

表 4.16 习题 4.10 取不同步长时数值解的最大误差 ($s = 1$)

h	τ	$E_\infty(h,\tau)$	$E_\infty(2h,2\tau)/E_\infty(h,\tau)$
1/10	1/10		*
1/20	1/20		
1/40	1/40		
1/80	1/80		
1/160	1/160		
1/320	1/320		

4.11 用紧致差分格式 (4.48) 计算题 4.9 所给定解问题.

(1) 填写表 4.17、表 4.18和表 4.19.

(2) 画出精确解的曲面图和取步长 $h = 1/10, \tau = 1/100$ 所得数值解的曲面图.

(3) 在同一坐标系中画出 $(h,\tau) = (1/10, 1/100), (1/20, 1/400)$ 所得数值解的误差曲面图.

表 4.17 习题 4.11 部分数值结果 ($h = 1/10, \tau = 1/100$)

(x,t)	数值解	精确解	|精确解 − 数值解|
(0.5, 0.1)			
(0.5, 0.2)			
(0.5, 0.3)			
(0.5, 0.4)			
(0.5, 0.5)			
(0.5, 0.6)			
(0.5, 0.7)			
(0.5, 0.8)			
(0.5, 0.9)			
(0.5, 1.0)			

表 4.18 习题 4.11 部分数值结果 ($h = 1/20, \tau = 1/400$)

(x,t)	数值解	精确解	|精确解 − 数值解|
(0.5, 0.1)			
(0.5, 0.2)			
(0.5, 0.3)			
(0.5, 0.4)			
(0.5, 0.5)			
(0.5, 0.6)			
(0.5, 0.7)			
(0.5, 0.8)			
(0.5, 0.9)			
(0.5, 1.0)			

表 4.19 习题 4.11 取不同步长时数值解的最大误差 ($\tau = h^2$)

h	τ	$E_\infty(h,\tau)$	$E_\infty(2h,4\tau)/E_\infty(h,\tau)$
1/10	1/100		*
1/20	1/400		
1/40	1/1600		
1/80	1/6400		

第 5 章　高维发展方程的交替方向法

一维抛物型方程的向前 Euler 格式计算简单, 但步长比受到限制; 向后 Euler 格式和 Crank-Nicolson 格式绝对稳定, 用追赶法求解的计算量也不大. 对于高维抛物型方程, 向前 Euler 格式虽然计算简单, 但稳定性条件比一维情形更为苛刻; 向后 Euler 格式和 Crank-Nicolson 格式虽然绝对稳定, 但在每一时间层上的差分方程组是一个大型的线性方程组, 且已不再是三对角线性方程组, 求解这样的线性方程组工作量是非常大的. 双曲型方程具有同样的问题. 因而需要研究新的计算量较小的无条件稳定的差分格式. 本章介绍的交替方向隐格式 (以下简记为 ADI 格式) 就是一种既是无条件稳定又可用追赶法求解的格式.

5.1　二维抛物型方程的交替方向隐格式

作为模型, 考虑二维热传导方程的初边值问题

$$\begin{cases} \dfrac{\partial u}{\partial t}-a\left(\dfrac{\partial^2 u}{\partial x^2}+\dfrac{\partial^2 u}{\partial y^2}\right)=f(x,y,t), \quad (x,y)\in \varOmega, \quad 0<t\leqslant T, & (5.1\text{a})\\ u(x,y,0)=\varphi(x,y), \quad (x,y)\in\bar{\varOmega}, & (5.1\text{b})\\ u(x,y,t)=\alpha(x,y,t), \quad (x,y)\in \varGamma, \quad 0<t\leqslant T, & (5.1\text{c})\end{cases}$$

其中 a 为正常数 (通常称为热传导系数), $\varOmega=(0,L_1)\times(0,L_2)$, $\varGamma$ 为 $\varOmega$ 的边界, 且当 $(x,y)\in\varGamma$ 时有 $\alpha(x,y,0)=\varphi(x,y)$.

取正整数 m_1,m_2,n. 记 $h_1=L_1/m_1$, $h_2=L_2/m_2$, $\tau=T/n$. 记 $x_i=ih_1,\ 0\leqslant i\leqslant m_1;\ y_j=jh_2,\ 0\leqslant j\leqslant m_2; t_k=k\tau,\ 0\leqslant k\leqslant n;\ \varOmega_h=\{(x_i,y_j)\,|\,0\leqslant i\leqslant m_1, 0\leqslant j\leqslant m_2\}$, $\varOmega_\tau=\{t_k\,|\,0\leqslant k\leqslant n\}$, $\omega=\{(i,j)\,|\,(x_i,y_j)\in\varOmega\}$, $\gamma=\{(i,j)\,|\,(x_i,y_j)\in\varGamma\}$, $\bar{\omega}=\omega\cup\gamma$. 此外记 $r_1=a\tau/h_1^2, r_2=a\tau/h_2^2, t_{k+\frac{1}{2}}=\dfrac{1}{2}(t_k+t_{k+1})$, $f_{ij}^{k+\frac{1}{2}}=f(x_i,y_j,t_{k+\frac{1}{2}})$. 称 (x_i,y_j,t_k) 为结点.

设 $v=\{v_{ij}^k\,|\,0\leqslant i\leqslant m_1, 0\leqslant j\leqslant m_2,\ 0\leqslant k\leqslant n\}$ 为 $\varOmega_h\times\varOmega_\tau$ 上的网格函数, 引进如下记号:

$$v_{ij}^{k+\frac{1}{2}}=\frac{1}{2}(v_{ij}^k+v_{ij}^{k+1}), \quad \delta_t v_{ij}^{k+\frac{1}{2}}=\frac{1}{\tau}(v_{ij}^{k+1}-v_{ij}^k),$$

$$\delta_x v_{i-\frac{1}{2},j}^k = \frac{1}{h_1}(v_{ij}^k - v_{i-1,j}^k), \quad \delta_x^2 v_{ij}^k = \frac{1}{h_1}\left(\delta_x v_{i+\frac{1}{2},j}^k - \delta_x v_{i-\frac{1}{2},j}^k\right),$$

$$\delta_y v_{i,j-\frac{1}{2}}^k = \frac{1}{h_2}(v_{ij}^k - v_{i,j-1}^k), \quad \delta_y^2 v_{ij}^k = \frac{1}{h_2}\left(\delta_y v_{i,j+\frac{1}{2}}^k - \delta_y v_{i,j-\frac{1}{2}}^k\right),$$

$$\Delta_t v_{ij}^k = \frac{1}{2\tau}(v_{ij}^{k+1} - v_{ij}^{k-1}), \quad \Delta_h v_{ij}^k = \delta_x^2 v_{ij}^k + \delta_y^2 v_{ij}^k.$$

易知

$$\delta_x^2 v_{ij}^k = \frac{1}{h_1^2}(v_{i-1,j}^k - 2v_{ij}^k + v_{i+1,j}^k), \quad \delta_y^2 v_{ij}^k = \frac{1}{h_2^2}(v_{i,j-1}^k - 2v_{ij}^k + v_{i,j+1}^k).$$

若令

$$v^k = \{v_{ij}^k \mid (i,j) \in \bar{\omega}\},$$

则 v^k 为 Ω_h 上的网格函数.

记

$$\mathcal{V}_h = \left\{w \,|\, w = \{w_{ij} \mid (i,j) \in \bar{\omega}\} \text{ 为 } \Omega_h \text{ 上的网格函数}\right\},$$

$$\mathring{\mathcal{V}}_h = \left\{w \,|\, w = \{w_{ij} \mid (i,j) \in \bar{\omega}\} \in \mathcal{V}_h, \text{ 且当 } (i,j) \in \gamma \text{ 时 } w_{ij} = 0\right\}.$$

引进第 2 章的内积和范数等记号.

5.1.1 差分格式的建立

定义 $\Omega_h \times \Omega_\tau$ 上的网格函数

$$U = \{U_{ij}^k \,|\, (i,j) \in \bar{\omega}, 0 \leqslant k \leqslant n\},$$

其中

$$U_{ij}^k = u(x_i, y_j, t_k), \quad (i,j) \in \bar{\omega}, \quad 0 \leqslant k \leqslant n.$$

在点 $(x_i, y_j, t_{k+\frac{1}{2}})$ 处考虑微分方程 (5.1a), 有

$$\frac{\partial u(x_i, y_j, t_{k+\frac{1}{2}})}{\partial t} - a\left[\frac{\partial^2 u(x_i, y_j, t_{k+\frac{1}{2}})}{\partial x^2} + \frac{\partial^2 u(x_i, y_j, t_{k+\frac{1}{2}})}{\partial y^2}\right] = f_{ij}^{k+\frac{1}{2}},$$

$$(i,j) \in \omega, \quad 0 \leqslant k \leqslant n-1. \tag{5.2}$$

由引理 1.2 可得

$$\frac{\partial u(x_i, y_j, t_{k+\frac{1}{2}})}{\partial t}$$

$$=\delta_t U_{ij}^{k+\frac{1}{2}}-\frac{\tau^2}{16}\int_0^1\left(u_{ttt}\left(x_i,y_j,t_{k+\frac{1}{2}}-\frac{s\tau}{2}\right)+u_{ttt}\left(x_i,y_j,t_{k+\frac{1}{2}}+\frac{s\tau}{2}\right)\right)(1-s)^2\mathrm{d}s,$$

$$\frac{\partial^2 u(x_i,y_j,t_{k+\frac{1}{2}})}{\partial x^2}$$

$$=\frac{1}{2}\left[\frac{\partial^2 u(x_i,y_j,t_k)}{\partial x^2}+\frac{\partial^2 u(x_i,y_j,t_{k+1})}{\partial x^2}\right]$$

$$-\frac{\tau^2}{8}\int_0^1\left(u_{xxtt}\left(x_i,y_j,t_{k+\frac{1}{2}}-\frac{s\tau}{2}\right)+u_{xxtt}\left(x_i,y_j,t_{k+\frac{1}{2}}+\frac{s\tau}{2}\right)\right)(1-s)\mathrm{d}s$$

$$=\frac{1}{2}\Bigg[\delta_x^2 U_{ij}^k-\frac{h_1^2}{6}\int_0^1\Big(u_{xxxx}(x_i-sh,y_j,t_k)+u_{xxxx}(x_i+sh,y_j,t_k)\Big)(1-s)^3\mathrm{d}s$$

$$+\delta_x^2 U_{ij}^{k+1}-\frac{h_1^2}{6}\int_0^1\Big(u_{xxxx}(x_i-sh_1,y_j,t_{k+1})$$

$$+u_{xxxx}(x_i+sh_1,y_j,t_{k+1})\Big)(1-s)^3\mathrm{d}s\Bigg]$$

$$-\frac{\tau^2}{8}\int_0^1\left(u_{xxtt}\left(x_i,y_j,t_{k+\frac{1}{2}}-\frac{s\tau}{2}\right)+u_{xxtt}\left(x_i,y_j,t_{k+\frac{1}{2}}+\frac{s\tau}{2}\right)\right)(1-s)\mathrm{d}s;$$

$$\frac{\partial^2 u(x_i,y_j,t_{k+\frac{1}{2}})}{\partial y^2}$$

$$=\frac{1}{2}\left[\frac{\partial^2 u(x_i,y_j,t_k)}{\partial y^2}+\frac{\partial^2 u(x_i,y_j,t_{k+1})}{\partial y^2}\right]$$

$$-\frac{\tau^2}{8}\int_0^1\left(u_{yytt}\left(x_i,y_j,t_{k+\frac{1}{2}}-\frac{s\tau}{2}\right)+u_{yytt}\left(x_i,y_j,t_{k+\frac{1}{2}}+\frac{s\tau}{2}\right)\right)(1-s)\mathrm{d}s$$

$$=\frac{1}{2}\Bigg[\delta_y^2 U_{ij}^k-\frac{h_2^2}{6}\int_0^1\Big(u_{yyyy}(x_i,y_j-sh_2,t_k)+u_{yyyy}(x_i,y_j+sh_2,t_k)\Big)(1-s)^3\mathrm{d}s$$

$$+\delta_y^2 U_{ij}^{k+1}-\frac{h_2^2}{6}\int_0^1\Big(u_{yyyy}(x_i,y_j-sh_2,t_{k+1})$$

$$+u_{yyyy}(x_i,y_j+sh_2,t_{k+1})\Big)(1-s)^3\mathrm{d}s\Bigg]$$

$$-\frac{\tau^2}{8}\int_0^1\left(u_{yytt}\left(x_i,y_j,t_{k+\frac{1}{2}}-\frac{s\tau}{2}\right)+u_{yytt}\left(x_i,y_j,t_{k+\frac{1}{2}}+\frac{s\tau}{2}\right)\right)(1-s)\mathrm{d}s.$$

将以上三式代入 (5.2), 得

$$\delta_t U_{ij}^{k+\frac{1}{2}}-a\left(\delta_x^2 U_{ij}^{k+\frac{1}{2}}+\delta_y^2 U_{ij}^{k+\frac{1}{2}}\right)=f_{ij}^{k+\frac{1}{2}}+(R_1)_{ij}^k,\quad (i,j)\in\omega,\quad 0\leqslant k\leqslant n-1, \tag{5.3}$$

其中

$$
\begin{aligned}
(R_1)_{ij}^k = & \frac{1}{8}\tau^2\left\{\frac{1}{2}\int_0^1\left(u_{ttt}\left(x_i,y_j,t_{k+\frac{1}{2}}-\frac{s\tau}{2}\right)+u_{ttt}\left(x_i,y_j,t_{k+\frac{1}{2}}+\frac{s\tau}{2}\right)\right)(1-s)^2\mathrm{d}s\right. \\
& -a\int_0^1\left[u_{xxtt}\left(x_i,y_j,t_{k+\frac{1}{2}}-\frac{s\tau}{2}\right)+u_{xxtt}\left(x_i,y_j,t_{k+\frac{1}{2}}+\frac{s\tau}{2}\right)\right. \\
& \left.\left.+u_{yytt}\left(x_i,y_j,t_{k+\frac{1}{2}}-\frac{s\tau}{2}\right)+u_{yytt}\left(x_i,y_j,t_{k+\frac{1}{2}}+\frac{s\tau}{2}\right)\right](1-s)\mathrm{d}s\right\} \\
& -\frac{a}{12}h_1^2\int_0^1\left[u_{xxxx}(x_i-sh_1,y_j,t_k)+u_{xxxx}(x_i+sh_1,y_j,t_k)\right. \\
& \left.+u_{xxxx}(x_i-sh_1,y_j,t_{k+1})+u_{xxxx}(x_i+sh_1,y_j,t_{k+1})\right](1-s)^3\mathrm{d}s \\
& -\frac{a}{12}h_2^2\int_0^1\left[u_{yyyy}(x_i,y_j-sh_2,t_k)+u_{yyyy}(x_i,y_j+sh_2,t_k)\right. \\
& \left.+u_{yyyy}(x_i,y_j-sh_2,t_{k+1})+u_{yyyy}(x_i,y_j+sh_2,t_{k+1})\right](1-s)^3\mathrm{d}s.
\end{aligned}
$$

易知存在常数 c_1 使得

$$
\begin{cases}
\left|(R_1)_{ij}^k\right| \leqslant c_1(\tau^2+h_1^2+h_2^2), \quad (i,j)\in\omega, \quad 0\leqslant k\leqslant n-1, \\
\left|\delta_t(R_1)_{ij}^{k+\frac{1}{2}}\right| \leqslant c_1(\tau^2+h_1^2+h_2^2), \quad (i,j)\in\omega, \quad 0\leqslant k\leqslant n-2,
\end{cases}
\tag{5.4}
$$

其中

$$
\delta_t(R_1)_{ij}^{k+\frac{1}{2}} = \frac{1}{\tau}\left[(R_1)_{ij}^{k+1}-(R_1)_{ij}^k\right].
$$

由初边值条件 (5.1b) 和 (5.1c), 有

$$
\begin{cases}
U_{ij}^0 = \varphi(x_i,y_j), \quad (i,j)\in\omega, \\
U_{ij}^k = \alpha(x_i,y_j,t_k), \quad (i,j)\in\gamma, \quad 0\leqslant k\leqslant n.
\end{cases}
\tag{5.5}
$$

在 (5.3) 中略去小量项 $(R_1)_{ij}^k$, 并用 u_{ij}^k 代替 U_{ij}^k, 可得如下差分格式

$$
\begin{cases}
\delta_t u_{ij}^{k+\frac{1}{2}} - a\Delta_h u_{ij}^{k+\frac{1}{2}} = f_{ij}^{k+\frac{1}{2}}, \quad (i,j)\in\omega, \quad 0\leqslant k\leqslant n-1, & (5.6\text{a}) \\
u_{ij}^0 = \varphi(x_i,y_j), \quad (i,j)\in\omega, & (5.6\text{b}) \\
u_{ij}^k = \alpha(x_i,y_j,t_k), \quad (i,j)\in\gamma, \quad 0\leqslant k\leqslant n. & (5.6\text{c})
\end{cases}
$$

差分格式 (5.6) 的结点图见图 5.1. 它是一个 2 层隐式差分格式.

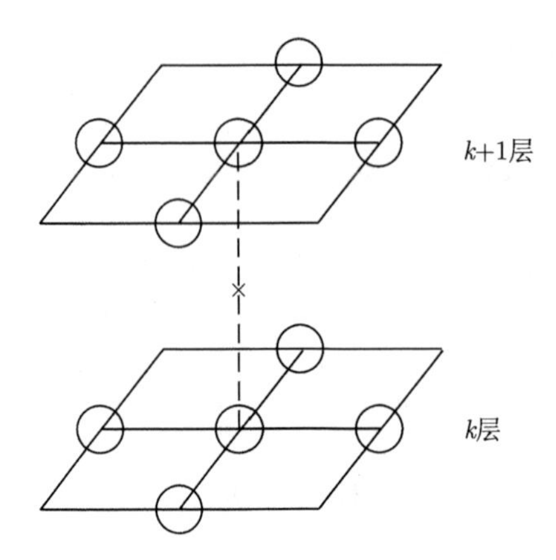

图 5.1　差分格式 (5.6) 的结点图

求解差分格式(5.6), 在每一层上需要解一个大型的稀疏线性方程组.

为了构造交替方向格式, 在(5.3)的两边同时加上 $\frac{1}{4}a^2\tau^2\delta_x^2\delta_y^2\delta_t U_{ij}^{k+\frac{1}{2}}$, 得到

$$\delta_t U_{ij}^{k+\frac{1}{2}} - a\Delta_h U_{ij}^{k+\frac{1}{2}} + \frac{1}{4}a^2\tau^2\delta_x^2\delta_y^2\delta_t U_{ij}^{k+\frac{1}{2}} = f_{ij}^{k+\frac{1}{2}} + (R_2)_{ij}^k,$$

$$(i,j)\in\omega,\quad 0\leqslant k\leqslant n-1, \tag{5.7}$$

其中

$$(R_2)_{ij}^k = (R_1)_{ij}^k + \frac{1}{4}a^2\tau^2\delta_x^2\delta_y^2\delta_t U_{ij}^{k+\frac{1}{2}}.$$

应用习题 1.1 得到

$$\begin{aligned}
&\delta_x^2\delta_y^2\delta_t U_{ij}^{k+\frac{1}{2}}\\
=&\frac{1}{2}\delta_x^2\delta_y^2\int_0^1\left[u_t\left(x_i,y_j,t_{k+\frac{1}{2}}-\frac{s\tau}{2}\right)+u_t\left(x_i,y_j,t_{k+\frac{1}{2}}+\frac{s\tau}{2}\right)\right]\mathrm{d}s\\
=&\frac{1}{2}\delta_y^2\int_0^1\left[\delta_x^2\left(u_t\left(x_i,y_j,t_{k+\frac{1}{2}}-\frac{s\tau}{2}\right)+u_t\left(x_i,y_j,t_{k+\frac{1}{2}}+\frac{s\tau}{2}\right)\right)\right]\mathrm{d}s\\
=&\frac{1}{2}\delta_y^2\int_0^1\left[\int_0^1\left(u_{xxt}\left(x_i-s_1h_1,y_j,t_{k+\frac{1}{2}}-\frac{s\tau}{2}\right)+u_{xxt}\left(x_i-s_1h_1,y_j,t_{k+\frac{1}{2}}+\frac{s\tau}{2}\right)\right.\right.\\
&+u_{xxt}\left(x_i+s_1h_1,y_j,t_{k+\frac{1}{2}}-\frac{s\tau}{2}\right)\\
&\left.\left.+u_{xxt}\left(x_i+s_1h_1,y_j,t_{k+\frac{1}{2}}+\frac{s\tau}{2}\right)\right)(1-s_1)\mathrm{d}s_1\right]\mathrm{d}s\\
=&\frac{1}{2}\int_0^1\left[\int_0^1\delta_y^2\left(u_{xxt}\left(x_i-s_1h_1,y_j,t_{k+\frac{1}{2}}-\frac{s\tau}{2}\right)+u_{xxt}\left(x_i-s_1h_1,y_j,t_{k+\frac{1}{2}}+\frac{s\tau}{2}\right)\right.\right.
\end{aligned}$$

$$+u_{xxt}\left(x_i+s_1h_1,y_j,t_{k+\frac{1}{2}}-\frac{s\tau}{2}\right)$$

$$+u_{xxt}\left(x_i+s_1h_1,y_j,t_{k+\frac{1}{2}}+\frac{s\tau}{2}\right)\Bigg)(1-s_1)\mathrm{d}s_1\Bigg]\mathrm{d}s$$

$$=\frac{1}{2}\int_0^1\left\{\int_0^1\left[\int_0^1\left(u_{xxyyt}\left(x_i-s_1h_1,y_j-s_2h_2,t_{k+\frac{1}{2}}-\frac{s\tau}{2}\right)\right.\right.\right.$$

$$+u_{xxyyt}\left(x_i-s_1h_1,y_j-s_2h_2,t_{k+\frac{1}{2}}+\frac{s\tau}{2}\right)$$

$$+u_{xxyyt}\left(x_i+s_1h_1,y_j-s_2h_2,t_{k+\frac{1}{2}}-\frac{s\tau}{2}\right)$$

$$+u_{xxyyt}\left(x_i+s_1h_1,y_j-s_2h_2,t_{k+\frac{1}{2}}+\frac{s\tau}{2}\right)$$

$$+u_{xxyyt}\left(x_i-s_1h_1,y_j+s_2h_2,t_{k+\frac{1}{2}}-\frac{s\tau}{2}\right)$$

$$+u_{xxyyt}\left(x_i-s_1h_1,y_j+s_2h_2,t_{k+\frac{1}{2}}+\frac{s\tau}{2}\right)$$

$$+u_{xxyyt}\left(x_i+s_1h_1,y_j+s_2h_2,t_{k+\frac{1}{2}}-\frac{s\tau}{2}\right)$$

$$\left.\left.\left.+u_{xxyyt}\left(x_i+s_1h_1,y_j+s_2h_2,t_{k+\frac{1}{2}}+\frac{s\tau}{2}\right)\right)(1-s_2)\mathrm{d}s_2\right](1-s_1)\mathrm{d}s_1\right\}\mathrm{d}s.$$

结合(5.4)可知存在常数 c_2 使得

$$\begin{cases}\left|(R_2)_{ij}^k\right|\leqslant c_2(\tau^2+h_1^2+h_2^2), & (i,j)\in\omega, \quad 0\leqslant k\leqslant n-1,\\ \left|\delta_t(R_2)_{ij}^{k+\frac{1}{2}}\right|\leqslant c_2(\tau^2+h_1^2+h_2^2), & (i,j)\in\omega, \quad 0\leqslant k\leqslant n-2,\end{cases}\tag{5.8}$$

其中

$$\delta_t(R_2)_{ij}^{k+\frac{1}{2}}=\frac{1}{\tau}\left[(R_2)_{ij}^{k+1}-(R_2)_{ij}^k\right].$$

在 (5.7) 中略去小量项 $(R_2)_{ij}^k$, 注意到 (5.5), 并用 u_{ij}^k 代替 U_{ij}^k, 可得如下差分格式

$$\begin{cases}\delta_t u_{ij}^{k+\frac{1}{2}}-a\Delta_h u_{ij}^{k+\frac{1}{2}}+\dfrac{1}{4}a^2\tau^2\delta_x^2\delta_y^2\delta_t u_{ij}^{k+\frac{1}{2}}=f_{ij}^{k+\frac{1}{2}},\\ \qquad\qquad (i,j)\in\omega, \quad 0\leqslant k\leqslant n-1, & (5.9\text{a})\\ u_{ij}^0=\varphi(x_i,y_j), \quad (i,j)\in\omega, & (5.9\text{b})\\ u_{ij}^k=\alpha(x_i,y_j,t_k), \quad (i,j)\in\gamma, \quad 0\leqslant k\leqslant n. & (5.9\text{c})\end{cases}$$

差分格式 (5.9) 的结点图见图 5.2.

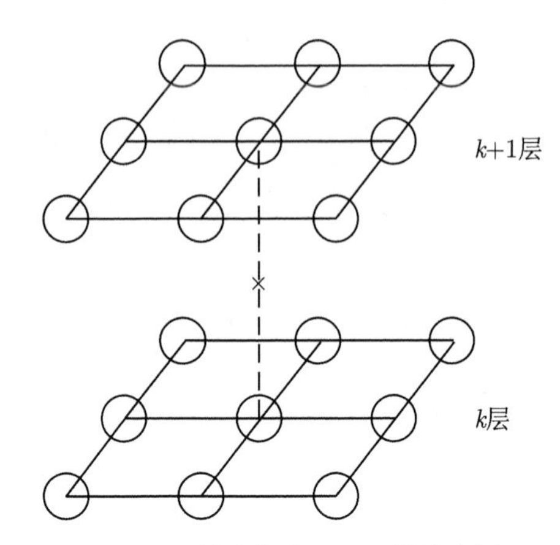

图 5.2 差分格式 (5.9) 的结点图

5.1.2 差分格式解的存在性

定理 5.1 *差分格式 (5.9) 是唯一可解的.*

证明 记

$$u^k = \{u_{ij}^k \mid (i,j) \in \bar{\omega}\}.$$

由 (5.9b)—(5.9c) 知 u^0 已给定.

现设已求得 u^k, 则关于 u^{k+1} 的差分格式为

$$\begin{cases} \delta_t u_{ij}^{k+\frac{1}{2}} - a\Delta_h u_{ij}^{k+\frac{1}{2}} + \dfrac{1}{4}a^2\tau^2\delta_x^2\delta_y^2\delta_t u_{ij}^{k+\frac{1}{2}} = f_{ij}^{k+\frac{1}{2}}, \quad (i,j) \in \omega, \\ u_{ij}^{k+1} = \alpha(x_i, y_j, t_{k+1}), \quad (i,j) \in \gamma. \end{cases}$$

考虑其齐次方程组

$$\begin{cases} \dfrac{1}{\tau}u_{ij}^{k+1} - \dfrac{1}{2}a\Delta_h u_{ij}^{k+1} + \dfrac{a^2}{4}\tau\delta_x^2\delta_y^2 u_{ij}^{k+1} = 0, \quad (i,j) \in \omega, & (5.10a) \\ u_{ij}^{k+1} = 0, \quad (i,j) \in \gamma. & (5.10b) \end{cases}$$

u^{k+1} 与 (5.10a) 的两边做内积, 得

$$\frac{1}{\tau}\|u^{k+1}\|^2 - \frac{1}{2}a\left(\Delta_h u^{k+1}, u^{k+1}\right) + \frac{a^2}{4}\tau\left(\delta_x^2\delta_y^2 u^{k+1}, u^{k+1}\right) = 0. \quad (5.11)$$

注意到 (5.10b), 由分部求和公式可得

$$-\left(\Delta_h u^{k+1}, u^{k+1}\right) = |u^{k+1}|_1^2, \quad \left(\delta_x^2\delta_y^2 u^{k+1}, u^{k+1}\right) = \|\delta_x\delta_y u^{k+1}\|^2.$$

将以上两式代入 (5.11), 得到

$$\frac{1}{\tau}\|u^{k+1}\|^2+\frac{1}{2}a|u^{k+1}|_1^2+\frac{a^2}{4}\tau\|\delta_x\delta_y u^{k+1}\|^2=0.$$

易知

$$u_{ij}^{k+1}=0,\quad (i,j)\in\omega.$$

由归纳原理, 差分格式 (5.9) 是唯一可解的.

定理证毕. □

5.1.3 差分格式的求解与数值算例

差分格式 (5.9a) 可以写为

$$\begin{aligned}&u_{ij}^{k+1}-\frac{a\tau}{2}\delta_x^2u_{ij}^{k+1}-\frac{a\tau}{2}\delta_y^2u_{ij}^{k+1}+\frac{a^2\tau^2}{4}\delta_x^2\delta_y^2u_{ij}^{k+1}\\&=u_{ij}^{k}+\frac{a\tau}{2}\delta_x^2u_{ij}^{k}+\frac{a\tau}{2}\delta_y^2u_{ij}^{k}+\frac{a^2\tau^2}{4}\delta_x^2\delta_y^2u_{ij}^{k}+\tau f_{ij}^{k+\frac{1}{2}},\quad (i,j)\in\omega,\quad 0\leqslant k\leqslant n-1,\end{aligned}$$

或

$$\left(\mathcal{I}-\frac{a\tau}{2}\delta_x^2\right)\left(\mathcal{I}-\frac{a\tau}{2}\delta_y^2\right)u_{ij}^{k+1}=\left(\mathcal{I}+\frac{a\tau}{2}\delta_x^2\right)\left(\mathcal{I}+\frac{a\tau}{2}\delta_y^2\right)u_{ij}^{k}+\tau f_{ij}^{k+\frac{1}{2}},$$
$$(i,j)\in\omega,\quad 0\leqslant k\leqslant n-1,\tag{5.12}$$

其中 $\mathcal{I}u_{ij}^k=u_{ij}^k$. 称 $\mathcal{I}$ 为恒同算子.

下面介绍两种交替方向隐格式.

P-R 交替方向隐格式 (1955) [12]

按如下方式引进过渡层 (中间层) 变量 $\bar{u}_{ij}$:

$$\left\{\begin{aligned}&\left(\mathcal{I}-\frac{a\tau}{2}\delta_x^2\right)\bar{u}_{ij}=\left(\mathcal{I}+\frac{a\tau}{2}\delta_y^2\right)u_{ij}^{k}+\frac{\tau}{2}f_{ij}^{k+\frac{1}{2}},\quad (i,j)\in\omega; &(5.13\text{a})\\&\left(\mathcal{I}-\frac{a\tau}{2}\delta_y^2\right)u_{ij}^{k+1}=\left(\mathcal{I}+\frac{a\tau}{2}\delta_x^2\right)\bar{u}_{ij}+\frac{\tau}{2}f_{ij}^{k+\frac{1}{2}},\quad (i,j)\in\omega. &(5.13\text{b})\end{aligned}\right.$$

由 (5.13a) 和 (5.13b) 消去过渡层变量, 可得

$$\begin{aligned}&\left(\mathcal{I}-\frac{a\tau}{2}\delta_x^2\right)\left(\mathcal{I}-\frac{a\tau}{2}\delta_y^2\right)u_{ij}^{k+1}\\&=\left(\mathcal{I}-\frac{a\tau}{2}\delta_x^2\right)\left[\left(\mathcal{I}+\frac{a\tau}{2}\delta_x^2\right)\bar{u}_{ij}+\frac{\tau}{2}f_{ij}^{k+\frac{1}{2}}\right]\\&=\left(\mathcal{I}-\frac{a\tau}{2}\delta_x^2\right)\left(\mathcal{I}+\frac{a\tau}{2}\delta_x^2\right)\bar{u}_{ij}+\frac{\tau}{2}\left(\mathcal{I}-\frac{a\tau}{2}\delta_x^2\right)f_{ij}^{k+\frac{1}{2}}\end{aligned}$$

$$
\begin{aligned}
&=\left(\mathcal{I}+\frac{a\tau}{2}\delta_x^2\right)\left(\mathcal{I}-\frac{a\tau}{2}\delta_x^2\right)\bar{u}_{ij}+\frac{\tau}{2}\left(\mathcal{I}-\frac{a\tau}{2}\delta_x^2\right)f_{ij}^{k+\frac{1}{2}}\\
&=\left(\mathcal{I}+\frac{a\tau}{2}\delta_x^2\right)\left[\left(\mathcal{I}+\frac{a\tau}{2}\delta_y^2\right)u_{ij}^k+\frac{\tau}{2}f_{ij}^{k+\frac{1}{2}}\right]+\frac{\tau}{2}\left(\mathcal{I}-\frac{a\tau}{2}\delta_x^2\right)f_{ij}^{k+\frac{1}{2}}\\
&=\left(\mathcal{I}+\frac{a\tau}{2}\delta_x^2\right)\left(\mathcal{I}+\frac{a\tau}{2}\delta_y^2\right)u_{ij}^k+\tau f_{ij}^{k+\frac{1}{2}},\quad (i,j)\in\omega.
\end{aligned}
$$

此即 (5.12).

另外, 由 (5.13b) 可得

$$\left(\mathcal{I}+\frac{a\tau}{2}\delta_x^2\right)\bar{u}_{ij}=\left(\mathcal{I}-\frac{a\tau}{2}\delta_y^2\right)u_{ij}^{k+1}-\frac{\tau}{2}f_{ij}^{k+\frac{1}{2}}.$$

将此式与 (5.13a) 相加, 可得

$$\bar{u}_{ij}=\frac{1}{2}(u_{ij}^k+u_{ij}^{k+1})-\frac{a\tau}{4}(\delta_y^2u_{ij}^{k+1}-\delta_y^2u_{ij}^k)=u_{ij}^{k+\frac{1}{2}}-\frac{a\tau^2}{4}\delta_y^2\delta_tu_{ij}^{k+\frac{1}{2}}.$$

由于 $\{u_{0j}^k\}$ 和 $\{u_{m_1,j}^k\}$ 是已知的, 应要求过渡层变量满足

$$\bar{u}_{0j}=u_{0j}^{k+\frac{1}{2}}-\frac{a\tau^2}{4}\delta_y^2\delta_tu_{0j}^{k+\frac{1}{2}},\quad \bar{u}_{m_1,j}=u_{m_1,j}^{k+\frac{1}{2}}-\frac{a\tau^2}{4}\delta_y^2\delta_tu_{m_1,j}^{k+\frac{1}{2}},\quad 1\leqslant j\leqslant m_2-1.$$

当第 k 层上的值 $\{u_{ij}^k\,|\,0\leqslant i\leqslant m_1,0\leqslant j\leqslant m_2\}$ 已知时, 由 (5.13a) 求出过渡层变量 $\{\bar{u}_{ij}\,|\,(i,j)\in\omega\}$ 的值: 对任意固定的 $j\,(1\leqslant j\leqslant m_2-1)$, 取边界条件

$$\bar{u}_{0j}=u_{0j}^{k+\frac{1}{2}}-\frac{a\tau^2}{4}\delta_y^2\delta_tu_{0j}^{k+\frac{1}{2}},\quad \bar{u}_{m_1,j}=u_{m_1,j}^{k+\frac{1}{2}}-\frac{a\tau^2}{4}\delta_y^2\delta_tu_{m_1,j}^{k+\frac{1}{2}},\tag{5.14}$$

求解

$$\left(\mathcal{I}-\frac{a\tau}{2}\delta_x^2\right)\bar{u}_{ij}=\left(\mathcal{I}+\frac{a\tau}{2}\delta_y^2\right)u_{ij}^k+\frac{\tau}{2}f_{ij}^{k+\frac{1}{2}},\quad 1\leqslant i\leqslant m_1-1,\tag{5.15}$$

得到 $\{\bar{u}_{ij}\,|\,1\leqslant i\leqslant m_1-1\}$.

当 $\{\bar{u}_{ij}\,|\,(i,j)\in\omega\}$ 已求出时, 由 (5.13b) 求出第 $k+1$ 层上 u 的值 $\{u_{ij}^{k+1}|\,(i,j)\in\omega\}$. 对任意固定的 $i\,(1\leqslant i\leqslant m_1-1)$, 取边界条件

$$u_{i0}^{k+1}=\alpha(x_i,y_0,t_{k+1}),\quad u_{i,m_2}^{k+1}=\alpha(x_i,y_{m_2},t_{k+1}),\tag{5.16}$$

求解

$$\left(\mathcal{I}-\frac{a\tau}{2}\delta_y^2\right)u_{ij}^{k+1}=\left(\mathcal{I}+\frac{a\tau}{2}\delta_x^2\right)\bar{u}_{ij}+\frac{\tau}{2}f_{ij}^{k+\frac{1}{2}},\quad 1\leqslant j\leqslant m_2-1,\tag{5.17}$$

得到 $\{u_{ij}^{k+1}\,|\,1\leqslant j\leqslant m_2-1\}$.

(5.14)—(5.15) 是关于 x 方向的隐格式, (5.16)—(5.17) 是关于 y 方向的隐格式. 它们均为三对角线性方程组, 可用追赶法求解. 于是我们把 (5.13) 称为**交替方向隐格式**, 也称为 P-R 方法. 这一方法是 Peaceman 与 Rachford (1955) [12] 提出的.

(5.13a) 和 (5.13b) 也可写为

$$\frac{\bar{u}_{ij}-u_{ij}^k}{\tau/2}-a\left(\delta_x^2\bar{u}_{ij}+\delta_y^2u_{ij}^k\right)=f_{ij}^{k+\frac{1}{2}},\quad (i,j)\in\omega; \tag{5.18}$$

$$\frac{u_{ij}^{k+1}-\bar{u}_{ij}}{\tau/2}-a\left(\delta_x^2\bar{u}_{ij}+\delta_y^2u_{ij}^{k+1}\right)=f_{ij}^{k+\frac{1}{2}},\quad (i,j)\in\omega. \tag{5.19}$$

于是我们也可将 P-R 方法作如下解释: 在区间 $[t_k,t_{k+\frac{1}{2}}]$ 上离散方程 (5.1a), 用 $t_{k+\frac{1}{2}}$ 层上的关于 x 的二阶中心差商近似 $\dfrac{\partial^2u}{\partial x^2}$, 用 t_k 层上的关于 y 的二阶中心差商近似 $\dfrac{\partial^2u}{\partial y^2}$; 在区间 $[t_{k+\frac{1}{2}},t_{k+1}]$ 上离散方程 (5.1a), 用 $t_{k+\frac{1}{2}}$ 层上的关于 x 的二阶中心差商近似 $\dfrac{\partial^2u}{\partial x^2}$, 用 t_{k+1} 层上的关于 y 的二阶中心差商近似 $\dfrac{\partial^2u}{\partial y^2}$.

D'Yakonov 交替方向隐格式 (1964) [11]

令 $u_{ij}^*=\left(\mathcal{I}-\dfrac{a\tau}{2}\delta_y^2\right)u_{ij}^{k+1}$, 则 (5.12) 等价于

$$\begin{cases}\left(\mathcal{I}-\dfrac{a\tau}{2}\delta_x^2\right)u_{ij}^*=\left(\mathcal{I}+\dfrac{a\tau}{2}\delta_x^2\right)\left(\mathcal{I}+\dfrac{a\tau}{2}\delta_y^2\right)u_{ij}^k+\tau f_{ij}^{k+\frac{1}{2}},\quad (i,j)\in\omega; & \text{(5.20a)}\\ \left(\mathcal{I}-\dfrac{a\tau}{2}\delta_y^2\right)u_{ij}^{k+1}=u_{ij}^*,\quad (i,j)\in\omega. & \text{(5.20b)}\end{cases}$$

反过来, 消去过渡层 u_{ij}^*, 有

$$\begin{aligned}\left(\mathcal{I}-\frac{a\tau}{2}\delta_x^2\right)\left(\mathcal{I}-\frac{a\tau}{2}\delta_y^2\right)u_{ij}^{k+1}&=\left(\mathcal{I}-\frac{a\tau}{2}\delta_x^2\right)u_{ij}^*\\&=\left(\mathcal{I}+\frac{a\tau}{2}\delta_x^2\right)\left(\mathcal{I}+\frac{a\tau}{2}\delta_y^2\right)u_{ij}^k+\tau f_{ij}^{k+\frac{1}{2}},\quad (i,j)\in\omega.\end{aligned}$$

这正是 (5.12).

当第 k 层上 u 的值 $\{u_{ij}^k\,|\,(i,j)\in\bar{\omega}\}$ 已知时, 由 (5.20a) 求出过渡层变量 $\{u_{ij}^*\,|\,(i,j)\in\omega\}$ 的值: 对任意固定的 $j\,(1\leqslant j\leqslant m_2-1)$, 取边界条件

$$u_{0j}^*=\left(\mathcal{I}-\frac{a\tau}{2}\delta_y^2\right)u_{0j}^{k+1},\quad u_{m_1,j}^*=\left(\mathcal{I}-\frac{a\tau}{2}\delta_y^2\right)u_{m_1,j}^{k+1}, \tag{5.21}$$

求解

$$\left(\mathcal{I}-\frac{a\tau}{2}\delta_x^2\right)u_{ij}^*=\left(\mathcal{I}+\frac{a\tau}{2}\delta_x^2\right)\left(\mathcal{I}+\frac{a\tau}{2}\delta_y^2\right)u_{ij}^k+\tau f_{ij}^{k+\frac{1}{2}},\quad 1\leqslant i\leqslant m_1-1, \tag{5.22}$$

得到 $\{u_{ij}^*\,|\,1\leqslant i\leqslant m_1-1\}$.

当 $\{u_{ij}^*\,|\,(i,j)\in\omega\}$ 已求出时, 由 (5.20b) 求出第 $k+1$ 层上 u 的值 $\{u_{ij}^{k+1}\,|\,(i,j)\in\omega\}$: 对任意固定的 $i\,(1\leqslant i\leqslant m_1-1)$, 取边界条件

$$u_{i0}^{k+1}=\alpha(x_i,y_0,t_{k+1}),\quad u_{i,m_2}^{k+1}=\alpha(x_i,y_{m_2},t_{k+1}), \tag{5.23}$$

求解

$$\left(\mathcal{I}-\frac{a\tau}{2}\delta_y^2\right)u_{ij}^{k+1}=u_{ij}^*,\quad 1\leqslant j\leqslant m_2-1, \tag{5.24}$$

得到 $\{u_{ij}^{k+1}\,|\,1\leqslant j\leqslant m_2-1\}$.

(5.21) 和 (5.22) 是关于 x 方向的隐格式, (5.23) 和 (5.24) 是关于 y 方向的隐格式. 它们也均是三对角线性方程组, 可用追赶法求解. 称(5.20)为 D'Yakonov 交替方向隐格式.

D'Yakonov 交替方向隐格式易推广到三维问题.

算例 5.1　用 D'Yakonov 交替方向隐格式计算定解问题

$$\begin{cases}\dfrac{\partial u}{\partial t}-\left(\dfrac{\partial^2 u}{\partial x^2}+\dfrac{\partial^2 u}{\partial y^2}\right)=-\dfrac{3}{2}\mathrm{e}^{\frac{1}{2}(x+y)-t},\quad 0<x,y<1,\quad 0<t\leqslant 1,\\ u(x,y,0)=\mathrm{e}^{\frac{1}{2}(x+y)},\quad 0\leqslant x,y\leqslant 1,\\ u(0,y,t)=\mathrm{e}^{\frac{1}{2}y-t},\quad u(1,y,t)=\mathrm{e}^{\frac{1}{2}(1+y)-t},\quad 0\leqslant y\leqslant 1,\quad 0<t\leqslant 1,\\ u(x,0,t)=\mathrm{e}^{\frac{1}{2}x-t},\quad u(x,1,t)=\mathrm{e}^{\frac{1}{2}(1+x)-t},\quad 0<x<1,\quad 0<t\leqslant 1.\end{cases} \tag{5.25}$$

该问题的精确解为 $u(x,y,t)=\mathrm{e}^{\frac{1}{2}(x+y)-t}$.

取 $h_1=h_2=h=1/m$, 记最大误差

$$E_\infty(h,\tau)=\max_{0\leqslant i,j\leqslant m,0\leqslant k\leqslant n}\left|u(x_i,y_j,t_k)-u_{ij}^k\right|.$$

表 5.1 给出了取 $h=1/100$, $\tau=1/100$ 时计算得到的部分数值结果. 表 5.2 给出了取不同步长时数值解的最大误差 $E_\infty(h,\tau)$.

从表 5.2 可以看出, 当空间步长和时间步长同时缩小到原来的 1/2 时, 最大误差约减少到原来的 1/4. 图 5.3 和图 5.4 分别给出了 $t=1$ 时精确解的曲面和取步长 $h=1/10$, $\tau=1/10$ 时所得数值解的曲面; 图 5.5 给出了 $t=1$ 时取不同步长所得数值解的误差曲面.

表 5.1　算例 5.1部分结点处数值解、精确解和误差的绝对值 ($h = 1/100$, $\tau = 1/100$)

$(x,\ y,\ t)$	数值解	精确解	| 精确解 − 数值解 |
(0.25, 0.25, 0.25)	0.9999997	1.0000000	3.077e−7
(0.75, 0.25, 0.25)	1.2840250	1.2840250	3.494e−7
(0.25, 0.75, 0.25)	1.2840250	1.2840250	3.494e−7
(0.75, 0.75, 0.25)	1.6487210	1.6487210	3.998e−7
(0.25, 0.25, 0.50)	0.7788005	0.7788008	2.419e−7
(0.75, 0.25, 0.50)	0.9999997	1.0000000	2.744e−7
(0.25, 0.75, 0.50)	0.9999997	1.0000000	2.744e−7
(0.75, 0.75, 0.50)	1.2840250	1.2840250	3.137e−7
(0.25, 0.25, 0.75)	0.6065305	0.6065307	1.884e−7
(0.75, 0.25, 0.75)	0.7788006	0.7788008	2.137e−7
(0.25, 0.75, 0.75)	0.7788006	0.7788008	2.137e−7
(0.75, 0.75, 0.75)	0.9999998	1.0000000	2.443e−7
(0.25, 0.25, 1.00)	0.4723664	0.4723666	1.467e−7
(0.75, 0.25, 1.00)	0.6065305	0.6065307	1.665e−7
(0.25, 0.75, 1.00)	0.6065305	0.6065307	1.665e−7
(0.75, 0.75, 1.00)	0.7788006	0.7788008	1.903e−7

表 5.2　算例 5.1取不同步长时数值解的最大误差 $E_\infty(h,\tau)$

h	τ	$E_\infty(h,\tau)$	$E_\infty(2h,2\tau)/E_\infty(h,\tau)$
1/10	1/10	6.020e−5	*
1/20	1/20	1.513e−5	3.979
1/40	1/40	3.773e−6	4.010
1/80	1/80	9.447e−7	3.994
1/160	1/160	2.361e−7	4.001

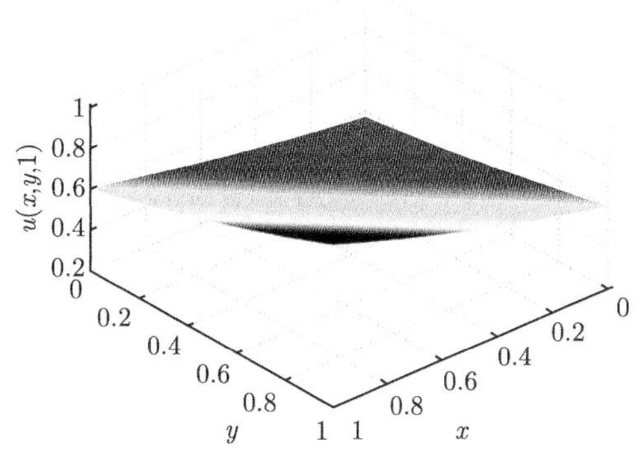

图 5.3　算例 5.1 $t = 1$ 时精确解曲面

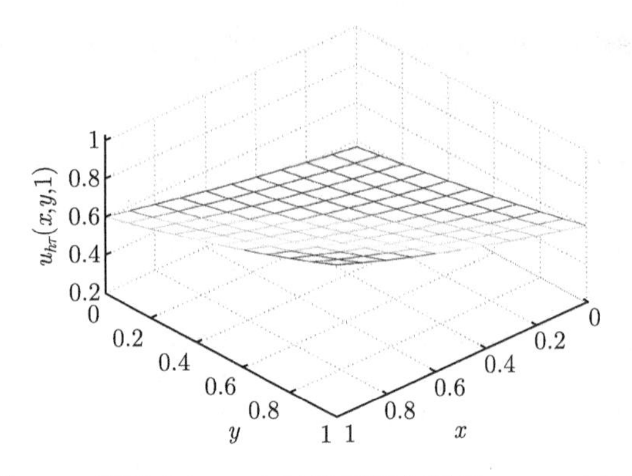

图 5.4　算例 5.1 $t=1$ 时数值解曲面 $(h=\tau=1/10)$

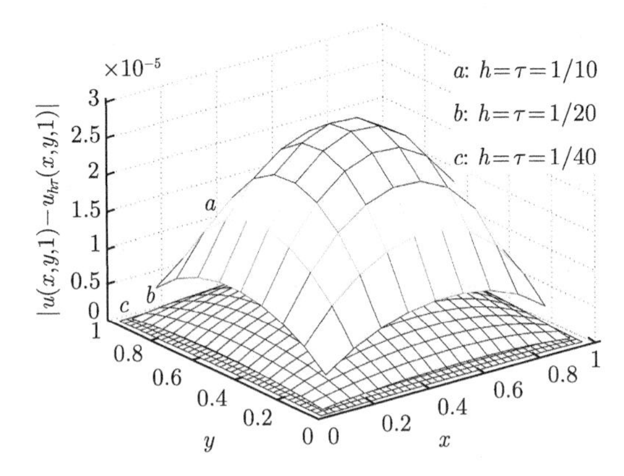

图 5.5　算例 5.1 $t=1$ 时不同步长数值解的误差曲面

5.1.4 差分格式解的先验估计式

我们先给出重要的推广的 Gronwall 不等式.

引理 5.1 (Gronwall 不等式-E)　(a) 设 $\{F^k\}_{k=0}^{\infty}$ 是非负序列, c 和 g 是两个非负常数, 且满足

$$F^k \leqslant c\tau \sum_{l=0}^{k-1} F^l + g, \quad k=0,1,2,\cdots,$$

则有

$$F^k \leqslant \mathrm{e}^{ck\tau} g, \quad k=0,1,2,\cdots.$$

(b) 设 $\{F^k\}_{k=0}^{\infty}$ 是非负序列, $\{g^k\}_{k=0}^{\infty}$ 是非负单调递增 (不必严格单调), 且满足

$$F^k \leqslant c\tau \sum_{l=0}^{k-1} F^l + g^k, \quad k = 0, 1, 2, \cdots,$$

则有

$$F^k \leqslant \mathrm{e}^{ck\tau} g^k, \quad k = 0, 1, 2, \cdots.$$

证明 (a) 易知

$$F^0 \leqslant g.$$

令

$$G^k = c\tau \sum_{l=0}^{k-1} F^l + g, \quad k = 0, 1, 2, \cdots.$$

则有

$$\begin{aligned}
&G^0 = g, \\
&F^k \leqslant G^k, \quad k = 0, 1, 2, \cdots, \\
&G^k = G^{k-1} + c\tau F^{k-1} \leqslant G^{k-1} + c\tau G^{k-1} = (1 + c\tau) G^{k-1}, \quad k = 1, 2, 3, \cdots,
\end{aligned}$$

递推可得

$$G^k \leqslant (1 + c\tau)^k G^0 \leqslant \mathrm{e}^{ck\tau} g, \quad k = 0, 1, 2, \cdots,$$

因而

$$F^k \leqslant G^k \leqslant \mathrm{e}^{ck\tau} g, \quad k = 0, 1, 2, \cdots.$$

(b) 易知

$$F^0 \leqslant g^0.$$

令

$$G^k = c\tau \sum_{l=0}^{k-1} F^l + g^k, \quad k = 0, 1, 2, \cdots,$$

则

$$\begin{aligned}
&G^0 = g^0, \\
&F^k \leqslant G^k, \quad k = 0, 1, 2, \cdots, \\
&G^k = c\tau \sum_{l=0}^{k-2} F^l + g^{k-1} + c\tau F^{k-1} + (g^k - g^{k-1}) \\
&\quad\ = G^{k-1} + c\tau F^{k-1} + (g^k - g^{k-1})
\end{aligned}$$

$$\leqslant (1+c\tau)G^{k-1} + (g^k - g^{k-1}), \quad k=1,2,\cdots.$$

应用引理 3.3, 得

$$F^k \leqslant G^k \leqslant \mathrm{e}^{ck\tau}\left[G^0 + \sum_{l=1}^{k}(g^l - g^{l-1})\right] = \mathrm{e}^{ck\tau} g^k, \quad k=0,1,2,\cdots.$$

引理证毕. □

定理 5.2　设 $\{v_{ij}^k \,|\, (i,j)\in\bar{\omega},\ 0\leqslant k\leqslant n\}$ 为差分格式

$$\begin{cases} \delta_t v_{ij}^{k+\frac{1}{2}} - a\Delta_h v_{ij}^{k+\frac{1}{2}} + \dfrac{1}{4}a^2\tau^2\delta_x^2\delta_y^2\delta_t v_{ij}^{k+\frac{1}{2}} = g_{ij}^k, \\ \qquad\qquad (i,j)\in\omega, \quad 0\leqslant k\leqslant n-1, & (5.26\text{a}) \\ v_{ij}^0 = \varphi(x_i,y_j), \quad (i,j)\in\omega, & (5.26\text{b}) \\ v_{ij}^k = 0, \quad (i,j)\in\gamma, \quad 0\leqslant k\leqslant n & (5.26\text{c}) \end{cases}$$

的解, 则有

$$\begin{aligned} &\|\Delta_h v^{k+1}\|^2 \\ \leqslant &\mathrm{e}^{2k\tau}\left[4\|\Delta_h v^0\|^2 + 2a^{-2}\left(\|g^0\|^2 + 2\max_{0\leqslant l\leqslant k}\|g^l\|^2 + \tau\sum_{l=1}^{k}\|\delta_t g^{l-\frac{1}{2}}\|^2\right)\right], \\ &\qquad 0\leqslant k\leqslant n-1, \end{aligned}$$

其中

$$\|g^k\|^2 = h_1h_2\sum_{i=1}^{m_1-1}\sum_{j=1}^{m_2-1}(g_{ij}^k)^2, \quad \|\delta_t g^{l-\frac{1}{2}}\|^2 = h_1h_2\sum_{i=1}^{m_1-1}\sum_{j=1}^{m_2-1}(\delta_t g_{ij}^{l-\frac{1}{2}})^2.$$

证明　用 $-\Delta_h\delta_t v^{k+\frac{1}{2}}$ 与 (5.26a) 的两边做内积, 得

$$\begin{aligned} &-\left(\delta_t v^{k+\frac{1}{2}}, \Delta_h\delta_t v^{k+\frac{1}{2}}\right) + a\left(\Delta_h v^{k+\frac{1}{2}}, \Delta_h\delta_t v^{k+\frac{1}{2}}\right) \\ &-\frac{1}{4}a^2\tau^2\left(\delta_x^2\delta_y^2\delta_t v^{k+\frac{1}{2}}, \Delta_h\delta_t v^{k+\frac{1}{2}}\right) = -\left(g^k, \Delta_h\delta_t v^{k+\frac{1}{2}}\right), \quad 0\leqslant k\leqslant n-1. \end{aligned}$$

注意到

$$-\left(\delta_t v^{k+\frac{1}{2}}, \Delta_h\delta_t v^{k+\frac{1}{2}}\right) = \left|\delta_t v^{k+\frac{1}{2}}\right|_1^2,$$

$$\left(\Delta_h v^{k+\frac{1}{2}}, \Delta_h \delta_t v^{k+\frac{1}{2}}\right) = \frac{1}{2\tau}\left(\|\Delta_h v^{k+1}\|^2 - \|\Delta_h v^k\|^2\right),$$
$$-\left(\delta_x^2\delta_y^2\delta_t v^{k+\frac{1}{2}}, \Delta_h \delta_t v^{k+\frac{1}{2}}\right) = |\delta_x\delta_y\delta_t v^{k+\frac{1}{2}}|_1^2,$$

有

$$\frac{a}{2\tau}\left(\|\Delta_h v^{k+1}\|^2 - \|\Delta_h v^k\|^2\right) \leqslant -\left(g^k, \Delta_h \delta_t v^{k+\frac{1}{2}}\right), \quad 0 \leqslant k \leqslant n-1.$$

将上式中的 k 换为 l, 并对 l 从 0 到 k 求和得

$$\begin{aligned}
&\frac{a}{2\tau}\left(\|\Delta_h v^{k+1}\|^2 - \|\Delta_h v^0\|^2\right) \\
\leqslant& -\sum_{l=0}^{k}\left(g^l, \Delta_h \delta_t v^{l+\frac{1}{2}}\right) \\
=&\frac{1}{\tau}\left[\left(g^0, \Delta_h v^0\right) - \left(g^k, \Delta_h v^{k+1}\right)\right] + \sum_{l=1}^{k}\left(\delta_t g^{l-\frac{1}{2}}, \Delta_h v^l\right), \quad 0 \leqslant k \leqslant n-1.
\end{aligned}$$

将上式乘以 $\dfrac{2\tau}{a}$, 并移项, 得到

$$\begin{aligned}
\|\Delta_h v^{k+1}\|^2 \leqslant& \|\Delta_h v^0\|^2 + \frac{2}{a}\left[\left(g^0, \Delta_h v^0\right) - \left(g^k, \Delta_h v^{k+1}\right)\right] \\
&+ \frac{2}{a}\tau\sum_{l=1}^{k}\left(\delta_t g^{l-\frac{1}{2}}, \Delta_h v^l\right) \\
\leqslant& \|\Delta_h v^0\|^2 + a^{-2}\|g^0\|^2 + \|\Delta_h v^0\|^2 + 2a^{-2}\|g^k\|^2 + \frac{1}{2}\|\Delta_h v^{k+1}\|^2 \\
&+ \tau\sum_{l=1}^{k}\left(a^{-2}\|\delta_t g^{l-\frac{1}{2}}\|^2 + \|\Delta_h v^l\|^2\right), \quad 0 \leqslant k \leqslant n-1.
\end{aligned}$$

因而

$$\begin{aligned}
\|\Delta_h v^{k+1}\|^2 \leqslant& 4\|\Delta_h v^0\|^2 + 2a^{-2}\left(\|g^0\|^2 + 2\|g^k\|^2\right) \\
&+ 2a^{-2}\tau\sum_{l=1}^{k}\|\delta_t g^{l-\frac{1}{2}}\|^2 + 2\tau\sum_{l=1}^{k}\|\Delta_h v^l\|^2, \quad 0 \leqslant k \leqslant n-1.
\end{aligned}$$

由引理 5.1 (Gronwall 不等式-E) 得到

$$\|\Delta_h v^{k+1}\|^2 \leqslant \exp(2k\tau)\left[4\|\Delta_h v^0\|^2 + 2a^{-2}\left(\|g^0\|^2 + 2\max_{0\leqslant l\leqslant k}\|g^l\|^2\right.\right.$$

$$+\tau\sum_{l=1}^{k}\|\delta_t g^{l-\frac{1}{2}}\|^2\Big)\Big],\quad 0\leqslant k\leqslant n-1.$$

定理证毕. □

5.1.5　差分格式解的收敛性和稳定性

收敛性

定理 5.3　设 $\{u(x,y,t)\,|\,(x,y)\in\bar{\Omega},\ 0\leqslant t\leqslant T\}$ 为定解问题 (5.1) 的解, $\{u_{ij}^k\,|\,(i,j)\in\bar{\omega},\ 0\leqslant k\leqslant n\}$ 为差分格式 (5.9) 的解. 记

$$e_{ij}^k=u(x_i,y_j,t_k)-u_{ij}^k,\quad (i,j)\in\bar{\omega},\quad 0\leqslant k\leqslant n,$$

则有

$$\|e^k\|_\infty\leqslant\frac{1}{12a}\sqrt{6(\sqrt{2}+1)(3+T)\mathrm{e}^T L_1L_2}\,c_2(\tau^2+h_1^2+h_2^2),\quad 1\leqslant k\leqslant n.$$

证明　将 (5.7) 和(5.5)与 (5.9) 相减, 得到误差方程组

$$\begin{cases}\delta_t e_{ij}^{k+\frac{1}{2}}-a\Delta_h e_{ij}^{k+\frac{1}{2}}+\dfrac{1}{4}a^2\tau^2\delta_x^2\delta_y^2\delta_t e_{ij}^{k+\frac{1}{2}}=(R_2)_{ij}^k,\\ \qquad\qquad (i,j)\in\omega,\quad 0\leqslant k\leqslant n-1,\\ e_{ij}^0=0,\quad (i,j)\in\omega,\\ e_{ij}^k=0,\quad (i,j)\in\gamma,\quad 0\leqslant k\leqslant n.\end{cases}$$

应用定理 5.2, 并注意到(5.8), 得

$$\begin{aligned}\|\Delta_h e^{k+1}\|^2\leqslant&\mathrm{e}^{2k\tau}\Big[4\|\Delta_h e^0\|^2+2a^{-2}\Big(\|(R_2)^0\|^2\\&+2\max_{0\leqslant l\leqslant k}\|(R_2)^l\|^2+\tau\sum_{l=1}^{k}\|\delta_t(R_2)^{l-\frac{1}{2}}\|^2\Big)\Big]\\ \leqslant&2\mathrm{e}^{2T}L_1L_2a^{-2}(3+T)c_2^2(\tau^2+h_1^2+h_2^2)^2,\quad 0\leqslant k\leqslant n-1.\end{aligned}$$

两边开方, 即得不等式

$$\|\Delta_h e^k\|\leqslant\mathrm{e}^T a^{-1}\sqrt{2L_1L_2(3+T)}\,c_2(\tau^2+h_1^2+h_2^2),\quad 1\leqslant k\leqslant n.$$

再由引理 2.8 得到

$$\|e^k\|_\infty\leqslant\frac{1}{12}\sqrt{3(\sqrt{2}+1)L_1L_2}\,\|\Delta_h e^k\|$$

$$
\begin{aligned}
&\leqslant \frac{1}{12}\sqrt{3(\sqrt{2}+1)L_1L_2}\,\mathrm{e}^T\,a^{-1}\sqrt{2L_1L_2(3+T)}c_2(\tau^2+h_1^2+h_2^2)\\
&=\frac{1}{12a}\sqrt{6(\sqrt{2}+1)(3+T)}\mathrm{e}^T\,L_1L_2c_2(\tau^2+h_1^2+h_2^2),\quad 1\leqslant k\leqslant n.
\end{aligned}
$$

定理证毕. □

稳定性

定理 5.4 差分格式 (5.9) 的解对任意步长比 $r_1=a\dfrac{\tau}{h_1^2}$、$r_2=a\dfrac{\tau}{h_2^2}$ 在下述意义下对初值和右端函数在下述范数下是稳定的: 设 $\{u_{ij}^k\,|\,(i,j)\in\bar{\omega},\ 0\leqslant k\leqslant n\}$ 为差分方程组

$$
\begin{cases}
\delta_t u_{ij}^{k+\frac{1}{2}}-a\Delta_h u_{ij}^{k+\frac{1}{2}}+\dfrac{1}{4}a^2\tau^2\delta_x^2\delta_y^2\delta_t u_{ij}^{k+\frac{1}{2}}=f_{ij}^k,\\
\qquad\qquad (i,j)\in\omega,\quad 0\leqslant k\leqslant n-1,\\
u_{ij}^0=\varphi_{ij},\quad (i,j)\in\omega,\\
u_{ij}^k=0,\quad (i,j)\in\gamma,\quad 0\leqslant k\leqslant n
\end{cases}
$$

的解, 则有

$$
\begin{aligned}
\|\Delta_h u^{k+1}\|^2\leqslant&\mathrm{e}^{2k\tau}\left[4\|\Delta_h u^0\|^2+2a^{-2}\left(\|f^0\|^2+2\max_{0\leqslant l\leqslant k}\|f^l\|^2\right)\right.\\
&\left.+2a^{-2}\tau\sum_{l=1}^{k}\|\delta_t f^{l-\frac{1}{2}}\|^2\right],\quad 0\leqslant k\leqslant n-1,
\end{aligned}
$$

证明 直接利用定理 5.2.

定理证毕. □

5.2 二维抛物型方程的紧致交替方向隐格式

本节以二维热传导方程初边值问题 (5.1) 为例, 介绍紧致交替方向隐格式 [13,14]. 设 $v=\{v_{ij}\,|\,(i,j)\in\bar{\omega}\}$ 为 Ω_h 上的网格函数, 引进如下记号:

$$
\mathcal{A}v_{ij}=\begin{cases}
\dfrac{1}{12}(v_{i-1,j}+10v_{ij}+v_{i+1,j}), & 1\leqslant i\leqslant m_1-1,\quad 0\leqslant j\leqslant m_2,\\
v_{ij}, & i=0,m_1,\quad 0\leqslant j\leqslant m_2,
\end{cases}
$$

$$
\mathcal{B}v_{ij}=\begin{cases}
\dfrac{1}{12}(v_{i,j-1}+10v_{ij}+v_{i,j+1}), & 1\leqslant j\leqslant m_2-1,\quad 0\leqslant i\leqslant m_1,\\
v_{ij}, & j=0,m_2,\quad 0\leqslant i\leqslant m_1.
\end{cases}
$$

易知

$$
\mathcal{A}v_{ij}=\left(\mathcal{I}+\frac{h_1^2}{12}\delta_x^2\right)v_{ij},\quad \mathcal{B}v_{ij}=\left(\mathcal{I}+\frac{h_2^2}{12}\delta_y^2\right)v_{ij},\quad (i,j)\in\omega.
$$

5.2.1　差分格式的建立

令

$$v=\frac{\partial^2 u}{\partial x^2},\quad w=\frac{\partial^2 u}{\partial y^2},$$

则 (5.1a) 等价于方程

$$\begin{cases}\dfrac{\partial u}{\partial t}-av-aw=f(x,y,t), & (5.27\text{a})\\ v=\dfrac{\partial^2 u}{\partial x^2}, & (5.27\text{b})\\ w=\dfrac{\partial^2 u}{\partial y^2}. & (5.27\text{c})\end{cases}$$

定义网格函数

$$U_{ij}^k=u(x_i,y_j,t_k),\quad V_{ij}^k=v(x_i,y_j,t_k),\quad W_{ij}^k=w(x_i,y_j,t_k),$$
$$(i,j)\in\bar{\omega},\quad 0\leqslant k\leqslant n.$$

在点 $(x_i,y_j,t_{k+\frac{1}{2}})$ 处考虑方程 (5.27a), 有

$$\frac{\partial u}{\partial t}(x_i,y_j,t_{k+\frac{1}{2}})-av(x_i,y_j,t_{k+\frac{1}{2}})-aw(x_i,y_j,t_{k+\frac{1}{2}})=f_{ij}^{k+\frac{1}{2}},$$
$$(i,j)\in\bar{\omega},\quad 0\leqslant k\leqslant n-1.\tag{5.28}$$

由带积分余项的 Taylor 展开式, 有

$$\begin{aligned}\frac{\partial u(x_i,y_j,t_{k+\frac{1}{2}})}{\partial t}=&\,\delta_t U_{ij}^{k+\frac{1}{2}}-\frac{\tau^2}{16}\int_0^1\left(u_{ttt}\left(x_i,y_j,t_{k+\frac{1}{2}}-\frac{s\tau}{2}\right)\right.\\&\left.+u_{ttt}\left(x_i,y_j,t_{k+\frac{1}{2}}+\frac{s\tau}{2}\right)\right)(1-s)^2\mathrm{d}s,\\ v(x_i,y_j,t_{k+\frac{1}{2}})=&\,V_{ij}^{k+\frac{1}{2}}-\frac{\tau^2}{8}\int_0^1\left(v_{tt}\left(x_i,y_j,t_{k+\frac{1}{2}}-\frac{s\tau}{2}\right)\right.\\&\left.+v_{tt}\left(x_i,y_j,t_{k+\frac{1}{2}}+\frac{s\tau}{2}\right)\right)(1-s)\mathrm{d}s\\ w(x_i,y_j,t_{k+\frac{1}{2}})=&\,W_{ij}^{k+\frac{1}{2}}-\frac{\tau^2}{8}\int_0^1\left(w_{tt}\left(x_i,y_j,t_{k+\frac{1}{2}}-\frac{s\tau}{2}\right)\right.\\&\left.+w_{tt}\left(x_i,y_j,t_{k+\frac{1}{2}}+\frac{s\tau}{2}\right)\right)(1-s)\mathrm{d}s.\end{aligned}$$

将以上三式代入 (5.28), 得到

$$\delta_t U_{ij}^{k+\frac{1}{2}} - aV_{ij}^{k+\frac{1}{2}} - aW_{ij}^{k+\frac{1}{2}} = f_{ij}^{k+\frac{1}{2}} + \tau^2 g_{ij}^{k+\frac{1}{2}},$$

$$0 \leqslant i \leqslant m_1, \quad 0 \leqslant j \leqslant m_2, \quad 0 \leqslant k \leqslant n-1, \tag{5.29}$$

其中

$$\begin{aligned} g_{ij}^{k+\frac{1}{2}} =& \frac{1}{16}\int_0^1 \left(u_{ttt}\left(x_i, y_j, t_{k+\frac{1}{2}} - \frac{s\tau}{2}\right) + u_{ttt}\left(x_i, y_j, t_{k+\frac{1}{2}} + \frac{s\tau}{2}\right)\right)(1-s)^2 \mathrm{d}s \\ &- \frac{a}{8}\int_0^1 \left[v_{tt}\left(x_i, y_j, t_{k+\frac{1}{2}} - \frac{s\tau}{2}\right) + v_{tt}\left(x_i, y_j, t_{k+\frac{1}{2}} + \frac{s\tau}{2}\right)\right. \\ &\left. + w_{tt}\left(x_i, y_j, t_{k+\frac{1}{2}} - \frac{s\tau}{2}\right) + w_{tt}\left(x_i, y_j, t_{k+\frac{1}{2}} + \frac{s\tau}{2}\right)\right](1-s)\mathrm{d}s. \end{aligned}$$

在(5.29)的两端作用算子 $\mathcal{AB}$, 可得

$$\begin{aligned} &\mathcal{AB}\delta_t U_{ij}^{k+\frac{1}{2}} - a\,\mathcal{AB}V_{ij}^{k+\frac{1}{2}} - a\,\mathcal{AB}W_{ij}^{k+\frac{1}{2}} \\ =& \mathcal{AB}f_{ij}^{k+\frac{1}{2}} + \tau^2 \mathcal{AB}g_{ij}^{k+\frac{1}{2}}, \quad (ij) \in \omega, \quad 0 \leqslant k \leqslant n-1. \end{aligned} \tag{5.30}$$

在结点 (x_i, y_j, t_k) 处考虑方程 (5.27b), 有

$$v(x_i, y_j, t_k) = \frac{\partial^2 u}{\partial x^2}(x_i, y_j, t_k), \quad 0 \leqslant i \leqslant m_1, \quad 0 \leqslant j \leqslant m_2, \quad 0 \leqslant k \leqslant n.$$

根据引理 1.2, 可得

$$\begin{aligned} \mathcal{A}V_{ij}^k =& \delta_x^2 U_{ij}^k + \frac{h_1^4}{360}\int_0^1 \Big[u_{xxxxxx}(x_i - sh_1, y_j, t_k) \\ &+ u_{xxxxxx}(x_i + sh_1, y_j, t_k)\Big](1-s)^3\big[5 - 3(1-s)^2\big]\mathrm{d}s, \\ & 1 \leqslant i \leqslant m_1 - 1, \quad 0 \leqslant j \leqslant m_2, \quad 0 \leqslant k \leqslant n. \end{aligned}$$

将上标 k 及 $k+1$ 的两式作平均得

$$\begin{aligned} \mathcal{A}V_{ij}^{k+\frac{1}{2}} =& \delta_x^2 U_{ij}^{k+\frac{1}{2}} + \frac{h_1^4}{720}\int_0^1 \Big[u_{xxxxxx}(x_i - sh_1, y_j, t_k) \\ &+ u_{xxxxxx}(x_i + sh_1, y_j, t_k) + u_{xxxxxx}(x_i - sh_1, y_j, t_{k+1}) \\ &+ u_{xxxxxx}(x_i + sh_1, y_j, t_{k+1})\Big](1-s)^3\big[5 - 3(1-s)^2\big]\mathrm{d}s, \\ & 1 \leqslant i \leqslant m_1 - 1, \quad 0 \leqslant j \leqslant m_2, \quad 0 \leqslant k \leqslant n-1. \end{aligned}$$

再将上式两端作用算子 $\mathcal{B}$, 得

$$\begin{aligned}\mathcal{A}\mathcal{B}V_{ij}^{k+\frac{1}{2}} =& \mathcal{B}\delta_x^2 U_{ij}^{k+\frac{1}{2}} + \frac{h_1^4}{720}\mathcal{B}\bigg\{\int_0^1 \Big[u_{xxxxxx}(x_i - sh_1, y_j, t_k)\\ &+ u_{xxxxxx}(x_i + sh_1, y_j, t_k) + u_{xxxxxx}(x_i - sh_1, y_j, t_{k+1})\\ &+ u_{xxxxxx}(x_i + sh_1, y_j, t_{k+1})\Big](1-s)^3\big[5 - 3(1-s)^2\big]\mathrm{d}s\bigg\},\\ &(i,j)\in\omega,\quad 0\leqslant k\leqslant n-1. \end{aligned}\tag{5.31}$$

同理, 在点 (x_i, y_j, t_k) 处考虑方程 (5.27c), 可得

$$\begin{aligned}\mathcal{A}\mathcal{B}W_{ij}^{k+\frac{1}{2}} =& \mathcal{A}\delta_y^2 U_{ij}^{k+\frac{1}{2}} + \frac{h_2^4}{720}\mathcal{A}\bigg\{\int_0^1 \Big[u_{yyyyyy}(x_i, y_j - sh_2, t_k)\\ &+ u_{yyyyyy}(x_i, y_j + sh_2, t_k) + u_{yyyyyy}(x_i, y_j - sh_2, t_{k+1})\\ &+ u_{yyyyyy}(x_i, y_j + sh_2, t_{k+1})\Big](1-s)^3\big[5 - 3(1-s)^2\big]\mathrm{d}s\bigg\},\\ &(i,j)\in\omega,\quad 0\leqslant k\leqslant n-1. \end{aligned}\tag{5.32}$$

将 (5.31) 和 (5.32) 代入 (5.30), 并在两边加上 $\dfrac{1}{4}a^2\tau^2\delta_x^2\delta_y^2\delta_t U_{ij}^{k+\frac{1}{2}}$, 得到

$$\begin{aligned}&\mathcal{A}\mathcal{B}\delta_t U_{ij}^{k+\frac{1}{2}} - a\Big(\mathcal{B}\delta_x^2 U_{ij}^{k+\frac{1}{2}} + \mathcal{A}\delta_y^2 U_{ij}^{k+\frac{1}{2}}\Big) + \frac{1}{4}a^2\tau^2\delta_x^2\delta_y^2\delta_t U_{ij}^{k+\frac{1}{2}}\\ =&\mathcal{A}\mathcal{B}f_{ij}^{k+\frac{1}{2}} + (R_3)_{ij}^k,\quad (i,j)\in\omega,\quad 0\leqslant k\leqslant n-1. \end{aligned}\tag{5.33}$$

其中

$$\begin{aligned}(R_3)_{ij}^k =& \tau^2\bigg\{\mathcal{A}\mathcal{B}g_{ij}^{k+\frac{1}{2}} + \frac{1}{4}a^2\delta_x^2\delta_y^2\delta_t U_{ij}^{k+\frac{1}{2}}\bigg\}\\ &+ \frac{ah_1^4}{720}\mathcal{B}\bigg\{\int_0^1 \Big[u_{xxxxxx}(x_i - sh_1, y_j, t_k)\\ &+ u_{xxxxxx}(x_i + sh_1, y_j, t_k) + u_{xxxxxx}(x_i - sh_1, y_j, t_{k+1})\\ &+ u_{xxxxxx}(x_i + sh_1, y_j, t_{k+1})\Big](1-s)^3\big[5 - 3(1-s)^2\big]\mathrm{d}s\bigg\}\\ &+ \frac{ah_2^4}{720}\mathcal{A}\bigg\{\int_0^1 \Big[u_{yyyyyy}(x_i, y_j - sh_2, t_k) \end{aligned}$$

$$+ u_{yyyyyy}(x_i, y_j + sh_2, t_k) + u_{yyyyyy}(x_i, y_j - sh_2, t_{k+1})$$

$$+ u_{yyyyyy}(x_i, y_j + sh_2, t_{k+1})\Big](1-s)^3\big[5-3(1-s)^2\big]\mathrm{d}s\Big\},$$

$$(i,j) \in \omega, \quad 0 \leqslant k \leqslant n-1.$$

可知存在常数 c_3 使得

$$\begin{cases} \big|(R_3)_{ij}^k\big| \leqslant c_3(\tau^2 + h_1^4 + h_2^4), \quad (i,j) \in \omega, \quad 0 \leqslant k \leqslant n-1, \\ \Big|\delta_t (R_3)_{ij}^{k+\frac{1}{2}}\Big| \leqslant c_3(\tau^2 + h_1^4 + h_2^4), \quad (i,j) \in \omega, \quad 0 \leqslant k \leqslant n-2, \end{cases} \tag{5.34}$$

其中

$$\delta_t (R_3)_{ij}^{k+\frac{1}{2}} = \frac{1}{\tau}\Big[(R_3)_{ij}^{k+1} - (R_3)_{ij}^k\Big].$$

注意到初边界条件 (5.1b) 和 (5.1c), 有

$$\begin{cases} U_{ij}^0 = \varphi(x_i, y_j), \quad (i,j) \in \omega, \\ U_{ij}^k = \alpha(x_i, y_j, t_k), \quad (i,j) \in \gamma, \quad 0 \leqslant k \leqslant n. \end{cases} \tag{5.35}$$

在(5.33)中略去小量项 $(R_3)_{i,j}^k$, 可以对 (5.1) 建立如下差分格式:

$$\begin{cases} \mathcal{AB}\delta_t u_{ij}^{k+\frac{1}{2}} - a(\mathcal{B}\delta_x^2 u_{ij}^{k+\frac{1}{2}} + \mathcal{A}\delta_y^2 u_{ij}^{k+\frac{1}{2}}) + \dfrac{1}{4}a^2\tau^2\delta_x^2\delta_y^2\delta_t u_{ij}^{k+\frac{1}{2}} = \mathcal{AB}f_{ij}^{k+\frac{1}{2}}, \\ \qquad\qquad (i,j) \in \omega, \quad 0 \leqslant k \leqslant n-1, & (5.36\text{a}) \\ u_{ij}^0 = \varphi(x_i, y_j), \quad (i,j) \in \omega, & (5.36\text{b}) \\ u_{ij}^k = \alpha(x_i, y_j, t_k), \quad (i,j) \in \gamma, \quad 0 \leqslant k \leqslant n. & (5.36\text{c}) \end{cases}$$

差分格式 (5.36) 的结点图同图 5.2.

5.2.2 差分格式解的存在性

引理 5.2 设 $w \in \mathring{\mathcal{V}}_h$, 则有

$$(\mathcal{AB}w, w) \geqslant \frac{1}{3}\|w\|^2.$$

证明

$$(\mathcal{AB}w, w)$$

$$=\bigg(\Big(\mathcal{I} + \frac{h_1^2}{12}\delta_x^2\Big)\Big(\mathcal{I} + \frac{h_2^2}{12}\delta_y^2\Big)w, w\bigg)$$

$$
\begin{aligned}
&=\left(\left(\mathcal{I}+\frac{h_1^2}{12}\delta_x^2+\frac{h_2^2}{12}\delta_y^2+\frac{1}{144}h_1^2h_2^2\delta_x^2\delta_y^2\right)w,w\right)\\
&=\left(w,w\right)+\frac{h_1^2}{12}\left(\delta_x^2 w,w\right)+\frac{h_2^2}{12}\left(\delta_y^2 w,w\right)+\frac{1}{144}h_1^2h_2^2\left(\delta_x^2\delta_y^2 w,w\right)\\
&=\|w\|^2-\frac{h_1^2}{12}\|\delta_x w\|^2-\frac{h_2^2}{12}\|\delta_y w\|^2+\frac{1}{144}h_1^2h_2^2\|\delta_x\delta_y w\|^2\\
&\geqslant\|w\|^2-\frac{h_1^2}{12}\|\delta_x w\|^2-\frac{h_2^2}{12}\|\delta_y w\|^2\\
&\geqslant\|w\|^2-\frac{h_1^2}{12}\cdot\frac{4}{h_1^2}\|w\|^2-\frac{h_2^2}{12}\cdot\frac{4}{h_2^2}\|w\|^2\\
&=\frac{1}{3}\|w\|^2.
\end{aligned}
$$

引理证毕. □

定理 5.5　差分格式 (5.36) 是唯一可解的.

证明　记

$$u^k=\{u_{ij}^k \mid (i,j)\in\bar{\omega}\}.$$

由 (5.36b) 和 (5.36c) 知 u^0 已给定. 现设 u^k 已确定, 则关于 u^{k+1} 的差分格式为

$$
\begin{cases}
\mathcal{AB}\delta_t u_{ij}^{k+\frac12}-a\left(\mathcal{B}\delta_x^2 u_{ij}^{k+\frac12}+\mathcal{A}\delta_y^2 u_{ij}^{k+\frac12}\right)+\dfrac14 a^2\tau^2\delta_x^2\delta_y^2\delta_t u_{ij}^{k+\frac12}=\mathcal{AB}f_{ij}^{k+\frac12}, & (i,j)\in\omega,\\
u_{ij}^{k+1}=\alpha(x_i,y_j,t_{k+1}), \quad (i,j)\in\gamma.
\end{cases}
$$

它的齐次方程组为

$$
\begin{cases}
\dfrac{1}{\tau}\cdot\mathcal{AB}u_{ij}^{k+1}-\dfrac12 a\left(\mathcal{B}\delta_x^2 u_{ij}^{k+1}+\mathcal{A}\delta_y^2 u_{ij}^{k+1}\right)+\dfrac14 a^2\tau\delta_x^2\delta_y^2 u_{ij}^{k+1}=0, \quad (i,j)\in\omega, & (5.37\text{a})\\
u_{ij}^{k+1}=0, \quad (i,j)\in\gamma. & (5.37\text{b})
\end{cases}
$$

用 u^{k+1} 与 (5.37a) 做内积, 得到

$$\frac{1}{\tau}\left(\mathcal{AB}u^{k+1},u^{k+1}\right)-\frac12 a\left(\mathcal{B}\delta_x^2 u^{k+1}+\mathcal{A}\delta_y^2 u^{k+1},u^{k+1}\right)+\frac14 a^2\tau\left(\delta_x^2\delta_y^2 u^{k+1},u^{k+1}\right)=0. \tag{5.38}$$

下面估计 (5.38) 中的每一项.

由引理 5.2, 得到

$$\left(\mathcal{AB}u^{k+1},u^{k+1}\right)\geqslant\frac13\|u^{k+1}\|^2; \tag{5.39}$$

由引理 2.4 可得

$$-\left(\mathcal{B}\delta_x^2 u^{k+1}+\mathcal{A}\delta_y^2 u^{k+1},u^{k+1}\right)\geqslant\frac{2}{3}|u^{k+1}|_1^2; \tag{5.40}$$

注意到(5.37b)，由分部求和公式, 得到

$$\left(\delta_x^2\delta_y^2 u^{k+1},u^{k+1}\right)=\|\delta_x\delta_y u^{k+1}\|^2. \tag{5.41}$$

将 (5.39)、(5.40)和 (5.41) 代入 (5.38), 得

$$\frac{1}{3\tau}\cdot\|u^{k+1}\|^2+\frac{a}{3}|u^{k+1}|_1^2+\frac{1}{4}a^2\tau\|\delta_x\delta_y u^{k+1}\|^2\leqslant 0.$$

易知

$$u_{ij}^{k+1}=0,\quad (i,j)\in\bar{\omega}.$$

由归纳原理, 差分格式 (5.36) 存在唯一解.

定理证毕. □

5.2.3 差分格式的求解与数值算例

可以将 (5.36a) 改写为

$$\begin{aligned}&\mathcal{AB}u_{ij}^{k+1}-\frac{a\tau}{2}\mathcal{B}\delta_x^2u_{ij}^{k+1}-\frac{a\tau}{2}\mathcal{A}\delta_y^2u_{ij}^{k+1}+\frac{a^2\tau^2}{4}\delta_x^2\delta_y^2u_{ij}^{k+1}\\ =&\mathcal{AB}u_{ij}^{k}+\frac{a\tau}{2}\mathcal{B}\delta_x^2u_{ij}^{k}+\frac{a\tau}{2}\mathcal{A}\delta_y^2u_{ij}^{k}+\frac{a^2\tau^2}{4}\delta_x^2\delta_y^2u_{ij}^{k}+\tau\mathcal{AB}f_{ij}^{k+\frac{1}{2}},\end{aligned}$$

或

$$\begin{aligned}&\left(\mathcal{A}-\frac{a\tau}{2}\delta_x^2\right)\left(\mathcal{B}-\frac{a\tau}{2}\delta_y^2\right)u_{ij}^{k+1}\\ =&\left(\mathcal{A}+\frac{a\tau}{2}\delta_x^2\right)\left(\mathcal{B}+\frac{a\tau}{2}\delta_y^2\right)u_{ij}^{k}+\tau\mathcal{AB}f_{ij}^{k+\frac{1}{2}}.\end{aligned} \tag{5.42}$$

令

$$\bar{u}_{ij}=\left(\mathcal{B}-\frac{a\tau}{2}\delta_y^2\right)u_{ij}^{k+1},$$

则有

$$\begin{cases}\left(\mathcal{A}-\frac{a\tau}{2}\delta_x^2\right)\bar{u}_{ij}=\left(\mathcal{A}+\frac{a\tau}{2}\delta_x^2\right)\left(\mathcal{B}+\frac{a\tau}{2}\delta_y^2\right)u_{ij}^{k}+\tau\mathcal{AB}f_{ij}^{k+\frac{1}{2}}, & (5.43\text{a})\\ \left(\mathcal{B}-\frac{a\tau}{2}\delta_y^2\right)u_{ij}^{k+1}=\bar{u}_{ij}. & (5.43\text{b})\end{cases}$$

当第 k 层上 u 的值 $\{u_{ij}^k\,|\,(i,j)\in\bar{\omega}\}$ 已知时, 由 (5.43a) 求出过渡层上的值 $\{\bar{u}_{ij}\,|\,(i,j)\in\omega\}$: 对任意固定的 $j\,(1\leqslant j\leqslant m_2-1)$, 取边界条件

$$\bar{u}_{0j}=\left(\mathcal{B}-\frac{a\tau}{2}\delta_y^2\right)u_{0j}^{k+1},\quad \bar{u}_{m_1,j}=\left(\mathcal{B}-\frac{a\tau}{2}\delta_y^2\right)u_{m_1,j}^{k+1},\tag{5.44}$$

求解

$$\left(\mathcal{A}-\frac{a\tau}{2}\delta_x^2\right)\bar{u}_{ij}=\left(\mathcal{A}+\frac{a\tau}{2}\delta_x^2\right)\left(\mathcal{B}+\frac{a\tau}{2}\delta_y^2\right)u_{ij}^k+\tau\mathcal{A}\mathcal{B}f_{ij}^{k+\frac{1}{2}},\quad 1\leqslant i\leqslant m_1-1,\tag{5.45}$$

得到 $\{\bar{u}_{ij}\,|\,1\leqslant i\leqslant m_1-1\}$.

当 $\{\bar{u}_{ij}\,|\,(i,j)\in\omega\}$ 已求出时, 由 (5.43b) 求出第 $k+1$ 层上 u 的值 $\{u_{ij}^{k+1}\,|\,(i,j)\in\omega\}$: 对固定的 $i\ (1\leqslant i\leqslant m_1-1)$, 取边界条件

$$u_{i0}^{k+1}=\alpha(x_i,y_0,t_{k+1}),\quad u_{i,m_2}^{k+1}=\alpha(x_i,y_{m_2},t_{k+1}),\tag{5.46}$$

求解

$$\left(\mathcal{B}-\frac{a\tau}{2}\delta_y^2\right)u_{ij}^{k+1}=\bar{u}_{ij},\quad 1\leqslant j\leqslant m_2-1,\tag{5.47}$$

得到 $\{u_{ij}^{k+1}\,|\,1\leqslant j\leqslant m_2-1\}$.

差分格式 (5.44)—(5.45) 是关于 x 方向的隐格式, (5.46)—(5.47) 是关于 y 方向的隐格式. 它们均是三对角线性方程组, 可用追赶法求解. 我们把 (5.43) 称为**紧致交替方向隐格式**. 对 (5.42) 也可以给出如下 P-R 型紧致交替方向隐格式

$$\begin{cases}\left(\mathcal{A}-\dfrac{a\tau}{2}\delta_x^2\right)\bar{u}_{ij}=\left(\mathcal{B}+\dfrac{a\tau}{2}\delta_y^2\right)u_{ij}^k+\dfrac{\tau}{2}\mathcal{B}f_{ij}^{k+\frac{1}{2}},\\[2mm]\left(\mathcal{B}-\dfrac{a\tau}{2}\delta_y^2\right)u_{ij}^{k+1}=\left(\mathcal{A}+\dfrac{a\tau}{2}\delta_x^2\right)\bar{u}_{ij}+\dfrac{\tau}{2}\mathcal{B}f_{ij}^{k+\frac{1}{2}}.\end{cases}$$

算例 5.2 用紧致交替方向隐格式 (5.43) 计算算例 5.1 所给定解问题(5.25). 取 $h_1=h_2=h=1/m$, 记最大误差

$$E_\infty(h,\tau)=\max_{0\leqslant i,j\leqslant m,0\leqslant k\leqslant n}\left|u(x_i,y_j,t_k)-u_{ij}^k\right|.$$

表 5.3 给出了取步长 $h=1/10,\tau=1/100$ 时计算得到的部分数值结果. 表 5.4 给出了取不同步长时数值解的最大误差 $E_\infty(h,\tau)$.

表 5.3 算例 5.2 部分结点处数值解、精确解和误差的绝对值 ($h = 1/10,\ \tau = 1/100$)

$(x,\ y,\ t)$	数值解	精确解	| 精确解 − 数值解 |
(0.4, 0.4, 0.25)	1.161834	1.161834	6.020e−7
(0.8, 0.4, 0.25)	1.419067	1.419068	4.617e−7
(0.4, 0.8, 0.25)	1.419067	1.419068	4.617e−7
(0.8, 0.8, 0.25)	1.733253	1.733253	3.728e−7
(0.4, 0.4, 0.50)	0.904837	0.904837	4.738e−7
(0.8, 0.4, 0.50)	1.105171	1.105171	3.626e−7
(0.4, 0.8, 0.50)	1.105171	1.105171	3.626e−7
(0.8, 0.8, 0.50)	1.349859	1.349859	2.922e−7
(0.4, 0.4, 0.75)	0.7046877	0.7046881	3.690e−7
(0.8, 0.4, 0.75)	0.8607077	0.860708	2.824e−7
(0.4, 0.8, 0.75)	0.8607077	0.860708	2.824e−7
(0.8, 0.8, 0.75)	1.0512710	1.0512710	2.276e−7
(0.4, 0.4, 1.00)	0.5488113	0.5488116	2.874e−7
(0.8, 0.4, 1.00)	0.6703198	0.6703200	2.199e−7
(0.4, 0.8, 1.00)	0.6703198	0.6703200	2.199e−7
(0.8, 0.8, 1.00)	0.8187306	0.8187308	1.772e−7

表 5.4 算例 5.2 取不同步长时数值解的最大误差 $E_\infty(h,\tau)$

h	τ	$E_\infty(h,\tau)$	$E_\infty(2h,4\tau)/E_\infty(h,\tau)$
1/10	1/100	7.087e−7	*
1/20	1/400	4.469e−8	15.86
1/40	1/1600	2.793e−9	16.00

从表 5.4 可以看出当空间步长减少到原来的 1/2, 时间步长减少到原来的 1/4 时, 最大误差约减少到原来的 1/16. 图 5.6 和图 5.7 分别给出了 $t=1$ 时精确解的曲面和取 $h=1/10,\ \tau=1/100$ 所得数值解的曲面. 图 5.8 给出了 $t=1$ 时取不同步长时的误差曲面.

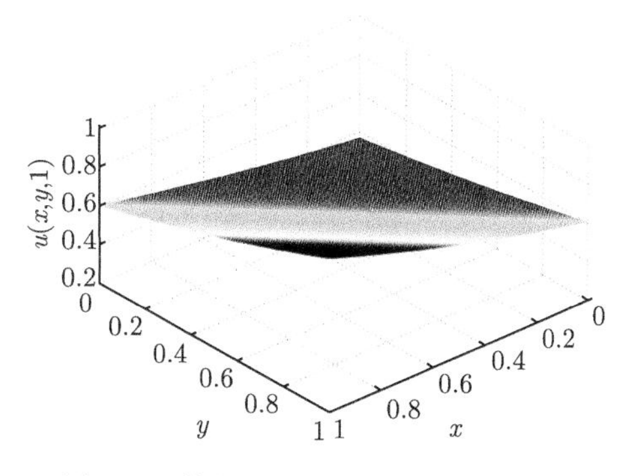

图 5.6 算例 5.2 $t=1$ 时精确解曲面

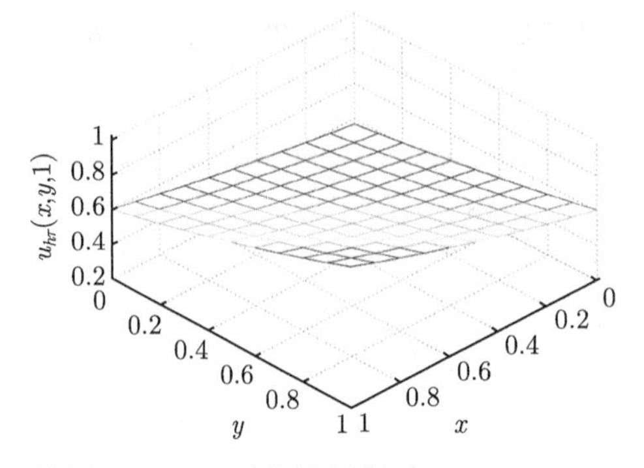

图 5.7 算例 5.2 $t=1$ 时数值解曲面 ($h=1/10,\ \tau=1/100$)

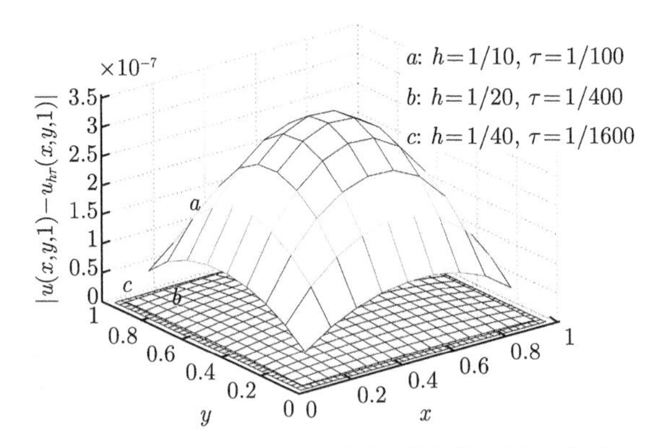

图 5.8 算例 5.2 $t=1$ 时不同步长数值解的误差曲面

5.2.4 差分格式解的先验估计式

引理 5.3 设 $w\in\mathring{\mathcal{V}}_h$, 则有

$$-\big(\mathcal{A}\mathcal{B}w,\Delta_h w\big)\geqslant\frac{1}{3}|w|_1^2.$$

证明

$$\begin{aligned}&-\Big(\mathcal{A}\mathcal{B}w,\Delta_h w\Big)\\=&-\left(\left(\mathcal{I}+\frac{h_1^2}{12}\delta_x^2\right)\left(\mathcal{I}+\frac{h_2^2}{12}\delta_y^2\right)w,(\delta_x^2+\delta_y^2)w\right)\\=&-\left(\left(\mathcal{I}+\frac{h_1^2}{12}\delta_x^2+\frac{h_2^2}{12}\delta_y^2+\frac{1}{144}h_1^2h_2^2\delta_x^2\delta_y^2\right)w,\delta_x^2w\right)\\&-\left(\left(\mathcal{I}+\frac{h_1^2}{12}\delta_x^2+\frac{h_2^2}{12}\delta_y^2+\frac{1}{144}h_1^2h_2^2\delta_x^2\delta_y^2\right)w,\delta_y^2w\right)\end{aligned}$$

$$
\begin{aligned}
=&\|\delta_x w\|^2-\frac{h_1^2}{12}\|\delta_x^2 w\|^2-\frac{h_2^2}{12}\|\delta_y\delta_x w\|^2+\frac{1}{144}h_1^2h_2^2\|\delta_x^2\delta_y w\|^2\\
&+\|\delta_y w\|^2-\frac{h_1^2}{12}\|\delta_x\delta_y w\|^2-\frac{h_2^2}{12}\|\delta_y^2 w\|^2+\frac{1}{144}h_1^2h_2^2\|\delta_x\delta_y^2 w\|^2\\
\geqslant&\|\delta_x w\|^2-\frac{h_1^2}{12}\cdot\frac{4}{h_1^2}\|\delta_x w\|^2-\frac{h_2^2}{12}\cdot\frac{4}{h_2^2}\|\delta_x w\|^2\\
&+\|\delta_y w\|^2-\frac{h_1^2}{12}\cdot\frac{4}{h_1^2}\|\delta_y w\|^2-\frac{h_2^2}{12}\cdot\frac{4}{h_2^2}\|\delta_y w\|^2\\
=&\frac{1}{3}|w|_1^2.
\end{aligned}
$$

引理证毕. □

定理 5.6 设 $v=\{v_{ij}^k\,|\,(i,j)\in\bar{\omega},\,0\leqslant k\leqslant n\}$ 为紧致交替方向差分格式

$$
\begin{cases}
\mathcal{A}\mathcal{B}\delta_t v_{ij}^{k+\frac{1}{2}}-a\left(\mathcal{B}\delta_x^2 v_{ij}^{k+\frac{1}{2}}+\mathcal{A}\delta_y^2 v_{ij}^{k+\frac{1}{2}}\right)+\dfrac{1}{4}a^2\tau^2\delta_x^2\delta_y^2\delta_t v_{ij}^{k+\frac{1}{2}}=g_{ij}^k,\\
\qquad\qquad (i,j)\in\omega,\quad 0\leqslant k\leqslant n-1, & (5.48a)\\
v_{ij}^0=\varphi(x_i,y_j),\quad (i,j)\in\omega, & (5.48b)\\
v_{ij}^k=0,\quad (i,j)\in\gamma,\quad 0\leqslant k\leqslant n & (5.48c)
\end{cases}
$$

的解, 则有

$$
\begin{aligned}
\|\Delta_h v^{k+1}\|^2\leqslant \mathrm{e}^{k\tau}\Big[6\|\Delta_h v^0\|^2+3a^{-2}\Big(\|g^0\|^2+3\max_{0\leqslant l\leqslant k}\|g^l\|^2\\
+3\tau\sum_{l=1}^{k}\|\delta_t g^{l-\frac{1}{2}}\|^2\Big)\Big],\quad 0\leqslant k\leqslant n-1.
\end{aligned}
$$

其中 $\|g^l\|$, $\|\delta_t g^{l-\frac{1}{2}}\|$ 同定理 5.2定义.

证明 用 $-\Delta_h\delta_t v^{k+\frac{1}{2}}$ 与 (5.48a) 的两端做内积得到

$$
\begin{aligned}
&-\left(\mathcal{A}\mathcal{B}\delta_t v^{k+\frac{1}{2}},\Delta_h\delta_t v^{k+\frac{1}{2}}\right)+a\left(\mathcal{B}\delta_x^2 v^{k+\frac{1}{2}}+\mathcal{A}\delta_y^2 v^{k+\frac{1}{2}},\Delta_h\delta_t v^{k+\frac{1}{2}}\right)\\
&-\frac{1}{4}a^2\tau^2\left(\delta_x^2\delta_y^2\delta_t v^{k+\frac{1}{2}},\Delta_h\delta_t v^{k+\frac{1}{2}}\right)=-\left(g^k,\Delta_h\delta_t v^{k+\frac{1}{2}}\right),\quad 0\leqslant k\leqslant n-1.\quad (5.49)
\end{aligned}
$$

下面估计 (5.49) 中的每一项.

由引理 5.3, 左端第一项有估计式

$$
-\left(\mathcal{A}\mathcal{B}\delta_t v^{k+\frac{1}{2}},\Delta_h\delta_t v^{k+\frac{1}{2}}\right)\geqslant\frac{1}{3}\left|\delta_t v^{k+\frac{1}{2}}\right|_1^2;\tag{5.50}
$$

记

$$E^k=\left(\mathcal{B}\delta_x^2v^k+\mathcal{A}\delta_y^2v^k,\Delta_hv^k\right).$$

注意到

$$\left(\mathcal{B}\delta_x^2v^k+\mathcal{A}\delta_y^2v^k,\Delta_hv^{k+1}\right)=\left(\mathcal{B}\delta_x^2v^{k+1}+\mathcal{A}\delta_y^2v^{k+1},\Delta_hv^k\right),$$

左端第二项

$$\left(\mathcal{B}\delta_x^2v^{k+\frac{1}{2}}+\mathcal{A}\delta_y^2v^{k+\frac{1}{2}},\Delta_h\delta_tv^{k+\frac{1}{2}}\right)=\frac{1}{2\tau}\left(E^{k+1}-E^k\right).\tag{5.51}$$

左端第三项有估计式

$$\begin{aligned}&-\left(\delta_x^2\delta_y^2\delta_tv^{k+\frac{1}{2}},\Delta_h\delta_tv^{k+\frac{1}{2}}\right)=-\left(\delta_x^2\delta_y^2\delta_tv^{k+\frac{1}{2}},(\delta_x^2+\delta_y^2)\delta_tv^{k+\frac{1}{2}}\right)\\=&\|\delta_x^2\delta_y\delta_tv^{k+\frac{1}{2}}\|^2+\|\delta_x\delta_y^2\delta_tv^{k+\frac{1}{2}}\|^2=\left|\delta_x\delta_y\delta_tv^{k+\frac{1}{2}}\right|_1^2.\end{aligned}\tag{5.52}$$

将 (5.50)、(5.51)和 (5.52) 代入 (5.49) 中, 可得

$$\frac{a}{2\tau}\left(E^{k+1}-E^k\right)\leqslant-\left(g^k,\Delta_h\delta_tv^{k+\frac{1}{2}}\right),\quad 0\leqslant k\leqslant n-1.$$

将上式中的 k 换为 l, 并对 l 从 0 到 k 求和, 得到

$$\begin{aligned}&\frac{a}{2\tau}\left(E^{k+1}-E^0\right)\\&\leqslant-\sum_{l=0}^{k}\left(g^l,\Delta_h\delta_tv^{l+\frac{1}{2}}\right)\\&=\frac{1}{\tau}\left[\left(g^0,\Delta_hv^0\right)-\left(g^k,\Delta_hv^{k+1}\right)\right]+\sum_{l=1}^{k}\left(\delta_tg^{l-\frac{1}{2}},\Delta_hv^l\right),\quad 0\leqslant k\leqslant n-1,\end{aligned}$$

即

$$\begin{aligned}E^{k+1}\leqslant&E^0+2a^{-1}\left(g^0,\Delta_hv^0\right)-2a^{-1}\left(g^k,\Delta_hv^{k+1}\right)\\&+2a^{-1}\tau\sum_{l=1}^{k}\left(\delta_tg^{l-\frac{1}{2}},\Delta_hv^l\right),\quad 0\leqslant k\leqslant n-1.\end{aligned}\tag{5.53}$$

由引理 2.6 知

$$\frac{2}{3}\|\Delta_hv^k\|^2\leqslant E^k\leqslant\|\Delta_hv^k\|^2.$$

由(5.53)得到

$$
\begin{aligned}
&\frac{2}{3}\|\Delta_h v^{k+1}\|^2 \\
\leqslant &\|\Delta_h v^0\|^2 + 2a^{-1}\big(g^0, \Delta_h v^0\big) - 2a^{-1}\big(g^k, \Delta_h v^{k+1}\big) + 2a^{-1}\tau\sum_{l=1}^{k}\big(\delta_t g^{l-\frac{1}{2}}, \Delta_h v^l\big) \\
\leqslant &\|\Delta_h v^0\|^2 + (a^{-2}\|g^0\|^2 + \|\Delta_h v^0\|^2) + (3a^{-2}\|g^k\|^2 + \frac{1}{3}\|\Delta_h v^{k+1}\|^2) \\
&+ \tau\sum_{l=1}^{k}\Big(3a^{-2}\|\delta_t g^{l-\frac{1}{2}}\|^2 + \frac{1}{3}\|\Delta_h v^l\|^2\Big), \quad 0 \leqslant k \leqslant n-1.
\end{aligned}
$$

将上式两边同乘以 3, 并作移项, 得到

$$
\begin{aligned}
\|\Delta_h v^{k+1}\|^2 \leqslant &6\|\Delta_h v^0\|^2 + 3a^{-2}\|g^0\|^2 + 9a^{-2}\|g^k\|^2 \\
&+ 9a^{-2}\tau\sum_{l=1}^{k}\|\delta_t g^{l-\frac{1}{2}}\|^2 + \tau\sum_{l=1}^{k}\|\Delta_h v^l\|^2, \quad 0 \leqslant k \leqslant n-1.
\end{aligned}
$$

由引理 5.1 (Gronwall 不等式-E) 得到

$$
\begin{aligned}
\|\Delta_h v^{k+1}\|^2 \leqslant &\mathrm{e}^{k\tau}\Big[6\|\Delta_h v^0\|^2 + 3a^{-2}\Big(\|g^0\|^2 + 3\max_{0\leqslant l\leqslant k}\|g^l\|^2 + 3\tau\sum_{l=1}^{k}\|\delta_t g^{l-\frac{1}{2}}\|^2\Big)\Big], \\
&0 \leqslant k \leqslant n-1.
\end{aligned}
$$

定理证毕. □

5.2.5 差分格式解的收敛性和稳定性

收敛性

现在来讨论收敛性.

定理 5.7 设 $\{u(x,y,t)\,|\,(x,y)\in\bar{\Omega},\ 0\leqslant t\leqslant T\}$ 为定解问题 (5.1) 的解, $\{u_{ij}^k\,|\,(i,j)\in\bar{\omega},\ 0\leqslant k\leqslant n\}$ 为差分格式 (5.36) 的解. 记

$$
e_{ij}^k = u(x_i, y_j, t_k) - u_{ij}^k, \quad (i,j)\in\bar{\omega}, \quad 0\leqslant k\leqslant n,
$$

则有

$$
\|\Delta_h e^{k+1}\| \leqslant \sqrt{3(4+3T)\mathrm{e}^T L_1 L_2}\,a^{-1}c_3\big(\tau^2 + h_1^4 + h_2^4\big), \quad 0\leqslant k\leqslant n-1.
$$

证明 将 (5.33)、(5.35) 分别与 (5.36) 相减, 得到误差方程组

$$
\begin{cases}
\mathcal{AB}\delta_t e_{ij}^{k+\frac{1}{2}} - a\left(\mathcal{B}\delta_x^2 e_{ij}^{k+\frac{1}{2}} + \mathcal{A}\delta_y^2 e_{ij}^{k+\frac{1}{2}}\right) + \dfrac{1}{4}a^2\tau^2\delta_x^2\delta_y^2\delta_t e_{ij}^{k+\frac{1}{2}} = (R_3)_{ij}^k, \\
\qquad\qquad (i,j)\in\omega, \quad 0\leqslant k\leqslant n-1, \\
e_{ij}^0 = 0, \quad (i,j)\in\omega, \\
e_{ij}^k = 0, \quad (i,j)\in\gamma, \quad 0\leqslant k\leqslant n.
\end{cases}
$$

利用定理 5.6并注意到(5.34), 可得

$$
\begin{aligned}
&\|\Delta_h e^{k+1}\|^2 \\
\leqslant{}& \mathrm{e}^{k\tau}\left[6\|\Delta_h e^0\|^2 + 3a^{-2}\left(\|(R_3)^0\|^2 + 3\max_{0\leqslant l\leqslant k}\|(R_3)^l\|^2 + 3\tau\sum_{l=1}^{k}\|\delta_t(R_3)^{l-\frac{1}{2}}\|^2\right)\right] \\
\leqslant{}& \mathrm{e}^{k\tau}\cdot 3a^{-2}(4+3k\tau)L_1L_2c_3^2\left(\tau^2+h_1^4+h_2^4\right)^2 \\
\leqslant{}& \mathrm{e}^{T}\cdot 3a^{-2}(4+3T)L_1L_2c_3^2\left(\tau^2+h_1^4+h_2^4\right)^2, \quad 0\leqslant k\leqslant n-1.
\end{aligned}
$$

两边开方得

$$
\|\Delta_h e^{k+1}\| \leqslant \sqrt{3(4+3T)\mathrm{e}^T L_1L_2}\,a^{-1}c_3\left(\tau^2+h_1^4+h_2^4\right), \quad 0\leqslant k\leqslant n-1.
$$

定理证毕. □

应用引理 2.8 容易得到无穷范数下的收敛性.

稳定性

定理 5.8 差分格式 (5.36) 的解在下述意义下对初值和非齐次项是稳定的: 设 $\{u_{ij}^k \,|\, (i,j)\in\bar{\omega},\ 0\leqslant k\leqslant n\}$ 为差分格式

$$
\begin{cases}
\mathcal{AB}\delta_t u_{ij}^{k+\frac{1}{2}} = a(\mathcal{B}\delta_x^2 u_{ij}^{k+\frac{1}{2}} + \mathcal{A}\delta_y^2 u_{ij}^{k+\frac{1}{2}}) - \dfrac{a^2}{4}\tau^2\delta_x^2\delta_y^2\delta_t u_{ij}^{k+\frac{1}{2}} + g_{ij}^k, \\
\qquad\qquad (i,j)\in\omega, \quad 0\leqslant k\leqslant n-1, \\
u_{ij}^0 = \varphi(x_i,y_j), \quad (i,j)\in\omega, \\
u_{ij}^k = 0, \quad (i,j)\in\gamma, \quad 0\leqslant k\leqslant n
\end{cases}
$$

的解, 则有

$$
\|\Delta_h u^{k+1}\|^2 \leqslant \mathrm{e}^{k\tau}\left[6\|\Delta_h u^0\|^2 + 3a^{-2}\left(\|g^0\|^2 + 3\max_{0\leqslant l\leqslant k}\|g^l\|^2 + 3\tau\sum_{l=1}^{k}\|\delta_t g^{l-\frac{1}{2}}\|^2\right)\right],
$$

$$
0\leqslant k\leqslant n-1.
$$

证明 直接应用定理 5.6.

定理证毕. □

5.3 二维双曲型方程的交替方向隐格式

作为模型, 考虑二维波动方程的初边值问题

$$\begin{cases} \dfrac{\partial^2 u}{\partial t^2} - c^2\left(\dfrac{\partial^2 u}{\partial x^2} + \dfrac{\partial^2 u}{\partial y^2}\right) = f(x,y,t), \quad (x,y,t) \in \Omega \times (0,T], & \text{(5.54a)} \\ u(x,y,0) = \varphi(x,y), \quad \dfrac{\partial u(x,y,0)}{\partial t} = \psi(x,y), \quad (x,y) \in \bar{\Omega}, & \text{(5.54b)} \\ u(x,y,t) = \alpha(x,y,t), \quad (x,y) \in \Gamma, \quad 0 < t \leqslant T, & \text{(5.54c)} \end{cases}$$

其中 c 为正常数 (通常称为波速), $\Omega = (0,L_1) \times (0,L_2)$, Γ 为 Ω 的边界, 且当 $(x,y) \in \Gamma$ 时, $\alpha(x,y,0) = \varphi(x,y)$, $\partial\alpha(x,y,0)/\partial t = \psi(x,y)$.

5.3.1 差分格式的建立

引理 5.4 设 $g \in C^4[c,c+h]$. 则有

$$g''(c+h) = \frac{2}{h}\left[\frac{g(c+h)-g(c)}{h} - g'(c) + \frac{h^2}{3}g'''(c)\right] + \frac{5}{12}h^2 g^{(4)}(c+\xi h), \quad \xi \in (0,1).$$

证明 由 Taylor 展开式得到

$$g(c+h) = g(c) + hg'(c) + \frac{h^2}{2}g''(c) + \frac{h^3}{6}g'''(c) + \frac{h^4}{6}\int_0^1 g^{(4)}(c+sh)(1-s)^3 \mathrm{d}s \quad (5.55)$$

和

$$g''(c+h) = g''(c) + hg'''(c) + h^2\int_0^1 g^{(4)}(c+sh)(1-s)\mathrm{d}s. \quad (5.56)$$

由(5.55)可得

$$g''(c) = \frac{2}{h}\left[\frac{g(c+h)-g(c)}{h} - g'(c)\right] - \frac{h}{3}g'''(c) - \frac{h^2}{3}\int_0^1 g^{(4)}(c+sh)(1-s)^3 \mathrm{d}s. \quad (5.57)$$

将(5.57)代入到(5.56)得

$$\begin{aligned} & g''(c+h) \\ = & \frac{2}{h}\left[\frac{g(c+h)-g(c)}{h} - g'(c)\right] + \frac{2h}{3}g'''(c) \end{aligned}$$

$$+h^2\int_0^1 g^{(4)}(c+sh)(1-s)\left[1-\frac{1}{3}(1-s)^2\right]\mathrm{d}s$$

$$=\frac{2}{h}\left[\frac{g(c+h)-g(c)}{h}-g'(c)\right]+\frac{2h}{3}g'''(c)$$

$$+h^2g^{(4)}(c+\xi h)\int_0^1(1-s)\left[1-\frac{1}{3}(1-s)^2\right]\mathrm{d}s$$

$$=\frac{2}{h}\left[\frac{g(c+h)-g(c)}{h}-g'(c)+\frac{h^2}{3}g'''(c)\right]+\frac{5}{12}h^2g^{(4)}(c+\xi h),\quad \xi\in(0,1).$$

引理证毕. □

(I) 在点 (x_i,y_j,t_1) 处考虑方程 (5.54a), 有

$$\frac{\partial^2 u}{\partial t^2}(x_i,y_j,t_1)-c^2\left(\frac{\partial^2 u}{\partial x^2}(x_i,y_j,t_1)+\frac{\partial^2 u}{\partial y^2}(x_i,y_j,t_1)\right)=f_{ij}^1,\quad (i,j)\in\omega.\quad(5.58)$$

由 (5.54a) 及 (5.54b) 可得

$$u_{ttt}(x,y,0)=c^2\big(\psi_{xx}(x,y)+\psi_{yy}(x,y)\big)+f_t(x,y,0)\equiv\rho(x,y).$$

由引理 5.4 得到

$$\begin{aligned}\frac{\partial^2 u}{\partial t^2}(x_i,y_j,t_1)=&\frac{2}{\tau}\left(\delta_t U_{ij}^{\frac{1}{2}}-u_t(x_i,y_j,t_0)+\frac{\tau^2}{3}u_{ttt}(x_i,y_j,0)\right)\\&+\frac{5}{12}\tau^2u_{tttt}(x_i,y_j,\xi_{ij}\tau)\\=&\frac{2}{\tau}\left(\delta_t U_{ij}^{\frac{1}{2}}-\psi_{ij}+\frac{\tau^2}{3}\rho_{ij}\right)+\frac{5}{12}\tau^2u_{tttt}(x_i,y_j,\xi_{ij}\tau),\end{aligned}$$

其中 $\psi_{ij}=\psi(x_i,y_j)$, $\rho_{ij}=\rho(x_i,y_j)$, $\xi_{ij}\in(0,1)$.

由引理 1.2 得到

$$\frac{\partial^2 u(x_i,y_j,t_1)}{\partial x^2}=\delta_x^2U_{ij}^1-\frac{h_1^2}{12}u_{xxxx}(x_i+\eta_{ij}h_1,y_j,t_1),\quad \eta_{ij}\in(-1,1);$$

$$\frac{\partial^2 u(x_i,y_j,t_1)}{\partial y^2}=\delta_y^2U_{ij}^1-\frac{h_2^2}{12}u_{yyyy}(x_i,y_j+\varsigma_{ij}h_2,t_1),\quad \varsigma_{ij}\in(-1,1).$$

将以上三式代入 (5.58), 并在两边同时加上 $\dfrac{c^4\tau^2}{2}\delta_x^2\delta_y^2U_{ij}^1$, 得

$$\frac{2}{\tau}\cdot\left(\delta_t U_{ij}^{\frac{1}{2}}-\psi_{ij}+\frac{\tau^2}{3}\rho_{ij}\right)-c^2\Delta_hU_{ij}^1+\frac{c^4\tau^2}{2}\delta_x^2\delta_y^2U_{ij}^1=f_{ij}^1+(R_4)_{ij}^0,\quad (i,j)\in\omega,\tag{5.59}$$

其中

$$(R_4)_{ij}^0 = -\frac{5}{12}\tau^2 u_{tttt}(x_i, y_j, \xi_{ij}\tau) - \frac{c^2 h_1^2}{12} u_{xxxx}(x_i + \eta_{ij}h_1, y_j, t_1) \\ - \frac{c^2 h_2^2}{12} u_{yyyy}(x_i, y_j + \varsigma_{ij}h_2, t_1) + \frac{c^4\tau^2}{2}\delta_x^2\delta_y^2 U_{ij}^1, \quad (i,j) \in \omega,$$

存在常数 c_4 使得

$$\left|(R_4)_{ij}^0\right| \leqslant c_4(\tau^2 + h_1^2 + h_2^2), \quad (i,j) \in \omega. \tag{5.60}$$

(II) 在点 (x_i, y_j, t_k) 处考虑方程 (5.54a) 有

$$\frac{\partial^2 u}{\partial t^2}(x_i, y_j, t_k) - c^2\left(\frac{\partial^2 u}{\partial x^2}(x_i, y_j, t_k) + \frac{\partial^2 u}{\partial y^2}(x_i, y_j, t_k)\right) = f_{ij}^k, \\ (i,j) \in \omega, \quad 1 \leqslant k \leqslant n-1. \tag{5.61}$$

由引理 1.2 可得

$$\frac{\partial^2 u}{\partial t^2}(x_i, y_j, t_k) \\ = \delta_t^2 U_{ij}^k - \frac{\tau^2}{6}\int_0^1 \Big(u_{tttt}(x_i, y_j, t_k - s\tau) + u_{xxxx}(x_i, y_j, t_k + s\tau)\Big)(1-s)^3 \mathrm{d}s,$$

$$\frac{\partial^2 u(x_i, y_j, t_k)}{\partial x^2} \\ = \frac{1}{2}\left[\frac{\partial^2 u(x_i, y_j, t_{k-1})}{\partial x^2} + \frac{\partial^2 u(x_i, y_j, t_{k+1})}{\partial x^2}\right] \\ - \frac{\tau^2}{2}\int_0^1 \Big(u_{xxtt}(x_i, y_j, t_k - s\tau) + u_{xxtt}(x_i, y_j, t_k + s\tau)\Big)(1-s)\mathrm{d}s \\ = \frac{1}{2}\Bigg[\delta_x^2 U_{ij}^{k-1} - \frac{h_1^2}{6}\int_0^1 \Big(u_{xxxx}(x_i - sh_1, y_j, t_{k-1}) \\ + u_{xxxx}(x_i + sh_1, y_j, t_{k-1})\Big)(1-s)^3 \mathrm{d}s \\ + \delta_x^2 U_{ij}^{k+1} - \frac{h_1^2}{6}\int_0^1 \Big(u_{xxxx}(x_i - sh_1, y_j, t_{k+1}) \\ + u_{xxxx}(x_i + sh_1, y_j, t_{k+1})\Big)(1-s)^3 \mathrm{d}s\Bigg]$$

$$
-\frac{\tau^2}{2}\int_0^1\Big(u_{xxtt}(x_i,y_j,t_k-s\tau)+u_{xxtt}(x_i,y_j,t_k+s\tau)\Big)(1-s)\mathrm{d}s;
$$

$$
\begin{aligned}
&\frac{\partial^2 u(x_i,y_j,t_k)}{\partial y^2}\\
=&\frac{1}{2}\left[\frac{\partial^2 u(x_i,y_j,t_{k-1})}{\partial y^2}+\frac{\partial^2 u(x_i,y_j,t_{k+1})}{\partial y^2}\right]\\
&-\frac{\tau^2}{2}\int_0^1\Big(u_{yytt}(x_i,y_j,t_k-s\tau)+u_{yytt}(x_i,y_j,t_k+s\tau)\Big)(1-s)\mathrm{d}s\\
=&\frac{1}{2}\Bigg[\delta_y^2U_{ij}^{k-1}-\frac{h_2^2}{6}\int_0^1\Big(u_{yyyy}(x_i,y_j-sh_2,t_{k-1})\\
&+u_{yyyy}(x_i,y_j+sh_2,t_{k-1})\Big)(1-s)^3\mathrm{d}s\\
&+\delta_y^2U_{ij}^{k+1}-\frac{h_2^2}{6}\int_0^1\Big(u_{yyyy}(x_i,y_j-sh_2,t_{k+1})\\
&+u_{yyyy}(x_i,y_j+sh_2,t_{k+1})\Big)(1-s)^3\mathrm{d}s\Bigg]\\
&-\frac{\tau^2}{2}\int_0^1\Big(u_{yytt}(x_i,y_j,t_k-s\tau)+u_{yytt}(x_i,y_j,t_k+s\tau)\Big)(1-s)\mathrm{d}s.
\end{aligned}
$$

将以上三式代入 (5.61), 得

$$
\delta_t^2U_{ij}^k-c^2\Delta_hU_{ij}^{\bar{k}}+\frac{c^4\tau^2}{2}\delta_x^2\delta_y^2U_{ij}^{\bar{k}}=f_{ij}^k+(R_4)_{ij}^k,\quad (i,j)\in\omega,\quad 1\leqslant k\leqslant n-1, \tag{5.62}
$$

其中

$$
\begin{aligned}
&(R_4)_{ij}^k\\
=&\tau^2\Bigg[\frac{1}{6}\int_0^1\Big(u_{tttt}(x_i,y_j,t_k-s\tau)+u_{xxxx}(x_i,y_j,t_k+s\tau)\Big)(1-s)^3\mathrm{d}s\\
&-\frac{c^2}{2}\int_0^1\Big(u_{xxtt}(x_i,y_j,t_k-s\tau)+u_{xxtt}(x_i,y_j,t_k+s\tau)\Big)(1-s)\mathrm{d}s\\
&-\frac{c^2}{2}\int_0^1\Big(u_{yytt}(x_i,y_j,t_k-s\tau)+u_{yytt}(x_i,y_j,t_k+s\tau)\Big)(1-s)\mathrm{d}s+\frac{c^4}{2}\delta_x^2\delta_y^2U_{ij}^{\bar{k}}\Bigg]\\
&-\frac{c^2h_1^2}{12}\int_0^1\Big[u_{xxxx}(x_i-sh,y_j,t_{k-1})+u_{xxxx}(x_i+sh,y_j,t_{k-1})
\end{aligned}
$$

$$+ u_{xxxx}(x_i - sh_1, y_j, t_{k+1}) + u_{xxxx}(x_i + sh_1, y_j, t_{k+1})\Big](1-s)^3\mathrm{d}s$$

$$- \frac{c^2h_2^2}{12}\int_0^1 \Big[u_{yyyy}(x_i, y_j - sh_2, t_{k-1}) + u_{yyyy}(x_i, y_j + sh_2, t_{k-1})$$

$$+ u_{yyyy}(x_i, y_j - sh_2, t_{k+1}) + u_{yyyy}(x_i, y_j + sh_2, t_{k+1})\Big](1-s)^3\mathrm{d}s,$$

$$(i,j)\in\omega, \quad 1\leqslant k\leqslant n-1.$$

存在常数 c_5 使得

$$\begin{cases} \left|(R_4)_{ij}^k\right| \leqslant c_5(\tau^2 + h_1^2 + h_2^2), \quad (i,j)\in\omega, \quad 1\leqslant k\leqslant n-1, \\ \left|\Delta_t(R_4)_{ij}^k\right| \leqslant c_5(\tau^2 + h_1^2 + h_2^2), \quad (i,j)\in\omega, \quad 2\leqslant k\leqslant n-2, \end{cases} \tag{5.63}$$

其中

$$\Delta_t(R_4)_{ij}^k = \frac{1}{2\tau}\Big[(R_4)_{ij}^{k+1} - (R_4)_{ij}^{k-1}\Big].$$

注意到初边值条件(5.54b)—(5.54c)有

$$\begin{cases} U_{ij}^0 = \varphi(x_i, y_j), \quad (i,j)\in\omega, \\ U_{ij}^k = \alpha(x_i, y_j, t_k), \quad (i,j)\in\gamma, \quad 0\leqslant k\leqslant n, \end{cases} \tag{5.64}$$

在(5.59)和(5.62)中忽略小量项 $(R_4)_{ij}^0$ 和 $(R_4)_{ij}^k$, 对定解问题 (5.54) 建立如下差分格式

$$\begin{cases} \dfrac{2}{\tau}\left(\delta_t u_{ij}^{\frac{1}{2}} - \psi_{ij} + \dfrac{\tau^2}{3}\rho_{ij}\right) - c^2\Delta_h u_{ij}^1 + \dfrac{c^4\tau^2}{2}\delta_x^2\delta_y^2 u_{ij}^1 = f_{ij}^1, \quad (i,j)\in\omega, & (5.65\text{a}) \\ \delta_t^2 u_{ij}^k - c^2\Delta_h u_{ij}^{\bar{k}} + \dfrac{c^4\tau^2}{2}\delta_x^2\delta_y^2 u_{ij}^{\bar{k}} = f_{ij}^k, \quad (i,j)\in\omega, \quad 1\leqslant k\leqslant n-1, & (5.65\text{b}) \\ u_{ij}^0 = \varphi(x_i, y_j), \quad (i,j)\in\omega, & (5.65\text{c}) \\ u_{ij}^k = \alpha(x_i, y_j, t_k), \quad (i,j)\in\gamma, \quad 0\leqslant k\leqslant n. & (5.65\text{d}) \end{cases}$$

差分格式 (5.65) 的结点图见图 5.9.

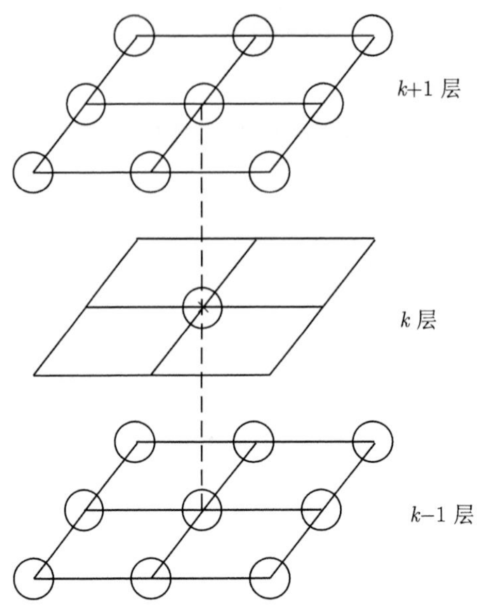

图 5.9　差分格式 (5.65) 的结点图

5.3.2　差分格式解的存在性

定理 5.9　差分格式 (5.65) 是唯一可解的.

证明　记

$$u^k = \{u_{ij}^k \mid (i,j) \in \bar{\omega}\}.$$

由 (5.65c) 和 (5.65d) 知 u^0 已给定.

关于 u^1 的差分格式为

$$\begin{cases} \dfrac{2}{\tau}\left(\delta_t u_{ij}^{\frac{1}{2}} - \psi_{ij} + \dfrac{1}{3}\tau^2\rho_{ij}\right) - c^2\Delta_h u_{ij}^1 + \dfrac{c^4\tau^2}{2}\delta_x^2\delta_y^2 u_{ij}^1 = f_{ij}^1, \quad (i,j) \in \omega, \\ u_{ij}^1 = \alpha(x_i, y_j, t_1), \quad (i,j) \in \gamma. \end{cases}$$

考虑其齐次方程组

$$\begin{cases} \dfrac{2}{\tau^2}u_{ij}^1 - c^2\Delta_h u_{ij}^1 + \dfrac{c^4\tau^2}{2}\delta_x^2\delta_y^2 u_{ij}^1 = 0, \quad (i,j) \in \omega, & (5.66\text{a}) \\ u_{ij}^1 = 0, \quad (i,j) \in \gamma. & (5.66\text{b}) \end{cases}$$

用 u^1 与 (5.66a) 的两边做内积, 得

$$\frac{2}{\tau^2}\|u^1\|^2 - c^2(\Delta_h u^1, u^1) + \frac{c^4\tau^2}{2}(\delta_x^2\delta_y^2 u^1, u^1) = 0.$$

应用分部求和公式并注意到 (5.66b)，可得

$$\frac{2}{\tau^2}\|u^1\|^2+c^2|u^1|_1^2+\frac{c^4\tau^2}{2}\cdot\|\delta_x\delta_y u^1\|^2=0.$$

易得

$$u_{ij}^1=0,\quad (i,j)\in\bar{\omega}.$$

现设 $u^{k-1},u^k(1\leqslant k\leqslant n-1)$ 已确定. 关于 u^{k+1} 的差分格式为

$$\begin{cases}\delta_t^2u_{ij}^k-c^2\Delta_h u_{ij}^{\bar{k}}+\dfrac{c^4\tau^2}{2}\delta_x^2\delta_y^2u_{ij}^{\bar{k}}=f_{ij}^k, & (i,j)\in\omega,\\ u_{ij}^{k+1}=\alpha(x_i,y_j,t_{k+1}), & (i,j)\in\gamma.\end{cases}$$

考虑其齐次方程组

$$\begin{cases}\dfrac{1}{\tau^2}u_{ij}^{k+1}-\dfrac{c^2}{2}\Delta_h u_{ij}^{k+1}+\dfrac{c^4\tau^2}{4}\delta_x^2\delta_y^2u_{ij}^{k+1}=0, & (i,j)\in\omega, \quad (5.67a)\\ u_{ij}^{k+1}=0, & (i,j)\in\gamma. \quad (5.67b)\end{cases}$$

用 u^{k+1} 与 (5.67a) 的两边做内积, 得到

$$\frac{1}{\tau^2}\|u^{k+1}\|^2-\frac{c^2}{2}(\Delta_h u^{k+1},u^{k+1})+\frac{c^4\tau^2}{4}(\delta_x^2\delta_y^2u^{k+1},u^{k+1})=0.$$

应用分部求和公式，并注意到 (5.67b), 可得

$$\frac{1}{\tau^2}\|u^{k+1}\|^2+\frac{c^2}{2}|u^{k+1}|_1^2+\frac{c^4\tau^2}{4}\cdot\|\delta_x\delta_y u^{k+1}\|^2=0.$$

易得

$$u_{ij}^{k+1}=0,\quad (i,j)\in\bar{\omega}.$$

由归纳原理, 差分方程组 (5.65) 是唯一可解的.

定理证毕. □

5.3.3 差分格式的求解与数值算例

由 (5.65c) 和 (5.65d), 可知 $u^0=\{u_{ij}^0\mid 0\leqslant i\leqslant m_1,0\leqslant j\leqslant m_2\}$.

先来考虑 (5.65a) 的求解.

将 (5.65a) 写为

$$u_{ij}^1-\frac{c^2\tau^2}{2}\Delta_h u_{ij}^1+\frac{c^4\tau^4}{4}\delta_x^2\delta_y^2u_{ij}^1=u_{ij}^0+\tau\psi_{ij}-\frac{\tau^3}{3}\rho_{ij}+\frac{\tau^2}{2}f_{ij}^1,\quad (i,j)\in\omega,$$

再将上式作如下分解

$$\left(\mathcal{I}-\frac{c^2\tau^2}{2}\delta_x^2\right)\left(\mathcal{I}-\frac{c^2\tau^2}{2}\delta_y^2\right)u_{ij}^1=u_{ij}^0+\tau\psi_{ij}-\frac{\tau^3}{3}\rho_{ij}+\frac{\tau^2}{2}f_{ij}^1,\quad (i,j)\in\omega.$$

令

$$\bar{u}_{ij}=\left(\mathcal{I}-\frac{c^2\tau^2}{2}\delta_y^2\right)u_{ij}^1,$$

则有

$$\begin{cases}\left(\mathcal{I}-\dfrac{c^2\tau^2}{2}\delta_x^2\right)\bar{u}_{ij}=u_{ij}^0+\tau\psi_{ij}-\dfrac{\tau^3}{3}\rho_{ij}+\dfrac{\tau^2}{2}f_{ij}^1, & (5.68\text{a})\\ \left(\mathcal{I}-\dfrac{c^2\tau^2}{2}\delta_y^2\right)u_{ij}^1=\bar{u}_{ij}. & (5.68\text{b})\end{cases}$$

由 (5.68a) 求出过渡层上的值 $\{\bar{u}_{ij}\,|\,(i,j)\in\omega\}$：对任意固定的 $j\,(1\leqslant j\leqslant m_2-1)$, 取边界条件

$$\bar{u}_{0j}=\left(\mathcal{I}-\frac{c^2\tau^2}{2}\delta_y^2\right)u_{0j}^1,\quad \bar{u}_{m_1,j}=\left(\mathcal{I}-\frac{c^2\tau^2}{2}\delta_y^2\right)u_{m_1,j}^1,\tag{5.69}$$

求解

$$\left(\mathcal{I}-\frac{c^2\tau^2}{2}\delta_x^2\right)\bar{u}_{ij}=u_{ij}^0+\tau\psi_{ij}-\frac{\tau^3}{3}\rho_{ij}+\frac{\tau^2}{2}f_{ij}^1,\quad 1\leqslant i\leqslant m_1-1,\tag{5.70}$$

得到 $\{\bar{u}_{ij}\,|\,1\leqslant i\leqslant m_1-1\}$.

当 $\{\bar{u}_{ij}\,|\,(i,j)\in\omega\}$ 已求出时, 由 (5.68b) 求出第 1 层上 u 的值 $\{u_{ij}^1\,|\,(i,j)\in\omega\}$: 对固定的 $i\,(1\leqslant i\leqslant m_1-1)$, 取边界条件

$$u_{i0}^1=\alpha(x_i,y_0,t_1),\quad u_{i,m_2}^1=\alpha(x_i,y_{m_2},t_1),\tag{5.71}$$

求解

$$\left(\mathcal{I}-\frac{\tau^2}{2}\delta_y^2\right)u_{ij}^1=\bar{u}_{ij},\quad 1\leqslant j\leqslant m_2-1,\tag{5.72}$$

得到 $\{u_{ij}^1\,|\,1\leqslant j\leqslant m_2-1\}$.

差分格式 (5.69)—(5.70) 是关于 x 方向的隐格式, (5.71)—(5.72) 是关于 y 方向的隐格式. 它们均是三对角线性方程组, 可用追赶法求解. 我们把 (5.68) 称为**交替方向隐格式**.

再来考虑 (5.65b) 的求解. 注意到

$$\delta_t^2 u_{ij}^k = \frac{u_{ij}^{k+1} - 2u_{ij}^k + u_{ij}^{k-1}}{\tau^2} = \frac{2u_{ij}^{\bar{k}} - 2u_{ij}^k}{\tau^2} = \frac{2}{\tau^2}(u_{ij}^{\bar{k}} - u_{ij}^k),$$

将 (5.65b) 写为

$$\frac{2}{\tau^2}(u_{ij}^{\bar{k}} - u_{ij}^k) - c^2\Delta_h u_{ij}^{\bar{k}} + \frac{c^4\tau^2}{2}\delta_x^2\delta_y^2 u_{ij}^{\bar{k}} = f_{ij}^k,$$
$$(i,j)\in\omega, \quad 1\leqslant k\leqslant n-1,$$

或

$$u_{ij}^{\bar{k}} - \frac{c^2\tau^2}{2}\Delta_h u_{ij}^{\bar{k}} + \frac{c^4\tau^4}{4}\delta_x^2\delta_y^2 u_{ij}^{\bar{k}} = u_{ij}^k + \frac{\tau^2}{2}f_{ij}^k,$$
$$(i,j)\in\omega, \quad 1\leqslant k\leqslant n-1.$$

将上式作如下分解

$$\left(\mathcal{I} - \frac{c^2\tau^2}{2}\delta_x^2\right)\left(\mathcal{I} - \frac{c^2\tau^2}{2}\delta_y^2\right)u_{ij}^{\bar{k}} = u_{ij}^k + \frac{\tau^2}{2}f_{ij}^k, \quad (i,j)\in\omega, \quad 1\leqslant k\leqslant n-1.$$

令

$$\bar{u}_{ij} = \left(\mathcal{I} - \frac{c^2\tau^2}{2}\delta_y^2\right)u_{ij}^{\bar{k}},$$

则有

$$\begin{cases} \left(\mathcal{I} - \dfrac{c^2\tau^2}{2}\delta_x^2\right)\bar{u}_{ij} = u_{ij}^k + \dfrac{\tau^2}{2}f_{ij}^k, & (5.73\text{a}) \\ \left(\mathcal{I} - \dfrac{c^2\tau^2}{2}\delta_y^2\right)u_{ij}^{\bar{k}} = \bar{u}_{ij}. & (5.73\text{b}) \end{cases}$$

当第 $k-1$ 层、第 k 层的值 $\{u_{ij}^{k-1}, u_{ij}^k \,|\, (i,j)\in\omega\}$ 已知时, 由 (5.73a) 求出过渡层上的值 $\{\bar{u}_{ij} \,|\, (i,j)\in\omega\}$: 对任意固定的 $j\,(1\leqslant j\leqslant m_2-1)$, 取边界条件

$$\bar{u}_{0j} = \left(\mathcal{I} - \frac{c^2\tau^2}{2}\delta_y^2\right)u_{0j}^{\bar{k}}, \quad \bar{u}_{m_1,j} = \left(\mathcal{I} - \frac{c^2\tau^2}{2}\delta_y^2\right)u_{m_1,j}^{\bar{k}}, \tag{5.74}$$

求解

$$\left(\mathcal{I} - \frac{c^2\tau^2}{2}\delta_x^2\right)\bar{u}_{ij} = u_{ij}^k + \frac{\tau^2}{2}f_{ij}^k, \quad 1\leqslant i\leqslant m_1-1, \tag{5.75}$$

得到 $\{\bar{u}_{ij}\,|\,1\leqslant i\leqslant m_1-1\}$.

当 $\{\bar{u}_{ij}\,|\,(i,j)\in\omega\}$ 已求出时, 由 (5.73b) 求出第 $k+1$ 层上的值 $\{u_{ij}^{k+1}\,|\,(i,j)\in\omega\}$: 对固定的 $i\,(1\leqslant i\leqslant m_1-1)$, 取边界条件

$$\begin{cases} u_{i0}^{\bar{k}}=\dfrac{1}{2}[\alpha(x_i,y_0,t_{k+1})+\alpha(x_i,y_0,t_{k-1})], \\ u_{i,m_2}^{\bar{k}}=\dfrac{1}{2}[\alpha(x_i,y_{m_2},t_{k+1})+\alpha(x_i,y_{m_2},t_{k-1})], \end{cases} \tag{5.76}$$

求解

$$\left(\mathcal{I}-\frac{c^2\tau^2}{2}\delta_y^2\right)u_{ij}^{\bar{k}}=\bar{u}_{ij},\qquad 1\leqslant j\leqslant m_2-1, \tag{5.77}$$

得到 $\{u_{ij}^{\bar{k}}\,|\,1\leqslant j\leqslant m_2-1\}$.

最后由

$$u_{ij}^{k+1}=2u_{ij}^{\bar{k}}-u_{ij}^{k-1},\quad (i,j)\in\omega,$$

得到 $\{u_{ij}^{k+1}\,|\,(i,j)\in\omega\}$.

差分格式 (5.74) 和 (5.75) 是关于 x 方向的隐格式, (5.76)—(5.77) 是关于 y 方向的隐格式. 它们均是三对角线性方程组, 可用追赶法求解. 我们把 (5.73) 称为**交替方向隐格式**.

算例 5.3 用交替方向隐格式 (5.68) 和 (5.73) 计算定解问题

$$\begin{cases} \dfrac{\partial^2 u}{\partial t^2}-\left(\dfrac{\partial^2 u}{\partial x^2}+\dfrac{\partial^2 u}{\partial y^2}\right)=\dfrac{1}{2}\mathrm{e}^{\frac{1}{2}(x+y)-t},\quad 0<x,y<1,\quad 0<t\leqslant 1, \\ u(x,y,0)=\mathrm{e}^{\frac{1}{2}(x+y)},\quad \dfrac{\partial u(x,y,0)}{\partial t}=-\mathrm{e}^{\frac{1}{2}(x+y)},\quad 0\leqslant x,y\leqslant 1, \\ u(0,y,t)=\mathrm{e}^{\frac{1}{2}y-t},\quad u(1,y,t)=\mathrm{e}^{\frac{1}{2}(1+y)-t},\quad 0\leqslant y\leqslant 1,\quad 0<t\leqslant 1, \\ u(x,0,t)=\mathrm{e}^{\frac{1}{2}x-t},\quad u(x,1,t)=\mathrm{e}^{\frac{1}{2}(1+x)-t},\quad 0<x<1,\quad 0<t\leqslant 1. \end{cases} \tag{5.78}$$

该定解问题的精确解为 $u(x,y,t)=\mathrm{e}^{\frac{1}{2}(x+y)-t}$.

取 $h_1=h_2=h=1/m$. 记最大误差

$$E_\infty(h,\tau)=\max_{0\leqslant i,j\leqslant m,0\leqslant k\leqslant n}|u(x_i,y_j,t_k)-u_{ij}^k|.$$

表 5.5 给出了取 $h=1/100$, $\tau=1/100$ 时计算得到的部分数值结果. 表 5.6 给出了取不同步长时数值解的最大误差 $E_\infty(h,\tau)$. 从表 5.6 可以看出, 当空间步长和时间步长同时缩小到原来的 1/2 时, 最大误差约缩小到原来的 1/4.

表 5.5 算例 5.3部分结点处数值解、精确解和误差的绝对值 ($h = 1/100$, $\tau = 1/100$)

(x, y, t)	数值解	精确解	| 精确解 − 数值解 |
(0.25,0.25,0.25)	1.000001	1.000000	5.749e−7
(0.75,0.25,0.25)	1.284026	1.284025	7.371e−7
(0.25,0.75,0.25)	1.284026	1.284025	7.371e−7
(0.75,0.75,0.25)	1.648722	1.648721	9.451e−7
(0.25,0.25,0.50)	0.778802	0.778801	1.158e−6
(0.75,0.25,0.50)	1.000001	1.000000	1.331e−6
(0.25,0.75,0.50)	1.000001	1.000000	1.331e−6
(0.75,0.75,0.50)	1.284027	1.284025	1.521e−6
(0.25,0.25,0.75)	0.6065321	0.6065307	1.399e−6
(0.75,0.25,0.75)	0.7788022	0.7788008	1.395e−6
(0.25,0.75,0.75)	0.7788022	0.7788008	1.395e−6
(0.75,0.75,0.75)	1.000001	1.000000	1.374e−6
(0.25,0.25,1.00)	0.4723671	0.4723666	5.218e−7
(0.75,0.25,1.00)	0.6065311	0.6065307	4.641e−7
(0.25,0.75,1.00)	0.6065311	0.6065307	4.641e−7
(0.75,0.75,1.00)	0.7788012	0.7788008	4.472e−7

表 5.6 算例 5.3 取不同步长时数值解的最大误差 $\boldsymbol{E}_{\infty}(\boldsymbol{h},\boldsymbol{\tau})$

h	τ	$E_{\infty}(h,\tau)$	$E_{\infty}(2h,2\tau)/E_{\infty}(h,\tau)$
1/10	1/10	3.259e−4	*
1/20	1/20	8.261e−5	3.9447
1/40	1/40	2.052e−5	4.0257
1/80	1/80	5.038e−6	4.0735
1/160	1/160	1.249e−6	4.0347

图 5.10 和图 5.11 分别给出了 $t=1$ 时精确解的曲面图和取步长 $h=1/10$, $\tau = 1/10$ 所得数值解的曲面图; 图 5.12 给出了 $t = 1$ 时取不同步长所得数值解的误差曲面图.

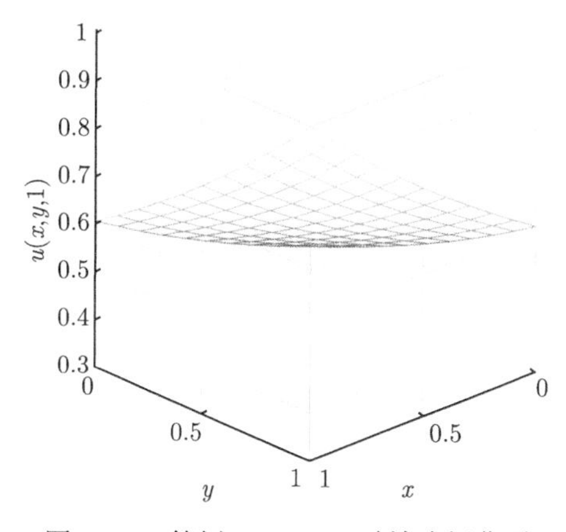

图 5.10 算例 5.3 $t = 1$ 时精确解曲面

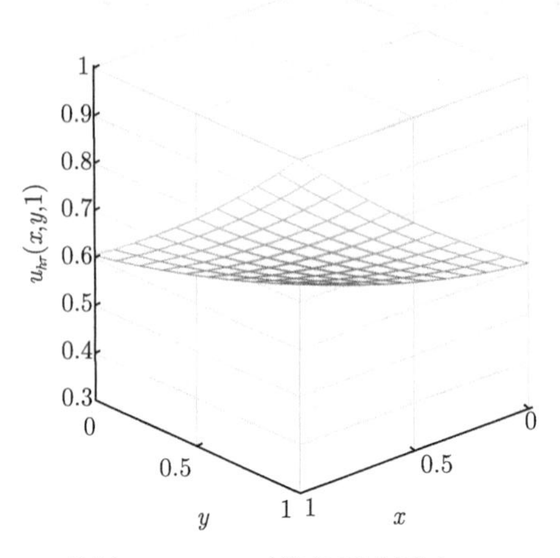

图 5.11　算例 5.3 $t=1$ 时数值解曲面 $(h=\tau=1/10)$

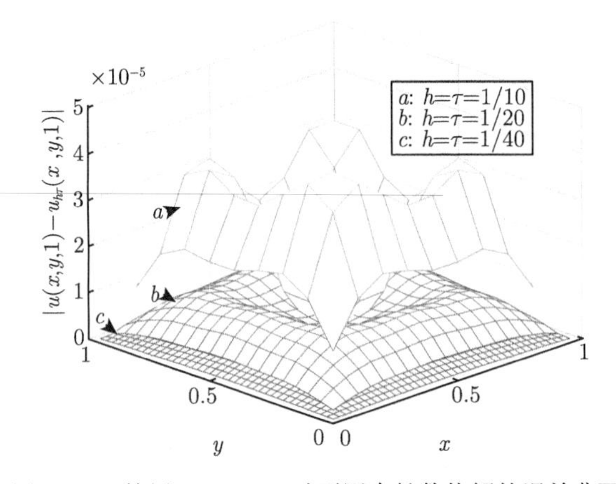

图 5.12　算例 5.3 $t=1$ 时不同步长数值解的误差曲面

5.3.4　差分格式解的先验估计式

定理 5.10　设 $\{v_{ij}^k\,|\,(i,j)\in\bar{\omega},\,0\leqslant k\leqslant n\}$ 为差分格式

$$\begin{cases}\dfrac{2}{\tau}\cdot\delta_t v_{ij}^{\frac{1}{2}}-c^2\Delta_h v_{ij}^1+\dfrac{c^4\tau^2}{2}\delta_x^2\delta_y^2 v_{ij}^1=g_{ij}^0,\quad (i,j)\in\omega, & (5.79\text{a})\\ \delta_t^2 v_{ij}^k-c^2\Delta_h v_{ij}^{\bar{k}}+\dfrac{c^4\tau^2}{2}\delta_x^2\delta_y^2 v_{ij}^{\bar{k}}=g_{ij}^k,\\ \qquad\qquad (i,j)\in\omega,\quad 1\leqslant k\leqslant n-1, & (5.79\text{b})\\ v_{ij}^0=\psi_{ij},\quad (i,j)\in\omega, & (5.79\text{c})\\ v_{ij}^k=0,\quad (i,j)\in\gamma,\quad 0\leqslant k\leqslant n & (5.79\text{d})\end{cases}$$

的解, 则有

$$\begin{aligned}&\frac{\|\Delta_h v^{k+1}\|^2+\|\Delta_h v^k\|^2}{2}\\ \leqslant &\mathrm{e}^{2T}\Bigg[6\|\Delta_h v^0\|^2+3c^2\tau^2|\delta_x\delta_y v^0|_1^2\\ &+2c^{-4}\Bigg(6\|g^0\|^2+4\max_{1\leqslant l\leqslant k}\|g^l\|^2+\tau\sum_{l=2}^{k-1}\|\Delta_t g^l\|^2\Bigg)\Bigg],\quad 0\leqslant k\leqslant n-1.\end{aligned}$$

证明 记

$$E^k=|\delta_t v^{k+\frac12}|_1^2+c^2\cdot\frac{\|\Delta_h v^k\|^2+\|\Delta_h v^{k+1}\|^2}{2}+\frac{c^4\tau^2}{2}\cdot\frac{|\delta_x\delta_y v^k|_1^2+|\delta_x\delta_y v^{k+1}|_1^2}{2}.$$

(I) 用 $-\Delta_h\delta_t v^{\frac12}$ 与 (5.79a) 的两边做内积, 得到

$$-\frac{2}{\tau}\big(\delta_t v^{\frac12},\Delta_h\delta_t v^{\frac12}\big)+c^2\big(\Delta_h v^1,\Delta_h\delta_t v^{\frac12}\big)-\frac{c^4\tau^2}{2}\big(\delta_x^2\delta_y^2 v^1,\Delta_h\delta_t v^{\frac12}\big)=-\big(g^0,\Delta_h\delta_t v^{\frac12}\big).\tag{5.80}$$

现分析(5.80)左端的每一项.

第一项:

$$-\frac{2}{\tau}\big(\delta_t v^{\frac12},\Delta_h\delta_t v^{\frac12}\big)=\frac{2}{\tau}|\delta_t v^{\frac12}|_1^2.$$

第二项:

$$\big(\Delta_h v^1,\Delta_h\delta_t v^{\frac12}\big)=\frac{1}{2\tau}(\|\Delta_h v^1\|^2-\|\Delta_h v^0\|^2)+\frac{\tau}{2}\|\Delta_h\delta_t v^{\frac12}\|^2.$$

第三项:

$$-\big(\delta_x^2\delta_y^2 v^1,\Delta_h\delta_t v^{\frac12}\big)=\frac{1}{2\tau}\big(|\delta_x\delta_y v^1|_1^2-|\delta_x\delta_y v^0|_1^2\big)+\frac{\tau}{2}|\delta_x\delta_y\delta_t v^{\frac12}|_1^2.$$

将以上三式代入到(5.80)得到

$$\begin{aligned}&\frac{2}{\tau}|\delta_t v^{\frac12}|_1^2+c^2\cdot\frac{1}{2\tau}(\|\Delta_h v^1\|^2-\|\Delta_h v^0\|^2)\\ &+\frac{c^4\tau^2}{2}\cdot\frac{1}{2\tau}\big(|\delta_x\delta_y v^1|_1^2-|\delta_x\delta_y v^0|_1^2\big)\leqslant-\big(g^0,\Delta_h\delta_t v^{\frac12}\big).\end{aligned}$$

容易得到

$$
\begin{aligned}
&2|\delta_t v^{\frac{1}{2}}|_1^2 + c^2 \cdot \frac{1}{2}(\|\Delta_h v^1\|^2 + \|\Delta_h v^0\|^2) + \frac{c^4\tau^2}{2} \cdot \frac{1}{2}\big(|\delta_x\delta_y v^1|_1^2 + |\delta_x\delta_y v^0|_1^2\big) \\
\leqslant\, & c^2 \cdot \|\Delta_h v^0\|^2 + \frac{c^4\tau^2}{2} \cdot |\delta_x\delta_y v^0|_1^2 - \big(g^0, \Delta_h v^1 - \Delta_h v^0\big) \\
\leqslant\, & c^2 \cdot \|\Delta_h v^0\|^2 + \frac{c^4\tau^2}{2} \cdot |\delta_x\delta_y v^0|_1^2 + c^2 \cdot \frac{1}{4}(\|\Delta_h v^1\|^2 + \|\Delta_h v^0\|^2) + 2c^{-2}\|g^0\|^2,
\end{aligned}
$$

即

$$
\begin{aligned}
&2|\delta_t v^{\frac{1}{2}}|_1^2 + c^2 \cdot \frac{1}{4}(\|\Delta_h v^1\|^2 + \|\Delta_h v^0\|^2) + \frac{c^4\tau^2}{2} \cdot \frac{1}{2}\big(|\delta_x\delta_y v^1|_1^2 + |\delta_x\delta_y v^0|_1^2\big) \\
\leqslant\, & c^2 \cdot \|\Delta_h v^0\|^2 + \frac{c^4\tau^2}{2} \cdot |\delta_x\delta_y v^0|_1^2 + 2c^{-2}\|g^0\|^2.
\end{aligned}
$$

因而

$$
E^0 \leqslant 2c^2 \cdot \|\Delta_h v^0\|^2 + c^4\tau^2 \cdot |\delta_x\delta_y v^0|_1^2 + 4c^{-2}\|g^0\|^2. \tag{5.81}
$$

(II) 用 $-\Delta_h\Delta_t v^k$ 与 (5.79b) 的两边做内积, 得到

$$
\begin{aligned}
&-\big(\delta_t^2 v^k, \Delta_h\Delta_t v^k\big) + c^2\big(\Delta_h v^{\bar{k}}, \Delta_h\Delta_t v^k\big) \\
&-\frac{c^4\tau^2}{2}\big(\delta_x^2\delta_y^2 v^{\bar{k}}, \Delta_h\Delta_t v^k\big) = -\big(g^k, \Delta_h\Delta_t v^k\big), \quad 1 \leqslant k \leqslant n-1.
\end{aligned} \tag{5.82}
$$

现分析(5.82)左端得每一项.

第一项:

$$
-\big(\delta_t^2 v^k, \Delta_h\Delta_t v^k\big) = \frac{1}{2\tau}\big(|\delta_t v^{k+\frac{1}{2}}|_1^2 - |\delta_t v^{k-\frac{1}{2}}|_1^2\big).
$$

第二项:

$$
\begin{aligned}
\big(\Delta_h v^{\bar{k}}, \Delta_h\Delta_t v^k\big) =& \frac{1}{4\tau}(\|\Delta_h v^{k+1}\|^2 - \|\Delta_h v^{k-1}\|^2) \\
=& \frac{1}{2\tau}\left(\frac{\|\Delta_h v^{k+1}\|^2 + \|\Delta_h v^k\|^2}{2} - \frac{\|\Delta_h v^k\|^2 + \|\Delta_h v^{k-1}\|^2}{2}\right).
\end{aligned}
$$

第三项:

$$
\begin{aligned}
-\big(\delta_x^2\delta_y^2 v^{\bar{k}}, \Delta_h\Delta_t v^k\big) =& \frac{1}{4\tau}\big(|\delta_x\delta_y v^{k+1}|_1^2 - |\delta_x\delta_y v^{k-1}|_1^2\big) \\
=& \frac{1}{2\tau}\left(\frac{|\delta_x\delta_y v^{k+1}|_1^2 + |\delta_x\delta_y v^k|_1^2}{2} - \frac{|\delta_x\delta_y v^k|_1^2 + |\delta_x\delta_y v^{k-1}|_1^2}{2}\right).
\end{aligned}
$$

将以上三式代入到(5.82)得到

$$\frac{1}{2\tau}(E^k - E^{k-1}) = -\big(g^k, \Delta_h\Delta_t v^k\big), \quad 1 \leqslant k \leqslant n-1. \tag{5.83}$$

当 $k=1$ 时,

$$\begin{aligned} E^1 =& E^0 - 2\tau(g^1, \Delta_h\Delta_t v^1) \\ =& E^0 - (g^1, \Delta_h v^2 - \Delta_h v^0) \\ =& E^0 - (g^1, \Delta_h v^2) + (g^1, \Delta_h v^0) \\ \leqslant& E^0 + 2c^{-2}\|g^1\|^2 + \frac{c^2}{4}(\|\Delta_h v^2\|^2 + \|\Delta_h v^0\|^2). \end{aligned}$$

易得

$$c^2 \cdot \frac{\|\Delta_h v^2\|^2 + \|\Delta_h v^1\|^2}{2} \leqslant 2E^0 + 4c^{-2}\|g^1\|^2 + c^2 \cdot \frac{\|\Delta_h v^1\|^2 + \|\Delta_h v^0\|^2}{2},$$

即

$$\frac{1}{2}(\|\Delta_h v^2\|^2 + \|\Delta_h v^1\|^2) \leqslant 2c^{-2}E^0 + 4c^{-4}\|g^1\|^2 + \frac{1}{2}(\|\Delta_h v^0\|^2 + \|\Delta_h v^1\|^2). \tag{5.83a}$$

当 $k \geqslant 2$ 时，将(5.83)中的 k 换为 l, 并对 l 从 1 到 k 求和, 得到

$$\begin{aligned} E^k =& E^0 - 2\tau\sum_{l=1}^{k}\big(g^l, \Delta_h\Delta_t v^l\big) \\ =& E^0 - \sum_{l=1}^{k}\big(g^l, \Delta_h v^{l+1} - \Delta_h v^{l-1}\big) \\ =& E^0 - \sum_{l=2}^{k+1}\big(g^{l-1}, \Delta_h v^l\big) + \sum_{l=0}^{k-1}\big(g^{l+1}, \Delta_h v^l\big) \\ =& E^0 + 2\tau\sum_{l=2}^{k-1}\big(\Delta_t g^l, \Delta_h v^l\big) - \big(g^{k-1}, \Delta_h v^k\big) \\ & - \big(g^k, \Delta_h v^{k+1}\big) + \big(g^1, \Delta_h v^0\big) + \big(g^2, \Delta_h v^1\big), \quad 2 \leqslant k \leqslant n-1. \end{aligned}$$

注意到

$$E^k \geqslant c^2 \cdot \frac{\|\Delta_h v^{k+1}\|^2 + \|\Delta_h v^k\|^2}{2},$$

可得

$$
\begin{aligned}
&c^2\cdot\frac{\|\Delta_h v^{k+1}\|^2+\|\Delta_h v^k\|^2}{2}\\
\leqslant\ & E^0+2\tau\sum_{l=2}^{k-1}\left(\Delta_t g^l,\Delta_h v^l\right)-\left(g^{k-1},\Delta_h v^k\right)\\
&-\left(g^k,\Delta_h v^{k+1}\right)+\left(g^1,\Delta_h v^0\right)+\left(g^2,\Delta_h v^1\right)\\
\leqslant\ & E^0+\tau\sum_{l=2}^{k-1}\left(c^{-2}\|\Delta_t g^l\|^2+c^2\|\Delta_h v^l\|^2\right)\\
&+\left(c^{-2}\|g^{k-1}\|^2+\frac{1}{4}c^2\|\Delta_h v^k\|^2\right)+\left(c^{-2}\|g^k\|^2+\frac{1}{4}c^2\|\Delta_h v^{k+1}\|^2\right)\\
&+\left(c^{-2}\|g^1\|^2+\frac{1}{4}c^2\|\Delta_h v^0\|^2\right)+\left(c^{-2}\|g^2\|^2+\frac{1}{4}c^2\|\Delta_h v^1\|^2\right),\quad 2\leqslant k\leqslant n-1.
\end{aligned}
$$

进一步可得

$$
\begin{aligned}
&\frac{1}{2}c^2\cdot\frac{\|\Delta_h v^{k+1}\|^2+\|\Delta_h v^k\|^2}{2}\\
\leqslant\ & E^0+c^{-2}\left(\|g^{k-1}\|^2+\|g^k\|^2+\|g^1\|^2+\|g^2\|^2+\tau\sum_{l=2}^{k-1}\|\Delta_t g^l\|^2\right)\\
&+\frac{c^2}{4}\|\Delta_h v^0\|^2+\frac{c^2}{4}\|\Delta_h v^1\|^2+c^2\tau\sum_{l=2}^{k-1}\|\Delta_h v^l\|^2,\quad 2\leqslant k\leqslant n-1.
\end{aligned}
$$

将上式两边乘以 $2c^{-2}$ 得到

$$
\begin{aligned}
&\frac{\|\Delta_h v^{k+1}\|^2+\|\Delta_h v^k\|^2}{2}\\
\leqslant\ & 2c^{-2}E^0+2c^{-4}\left(\|g^{k-1}\|^2+\|g^k\|^2+\|g^1\|^2+\|g^2\|^2+\tau\sum_{l=2}^{k-1}\|\Delta_t g^l\|^2\right)\\
&+\frac{\|\Delta_h v^0\|^2+\|\Delta_h v^1\|^2}{2}+2\tau\sum_{l=1}^{k-1}\frac{\|\Delta_h v^{l+1}\|^2+\|\Delta_h v^l\|^2}{2},\quad 2\leqslant k\leqslant n-1.
\end{aligned}
$$

综合 (5.83a), 由引理 5.1 (Gronwall 不等式-E), 可得

$$
\frac{\|\Delta_h v^{k+1}\|^2+\|\Delta_h v^k\|^2}{2}
$$

$$\leqslant \mathrm{e}^{2(k-1)\tau}\left\{2c^{-2}E^0+2c^{-4}\left(4\max_{1\leqslant l\leqslant k}\|g^l\|^2+\tau\sum_{l=2}^{k-1}\|\Delta_t g^l\|^2\right)\right.$$
$$\left.+\frac{\|\Delta_h v^0\|^2+\|\Delta_h v^1\|^2}{2}\right\},\quad 1\leqslant k\leqslant n-1.$$

由(5.81), 得到

$$\begin{aligned}&\frac{\|\Delta_h v^{k+1}\|^2+\|\Delta_h v^k\|^2}{2}\\&\leqslant \mathrm{e}^{2(k-1)\tau}\left\{3c^{-2}E^0+2c^{-4}\left(4\max_{1\leqslant l\leqslant k}\|g^l\|^2+\tau\sum_{l=2}^{k-1}\|\Delta_t g^l\|^2\right)\right\}\\&\leqslant \mathrm{e}^{2(k-1)\tau}\left\{3c^{-2}\left[2c^2\cdot\|\Delta_h v^0\|^2+c^4\tau^2\cdot|\delta_x\delta_y v^0|_1^2+4c^{-2}\|g^0\|^2\right]\right.\\&\quad\left.+2c^{-4}\left(4\max_{1\leqslant l\leqslant k}\|g^l\|^2+\tau\sum_{l=2}^{k-1}\|\Delta_t g^l\|^2\right)\right\}\\&\leqslant \mathrm{e}^{2T}\left[6\|\Delta_h v^0\|^2+3c^2\tau^2|\delta_x\delta_y v^0|_1^2\right.\\&\quad\left.+2c^{-4}\left(6\|g^0\|^2+4\max_{1\leqslant l\leqslant k}\|g^l\|^2+\tau\sum_{l=2}^{k-1}\|\Delta_t g^l\|^2\right)\right],\quad 1\leqslant k\leqslant n-1.\end{aligned}$$

注意到 E^0 的定义及(5.81), 可知上式对 $k=0$ 也是成立的.

定理证毕. □

5.3.5 差分格式解的收敛性和稳定性

收敛性

定理 5.11 设 $\{u(x,y,t)\,|\,(x,y)\in\bar{\Omega},\ 0\leqslant t\leqslant T\}$ 为定解问题 (5.54) 的解, $\{u_{ij}^k\,|\,(i,j)\in\bar{\omega},\ 0\leqslant k\leqslant n\}$ 为差分格式 (5.65) 的解. 记

$$e_{ij}^k=u(x_i,y_j,t_k)-u_{ij}^k,\quad (i,j)\in\bar{\omega},\quad 0\leqslant k\leqslant n,$$

则有

$$\|e^k\|_\infty\leqslant\frac{1}{6}L_1L_2c^{-2}\mathrm{e}^T\sqrt{3(\sqrt{2}+1)(6c_4^2+4c_5^2+Tc_5^2)}\,(\tau^2+h_1^2+h_2^2),\quad 1\leqslant k\leqslant n.$$

证明 将 (5.59), (5.62)和(5.64)与 (5.65) 相减, 可得误差方程组

$$\begin{cases} \dfrac{2}{\tau}\cdot\delta_t e_{ij}^{\frac{1}{2}} - c^2\Delta_h e_{ij}^1 + \dfrac{c^4\tau^2}{2}\delta_x^2\delta_y^2 e_{ij}^1 = (R_4)_{ij}^0, \quad (i,j)\in\omega, \\ \delta_t^2 e_{ij}^k - c^2\Delta_h e_{ij}^{\bar{k}} + \dfrac{c^4\tau^2}{2}\delta_x^2\delta_y^2 e_{ij}^{\bar{k}} = (R_4)_{ij}^k, \quad (i,j)\in\omega, \quad 1\leqslant k\leqslant n-1, \\ e_{ij}^0 = 0, \quad (i,j)\in\omega, \\ e_{ij}^k = 0, \quad (i,j)\in\gamma, \quad 0\leqslant k\leqslant n. \end{cases}$$

由定理 5.10, 并注意到(5.60)和(5.63), 得到

$$\begin{aligned} &\frac{1}{2}(\|\Delta_h e^{k+1}\|^2 + \|\Delta_h e^k\|^2) \\ \leqslant &\mathrm{e}^{2T}\Bigg[6\|\Delta_h e^0\|^2 + 3c^2\tau^2|\delta_x\delta_y e^0|_1^2 \\ &+ 2c^{-4}\left(6\|(R_4)^0\|^2 + 4\max_{1\leqslant l\leqslant k}\|(R_4)^l\|^2 + \tau\sum_{l=2}^{k-1}\|\Delta_t(R_4)^l\|^2\right)\Bigg] \\ = &2c^{-4}\mathrm{e}^{2T}\left(6\|(R_4)^0\|^2 + 4\max_{1\leqslant l\leqslant k}\|(R_4)^l\|^2 + \tau\sum_{l=2}^{k-1}\|\Delta_t(R_4)^l\|^2\right) \\ \leqslant &2c^{-4}\mathrm{e}^{2T}\Big[6L_1L_2c_4^2(\tau^2+h_1^2+h_2^2)^2 + 4L_1L_2c_5^2(\tau^2+h_1^2+h_2^2)^2 \\ &+ (k-2)\tau L_1L_2c_5^2(\tau^2+h_1^2+h_2^2)^2\Big] \\ = &2c^{-4}L_1L_2\mathrm{e}^{2T}\left(6c_4^2 + 4c_5^2 + Tc_5^2\right)(\tau^2+h_1^2+h_2^2)^2, \quad 0\leqslant k\leqslant n-1. \end{aligned}$$

因而

$$\|\Delta_h e^k\|^2 \leqslant 4c^{-4}L_1L_2\mathrm{e}^{2T}\left(6c_4^2+4c_5^2+Tc_5^2\right)(\tau^2+h_1^2+h_2^2)^2, \quad 1\leqslant k\leqslant n.$$

两边开方得

$$\|\Delta_h e^k\| \leqslant 2c^{-2}\mathrm{e}^T\sqrt{L_1L_2(6c_4^2+4c_5^2+Tc_5^2)}(\tau^2+h_1^2+h_2^2), \quad 1\leqslant k\leqslant n.$$

再由引理 2.8 得到

$$\begin{aligned} \|e^k\|_\infty &\leqslant \frac{1}{12}\sqrt{3(\sqrt{2}+1)L_1L_2}\,\|\Delta_h e^k\| \\ &= \frac{1}{6}L_1L_2c^{-2}\mathrm{e}^T\sqrt{3(\sqrt{2}+1)(6c_4^2+4c_5^2+Tc_5^2)}\,(\tau^2+h_1^2+h_2^2), \quad 1\leqslant k\leqslant n. \end{aligned}$$

定理证毕. □

稳定性

定理 5.12　差分格式 (5.65) 的解在下述意义下对初值和右端函数是稳定的: 设 $\{u_{ij}^k\,|\,0\leqslant i\leqslant m_1, 0\leqslant j\leqslant m_2,\ 0\leqslant k\leqslant n\}$ 为差分方程组

$$
\begin{cases}
\dfrac{2}{\tau}\cdot\delta_t u_{ij}^{\frac{1}{2}}-c^2\Delta_h u_{ij}^1+\dfrac{c^4\tau^2}{2}\delta_x^2\delta_y^2 u_{ij}^1=f_{ij}^0, \quad (i,j)\in\omega,\\
\delta_t^2 u_{ij}^k-c^2\Delta_h u_{ij}^{\bar{k}}+\dfrac{c^4\tau^2}{2}\delta_x^2\delta_y^2 u_{ij}^{\bar{k}}=f_{ij}^k, \quad (i,j)\in\omega, \quad 1\leqslant k\leqslant n-1,\\
u_{ij}^0=\varphi(x_i,y_j), \quad (i,j)\in\omega,\\
u_{ij}^k=0, \quad (i,j)\in\gamma, \quad 0\leqslant k\leqslant n
\end{cases}
$$

的解, 则有

$$
\begin{aligned}
&\frac{\|\Delta_h u^{k+1}\|^2+\|\Delta_h u^k\|^2}{2}\\
\leqslant{}& \mathrm{e}^{2T}\Bigg[6\|\Delta_h u^0\|^2+3c^2\tau^2|\delta_x\delta_y u^0|_1^2\\
&+2c^{-4}\left(6\|f^0\|^2+4\max_{1\leqslant l\leqslant k}\|f^l\|^2+\tau\sum_{l=2}^{k-1}\|\Delta_t f^l\|^2\right)\Bigg], \quad 0\leqslant k\leqslant n-1.
\end{aligned}
$$

证明　直接应用定理 5.10.

定理证毕. □

5.4　二维双曲型方程的紧致交替方向隐格式

综合应用 4.4 节、5.2 节和 5.3 节的方法, 可以对二维波动方程的初边值问题(5.54)建立如下紧致差分格式

$$
\begin{cases}
\dfrac{2}{\tau}\cdot\mathcal{AB}\left(\delta_t u_{ij}^{\frac{1}{2}}-\psi_{ij}+\dfrac{\tau^2}{3}\rho_{ij}\right)-c^2(\mathcal{B}\delta_x^2+\mathcal{A}\delta_y^2)u_{ij}^1+\dfrac{c^4\tau^2}{2}\delta_x^2\delta_y^2u_{ij}^1\\
=\mathcal{AB}f_{ij}^1, \quad (i,j)\in\omega, & (5.84\text{a})\\
\mathcal{AB}\delta_t^2 u_{ij}^k-c^2\left(\mathcal{B}\delta_x^2+\mathcal{A}\delta_y^2\right)u_{ij}^{\bar{k}}+c^4\dfrac{\tau^2}{2}\delta_x^2\delta_y^2u_{ij}^{\bar{k}}=\mathcal{AB}f_{ij}^k,\\
\qquad\qquad (i,j)\in\omega, \quad 1\leqslant k\leqslant n-1, & (5.84\text{b})\\
u_{ij}^0=\varphi(x_i,y_j), \quad (i,j)\in\omega, & (5.84\text{c})\\
u_{ij}^k=\alpha(x_i,y_j,t_k), \quad (i,j)\in\gamma, \quad 0\leqslant k\leqslant n. & (5.84\text{d})
\end{cases}
$$

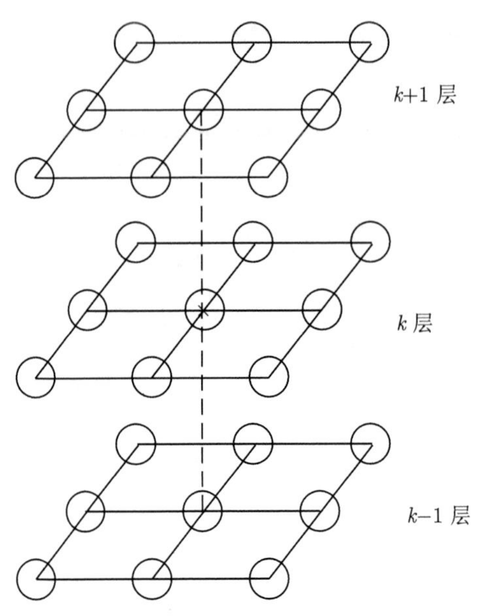

图 5.13　差分格式 (5.84) 的结点图

可以证明差分格式 (5.84) 是唯一可解的, 对初值和右端函数是稳定的, 在无穷范数下以 $O(\tau^2+h_1^4+h_2^4)$ 阶收敛.

由 (5.84c) 和 (5.84d), 可知 $u^0=\{u_{ij}^0\mid(i,j)\in\bar{\omega}\}$ 已给定.

差分格式 (5.84) 的求解

将 (5.84a) 写为

$$\begin{aligned}&\mathcal{A}\mathcal{B}u_{ij}^1-\frac{c^2\tau^2}{2}(\mathcal{B}\delta_x^2+\mathcal{A}\delta_y^2)u_{ij}^1+\frac{c^4\tau^4}{4}\delta_x^2\delta_y^2u_{ij}^1\\&=\mathcal{A}\mathcal{B}\left\{u_{ij}^0+\tau\psi_{ij}-\frac{\tau^3}{3}\rho_{ij}+\frac{\tau^2}{2}f_{ij}^1\right\},\quad(i,j)\in\omega,\end{aligned}$$

或

$$\left(\mathcal{A}-\frac{c^2\tau^2}{2}\delta_x^2\right)\left(\mathcal{B}-\frac{c^2\tau^2}{2}\delta_y^2\right)u_{ij}^1=\mathcal{A}\mathcal{B}\left\{u_{ij}^0+\tau\psi_{ij}-\frac{\tau^3}{3}\rho_{ij}+\frac{\tau^2}{2}f_{ij}^1\right\},\quad(i,j)\in\omega.$$

令

$$\bar{u}_{ij}=\left(\mathcal{B}-\frac{c^2\tau^2}{2}\delta_y^2\right)u_{ij}^1,$$

则 (5.84a) 有如下交替方向格式

$$\begin{cases}\left(\mathcal{A}-\dfrac{c^2\tau^2}{2}\delta_x^2\right)\bar{u}_{ij}=\mathcal{A}\mathcal{B}\left\{u_{ij}^0+\tau\psi_{ij}-\dfrac{\tau^3}{3}\rho_{ij}+\dfrac{\tau^2}{2}f_{ij}^1\right\}, & (5.85\text{a})\\[2mm]\left(\mathcal{B}-\dfrac{c^2\tau^2}{2}\delta_y^2\right)u_{ij}^1=\bar{u}_{ij}. & (5.85\text{b})\end{cases}$$

由 (5.85a) 求出过渡层上的值 $\{\bar{u}_{ij}\,|\,(i,j)\in\omega\}$: 对任意固定的 $j\,(1\leqslant j\leqslant m_2-1)$, 取边界条件

$$\bar{u}_{0j}=\left(\mathcal{B}-\frac{c^2\tau^2}{2}\delta_y^2\right)u_{0j}^1,\quad \bar{u}_{m_1,j}=\left(\mathcal{B}-\frac{c^2\tau^2}{2}\delta_y^2\right)u_{m_1,j}^1,\tag{5.86}$$

求解

$$\left(\mathcal{A}-\frac{c^2\tau^2}{2}\delta_x^2\right)\bar{u}_{ij}=\mathcal{A}\mathcal{B}\Big\{u_{ij}^0+\tau\psi_{ij}-\frac{\tau^3}{3}\rho_{ij}+\frac{\tau^2}{2}f_{ij}^1\Big\},\quad 1\leqslant i\leqslant m_1-1,\tag{5.87}$$

得到 $\{\bar{u}_{ij}\,|\,1\leqslant i\leqslant m_1-1\}$.

当 $\{\bar{u}_{ij}\,|\,(i,j)\in\omega\}$ 已求出时, 由 (5.85b) 求出第 1 层上 u 的值 $\{u_{ij}^1\,|\,(i,j)\in\omega\}$: 对固定的 $i\,(1\leqslant i\leqslant m_1-1)$, 取边界条件

$$u_{i0}^1=\alpha(x_i,y_0,t_1),\quad u_{i,m_2}^1=\alpha(x_i,y_{m_2},t_1),\tag{5.88}$$

求解

$$\left(\mathcal{B}-\frac{\tau^2}{2}\delta_y^2\right)u_{ij}^1=\bar{u}_{ij},\quad 1\leqslant j\leqslant m_2-1,\tag{5.89}$$

得到 $\{u_{ij}^1\,|\,1\leqslant j\leqslant m_2-1\}$.

差分格式 (5.86)—(5.87) 是关于 x 方向的隐格式, (5.88)—(5.89) 是关于 y 方向的隐格式. 它们均是三对角线性方程组, 可用追赶法求解.

(5.84b) 的求解

注意到

$$\delta_t^2u_{ij}^k=\frac{u_{ij}^{k+1}-2u_{ij}^k+u_{ij}^{k-1}}{\tau^2}=\frac{2u_{ij}^{\bar{k}}-2u_{ij}^k}{\tau^2}=\frac{2}{\tau^2}(u_{ij}^{\bar{k}}-u_{ij}^k),$$

可将 (5.84b) 写为

$$\frac{2}{\tau^2}\mathcal{A}\mathcal{B}(u_{ij}^{\bar{k}}-u_{ij}^k)-c^2(\mathcal{B}\delta_x^2+\mathcal{A}\delta_y^2)u_{ij}^{\bar{k}}+\frac{c^4\tau^2}{2}\delta_x^2\delta_y^2u_{ij}^{\bar{k}}=\mathcal{A}\mathcal{B}f_{ij}^k,$$
$$(i,j)\in\omega,\quad 1\leqslant k\leqslant n-1,$$

或

$$\left(\mathcal{A}-\frac{c^2\tau^2}{2}\delta_x^2\right)\left(\mathcal{B}-\frac{c^2\tau^2}{2}\delta_y^2\right)u_{ij}^{\bar{k}}=\mathcal{A}\mathcal{B}\left(u_{ij}^k+\frac{\tau^2}{2}f_{ij}^k\right),\quad (i,j)\in\omega,\quad 1\leqslant k\leqslant n-1.$$

令

$$\bar{u}_{ij}=\left(\mathcal{B}-\frac{c^2\tau^2}{2}\delta_y^2\right)u_{ij}^{\bar{k}},$$

则有

$$\begin{cases}\left(\mathcal{A}-\dfrac{c^2\tau^2}{2}\delta_x^2\right)\bar{u}_{ij}=\mathcal{A}\mathcal{B}\left(u_{ij}^k+\dfrac{\tau^2}{2}f_{ij}^k\right), & (5.90\text{a})\\ \left(\mathcal{B}-\dfrac{c^2\tau^2}{2}\delta_y^2\right)u_{ij}^{\bar{k}}=\bar{u}_{ij}. & (5.90\text{b})\end{cases}$$

当第 $k-1$ 层、第 k 层的值 $\{u_{ij}^{k-1},\ u_{ij}^k\,|\,0\leqslant i\leqslant m_1, 0\leqslant j\leqslant m_2\}$ 已知时, 由 (5.90a) 求出过渡层上的值 $\{\bar{u}_{ij}\,|\,(i,j)\in\omega\}$: 对任意固定的 $j\,(1\leqslant j\leqslant m_2-1)$, 取边界条件

$$\bar{u}_{0j}=\left(\mathcal{B}-\frac{c^2\tau^2}{2}\delta_y^2\right)u_{0j}^{\bar{k}},\quad \bar{u}_{m_1,j}=\left(\mathcal{B}-\frac{c^2\tau^2}{2}\delta_y^2\right)u_{m_1,j}^{\bar{k}}, \tag{5.91}$$

求解

$$\left(\mathcal{A}-\frac{c^2\tau^2}{2}\delta_x^2\right)\bar{u}_{ij}=\mathcal{A}\mathcal{B}\left(u_{ij}^k+\frac{c^2\tau^2}{2}f_{ij}^k\right),\quad 1\leqslant i\leqslant m_1-1, \tag{5.92}$$

得到 $\{\bar{u}_{ij}\,|\,1\leqslant i\leqslant m_1-1\}$.

当 $\{\bar{u}_{ij}\,|\,(i,j)\in\omega\}$ 已求出时, 由 (5.90b) 求出第 $k+1$ 层上 u 的值 $\{u_{ij}^{k+1}\,|\,(i,j)\in\omega\}$: 对固定的 $i\,(1\leqslant i\leqslant m_1-1)$, 取边界条件

$$\begin{aligned}u_{i0}^{\bar{k}}&=\frac{1}{2}[\alpha(x_i,y_0,t_{k+1})+\alpha(x_i,y_0,t_{k-1})],\\ u_{i,m_2}^{\bar{k}}&=\frac{1}{2}[\alpha(x_i,y_{m_2},t_{k+1})+\alpha(x_i,y_{m_2},t_{k-1})],\end{aligned} \tag{5.93}$$

求解

$$\left(\mathcal{B}-\frac{\tau^2}{2}\delta_y^2\right)u_{ij}^{\bar{k}}=\bar{u}_{ij},\quad 1\leqslant j\leqslant m_2-1, \tag{5.94}$$

得到 $\{u_{ij}^{\bar{k}}\,|\,1\leqslant j\leqslant m_2-1\}$.

最后由

$$u_{ij}^{k+1}=2u_{ij}^{\bar{k}}-u_{ij}^{k-1},\quad (i,j)\in\omega,$$

得到 $\{u_{ij}^{k+1}\,|\,(i,j)\in\omega\}$.

差分格式 (5.91)—(5.92) 是关于 x 方向的隐格式, (5.93)—(5.94) 是关于 y 方向的隐格式. 它们均是三对角线性方程组, 可用追赶法求解.

算例5.4 用紧致交替方向隐格式(5.85)和(5.90) 计算算例 5.3定解问题(5.78). 取 $h_1 = h_2 = 1/m$. 记数值解的最大误差

$$E_\infty(h,\tau) = \max_{0\leqslant i,j\leqslant m, 0\leqslant k\leqslant n} |u(x_i,y_j,t_k) - u_{ij}^k|.$$

表 5.7 给出了取步长 $h = 1/10$, $\tau = 1/100$ 时计算得到的部分数值结果. 表 5.8 给出了取不同步长时数值解的最大误差. 从表 5.8 可以看出当空间步长减少到原来的 1/2, 时间步长减少到原来的 1/4 时, 最大误差约减少到原来的 1/16.

表 5.7 算例 5.4 部分结点处数值解、精确解和误差的绝对值 ($h = 1/10$, $\tau = 1/100$)

(x,y,t)	数值解	精确解	|精确解 − 数值解|
(0.4,0.4,0.25)	1.1618349	1.1618342	6.302e−7
(0.8,0.4,0.25)	1.4190683	1.4190675	7.172e−7
(0.4,0.8,0.25)	1.4190683	1.4190675	7.172e−7
(0.8,0.8,0.25)	1.7332538	1.7332530	8.115e−7
(0.4,0.4,0.50)	0.9048395	0.9048374	2.087e−6
(0.8,0.4,0.50)	1.1051724	1.1051709	1.482e−6
(0.4,0.8,0.50)	1.1051724	1.1051709	1.482e−6
(0.8,0.8,0.50)	1.3498598	1.3498588	1.019e−6
(0.4,0.4,0.75)	0.7046904	0.7046881	2.298e−6
(0.8,0.4,0.75)	0.8607093	0.8607080	1.372e−6
(0.4,0.8,0.75)	0.8607093	0.8607080	1.372e−6
(0.8,0.8,0.75)	1.0512720	1.0512711	9.060e−7
(0.4,0.4,1.00)	0.5488121	0.5488116	4.579e−7
(0.8,0.4,1.00)	0.6703205	0.6703200	4.373e−7
(0.4,0.8,1.00)	0.6703205	0.6703200	4.373e−7
(0.8,0.8,1.00)	0.8187311	0.8187308	3.533e−7

表 5.8 算例 5.4取不同步长时数值解的最大误差 $E_\infty(h,\tau)$

h	τ	$E_\infty(h,\tau)$	$E_\infty(2h,4\tau)/E_\infty(h,\tau)$
1/10	1/100	2.994e−6	
1/20	1/400	1.848e−7	16.1993
1/40	1/1600	1.137e−8	16.2566

图 5.14 和图 5.15 分别给出了 $t = 1$ 时精确解的曲面和取 $h = 1/10$, $\tau = 1/100$ 所得数值解的曲面. 图 5.16 给出了 $t = 1$ 时取不同步长时的误差曲面.

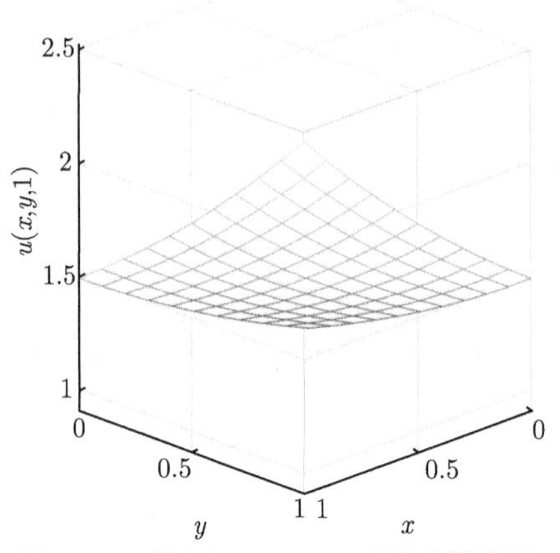

图 5.14 算例 5.4 $t=1$ 时精确解曲面

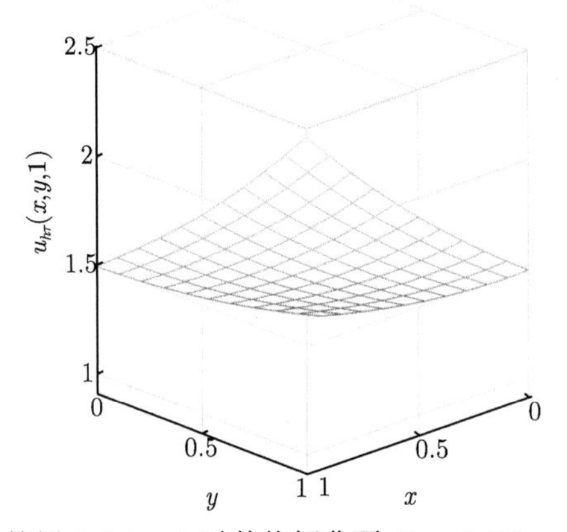

图 5.15 算例 5.4 $t=1$ 时数值解曲面 ($h=1/10,\ \tau=1/100$)

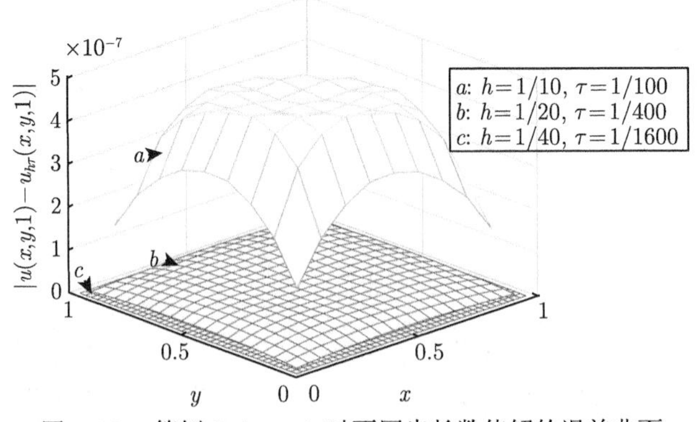

图 5.16 算例 5.4 $t=1$ 时不同步长数值解的误差曲面

5.5 小结与拓展

5.1 节和 5.2 节介绍了求解二维抛物型方程的交替方向方法和紧致交替方向方法. 用能量分析方法证明了交替方向格式解的存在唯一性、收敛性和稳定性. 关于紧致交替方向方法的截断误差及 H^1 分析可见 [3,13]. 关于交替方向方法和紧致交替方向方法的无穷模估计 (H^2 分析) 见 [14]. 这几篇文献中还介绍了交替方向方法和紧致交替方向方法的外推法. 对于带变系数和混合导数项的高维抛物方程可以建立二阶差分格式, 再用 Richarson 外推方法获得空间和时间均为 4 阶逼近精度的近似解, 见 [15].

5.3 节和 5.4 节介绍了求解二维双曲型方程的交替方向方法和紧致交替方向方法. 用能量分析方法证明了解的存在唯一性、收敛性和稳定性. 关于显式差分格式和交替方向格式的无穷模估计 (H^2 分析) 见 [16]. 对于二维双曲型方程(5.54a), 令 $v=u_t$, 则 (5.54a)等价于 [17]

$$\begin{cases} v_t-c^2\Delta u=f(x,y,t),\\ u_t=v. \end{cases}$$

然后对(5.54) 建立差分格式

$$\begin{cases} \delta_t v_{ij}^{k+\frac{1}{2}}-c^2\Delta_h u_{ij}^{k+\frac{1}{2}}+\dfrac{c^4}{4}\tau^2\delta_x^2\delta_y^2 u_{ij}^{k+\frac{1}{2}}=f_{ij}^{k+\frac{1}{2}}, \quad (i,j)\in\omega, \quad 0\leqslant k\leqslant n-1,\\ \delta_t u_{ij}^{k+\frac{1}{2}}=v_{ij}^{k+\frac{1}{2}}, \quad (i,j)\in\bar{\omega}, \quad 0\leqslant k\leqslant n-1,\\ u_{ij}^0=\varphi_{ij}, \quad v_{ij}^0=\psi_{ij}, \quad (i,j)\in\omega,\\ u_{ij}^k=\alpha(x_i,y_j,t_k), \quad (i,j)\in\gamma, \quad 1\leqslant k\leqslant n. \end{cases}$$

消去变量 $\{v_{ij}^k\}$, 可得

$$\begin{cases} \dfrac{2}{\tau}\left(\delta_t u_{ij}^{\frac{1}{2}}-\psi_{ij}\right)-c^2\Delta_h u_{ij}^{\frac{1}{2}}+\dfrac{c^4}{4}\tau^2\delta_x^2\delta_y^2 u_{ij}^{\frac{1}{2}}=f_{ij}^{\frac{1}{2}}, \quad (i,j)\in\omega,\\ \delta_t^2 u_{ij}^k-c^2\Delta_h\dfrac{u_{ij}^{k-\frac{1}{2}}+u_{ij}^{k+\frac{1}{2}}}{2}+\dfrac{c^4}{4}\tau^2\delta_x^2\delta_y^2\dfrac{u_{ij}^{k-\frac{1}{2}}+u_{ij}^{k+\frac{1}{2}}}{2}=\dfrac{1}{2}\left(f_{ij}^{k-\frac{1}{2}}+f_{ij}^{k+\frac{1}{2}}\right),\\ \qquad\qquad (i,j)\in\omega, \quad 1\leqslant k\leqslant n-1,\\ u_{ij}^0=\varphi_{ij}, \quad (i,j)\in\omega,\\ u_{ij}^k=\alpha(x_i,y_j,t_k), \quad (i,j)\in\gamma, \quad 1\leqslant k\leqslant n. \end{cases}$$

再做如下算子分解

$$\begin{cases} \left(\mathcal{I}-\dfrac{c^2\tau^2}{4}\delta_x^2\right)\left(\mathcal{I}-\dfrac{c^2\tau^2}{4}\delta_y^2\right)u_{ij}^{\frac{1}{2}}=u_{ij}^0+\dfrac{\tau}{2}\psi_{ij}+\dfrac{\tau^2}{4}f_{ij}^{\frac{1}{2}}, \\ \left(\mathcal{I}-\dfrac{c^2\tau^2}{4}\delta_x^2\right)\left(\mathcal{I}-\dfrac{c^2\tau^2}{4}\delta_y^2\right)\dfrac{u_{ij}^{k-\frac{1}{2}}+u_{ij}^{k+\frac{1}{2}}}{2}=u_{ij}^k+\dfrac{\tau^2}{4}\cdot\dfrac{f_{ij}^{k-\frac{1}{2}}+f_{ij}^{k+\frac{1}{2}}}{2}. \end{cases}$$

交替方向法是求解高维发展方程的常用方法. 它的基本想法是把高维问题转化为若干个一维问题进行求解. 所介绍的方法容易推广到三维问题及带导数边界条件的问题, 建立相应的结果.

习　题　5

5.1　对于定解问题 (5.1), 建立如下交替方向隐格式

$$\begin{cases} (\mathcal{I}-a\tau\delta_x^2)u_{ij}^*=u_{ij}^k+\tau f_{ij}^{k+1}, \\ (\mathcal{I}-a\tau\delta_y^2)u_{ij}^{k+1}=u_{ij}^*. \end{cases}$$

(1) 消去过渡层变量 u_{ij}^*, 分析截断误差.

(2) 如果边界值恒为 0, 证明差分格式的解有先验估计式

$$\|u^k\|^2\leqslant\|u^0\|^2+\tau\sum_{l=1}^{k}\|f^l\|^2,\quad 1\leqslant k\leqslant n.$$

(3) 证明差分格式解的收敛性.

5.2　设 $\{u_{ij}^k\}$ 为如下差分格式的解:

$$\begin{cases} \delta_t u_{ij}^{k+\frac{1}{2}}-a\Delta_h u_{ij}^{k+\frac{1}{2}}=f_{ij}^{k+\frac{1}{2}},\quad (i,j)\in\omega,\quad 0\leqslant k\leqslant n-1, \\ u_{ij}^0=\varphi(x_i,y_j),\quad (i,j)\in\omega, \\ u_{ij}^k=0,\qquad (i,j)\in\gamma,\quad 0\leqslant k\leqslant n. \end{cases}$$

证明差分解有如下先验估计式

$$|u^k|_1^2\leqslant|u^0|_1^2+\frac{1}{2a}\tau\sum_{l=0}^{k-1}\|f^{l+\frac{1}{2}}\|^2,\quad 1\leqslant k\leqslant n.$$

5.3　设 $\{u_{ij}^k\}$ 为差分方程组

$$\begin{cases} \delta_t u_{ij}^{k+\frac{1}{2}}-a\,\Delta_h u_{ij}^{k+\frac{1}{2}}+\dfrac{1}{4}a^2\tau^2\delta_x^2\delta_y^2\delta_t u_{ij}^{k+\frac{1}{2}}=f_{ij}^{k+\frac{1}{2}},\quad (i,j)\in\omega,\quad 0\leqslant k\leqslant n-1, \\ u_{ij}^0=\varphi(x_i,y_j),\quad (i,j)\in\omega, \\ u_{ij}^k=0,\quad (i,j)\in\gamma,\quad 0\leqslant k\leqslant n \end{cases}$$

的解. 记

$$E^k=\|u^k\|^2+\frac{1}{4}a^2\tau^2\|\delta_x\delta_y u^k\|^2.$$

证明当 $\tau\leqslant\dfrac{2}{3}$ 时有估计式

$$E^k\leqslant \mathrm{e}^{\frac{3}{2}k\tau}\left(E^0+\frac{3}{2}\tau\sum_{l=0}^{k-1}\|f^{l+\frac{1}{2}}\|^2\right),\quad 1\leqslant k\leqslant n.$$

5.4 考虑差分格式 (5.9). 将差分格式 (5.9a) 改写为

$$\left(\mathcal{I}-\frac{\tau}{2}\delta_x^2\right)\left(\mathcal{I}-\frac{\tau}{2}\delta_y^2\right)\delta_t u_{ij}^{k+\frac{1}{2}}=\Delta_h u_{ij}^k+f_{ij}^{k+\frac{1}{2}},$$

$$(i,j)\in\omega,\quad 0\leqslant k\leqslant n-1.$$

试由上式给出一个交替方向算法.

5.5 设 $\{u_{ij}^k\}$ 为如下差分格式

$$\begin{cases}\dfrac{2}{\tau}\cdot\delta_t u_{ij}^{\frac{1}{2}}-c^2\Delta_h u_{ij}^1=g_{ij}^0,\quad (i,j)\in\omega, & (5.95\mathrm{a})\\ \delta_t^2 u_{ij}^k-c^2\Delta_h u_{ij}^{\bar{k}}=g_{ij}^k,\quad (i,j)\in\omega,\quad 1\leqslant k\leqslant n-1, & (5.95\mathrm{b})\\ u_{ij}^0=\varphi(x_i,y_j),\quad (i,j)\in\omega, & (5.95\mathrm{c})\\ u_{ij}^k=0,\quad (i,j)\in\gamma,\quad 0\leqslant k\leqslant n & (5.95\mathrm{d})\end{cases}$$

的解. 记

$$E^k=\|\delta_t u^{k+\frac{1}{2}}\|^2+c^2\,\frac{|u^k|_1^2+|u^{k+1}|_1^2}{2}.$$

(1) 用 $\delta_t u^{\frac{1}{2}}$ 与(5.95a)做内积, 证明

$$E^0\leqslant c^2|u^0|_1^2+\frac{1}{4}\tau^2\|g^0\|^2.$$

(2) 用 $\Delta_t u^k$ 与(5.95b)做内积, 证明当 $\tau\leqslant\dfrac{2}{3}$ 时, 有

$$E^k\leqslant \mathrm{e}^{\frac{3}{2}k\tau}\left(E^0+\frac{3}{2}\tau\sum_{l=1}^{k}\|g^l\|^2\right),\quad 1\leqslant k\leqslant n-1.$$

5.6 设 $\{u_{ij}^k\}$ 为如下差分格式

$$\begin{cases}\dfrac{2}{\tau}\cdot\mathcal{AB}\big(\delta_t u_{ij}^{\frac{1}{2}}\big)-c^2\big(\mathcal{B}\delta_x^2+\mathcal{A}\delta_y^2\big)u_{ij}^1+\dfrac{c^4\tau^2}{2}\delta_x^2\delta_y^2 u_{ij}^1=g_{ij}^0,\quad (i,j)\in\omega, & (5.96\mathrm{a})\\ \mathcal{AB}\delta_t^2 u_{ij}^k-\big(\mathcal{B}\delta_x^2+\mathcal{A}\delta_y^2\big)u_{ij}^{\bar{k}}+\dfrac{\tau^2}{2}\delta_x^2\delta_y^2 u_{ij}^{\bar{k}}=g_{ij}^k, & \\ \qquad\qquad (i,j)\in\omega,\quad 1\leqslant k\leqslant n-1, & (5.96\mathrm{b})\\ u_{ij}^0=\varphi(x_i,y_j),\quad (i,j)\in\omega, & (5.96\mathrm{c})\\ u_{ij}^k=0,\quad (i,j)\in\gamma,\quad 0\leqslant k\leqslant n & (5.96\mathrm{d})\end{cases}$$

的解.

(1) 用 $\delta_t u^{\frac{1}{2}}$ 与(5.96a)做内积, 用 $\Delta_t u^k$ 与(5.96b)做内积, 试给出差分解的先验估计式.

(2) 用 $-\Delta_h\delta_t u^{\frac{1}{2}}$ 与(5.96a)做内积, 用 $-\Delta_h\Delta_t u^k$ 与(5.96b)做内积, 试给出差分解的先验估计式.

5.7　用交替方向隐格式 (5.20) 计算定解问题

$$\begin{cases} \dfrac{\partial u}{\partial t}-\Big(\dfrac{\partial^2 u}{\partial x^2}+\dfrac{\partial^2 u}{\partial y^2}\Big)=(x^2+y^2)t^2\sin(xyt)+xy\cos(xyt), \quad 0<x,y<1, \quad 0<t\leqslant 1, \\ u(x,y,0)=0, \quad 0\leqslant x,y\leqslant 1, \\ u(0,y,t)=0, \quad u(1,y,t)=\sin(yt), \quad 0\leqslant y\leqslant 1, \quad 0<t\leqslant 1, \\ u(x,0,t)=0, \quad u(x,1,t)=\sin(xt), \quad 0<x<1, \quad 0<t\leqslant 1. \end{cases}$$

该问题的精确解为 $u=\sin(xyt)$. 填写表 5.9 和表 5.10.

表 5.9　习题 5.7 部分数值结果 ($h=1/20,\ \tau=1/20$)

$(x,\ y,\ t)$	数值解	精确解	|精确解 − 数值解|
$(0.5, 0.5, 0.1)$			
$(0.5, 0.5, 0.2)$			
$(0.5, 0.5, 0.3)$			
$(0.5, 0.5, 0.4)$			
$(0.5, 0.5, 0.5)$			
$(0.5, 0.5, 0.6)$			
$(0.5, 0.5, 0.7)$			
$(0.5, 0.5, 0.8)$			
$(0.5, 0.5, 0.9)$			
$(0.5, 0.5, 1.0)$			

表 5.10　习题 5.7 部分数值结果 ($h=1/40,\ \tau=1/40$)

$(x,\ y,\ t)$	数值解	精确解	|精确解 − 数值解|
$(0.5, 0.5, 0.1)$			
$(0.5, 0.5, 0.2)$			
$(0.5, 0.5, 0.3)$			
$(0.5, 0.5, 0.4)$			
$(0.5, 0.5, 0.5)$			
$(0.5, 0.5, 0.6)$			
$(0.5, 0.5, 0.7)$			
$(0.5, 0.5, 0.8)$			
$(0.5, 0.5, 0.9)$			
$(0.5, 0.5, 1.0)$			

5.8　用紧致交替方向隐格式 (5.43) 计算题 5.7 所给定解问题, 填写表 5.11 和表 5.12.

表 5.11 习题 5.8 部分数值结果 ($h = 1/10,\ \tau = 1/100$)

$(x,\ y,\ t)$	数值解	精确解	| 精确解 − 数值解 |
$(0.5, 0.5, 0.1)$			
$(0.5, 0.5, 0.2)$			
$(0.5, 0.5, 0.3)$			
$(0.5, 0.5, 0.4)$			
$(0.5, 0.5, 0.5)$			
$(0.5, 0.5, 0.6)$			
$(0.5, 0.5, 0.7)$			
$(0.5, 0.5, 0.8)$			
$(0.5, 0.5, 0.9)$			
$(0.5, 0.5, 1.0)$			

表 5.12 习题 5.8 部分数值结果 ($h = 1/20,\ \tau = 1/400$)

$(x,\ y,\ t)$	数值解	精确解	| 精确解 − 数值解 |
$(0.5, 0.5, 0.1)$			
$(0.5, 0.5, 0.2)$			
$(0.5, 0.5, 0.3)$			
$(0.5, 0.5, 0.4)$			
$(0.5, 0.5, 0.5)$			
$(0.5, 0.5, 0.6)$			
$(0.5, 0.5, 0.7)$			
$(0.5, 0.5, 0.8)$			
$(0.5, 0.5, 0.9)$			
$(0.5, 0.5, 1.0)$			

5.9 用交替方向隐格式 (5.68) 和 (5.73) 计算下列定解问题

$$\begin{cases} \dfrac{\partial^2 u}{\partial t^2} - \left(\dfrac{\partial^2 u}{\partial x^2} + \dfrac{\partial^2 u}{\partial y^2}\right) = -3\mathrm{e}^{x+y}\sin t, \quad 0 < x, y < 1, \quad 0 < t \leqslant 1, \\ u(x,y,0) = 0, \quad \dfrac{\partial u(x,y,0)}{\partial t} = \mathrm{e}^{x+y}, \quad 0 \leqslant x, y \leqslant 1, \\ u(0,y,t) = \mathrm{e}^{y}\sin t, \quad u(1,y,t) = \mathrm{e}^{1+y}\sin t, \quad 0 \leqslant y \leqslant 1, \quad 0 < t \leqslant 1, \\ u(x,0,t) = \mathrm{e}^{x}\sin t, \quad u(x,1,t) = \mathrm{e}^{1+x}\sin t, \quad 0 < x < 1, \quad 0 < t \leqslant 1. \end{cases}$$

该问题的精确解为 $u = \mathrm{e}^{x+y}\sin t$. 填写表 5.13 和表 5.14.

表 5.13 习题 5.9 部分数值结果 ($h = 1/20,\ \tau = 1/20$)

$(x,\ y,\ t)$	数值解	精确解	| 精确解 − 数值解 |
$(0.5, 0.5, 0.1)$			
$(0.5, 0.5, 0.2)$			
$(0.5, 0.5, 0.3)$			
$(0.5, 0.5, 0.4)$			
$(0.5, 0.5, 0.5)$			
$(0.5, 0.5, 0.6)$			
$(0.5, 0.5, 0.7)$			
$(0.5, 0.5, 0.8)$			
$(0.5, 0.5, 0.9)$			
$(0.5, 0.5, 1.0)$			

表 5.14　习题 5.9 部分数值结果 ($h = 1/40$, $\tau = 1/40$)

(x, y, t)	数值解	精确解	| 精确解 − 数值解 |
(0.5, 0.5, 0.1)			
(0.5, 0.5, 0.2)			
(0.5, 0.5, 0.3)			
(0.5, 0.5, 0.4)			
(0.5, 0.5, 0.5)			
(0.5, 0.5, 0.6)			
(0.5, 0.5, 0.7)			
(0.5, 0.5, 0.8)			
(0.5, 0.5, 0.9)			
(0.5, 0.5, 1.0)			

5.10　用紧致交替方向隐格式 (5.85) 和 (5.90) 计算题 5.9 所给定解问题, 填写表 5.15 和表 5.16.

表 5.15　习题 5.10 部分数值结果 ($h = 1/10$, $\tau = 1/100$)

(x, y, t)	数值解	精确解	| 精确解 − 数值解 |
(0.5, 0.5, 0.1)			
(0.5, 0.5, 0.2)			
(0.5, 0.5, 0.3)			
(0.5, 0.5, 0.4)			
(0.5, 0.5, 0.5)			
(0.5, 0.5, 0.6)			
(0.5, 0.5, 0.7)			
(0.5, 0.5, 0.8)			
(0.5, 0.5, 0.9)			
(0.5, 0.5, 1.0)			

表 5.16　习题 5.10 部分数值结果 ($h = 1/20$, $\tau = 1/400$)

(x, y, t)	数值解	精确解	| 精确解 − 数值解 |
(0.5, 0.5, 0.1)			
(0.5, 0.5, 0.2)			
(0.5, 0.5, 0.3)			
(0.5, 0.5, 0.4)			
(0.5, 0.5, 0.5)			
(0.5, 0.5, 0.6)			
(0.5, 0.5, 0.7)			
(0.5, 0.5, 0.8)			
(0.5, 0.5, 0.9)			
(0.5, 0.5, 1.0)			

第 6 章　分数阶微分方程的有限差分方法

本章介绍几种常用的分数阶导数的定义及简单性质. 给出 Caputo 分数阶导数的 L1 逼近公式. 研究三类时间分数阶微分方程初边值问题的差分解法.

6.1　分数阶导数的定义和性质

6.1.1　分数阶积分

定义 6.1　设 α 是一个正实数, 函数 $f(t)$ 定义在区间 $[a,b]$ 上. 称

$$
{}_aD_t^{-\alpha}f(t)=\frac{1}{\Gamma(\alpha)}\int_a^t(t-\tau)^{\alpha-1}f(\tau)\mathrm{d}\tau,\quad t\in[a,b]
$$

为函数 $f(t)$ 的 α 阶分数阶积分, 其中 $\Gamma(z)$ 表示 Gamma 函数, 即

$$
\Gamma(z)=\int_0^\infty \mathrm{e}^{-t}t^{z-1}\mathrm{d}t,\quad \mathrm{Re}(z)>0.
$$

计算可知

$$
{}_aD_t^{-\alpha}(t-a)^p=\frac{\Gamma(1+p)}{\Gamma(1+p+\alpha)}(t-a)^{p+\alpha},\quad p>-1.
$$

6.1.2　Grünwald-Letnikov 分数阶导数

定义 6.2　设 α 是一个正实数, 令 $n-1\leqslant\alpha<n$, n 为一个正整数, $h>0$. 函数 $f(t)$ 定义在区间 $[a,b]$ 上. 称

$$
{}_aD_t^{\alpha}f(t)=\lim_{h\to0}h^{-\alpha}\sum_{j=0}^{\lfloor(t-a)/h\rfloor}(-1)^j\binom{\alpha}{j}f(t-jh),\quad t\in[a,b]
$$

为函数 $f(t)$ 的 α 阶 Grünwald-Letnikov (G-L) 分数阶导数, 其中 $t\in[a,b]$, $\lfloor z\rfloor$ 为不超过 z 的最大整数, $\binom{\alpha}{j}$ 表示二项式系数

$$
\binom{\alpha}{j}=\frac{\alpha(\alpha-1)\cdots(\alpha-j+1)}{j!}.
$$

设 $f^{(k)}(t)\ (k=0,1,2,\cdots,n)$ 在闭区间 $[a,b]$ 上连续, n 为满足条件 $\alpha<n$ 的最小整数. 可以证明

$$
{}_aD_t^{\alpha}f(t)=\sum_{j=0}^{n-1}\frac{f^{(j)}(a)(t-a)^{j-\alpha}}{\Gamma(1+j-\alpha)}+\frac{1}{\Gamma(n-\alpha)}\int_a^t\frac{f^{(n)}(\tau)\mathrm{d}\tau}{(t-\tau)^{\alpha-n+1}}.
$$

6.1.3　Riemann-Liouville 分数阶导数

定义 6.3　设 α 是一个正实数, 令 $n-1\leqslant\alpha<n$, n 为一个正整数. 函数 $f(t)$ 定义在区间 $[a,b]$ 上. 称

$$
{}_a\mathbf{D}_t^{\alpha}f(t)=\frac{\mathrm{d}^n}{\mathrm{d}t^n}\left(\frac{1}{\Gamma(n-\alpha)}\int_a^t\frac{f(\tau)\mathrm{d}\tau}{(t-\tau)^{\alpha-n+1}}\right),\quad t\in[a,b]
$$

为函数 $f(t)$ 的 α 阶 Riemann-Liouville (R-L) 分数阶导数.

易知

$$
{}_a\mathbf{D}_t^{\alpha}f(t)=\frac{\mathrm{d}^n}{\mathrm{d}t^n}\left[{}_aD_t^{-(n-\alpha)}f(t)\right].
$$

计算可得

$$
{}_a\mathbf{D}_t^{\alpha}(t-a)^p=\frac{\Gamma(1+p)}{\Gamma(1+p-\alpha)}(t-a)^{p-\alpha},\quad p>-1.
$$

可以证明

$$
\frac{\mathrm{d}^m}{\mathrm{d}t^m}\left({}_a\mathbf{D}_t^{\alpha}f(t)\right)={}_a\mathbf{D}_t^{m+\alpha}f(t),\quad \alpha>0,\ m\ 为正整数.
$$

R-L 分数阶导数和 G-L 分数阶导数之间有这样一个等价关系: 对于正实数 α, 令 $n-1\leqslant\alpha<n$. 如果定义在区间 $[a,b]$ 上的函数 $f(t)$ 有直到 $n-1$ 阶的连续导数, 并且 $f^{(n)}(t)$ 在 $[a,b]$ 上可积, 那么函数 $f(t)$ 的 α 阶 R-L 分数阶导数和 α 阶 G-L 分数阶导数是等价的.

6.1.4　Caputo 分数阶导数

定义 6.4　设 α 是一个正实数, 令 $n-1<\alpha\leqslant n$, n 为一个正整数. 函数 $f(t)$ 定义在区间 $[a,b]$ 上. 称

$$
{}_a^CD_t^{\alpha}f(t)=\frac{1}{\Gamma(n-\alpha)}\int_a^t\frac{f^{(n)}(\tau)\mathrm{d}\tau}{(t-\tau)^{\alpha-n+1}},\quad t\in[a,b]
$$

为函数 $f(t)$ 的 α 阶 Caputo 分数阶导数.

易知

$$ {}_{a}^{C}D_t^{\alpha} f(t) = {}_{a}D_t^{-(n-\alpha)}\left[f^{(n)}(t)\right]. $$

计算可得

$$ {}_{a}^{C}D_t^{\alpha}(t-a)^p = \frac{\Gamma(1+p)}{\Gamma(1+p-\alpha)}(t-a)^{p-\alpha}, \quad p > n-1 \geqslant 0. $$

设函数 $f(t)$ 在 $[a,b]$ 上有 $n+1$ 阶连续导数, 则

$$ \begin{aligned} &\lim_{\alpha\to n-0} {}_{a}^{C}D_t^{\alpha} f(t) \\ =& \lim_{\alpha\to n-0}\left[\frac{f^{(n)}(a)(t-a)^{n-\alpha}}{\Gamma(n-\alpha+1)} + \frac{1}{\Gamma(n-\alpha+1)}\int_a^t (t-\tau)^{n-\alpha} f^{(n+1)}(\tau)\mathrm{d}\tau\right] \\ =& f^{(n)}(a) + \int_a^t f^{(n+1)}(\tau)\mathrm{d}\tau = f^{(n)}(t). \end{aligned} $$

Caputo 分数阶导数和 R-L 分数阶导数之间也有一个等价关系: 对于正实数 α, 正整数 n 满足 $0 \leqslant n-1 < \alpha < n$. 如果定义在区间 $[a,b]$ 上的函数 $f(t)$ 有直到 $n-1$ 阶的连续导数, 并且 $f^{(n)}(t)$ 在 $[a,b]$ 上可积, 那么

$$ {}_{a}\mathbf{D}_t^{\alpha} f(t) = {}_{a}^{C}D_t^{\alpha} f(t) + \sum_{j=0}^{n-1}\frac{f^{(j)}(a)(t-a)^{j-\alpha}}{\Gamma(1+j-\alpha)}, \quad t\in[a,b]. $$

特别当 $\alpha\in(0,1)$ 时,

$$ {}_{a}\mathbf{D}_t^{\alpha} f(t) = {}_{a}^{C}D_t^{\alpha} f(t) + \frac{f(a)(t-a)^{-\alpha}}{\Gamma(1-\alpha)}. $$

可以看出, 当函数 $f(t)$ 满足条件

$$ f^{(j)}(a) = 0, \quad j = 0, 1, \cdots, n-1 $$

时, 函数 $f(t)$ 的 α 阶 Caputo 分数阶导数和 α 阶 R-L 分数阶导数是等价的.

从前面的这些分数阶导数定义可知, 某点 t 处的分数阶导数值都和这一点左边的函数值有关. 有时也称它们为左 G-L 分数阶导数、左 R-L 分数阶导数和左 Caputo 分数阶导数.

类似地, 可以定义右 G-L 分数阶导数、右 R-L 分数阶导数和右 Caputo 分数阶导数:

$$ {}_{t}D_b^{\alpha} f(t) = \lim_{h\to 0} h^{-\alpha}\sum_{j=0}^{[(b-t)/h]}(-1)^j\binom{\alpha}{j} f(t+jh), $$

$$
{}_t\mathbf{D}_b^{\alpha} f(t) = (-1)^n \frac{\mathrm{d}^n}{\mathrm{d}t^n} \left(\frac{1}{\Gamma(n-\alpha)} \int_t^b \frac{f(\tau)\mathrm{d}\tau}{(\tau-t)^{\alpha-n+1}} \right),
$$

$$
{}_t^C D_b^{\alpha} f(t) = (-1)^n \frac{1}{\Gamma(n-\alpha)} \int_t^b \frac{f^{(n)}(\tau)\mathrm{d}\tau}{(\tau-t)^{\alpha-n+1}}.
$$

当 $a=-\infty$ 时, 左 G-L 分数阶导数定义为

$$
{}_{-\infty}D_t^{\alpha} f(t) = \lim_{h\to 0} h^{-\alpha} \sum_{j=0}^{+\infty} (-1)^j \binom{\alpha}{j} f(t-jh),
$$

当 $b=+\infty$ 时, 右 G-L 分数阶导数定义为

$$
{}_tD_{+\infty}^{\alpha} f(t) = \lim_{h\to 0} h^{-\alpha} \sum_{j=0}^{+\infty} (-1)^j \binom{\alpha}{j} f(t+jh).
$$

6.1.5 Riesz 分数阶导数

定义 6.5 设 α 是一个正实数, 令 $n-1 \leqslant \alpha < n$, n 为一个正整数, $\alpha \neq 2k+1$, $k=0,1,\cdots$. 函数 $f(x)$ 定义在区间 $[a,b]$ 上. 称

$$
\frac{\partial^{\alpha} f(x)}{\partial |x|^{\alpha}} = -\frac{1}{2\cos\left(\dfrac{\alpha\pi}{2}\right)} \left({}_a\mathbf{D}_x^{\alpha} f(x) + {}_x\mathbf{D}_b^{\alpha} f(x) \right), \quad x \in [a,b]
$$

为函数 $f(x)$ 的 α 阶 Riesz 分数阶导数.

由以上定义可知, Riesz 分数阶导数可以看成为左 R-L 分数阶导数和右 R- L 分数阶导数的加权和. 任意一点 x 处 Riesz 分数阶导数的值与函数 $f(x)$ 在 x 点左、右两边的值都有关.

6.2 Caputo 分数阶导数的插值逼近

6.2.1 $\alpha\,(0<\alpha<1)$ 阶分数阶导数的逼近

对于 $\alpha\,(0<\alpha<1)$ 阶 Caputo 导数

$$
{}_0^C D_t^{\alpha} f(t) = \frac{1}{\Gamma(1-\alpha)} \int_0^t \frac{f'(s)}{(t-s)^{\alpha}} \,\mathrm{d}s,
$$

最简单的是基于分段线性插值的 L1 逼近.

取正整数 n. 记 $\tau = \dfrac{T}{n}$, $t_k = k\tau$, $0 \leqslant k \leqslant n$ 及

$$a_l^{(\alpha)} = (l+1)^{1-\alpha} - l^{1-\alpha}, \quad l \geqslant 0, \tag{6.1}$$

有

$${}_0^C D_t^\alpha f(t)|_{t=t_k} = \frac{1}{\Gamma(1-\alpha)} \int_0^{t_k} \frac{f'(t)}{(t_k - t)^\alpha} \,\mathrm{d}t = \frac{1}{\Gamma(1-\alpha)} \sum_{l=1}^{k} \int_{t_{l-1}}^{t_l} \frac{f'(t)}{(t_k - t)^\alpha} \,\mathrm{d}t. \tag{6.2}$$

在区间 $[t_{l-1}, t_l]$ 上对 $f(t)$ 作线性插值, 得到

$$\begin{aligned} L_{1,l}(t) &= \frac{t_l - t}{\tau} f(t_{l-1}) + \frac{t - t_{l-1}}{\tau} f(t_l), \\ f(t) - L_{1,l}(t) &= \frac{1}{2} f''(\xi_l)(t - t_{l-1})(t - t_l), \end{aligned} \tag{6.3}$$

其中 $\xi_l = \xi_l(t) \in (t_{l-1}, t_l)$.

用 $L_{1,l}(t)$ 近似(6.2)中的 $f(t)$ 得到

$$\begin{aligned} & {}_0^C D_t^\alpha f(t)|_{t=t_k} \\ \approx & \frac{1}{\Gamma(1-\alpha)} \sum_{l=1}^{k} \int_{t_{l-1}}^{t_l} \frac{L'_{1,l}(t)}{(t_k - t)^\alpha} \,\mathrm{d}t \\ = & \frac{1}{\Gamma(1-\alpha)} \sum_{l=1}^{k} \frac{f(t_l) - f(t_{l-1})}{\tau} \cdot \int_{t_{l-1}}^{t_l} \frac{1}{(t_k - t)^\alpha} \,\mathrm{d}t \\ = & \frac{1}{\Gamma(1-\alpha)} \sum_{l=1}^{k} \frac{f(t_l) - f(t_{l-1})}{\tau} \cdot \frac{1}{1-\alpha} \Big[(t_k - t_{l-1})^{1-\alpha} - (t_k - t_l)^{1-\alpha} \Big] \\ = & \frac{\tau^{-\alpha}}{\Gamma(2-\alpha)} \sum_{l=1}^{k} \Big[f(t_l) - f(t_{l-1}) \Big] \cdot \Big[(k-l+1)^{1-\alpha} - (k-l)^{1-\alpha} \Big] \\ = & \frac{\tau^{-\alpha}}{\Gamma(2-\alpha)} \sum_{l=1}^{k} a_{k-l}^{(\alpha)} \Big[f(t_l) - f(t_{l-1}) \Big] \\ = & \frac{\tau^{-\alpha}}{\Gamma(2-\alpha)} \Big[a_0^{(\alpha)} f(t_k) - \sum_{l=1}^{k-1} \big(a_{k-l-1}^{(\alpha)} - a_{k-l}^{(\alpha)} \big) f(t_l) - a_{k-1}^{(\alpha)} f(t_0) \Big]. \end{aligned}$$

于是得到计算 ${}_0^C D_t^\alpha f(t)|_{t=t_k}$ 的逼近公式:

$$D_t^\alpha f(t_k) \equiv \frac{\tau^{-\alpha}}{\Gamma(2-\alpha)}\Big[a_0^{(\alpha)} f(t_k) - \sum_{l=1}^{k-1}\big(a_{k-l-1}^{(\alpha)} - a_{k-l}^{(\alpha)}\big) f(t_l) - a_{k-1}^{(\alpha)} f(t_0)\Big]. \quad (6.4)$$

通常称上述公式为 L1 公式, 或 L1 逼近.

下面来讨论逼近误差

$$R(f(t_k)) = {}_0^C D_t^\alpha f(t)|_{t=t_k} - D_t^\alpha f(t_k).$$

定理 6.1　设 $f \in C^2[t_0, t_k]$, 则

$$|R(f(t_k))| \leqslant \frac{1}{2\Gamma(1-\alpha)}\left[\frac{1}{4} + \frac{\alpha}{(1-\alpha)(2-\alpha)}\right] \max_{t_0 \leqslant t \leqslant t_k} |f''(t)|\ \tau^{2-\alpha}.$$

证明　由 $R(f(t_n))$ 的定义有

$$\begin{aligned} R(f(t_k)) =& \frac{1}{\Gamma(1-\alpha)}\sum_{l=1}^{k}\int_{t_{l-1}}^{t_l} \frac{f'(t)}{(t_k - t)^\alpha}\,\mathrm{d}t - \frac{1}{\Gamma(1-\alpha)}\sum_{l=1}^{k}\int_{t_{l-1}}^{t_l} \frac{L_{1,l}'(t)}{(t_k - t)^\alpha}\,\mathrm{d}t \\ =& \frac{1}{\Gamma(1-\alpha)}\sum_{l=1}^{k}\int_{t_{l-1}}^{t_l} \Big[f(t) - L_{1,l}(t)\Big]' \frac{1}{(t_k-t)^\alpha}\,\mathrm{d}t. \end{aligned}$$

应用分部积分公式并注意到(6.3), 得到

$$\begin{aligned} &R(f(t_k)) \\ =& -\frac{1}{\Gamma(1-\alpha)}\sum_{l=1}^{k}\int_{t_{l-1}}^{t_l} \Big[f(t) - L_{1,l}(t)\Big]\mathrm{d}\left(\frac{1}{(t_k-t)^\alpha}\right) \\ =& -\frac{1}{\Gamma(1-\alpha)}\sum_{l=1}^{k}\int_{t_{l-1}}^{t_l} \Big[f(t) - L_{1,l}(t)\Big]\alpha(t_k-t)^{-\alpha-1}\mathrm{d}t \\ =& \frac{1}{\Gamma(1-\alpha)}\sum_{l=1}^{k}\int_{t_{l-1}}^{t_l} \frac{1}{2} f''(\xi_l)(t-t_{l-1})(t_l-t)\alpha(t_k-t)^{-\alpha-1}\mathrm{d}t. \end{aligned}$$

因而

$$\Big|R(f(t_k))\Big| \leqslant \frac{1}{2\Gamma(1-\alpha)}\max_{t_0\leqslant t\leqslant t_k}\Big|f''(t)\Big|\sum_{l=1}^{k}\int_{t_{l-1}}^{t_l}(t-t_{l-1})(t_l-t)\alpha(t_k-t)^{-\alpha-1}\mathrm{d}t. \quad (6.5)$$

计算可得如下二式:

$$\begin{aligned}&\sum_{l=1}^{k-1}\int_{t_{l-1}}^{t_l}(t-t_{l-1})(t_l-t)\alpha(t_k-t)^{-\alpha-1}\mathrm{d}t\\ \leqslant&\frac{\tau^2}{4}\sum_{l=1}^{k-1}\int_{t_{l-1}}^{t_l}\alpha(t_k-t)^{-\alpha-1}\mathrm{d}t\\ =&\frac{\tau^2}{4}\int_{t_0}^{t_{k-1}}\alpha(t_k-t)^{-\alpha-1}\mathrm{d}t\\ =&\frac{\tau^2}{4}\left(\tau^{-\alpha}-t_k^{-\alpha}\right)\leqslant\frac{1}{4}\tau^{2-\alpha}\end{aligned}\tag{6.6}$$

及

$$\begin{aligned}&\int_{t_{k-1}}^{t_k}(t-t_{k-1})(t_k-t)\alpha(t_k-t)^{-\alpha-1}\mathrm{d}t\\ =&\alpha\int_{t_{k-1}}^{t_k}(t-t_{k-1})(t_k-t)^{-\alpha}\mathrm{d}t\\ =&\alpha\int_0^{\tau}(\tau-\xi)\xi^{-\alpha}\mathrm{d}\xi\\ =&\frac{\alpha}{(1-\alpha)(2-\alpha)}\tau^{2-\alpha}.\end{aligned}\tag{6.7}$$

将(6.6)和(6.7)代入(6.5), 得到

$$\Big|R(f(t_k))\Big|\leqslant\frac{1}{2\Gamma(1-\alpha)}\left[\frac{1}{4}+\frac{\alpha}{(1-\alpha)(2-\alpha)}\right]\max_{t_0\leqslant t\leqslant t_k}\Big|f''(t)\Big|\tau^{2-\alpha}.$$

定理证毕. □

系数 $\{a_l^{(\alpha)}\}$ 具有如下性质.

引理 6.1 设 $\alpha\in(0,1)$, $\{a_l^{(\alpha)}\}$ 由(6.1)定义, $l=0,1,2,\cdots$, 则

(I) $1=a_0^{(\alpha)}>a_1^{(\alpha)}>a_2^{(\alpha)}>\cdots>a_l^{(\alpha)}>0$; $\lim\limits_{l\to\infty}a_l^{(\alpha)}=0$;

(II) $(1-\alpha)l^{-\alpha}<a_{l-1}^{(\alpha)}<(1-\alpha)(l-1)^{-\alpha},\quad l\geqslant1$.

6.2.2 $\gamma\,(1<\gamma<2)$ 阶分数阶导数的逼近

现在考虑 $\gamma\,(1<\gamma<2)$ 阶 Caputo 导数

$${}_0^CD_t^{\gamma}f(t)=\frac{1}{\Gamma(2-\gamma)}\int_0^t\frac{f''(s)}{(t-s)^{\gamma-1}}\,\mathrm{d}s$$

的逼近.

令

$$g(t) = f'(t), \quad \alpha = \gamma - 1,$$

则有

$${}_0^C D_t^\gamma f(t) = \frac{1}{\Gamma(1-(\gamma-1))} \int_0^t \frac{g'(s)}{(t-s)^{\gamma-1}} \mathrm{d}s = {}_0^C D_t^\alpha g(t),$$

即 $f(t)$ 的 γ 阶导数恰为 $g(t)$ 的 α 阶导数.

应用定理 6.1, 得到

$$\begin{aligned}{}_0^C D_t^\alpha g(t)|_{t=t_k} =& \frac{\tau^{-\alpha}}{\Gamma(2-\alpha)}\left[a_0^{(\alpha)} g(t_k) - \sum_{l=1}^{k-1}\left(a_{k-l-1}^{(\alpha)} - a_{k-l}^{(\alpha)}\right) g(t_l) - a_{k-1}^{(\alpha)} g(t_0)\right] \\ &+ R(g(t_k)),\end{aligned}$$

其中

$$\begin{aligned}|R(g(t_k))| \leqslant& \frac{1}{2\Gamma(1-\alpha)}\left[\frac{1}{4} + \frac{\alpha}{(1-\alpha)(2-\alpha)}\right] \cdot \max_{t_0 \leqslant t \leqslant t_k} |g''(t)| \; \tau^{2-\alpha} \\ =& \frac{1}{2\Gamma(2-\gamma)}\left[\frac{1}{4} + \frac{\gamma-1}{(2-\gamma)(3-\gamma)}\right] \cdot \max_{t_0 \leqslant t \leqslant t_k} |f'''(t)| \; \tau^{3-\gamma}.\end{aligned}$$

记

$$b_l^{(\gamma)} = a_l^{(\alpha)} = (l+1)^{1-\alpha} - l^{1-\alpha} = (l+1)^{2-\gamma} - l^{2-\gamma}, \quad l = 0, 1, 2, \cdots. \tag{6.8}$$

有

$$\begin{aligned}{}_0^C D_t^\gamma f(t)|_{t=t_k} =& \frac{\tau^{1-\gamma}}{\Gamma(3-\gamma)}\left[b_0^{(\gamma)} g(t_k) - \sum_{l=1}^{k-1}\left(b_{k-l-1}^{(\gamma)} - b_{k-l}^{(\gamma)}\right) g(t_l) - b_{k-1}^{(\gamma)} g(t_0)\right] \\ &+ R(g(t_k)).\end{aligned} \tag{6.9}$$

类似地, 有

$$\begin{aligned}{}_0^C D_t^\gamma f(t)|_{t=t_{k-1}} =& \frac{\tau^{1-\gamma}}{\Gamma(3-\gamma)}\left[b_0^{(\gamma)} g(t_{k-1}) - \sum_{l=1}^{k-2}\left(b_{k-l-2}^{(\gamma)} - b_{k-l-1}^{(\gamma)}\right) g(t_l) - b_{k-2}^{(\gamma)} g(t_0)\right] \\ &+ R(g(t_{k-1})).\end{aligned} \tag{6.10}$$

将(6.9)和(6.10)两式做平均得到

$$\begin{aligned}
&\frac{1}{2}\left[{}_0^C D_t^\gamma f(t)|_{t=t_k} + {}_0^C D_t^\gamma f(t)|_{t=t_{k-1}}\right] \\
=&\frac{\tau^{1-\gamma}}{\Gamma(3-\gamma)}\left[b_0^{(\gamma)}\frac{g(t_k)+g(t_{k-1})}{2} - \sum_{l=1}^{k-1}\left(b_{k-l-1}^{(\gamma)} - b_{k-l}^{(\gamma)}\right)\frac{g(t_l)+g(t_{l-1})}{2}\right. \\
&\left. - b_{k-1}^{(\gamma)} g(t_0)\right] + \frac{1}{2}\left[R(g(t_k)) + R(g(t_{k-1}))\right].
\end{aligned} \tag{6.11}$$

注意到

$$\frac{g(t_l)+g(t_{l-1})}{2} = \frac{f'(t_l)+f'(t_{l-1})}{2} = \frac{f(t_l)-f(t_{l-1})}{\tau} + \frac{\tau^2}{12} f'''(\eta_l), \quad \eta_l \in (t_{l-1}, t_l),$$

并记

$$\delta_t f^{l-\frac{1}{2}} = \frac{f(t_l)-f(t_{l-1})}{\tau},$$

由(6.11)得到

$$\begin{aligned}
&\frac{1}{2}\left[{}_0^C D_t^\gamma f(t)|_{t=t_k} + {}_0^C D_t^\gamma f(t)|_{t=t_{k-1}}\right] \\
=&\frac{\tau^{1-\gamma}}{\Gamma(3-\gamma)}\left[b_0^{(\gamma)}\delta_t f^{k-\frac{1}{2}} - \sum_{l=1}^{k-1}\left(b_{k-l-1}^{(\gamma)} - b_{k-l}^{(\gamma)}\right)\delta_t f^{l-\frac{1}{2}} - b_{k-1}^{(\gamma)} f'(t_0)\right] \\
&+ \frac{\tau^{1-\gamma}}{\Gamma(3-\gamma)}\left[b_0^{(\gamma)}\frac{\tau^2}{12} f'''(\eta_k) - \sum_{l=1}^{k-1}\left(b_{k-l-1}^{(\gamma)} - b_{k-l}^{(\gamma)}\right)\frac{\tau^2}{12} f'''(\eta_l)\right] \\
&+ \frac{1}{2}[R(g(t_k)) + R(g(t_{k-1}))].
\end{aligned}$$

令

$$\begin{aligned}
\hat{R}^{k-\frac{1}{2}} =&\frac{\tau^{1-\gamma}}{\Gamma(3-\gamma)}\left[b_0^{(\gamma)}\frac{\tau^2}{12} f'''(\eta_k) - \sum_{l=1}^{k-1}\left(b_{k-l-1}^{(\gamma)} - b_{k-l}^{(\gamma)}\right)\frac{\tau^2}{12} f'''(\eta_l)\right] \\
&+ \frac{1}{2}\left[R(g(t_k)) + R(g(t_{k-1}))\right],
\end{aligned}$$

则有

$$\left|\hat{R}^{k-\frac{1}{2}}\right| \leqslant \left\{\frac{1}{6\Gamma(3-\gamma)} + \frac{1}{2\Gamma(2-\gamma)}\left[\frac{1}{4} + \frac{\gamma-1}{(2-\gamma)(3-\gamma)}\right]\right\} \max_{t_0 \leqslant t \leqslant t_k} |f'''(t)|\ \tau^{3-\gamma}. \tag{6.12}$$

于是, 可得如下定理.

定理 6.2 设 $f \in C^3[t_0, t_k]$, 则有

$$\frac{1}{2}\Big[{}_0^C D_t^\gamma f(t)|_{t=t_k} + {}_0^C D_t^\gamma f(t)|_{t=t_{k-1}}\Big]$$

$$= \frac{\tau^{1-\gamma}}{\Gamma(3-\gamma)}\Big[b_0^{(\gamma)}\delta_t f^{k-\frac{1}{2}} - \sum_{l=1}^{k-1}\big(b_{k-l-1}^{(\gamma)} - b_{k-l}^{(\gamma)}\big)\delta_t f^{l-\frac{1}{2}} - b_{k-1}^{(\gamma)} f'(t_0)\Big] + \hat{R}^{k-\frac{1}{2}}, \tag{6.13}$$

其中 $\hat{R}^{k-\frac{1}{2}}$ 满足(6.12).

6.3 时间分数阶慢扩散方程的差分方法

考虑如下时间分数阶慢扩散方程初边值问题

$$\begin{cases} {}_0^C D_t^\alpha u(x,t) = u_{xx}(x,t) + f(x,t), \quad 0 < x < L, \quad 0 < t \leqslant T, & (6.14\text{a}) \\ u(x,0) = \varphi(x), \quad 0 < x < L, & (6.14\text{b}) \\ u(0,t) = \mu(t), \quad u(L,t) = \nu(t), \quad 0 \leqslant t \leqslant T, & (6.14\text{c}) \end{cases}$$

其中 $\alpha \in (0,1)$, $f(x,t), \varphi(x), \mu(t), \nu(t)$ 为已知函数, 且 $\varphi(0) = \mu(0)$, $\varphi(L) = \nu(0)$.

设解函数 $u \in C^{(4,2)}([0,L] \times [0,T])$.

6.3.1 差分格式的建立

取正整数 m, n. 令 $h = L/m$, $\tau = T/n$. 记 $x_i = ih\ (0 \leqslant i \leqslant m)$, $t_k = k\tau\ (0 \leqslant k \leqslant n)$, $\Omega_h = \{x_i \mid 0 \leqslant i \leqslant m\}$, $\Omega_\tau = \{t_k \mid 0 \leqslant k \leqslant n\}$, $\Omega_{h\tau} = \Omega_h \times \Omega_\tau$. 记

$$s = \tau^\alpha \Gamma(2-\alpha), \quad \lambda = \frac{s}{h^2}.$$

定义如下网格函数空间

$$\mathcal{U}_h = \{u \mid u = (u_0, u_1, \cdots, u_m)\}, \quad \mathring{\mathcal{U}}_h = \{u \mid u \in \mathcal{U}_h, u_0 = u_m = 0\}.$$

对于任意网格函数 $u \in \mathcal{U}_h$, 引进如下记号:

$$\delta_x u_{i-\frac{1}{2}} = \frac{1}{h}(u_i - u_{i-1}), \quad \delta_x^2 u_i = \frac{1}{h^2}(u_{i+1} - 2u_i + u_{i-1}).$$

定义 $\Omega_{h\tau}$ 上的网格函数

$$U = \{U_i^k \mid 0 \leqslant i \leqslant m, 0 \leqslant k \leqslant n\},$$

其中 $U_i^k = u(x_i, t_k)$. 另外记

$$f_i^k = f(x_i, t_k).$$

在结点 (x_i, t_k) 处考虑微分方程(6.14a), 得到

$${}_0^C D_t^\alpha u(x_i, t_k) = u_{xx}(x_i, t_k) + f_i^k, \quad 1 \leqslant i \leqslant m-1, \quad 1 \leqslant k \leqslant n.$$

对上式中时间分数阶导数应用 L1 公式(6.4)离散, 空间二阶导数应用二阶中心差商离散, 由定理 6.1和引理 1.2, 可得

$$\frac{1}{s}\left[a_0^{(\alpha)} U_i^k - \sum_{l=1}^{k-1}(a_{k-l-1}^{(\alpha)} - a_{k-l}^{(\alpha)})U_i^l - a_{k-1}^{(\alpha)} U_i^0\right] = \delta_x^2 U_i^k + f_i^k + (R_1)_i^k,$$

$$1 \leqslant i \leqslant m-1, \quad 1 \leqslant k \leqslant n, \tag{6.15}$$

且存在正常数 c_1 使得

$$|(R_1)_i^k| \leqslant c_1(\tau^{2-\alpha} + h^2), \quad 1 \leqslant i \leqslant m-1, \quad 1 \leqslant k \leqslant n. \tag{6.16}$$

注意到初边值条件(6.14b)—(6.14c), 有

$$\begin{cases} U_i^0 = \varphi(x_i), & 1 \leqslant i \leqslant m-1, \\ U_0^k = \mu(t_k), \quad U_m^k = \nu(t_k), & 0 \leqslant k \leqslant n. \end{cases} \tag{6.17}$$

在(6.15)中略去小量项 $(R_1)_i^k$, 并用数值解 u_i^k 代替精确解 U_i^k, 可得求解问题(6.14)的如下差分格式:

$$\begin{cases} \dfrac{1}{s}\left[a_0^{(\alpha)} u_i^k - \displaystyle\sum_{l=1}^{k-1}(a_{k-l-1}^{(\alpha)} - a_{k-l}^{(\alpha)})u_i^l - a_{k-1}^{(\alpha)} u_i^0\right] = \delta_x^2 u_i^k + f_i^k, \\ \qquad\qquad 1 \leqslant i \leqslant m-1,\ 1 \leqslant k \leqslant n, & (6.18\text{a}) \\ u_i^0 = \varphi(x_i), \quad 1 \leqslant i \leqslant m-1, & (6.18\text{b}) \\ u_0^k = \mu(t_k), \quad u_m^k = \nu(t_k), \quad 0 \leqslant k \leqslant n. & (6.18\text{c}) \end{cases}$$

下面将考虑差分格式(6.18)的唯一可解性、无条件稳定性和收敛性.

6.3.2 差分格式的可解性

定理 6.3 *差分格式(6.18)是唯一可解的.*

证明 记

$$u^k=(u_0^k,u_1^k,\cdots,u_{m-1}^k,u_m^k).$$

由(6.18b)—(6.18c)知第 0 层的值 u^0 已知. 设前 k 层的值 $u^0,u^1,\cdots,u^{k-1}$ 已唯一确定, 则由 (6.18a)和(6.18c)可得关于 u^k 的线性方程组. 要证明它的唯一可解性, 只需证明它相应的齐次方程组

$$\begin{cases}\dfrac{1}{s}u_i^k=\delta_x^2u_i^k, \quad 1\leqslant i\leqslant m-1, & (6.19\text{a})\\ u_0^k=u_M^k=0 & (6.19\text{b})\end{cases}$$

仅有零解.

设 $\|u^k\|_\infty=|u_{i_k}^k|$, 其中 $i_k\in\{1,2,\cdots,m-1\}$. 将式(6.19a)改写为

$$(1+2\lambda)u_i^k=\lambda(u_{i-1}^k+u_{i+1}^k), \quad 1\leqslant i\leqslant m-1.$$

在上式中令 $i=i_k$, 然后在等式的两边取绝对值, 利用三角不等式, 并注意到(6.19b), 可得

$$(1+2\lambda)\|u^k\|_\infty\leqslant 2\lambda\|u^k\|_\infty,$$

因而 $\|u^k\|_\infty=0$. 易知 $u^k=0$.

由归纳原理知, 定理结论成立.

定理证毕. □

6.3.3 差分格式的稳定性

定理 6.4 设 $\{v_i^k\mid 0\leqslant i\leqslant m,0\leqslant k\leqslant n\}$ 为差分格式

$$\begin{cases}\dfrac{1}{s}\left[a_0^{(\alpha)}v_i^k-\displaystyle\sum_{l=1}^{k-1}(a_{k-l-1}^{(\alpha)}-a_{k-l}^{(\alpha)})v_i^l-a_{k-1}^{(\alpha)}v_i^0\right]=\delta_x^2v_i^k+f_i^k, & \\ \qquad\qquad 1\leqslant i\leqslant m-1, \quad 1\leqslant k\leqslant n, & (6.20\text{a})\\ v_i^0=\varphi(x_i), \quad 1\leqslant i\leqslant m-1, & (6.20\text{b})\\ v_0^k=0, \quad v_m^k=0, \quad 0\leqslant k\leqslant n & (6.20\text{c})\end{cases}$$

的解, 则有

$$\|v^k\|_\infty\leqslant\|v^0\|_\infty+\Gamma(1-\alpha)\max_{1\leqslant l\leqslant k}\left\{t_l^\alpha\|f^l\|_\infty\right\}, \quad 1\leqslant k\leqslant n,$$

其中

$$\|f^l\|_\infty=\max_{1\leqslant i\leqslant m-1}|f_i^l|.$$

证明 方程(6.20a)可以改写为

$$a_0^{(\alpha)}v_i^k=\sum_{l=1}^{k-1}(a_{k-l-1}^{(\alpha)}-a_{k-l}^{(\alpha)})v_i^l+a_{k-1}^{(\alpha)}v_i^0$$
$$+\lambda(v_{i-1}^k-2v_i^k+v_{i+1}^k)+sf_i^k,\quad 1\leqslant i\leqslant m-1,\quad 1\leqslant k\leqslant n,$$

即

$$(a_0^{(\alpha)}+2\lambda)v_i^k=\sum_{l=1}^{k-1}(a_{k-l-1}^{(\alpha)}-a_{k-l}^{(\alpha)})v_i^l+a_{k-1}^{(\alpha)}v_i^0$$
$$+\lambda(v_{i-1}^k+v_{i+1}^k)+sf_i^k,\quad 1\leqslant i\leqslant m-1,\quad 1\leqslant k\leqslant n.$$

设 $\|v^k\|_\infty=|v_{i_k}^k|$, 其中 $i_k\in\{1,2,\cdots,m-1\}$. 在上式中令 $i=i_k$, 然后在等式的两边取绝对值, 利用三角不等式, 并注意到(6.20c), 可得

$$(a_0^{(\alpha)}+2\lambda)\|v^k\|_\infty\leqslant\sum_{l=1}^{k-1}(a_{k-l-1}^{(\alpha)}-a_{k-l}^{(\alpha)})\|v^l\|_\infty+a_{k-1}^{(\alpha)}\|v^0\|_\infty$$
$$+2\lambda\|v^k\|_\infty+s\|f^k\|_\infty,\quad 1\leqslant k\leqslant n.$$

于是

$$a_0^{(\alpha)}\|v^k\|_\infty\leqslant\sum_{l=1}^{k-1}(a_{k-l-1}^{(\alpha)}-a_{k-l}^{(\alpha)})\|v^l\|_\infty$$
$$+a_{k-1}^{(\alpha)}\Big(\|v^0\|_\infty+\frac{s}{a_{k-1}^{(\alpha)}}\|f^k\|_\infty\Big),\quad 1\leqslant k\leqslant n.$$

由引理 6.1可知

$$\frac{s}{a_{k-1}^{(\alpha)}}\leqslant\frac{\tau^\alpha\Gamma(2-\alpha)}{(1-\alpha)k^{-\alpha}}=t_k^\alpha\Gamma(1-\alpha).$$

因而

$$\|v^k\|_\infty\leqslant\sum_{l=1}^{k-1}(a_{k-l-1}^{(\alpha)}-a_{k-l}^{(\alpha)})\|v^l\|_\infty$$
$$+a_{k-1}^{(\alpha)}\left(\|v^0\|_\infty+t_k^\alpha\Gamma(1-\alpha)\|f^k\|_\infty\right),\quad 1\leqslant k\leqslant n.\tag{6.21}$$

从不等式(6.21)出发, 应用数学归纳法容易得到

$$\|v^k\|_\infty\leqslant\|v^0\|_\infty+\Gamma(1-\alpha)\max_{1\leqslant l\leqslant k}\left\{t_l^\alpha\|f^l\|_\infty\right\},\quad 1\leqslant k\leqslant n.$$

定理证毕. □

6.3.4　差分格式的收敛性

定理 6.5　设 $\{U_i^k \mid 0 \leqslant i \leqslant m, 0 \leqslant k \leqslant n\}$ 为问题(6.14)的解, $\{u_i^k \mid 0 \leqslant i \leqslant m, 0 \leqslant k \leqslant n\}$ 为差分格式(6.18)的解. 令

$$e_i^k = U_i^k - u_i^k, \quad 0 \leqslant i \leqslant m, \quad 0 \leqslant k \leqslant n,$$

则有

$$\|e^k\|_\infty \leqslant c_1 T^\alpha \Gamma(1-\alpha)(\tau^{2-\alpha} + h^2), \quad 1 \leqslant k \leqslant n.$$

证明　将(6.15)和 (6.17)与(6.18)相减, 可得误差方程组

$$\begin{cases} \dfrac{1}{s}\left[a_0^{(\alpha)} e_i^k - \displaystyle\sum_{l=1}^{k-1}(a_{k-l-1}^{(\alpha)} - a_{k-l}^{(\alpha)})e_i^l - a_{k-1}^{(\alpha)} e_i^0\right] = \delta_x^2 e_i^k + (R_1)_i^k, \\ \qquad\qquad\qquad\qquad 1 \leqslant i \leqslant m-1, \quad 1 \leqslant k \leqslant n, \\ e_i^0 = 0, \quad 1 \leqslant i \leqslant m-1, \\ e_0^k = 0, \quad e_m^k = 0, \quad 0 \leqslant k \leqslant n. \end{cases}$$

应用定理 6.4, 并注意到(6.16)可得

$$\begin{aligned} \|e^k\|_\infty \leqslant & \|e^0\|_\infty + t_k^\alpha \Gamma(1-\alpha) \max_{1 \leqslant l \leqslant k} \|(R_1)^l\|_\infty \\ \leqslant & t_k^\alpha \Gamma(1-\alpha) c_1 (\tau^{2-\alpha} + h^2) \\ \leqslant & c_1 T^\alpha \Gamma(1-\alpha)(\tau^{2-\alpha} + h^2), \quad 1 \leqslant k \leqslant n. \end{aligned}$$

定理证毕. □

6.3.5　数值算例

算例 6.1　用 L1 格式(6.18)计算定解问题

$$\begin{cases} {}_0^C D_t^\alpha u(x,t) = u_{xx}(x,t) + \mathrm{e}^x t^4 \left[\dfrac{\Gamma(5+\alpha)}{24} - t^\alpha\right], \quad 0 < x < 1, \quad 0 < t \leqslant 1, \\ u(x,0) = 0, \quad 0 \leqslant x \leqslant 1, \\ u(0,t) = t^{4+\alpha}, \quad u(1,t) = \mathrm{e} \cdot t^{4+\alpha}, \quad 0 < t \leqslant 1. \end{cases}$$

该定解问题的精确解为 $u(x,t) = \mathrm{e}^x t^{4+\alpha}$.

表 6.1 给出了当 $\alpha = 0.1,\ 0.5,\ 0.9$ 时, 固定空间步长 $h = 1/20000$, 取不同时间步长所得数值解的最大误差

$$E_\infty(h,\tau) = \max_{0 \leqslant i \leqslant m, 0 \leqslant k \leqslant n} |u(x_i, t_k) - u_i^k|.$$

表 6.1 算例 6.1取不同时间步长时数值解的最大误差 $E_\infty(h,\tau)$ 及时间精度

α	τ	$E_\infty(h,\tau)$	$\log_2 \dfrac{E_\infty(h,2\tau)}{E_\infty(h,\tau)}$
	1/640	1.123e−3	
	1/1280	5.243e−4	1.0985
0.9	1/2560	2.447e−4	1.0992
	1/5120	1.142e−4	1.0996
	1/10240	5.328e−5	1.0999
	1/640	4.018e−5	
	1/1280	1.431e−5	1.4894
0.5	1/2560	5.085e−6	1.4926
	1/5120	1.804e−6	1.4949
	1/10240	6.395e−7	1.4963
	1/640	6.443e−7	
	1/1280	1.824e−7	1.8209
0.1	1/2560	5.134e−8	1.8288
	1/5120	1.441e−8	1.8330
	1/10240	3.991e−9	1.8522

从表 6.1 可以看出当空间步长足够小时, 时间方向可以达到 $2-\alpha$ 阶精度. 图 6.1 给出了 $\alpha=0.9$ 时, 取不同步长所得数值解的误差曲面.

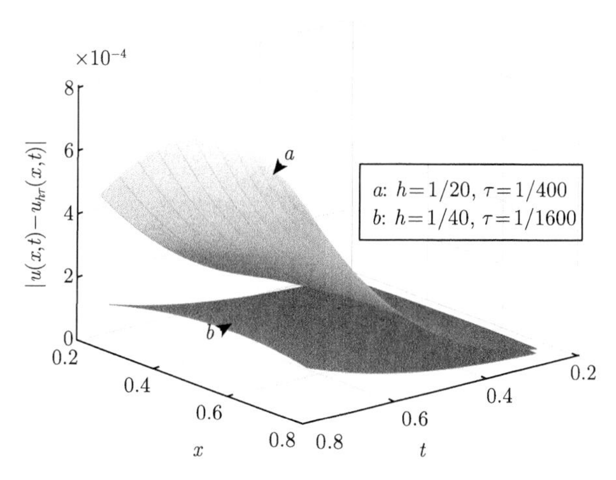

图 6.1 算例 6.1 不同步长数值解的误差曲面 ($\alpha=0.9$)

6.4 时间分数阶波方程的差分方法

考虑如下时间分数阶波方程初边值问题

$$\begin{cases} {}_0^C D_t^\gamma u(x,t) = u_{xx}(x,t) + f(x,t), \quad x \in (0,L), \quad t \in (0,T], & (6.22\text{a}) \\ u(x,0) = \varphi(x), \quad u_t(x,0) = \psi(x), \quad x \in (0,L), & (6.22\text{b}) \\ u(0,t) = \mu(t), \quad u(L,t) = \nu(t), \quad t \in [0,T], & (6.22\text{c}) \end{cases}$$

其中 $\gamma \in (1,2)$, $f(x,t), \varphi(x), \psi(x), \mu(t), \nu(t)$ 为已知函数, 且 $\varphi(0) = \mu(0)$, $\varphi(L) = \nu(0)$, $\psi(0) = \mu'(0)$, $\psi(L) = \nu'(0)$. 设其解函数 $u \in C^{(4,3)}([0,L] \times [0,T])$.

对于定义在 $\Omega_{h\tau}$ 上的网格函数 $v = \{v_i^k \mid 0 \leqslant i \leqslant m,\ 0 \leqslant k \leqslant n\}$, 定义

$$v_i^{k-\frac{1}{2}} = \frac{1}{2}(v_i^k + v_i^{k-1}), \quad \delta_t v_i^{k-\frac{1}{2}} = \frac{1}{\tau}(v_i^k - v_i^{k-1}).$$

6.4.1　差分格式的建立

定义 $\Omega_{h\tau}$ 上的网格函数

$$U = \{U_i^k \mid 0 \leqslant i \leqslant m,\ 0 \leqslant k \leqslant n\},$$

其中 $U_i^k = u(x_i, t_k)$. 另外记

$$f_i^k = f(x_i, t_k), \quad f_i^{k-\frac{1}{2}} = \frac{1}{2}(f_i^k + f_i^{k-1}), \quad \psi_i = \psi(x_i), \quad \eta = \tau^{\gamma-1}\Gamma(3-\gamma).$$

在结点 (x_i, t_k) 处考虑微分方程(6.22a), 得到

$${}_0^C D_t^\gamma u(x_i, t_k) = u_{xx}(x_i, t_k) + f_i^k, \quad 1 \leqslant i \leqslant m-1, \quad 0 \leqslant k \leqslant n.$$

相邻两个时间层取平均, 得到

$$\frac{1}{2}\left[{}_0^C D_t^\gamma u(x_i, t_k) + {}_0^C D_t^\gamma u(x_i, t_{k-1})\right] = \frac{1}{2}\left[u_{xx}(x_i, t_k) + u_{xx}(x_i, t_{k-1})\right] + f_i^{k-\frac{1}{2}},$$
$$1 \leqslant i \leqslant m-1, \quad 1 \leqslant k \leqslant n.$$

对上式中时间分数阶导数采用 L1 逼近公式(6.13)离散, 空间导数应用二阶中心差商离散, 由定理 6.2和引理 1.2 可得

$$\begin{aligned} &\frac{1}{\eta}\left[b_0^{(\gamma)} \delta_t U_i^{k-\frac{1}{2}} - \sum_{l=1}^{k-1}(b_{k-l-1}^{(\gamma)} - b_{k-l}^{(\gamma)})\delta_t U_i^{l-\frac{1}{2}} - b_{k-1}^{(\gamma)}\psi_i\right] \\ =&\delta_x^2 U_i^{k-\frac{1}{2}} + f_i^{k-\frac{1}{2}} + (R_2)_i^k, \quad 1 \leqslant i \leqslant m-1, \quad 1 \leqslant k \leqslant n, \end{aligned} \tag{6.23}$$

且存在正常数 c_2, 使得

$$|(R_2)_i^k| \leqslant c_2(\tau^{3-\gamma} + h^2), \quad 1 \leqslant i \leqslant m-1, \quad 1 \leqslant k \leqslant n, \tag{6.24}$$

其中 $\{b_l^{(\gamma)}\}$ 由(6.8)定义.

注意到初边值条件(6.22b)—(6.22c), 有

$$\begin{cases} U_i^0 = \varphi(x_i), \quad 1 \leqslant i \leqslant m-1, \\ U_0^k = \mu(t_k), \quad U_m^k = \nu(t_k), \quad 0 \leqslant k \leqslant n. \end{cases} \tag{6.25}$$

在方程(6.23)中略去小量项 $(R_2)_i^k$, 并用数值解 u_i^k 代替精确解 U_i^k, 可得求解问题 (6.22)的如下差分格式:

$$\begin{cases} \dfrac{1}{\eta}\left[b_0^{(\gamma)}\delta_t u_i^{k-\frac{1}{2}} - \sum\limits_{l=1}^{k-1}(b_{k-l-1}^{(\gamma)} - b_{k-l}^{(\gamma)})\delta_t u_i^{l-\frac{1}{2}} - b_{k-1}^{(\gamma)}\psi_i\right] = \delta_x^2 u_i^{k-\frac{1}{2}} + f_i^{k-\frac{1}{2}}, \\ \qquad\qquad 1 \leqslant i \leqslant m-1, \quad 1 \leqslant k \leqslant n, & (6.26\text{a}) \\ u_i^0 = \varphi(x_i), \quad 1 \leqslant i \leqslant m-1, & (6.26\text{b}) \\ u_0^k = \mu(t_k), \quad u_m^k = \nu(t_k), \quad 0 \leqslant k \leqslant n. & (6.26\text{c}) \end{cases}$$

6.4.2 差分格式的可解性

定理 6.6 差分格式(6.26)是唯一可解的.

证明 记

$$u^k = (u_0^k, u_1^k, \cdots, u_{m-1}^k, u_m^k).$$

由(6.26b)—(6.26c)知第 0 层的值 u^0 已知. 设前 k 层的值 $u^0, u^1, \cdots, u^{k-1}$ 已唯一确定, 则由 (6.26a)和(6.26c)可得关于 u^k 的线性方程组. 要证明它的唯一可解性, 只需证明它相应的齐次方程组

$$\begin{cases} \dfrac{1}{\eta\tau}u_i^k = \dfrac{1}{2}\delta_x^2 u_i^k, \quad 1 \leqslant i \leqslant m-1, & (6.27\text{a}) \\ u_0^k = u_m^k = 0 & (6.27\text{b}) \end{cases}$$

仅有零解.

用 u^k 与(6.27a)的两边做内积, 并利用(6.27b), 可得

$$\frac{1}{\eta\tau}\|u^k\|^2 = \frac{1}{2}(\delta_x^2 u^k, u^k) = -\frac{1}{2}\|\delta_x u^k\|^2 \leqslant 0,$$

因而 $\|u^k\| = 0$. 结合(6.27b)可得 $u^k = 0$.

由归纳原理知, 差分格式(6.26)存在唯一解.

定理证毕. □

6.4.3 差分格式的稳定性

定理 6.7　设 $\{v_i^k \mid 0 \leqslant i \leqslant m, 0 \leqslant k \leqslant n\}$ 为差分格式

$$\begin{cases} \dfrac{1}{\eta}\Big[b_0^{(\gamma)}\delta_t v_i^{k-\frac{1}{2}} - \displaystyle\sum_{l=1}^{k-1}(b_{k-l-1}^{(\gamma)} - b_{k-l}^{(\gamma)})\delta_t v_i^{l-\frac{1}{2}} - b_{k-1}^{(\gamma)}\psi_i\Big] = \delta_x^2 v_i^{k-\frac{1}{2}} + f_i^{k-\frac{1}{2}}, \\ \qquad\qquad 1 \leqslant i \leqslant m-1, \quad 1 \leqslant k \leqslant n, & (6.28\text{a}) \\ v_i^0 = \varphi(x_i), \qquad 1 \leqslant i \leqslant m-1, & (6.28\text{b}) \\ v_0^k = 0, \quad v_m^k = 0, \quad 0 \leqslant k \leqslant n & (6.28\text{c}) \end{cases}$$

的解, 则有

$$\|\delta_x v^k\|^2 \leqslant \|\delta_x v^0\|^2 + \frac{t_k^{2-\gamma}}{\Gamma(3-\gamma)}\|\psi\|^2 + \Gamma(2-\gamma)t_k^{\gamma-1} \cdot \tau\sum_{l=1}^{k}\|f^{l-\frac{1}{2}}\|^2, \quad 1 \leqslant k \leqslant n, \tag{6.29}$$

其中

$$\|\psi\|^2 = h\sum_{i=1}^{m-1}\psi_i^2, \quad \|f^{l-\frac{1}{2}}\|^2 = h\sum_{i=1}^{m-1}\left(f_i^{l-\frac{1}{2}}\right)^2.$$

证明　将方程(6.28a)两边同时与 $\eta\delta_t v^{k-\frac{1}{2}}$ 做内积, 可得

$$\begin{aligned} b_0^{(\gamma)}\|\delta_t v^{k-\frac{1}{2}}\|^2 = &\sum_{l=1}^{k-1}(b_{k-l-1}^{(\gamma)} - b_{k-l}^{(\gamma)})\big(\delta_t v^{l-\frac{1}{2}}, \delta_t v^{k-\frac{1}{2}}\big) \\ &+ b_{k-1}^{(\gamma)}(\psi, \delta_t v^{k-\frac{1}{2}}) + \eta\big(\delta_x^2 v^{k-\frac{1}{2}}, \delta_t v^{k-\frac{1}{2}}\big) \\ &+ \eta\big(f^{k-\frac{1}{2}}, \delta_t v^{k-\frac{1}{2}}\big), \quad 1 \leqslant k \leqslant n. \end{aligned} \tag{6.30}$$

应用分部求和公式, 并注意到 (6.28c), 有

$$\big(\delta_x^2 v^{k-\frac{1}{2}}, \delta_t v^{k-\frac{1}{2}}\big) = -\big(\delta_x v^{k-\frac{1}{2}}, \delta_x\delta_t v^{k-\frac{1}{2}}\big) = -\frac{1}{2\tau}(\|\delta_x v^k\|^2 - \|\delta_x v^{k-1}\|^2). \tag{6.31}$$

将(6.31)代入(6.30)中, 并应用 Cauchy-Schwarz 不等式, 可得

$$\begin{aligned} &b_0^{(\gamma)}\|\delta_t v^{k-\frac{1}{2}}\|^2 + \frac{\eta}{2\tau}(\|\delta_x v^k\|^2 - \|\delta_x v^{k-1}\|^2) \\ = &\sum_{l=1}^{k-1}(b_{k-l-1}^{(\gamma)} - b_{k-l}^{(\gamma)})\big(\delta_t v^{l-\frac{1}{2}}, \delta_t v^{k-\frac{1}{2}}\big) + b_{k-1}^{(\gamma)}(\psi, \delta_t v^{k-\frac{1}{2}}) + \eta\big(f^{k-\frac{1}{2}}, \delta_t v^{k-\frac{1}{2}}\big) \end{aligned}$$

$$
\begin{aligned}
&\leqslant\frac{1}{2}\sum_{l=1}^{k-1}(b_{k-l-1}^{(\gamma)}-b_{k-l}^{(\gamma)})\big(\|\delta_t v^{l-\frac{1}{2}}\|^2+\|\delta_t v^{k-\frac{1}{2}}\|^2\big)\\
&\quad+\frac{1}{2}b_{k-1}^{(\gamma)}\big(\|\psi\|^2+\|\delta_t v^{k-\frac{1}{2}}\|^2\big)+\eta\big(f^{k-\frac{1}{2}},\delta_t v^{k-\frac{1}{2}}\big),
\end{aligned}
$$

即

$$
\begin{aligned}
&b_0^{(\gamma)}\|\delta_t v^{k-\frac{1}{2}}\|^2+\frac{\eta}{\tau}(\|\delta_x v^k\|^2-\|\delta_x v^{k-1}\|^2)\\
\leqslant&\sum_{l=1}^{k-1}(b_{k-l-1}^{(\gamma)}-b_{k-l}^{(\gamma)})\|\delta_t v^{l-\frac{1}{2}}\|^2+b_{k-1}^{(\gamma)}\|\psi\|^2+2\eta\big(f^{k-\frac{1}{2}},\delta_t v^{k-\frac{1}{2}}\big),\quad 1\leqslant k\leqslant n.
\end{aligned}
$$

上式可进一步改写为

$$
\begin{aligned}
&\|\delta_x v^k\|^2+\frac{\tau}{\eta}\sum_{l=1}^{k}b_{k-l}^{(\gamma)}\|\delta_t v^{l-\frac{1}{2}}\|^2\\
\leqslant&\|\delta_x v^{k-1}\|^2+\frac{\tau}{\eta}\sum_{l=1}^{k-1}b_{k-l-1}^{(\gamma)}\|\delta_t v^{l-\frac{1}{2}}\|^2\\
&+\frac{\tau}{\eta}b_{k-1}^{(\gamma)}\|\psi\|^2+2\tau\big(f^{k-\frac{1}{2}},\delta_t v^{k-\frac{1}{2}}\big),\quad 1\leqslant k\leqslant n.
\end{aligned}
$$

令

$$
F^0=\|\delta_x v^0\|^2,\quad F^k=\|\delta_x v^k\|^2+\frac{\tau}{\eta}\sum_{l=1}^{k}b_{k-l}^{(\gamma)}\|\delta_t v^{l-\frac{1}{2}}\|^2,\quad k\geqslant 1,
$$

则

$$
F^k\leqslant F^{k-1}+\frac{\tau}{\eta}b_{k-1}^{(\gamma)}\|\psi\|^2+2\tau\big(f^{k-\frac{1}{2}},\delta_t v^{k-\frac{1}{2}}\big),\quad 1\leqslant k\leqslant n.
$$

将上式中的 k 换为 l, 并对 l 从 1 到 k 求和, 得到

$$
\begin{aligned}
F^k\leqslant&F^0+\frac{\tau}{\eta}\sum_{l=1}^{k}b_{l-1}^{(\gamma)}\|\psi\|^2+2\tau\sum_{l=1}^{k}\big(f^{l-\frac{1}{2}},\delta_t v^{l-\frac{1}{2}}\big)\\
\leqslant&F^0+\frac{\tau}{\eta}\sum_{l=0}^{k-1}b_{l}^{(\gamma)}\|\psi\|^2+\tau\sum_{l=1}^{k}\left(\frac{\eta}{b_{k-l}^{(\gamma)}}\|f^{l-\frac{1}{2}}\|^2+\frac{b_{k-l}^{(\gamma)}}{\eta}\|\delta_t v^{l-\frac{1}{2}}\|^2\right),\quad 1\leqslant k\leqslant n.
\end{aligned}
$$

于是

$$\|\delta_x v^k\|^2 \leqslant \|\delta_x v^0\|^2 + \frac{\tau}{\eta}\sum_{l=0}^{k-1} b_l^{(\gamma)}\|\psi\|^2 + \tau\sum_{l=1}^{k}\frac{\eta}{b_{k-l}^{(\gamma)}}\|f^{l-\frac{1}{2}}\|^2, \quad 1 \leqslant k \leqslant n. \tag{6.32}$$

由 $\{b_l^{(\gamma)}\}$ 的定义和引理 6.1知

$$(2-\gamma)(l+1)^{1-\gamma} < b_l^{(\gamma)} < (2-\gamma)l^{1-\gamma},$$

进而可得

$$b_{k-l}^{(\gamma)} > (2-\gamma)(k-l+1)^{1-\gamma} \geqslant (2-\gamma)k^{1-\gamma}, \quad 1 \leqslant l \leqslant k.$$

于是有

$$\frac{\eta}{b_{k-l}^{(\gamma)}} \leqslant \frac{\tau^{\gamma-1}\Gamma(3-\gamma)}{(2-\gamma)k^{1-\gamma}} = \Gamma(2-\gamma)(k\tau)^{\gamma-1} = \Gamma(2-\gamma)t_k^{\gamma-1}. \tag{6.33}$$

由(6.33)可得

$$\tau\sum_{l=1}^{k}\frac{\eta}{b_{k-l}^{(\gamma)}}\|f^{l-\frac{1}{2}}\|^2 \leqslant \Gamma(2-\gamma)t_k^{\gamma-1}\cdot\tau\sum_{l=1}^{k}\|f^{l-\frac{1}{2}}\|^2. \tag{6.34}$$

此外, 由 $b_l^{(\gamma)}$ 的定义易知

$$\begin{aligned}\frac{\tau}{\eta}\sum_{l=0}^{k-1} b_l^{(\gamma)} =& \frac{\tau}{\tau^{\gamma-1}\Gamma(3-\gamma)}\sum_{l=0}^{k-1}[(l+1)^{2-\gamma}-l^{2-\gamma}] \\ =& \frac{\tau^{2-\gamma}}{\Gamma(3-\gamma)}k^{2-\gamma} = \frac{t_k^{2-\gamma}}{\Gamma(3-\gamma)}.\end{aligned} \tag{6.35}$$

将(6.34)和(6.35)代入(6.32), 可得(6.29).

定理证毕. □

6.4.4 差分格式的收敛性

定理 6.8 设 $\{U_i^k \mid 0 \leqslant i \leqslant m, 0 \leqslant k \leqslant n\}$ 为微分方程问题(6.22)的解, $\{u_i^k \mid 0 \leqslant i \leqslant m, 0 \leqslant k \leqslant n\}$ 为差分格式(6.26)的解. 令

$$e_i^k = U_i^k - u_i^k, \quad 0 \leqslant i \leqslant m, \quad 0 \leqslant k \leqslant n,$$

则有

$$\|e^k\|_\infty \leqslant \frac{c_2 L}{2}\sqrt{T^\gamma\Gamma(2-\gamma)}(\tau^{3-\gamma}+h^2), \quad 1 \leqslant k \leqslant n.$$

证明　将(6.23)和 (6.25)与(6.26)相减, 可得误差方程组

$$\begin{cases}\dfrac{1}{\eta}\Big[b_0^{(\gamma)}\delta_t e_i^{k-\frac{1}{2}}-\displaystyle\sum_{l=1}^{k-1}(b_{k-l-1}^{(\gamma)}-b_{k-l}^{(\gamma)})\delta_t e_i^{l-\frac{1}{2}}-b_{k-1}^{(\gamma)}\cdot 0\Big]=\delta_x^2 e_i^{k-\frac{1}{2}}+(R_2)_i^k,\\ \qquad\qquad\qquad\qquad\qquad 1\leqslant i\leqslant m-1,\quad 1\leqslant k\leqslant n,\\ e_i^0=0,\quad 1\leqslant i\leqslant m-1,\\ e_0^k=0,\quad e_m^k=0,\quad 0\leqslant k\leqslant n.\end{cases}$$

应用定理 6.7, 并注意到(6.24), 可得

$$\begin{aligned}\|\delta_x e^k\|^2\leqslant& t_k^{\gamma-1}\Gamma(2-\gamma)\tau\sum_{l=1}^{k}\|(R_2)^l\|^2\\ \leqslant& T^\gamma\Gamma(2-\gamma)Lc_2^2(\tau^{3-\gamma}+h^2)^2,\quad 1\leqslant k\leqslant n.\end{aligned}$$

将上式两边开方, 并注意到引理 1.4 有

$$\|e^k\|_\infty\leqslant\frac{\sqrt{L}}{2}\|\delta_x e^k\|\leqslant\frac{c_2 L}{2}\sqrt{T^\gamma\Gamma(2-\gamma)}(\tau^{3-\gamma}+h^2),\quad 1\leqslant k\leqslant n.$$

定理证毕. □

6.4.5　数值算例

算例 6.2　用差分格式(6.26)计算定解问题

$$\begin{cases}{}_0^C D_t^\gamma u(x,t)=u_{xx}(x,t)+\mathrm{e}^x t^4\left[\dfrac{\Gamma(5+\gamma)}{24}-t^\gamma\right],\quad 0<x<1,\quad 0<t\leqslant 1,\\ u(x,0)=0,\quad u_t(x,0)=0,\quad 0\leqslant x\leqslant 1,\\ u(0,t)=t^{4+\gamma},\quad u(1,t)=\mathrm{e}\cdot t^{4+\gamma},\quad 0<t\leqslant 1.\end{cases}$$

该定解问题的精确解为 $u(x,t)=\mathrm{e}^x t^{4+\gamma}$.

表 6.2 给出了当 $\gamma=1.1,\ 1.5,\ 1.9$ 时, 固定空间步长 $h=1/20000$, 取不同时间步长所得数值解的最大误差

$$E_\infty(h,\tau)=\max_{0\leqslant i\leqslant m,0\leqslant k\leqslant n}|u(x_i,t_k)-u_i^k|.$$

从表 6.2 可以看出当空间步长足够小时, 时间方向可以达到 $3-\gamma$ 阶精度. 图 6.2 给出了 $\gamma=1.9$ 时, 取不同步长所得数值解的误差曲面.

表 6.2　算例 6.2取不同时间步长时数值解的最大误差 $E_\infty(h,\tau)$ 及时间精度

γ	τ	$E_\infty(h,\tau)$	$\log_2\frac{E_\infty(h,2\tau)}{E_\infty(h,\tau)}$
1.9	1/640	3.846e−3	
	1/1280	1.797e−3	1.0980
	1/2560	8.390e−4	1.0989
	1/5120	3.916e−4	1.0994
	1/10240	1.827e−4	1.0997
1.5	1/640	1.730e−4	
	1/1280	6.181e−5	1.4847
	1/2560	2.202e−5	1.4894
	1/5120	7.823e−6	1.4927
	1/10240	2.775e−6	1.4951
1.1	1/640	2.617e−6	
	1/1280	7.481e−7	1.8065
	1/2560	2.107e−7	1.8279
	1/5120	5.712e−8	1.8832
	1/10240	1.395e−8	2.0336

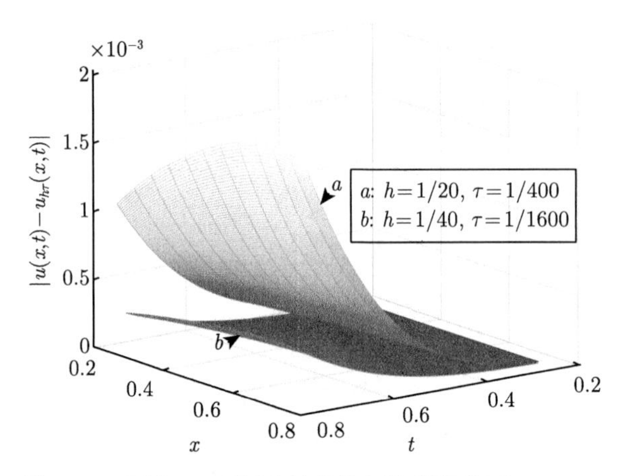

图 6.2　算例 6.2 不同步长数值解的误差曲面 $(\gamma = 1.9)$

6.5　时间分数阶混合扩散和波方程的差分方法

考虑求解如下时间分数阶混合扩散和波方程初边值问题

$$\begin{cases} {}_0^CD_t^\gamma u(x,t) + {}_0^CD_t^\alpha u(x,t) = u_{xx}(x,t) + f(x,t), \quad x\in(0,L), \quad t\in(0,T], & (6.36\text{a}) \\ u(x,0) = \varphi(x), \quad u_t(x,0) = \psi(x), \quad x \in (0,L), & (6.36\text{b}) \\ u(0,t) = \mu(t), \quad u(L,t) = \nu(t), \quad t \in [0,T] & (6.36\text{c}) \end{cases}$$

的差分方法, 其中 $f(x,t),\varphi(x),\psi(x),\mu(t),\nu(t)$ 为给定函数, $\varphi(0)=\mu(0)$, $\varphi(L)=\nu(0)$, $\psi(0)=\mu'(0)$, $\psi(L)=\nu'(0)$, ${}_0^CD_t^{\alpha}u(x,t)$ 和 ${}_0^CD_t^{\gamma}u(x,t)$ 为 $u(x,t)$ 关于时间 t 的 Caputo 分数阶导数:

$$
{}_0^CD_t^{\alpha}u(x,t)=\frac{1}{\Gamma(1-\alpha)}\int_0^t\frac{\partial u(x,s)}{\partial s}\frac{\mathrm{d}s}{(t-s)^{\alpha}},\quad 0<\alpha<1,
$$

$$
{}_0^CD_t^{\gamma}u(x,t)=\frac{1}{\Gamma(2-\gamma)}\int_0^t\frac{\partial^2 u(x,s)}{\partial s^2}\frac{\mathrm{d}s}{(t-s)^{\gamma-1}},\quad 1<\gamma<2.
$$

设解函数 $u\in C^{(4,3)}([0,L]\times[0,T])$.

6.5.1 差分格式的建立

定义 $\Omega_{h\tau}$ 上的网格函数

$$
U=\{U_i^k\,|\,0\leqslant i\leqslant m,\,0\leqslant k\leqslant n\},
$$

其中 $U_i^k=u(x_i,t_k)$. 另外记

$$
f_i^k=f(x_i,t_k),\quad f_i^{k-\frac{1}{2}}=\frac{1}{2}(f_i^k+f_i^{k-1}),\quad \psi_i=\psi(x_i),
$$

$$
s_{\gamma}=\tau^{\gamma-1}\Gamma(3-\gamma),\quad s_{\alpha}=\tau^{\alpha-1}\Gamma(2-\alpha).
$$

分别在结点 (x_i,t_k) 和 (x_i,t_{k-1}) 处考虑方程(6.36a), 并取平均, 得到

$$
\begin{aligned}
&\frac{1}{2}\Big[{}_0^CD_t^{\gamma}u(x_i,t_k)+{}_0^CD_t^{\gamma}u(x_i,t_{k-1})\Big]+\frac{1}{2}\Big[{}_0^CD_t^{\alpha}u(x_i,t_k)+{}_0^CD_t^{\alpha}u(x_i,t_{k-1})\Big]\\
=&\frac{1}{2}\Big[u_{xx}(x_i,t_k)+u_{xx}(x_i,t_{k-1})\Big]+f_i^{k-\frac{1}{2}},\quad 1\leqslant i\leqslant m-1,\quad 1\leqslant k\leqslant n.
\end{aligned}\tag{6.37}
$$

应用定理 6.1和定理 6.2, 我们有

$$
\begin{aligned}
&{}_0^CD_t^{\alpha}u(x_i,t_k)\\
=&\frac{\tau^{-\alpha}}{\Gamma(2-\alpha)}\Big[a_0^{(\alpha)}U_i^k-\sum_{l=1}^{k-1}(a_{k-l-1}^{(\alpha)}-a_{k-l}^{(\alpha)})U_i^l-a_{k-1}^{(\alpha)}U_i^0\Big]+O(\tau^{2-\alpha})\\
=&\frac{\tau^{1-\alpha}}{\Gamma(2-\alpha)}\sum_{l=1}^{k}a_{k-l}^{(\alpha)}\delta_tU_i^{l-\frac{1}{2}}+O(\tau^{2-\alpha}),\quad 1\leqslant i\leqslant m-1,\quad 0\leqslant k\leqslant n
\end{aligned}\tag{6.38}
$$

及

$$
\frac{1}{2}\Big[{}_0^CD_t^{\gamma}u(x_i,t_k)+{}_0^CD_t^{\gamma}u(x_i,t_{k-1})\Big]
$$

$$=\frac{\tau^{1-\gamma}}{\Gamma(3-\gamma)}\Big[b_0^{(\gamma)}\delta_t U_i^{k-\frac{1}{2}}-\sum_{l=1}^{k-1}(b_{k-l-1}^{(\gamma)}-b_{k-l}^{(\gamma)})\delta_t U_i^{l-\frac{1}{2}}-b_{k-1}^{(\gamma)}u_t(x_i,t_0)\Big]$$

$$+O(\tau^{3-\gamma}),\quad 1\leqslant i\leqslant m-1,\quad 1\leqslant k\leqslant n. \tag{6.39}$$

将(6.38)和(6.39)代入(6.37), 得到

$$\frac{\tau^{1-\gamma}}{\Gamma(3-\gamma)}\Big[b_0^{(\gamma)}\delta_t U_i^{k-\frac{1}{2}}-\sum_{l=1}^{k-1}(b_{k-l-1}^{(\gamma)}-b_{k-l}^{(\gamma)})\delta_t U_i^{l-\frac{1}{2}}-b_{k-1}^{(\gamma)}\psi_i\Big]$$

$$+\frac{\tau^{1-\alpha}}{\Gamma(2-\alpha)}\Big[\frac{a_0^{(\alpha)}}{2}\delta_t U_i^{k-\frac{1}{2}}+\sum_{l=1}^{k-1}\frac{a_{k-l}^{(\alpha)}+a_{k-l-1}^{(\alpha)}}{2}\delta_t U_i^{l-\frac{1}{2}}\Big]$$

$$=\delta_x^2 U_i^{k-\frac{1}{2}}+f_i^{k-\frac{1}{2}}+(R_3)_i^k,\quad 1\leqslant i\leqslant m-1,\quad 1\leqslant k\leqslant n, \tag{6.40}$$

且存在正常数 c_3 使得

$$\big|(R_3)_i^k\big|\leqslant c_3(\tau^{\min\{2-\alpha,3-\gamma\}}+h^2),\quad 1\leqslant i\leqslant m-1,\quad 1\leqslant k\leqslant n. \tag{6.41}$$

注意到初边值条件

$$\begin{cases}U_i^0=\varphi(x_i),\quad 1\leqslant i\leqslant m-1,\\ U_0^k=\mu(t_k),\quad U_m^k=\nu(t_k),\quad 0\leqslant k\leqslant n,\end{cases} \tag{6.42}$$

在 (6.40)中略去小量项 $(R_3)_i^k$, 并用数值解 u_i^k 代替精确解 U_i^k, 建立求解问题(6.36)的如下差分格式:

$$\begin{cases}\dfrac{1}{s_\gamma}\Big[b_0^{(\gamma)}\delta_t u_i^{k-\frac{1}{2}}-\displaystyle\sum_{l=1}^{k-1}(b_{k-l-1}^{(\gamma)}-b_{k-l}^{(\gamma)})\delta_t u_i^{l-\frac{1}{2}}-b_{k-1}^{(\gamma)}\psi_i\Big]\\ +\dfrac{1}{s_\alpha}\Big[\dfrac{a_0^{(\alpha)}}{2}\delta_t u_i^{k-\frac{1}{2}}+\displaystyle\sum_{l=1}^{k-1}\dfrac{a_{k-l}^{(\alpha)}+a_{k-1-l}^{(\alpha)}}{2}\delta_t u_i^{l-\frac{1}{2}}\Big]=\delta_x^2 u_i^{k-\frac{1}{2}}+f_i^{k-\frac{1}{2}},\\ \qquad\qquad 1\leqslant i\leqslant m-1,\quad 1\leqslant k\leqslant n, & (6.43\text{a})\\ u_i^0=\varphi(x_i),\quad 1\leqslant i\leqslant m-1, & (6.43\text{b})\\ u_0^k=\mu(t_k),\quad u_m^k=\nu(t_k),\quad 0\leqslant k\leqslant n. & (6.43\text{c})\end{cases}$$

6.5.2 差分格式的可解性

定理 6.9 差分格式 (6.43) 是唯一可解的.

证明 记

$$u^k=(u_0^k,u_1^k,\cdots,u_{m-1}^k,u_m^k).$$

由(6.43b)—(6.43c)可得第 0 层的值 u^0.

设前 k 层的值 $u^0,u^1,\cdots,u^{k-1}$ 已唯一确定, 则由(6.43a)和 (6.43c) 可得关于 u^k 的线性方程组. 要证明它的唯一可解性, 只需证明它相应的齐次方程组

$$\begin{cases}\left(\dfrac{b_0^{(\gamma)}}{s_\gamma}+\dfrac{a_0^{(\alpha)}}{2s_\alpha}\right)\dfrac{1}{\tau}u_i^k-\dfrac{1}{2}\delta_x^2u_i^k=0, \quad 1\leqslant i\leqslant m-1, & (6.44\text{a})\\ u_0^k=0,\quad u_m^k=0 & (6.44\text{b})\end{cases}$$

仅有零解.

用 u^k 与(6.44a)的两边做内积, 应用分部求和公式, 并注意到(6.44b), 可得

$$\left(\frac{b_0^{(\gamma)}}{s_\gamma}+\frac{a_0^{(\alpha)}}{2s_\alpha}\right)\frac{1}{\tau}\|u^k\|^2+\frac{1}{2}\|\delta_xu^k\|^2=0.$$

易知 $u^k=0$.

由归纳原理知差分格式(6.43)存在唯一可解.

定理证毕. □

6.5.3 差分格式的稳定性

为分析差分格式(6.43)的稳定性和收敛性, 先给出三个引理.

引理 6.2 设 $\{b_l^{(\gamma)}\}$ 由(6.8)定义. 对任意正整数 p 和任意网格函数 $\psi,V_1,V_2,\cdots,V_p\in\mathring{\mathcal{U}}_h$, 成立

$$\begin{aligned}&\sum_{k=1}^p\Big(b_0^{(\gamma)}V^k-\sum_{l=1}^{k-1}(b_{k-l-1}^{(\gamma)}-b_{k-l}^{(\gamma)})V^l-b_{k-1}^{(\gamma)}\psi,V^k\Big)\\ \geqslant&\frac{1}{2}\Big(\sum_{l=1}^p b_{p-l}^{(\gamma)}\|V^l\|^2-\sum_{l=1}^p b_{l-1}^{(\gamma)}\|\psi\|^2\Big).\end{aligned}$$

证明

$$\begin{aligned}&\sum_{k=1}^p\Big(b_0^{(\gamma)}V^k-\sum_{l=1}^{k-1}(b_{k-l-1}^{(\gamma)}-b_{k-l}^{(\gamma)})V^l-b_{k-1}^{(\gamma)}\psi,V^k\Big)\\ =&\sum_{k=1}^p\Big[b_0^{(\gamma)}\|V^k\|^2-\sum_{l=1}^{k-1}(b_{k-l-1}^{(\gamma)}-b_{k-l}^{(\gamma)})(V^l,V^k)-b_{k-1}^{(\gamma)}(\psi,V^k)\Big]\end{aligned}$$

$$
\begin{aligned}
&\geqslant \sum_{k=1}^{p}\Big[b_0^{(\gamma)}\|V^k\|^2-\frac{1}{2}\sum_{l=1}^{k-1}(b_{k-l-1}^{(\gamma)}-b_{k-l}^{(\gamma)})\big(\|V^l\|^2+\|V^k\|^2\big)\\
&\quad -\frac{1}{2}b_{k-1}^{(\gamma)}\big(\|\psi\|^2+\|V^k\|^2\big)\Big]\\
&=\frac{1}{2}\sum_{k=1}^{p}\Big(\sum_{l=1}^{k}b_{k-l}^{(\gamma)}\|V^l\|^2-\sum_{l=1}^{k-1}b_{k-l-1}^{(\gamma)}\|V^l\|^2-b_{k-1}^{(\gamma)}\|\psi\|^2\Big)\\
&=\frac{1}{2}\Big(\sum_{l=1}^{p}b_{p-l}^{(\gamma)}\|V^l\|^2-\sum_{l=1}^{p}b_{l-1}^{(\gamma)}\|\psi\|^2\Big).
\end{aligned}
$$

引理证毕. □

引理 6.3 [18] 设 $\{g_0,g_1,\cdots,g_l,\cdots\}$ 为满足下列性质的实数序列

$$
g_l\geqslant 0,\quad g_l-g_{l-1}\leqslant 0,\quad g_{l+1}-2g_l+g_{l-1}\geqslant 0,
$$

则对任意正整数 p 和网格函数 $V_1,V_2,\cdots,V_p\in\mathring{\mathcal{U}}_h$, 成立

$$
\sum_{k=1}^{p}\Big(\sum_{q=0}^{k-1}g_qV_{k-q},V_k\Big)\geqslant 0.
$$

引理6.4 设 $\{a_l^{(\alpha)}\}$ 由(6.1)定义. 对任意正整数 p 和任意网格函数 $V_1,V_2,\cdots,V_p\in\mathring{\mathcal{U}}_h$, 成立

$$
\sum_{k=1}^{p}\Big(\frac{a_0^{(\alpha)}}{2}V^k+\sum_{l=1}^{k-1}\frac{a_{k-l}^{(\alpha)}+a_{k-1-l}^{(\alpha)}}{2}V^l,V^k\Big)\geqslant -a_0^{(\alpha)}\sum_{k=1}^{p}\|V^k\|^2.
$$

证明 对上式的左端进行改写, 可得

$$
\begin{aligned}
&\sum_{k=1}^{p}\Big(\frac{a_0^{(\alpha)}}{2}V^k+\sum_{l=1}^{k-1}\frac{a_{k-l}^{(\alpha)}+a_{k-1-l}^{(\alpha)}}{2}V^l,V^k\Big)\\
=&\sum_{k=1}^{p}\Big(\frac{3}{2}a_0^{(\alpha)}V^k+\sum_{l=1}^{k-1}\frac{a_{k-l}^{(\alpha)}+a_{k-l-1}^{(\alpha)}}{2}V^l,V^k\Big)-\sum_{k=1}^{p}a_0^{(\alpha)}\|V^k\|^2.
\end{aligned}
$$

容易验证上式右端第一项的系数满足引理 6.3 的条件, 因而它是非负的. 进一步可得

$$
\sum_{k=1}^{p}\Big(\frac{a_0^{(\alpha)}}{2}V^k+\sum_{l=1}^{k-1}\frac{a_{k-l}^{(\alpha)}+a_{k-1-l}^{(\alpha)}}{2}V^l,V^k\Big)\geqslant -a_0^{(\alpha)}\sum_{k=1}^{p}\|V^k\|^2.
$$

引理证毕. □

关于差分格式(6.43)的解有如下估计.

定理 6.10 设 $\{u_i^k\,|\,0 \leqslant i \leqslant m,\ 0 \leqslant k \leqslant n\}$ 为差分格式 (6.43)的解, 其中 $\mu(t) \equiv 0,\ \nu(t) \equiv 0$. 记 $\tau_0 = \left(\dfrac{T^{1-\gamma}\Gamma(2-\alpha)}{4\Gamma(2-\gamma)}\right)^{1/(1-\alpha)}$. 如果 $\tau \leqslant \tau_0$, 则有

$$\|\delta_x u^k\|^2 \leqslant \|\delta_x u^0\|^2 + \frac{T^{2-\gamma}}{\Gamma(3-\gamma)}\|\psi\|^2 + 2\Gamma(2-\gamma)T^{\gamma-1}\tau\sum_{l=1}^{k}\|f^{l-\frac{1}{2}}\|^2, \quad 1 \leqslant k \leqslant n.$$

证明 用 $\delta_t u^{k-\frac{1}{2}}$ 与(6.43a)的两边做内积, 并对 k 从 1 到 p 求和, 得到

$$\begin{aligned}
&\frac{1}{s_\gamma}\sum_{k=1}^{p}\Big[b_0^{(\gamma)}\|\delta_t u^{k-\frac{1}{2}}\|^2 - \sum_{l=1}^{k-1}(b_{k-l-1}^{(\gamma)} - b_{k-l}^{(\gamma)})\big(\delta_t u^{l-\frac{1}{2}}, \delta_t u^{k-\frac{1}{2}}\big) - b_{k-1}^{(\gamma)}\big(\psi, \delta_t u^{k-\frac{1}{2}}\big)\Big]\\
&+ \frac{1}{s_\alpha}\sum_{k=1}^{p}\Big(\frac{a_0^{(\alpha)}}{2}\delta_t u^{k-\frac{1}{2}} + \sum_{l=1}^{k-1}\frac{a_{k-l}^{(\alpha)} + a_{k-l-1}^{(\alpha)}}{2}\delta_t u^{l-\frac{1}{2}}, \delta_t u^{k-\frac{1}{2}}\Big)\\
&+ \frac{1}{2\tau}\big(\|\delta_x u^p\|^2 - \|\delta_x u^0\|^2\big)\\
=&\sum_{k=1}^{p}\big(f^{k-\frac{1}{2}}, \delta_t u^{k-\frac{1}{2}}\big), \quad 1 \leqslant p \leqslant n.
\end{aligned}$$

应用引理 6.2和引理 6.4, 可得

$$\begin{aligned}
&\frac{1}{2s_\gamma}\Big(\sum_{l=1}^{p}b_{p-l}^{(\gamma)}\|\delta_t u^{l-\frac{1}{2}}\|^2 - \sum_{k=1}^{p}b_{k-1}^{(\gamma)}\|\psi\|^2\Big) - \frac{1}{s_\alpha}\sum_{k=1}^{p}\|\delta_t u^{k-\frac{1}{2}}\|^2\\
&+ \frac{1}{2\tau}\big(\|\delta_x u^p\|^2 - \|\delta_x u^0\|^2\big)\\
\leqslant&\sum_{k=1}^{p}\big(f^{k-\frac{1}{2}}, \delta_t u^{k-\frac{1}{2}}\big), \quad 1 \leqslant p \leqslant n.
\end{aligned}$$

进一步有

$$\begin{aligned}
&\frac{1}{4s_\gamma}\sum_{l=1}^{p}b_{p-l}^{(\gamma)}\|\delta_t u^{l-\frac{1}{2}}\|^2 + \left(\frac{1}{4s_\gamma}\sum_{l=1}^{p}b_{p-l}^{(\gamma)}\|\delta_t u^{l-\frac{1}{2}}\|^2 - \frac{1}{s_\alpha}\sum_{l=1}^{p}\|\delta_t u^{l-\frac{1}{2}}\|^2\right)\\
&+ \frac{1}{2\tau}\big(\|\delta_x u^p\|^2 - \|\delta_x u^0\|^2\big)\\
\leqslant&\frac{1}{2s_\gamma}\sum_{k=1}^{p}b_{k-1}^{(\gamma)}\|\psi\|^2 + \sum_{k=1}^{p}\big(f^{k-\frac{1}{2}}, \delta_t u^{k-\frac{1}{2}}\big), \quad 1 \leqslant p \leqslant n.
\end{aligned} \tag{6.45}$$

对于(6.45)左端的第二项, 注意到

$$b_l^{(\gamma)} > (2-\gamma)(l+1)^{1-\gamma} \geqslant (2-\gamma)n^{1-\gamma}, \quad 0 \leqslant l \leqslant n-1,$$

有

$$\begin{aligned}
&\frac{1}{4s_\gamma}\sum_{l=1}^{p} b_{p-l}^{(\gamma)}\|\delta_t u^{l-\frac{1}{2}}\|^2 - \frac{1}{s_\alpha}\sum_{l=1}^{p}\|\delta_t u^{l-\frac{1}{2}}\|^2 \\
\geqslant&\frac{T^{1-\gamma}}{4\Gamma(2-\gamma)}\sum_{k=1}^{p}\|\delta_t u^{k-\frac{1}{2}}\|^2 - \frac{1}{s_\alpha}\sum_{l=1}^{p}\|\delta_t u^{l-\frac{1}{2}}\|^2 \\
=&\left(\frac{T^{1-\gamma}}{4\Gamma(2-\gamma)} - \frac{\tau^{1-\alpha}}{\Gamma(2-\alpha)}\right)\sum_{l=1}^{p}\|\delta_t u^{l-\frac{1}{2}}\|^2, \quad 1 \leqslant p \leqslant n.
\end{aligned} \tag{6.46}$$

于是当 $\tau \leqslant \tau_0$ 时 (6.46) 的右端是非负的. 因而由(6.45)可得

$$\begin{aligned}
&\frac{T^{1-\gamma}}{4\Gamma(2-\gamma)}\sum_{l=1}^{p}\|\delta_t u^{l-\frac{1}{2}}\|^2 + \frac{1}{2\tau}\left(\|\delta_x u^p\|^2 - \|\delta_x u^0\|^2\right) \\
\leqslant&\frac{1}{2s_\gamma}\sum_{k=1}^{p} b_{k-1}^{(\gamma)}\|\psi\|^2 + \sum_{k=1}^{p}\left(f^{k-\frac{1}{2}}, \delta_t u^{k-\frac{1}{2}}\right) \\
=&\frac{1}{2s_\gamma}p^{2-\gamma}\|\psi\|^2 + \sum_{k=1}^{p}\left(f^{k-\frac{1}{2}}, \delta_t u^{k-\frac{1}{2}}\right) \\
\leqslant&\frac{1}{2s_\gamma}p^{2-\gamma}\|\psi\|^2 + \sum_{k=1}^{p}\left(\frac{T^{1-\gamma}}{4\Gamma(2-\gamma)}\|\delta_t u^{k-\frac{1}{2}}\|^2 + \Gamma(2-\gamma)T^{\gamma-1}\|f^{k-\frac{1}{2}}\|^2\right), \quad 1\leqslant p\leqslant n.
\end{aligned}$$

易得

$$\begin{aligned}
&\|\delta_x u^p\|^2 \\
\leqslant&\|\delta_x u^0\|^2 + \frac{\tau^{2-\gamma}}{\Gamma(3-\gamma)}p^{2-\gamma}\|\psi\|^2 + 2\Gamma(2-\gamma)T^{\gamma-1}\tau\sum_{k=1}^{p}\|f^{k-\frac{1}{2}}\|^2 \\
\leqslant&\|\delta_x u^0\|^2 + \frac{T^{2-\gamma}}{\Gamma(3-\gamma)}\|\psi\|^2 + 2\Gamma(2-\gamma)T^{\gamma-1}\tau\sum_{k=1}^{p}\|f^{k-\frac{1}{2}}\|^2, \qquad 1 \leqslant p \leqslant n.
\end{aligned}$$

定理证毕. □

6.5.4 差分格式的收敛性

由定理 6.10很容易得到如下收敛性结论.

定理 6.11 设 $\{U_i^k \mid 0 \leqslant i \leqslant m, 0 \leqslant k \leqslant n\}$ 为问题 (6.36)的解, $\{u_i^k \mid 0 \leqslant i \leqslant m,\ 0 \leqslant k \leqslant n\}$ 为差分格式(6.43)的解. 记

$$e_i^k = U_i^k - u_i^k, \quad 0 \leqslant i \leqslant m, \quad 0 \leqslant k \leqslant n,$$

则当 $\tau \leqslant \tau_0$ 时, 有

$$\|e^k\|_\infty \leqslant \frac{L}{2}\sqrt{2\Gamma(2-\gamma)T^\gamma}c_3\left(\tau^{\min\{2-\alpha,3-\gamma\}} + h^2\right), \quad 1 \leqslant k \leqslant n,$$

其中 c_3 由(6.41)定义, τ_0 由定理 6.10定义.

证明 将 (6.40)和(6.42)与(6.43)分别相减, 可得误差方程组

$$\begin{cases} \dfrac{1}{s_\gamma}\left(b_0^{(\gamma)}\delta_t e_i^{k-\frac{1}{2}} - \displaystyle\sum_{l=1}^{k-1}(b_{k-l-1}^{(\gamma)} - b_{k-l}^{(\gamma)})\delta_t e_i^{l-\frac{1}{2}} - b_{k-1}^{(\gamma)} \cdot 0\right) \\ +\dfrac{1}{s_\alpha}\left(\dfrac{a_0^{(\alpha)}}{2}\delta_t e_i^{k-\frac{1}{2}} + \displaystyle\sum_{l=1}^{k-1}\dfrac{a_{k-l}^{(\alpha)} + a_{k-1-l}^{(\alpha)}}{2}\delta_t e_i^{l-\frac{1}{2}}\right) = \delta_x^2 e_i^{k-\frac{1}{2}} + (R_3)_i^k, \\ \qquad\qquad\qquad\qquad 1 \leqslant i \leqslant m-1, \quad 1 \leqslant k \leqslant n, \\ e_i^0 = 0, \quad 1 \leqslant i \leqslant m-1, \\ e_0^k = 0, \quad e_m^k = 0, \quad 0 \leqslant k \leqslant n. \end{cases}$$

应用定理 6.10, 并注意到(6.41), 易得

$$\begin{aligned} \|\delta_x e^k\|^2 &\leqslant 2\Gamma(2-\gamma)T^{\gamma-1}\tau\sum_{l=1}^{k}\|(R_3)^l\|^2 \\ &\leqslant 2\Gamma(2-\gamma)T^{\gamma-1}k\tau L\left[c_3\left(\tau^{\min\{2-\alpha,3-\gamma\}} + h^2\right)\right]^2 \\ &\leqslant 2\Gamma(2-\gamma)T^\gamma L c_3^2\left(\tau^{\min\{2-\alpha,3-\gamma\}} + h^2\right)^2, \quad 1 \leqslant k \leqslant n. \end{aligned}$$

将上式两边开方并利用引理 1.4 即得所要结果.

定理证毕. □

6.5.5 数值算例

算例 6.3 用差分格式(6.43)计算定解问题

$$\begin{cases} {}_0^C D_t^{\gamma} u(x,t) + {}_0^C D_t^{\alpha} u(x,t) = u_{xx}(x,t) + \mathrm{e}^x t^4 \left[\dfrac{\Gamma(5+\gamma)}{24} \right. \\ \left. + \dfrac{\Gamma(5+\alpha)}{24} + \dfrac{\Gamma(5+\gamma)}{\Gamma(5+\gamma-\alpha)} t^{\gamma-\alpha} + \dfrac{\Gamma(5+\alpha)}{\Gamma(5+\alpha-\gamma)} t^{\alpha-\gamma} - t^{\gamma} - t^{\alpha} \right], \\ \qquad\qquad 0 < x < 1, \quad 0 < t \leqslant 1, \\ u(x,0) = 0, \quad u_t(x,0) = 0, \quad 0 \leqslant x \leqslant 1, \\ u(0,t) = t^{4+\gamma} + t^{4+\alpha}, \quad u(1,t) = \mathrm{e} \cdot (t^{4+\gamma} + t^{4+\alpha}), \quad 0 < t \leqslant 1. \end{cases}$$

该定解问题的精确解为 $u(x,t) = \mathrm{e}^x (t^{4+\gamma} + t^{4+\alpha})$.

表 6.3 给出了当空间步长 $h = 1/10000$ 时, 取不同的 (γ, α) 和时间步长, 所得数值解的最大误差

$$E_{\infty}(h,\tau) = \max_{0 \leqslant i \leqslant m, 0 \leqslant k \leqslant n} |u(x_i, t_k) - u_i^k|.$$

表 6.3　算例 6.3取不同时间步长时数值解的最大误差 $E_{\infty}(h,\tau)$ 及时间精度

$(\gamma,\ \alpha)$	τ	$E_{\infty}(h,\tau)$	$\log_2 \dfrac{E_{\infty}(h,2\tau)}{E_{\infty}(h,\tau)}$
	1/2560	1.204e−3	
(1.9, 0.1)	1/5120	5.620e−4	1.0995
	1/10240	2.622e−4	1.0997
	1/2560	1.252e−3	
(1.9, 0.5)	1/5120	5.835e−4	1.1011
	1/10240	2.720e−4	1.1010
	1/2560	1.508e−3	
(1.9, 0.9)	1/5120	7.037e−4	1.0994
	1/10240	3.284e−4	1.0997
	1/2560	2.913e−5	
(1.5, 0.1)	1/5120	1.035e−5	1.4925
	1/10240	3.670e−6	1.4962
	1/2560	3.864e−5	
(1.5, 0.5)	1/5120	1.374e−5	1.4918
	1/10240	4.875e−6	1.4946
	1/2560	3.752e−4	
(1.5, 0.9)	1/5120	1.716e−4	1.1282
	1/10240	7.886e−5	1.1220
	1/2560	2.934e−7	
(1.1, 0.1)	1/5120	8.128e−8	1.8519
	1/10240	1.919e−8	2.0827
	1/2560	9.072e−6	
(1.1, 0.5)	1/5120	3.211e−6	1.4985
	1/10240	1.134e−6	1.5018
	1/2560	3.848e−4	
(1.1, 0.9)	1/5120	1.796e−4	1.0996
	1/10240	8.377e−5	1.0999

从表 6.3 可以看出当空间步长足够小时, 时间方向可以达到 $\min\{3-\gamma, 2-\alpha\}$ 阶精度. 图 6.3 给出了 $\gamma = 1.9$, $\alpha = 0.9$ 时, 取不同步长所得数值解的误差曲面.

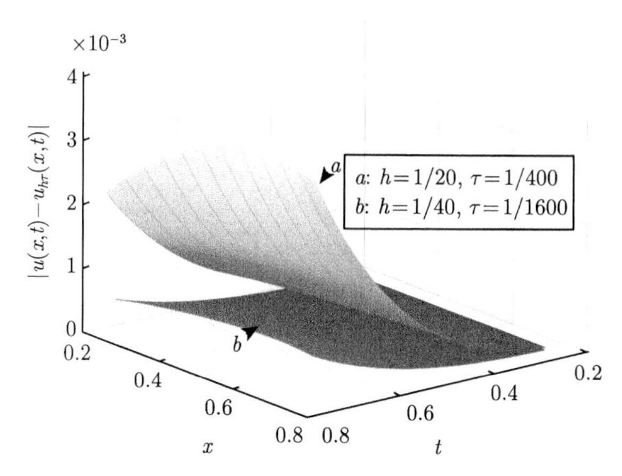

图 6.3 算例 6.3 不同步长数值解的误差曲面 ($\gamma = 1.9$, $\alpha = 0.9$)

6.6 小结与拓展

文献 [19–21] 运用不同技巧严格证明了 L1 公式具有 $2-\alpha$ 阶数值精度. 6.2 节中的证明取自 [20,21]. 6.3 节和 6.4 节的内容取自 [19], 6.5 节的内容取自 [22]. 时间分数阶慢扩散方程初边值问题和时间分数阶波方程初边值问题还可以用 L2-1_σ 方法求解, 可以参考文献 [23, 24]. 对分数阶微分方程的差分方法感兴趣的读者可以阅读 [25].

对于问题(6.14), 设其解 $u \in C^{(2,1)}([0,L]\times[0,T])$, 则有 $\lim\limits_{t\to 0+} {}_0^C D_t^\alpha u(x,t) = 0$. 在(6.14a)两边令 $t \to 0+$, 可得 $\varphi(x)$ 和 $f(x,0)$ 需要满足如下必要条件:

$$\begin{cases} -\varphi''(x) = f(x,0), \quad 0 < x < L, \\ \varphi(0) = \mu(0), \quad \varphi(L) = \nu(0). \end{cases}$$

已知 $f(x,0)$, 则由上式可唯一确定 $\varphi(x)$. 反过来, 由 $\varphi(x)$ 可确定 $f(x,0)$. 可见 $\varphi(x)$ 和 $f(x,0)$ 并非独立.

对于问题 (6.22), 若其解 $u \in C^{(2,2)}([0,L]\times[0,T])$, 则有 $\lim\limits_{t\to 0+} {}_0^C D_t^\gamma u(x,t) = 0$. 在(6.22a)中令 $t \to 0+$, 可得 $\varphi(x)$ 和 $f(x,0)$ 满足如下必要条件:

$$\begin{cases} -\varphi''(x) = f(x,0), \quad 0 < x < L, \\ \varphi(0) = \mu(0), \quad \varphi(L) = \nu(0). \end{cases}$$

对于问题 (6.36), 若其解 $u \in C^{(2,2)}([0,L]\times[0,T])$, 则有 $\lim\limits_{t\to 0+} {}_0^C D_t^{\alpha} u(x,t)=0$, $\lim\limits_{t\to 0+} {}_0^C D_t^{\gamma} u(x,t)=0$. 在(6.36a)中令 $t\to 0+$, 可得 $\varphi(x)$ 和 $f(x,0)$ 满足如下必要条件:

$$\begin{cases} -\varphi''(x)=f(x,0), & x\in(0,L), \\ \varphi(0)=\mu(0), & \varphi(L)=\nu(0). \end{cases}$$

如果 $u\in C^{(2,3)}([0,L]\times[0,T])$, 则 $\psi(x)$ 和 $f_t(x,0)$ 满足如下必要条件:

$$\begin{cases} -\psi''(x)=f_t(x,0), & x\in(0,L), \\ \psi(0)=\mu_t(0), & \psi(L)=\nu_t(0). \end{cases}$$

习 题 6

6.1 根据定义计算 ${}_a\mathbf{D}_t^{\alpha}(t-a)^p$ 和 ${}_a^C D_t^{\alpha}(t-a)^p$.

6.2 考虑

$${}_0^C D_t^{\gamma} f(t)|_{t=t_{k-\frac{1}{2}}}=\frac{1}{\Gamma(2-\gamma)}\int_{t_0}^{t_{k-\frac{1}{2}}} f''(t)(t_{k-\frac{1}{2}}-t)^{1-\gamma}\mathrm{d}t,\quad 1\leqslant k\leqslant n$$

的近似计算. 将其写成多个小区间上和的形式可得

$${}_0^C D_t^{\gamma} f(t)|_{t=t_{k-\frac{1}{2}}}=\frac{1}{\Gamma(2-\gamma)}\Big[\int_{t_0}^{t_{\frac{1}{2}}} f''(t)(t_{k-\frac{1}{2}}-t)^{1-\gamma}\mathrm{d}t+\sum_{l=1}^{k-1}\int_{t_{l-\frac{1}{2}}}^{t_{l+\frac{1}{2}}} f''(t)(t_{k-\frac{1}{2}}-t)^{1-\gamma}\mathrm{d}t\Big].$$

利用 $\big(t_0,f(t_0)\big)$, $\big(t_0,f'(t_0)\big)$, $\big(t_1,f(t_1)\big)$ 作 $f(t)$ 的二次 Hermite 插值多项式得到

$$H_{2,0}(t)=f(t_0)+f'(t_0)(t-t_0)+\frac{1}{\tau}\big(\delta_t f^{\frac{1}{2}}-f'(t_0)\big)(t-t_0)^2.$$

易知

$$H''_{2,0}(t)=\frac{2}{\tau}\big(\delta_t f^{\frac{1}{2}}-f'(t_0)\big). \tag{6.47}$$

利用三点 $\big(t_{k-1},f(t_{k-1})\big)$, $\big(t_k,f(t_k)\big)$, $\big(t_{k+1},f(t_{k+1})\big)$ 作 $f(t)$ 的二次 Newton 插值多项式

$$N_{2,k}(t)=f(t_{k-1})+\big(\delta_t f^{k-\frac{1}{2}}\big)(t-t_{k-1})+\frac{1}{2}\big(\delta_t^2 f^k\big)(t-t_{k-1})(t-t_k),$$

其中

$$\delta_t^2 f^k=\frac{1}{\tau}\big(\delta_t f^{k+\frac{1}{2}}-\delta_t f^{k-\frac{1}{2}}\big).$$

易知

$$N''_{2,k}(t)=\delta_t^2 f^k. \tag{6.48}$$

由(6.47)和(6.48)得到

$${}_0^CD_t^\gamma f(t)|_{t=t_{k-\frac{1}{2}}}$$

$$\approx\frac{1}{\Gamma(2-\gamma)}\left[\int_{t_0}^{t_{\frac{1}{2}}} H''_{2,0}(t)(t_{k-\frac{1}{2}}-t)^{1-\gamma}\mathrm{d}t+\sum_{l=1}^{k-1}\int_{t_{l-\frac{1}{2}}}^{t_{l+\frac{1}{2}}} N''_{2,l}(t)(t_{k-\frac{1}{2}}-t)^{1-\gamma}\mathrm{d}t\right]$$

$$=\frac{1}{\Gamma(2-\gamma)}\left[\int_{t_0}^{t_{\frac{1}{2}}} \frac{2}{\tau}\big(\delta_t f^{\frac{1}{2}}-f'(t_0)\big)(t_{k-\frac{1}{2}}-t)^{1-\gamma}\mathrm{d}t+\sum_{l=1}^{k-1}\int_{t_{l-\frac{1}{2}}}^{t_{l+\frac{1}{2}}}(\delta_t^2 f^l)(t_{k-\frac{1}{2}}-t)^{1-\gamma}\mathrm{d}t\right]$$

$$=\frac{1}{\Gamma(2-\gamma)}\left[\hat{b}_0^{(k,\gamma)}\delta_t f^{k-\frac{1}{2}}-\sum_{l=1}^{k-1}\left(\hat{b}_{k-l-1}^{(k,\gamma)}-\hat{b}_{k-l}^{(k,\gamma)}\right)\delta_t f^{l-\frac{1}{2}}-\hat{b}_{k-1}^{(k,\gamma)}f'(t_0)\right]. \tag{6.49}$$

(1) 写出 $\hat{b}_l^{(k,\gamma)}$ $(0\leqslant l\leqslant k-1)$ 的表达式.

(2) 证明公式(6.49)中的系数满足如下性质:

$$\hat{b}_0^{(k,\gamma)}>\hat{b}_1^{(k,\gamma)}>\hat{b}_2^{(k,\gamma)}>\cdots>\hat{b}_{k-1}^{(k,\gamma)}>0.$$

6.3 对于时间分数阶慢扩散方程初边值问题(6.14)建立如下空间紧差分格式

$$\begin{cases}\dfrac{\tau^{-\alpha}}{\Gamma(2-\alpha)}\mathcal{A}\Big[a_0^{(\alpha)}u_i^k-\displaystyle\sum_{l=1}^{k-1}\big(a_{k-l-1}^{(\alpha)}-a_{k-l}^{(\alpha)}\big)u_i^l-a_{k-1}^{(\alpha)}u_i^0\Big]=\delta_x^2u_i^k+\mathcal{A}f_i^k,\\ \qquad\qquad\qquad\qquad 1\leqslant i\leqslant m-1,\quad 1\leqslant k\leqslant n,\\ u_i^0=\varphi(x_i),\quad 1\leqslant i\leqslant m-1,\\ u_0^k=\mu(t_k),\quad u_m^k=\nu(t_k),\quad 0\leqslant k\leqslant n.\end{cases}$$

(1) 给出差分格式截断误差的表达式.

(2) 分析差分格式的唯一可解性.

(3) 分析差分格式对初值和右端函数的稳定性.

(4) 分析差分格式的收敛性.

6.4 对于时间分数阶波方程初边值问题(6.22)建立空间紧差分格式:

$$\begin{cases}\dfrac{\tau^{1-\gamma}}{\Gamma(3-\gamma)}\mathcal{A}\Big[b_0^{(\gamma)}\delta_tu_i^{k-\frac{1}{2}}-\displaystyle\sum_{l=1}^{k-1}(b_{k-l-1}^{(\gamma)}-b_{k-l}^{(\gamma)})\delta_tu_i^{l-\frac{1}{2}}-b_{k-1}^{(\gamma)}\psi_i\Big]=\delta_x^2u_i^{k-\frac{1}{2}}+\mathcal{A}f_i^{k-\frac{1}{2}},\\ \qquad\qquad\qquad\qquad 1\leqslant i\leqslant m-1,\quad 1\leqslant k\leqslant n,\\ u_i^0=\varphi(x_i),\quad 1\leqslant i\leqslant m-1,\\ u_0^k=\mu(t_k),\quad u_m^k=\nu(t_k),\quad 0\leqslant k\leqslant n.\end{cases}$$

(1) 给出差分格式截断误差的表达式.

(2) 分析差分格式的唯一可解性.

(3) 分析差分格式对初值和右端函数的稳定性.

(4) 分析差分格式的收敛性.

第 7 章　Schrödinger 方程的差分方法

7.1　Schrödinger 方程

Schrödinger方程奠定了近代量子力学的基础, 揭示了微观世界中物质运动的基本规律. Schrödinger方程在量子力学中的地位如同牛顿三定律之于经典力学、麦克斯韦方程之于电磁学. Schrödinger 方程在等离子物理、非线性光子学、水波及双分子动力学等领域也有重要应用.

考虑如下 Schrödinger 方程初边值问题

$$\begin{cases} \mathrm{i}u_t + u_{xx} + q|u|^2u = 0, \quad 0 < x < L, \quad 0 \leqslant t \leqslant T, & (7.1\text{a}) \\ u(x,0) = \varphi(x), \quad 0 \leqslant x \leqslant L, & (7.1\text{b}) \\ u(0,t) = 0, \quad u(L,t) = 0, \quad 0 < t \leqslant T, & (7.1\text{c}) \end{cases}$$

其中 q 为实常数, $\mathrm{i} = \sqrt{-1}$ 为虚数单位, $\varphi(x)$ 为复值函数, $\varphi(0) = \varphi(L) = 0, u(x,t)$ 为未知复函数. 问题 (7.1) 的解具有如下两个守恒律.

定理 7.1　设 $u(x,t)$ 为问题 (7.1) 的解. 记

$$Q(t) = \int_0^L |u(x,t)|^2 \mathrm{d}x, \quad E(t) = \int_0^L \left(|u_x(x,t)|^2 - \frac{q}{2}|u(x,t)|^4\right)\mathrm{d}x,$$

则

$$Q(t) = Q(0), \quad 0 \leqslant t \leqslant T, \tag{7.2}$$

$$E(t) = E(0), \quad 0 \leqslant t \leqslant T. \tag{7.3}$$

证明　(I) 在 (7.1a) 的两边同乘以 $\bar{u}(x,t)$, 并对 x 从 0 到 L 求积分, 得

$$\mathrm{i}\int_0^L u_t(x,t)\bar{u}(x,t)\mathrm{d}x + \int_0^L u_{xx}(x,t)\bar{u}(x,t)\mathrm{d}x + q\int_0^L |u(x,t)|^4\mathrm{d}x = 0. \tag{7.4}$$

利用边界条件 (7.1c), 有

$$\int_0^L u_{xx}(x,t)\bar{u}(x,t)\mathrm{d}x = \int_0^L \Big[(u_x(x,t)\bar{u}(x,t))_x - u_x(x,t)\bar{u}_x(x,t)\Big]\mathrm{d}x$$

$$= -\int_0^L |u_x(x,t)|^2 \mathrm{d}x.$$

在 (7.4) 的两边取虚部, 并注意到

$$\mathrm{Re}\{u_t(x,t)\bar{u}(x,t)\} = \left(\frac{1}{2}|u(x,t)|^2\right)_t,$$

有

$$\frac{\mathrm{d}}{\mathrm{d}t}\int_0^L \frac{1}{2}|u(x,t)|^2 \mathrm{d}x = 0.$$

因而 (7.2) 成立.

(II) 在 (7.1a) 的两边同乘以 $-\bar{u}_t(x,t)$, 并对 x 从 0 到 L 积分, 得

$$-\mathrm{i}\int_0^L |u_t(x,t)|^2 \mathrm{d}x - \int_0^L u_{xx}(x,t)\bar{u}_t(x,t)\mathrm{d}x - q\int_0^L |u(x,t)|^2 u(x,t)\bar{u}_t(x,t)\mathrm{d}x = 0. \tag{7.5}$$

利用 (7.1c) 有

$$\begin{aligned}
-\int_0^L u_{xx}(x,t)\bar{u}_t(x,t)\mathrm{d}x &= -\int_0^L [(u_x(x,t)\bar{u}_t(x,t))_x - u_x(x,t)\bar{u}_{xt}(x,t)]\mathrm{d}x \\
&= \int_0^L u_x(x,t)\bar{u}_{xt}(x,t)\mathrm{d}x.
\end{aligned}$$

对上式取实部, 得

$$\begin{aligned}
&-\mathrm{Re}\left\{\int_0^L u_{xx}(x,t)\bar{u}_t(x,t)\mathrm{d}x\right\} \\
=&\int_0^L \frac{\mathrm{d}}{\mathrm{d}t}\left(\frac{1}{2}|u_x(x,t)|^2\right)\mathrm{d}x = \frac{1}{2}\frac{\mathrm{d}}{\mathrm{d}t}\int_0^L |u_x(x,t)|^2 \mathrm{d}x.
\end{aligned}$$

在 (7.5) 的两边取实部并利用上式, 得

$$\frac{1}{2}\cdot\frac{\mathrm{d}}{\mathrm{d}t}\int_0^L |u_x(x,t)|^2 x - \frac{q}{4}\cdot\frac{\mathrm{d}}{\mathrm{d}t}\int_0^L |u(x,t)|^4 \mathrm{d}x = 0.$$

因而 (7.3) 成立.

定理证毕. □

当 $q \leqslant 0$ 时, 由 (7.3) 得

$$|u(\cdot,t)|_1^2 \leqslant E(0).$$

现考虑 $q > 0$. 由 (7.2) 及引理 1.1, 得到

$$\begin{aligned}\int_0^L |u(x,t)|^4 \mathrm{d}x &\leqslant \|u(\cdot,t)\|_\infty^2 \|u(\cdot,t)\|^2 \\ &\leqslant \left(\varepsilon|u(\cdot,t)|_1^2 + \frac{1}{4\varepsilon}\|u(\cdot,t)\|^2\right)\|u(\cdot,t)\|^2 \\ &= \left[\varepsilon|u(\cdot,t)|_1^2 + \frac{1}{4\varepsilon}Q(0)\right]Q(0).\end{aligned}$$

由 (7.3) 得到

$$|u(\cdot,t)|_1^2 = \frac{q}{2}\int_0^L |u(x,t)|^4 \mathrm{d}x + E(0) \leqslant \frac{q}{2}\left[\varepsilon|u(x,t)|_1^2 + \frac{1}{4\varepsilon}Q(0)\right]Q(0) + E(0).$$

当 $Q(0) = 0$ 时,

$$|u(\cdot,t)|_1^2 = 0.$$

当 $Q(0) \neq 0$ 时, 取 $\varepsilon = \dfrac{1}{qQ(0)}$, 则有

$$|u(\cdot,t)|_1^2 \leqslant \frac{q}{4\varepsilon}Q^2(0) + 2E(0) = \frac{1}{4}q^2Q^3(0) + 2E(0). \tag{7.6}$$

再次应用引理 1.1, 由 (7.6) 知

$$\|u(\cdot,t)\|_\infty^2 \leqslant \frac{L}{4}|u(\cdot,t)|_1^2 \leqslant \frac{L}{4}\left(\frac{1}{4}q^2Q^3(0) + 2E(0)\right).$$

本章记

$$c_0 = \max_{0\leqslant t\leqslant T} \|u(\cdot,t)\|_\infty. \tag{7.7}$$

7.2　二层非线性差分格式

将空间区间 $[0,L]$ 作 m 等分, 记 $h = L/m$, $x_j = jh, 0 \leqslant j \leqslant m$, $\Omega_h = \{x_j \,|\, 0 \leqslant j \leqslant m\}$. 将时间区间 $[0,T]$ 作 n 等分, 并记 $\tau = T/n$, $t_k = k\tau$, $0 \leqslant k \leqslant n$, $\Omega_\tau = \{t_k \mid 0 \leqslant k \leqslant n\}$.

记

$$\mathcal{W}_h = \left\{v \,|\, v = \{v_j \,|\, 0 \leqslant i \leqslant m\}\text{为 } \Omega_h \text{ 上的网格函数}; v_j \in \mathcal{C}, 0 \leqslant j \leqslant m\right\},$$

$$\mathring{\mathcal{W}}_h = \{v \,|\, v = \{v_j \,|\, 0 \leqslant j \leqslant m\} \in \mathcal{W}_h, \text{且} v_0 = v_m = 0\}.$$

设 $u,v\in\mathcal{W}_h$, 引进如下记号

$$(u,v)=h\left(\frac{1}{2}u_0\bar{v}_0+\sum_{j=1}^{m-1}u_j\bar{v}_j+\frac{1}{2}u_m\bar{v}_m\right),\quad \|u\|=\sqrt{(u,u)},$$

$$(\delta_x u,\delta_x v)=h\sum_{j=1}^{m}(\delta_x u_{j-\frac{1}{2}})(\delta_x\bar{v}_{j-\frac{1}{2}}),\quad \|\delta_x u\|=\sqrt{(\delta_x u,\delta_x u)},$$

$$\|u\|_p=\sqrt[p]{h\left(\frac{1}{2}|u_0|^p+\sum_{j=1}^{m-1}|u_j|^p+\frac{1}{2}|u_m|^p\right)},$$

$$\|u\|_\infty=\max_{0\leqslant j\leqslant m}|u_j|,\quad |u|_1=\|\delta_x u\|.$$

7.2.1 差分格式的建立

在点 $(x_j,t_{k+\frac{1}{2}})$ 处考虑方程 (7.1a), 有

$$\mathrm{i}u_t(x_j,t_{k+\frac{1}{2}})+u_{xx}(x_j,t_{k+\frac{1}{2}})+q|u(x_j,t_{k+\frac{1}{2}})|^2u(x_j,t_{k+\frac{1}{2}})=0,$$
$$1\leqslant j\leqslant m-1,\quad 0\leqslant k\leqslant n-1.$$

应用 Taylor 展开式及微分公式, 有

$$\mathrm{i}\delta_t U_j^{k+\frac{1}{2}}+\delta_x^2U_j^{k+\frac{1}{2}}+\frac{q}{2}(|U_j^k|^2+|U_j^{k+1}|^2)U_j^{k+\frac{1}{2}}=(R_1)_j^k,$$
$$1\leqslant j\leqslant m-1,\quad 0\leqslant k\leqslant n-1, \tag{7.8}$$

且存在正常数 c_1 使得

$$\begin{cases}|(R_1)_j^k|\leqslant c_1(\tau^2+h^2),\quad 1\leqslant j\leqslant m-1,\quad 0\leqslant k\leqslant n-1, & (7.9\mathrm{a})\\ |\delta_t(R_1)_j^{k+\frac{1}{2}}|\leqslant c_1(\tau^2+h^2),\quad 1\leqslant j\leqslant m-1,\quad 0\leqslant k\leqslant n-2. & (7.9\mathrm{b})\end{cases}$$

要得到(7.9b), 需要用到带积分余项的 Taylor 展开式.

注意到初边值条件 (7.1b)—(7.1c), 有

$$\begin{cases}U_j^0=\varphi(x_j),\quad 1\leqslant j\leqslant m-1,\\ U_0^k=0,\quad U_m^k=0,\quad 0\leqslant k\leqslant n.\end{cases} \tag{7.10}$$

在 (7.8) 中略去小量项 $(R_1)_j^k$, 并用 u_j^k 代替 U_j^k, 得到如下差分格式

$$\begin{cases} \mathrm{i}\delta_t u_j^{k+\frac{1}{2}} + \delta_x^2 u_j^{k+\frac{1}{2}} + \dfrac{q}{2}(|u_j^k|^2 + |u_j^{k+1}|^2)u_j^{k+\frac{1}{2}} = 0, \\ \qquad\qquad 1 \leqslant j \leqslant m-1, \quad 0 \leqslant k \leqslant n-1, & (7.11\mathrm{a}) \\ u_j^0 = \varphi(x_j), \quad 1 \leqslant j \leqslant m-1, & (7.11\mathrm{b}) \\ u_0^k = 0, \quad u_m^k = 0, \quad 0 \leqslant k \leqslant n. & (7.11\mathrm{c}) \end{cases}$$

7.2.2 差分格式解的守恒性和有界性

记

$$Q^k = h\sum_{j=1}^{m-1}|u_j^k|^2, \quad E^k = h\sum_{j=1}^{m}|\delta_x u_{j-\frac{1}{2}}^k|^2 - \frac{q}{2}h\sum_{j=1}^{m-1}|u_j^k|^4.$$

定理 7.2 设 $\{u_j^k \,|\, 0 \leqslant j \leqslant m, 0 \leqslant k \leqslant n\}$ 是差分格式 (7.11) 的解, 则有

$$Q^k = Q^0, \quad 1 \leqslant k \leqslant n, \tag{7.12}$$

$$E^k = E^0, \quad 1 \leqslant k \leqslant n. \tag{7.13}$$

证明 (I) 用 $u^{k+\frac{1}{2}}$ 与 (7.11a) 两边做内积, 得

$$\mathrm{i}(\delta_t u^{k+\frac{1}{2}}, u^{k+\frac{1}{2}}) + (\delta_x^2 u^{k+\frac{1}{2}}, u^{k+\frac{1}{2}}) + \frac{q}{2}h\sum_{j=1}^{m-1}(|u_j^k|^2 + |u_j^{k+1}|^2)|u_j^{k+\frac{1}{2}}|^2 = 0,$$

$$0 \leqslant k \leqslant n-1. \tag{7.14}$$

由 $u_0^{k+\frac{1}{2}} = 0, u_m^{k+\frac{1}{2}} = 0$, 得

$$(\delta_x^2 u^{k+\frac{1}{2}}, u^{k+\frac{1}{2}}) = -\|\delta_x u^{k+\frac{1}{2}}\|^2.$$

注意到

$$\mathrm{Re}\left\{(\delta_t u^{k+\frac{1}{2}}, u^{k+\frac{1}{2}})\right\} = \frac{1}{2\tau}(\|u^{k+1}\|^2 - \|u^k\|^2),$$

在 (7.14) 两边取虚部, 得

$$\frac{1}{2\tau}(\|u^{k+1}\|^2 - \|u^k\|^2) = 0, \quad 0 \leqslant k \leqslant n-1,$$

即

$$\|u^{k+1}\|^2 = \|u^k\|^2, \quad 0 \leqslant k \leqslant n-1.$$

因而 (7.12) 成立.

(II) 用 $-\delta_t u^{k+\frac{1}{2}}$ 与 (7.11a) 两边做内积, 得

$$-\mathrm{i}\|\delta_t u^{k+\frac{1}{2}}\|^2-(\delta_x^2 u^{k+\frac{1}{2}},\delta_t u^{k+\frac{1}{2}})-\frac{q}{2}h\sum_{j=1}^{m-1}(|u_j^k|^2+|u_j^{k+1}|^2)u_j^{k+\frac{1}{2}}\delta_t\bar{u}_j^{k+\frac{1}{2}}=0. \quad (7.15)$$

注意到 $\delta_t u_0^{k+\frac{1}{2}}=0,\delta_t u_m^{k+\frac{1}{2}}=0$, 有

$$\mathrm{Re}\left\{-(\delta_x^2 u^{k+\frac{1}{2}},\delta_t u^{k+\frac{1}{2}})\right\}=\mathrm{Re}\left\{h\sum_{j=1}^{m}(\delta_x u_{j-\frac{1}{2}}^{k+\frac{1}{2}})(\delta_x\delta_t\bar{u}_{j-\frac{1}{2}}^{k+\frac{1}{2}})\right\}=\frac{1}{2\tau}(|u^{k+1}|_1^2-|u^k|_1^2).$$

由 (7.15) 两边取实部, 可得

$$\frac{1}{2\tau}(|u^{k+1}|_1^2-|u^k|_1^2)-\frac{q}{2}\cdot\frac{1}{2\tau}\left(h\sum_{j=1}^{m-1}|u_j^{k+1}|^4-h\sum_{j=1}^{m-1}|u_j^k|^4\right)=0,\quad 0\leqslant k\leqslant n-1.$$

因而

$$|u^{k+1}|_1^2-\frac{q}{2}h\sum_{j=1}^{m-1}|u_j^{k+1}|^4=|u^k|_1^2-\frac{q}{2}h\sum_{j=1}^{m-1}|u_j^k|^4,\quad 0\leqslant k\leqslant n-1,$$

即 (7.13) 成立. □

定理 7.3 设 $\{u_j^k\,|\,0\leqslant j\leqslant m,0\leqslant k\leqslant n\}$ 为差分格式 (7.11) 的解, 则有

$$\|u^k\|_\infty^2\leqslant\frac{L}{2}\left(\frac{1}{8}q^2\|u^0\|^6+|u^0|_1^2-\frac{q}{2}\|u^0\|_4^4\right),\quad 1\leqslant k\leqslant n. \quad (7.16)$$

证明 由定理 7.2有

$$\|u^k\|^2=\|u^0\|^2,\quad 1\leqslant k\leqslant n, \quad (7.17)$$

$$|u^k|_1^2-\frac{q}{2}\|u^k\|_4^4=|u^0|_1^2-\frac{q}{2}\|u^0\|_4^4,\quad 1\leqslant k\leqslant n. \quad (7.18)$$

当 $q\leqslant 0$ 时, 由 (7.18), 有

$$|u^k|_1^2\leqslant|u^k|_1^2-\frac{q}{2}\|u^k\|_4^4=|u^0|_1^2-\frac{q}{2}\|u^0\|_4^4.$$

于是

$$\|u^k\|_\infty^2\leqslant\frac{L}{4}|u^k|_1^2\leqslant\frac{L}{4}\left(|u^0|_1^2-\frac{q}{2}\|u^0\|_4^4\right).$$

因而 (7.16) 成立.

当 $q > 0$ 时, 由 (7.18) 得

$$|u^k|_1^2 = |u^0|_1^2 - \frac{q}{2}\|u^0\|_4^4 + \frac{q}{2}\|u^k\|_4^4, \quad 1 \leqslant k \leqslant n. \tag{7.19}$$

易知

$$\|u^k\|_4^4 = h\sum_{i=1}^{m-1}|u_i^k|^4 \leqslant \|u^k\|_\infty^2\|u^k\|^2.$$

于是

$$\|u^k\|_4^4 \leqslant \left(\varepsilon|u^k|_1^2 + \frac{1}{4\varepsilon}\|u^k\|^2\right)\|u^k\|^2. \tag{7.20}$$

在 (7.19) 的右端利用 (7.20) 和(7.17)得

$$\begin{aligned}|u^k|_1^2 &\leqslant |u^0|_1^2 - \frac{q}{2}\|u^0\|_4^4 + \frac{q}{2}\left(\varepsilon|u^k|_1^2 + \frac{1}{4\varepsilon}\|u^k\|^2\right)\|u^k\|^2\\ &= |u^0|_1^2 - \frac{q}{2}\|u^0\|_4^4 + \frac{q}{2}\left(\varepsilon|u^k|_1^2 + \frac{1}{4\varepsilon}\|u^0\|^2\right)\|u^0\|^2.\end{aligned}$$

当 $\|u^0\|^2 = 0$ 时,

$$|u^k|_1^2 = 0.$$

当 $\|u^0\|^2 \neq 0$ 时, 取 $\varepsilon = 1/(q\,\|u^0\|^2)$, 有

$$|u^k|_1^2 \leqslant 2\left(\frac{1}{8}q^2\|u^0\|^6 + |u^0|_1^2 - \frac{q}{2}\|u^0\|_4^4\right).$$

因而

$$\|u^k\|_\infty^2 \leqslant \frac{L}{4}|u^k|_1^2 \leqslant \frac{L}{2}\left(\frac{1}{8}q^2\|u^0\|^6 + |u^0|_1^2 - \frac{q}{2}\|u^0\|_4^4\right), \quad 1 \leqslant k \leqslant n.$$

定理证毕. □

推论 7.1　设 $\{u_j^k\,|\,0 \leqslant j \leqslant m, 0 \leqslant k \leqslant n\}$ 为差分格式 (7.11) 的解, 则存在正常数 c_2 使得

$$\|u^k\|_\infty \leqslant c_2, \quad 1 \leqslant k \leqslant n. \tag{7.21}$$

7.2.3 差分格式解的存在性和唯一性

我们借助于下列 Browder 定理证明差分格式解的存在性.

定理 7.4 (Browder 定理 [26,27]) 设 $(H,(\cdot,\cdot))$ 是一个有限维内积空间, $\|\cdot\|$ 是导出范数算子, $\Pi: H\to H$ 是连续的. 进一步假设存在常数 $\alpha>0$, 对于任意的 $z\in H$, $\|z\|=\alpha$, 有 $\mathrm{Re}(\Pi(z),z)\geqslant 0$, 则存在 $z^*\in H$ 使得 $\Pi(z^*)=0$, 且 $\|z^*\|\leqslant\alpha$.

定理 7.5 (I) 差分格式 (7.11) 的解是存在的.

(II) 当 $\tau<1/(3c_2^2|q|)$ 时, 差分格式 (7.11) 的解是唯一的.

证明 当 $q=0$ 时, 差分格式(7.11)是线性方程组. 很容易证明它存在唯一解. 以下仅考虑 $q\neq 0$ 的情况.

(I) 设 $\{u_j^k\,|\,0\leqslant j\leqslant m\}$ 已经求出. 可将 (7.11) 改写为

$$\begin{cases}\mathrm{i}\,\dfrac{2}{\tau}(u_j^{k+\frac12}-u_j^k)+\delta_x^2u_j^{k+\frac12}+\dfrac{q}{2}(|u_j^k|^2+|2u_j^{k+\frac12}-u_j^k|^2)u_j^{k+\frac12}=0,\\ \qquad\qquad 1\leqslant j\leqslant m-1,\\ u_0^{k+\frac12}=0,\quad u_m^{k+\frac12}=0.\end{cases}\tag{7.22}$$

如果能求得 $\{u_j^{k+\frac12}\,|\,0\leqslant j\leqslant m\}$, 则

$$u_j^{k+1}=2u_j^{k+\frac12}-u_j^k,\quad 0\leqslant j\leqslant m.$$

令

$$w_j=u_j^{k+\frac12},\quad 0\leqslant j\leqslant m,$$

则由(7.22)得到关于 $\{w_j\,|\,0\leqslant j\leqslant m\}$ 的方程组

$$\begin{cases}\mathrm{i}\dfrac{2}{\tau}(w_j-u_j^k)+\delta_x^2w_j+\dfrac{q}{2}(|u_j^k|^2+|2w_j-u_j^k|^2)w_j=0,\quad 1\leqslant j\leqslant m-1, & (7.23\text{a})\\ w_0=0,\quad w_m=0. & (7.23\text{b})\end{cases}$$

可将 (7.23a) 改写为

$$\frac{2}{\tau}(w_j-u_j^k)-\mathrm{i}\delta_x^2w_j-\mathrm{i}\cdot\frac{q}{2}(|u_j^k|^2+|2w_j-u_j^k|^2)w_j=0,\quad 1\leqslant j\leqslant m-1.$$

作映射 $\Pi:\mathring{\mathcal{W}}_h\to\mathring{\mathcal{W}}_h$,

$$\Pi(w)_j=\begin{cases}\dfrac{2}{\tau}(w_j-u_j^k)-\mathrm{i}\delta_x^2w_j-\mathrm{i}\dfrac{q}{2}(|u_j^k|^2+|2w_j-u_j^k|^2)w_j, & 1\leqslant j\leqslant m-1,\\ 0, & j=0,m,\end{cases}$$

将 $\Pi(w)$ 和 w 做内积, 得

$$\begin{aligned}\big(\Pi(w),w\big)&=\frac{2}{\tau}\big((w,w)-(u^k,w)\big)-\mathrm{i}(\delta_x^2w,w)-\mathrm{i}\frac{q}{2}h\sum_{i=1}^{m-1}(|u_j^k|^2+|2w_j-u_j^k|^2)|w_j|^2\\&=\frac{2}{\tau}\big(\|w\|^2-(u^k,w)\big)+\mathrm{i}|w|_1^2-\mathrm{i}\cdot\frac{q}{2}h\sum_{i=1}^{m-1}(|u_j^k|^2+|2w_j-u_j^k|^2)|w_j|^2.\end{aligned}$$

因而

$$\mathrm{Re}\{\big(\Pi(w),w\big)\}=\frac{2}{\tau}\big(\|w\|^2-\mathrm{Re}(u^k,w)\big)\geqslant\frac{2}{\tau}\|w\|\big(\|w\|-\|u^k\|\big).$$

当 $\|w\|=\|u^k\|$ 时, $\mathrm{Re}\{(\Pi(w),w)\}\geqslant 0$.

由 Browder 定理 (定理 7.4) 知存在 $w^*\in\mathring{\mathcal{W}}_h$, $\|w^*\|\leqslant\|u^k\|$, 使得 $\Pi(w^*)=0$. 因而差分格式 (7.11) 存在解.

(II) 设 (7.23) 另有解 $v=\{v_j\,|\,0\leqslant j\leqslant m\}$, 即有 $v\in\mathring{\mathcal{W}}_h$ 使得

$$\begin{cases}\mathrm{i}\dfrac{2}{\tau}(v_j-u_j^k)+\delta_x^2v_j+\dfrac{q}{2}(|u_j^k|^2+|2v_j-u_j^k|^2)v_j=0,\quad 1\leqslant j\leqslant m-1,\\ v_0=0,\quad v_m=0.\end{cases}\tag{7.24}$$

记

$$\theta_j=w_j-v_j,\quad 0\leqslant j\leqslant m.$$

将 (7.23) 和 (7.24) 相减, 得

$$\begin{cases}\mathrm{i}\dfrac{2}{\tau}\theta_j+\delta_x^2\theta_j+\dfrac{q}{2}(|u_j^k|^2\theta_j+|2w_j-u_j^k|^2w_j-|2v_j-u_j^k|^2v_j)=0,\\ \qquad\qquad 1\leqslant j\leqslant m-1, & (7.25\mathrm{a})\\ \theta_0=0,\quad\theta_m=0. & (7.25\mathrm{b})\end{cases}$$

用 $\mathrm{i}\theta$ 与 (7.25a) 的两边做内积, 得

$$\frac{2}{\tau}\|\theta\|^2-\mathrm{i}(\delta_x^2\theta,\theta)-\mathrm{i}\cdot\frac{q}{2}h\sum_{j=1}^{m-1}|u_j^k|^2\cdot|\theta_j|^2-\mathrm{i}\frac{q}{2}h\sum_{j=1}^{m-1}(|2w_j-u_j^k|^2w_j-|2v_j-u_j^k|^2v_j)\bar{\theta}_j=0.\tag{7.26}$$

注意到

$$|2w_j-u_j^k|^2w_j-|2v_j-u_j^k|^2v_j$$

$$
\begin{aligned}
&=|2w_j-u_j^k|^2(w_j-v_j)+(|2w_j-u_j^k|^2-|2v_j-u_j^k|^2)v_j\\
&=|2w_j-u_j^k|^2\theta_j+[(2w_j-u_j^k)\overline{2w_j-u_j^k}-(2v_j-u_j^k)\overline{2v_j-u_j^k}]v_j\\
&=|2w_j-u_j^k|^2\theta_j+[2(w_j-v_j)\overline{2w_j-u_j^k}+(2v_j-u_j^k)\overline{2(w_j-v_j)}]v_j\\
&=|2w_j-u_j^k|^2\theta_j+2[\theta_j\overline{2w_j-u_j^k}+(2v_j-u_j^k)\bar{\theta}_j]v_j,
\end{aligned}
$$

在 (7.26) 两边取实部, 有

$$
\frac{2}{\tau}\|\theta\|^2\leqslant|q|h\sum_{j=1}^{m-1}\big(|\theta_j|^2|2w_j-u_j^k|+|2v_j-u_j^k|\cdot|\theta_j|^2\big)|v_j|\leqslant 6c_2^2|q|\cdot\|\theta\|^2.
$$

当 $\tau<1/(3c_2^2|q|)$ 时 $\|\theta\|^2=0$, 即 $\theta_j=0, 0\leqslant j\leqslant m$. 因而差分格式 (7.11) 是唯一可解的.

定理证毕. □

7.2.4 差分格式解的收敛性

定理 7.6 设 $\{U_j^k\,|\,0\leqslant j\leqslant m, 0\leqslant k\leqslant n\}$ 是问题 (7.1) 的解, $\{u_j^k\,|\,0\leqslant j\leqslant m, 0\leqslant k\leqslant n\}$ 是差分格式 (7.11) 的解. 记

$$
e_j^k=U_j^k-u_j^k,\quad 0\leqslant j\leqslant m,\quad 0\leqslant k\leqslant n.
$$

则存在常数 c_3 使得

$$
\|e^k\|\leqslant c_3(\tau^2+h^2),\quad 1\leqslant k\leqslant n.
$$

证明 将 (7.8) 和 (7.10) 与 (7.11) 相减, 得误差方程组

$$
\begin{cases}
\mathrm{i}\delta_t e_j^{k+\frac12}+\delta_x^2 e_j^{k+\frac12}+\dfrac{q}{2}\big[(|U_j^k|^2+|U_j^{k+1}|^2)U_j^{k+\frac12}-(|u_j^k|^2+|u_j^{k+1}|^2)u_j^{k+\frac12}\big]\\
=(R_1)_j^k,\quad 1\leqslant j\leqslant m-1,\quad 0\leqslant k\leqslant n-1, & (7.27\text{a})\\
e_j^0=0,\quad 1\leqslant j\leqslant m-1, & (7.27\text{b})\\
e_0^k=0,\quad e_m^k=0,\quad 0\leqslant k\leqslant n. & (7.27\text{c})
\end{cases}
$$

记

$$
G(U)_j^{k+\frac12}=(|U_j^k|^2+|U_j^{k+1}|^2)U_j^{k+\frac12}.
$$

用 $e^{k+\frac12}$ 与 (7.27a) 的两边做内积, 得到

$$
\mathrm{i}(\delta_t e^{k+\frac12},e^{k+\frac12})+(\delta_x^2 e^{k+\frac12},e^{k+\frac12})+\frac{q}{2}h\sum_{j=1}^{m-1}\Big[G(U)_j^{k+\frac12}-G(u)_j^{k+\frac12}\Big]\bar{e}_j^{k+\frac12}
$$

$$=\left((R_1)^k, e^{k+\frac{1}{2}}\right), \quad 0 \leqslant k \leqslant n-1. \tag{7.28}$$

注意到

$$(\delta_x^2 e^{k+\frac{1}{2}}, e^{k+\frac{1}{2}}) = -\|\delta_x e^{k+\frac{1}{2}}\|^2,$$

$$\begin{aligned}
&G(U)_j^{k+\frac{1}{2}} - G(u)_j^{k+\frac{1}{2}}\\
=&(|U_j^k|^2 + |U_j^{k+1}|^2)(U_j^{k+\frac{1}{2}} - u_j^{k+\frac{1}{2}}) + (|U_j^k|^2 + |U_j^{k+1}|^2 - |u_j^k|^2 - |u_j^{k+1}|^2)u_j^{k+\frac{1}{2}}\\
=&(|U_j^k|^2 + |U_j^{k+1}|^2)e_j^{k+\frac{1}{2}} + (e_j^k \bar{U}_j^k + u_j^k \bar{e}_j^k + e_j^{k+1}\bar{U}_j^{k+1} + u_j^{k+1}\bar{e}_j^{k+1})u_j^{k+\frac{1}{2}},
\end{aligned} \tag{7.29}$$

在 (7.28) 两边取虚部, 得到

$$\begin{aligned}
&\frac{1}{2\tau}(\|e^{k+1}\|^2 - \|e^k\|^2)\\
=&\mathrm{Im}\left\{-\frac{q}{2}h\sum_{j=1}^{m-1}(e_j^k \bar{U}_j^k + u_j^k \bar{e}_j^k + e_j^{k+1}\bar{U}_j^{k+1} + u_j^{k+1}\bar{e}_j^{k+1})u_j^{k+\frac{1}{2}}\bar{e}_j^{k+\frac{1}{2}} + \left((R_1)^k, e^{k+\frac{1}{2}}\right)\right\}\\
\leqslant&\frac{|q|}{2}h\sum_{j=1}^{m-1}(c_0|e_j^k| + c_2|e_j^k| + c_0|e_j^{k+1}| + c_2|e_j^{k+1}|)c_2|\bar{e}_j^{k+\frac{1}{2}}| + \|(R_1)^k\|\cdot\|e^{k+\frac{1}{2}}\|\\
\leqslant&\frac{|q|(c_0+c_2)c_2}{2}(\|e^k\| + \|e^{k+1}\|)\|e^{k+\frac{1}{2}}\| + \|(R_1)^k\|\cdot\|e^{k+\frac{1}{2}}\|\\
\leqslant&\frac{|q|(c_0+c_2)c_2}{2}(\|e^k\| + \|e^{k+1}\|)\cdot\frac{\|e^k\| + \|e^{k+1}\|}{2} + \|(R_1)^k\|\cdot\frac{\|e^k\| + \|e^{k+1}\|}{2},\\
&\qquad 0 \leqslant k \leqslant n-1.
\end{aligned}$$

当 $\frac{1}{2}(\|e^{k+1}\| + \|e^k\|) \neq 0$ 时, 两边同时约去 $\frac{1}{2}(\|e^{k+1}\| + \|e^k\|)$, 得到

$$\frac{1}{\tau}(\|e^{k+1}\| - \|e^k\|) \leqslant \frac{|q|}{2}(c_0+c_2)c_2(\|e^k\| + \|e^{k+1}\|) + \|(R_1)^k\|.$$

当 $\frac{1}{2}(\|e^{k+1}\| + \|e^k\|) = 0$ 时上式也成立. 于是

$$\left[1 - \frac{|q|}{2}(c_0+c_2)c_2\tau\right]\|e^{k+1}\| \leqslant \left[1 + \frac{|q|}{2}(c_0+c_2)c_2\tau\right]\|e^k\| + \tau\|(R_1)^k\|,$$

$$0 \leqslant k \leqslant n-1.$$

当 $\dfrac{|q|}{2}(c_0+c_2)c_2\tau \leqslant \dfrac{1}{3}$ 时, 注意到 (7.9a), 可得

$$\begin{aligned}\|e^{k+1}\| &\leqslant \left[1+\frac{3|q|}{2}(c_0+c_2)c_2\tau\right]\|e^k\|+\frac{3}{2}\tau\|(R_1)^k\| \\ &\leqslant \left[1+\frac{3|q|}{2}(c_0+c_2)c_2\tau\right]\|e^k\|+\frac{3}{2}\sqrt{L}c_1\tau(\tau^2+h^2), \quad 0\leqslant k\leqslant n-1.\end{aligned}$$

当 $q=0$ 时, 由

$$\|e^{k+1}\| \leqslant \|e^k\|+\sqrt{L}c_1\tau(\tau^2+h^2), \quad 0\leqslant k\leqslant n-1,$$

递推得到

$$\|e^k\| \leqslant \|e^0\|+\sqrt{L}c_1\, k\tau(\tau^2+h^2) \leqslant \sqrt{L}c_1 T(\tau^2+h^2), \quad 1\leqslant k\leqslant n.$$

当 $q\neq 0$ 时, 由 Gronwall 不等式 (引理 3.3) 得

$$\|e^k\| \leqslant \mathrm{e}^{\frac{3|q|}{2}(c_0+c_2)c_2T}\frac{\sqrt{L}c_1}{|q|(c_0+c_2)c_2}(\tau^2+h^2), \quad 1\leqslant k\leqslant n.$$

定理证毕. □

定理 7.7 设 $\{U_j^k\,|\,0\leqslant j\leqslant m, 0\leqslant k\leqslant n\}$ 是问题 (7.1) 的解, $\{u_j^k\,|\,0\leqslant j\leqslant m, 0\leqslant k\leqslant n\}$ 是差分格式 (7.11) 的解. 记

$$e_j^k=U_j^k-u_j^k, \quad 0\leqslant j\leqslant m, \quad 0\leqslant k\leqslant n,$$

则存在常数 c_4 使得

$$\left\|e^k\right\|_\infty \leqslant c_4(\tau^2+h^2), \quad 1\leqslant k\leqslant n. \tag{7.30}$$

证明 用 $-\delta_t e^{k+\frac{1}{2}}$ 与 (7.27a) 的两边做内积, 得

$$\begin{aligned}&-\mathrm{i}\|\delta_t e^{k+\frac{1}{2}}\|^2-(\delta_x^2 e^{k+\frac{1}{2}},\delta_t e^{k+\frac{1}{2}})-\frac{q}{2}h\sum_{j=1}^{m-1}\left[G(U)_j^{k+\frac{1}{2}}-G(u)_j^{k+\frac{1}{2}}\right]\delta_t\bar{e}_j^{k+\frac{1}{2}} \\ &=-\left((R_1)^k,\delta_t e^{k+\frac{1}{2}}\right), \quad 0\leqslant k\leqslant n-1.\end{aligned}$$

上式两边取实部, 可得

$$\frac{1}{2\tau}(|e^{k+1}|_1^2-|e^k|_1^2)=\mathrm{Re}\left\{\frac{q}{2}h\sum_{j=1}^{m-1}\left[G(U)_j^{k+\frac{1}{2}}-G(u)_j^{k+\frac{1}{2}}\right]\delta_t\bar{e}_j^{k+\frac{1}{2}}\right\}$$

$$+\mathrm{Re}\Big\{-\big((R_1)^k,\delta_t e^{k+\frac{1}{2}}\big)\Big\},\quad 0\leqslant k\leqslant n-1.\tag{7.31}$$

由 (7.27a) 可得

$$\delta_t e_j^{k+\frac{1}{2}}=\mathrm{i}\delta_x^2 e_j^{k+\frac{1}{2}}+\mathrm{i}\frac{q}{2}\big[G(U)_j^{k+\frac{1}{2}}-G(u)_j^{k+\frac{1}{2}}\big]-\mathrm{i}(R_1)_j^k.$$

于是(7.31)右边的第一项

$$\begin{aligned}
&\mathrm{Re}\Big\{\frac{q}{2}h\sum_{j=1}^{m-1}\big[G(U)_j^{k+\frac{1}{2}}-G(u)_j^{k+\frac{1}{2}}\big]\delta_t\bar{e}_j^{k+\frac{1}{2}}\Big\}\\
=&\frac{q}{2}\mathrm{Re}\Big\{h\sum_{j=1}^{m-1}\overline{G(U)_j^{k+\frac{1}{2}}-G(u)_j^{k+\frac{1}{2}}}\,\delta_t e_j^{k+\frac{1}{2}}\Big\}\\
=&\frac{q}{2}\mathrm{Re}\Big\{h\sum_{j=1}^{m-1}\overline{G(U)_j^{k+\frac{1}{2}}-G(u)_j^{k+\frac{1}{2}}}\,\Big[\mathrm{i}\delta_x^2 e_j^{k+\frac{1}{2}}+\mathrm{i}\frac{q}{2}\big[G(U)_j^{k+\frac{1}{2}}-G(u)_j^{k+\frac{1}{2}}\big]-\mathrm{i}(R_1)_j^k\Big]\Big\}\\
=&\frac{q}{2}\mathrm{Re}\Big\{h\sum_{j=1}^{m-1}\overline{G(U)_j^{k+\frac{1}{2}}-G(u)_j^{k+\frac{1}{2}}}\,\Big[\mathrm{i}\delta_x^2 e_j^{k+\frac{1}{2}}-\mathrm{i}(R_1)_j^k\Big]\Big\}\\
=&\frac{q}{2}\mathrm{Re}\Big\{\mathrm{i}h\sum_{j=1}^{m-1}\overline{G(U)_j^{k+\frac{1}{2}}-G(u)_j^{k+\frac{1}{2}}}\,\delta_x^2 e_j^{k+\frac{1}{2}}-\mathrm{i}h\sum_{j=1}^{m-1}\overline{G(U)_j^{k+\frac{1}{2}}-G(u)_j^{k+\frac{1}{2}}}\,(R_1)_j^k\Big\}\\
=&\frac{q}{2}\mathrm{Re}\Big\{-\mathrm{i}h\sum_{j=1}^{m}\overline{\delta_x\big(G(U^{k+\frac{1}{2}})-G(u^{k+\frac{1}{2}})\big)_{j-\frac{1}{2}}}\,\delta_x e_{j-\frac{1}{2}}^{k+\frac{1}{2}}\\
&-\mathrm{i}h\sum_{j=1}^{m-1}\overline{G(U)_j^{k+\frac{1}{2}}-G(u)_j^{k+\frac{1}{2}}}\,(R_1)_j^k\Big\}\\
\leqslant&\frac{|q|}{2}\Big(|G(U^{k+\frac{1}{2}})-G(u^{k+\frac{1}{2}})|_1\cdot|e^{k+\frac{1}{2}}|_1+\|G(U^{k+\frac{1}{2}})-G(u^{k+\frac{1}{2}})\|\cdot\|(R_1)^k\|\Big).
\end{aligned}\tag{7.32}$$

由 (7.29)、(7.7)和(7.21), 可得存在常数 c_5,c_6 使得

$$\|G(U^{k+\frac{1}{2}})-G(u^{k+\frac{1}{2}})\|\leqslant c_5(\|e^k\|+\|e^{k+1}\|),\tag{7.33}$$

$$|G(U^{k+\frac{1}{2}})-G(u^{k+\frac{1}{2}})|_1\leqslant c_6(\|e^k\|+\|e^{k+1}\|+|e^k|_1+|e^{k+1}|_1).\tag{7.34}$$

将 (7.33) 和 (7.34) 代入 (7.32) 可得

$$\mathrm{Re}\Big\{\frac{q}{2}h\sum_{j=1}^{m-1}\big[G(U)_j^{k+\frac{1}{2}}-G(u)_j^{k+\frac{1}{2}}\big]\delta_t\bar{e}_j^{k+\frac{1}{2}}\Big\}$$

$$\leqslant \frac{|q|}{2} \cdot \Big[c_6(\|e^k\| + \|e^{k+1}\| + |e^k|_1 + |e^{k+1}|_1) \cdot \frac{1}{2}(|e^k|_1 + |e^{k+1}|_1) + c_5(\|e^k\| + \|e^{k+1}\|)\|(R_1)^k\| \Big]. \tag{7.35}$$

将 (7.35) 代入 (7.31), 然后将 k 换为 l, 并对 l 从 0 到 k 求和, 得

$$\frac{1}{2\tau}|e^{k+1}|_1^2 \leqslant \sum_{l=0}^{k} \frac{|q|}{4} \Big[c_6(\|e^l\| + \|e^{l+1}\| + |e^l|_1 + |e^{l+1}|_1)(|e^l|_1 + |e^{l+1}|_1) + 2c_5(\|e^l\| + \|e^{l+1}\|)\|(R_1)^l\| \Big] + \mathrm{Re}\Big\{ -h\sum_{j=1}^{m-1}\sum_{l=0}^{k}(R_1)_j^l \delta_t \bar{e}_j^{l+\frac{1}{2}} \Big\},$$
$$0 \leqslant k \leqslant n-1. \tag{7.36}$$

现分析上式中的最后一项. 注意到

$$\begin{aligned}
&\sum_{l=0}^{k}(R_1)_j^l \delta_t \bar{e}_j^{l+\frac{1}{2}} \\
=&\sum_{l=0}^{k}(R_1)_j^l \frac{\bar{e}_j^{l+1} - \bar{e}_j^l}{\tau} \\
=&\frac{1}{\tau}\Big(\sum_{l=0}^{k}(R_1)_j^l \bar{e}_j^{l+1} - \sum_{l=-1}^{k-1}(R_1)_j^{l+1}\bar{e}_j^{l+1} \Big) \\
=&\frac{1}{\tau}\Big[(R_1)_j^k \bar{e}_j^{k+1} - \sum_{l=0}^{k-1}\big((R_1)_j^{l+1} - (R_1)_j^l\big)\bar{e}_j^{l+1} - (R_1)_j^0 \bar{e}_j^0 \Big] \\
=&\frac{1}{\tau}(R_1)_j^k \bar{e}_j^{k+1} - \sum_{l=0}^{k-1}\Big[\delta_t (R_1)_j^{l+\frac{1}{2}}\Big]\bar{e}_j^{l+1},
\end{aligned}$$

有

$$\begin{aligned}
&\mathrm{Re}\Big\{ -h\sum_{j=1}^{m-1}\sum_{l=0}^{k}(R_1)_j^l \delta_t \bar{e}_j^{l+\frac{1}{2}} \Big\} \\
=&\mathrm{Re}\Big\{ -h\sum_{j=1}^{m-1}\Big[\frac{1}{\tau}(R_1)_j^k \bar{e}_j^{k+1} - \sum_{l=0}^{k-1}\Big(\delta_t (R_1)_j^{l+\frac{1}{2}}\Big)\bar{e}_j^{l+1} \Big] \Big\} \\
\leqslant&\frac{1}{\tau}\|(R_1)^k\| \cdot \|e^{k+1}\| + \sum_{l=0}^{k-1}\|\delta_t (R_1)^{l+\frac{1}{2}}\| \cdot \|e^{l+1}\|.
\end{aligned} \tag{7.37}$$

将 (7.37) 代入 (7.36), 并将所得不等式两边同乘以 2τ, 得

$$
\begin{aligned}
|e^{k+1}|_1^2 \leqslant & 2\tau \sum_{l=0}^{k} \frac{|q|}{4} \Big[c_6(\|e^l\| + \|e^{l+1}\| + |e^l|_1 + |e^{l+1}|_1)(|e^l|_1 + |e^{l+1}|_1) \\
& + 2c_5(\|e^l\| + \|e^{l+1}\|)\|(R_1)^l\| \Big] + 2\|(R_1)^k\| \cdot \|e^{k+1}\| \\
& + 2\tau \sum_{l=0}^{k-1} \|\delta_t (R_1)^{l+\frac{1}{2}}\| \cdot \|e^{l+1}\|.
\end{aligned}
$$

应用 (7.9), 定理 7.6和引理 1.4, 得

$$
\begin{aligned}
|e^{k+1}|_1^2 \leqslant & 2\tau \sum_{l=0}^{k} \frac{|q|}{4} \left[c_6 \left(1 + \frac{L}{\sqrt{6}}\right) (|e^l|_1 + |e^{l+1}|_1)^2 + 4\sqrt{L} c_1 c_3 c_5 (\tau^2 + h^2)^2 \right] \\
& + 2\sqrt{L} c_1 (\tau^2 + h^2) c_3 (\tau^2 + h^2) + 2\tau \sum_{l=0}^{k-1} \sqrt{L} c_1 (\tau^2 + h^2) \cdot c_3 (\tau^2 + h^2), \\
& 0 \leqslant k \leqslant n-1.
\end{aligned}
$$

存在常数 c_7 使得

$$
|e^{k+1}|_1^2 \leqslant c_7 \tau \sum_{l=1}^{k} |e^l|_1^2 + c_7(\tau^2 + h^2)^2, \quad 0 \leqslant k \leqslant n-1.
$$

由 Gronwall 不等式 (引理 5.1) 及引理 1.4 可知 (7.30) 成立. □

7.2.5 数值算例

算例 7.1 应用差分格式 (7.11)计算如下初边值问题

$$
\begin{cases}
\mathrm{i} u_t + u_{xx} + 2|u|^2 u = 0, & 0 < x < 80, \quad 0 < t \leqslant 1, \\
u(x, 0) = \operatorname{sech}(x - 40) \exp(2\mathrm{i}(x - 40)), & 0 \leqslant x \leqslant 80, \\
u(0, t) = 0, \quad u(80, t) = 0, & 0 < t \leqslant 1.
\end{cases} \tag{7.38}
$$

该定解问题的精确解为 $u(x,t) = \operatorname{sech}(x - 4t - 40) \exp(2\mathrm{i}(x - 40) - 3\mathrm{i}t)$.

由定理 7.5的证明过程知, 需要求解方程组(7.23). 这是一个非线性方程组, 我们使用简单迭代法进行求解:

$$
\begin{cases}
\mathrm{i}\dfrac{2}{\tau}\left(w_j^{(l+1)} - u_j^k\right) + \delta_x^2 w_j^{(l+1)} + \dfrac{q}{2}\left(|u_j^k|^2 + |2w_j^{(l)} - u_j^k|^2\right) w_j^{(l+1)} = 0, & 1 \leqslant j \leqslant m-1, \\
w_0^{(l+1)} = 0, \quad w_m^{(l+1)} = 0,
\end{cases}
$$

直到满足 $\|w^{(l+1)}-w^{(l)}\|_\infty \leqslant 1\text{e}-8$, 其中 l 为迭代指标. 取初始迭代值

$$w_j^{(0)}=u_j^k,\quad 0\leqslant j\leqslant m.$$

当 $\{w_j\,|\,1\leqslant j\leqslant m-1\}$ 得到后, 令

$$u_j^{k+1}=2w_j-u_j^k,\quad 1\leqslant j\leqslant m-1.$$

表 7.1 和表 7.2 分别给出了取不同步长时由差分格式 (7.11)所得数值解的最大误差

$$E_\infty(h,\tau)=\max_{0\leqslant k\leqslant n,0\leqslant j\leqslant m}\left|u(x_j,t_k)-u_j^k\right|.$$

表 7.1 算例 7.1 取不同空间步长时数值解的最大误差 ($\tau=1/1600$)

h	$E_\infty(h,\tau)$	$E_\infty(2h,\tau)/E_\infty(h,\tau)$
1/5	1.394626e−01	
1/10	3.350696e−02	4.1622
1/20	8.292061e−03	4.0408
1/40	2.070994e−03	4.0039

表 7.2 算例 7.1 取不同时间步长时数值解的最大误差 ($h=1/400$)

τ	$E_\infty(h,\tau)$	$E_\infty(h,2\tau)/E_\infty(h,\tau)$
1/20	3.465874e−02	
1/40	8.494186e−03	4.0803
1/80	2.124567e−03	3.9981
1/160	5.428168e−04	3.9140

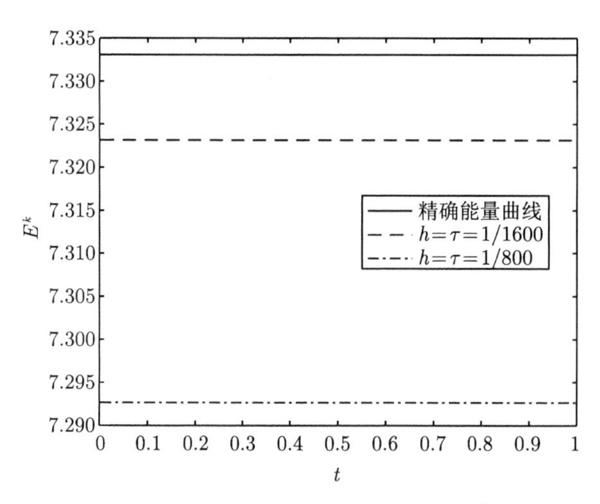

图 7.1 算例 7.1差分格式(7.11)的守恒量 E^k 的曲线

从表 7.1 可以看出, 当步长 h 缩小到原来的 1/2 时, 最大误差约缩小到原来的 1/4. 从表 7.2 可以看出, 当步长 τ 缩小到原来的 1/2 时, 最大误差约缩小到原来的 1/4. 图 7.1 给出了定理 7.2 中的守恒量 E^k 的曲线.

7.3　三层线性化差分格式

7.3.1　差分格式的建立

在点 $(x_j, t_{\frac{1}{2}})$ 处考虑方程 (7.1a), 有

$$\mathrm{i}u_t(x_j,t_{\frac{1}{2}})+u_{xx}(x_j,t_{\frac{1}{2}})+q|u(x_j,t_{\frac{1}{2}})|^2u(x_j,t_{\frac{1}{2}})=0,\quad 1\leqslant j\leqslant m-1.$$

由微分公式可得

$$\mathrm{i}\delta_t U_j^{\frac{1}{2}}+\delta_x^2U_j^{\frac{1}{2}}+q|\hat{u}_j|^2U_j^{\frac{1}{2}}=(R_2)_j^0,\quad 1\leqslant j\leqslant m-1,\tag{7.39}$$

其中

$$\hat{u}_j=u(x_j,0)+\frac{\tau}{2}u_t(x_j,0),\quad 1\leqslant j\leqslant m-1,$$

且存在常数 c_8 使得

$$|(R_2)_j^0|\leqslant c_8(\tau^2+h^2),\quad 1\leqslant j\leqslant m-1.\tag{7.40}$$

在结点 (x_j, t_k) 处考虑方程 (7.1a), 有

$$\mathrm{i}u_t(x_j,t_k)+u_{xx}(x_j,t_k)+q|u(x_j,t_k)|^2u(x_j,t_k)=0,\quad 1\leqslant j\leqslant m-1,\quad 1\leqslant k\leqslant n-1.$$

由微分公式可得

$$\mathrm{i}\Delta_t U_j^k+\delta_x^2U_j^{\bar{k}}+q|U_j^k|^2U_j^{\bar{k}}=(R_2)_j^k,\quad 1\leqslant j\leqslant m-1,\quad 1\leqslant k\leqslant n-1,\tag{7.41}$$

且存在常数 c_9 使得

$$\begin{cases}|(R_2)_j^k|\leqslant c_9(\tau^2+h^2), & 1\leqslant j\leqslant m-1,\quad 1\leqslant k\leqslant n-1,\\ |\Delta_t(R_2)_j^k|\leqslant c_9(\tau^2+h^2), & 1\leqslant j\leqslant m-1,\quad 2\leqslant k\leqslant n-2.\end{cases}\tag{7.42}$$

注意到初边值条件 (7.1b)—(7.1c), 有

$$\begin{cases}U_j^0=\varphi(x_j), & 1\leqslant j\leqslant m-1,\\ U_0^k=0,\quad U_m^k=0, & 0\leqslant k\leqslant n.\end{cases}\tag{7.43}$$

在 (7.39) 和 (7.41) 中略去小量项 $(R_2)_j^0$ 和 $(R_2)_j^k$, 对问题 (7.1) 建立如下线性化差分格式

$$
\begin{cases}
\mathrm{i}\delta_t u_j^{\frac{1}{2}} + \delta_x^2 u_j^{\frac{1}{2}} + q|\hat{u}_j|^2 u_j^{\frac{1}{2}} = 0, \quad 1 \leqslant j \leqslant m-1, & (7.44\mathrm{a}) \\
\mathrm{i}\Delta_t u_j^k + \delta_x^2 u_j^{\bar{k}} + q|u_j^k|^2 u_j^{\bar{k}} = 0, \quad 1 \leqslant j \leqslant m-1, \quad 1 \leqslant k \leqslant n-1, & (7.44\mathrm{b}) \\
u_j^0 = \varphi(x_j), \quad 1 \leqslant j \leqslant m-1, & (7.44\mathrm{c}) \\
u_0^k = 0, \quad u_m^k = 0, \quad 0 \leqslant k \leqslant n. & (7.44\mathrm{d})
\end{cases}
$$

7.3.2 差分格式解的守恒性和有界性

定理 7.8 设 $\{u_j^k \,|\, 0 \leqslant j \leqslant m, 0 \leqslant k \leqslant n\}$ 为差分格式 (7.44) 的解. 记

$$
E^k = \frac{1}{2}(|u^{k+1}|_1^2 + |u^k|_1^2) - \frac{q}{2}h\sum_{j=1}^{m-1}|u_j^k|^2 \cdot |u_j^{k+1}|^2, \quad 0 \leqslant k \leqslant n-1,
$$

则有

$$
\|u^k\|^2 = \|u^0\|^2, \quad 1 \leqslant k \leqslant n, \tag{7.45}
$$

$$
\frac{1}{2}(|u^1|_1^2 + |u^0|_1^2) - \frac{q}{2}h\sum_{j=1}^{m-1}|\hat{u}_j|^2|u_j^1|^2 = |u^0|_1^2 - \frac{q}{2}h\sum_{j=1}^{m-1}|\hat{u}_j|^2|u_j^0|^2, \tag{7.46}
$$

$$
E^k = E^0, \quad 1 \leqslant k \leqslant n-1. \tag{7.47}
$$

证明 (I) 用 $u^{\frac{1}{2}}$ 与 (7.44a) 的两边做内积, 得到

$$
\mathrm{i}(\delta_t u^{\frac{1}{2}}, u^{\frac{1}{2}}) + (\delta_x^2 u^{\frac{1}{2}}, u^{\frac{1}{2}}) + qh\sum_{j=1}^{m-1}|\hat{u}_j|^2|u_j^{\frac{1}{2}}|^2 = 0. \tag{7.48}
$$

注意到 $u_0^{\frac{1}{2}} = 0, u_m^{\frac{1}{2}} = 0$, 有

$$
(\delta_x^2 u^{\frac{1}{2}}, u^{\frac{1}{2}}) = -|u^{\frac{1}{2}}|_1^2.
$$

在 (7.48) 两边取虚部, 得到

$$
\frac{1}{2\tau}(\|u^1\|^2 - \|u^0\|^2) = 0,
$$

即

$$
\|u^1\|^2 = \|u^0\|^2. \tag{7.49}
$$

用 $u^{\bar{k}}$ 与 (7.44b) 的两边做内积, 得到

$$\mathrm{i}(\Delta_t u^k, u^{\bar{k}}) + (\delta_x^2 u^{\bar{k}}, u^{\bar{k}}) + qh\sum_{j=1}^{m-1}|u_j^k|^2|u_j^{\bar{k}}|^2 = 0. \tag{7.50}$$

注意到 $u_0^{\bar{k}} = 0, u_m^{\bar{k}} = 0$, 有

$$(\delta_x^2 u^{\bar{k}}, u^{\bar{k}}) = -|u^{\bar{k}}|_1^2.$$

在 (7.50) 两边取虚部, 有

$$\frac{1}{4\tau}(\|u^{k+1}\|^2 - \|u^{k-1}\|^2) = 0, \quad 1 \leqslant k \leqslant n-1,$$

即

$$\|u^{k+1}\|^2 = \|u^{k-1}\|^2, \quad 1 \leqslant k \leqslant n-1. \tag{7.51}$$

综合 (7.49) 和 (7.51) 可得 (7.45).

(II) 用 $-\delta_t u^{\frac{1}{2}}$ 与 (7.44a) 的两边做内积, 得到

$$-\mathrm{i}\|\delta_t u^{\frac{1}{2}}\|^2 - (\delta_x^2 u^{\frac{1}{2}}, \delta_t u^{\frac{1}{2}}) - qh\sum_{j=1}^{m-1}|\hat{u}_j|^2 u_j^{\frac{1}{2}}\delta_t \bar{u}_j^{\frac{1}{2}} = 0. \tag{7.52}$$

注意到 $\delta_t u_0^{\frac{1}{2}} = 0, \delta_t u_m^{\frac{1}{2}} = 0$, 有

$$-(\delta_x^2 u^{\frac{1}{2}}, \delta_t u^{\frac{1}{2}}) = h\sum_{j=0}^{m-1}(\delta_x u_{j+\frac{1}{2}}^{\frac{1}{2}})(\delta_t\delta_x \bar{u}_{j+\frac{1}{2}}^{\frac{1}{2}}).$$

在 (7.52) 两边取实部, 得

$$\frac{1}{2\tau}(|u^1|_1^2 - |u^0|_1^2) - qh\sum_{j=1}^{m-1}|\hat{u}_j|^2 \cdot \frac{1}{2\tau}(|u_j^1|^2 - |u_j^0|^2) = 0,$$

即

$$\frac{1}{2}(|u^1|_1^2 + |u^0|_1^2) - \frac{q}{2}h\sum_{j=1}^{m-1}|\hat{u}_j|^2|u_j^1|^2 = |u^0|_1^2 - \frac{q}{2}h\sum_{j=1}^{m-1}|\hat{u}_j|^2|u_j^0|^2.$$

因而 (7.46) 成立.

用 $-\Delta_t u^k$ 与 (7.44b) 的两边做内积, 得到

$$-\mathrm{i}\,\|\Delta_t u^k\|^2-\left(\delta_x^2 u^{\bar{k}},\Delta_t u^k\right)-qh\sum_{j=1}^{m-1}|u_j^k|^2 u_j^{\bar{k}}\Delta_t\bar{u}_j^k=0.$$

将上式两边取实部, 可得

$$\frac{1}{4\tau}(|u^{k+1}|_1^2-|u^{k-1}|_1^2)-qh\sum_{j=1}^{m-1}|u_j^k|^2\cdot\frac{1}{4\tau}(|u_j^{k+1}|^2-|u_j^{k-1}|^2)=0,$$

于是

$$\begin{aligned}&\frac{1}{2}(|u^{k+1}|_1^2+|u^k|_1^2)-\frac{q}{2}h\sum_{j=1}^{m-1}|u_j^k|^2\cdot|u_j^{k+1}|^2\\=&\frac{1}{2}(|u^k|_1^2+|u^{k-1}|_1^2)-\frac{q}{2}h\sum_{j=1}^{m-1}|u_j^{k-1}|^2\cdot|u_j^k|^2,\quad 1\leqslant k\leqslant n-1.\end{aligned}$$

因而 (7.47) 成立.

定理证毕. □

推论 7.2 设 $\{u_j^k\,|\,0\leqslant j\leqslant m,0\leqslant k\leqslant n\}$ 为差分格式 (7.44) 的解, 则存在正常数 c_{10} 使得

$$\|u^k\|_\infty\leqslant c_{10},\quad 1\leqslant k\leqslant n. \tag{7.53}$$

7.3.3 差分格式解的存在性和唯一性

定理 7.9 差分格式 (7.44) 是唯一可解的.

证明 记

$$u^k=(u_0^k,u_1^k,\cdots,u_{m-1}^k,u_m^k).$$

(I) 由(7.44c)和(7.44d)知 u^0 已给定.

(II) 差分格式 (7.44a) 和 (7.44d) 是关于 u^1 的线性方程组. 考虑其齐次方程组

$$\begin{cases}\mathrm{i}\dfrac{1}{\tau}u_j^1+\dfrac{1}{2}\delta_x^2u_j^1+\dfrac{1}{2}q|\hat{u}_j|^2u_j^1=0,\quad 1\leqslant j\leqslant m-1, & (7.54\mathrm{a})\\ u_0^1=0,\quad u_m^1=0. & (7.54\mathrm{b})\end{cases}$$

用 u^1 与 (7.54a) 的两边做内积, 利用分部求和公式并注意到 (7.54b), 然后取虚部, 得

$$\|u^1\|^2=0,$$

即

$$u_j^1 = 0, \quad 0 \leqslant j \leqslant m.$$

因而差分格式唯一确定第 1 层的值 u^1.

(III) 设 u^{k-1} 和 u^k 已求得, 则由 (7.44b) 和 (7.44d) 可得关于 u^{k+1} 的线性方程组. 考虑其齐次方程组

$$\begin{cases} \mathrm{i} \cdot \dfrac{1}{2\tau} u_j^{k+1} + \dfrac{1}{2}\delta_x^2 u_j^{k+1} + \dfrac{q}{2}|u_j^k|^2 u_j^{k+1} = 0, \quad 1 \leqslant j \leqslant m-1, & (7.55\text{a}) \\ u_0^{k+1} = 0, \quad u_m^{k+1} = 0. & (7.55\text{b}) \end{cases}$$

用 u^{k+1} 与 (7.55a) 的两边做内积, 用分部求和公式, 并注意到(7.55b), 然后取虚部, 可得

$$\frac{1}{2\tau}\|u^{k+1}\|^2 = 0.$$

因而

$$u_j^{k+1} = 0, \quad 0 \leqslant j \leqslant m.$$

于是 (7.44b) 和 (7.44d) 关于 u^{k+1} 有唯一解.

定理证毕. □

7.3.4 差分格式解的收敛性

定理 7.10 设 $\{U_j^k \,|\, 0 \leqslant j \leqslant m, 0 \leqslant k \leqslant n\}$ 为问题 (7.1) 的解, $\{u_j^k \,|\, 0 \leqslant j \leqslant m, 0 \leqslant k \leqslant n\}$ 为差分格式 (7.44) 的解. 记

$$e_j^k = U_j^k - u_j^k, \quad 0 \leqslant j \leqslant m, \quad 0 \leqslant k \leqslant n,$$

则存在常数 c_{11} 使得

$$\|e^k\| \leqslant c_{11}(\tau^2 + h^2), \quad 0 \leqslant k \leqslant n. \tag{7.56}$$

证明 将 (7.39)、(7.41) 和 (7.43) 与 (7.44) 相减, 可得误差方程组

$$\begin{cases} \mathrm{i}\delta_t e_j^{\frac{1}{2}} + \delta_x^2 e_j^{\frac{1}{2}} + q|\hat{u}_j|^2 e_j^{\frac{1}{2}} = (R_2)_j^0, \quad 1 \leqslant j \leqslant m-1, & (7.57\text{a}) \\ \mathrm{i}\Delta_t e_j^k + \delta_x^2 e_j^{\bar{k}} + q(|U_j^k|^2 U_j^{\bar{k}} - |u_j^k|^2 u_j^{\bar{k}}) = (R_2)_j^k, & \\ \qquad\qquad 1 \leqslant j \leqslant m-1, \quad 1 \leqslant k \leqslant n-1, & (7.57\text{b}) \\ e_j^0 = 0, \quad 1 \leqslant j \leqslant m-1, & (7.57\text{c}) \\ e_0^k = 0, \quad e_m^k = 0, \quad 0 \leqslant k \leqslant n. & (7.57\text{d}) \end{cases}$$

由 (7.57d) 可得

$$\begin{cases} e_0^{\frac{1}{2}} = 0, \quad e_m^{\frac{1}{2}} = 0, \\ e_0^{\bar{k}} = 0, \quad e_m^{\bar{k}} = 0, \quad 1 \leqslant k \leqslant n-1. \end{cases}$$

(I) 用 $e^{\frac{1}{2}}$ 与 (7.57a) 的两边求内积, 得

$$\mathrm{i}(\delta_t e^{\frac{1}{2}}, e^{\frac{1}{2}}) + (\delta_x^2 e^{\frac{1}{2}}, e^{\frac{1}{2}}) + qh\sum_{j=1}^{m-1} |\hat{u}_j|^2 |e_j^{\frac{1}{2}}|^2 = \big((R_2)^0, e^{\frac{1}{2}}\big). \tag{7.58}$$

注意到

$$(\delta_x^2 e^{\frac{1}{2}}, e^{\frac{1}{2}}) = -\|\delta_x e^{\frac{1}{2}}\|^2,$$

在 (7.58) 两边取虚部, 可得

$$\frac{1}{2\tau}(\|e^1\|^2 - \|e^0\|^2) = \mathrm{Im}\Big\{\big((R_2)^0, e^{\frac{1}{2}}\big)\Big\} \leqslant \|(R_2)^0\| \cdot \|e^{\frac{1}{2}}\|.$$

注意到(7.57c)和(7.57d), 有

$$\frac{1}{2\tau}\|e^1\|^2 \leqslant \|(R_2)^0\| \cdot \frac{1}{2}\|e^1\|.$$

于是

$$\|e^1\| \leqslant \tau\|(R_2)^0\| \leqslant \tau c_8\sqrt{L}(\tau^2 + h^2) \leqslant c_8\sqrt{L}(\tau^2 + h^2). \tag{7.59}$$

(II) 用 $e^{\bar{k}}$ 与 (7.57b) 的两边做内积, 得

$$\mathrm{i}(\Delta_t e^k, e^{\bar{k}}) + (\delta_x^2 e^{\bar{k}}, e^{\bar{k}}) + qh\sum_{j=1}^{m-1} (|U_j^k|^2 U_j^{\bar{k}} - |u_j^k|^2 u_j^{\bar{k}})\bar{e}_j^{\bar{k}} = \big((R_2)^k, e^{\bar{k}}\big). \tag{7.60}$$

注意到

$$\begin{aligned} &(\delta_x^2 e^{\bar{k}}, e^{\bar{k}}) = -\|\delta_x e^{\bar{k}}\|^2, \\ &(|U_j^k|^2 U_j^{\bar{k}} - |u_j^k|^2 u_j^{\bar{k}})\bar{e}_j^{\bar{k}} = \big[|U_j^k|^2 e_j^{\bar{k}} + (|U_j^k|^2 - |u_j^k|^2)u_j^{\bar{k}}\big]\bar{e}_j^{\bar{k}} \\ =&|U_j^k|^2|e_j^{\bar{k}}|^2 + \big(e_j^k\bar{U}_j^k + u_j^k\bar{e}_j^k\big)u_j^{\bar{k}}\bar{e}_j^{\bar{k}}. \end{aligned} \tag{7.61}$$

在 (7.60) 两边取虚部, 并利用(7.7)和(7.53), 可得

$$\frac{1}{4\tau}(\|e^{k+1}\|^2 - \|e^{k-1}\|^2)$$

$$
\begin{aligned}
&= - q\mathrm{Im}\left\{h\sum_{j=1}^{m-1}(e_j^k\bar{U}_j^k + u_j^k\bar{e}_j^k)u_j^{\bar{k}}\bar{e}_j^{\bar{k}}\right\} + \mathrm{Im}\left\{h\sum_{j=1}^{m-1}(R_2)_j^k\bar{e}_j^{\bar{k}}\right\}\\
&\leqslant |q|(c_0+c_{10})c_{10}\|e^k\|\cdot\|e^{\bar{k}}\| + \|(R_2)^k\|\cdot\|e^{\bar{k}}\|\\
&\leqslant \Big(|q|\big(c_0+c_{10}\big)c_{10}\|e^k\| + \|(R_2)^k\|\Big)\frac{\|e^{k+1}\|+\|e^{k-1}\|}{2}, \quad 1\leqslant k\leqslant n-1.
\end{aligned}
$$

由上式可得

$$
\begin{aligned}
&\frac{1}{2\tau}(\|e^{k+1}\| - \|e^{k-1}\|)\\
\leqslant& |q|(c_0+c_{10})c_{10}\|e^k\| + \|(R_2)^k\|\\
\leqslant& |q|(c_0+c_{10})c_{10}\|e^k\| + \sqrt{L}c_9(\tau^2+h^2), \quad 1\leqslant k\leqslant n-1,
\end{aligned}
$$

或

$$
\|e^{k+1}\| \leqslant \|e^{k-1}\| + 2|q|(c_0+c_{10})c_{10}\tau\|e^k\| + 2\sqrt{L}c_9\tau(\tau^2+h^2), \quad 1\leqslant k\leqslant n-1.
$$

由上式可得

$$
\begin{aligned}
\max\{\|e^{k+1}\|,\|e^k\|\} \leqslant& \Big[1+2|q|(c_0+c_{10})c_{10}\tau\Big]\max\{\|e^k\|,\|e^{k-1}\|\}\\
&+ 2\sqrt{L}c_9\tau(\tau^2+h^2), \quad 1\leqslant k\leqslant n-1.
\end{aligned}
$$

当 $q=0$ 时,

$$
\begin{aligned}
\max\{\|e^{k+1}\|,\|e^k\|\} \leqslant& \max\{\|e^1\|,\|e^0\|\} + 2\sqrt{L}c_9k\tau(\tau^2+h^2)\\
\leqslant& (c_8+2c_9T)\sqrt{L}(\tau^2+h^2), \quad 0\leqslant k\leqslant n-1.
\end{aligned}
$$

当 $q\neq 0$ 时, 由 Gronwall 不等式 (引理 3.3), 得到

$$
\begin{aligned}
&\max\{\|e^{k+1}\|,\|e^k\|\}\\
\leqslant& \mathrm{e}^{2|q|(c_0+c_{10})c_{10}T}\left[\max\{\|e^1\|,\|e^0\|\} + \frac{\sqrt{L}c_9}{|q|(c_0+c_{10})c_{10}}(\tau^2+h^2)\right]\\
\leqslant& \mathrm{e}^{2|q|(c_0+c_{10})c_{10}T}\left[c_8 + \frac{c_9}{|q|(c_0+c_{10})c_{10}}\right]\sqrt{L}(\tau^2+h^2), \quad 0\leqslant k\leqslant n-1.
\end{aligned}
$$

定理证毕. □

定理 7.11 设 $\{U_j^k\,|\,0\leqslant j\leqslant m, 0\leqslant k\leqslant n\}$ 为问题 (7.1) 的解, $\{u_j^k\,|\,0\leqslant j\leqslant m, 0\leqslant k\leqslant n\}$ 为差分格式 (7.44) 的解. 记

$$e_j^k = U_j^k - u_j^k,\quad 0\leqslant j\leqslant m,\quad 0\leqslant k\leqslant n,$$

则存在常数 c_{12} 使得

$$\left\|e^k\right\|_\infty \leqslant c_{12}(\tau^2+h^2),\quad 0\leqslant k\leqslant n.$$

证明 (I) 用 $-\delta_t e^{\frac{1}{2}}$ 与 (7.57a) 的两边做内积, 得

$$\mathrm{i}\|\delta_t e^{\frac{1}{2}}\|^2 - (\delta_x^2 e^{\frac{1}{2}}, \delta_t e^{\frac{1}{2}}) - qh\sum_{j=1}^{m-1}|\hat{u}_j|^2 e_j^{\frac{1}{2}}\delta_t \bar{e}_j^{\frac{1}{2}} = -\big((R_2)^0, \delta_t e^{\frac{1}{2}}\big). \tag{7.62}$$

注意到

$$-(\delta_x^2 e^{\frac{1}{2}}, \delta_t e^{\frac{1}{2}}) = h\sum_{j=1}^{m}(\delta_x e_{j-\frac{1}{2}}^{\frac{1}{2}})(\delta_t\delta_x \bar{e}_{j-\frac{1}{2}}^{\frac{1}{2}}),$$

取 (7.62) 的实部, 得

$$\frac{1}{2\tau}(|e^1|_1^2 - |e^0|_1^2) - qh\sum_{j=0}^{m-1}|\hat{u}_j|^2\frac{|e_j^1|^2-|e_j^0|^2}{2\tau} = \mathrm{Re}\left\{-\big((R_2)^0, \delta_t e^{\frac{1}{2}}\big)\right\}$$

$$\leqslant \|(R_2)^0\|\cdot\|\delta_t e^{\frac{1}{2}}\|.$$

再注意到

$$e_j^0 = 0,\quad 0\leqslant j\leqslant m,$$

有

$$\frac{1}{2\tau}|e^1|_1^2 - q\cdot\frac{1}{2\tau}h\sum_{j=0}^{m-1}|\hat{u}_j|^2|e_j^1|^2 \leqslant \frac{1}{\tau}\|(R_2)^0\|\cdot\|e^1\|.$$

两边同乘以 2τ, 得

$$|e^1|_1^2 \leqslant |q|h\sum_{j=0}^{m-1}|\hat{u}_j|^2|e_j^1|^2 + 2\|(R_2)^0\|\cdot\|e^1\|. \tag{7.63}$$

记

$$c_{13} = \max_{0\leqslant x\leqslant L}|u_t(x,0)|,$$

则

$$|\hat{u}_j| \leqslant c_0 + \frac{\tau}{2}c_{13} \leqslant c_0 + c_{13}, \quad 1 \leqslant j \leqslant m-1.$$

由 (7.63)、(7.40) 和 (7.59) 可得

$$\begin{aligned}|e^1|_1^2 &\leqslant |q|(c_0+c_{13})^2\|e^1\|^2 + 2\|(R_2)^0\|\cdot\|e^1\| \\ &\leqslant |q|(c_0+c_{13})^2[c_8\sqrt{L}(\tau^2+h^2)]^2 + 2\sqrt{L}c_8(\tau^2+h^2)c_8\sqrt{L}(\tau^2+h^2) \\ &= [|q|(c_0+c_{13})^2+2][c_8\sqrt{L}(\tau^2+h^2)]^2,\end{aligned}$$

即

$$|e^1|_1 \leqslant \sqrt{|q|(c_0+c_{13})^2+2}\,c_8\sqrt{L}(\tau^2+h^2). \tag{7.64}$$

(II) 用 $-\Delta_t e^k$ 和 (7.57b) 的两边做内积, 得到

$$\begin{aligned}&-\mathrm{i}\|\Delta_t e^k\|^2 - \left(\delta_x^2 e^{\bar{k}}, \Delta_t e^k\right) \\ =&qh\sum_{j=1}^{m-1}(|U_j^k|^2U_j^{\bar{k}} - |u_j^k|^2u_j^{\bar{k}})\Delta_t\bar{e}_j^k - h\sum_{j=1}^{m-1}(R_2)_j^k\Delta_t\bar{e}_j^k, \quad 1\leqslant k\leqslant n-1.\end{aligned} \tag{7.65}$$

对于 (7.65) 左端的第二项, 有

$$-\left(\delta_x^2 e^{\bar{k}}, \Delta_t e^k\right) = h\sum_{j=0}^{m-1}(\delta_x e^{\bar{k}}_{j+\frac{1}{2}})\Delta_t\delta_x\bar{e}^k_{j+\frac{1}{2}},$$

取实部, 有

$$\mathrm{Re}\left\{-h\sum_{j=1}^{m-1}(\delta_x^2 e_j^{\bar{k}})\Delta_t\bar{e}_j^k\right\} = \frac{1}{4\tau}(|e^{k+1}|_1^2 - |e^{k-1}|_1^2). \tag{7.66}$$

现在来分析 (7.65) 右端第一项.

由 (7.57b) 可得

$$\Delta_t e_j^k = \mathrm{i}\delta_x^2 e_j^{\bar{k}} + \mathrm{i}q\left(|U_j^k|^2U_j^{\bar{k}} - |u_j^k|^2u_j^{\bar{k}}\right) - \mathrm{i}(R_2)_j^k.$$

于是

$$\begin{aligned}&\mathrm{Re}\left\{qh\sum_{j=1}^{m-1}\left(|U_j^k|^2U_j^{\bar{k}} - |u_j^k|^2u_j^{\bar{k}}\right)\Delta_t\bar{e}_j^k\right\} \\ =&\mathrm{Re}\left\{qh\sum_{j=1}^{m-1}\overline{|U_j^k|^2U_j^{\bar{k}} - |u_j^k|^2u_j^{\bar{k}}}\,\Delta_t e_j^k\right\}\end{aligned}$$

$$=\mathrm{Re}\left\{qh\sum_{j=1}^{m-1}\overline{|U_j^k|^2U_j^{\bar{k}}-|u_j^k|^2u_j^{\bar{k}}}\left[\mathrm{i}\delta_x^2e_j^{\bar{k}}+\mathrm{i}q\big(|U_j^k|^2U_j^{\bar{k}}-|u_j^k|^2u_j^{\bar{k}}\big)-\mathrm{i}(R_2)_j^k\right]\right\}$$

$$=\mathrm{Re}\left\{qh\sum_{j=1}^{m-1}\overline{|U_j^k|^2U_j^{\bar{k}}-|u_j^k|^2u_j^{\bar{k}}}\left(\mathrm{i}\delta_x^2e_j^{\bar{k}}-\mathrm{i}(R_2)_j^k\right)\right\}.$$

注意到(7.61)、(7.7)和(7.53), 可知存在常数 c_{14} 使得

$$\mathrm{Re}\left\{qh\sum_{j=1}^{m-1}\big(|U_j^k|^2U_j^{\bar{k}}-|u_j^k|^2u_j^{\bar{k}}\big)\Delta_t\bar{e}_j^k\right\}$$
$$\leqslant c_{14}\big(\|e^{k-1}\|^2+\|e^k\|^2+\|e^{k+1}\|^2+|e^{k-1}|_1^2+|e^k|_1^2+|e^{k+1}|_1^2+\|(R_2)^k\|^2\big).\quad(7.67)$$

在 (7.65) 两边取实部, 并利用 (7.66) 和 (7.67), 得

$$\frac{1}{4\tau}(|e^{k+1}|_1^2-|e^{k-1}|_1^2)$$
$$\leqslant c_{14}\big(\|e^{k-1}\|^2+\|e^k\|^2+\|e^{k+1}\|^2+|e^{k-1}|_1^2+|e^k|_1^2+|e^{k+1}|_1^2+\|(R_2)^k\|^2\big)$$
$$+\mathrm{Re}\left\{-h\sum_{j=1}^{m-1}(R_2)_j^k\Delta_t\bar{e}_j^k\right\},\quad 1\leqslant k\leqslant n-1.$$

将上式中 k 换成 l, 并对 l 从 1 到 k 求和, 得

$$\frac{1}{4\tau}(|e^{k+1}|_1^2+|e^k|_1^2-|e^1|_1^2-|e^0|_1^2)$$
$$\leqslant c_{14}\sum_{l=1}^{k}\big(\|e^{l-1}\|^2+\|e^l\|^2+\|e^{l+1}\|^2+|e^{l-1}|_1^2+|e^l|_1^2+|e^{l+1}|_1^2+\|(R_2)^l\|^2\big)$$
$$+\mathrm{Re}\left\{-h\sum_{j=1}^{m-1}\sum_{l=1}^{k}(R_2)_j^l\Delta_t\bar{e}_j^l\right\},\quad 1\leqslant k\leqslant n-1.\quad(7.68)$$

注意到

$$\sum_{l=1}^{k}(R_2)_j^l\Delta_t\bar{e}_j^l$$
$$=\frac{1}{2\tau}\sum_{l=1}^{k}(R_2)_j^l(\bar{e}_j^{l+1}-\bar{e}_j^{l-1})$$

$$
\begin{aligned}
&=\frac{1}{2\tau}\left[\sum_{l=2}^{k+1}(R_2)_j^{l-1}\bar{e}_j^l-\sum_{l=0}^{k-1}(R_2)_j^{l+1}\bar{e}_j^l\right]\\
&=\frac{1}{2\tau}\left[(R_2)_j^k\bar{e}_j^{k+1}+(R_2)_j^{k-1}\bar{e}_j^k-\sum_{l=2}^{k-1}\Big((R_2)_j^{l+1}-(R_2)_j^{l-1}\Big)\bar{e}_j^l-(R_2)_j^2\bar{e}_j^1\right]\\
&=\frac{1}{2\tau}\left[(R_2)_j^k\bar{e}_j^{k+1}+(R_2)_j^{k-1}\bar{e}_j^k-2\tau\sum_{l=2}^{k-1}\left(\Delta_t(R_2)_j^l\right)\bar{e}_j^l-(R_2)_j^2\bar{e}_j^1\right],
\end{aligned}
$$

可得

$$
\begin{aligned}
&\left|h\sum_{j=1}^{m-1}\sum_{l=1}^{k-1}(R_2)_j^l\Delta_t\bar{e}_j^l\right|\\
=&\left|\frac{1}{2\tau}h\sum_{j=1}^{m-1}(R_2)_j^k\bar{e}_j^{k+1}+\frac{1}{2\tau}h\sum_{j=1}^{m-1}(R_2)_j^{k-1}\bar{e}_j^k\right.\\
&\left.-\sum_{l=2}^{k-1}h\sum_{j=1}^{m-1}\left(\Delta_t(R_2)_j^l\right)\bar{e}_j^l-\frac{1}{2\tau}\cdot h\sum_{j=1}^{m-1}(R_2)_j^2\bar{e}_j^1\right|\\
\leqslant&\frac{1}{2\tau}\|(R_2)^k\|\cdot\|e^{k+1}\|+\frac{1}{2\tau}\|(R_2)^{k-1}\|\cdot\|e^k\|\\
&+\sum_{l=2}^{k-1}\|\Delta_t(R_2)^l\|\cdot\|e^l\|+\frac{1}{2\tau}\|(R_2)^2\|\cdot\|e^1\|.
\end{aligned}\tag{7.69}
$$

将 (7.69) 代入 (7.68) 后, 两边同乘以 4τ, 得

$$
\begin{aligned}
&|e^{k+1}|_1^2+|e^k|_1^2-|e^1|_1^2-|e^0|_1^2\\
\leqslant&4c_{14}\tau\sum_{l=1}^{k}(\|e^{l-1}\|^2+\|e^l\|^2+\|e^{l+1}\|^2+|e^{l-1}|_1^2+|e^l|_1^2+|e^{l+1}|_1^2+\|(R_2)^l\|^2)\\
&+2\|(R_2)^k\|\cdot\|e^{k+1}\|+2\|(R_2)^{k-1}\|\cdot\|e^k\|+4\tau\sum_{l=2}^{k-1}\|\Delta_t(R_2)^l\|\cdot\|e^l\|\\
&+2\|(R_2)^2\|\cdot\|e^1\|,\quad 1\leqslant k\leqslant n-1.
\end{aligned}
$$

注意到

$$
2\|(R_2)^k\|\cdot\|e^{k+1}\|\leqslant\frac{3}{L^2}\|e^{k+1}\|^2+\frac{L^2}{3}\|(R_2)^k\|^2\leqslant\frac{1}{2}|e^{k+1}|_1^2+\frac{L^2}{3}\|(R_2)^k\|^2,
$$

$$2\|(R_2)^{k-1}\| \cdot \|e^k\| \leqslant \frac{3}{L^2}\|e^k\|^2 + \frac{L^2}{3}\|(R_2)^{k-1}\|^2 \leqslant \frac{1}{2}|e^k|_1^2 + \frac{L^2}{3}\|(R_2)^{k-1}\|^2,$$

$$2\|(R_2)^2\| \cdot \|e^1\| \leqslant \|(R_2)^2\|^2 + \|e^1\|^2,$$

以及 (7.56)、(7.64) 和 (7.42), 知存在常数 c_{15} 使得

$$\begin{aligned}&|e^{k+1}|_1^2 + |e^k|_1^2\\ \leqslant& c_{15}\tau\sum_{l=1}^{k}(|e^{l+1}|_1^2 + 2|e^l|_1^2 + |e^{l-1}|_1^2) + c_{14}(\tau^2+h^2)^2, \quad 1 \leqslant k \leqslant n-1.\end{aligned}$$

即

$$\begin{aligned}&(1-c_{15}\tau)(|e^{k+1}|_1^2 + |e^k|_1^2)\\ \leqslant& 2c_{15}\tau\sum_{l=0}^{k-1}(|e^{l+1}|_1^2 + |e^l|_1^2) + c_{15}(\tau^2+h^2)^2, \quad 1 \leqslant k \leqslant n-1,\end{aligned}$$

当 $c_{15}\tau \leqslant \dfrac{1}{3}$ 时

$$\begin{aligned}&|e^{k+1}|_1^2 + |e^k|_1^2\\ \leqslant& 3c_{15}\tau\sum_{l=0}^{k-1}(|e^{l+1}|_1^2 + |e^l|_1^2) + \frac{3}{2}c_{15}(\tau^2+h^2)^2, \quad 1 \leqslant k \leqslant n-1.\end{aligned}$$

由 Gronwall 不等式 (引理 5.1) 并注意到 (7.64), 得

$$\begin{aligned}&|e^{k+1}|_1^2 + |e^k|_1^2\\ \leqslant& \mathrm{e}^{3c_{15}k\tau}\left[|e^1|_1^2 + |e^0|_1^2 + \frac{3}{2}c_{14}(\tau^2+h^2)^2\right]\\ \leqslant& \mathrm{e}^{3c_{15}T}\left[\Big(|q|(c_0+c_{13})^2+2\Big)c_8^2L + \frac{3}{2}c_{15}\right](\tau^2+h^2)^2, \quad 1 \leqslant k \leqslant n-1.\end{aligned}$$

再注意到引理 1.4, 有

$$\|e^k\|_\infty \leqslant \frac{\sqrt{L}}{2}|e^k|_1 \leqslant \frac{\sqrt{L}}{2}\cdot \mathrm{e}^{\frac{3}{2}c_{15}T}\sqrt{\Big(|q|(c_0+c_{13})^2+2\Big)c_8^2L + \frac{3}{2}c_{15}}(\tau^2+h^2),$$

$1 \leqslant k \leqslant n.$

定理证毕. □

7.3.5 数值算例

算例 7.2 应用差分格式 (7.44)计算算例 7.1中的初边值问题(7.38) .

利用追赶法求解差分格式 (7.44).

表 7.3 和表 7.4 分别给出了取不同步长时所得数值解的最大误差

$$E_\infty(h,\tau)=\max_{0\leqslant k\leqslant n,0\leqslant j\leqslant m}\left|u(x_j,t_k)-u_j^k\right|.$$

表 7.3 算例 7.2 取不同空间步长时数值解的最大误差 ($\tau=1/1600$)

h	$E_\infty(h,\tau)$	$E_\infty(2h,\tau)/E_\infty(h,\tau)$
1/5	1.394862e−01	
1/10	3.352911e−02	4.1602
1/20	8.313797e−03	4.0329
1/40	2.092628e−03	3.9729

表 7.4 算例 7.2 取不同时间步长时数值解的最大误差 ($h=1/400$)

τ	$E_\infty(h,\tau)$	$E_\infty(h,2\tau)/E_\infty(h,\tau)$
1/20	2.041883e−01	
1/40	4.420347e−02	4.6193
1/80	1.083048e−02	4.0814
1/160	2.711934e−03	3.9936

从表 7.3可以看出, 当步长 h 缩小到原来的 1/2 时, 最大误差约缩小到原来的 1/4. 从表 7.4 可以看出, 当步长 τ 缩小到原来的 1/2 时, 最大误差约缩小到原来的 1/4. 图 7.2 给出了定理 7.8 中的守恒量 E^k 的曲线.

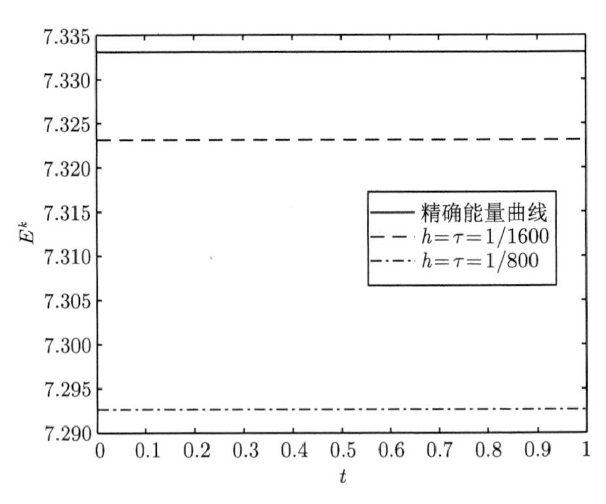

图 7.2 算例 7.2 差分格式 (7.44)的守恒量 E^k 的曲线

7.4 小结与拓展

本章对一维 Schrödinger 方程初边值问题建立了两个差分格式, 并作了相应的理论分析.

第一个差分格式是二层非线性差分格式: 证明了差分格式解满足两个能量守恒率, 给出了差分格式解的无穷模估计; 用 Browder 定理证明了差分格式解的存在性, 证明了差分格式解的唯一性, 证明了差分格式解在 2 范数和无穷范数下关于时间步长和空间步长均是二阶无条件收敛的. 本章综合了文献 [27,28] 的工作.

第二个差分格式是三层线性化差分格式: 证明了差分格式解满足两个能量守恒率, 给出了差分格式解的无穷模估计; 证明了差分格式的唯一可解性和收敛性.

王廷春、郭柏灵在文献 [29] 中对 Schrödinger 方程建立了二层非线性紧致差分格式和三层线性化紧致差分格式. 在文献 [30,31] 中作者建立了空间 5 点的两层非线性时间二阶空间四阶差分格式. 在文献 [30,31] 的基础上, 作者在文献 [32] 中建立了空间 5 点的三层线性化时间二阶空间四阶差分格式. 文献 [28,33,34] 考虑耦合 Schrödinger 方程组的差分方法. 文献 [35] 研究了二维 Schrödinger 方程周期边界值问题的差分方法.

习 题 7

7.1 将(7.44a)中的 $\hat{u}_j$ 用 u_j^0 替换, 对微分方程问题(7.1)建立如下差分格式

$$\begin{cases} \mathrm{i}\delta_t u_j^{\frac{1}{2}} + \delta_x^2 u_j^{\frac{1}{2}} + q|u_j^0|^2 u_j^{\frac{1}{2}} = 0, \quad 1 \leqslant j \leqslant m-1, \\ \mathrm{i}\Delta_t u_j^k + \delta_x^2 u_j^{\bar{k}} + q|u_j^k|^2 u_j^{\bar{k}} = 0, \quad 1 \leqslant j \leqslant m-1, \quad 1 \leqslant k \leqslant n-1, \\ u_j^0 = \varphi(x_j), \quad 1 \leqslant j \leqslant m-1, \\ u_0^k = 0, \quad u_m^k = 0, \quad 0 \leqslant k \leqslant n. \end{cases} \tag{7.70}$$

(1) 设 $\{u_j^k \,|\, 0 \leqslant j \leqslant m, 0 \leqslant k \leqslant n\}$ 为(7.70)的解. 记

$$E^k = \frac{1}{2}(|u^{k+1}|_1^2 + |u^k|_1^2) - \frac{q}{2}h\sum_{j=1}^{m-1}|u_j^k|^2 \cdot |u_j^{k+1}|^2, \quad 0 \leqslant k \leqslant n-1,$$

证明

$$E^k = |u^0|_1^2 - \frac{q}{2}h\sum_{j=1}^{m-1}|u_j^0|^4, \quad 0 \leqslant k \leqslant n-1.$$

(2) 记

$$e_j^k = u(x_j, t_k) - u_j^k, \quad 0 \leqslant j \leqslant m, \quad 0 \leqslant k \leqslant n.$$

证明存在常数 c_{16} 使得

$$\|e^k\| \leqslant c_{16}(\tau^2+h^2), \quad 1 \leqslant k \leqslant n.$$

7.2　设 $u(x,t)$ 为问题 Kuramoto-Tsuzuki 方程初边值问题

$$\begin{cases} u_t=(1+\mathrm{i}c_1)u_{xx}+u-(1+\mathrm{i}c_2)\,|u|^2u, \quad 0<x<L, \quad 0<t\leqslant T, \\ u(x,0)=\varphi(x), \quad 0\leqslant x\leqslant L, \\ u_x(0,t)=0, \quad u_x(L,t)=0, \quad 0<t\leqslant T \end{cases} \tag{7.71}$$

的解, 其中 c_1 和 c_2 为实常数, $\varphi(x)$, $u(x,t)$ 为复值函数, $\varphi_x(0)=\varphi_x(L)=0$. 证明

$$\int_0^L |u(x,t)|^2\mathrm{d}x \leqslant \mathrm{e}^{2t}\|\varphi\|^2, \quad 0<t\leqslant T.$$

7.3　对问题 (7.71) 建立如下两层非线性差分格式

$$\begin{cases} \delta_t u_0^{k+\frac12}=(1+\mathrm{i}c_1)\dfrac{2}{h}\delta_x u_{\frac12}^{k+\frac12}+u_0^{k+\frac12}-(1+\mathrm{i}c_2)\left|u_0^{k+\frac12}\right|^2u_0^{k+\frac12}, \\ \qquad 0\leqslant k\leqslant n-1, \\ \delta_t u_j^{k+\frac12}=(1+\mathrm{i}c_1)\delta_x^2u_j^{k+\frac12}+u_j^{k+\frac12}-(1+\mathrm{i}c_2)\left|u_j^{k+\frac12}\right|^2u_j^{k+\frac12}, \\ \qquad 1\leqslant j\leqslant m-1, \quad 0\leqslant k\leqslant n-1, \\ \delta_t u_m^{k+\frac12}=(1+\mathrm{i}c_1)\left(-\dfrac{2}{h}\delta_x u_{m-\frac12}^{k+\frac12}\right)+u_m^{k+\frac12}-(1+\mathrm{i}c_2)\left|u_m^{k+\frac12}\right|^2u_m^{k+\frac12}, \\ \qquad 0\leqslant k\leqslant n-1, \\ u_j^0=\varphi(x_j), \quad 0\leqslant j\leqslant m. \end{cases} \tag{7.72}$$

(1) 分析差分格式(7.72)的截断误差.

(2) 证明差分格式(7.72)的解是存在的.

(3) 证明差分格式(7.72)的解满足:

$$\|u^k\| \leqslant \mathrm{e}^{\frac32T}\|u^0\|, \quad 1\leqslant k\leqslant n,$$

其中

$$\|u^k\|=\sqrt{h\Big(\frac12|u_0^k|^2+\sum_{j=1}^{m-1}|u_j^k|^2+\frac12|u_m|^2\Big)}.$$

7.4 对问题 (7.71) 建立如下三层线性化差分格式

$$
\begin{cases}
\Delta_t u_0^k = (1+\mathrm{i}c_1)\dfrac{2}{h}\delta_x u_{\frac{1}{2}}^{\bar{k}} + u_0^{\bar{k}} - (1+\mathrm{i}c_2)|u_0^k|^2 u_0^{\bar{k}}, \quad 1 \leqslant k \leqslant n-1,\\
\Delta_t u_j^k = (1+\mathrm{i}c_1)\delta_x^2 u_j^{\bar{k}} + u_j^{\bar{k}} - (1+\mathrm{i}c_2)|u_j^k|^2 u_j^{\bar{k}}, \quad 1 \leqslant j \leqslant m-1, \quad 1 \leqslant k \leqslant n-1,\\
\Delta_t u_m^k = (1+\mathrm{i}c_1)\left(-\dfrac{2}{h}\delta_x u_{m-\frac{1}{2}}^{\bar{k}}\right) + u_m^{\bar{k}} - (1+\mathrm{i}c_2)|u_m^k|^2 u_m^{\bar{k}}, \quad 1 \leqslant k \leqslant n-1,\\
\delta_t u_0^{\frac{1}{2}} = (1+\mathrm{i}c_1)\dfrac{2}{h}\delta_x u_{\frac{1}{2}}^{\frac{1}{2}} + u_0^{\frac{1}{2}} - (1+\mathrm{i}c_2)|\hat{u}_0|^2 u_0^{\frac{1}{2}},\\
\delta_t u_j^{\frac{1}{2}} = (1+\mathrm{i}c_1)\delta_x^2 u_j^{\frac{1}{2}} + u_j^{\frac{1}{2}} - (1+\mathrm{i}c_2)|\hat{u}_j|^2 u_j^{\frac{1}{2}}, \quad 1 \leqslant j \leqslant m-1,\\
\delta_t u_m^{\frac{1}{2}} = (1+\mathrm{i}c_1)\left(-\dfrac{2}{h}\delta_x u_{m-\frac{1}{2}}^{\frac{1}{2}}\right) + u_m^{\frac{1}{2}} - (1+\mathrm{i}c_2)|\hat{u}_m|^2 u_m^{\frac{1}{2}},\\
u_j^0 = \varphi(x_j), \quad 0 \leqslant j \leqslant m,
\end{cases}
\tag{7.73}
$$

其中

$$
\hat{u}_j = \varphi(x_j) + \frac{\tau}{2}u_t(x_j,0), \quad 0 \leqslant j \leqslant m.
$$

(1) 分析差分格式的截断误差.

(2) 证明差分格式(7.73)的解满足如下关系式

$$
\begin{cases}
\|u^1\| \leqslant \dfrac{1+\tau}{1-\tau}\|u^0\|;\\
\|u^{k+1}\| \leqslant \dfrac{1+\tau}{1-\tau}\|u^{k-1}\|, \quad 1 \leqslant k \leqslant n-1.
\end{cases}
$$

(3) 证明差分格式(7.73)的解是存在唯一的.

第 8 章　Burgers 方程的差分方法

8.1　Burgers 方程

Burgers 方程是描述许多物理现象的模型方程, 如流体力学、非线性声学、气体动力学、交通流动力学问题. Burgers 方程也可以作为流体动力学 Navier-Stokes 方程的简化模型. 近年来, 求解 Burgers 方程的数值方法受到科研人员的广泛关注.

考虑一维非线性 Burgers 方程初边值问题

$$\begin{cases} u_t + uu_x = \nu u_{xx}, \quad 0 < x < L, \quad 0 < t \leqslant T, & (8.1\text{a}) \\ u(x,0) = \varphi(x), \quad 0 < x < L, & (8.1\text{b}) \\ u(0,t) = 0, \quad u(L,t) = 0, \quad 0 \leqslant t \leqslant T, & (8.1\text{c}) \end{cases}$$

其中 $\nu > 0$ 为动力黏性系数, $\varphi(x)$ 为给定函数, $\varphi(0) = \varphi(L) = 0$.

在介绍差分格式之前, 我们先用能量方法给出问题 (8.1) 解的先验估计式.

定理 8.1　设 $u(x,t)$ 为问题 (8.1) 的解. 记

$$E(t) = \int_0^L u^2(x,t)\mathrm{d}x + 2\nu \int_0^t \left[\int_0^L u_x^2(x,s)\mathrm{d}x\right] \mathrm{d}s,$$

则有

$$E(t) = E(0), \quad 0 < t \leqslant T.$$

证明　用 u 乘以 (8.1a) 的两边, 可得

$$\left(\frac{1}{2}u^2\right)_t + \left(\frac{1}{3}u^3\right)_x = \nu\big[(uu_x)_x - u_x^2\big].$$

将上式两边关于 x 在区间 $[0, L]$ 上积分, 并利用 (8.1c), 得到

$$\frac{1}{2}\frac{\mathrm{d}}{\mathrm{d}t}\int_0^L u^2(x,t)\mathrm{d}x + \nu \int_0^L u_x^2(x,t)\mathrm{d}x = 0.$$

可将上式写为

$$\frac{1}{2}\frac{\mathrm{d}}{\mathrm{d}t}\left\{\int_0^L u^2(x,t)\mathrm{d}x + 2\nu \int_0^t \left[\int_0^L u_x^2(x,s)\mathrm{d}x\right] \mathrm{d}s\right\} = 0,$$

即

$$\frac{\mathrm{d}E(t)}{\mathrm{d}t}=0,\quad 0<t\leqslant T.$$

因而

$$E(t)=E(0),\quad 0<t\leqslant T.$$

定理证毕. □

由定理 8.1可得如下推论.

推论 8.1 设 $u(x,t)$ 为问题 (8.1) 的解, 则有

$$\|u(\cdot,t)\|^2\leqslant E(t)=E(0)=\|\varphi\|^2. \tag{8.2}$$

定理 8.2 设 $u(x,t)$ 为问题 (8.1) 的解, 则有

$$|u(\cdot,t)|_1\leqslant\|\varphi'\|\mathrm{e}^{\frac{c^2}{2\nu}\left(\frac{1}{L}+\frac{c^2}{\nu^2}\right)t},\quad 0<t\leqslant T,$$

其中 $c=\|\varphi\|$.

证明 用 $-u_{xx}$ 和(8.1a)的两边做内积, 得到

$$\begin{aligned}&\frac{1}{2}\cdot\frac{\mathrm{d}}{\mathrm{d}t}\|u_x(\cdot,t)\|^2+\nu\|u_{xx}(\cdot,t)\|^2\\
=&\int_0^L u(x,t)u_x(x,t)u_{xx}(x,t)\mathrm{d}x\\
\leqslant&\|u_x(\cdot,t)\|_\infty\int_0^L\big|u(x,t)u_{xx}(x,t)\big|\mathrm{d}x\\
\leqslant&\|u_x(\cdot,t)\|_\infty\cdot\|u(\cdot,t)\|\cdot\|u_{xx}(\cdot,t)\|\\
\leqslant&c\|u_x(\cdot,t)\|_\infty\cdot\|u_{xx}(\cdot,t)\|\\
\leqslant&\frac{\nu}{2}\|u_{xx}(\cdot,t)\|^2+\frac{c^2}{2\nu}\|u_x(\cdot,t)\|_\infty^2\\
\leqslant&\frac{\nu}{2}\|u_{xx}(\cdot,t)\|^2+\frac{c^2}{2\nu}\left[\varepsilon\|u_{xx}(\cdot,t)\|^2+\left(\frac{1}{\varepsilon}+\frac{1}{L}\right)\|u_x(\cdot,t)\|^2\right],\end{aligned}$$

上式中的第三个不等式用到了推论 8.1, 最后一个不等式利用了引理 1.1. 取 $\varepsilon=\dfrac{\nu^2}{c^2}$ 可得

$$\frac{\mathrm{d}}{\mathrm{d}t}\|u_x(\cdot,t)\|^2\leqslant\frac{c^2}{\nu}\left(\frac{1}{L}+\frac{c^2}{\nu^2}\right)\|u_x(\cdot,t)\|^2,\quad 0<t\leqslant T.$$

应用 Gronwall 不等式, 有

$$|u(\cdot,t)|_1^2=\|u_x(\cdot,t)\|^2\leqslant\|u_x(\cdot,0)\|^2\mathrm{e}^{\frac{c^2}{\nu}\left(\frac{1}{L}+\frac{c^2}{\nu^2}\right)t}=\|\varphi'\|^2\mathrm{e}^{\frac{c^2}{\nu}\left(\frac{1}{L}+\frac{c^2}{\nu^2}\right)t},\quad 0<t\leqslant T.$$

定理证毕. □

由定理 8.2和引理 1.1 可得如下推论.

推论 8.2 设 $u(x,t)$ 为问题 (8.1) 的解, 则有

$$\|u(\cdot,t)\|_\infty\leqslant\frac{\sqrt{L}}{2}\|\varphi'\|\mathrm{e}^{\frac{c^2}{2\nu}\left(\frac{1}{L}+\frac{c^2}{\nu^2}\right)t},\quad 0<t\leqslant T.$$

8.2 二层非线性差分格式

8.2.1 记号及引理

为了用差分格式求解问题 (8.1), 将求解区域 $[0,L]\times[0,T]$ 作剖分. 取正整数 m,n. 将 $[0,L]$ 作 m 等分, 将 $[0,T]$ 作 n 等分. 记 $h=L/m,\tau=T/n$; $x_i=ih,\ 0\leqslant i\leqslant m$; $t_k=k\tau,\ 0\leqslant k\leqslant n$; $\Omega_h=\{x_i\,|\,0\leqslant i\leqslant m\}$, $\Omega_\tau=\{t_k\,|\,0\leqslant k\leqslant n\}$, $\Omega_{h\tau}=\Omega_h\times\Omega_\tau$. 称在直线 $t=t_k$ 上的所有结点 $\{(x_i,t_k)\,|\,0\leqslant i\leqslant m\}$ 为第 k 层结点. 此外, 记 $x_{i+\frac12}=\dfrac12(x_i+x_{i+1}),t_{k+\frac12}=\dfrac12(t_k+t_{k+1})$.

记

$$\mathcal{U}_h=\{u\,|\,u=(u_0,u_1,\cdots,u_m)\text{为}\Omega_h\text{上的网格函数}\},$$

$$\mathring{\mathcal{U}}_h=\{u\,|\,u\in\mathcal{U}_h,u_0=u_m=0\}.$$

设 $u\in\mathcal{U}_h$, 引进如下记号:

$$\delta_xu_{i+\frac12}=\frac1h(u_{i+1}-u_i),\quad \delta_x^2u_i=\frac{1}{h^2}(u_{i-1}-2u_i+u_{i+1}),\quad \Delta_xu_i=\frac{1}{2h}(u_{i+1}-u_{i-1}).$$

易知

$$\delta_x^2u_i=\frac1h(\delta_xu_{i+\frac12}-\delta_xu_{i-\frac12}),\quad \Delta_xu_i=\frac12(\delta_xu_{i-\frac12}+\delta_xu_{i+\frac12}).$$

设 $u,v\in\mathcal{U}_h$, 引进内积、范数

$$(u,v)=h\Big(\frac12u_0v_0+\sum_{i=1}^{m-1}u_iv_i+\frac12u_mv_m\Big),\quad \|u\|=\sqrt{(u,u)},\quad \|u\|_\infty=\max_{0\leqslant i\leqslant m}|u_i|.$$

8.2.2 差分格式的建立

定义 $\Omega_{h\tau}$ 上的网格函数 $U=\{U_i^k\,|\,0\leqslant i\leqslant m, 0\leqslant k\leqslant n\}$, 其中

$$U_i^k=u(x_i,t_k),\quad 0\leqslant i\leqslant m,\quad 0\leqslant k\leqslant n.$$

在 $(x_i,t_{k+\frac{1}{2}})$ 处考虑方程 (8.1a), 有

$$\begin{aligned}&u_t(x_i,t_{k+\frac{1}{2}})+u(x_i,t_{k+\frac{1}{2}})u_x(x_i,t_{k+\frac{1}{2}})=\nu u_{xx}(x_i,t_{k+\frac{1}{2}}),\\&\qquad 1\leqslant i\leqslant m-1,\quad 0\leqslant k\leqslant n-1.\end{aligned}\tag{8.3}$$

应用引理 1.2, 有

$$u_t(x_i,t_{k+\frac{1}{2}})=\delta_t U_i^{k+\frac{1}{2}}+O(\tau^2),\tag{8.4}$$

$$\begin{aligned}u(x_i,t_{k+\frac{1}{2}})=&\frac{1}{3}[u(x_{i-1},t_{k+\frac{1}{2}})+u(x_i,t_{k+\frac{1}{2}})+u(x_{i+1},t_{k+\frac{1}{2}})]+O(h^2)\\=&\frac{1}{3}(U_{i-1}^{k+\frac{1}{2}}+U_i^{k+\frac{1}{2}}+U_{i+1}^{k+\frac{1}{2}})+O(\tau^2+h^2),\end{aligned}\tag{8.5}$$

$$\begin{aligned}u_x(x_i,t_{k+\frac{1}{2}})=&\frac{1}{2}[u_x(x_i,t_k)+u_x(x_i,t_{k+1})]+O(\tau^2)\\=&\frac{1}{2}(\Delta_x U_i^k+\Delta_x U_i^{k+1})+O(\tau^2+h^2)\\=&\Delta_x U_i^{k+\frac{1}{2}}+O(\tau^2+h^2),\end{aligned}\tag{8.6}$$

$$\begin{aligned}u_{xx}(x_i,t_{k+\frac{1}{2}})=&\frac{1}{2}[u_{xx}(x_i,t_k)+u_{xx}(x_i,t_{k+1})]+O(\tau^2)\\=&\frac{1}{2}(\delta_x^2 U_i^k+\delta_x^2 U_i^{k+1})+O(\tau^2+h^2)\\=&\delta_x^2 U_i^{k+\frac{1}{2}}+O(\tau^2+h^2).\end{aligned}\tag{8.7}$$

将 (8.4)—(8.7) 代入 (8.3), 得到

$$\begin{aligned}&\delta_t U_i^{k+\frac{1}{2}}+\frac{1}{3}(U_{i-1}^{k+\frac{1}{2}}+U_i^{k+\frac{1}{2}}+U_{i+1}^{k+\frac{1}{2}})\Delta_x U_i^{k+\frac{1}{2}}=\nu\delta_x^2 U_i^{k+\frac{1}{2}}+(R_1)_i^k,\\&\qquad 1\leqslant i\leqslant m-1,\quad 0\leqslant k\leqslant n-1.\end{aligned}\tag{8.8}$$

存在常数 c_1 使得

$$|(R_1)_i^k|\leqslant c_1(\tau^2+h^2),\quad 1\leqslant i\leqslant m-1,\quad 0\leqslant k\leqslant n-1.\tag{8.9}$$

注意到初边值条件 (8.1b)—(8.1c), 有

$$\begin{cases} U_i^0=\varphi(x_i), \quad 1\leqslant i\leqslant m-1, \\ U_0^k=0, \quad U_m^k=0, \quad 0\leqslant k\leqslant n. \end{cases} \tag{8.10}$$

在 (8.8) 中略去小量项 $(R_1)_i^k$, 用 u_i^k 代替 U_i^k, 对问题 (8.1) 建立如下差分格式

$$\begin{cases} \delta_t u_i^{k+\frac{1}{2}}+\dfrac{1}{3}(u_{i-1}^{k+\frac{1}{2}}+u_i^{k+\frac{1}{2}}+u_{i+1}^{k+\frac{1}{2}})\Delta_x u_i^{k+\frac{1}{2}}=\nu\delta_x^2 u_i^{k+\frac{1}{2}}, \\ \qquad\qquad 1\leqslant i\leqslant m-1, \quad 0\leqslant k\leqslant n-1, & (8.11\text{a}) \\ u_i^0=\varphi(x_i), \quad 1\leqslant i\leqslant m-1, & (8.11\text{b}) \\ u_0^k=0, \quad u_m^k=0, \quad 0\leqslant k\leqslant n. & (8.11\text{c}) \end{cases}$$

差分格式 (8.11) 是一个二层非线性差分格式.

差分格式 (8.11a) 中的非线性项可作如下变形

$$\begin{aligned} &\frac{1}{3}(u_{i-1}^{k+\frac{1}{2}}+u_i^{k+\frac{1}{2}}+u_{i+1}^{k+\frac{1}{2}})\Delta_x u_i^{k+\frac{1}{2}} \\ =&\frac{1}{3}[u_i^{k+\frac{1}{2}}\Delta_x u_i^{k+\frac{1}{2}}+(u_{i+1}^{k+\frac{1}{2}}+u_{i-1}^{k+\frac{1}{2}})\Delta_x u_i^{k+\frac{1}{2}}] \\ =&\frac{1}{3}\big[u_i^{k+\frac{1}{2}}\Delta_x u_i^{k+\frac{1}{2}}+\Delta_x(u_i^{k+\frac{1}{2}}u_i^{k+\frac{1}{2}})\big]. \end{aligned}$$

设 $v,w\in\mathcal{U}_h$, 定义 $\psi:(\mathring{u}_h,\mathring{u}_h)\to\mathring{u}_h$, 如下:

$$\psi(v,w)_i=\frac{1}{3}[v_i\Delta_x w_i+\Delta_x(vw)_i], \quad 1\leqslant i\leqslant m-1.$$

则

$$\frac{1}{3}(u_{i-1}^{k+\frac{1}{2}}+u_i^{k+\frac{1}{2}}+u_{i+1}^{k+\frac{1}{2}})\Delta_x u_i^{k+\frac{1}{2}}=\psi(u^{k+\frac{1}{2}},u^{k+\frac{1}{2}})_i,$$

$$\frac{1}{3}(U_{i-1}^{k+\frac{1}{2}}+U_i^{k+\frac{1}{2}}+U_{i+1}^{k+\frac{1}{2}})\Delta_x U_i^{k+\frac{1}{2}}=\psi(U^{k+\frac{1}{2}},U^{k+\frac{1}{2}})_i.$$

于是 (8.11a) 可以写为

$$\delta_t u_i^{k+\frac{1}{2}}+\psi(u^{k+\frac{1}{2}},u^{k+\frac{1}{2}})_i=\nu\delta_x^2 u_i^{k+\frac{1}{2}}, \quad 1\leqslant i\leqslant m-1, \quad 0\leqslant k\leqslant n-1.$$

将 uu_x 写为 $\frac{1}{3}[uu_x+(u^2)_x]$, 可将 $\psi(U^{k+\frac{1}{2}},U^{k+\frac{1}{2}})_i$ 看成为后者在 $(x_i,t_{k+\frac{1}{2}})$ 处的离散化.

算子 ψ 具有如下结论.

引理 8.1 设 $v\in\mathcal{U}_h, w\in\mathring{\mathcal{U}}_h$, 则有

$$(\psi(v,w),w)=0.$$

证明

$$\begin{aligned}&(\psi(v,w),w)\\=&\frac{1}{3}\big(v\Delta_x w+\Delta_x(vw),w\big)\\=&\frac{1}{3}\Big[\big(v\Delta_x w,w\big)+\big(\Delta_x(vw),w\big)\Big)\\=&\frac{1}{3}\Big[\big(\Delta_x w,vw\big)+\big(\Delta_x(vw),w\big)\Big]\\=&0.\end{aligned}$$

引理证毕. □

8.2.3 差分格式解的守恒性和有界性

定理 8.3 设 $\{u_i^k\,|\,0\leqslant i\leqslant m,0\leqslant k\leqslant n\}$ 是差分格式 (8.11) 的解. 令

$$E^k=\|u^k\|^2+2\nu\tau\sum_{l=0}^{k-1}|u^{l+\frac{1}{2}}|_1^2,\quad 0\leqslant k\leqslant n,$$

则有

$$E^k=E^0,\quad 1\leqslant k\leqslant n. \tag{8.12}$$

证明 注意到差分格式 (8.11a) 可写成

$$\delta_t u_i^{k+\frac{1}{2}}+\psi(u^{k+\frac{1}{2}},u^{k+\frac{1}{2}})_i-\nu\delta_x^2u_i^{k+\frac{1}{2}}=0,\quad 1\leqslant i\leqslant m-1,\quad 0\leqslant k\leqslant n-1.$$

用 $u^{k+\frac{1}{2}}$ 与上式做内积, 可得

$$(\delta_t u^{k+\frac{1}{2}},u^{k+\frac{1}{2}})+(\psi(u^{k+\frac{1}{2}},u^{k+\frac{1}{2}}),u^{k+\frac{1}{2}})-\nu(\delta_x^2u^{k+\frac{1}{2}},u^{k+\frac{1}{2}})=0.$$

注意到 $u^{k+\frac{1}{2}}\in\mathring{\mathcal{U}}_h$, 有

$$(\delta_t u^{k+\frac{1}{2}},u^{k+\frac{1}{2}})=\frac{1}{2\tau}(\|u^{k+1}\|^2-\|u^k\|^2),$$

$$(\psi(u^{k+\frac{1}{2}},u^{k+\frac{1}{2}}),u^{k+\frac{1}{2}})=0,$$

$$-(\delta_x^2u^{k+\frac{1}{2}},u^{k+\frac{1}{2}})=|u^{k+\frac{1}{2}}|_1^2.$$

因而

$$\frac{1}{2\tau}(\|u^{k+1}\|^2-\|u^k\|^2)+\nu|u^{k+\frac{1}{2}}|_1^2=0,\quad 0\leqslant k\leqslant n-1.$$

将上式中的 k 换为 l, 并对 l 从 0 到 $k-1$ 求和, 得

$$\frac{1}{2\tau}(\|u^k\|^2-\|u^0\|^2)+\nu\sum_{l=0}^{k-1}|u^{l+\frac{1}{2}}|_1^2=0,\quad 1\leqslant k\leqslant n.$$

将上式变形即得 (8.12).

定理证毕. □

由定理 8.3可得如下推论.

推论 8.3　设 $\{u_i^k\,|\,0\leqslant i\leqslant m,0\leqslant k\leqslant n\}$ 是差分格式 (8.11) 的解, 则有

$$\|u^k\|\leqslant\|u^0\|,\quad 1\leqslant k\leqslant n.$$

记 $c_2=\|u^0\|$.

8.2.4　差分格式解的存在性和唯一性

我们借助于 Browder 定理 (定理 7.4) 证明差分格式解的存在性.

定理 8.4　差分格式 (8.11) 存在解.

证明　由 (8.11b)—(8.11c) 知第 0 层值 u^0 已给定. 设已求得第 k 层的解 u^k. 令

$$w_i=u_i^{k+\frac{1}{2}},\quad 0\leqslant i\leqslant m,$$

则有

$$u_i^{k+1}=2w_i-u_i^k,\quad 0\leqslant i\leqslant m.$$

由 (8.11a) 和 (8.11c) 可得关于 $w=(w_0,w_1,\cdots,w_m)$ 的方程组

$$\begin{cases}\dfrac{2}{\tau}(w_i-u_i^k)+\psi(w,w)_i-\nu\delta_x^2w_i=0,\quad 1\leqslant i\leqslant m-1, & (8.13\text{a})\\ w_0=0,\quad w_m=0. & (8.13\text{b})\end{cases}$$

对于任意的 $u,v\in\mathring{\mathcal{U}}_h$, 定义内积

$$(u,v)=h\sum_{i=1}^{m-1}u_iv_i,$$

则 $\mathring{\mathcal{U}}_h$ 为一个内积空间, $\|u\| = \sqrt{(u,u)}$ 为导出范数.

定义 $\Pi : \mathring{\mathcal{U}}_h \to \mathring{\mathcal{U}}_h$

$$\Pi(w)_i = \frac{2}{\tau}(w_i - u_i^k) + \psi(w,w)_i - \nu\delta_x^2 w_i, \quad 1 \leqslant i \leqslant m-1.$$

则 $\Pi(w)$ 为 $\mathring{\mathcal{U}}_h$ 上的连续函数, 应用引理 8.1, 可得

$$\begin{aligned}(\Pi(w), w) &= \frac{2}{\tau}\big[(w,w) - (u^k, w)\big] + \big(\psi(w,w), w\big) - \nu\big(\delta_x^2 w, w\big) \\ &= \frac{2}{\tau}\big[\|w\|^2 - (u^k, w)\big] + \nu|w|_1^2 \\ &\geqslant \frac{2}{\tau}\big(\|w\|^2 - \|u^k\| \cdot \|w\|\big) \\ &= \frac{2}{\tau}\big(\|w\| - \|u^k\|\big) \cdot \|w\|.\end{aligned}$$

因而当 $\|w\| = \|u^k\|$ 时, $(\Pi(w), w) \geqslant 0$. 由定理 7.4知存在 $w^* \in \mathring{\mathcal{U}}_h$ 使得 $\Pi(w^*) = 0$, 且 $\|w^*\| \leqslant \|u^k\|$, 即 (8.13) 存在解 w^*.

定理证毕. □

定理 8.5 当 $\tau < \dfrac{4\nu^3}{c_2^4}$ 时, 差分格式 (8.11) 的解是唯一的.

证明 由定理 8.4的证明可知只要证明 (8.13) 的解是唯一的.

设 (8.13) 有两个解 $X, Y \in \mathring{\mathcal{U}}_h$, 即 X, Y 满足

$$\begin{cases} \dfrac{2}{\tau}(X_i - u_i^k) + \psi(X,X)_i - \nu\delta_x^2 X_i = 0, \quad 1 \leqslant i \leqslant m-1, \\ X_0 = 0, \quad X_m = 0; \end{cases} \tag{8.14}$$

$$\begin{cases} \dfrac{2}{\tau}(Y_i - u_i^k) + \psi(Y,Y)_i - \nu\delta_x^2 Y_i = 0, \quad 1 \leqslant i \leqslant m-1, \\ Y_0 = 0, \quad Y_m = 0. \end{cases} \tag{8.15}$$

令

$$z = X - Y.$$

将 (8.14) 与 (8.15) 相减, 得

$$\begin{cases} \dfrac{2}{\tau} z_i + \psi(X,X)_i - \psi(Y,Y)_i - \nu\delta_x^2 z_i = 0, \quad 1 \leqslant i \leqslant m-1, & (8.16\text{a}) \\ z_0 = 0, \quad z_m = 0. & (8.16\text{b}) \end{cases}$$

由推论 8.3知

$$\|X\| \leqslant c_2, \quad \|Y\| \leqslant c_2.$$

用 z 与 (8.16a) 做内积, 用分部求和公式, 并注意到(8.16b), 可得

$$\frac{2}{\tau}\|z\|^2 + (\psi(X,X) - \psi(Y,Y), z) + \nu|z|_1^2 = 0. \tag{8.17}$$

注意到

$$\psi(X,X) - \psi(Y,Y) = \psi(X,X) - \psi(X-z, X-z) = \psi(z,X) + \psi(X,z) - \psi(z,z)$$

及 $z \in \mathring{\mathcal{U}}_h$, 应用引理 8.1, 得到

$$(\psi(X,X) - \psi(Y,Y), z) = (\psi(z,X), z).$$

因而

$$\begin{aligned}
&-(\psi(X,X) - \psi(Y,Y), z)\\
=&-\frac{1}{3}h\sum_{i=1}^{m-1}[z_i\Delta_x X_i + \Delta_x(zX)_i]z_i\\
=&\frac{1}{3}h\sum_{i=1}^{m-1}[X_i\Delta_x(z_i^2) + (zX)_i\Delta_x z_i]\\
\leqslant&\frac{1}{3}(2\|z\|_\infty \cdot \|X\| \cdot |z|_1 + \|z\|_\infty \cdot \|X\| \cdot |z|_1)\\
=&\|X\| \cdot \|z\|_\infty \cdot |z|_1\\
\leqslant& c_2\|z\|_\infty \cdot |z|_1.
\end{aligned}$$

由 (8.17) 得

$$\frac{2}{\tau}\|z\|^2 + \nu|z|_1^2 \leqslant c_2\|z\|_\infty \cdot |z|_1.$$

由引理 1.4 知, 对任意 $\varepsilon > 0$, 有

$$\|z\|_\infty \leqslant \varepsilon|z|_1 + \frac{1}{2\varepsilon}\|z\|.$$

因而

$$\frac{2}{\tau}\|z\|^2 + \nu|z|_1^2 \leqslant c_2\left(\varepsilon|z|_1 + \frac{1}{2\varepsilon}\|z\|\right)|z|_1$$

$$
\begin{aligned}
&= c_2\varepsilon|z|_1^2 + \frac{c_2}{2\varepsilon}\|z\|\cdot|z|_1 \\
&\leqslant c_2\varepsilon|z|_1^2 + c_2\varepsilon|z|_1^2 + \frac{1}{4c_2\varepsilon}\left(\frac{c_2}{2\varepsilon}\right)^2\|z\|^2 \\
&= 2c_2\varepsilon|z|_1^2 + \frac{c_2}{16\varepsilon^3}\|z\|^2.
\end{aligned}
$$

取 $\varepsilon = \dfrac{\nu}{2c_2}$, 则有

$$
\frac{2}{\tau}\|z\|^2 \leqslant \frac{c_2^4}{2\nu^3}\|z\|^2.
$$

当 $\tau < \dfrac{4\nu^3}{c_2^4}$ 时 $\|z\| = 0$, 即 (8.13a)—(8.13b) 的解是唯一的.

定理证毕. □

注 8.1 $c_2 \equiv \|u^0\|$ 是对 $\|\varphi\| \equiv \sqrt{\int_0^L \varphi^2(x)\mathrm{d}x}$ 中的积分用复化梯形公式得到的近似值.

8.2.5 差分格式解的收敛性

记

$$
c_3 = \max_{0\leqslant x\leqslant L, 0\leqslant t\leqslant T} |u_x(x,t)|. \tag{8.18}
$$

定理 8.6 设 $\{U_i^k \,|\, 0 \leqslant i \leqslant m, 0 \leqslant k \leqslant n\}$ 为问题 (8.1) 的解, $\{u_i^k \,|\, 0 \leqslant i \leqslant m, 0 \leqslant k \leqslant n\}$ 为差分格式 (8.11) 的解, 记

$$
e_i^k = U_i^k - u_i^k, \quad 0 \leqslant i \leqslant m, \quad 0 \leqslant k \leqslant n.
$$

则存在常数 c_4 使得

$$
\|e^k\| \leqslant c_4(\tau^2 + h^2), \quad 0 \leqslant k \leqslant n.
$$

证明 将 (8.8) 和 (8.10) 与 (8.11) 相减, 得到误差方程组

$$
\begin{cases}
\delta_t e_i^{k+\frac{1}{2}} + \psi(U^{k+\frac{1}{2}}, U^{k+\frac{1}{2}})_i - \psi(u^{k+\frac{1}{2}}, u^{k+\frac{1}{2}})_i = \nu\delta_x^2 e_i^{k+\frac{1}{2}} + (R_1)_i^k, \\
\qquad\qquad 1 \leqslant i \leqslant m-1, \quad 0 \leqslant k \leqslant n-1, & (8.19\text{a}) \\
e_i^0 = 0, \quad 1 \leqslant i \leqslant m-1, & (8.19\text{b}) \\
e_0^k = 0, \quad e_m^k = 0, \quad 0 \leqslant k \leqslant n. & (8.19\text{c})
\end{cases}
$$

用 $e^{k+\frac{1}{2}}$ 与 (8.19a) 做内积, 得

$$\begin{aligned}&(\delta_t e^{k+\frac{1}{2}}, e^{k+\frac{1}{2}}) + (\psi(U^{k+\frac{1}{2}}, U^{k+\frac{1}{2}}) - \psi(u^{k+\frac{1}{2}}, u^{k+\frac{1}{2}}), e^{k+\frac{1}{2}})\\&+\nu|e^{k+\frac{1}{2}}|_1^2 = \big((R_1)^k, e^{k+\frac{1}{2}}\big), \quad 0 \leqslant k \leqslant n-1.\end{aligned} \tag{8.20}$$

易知

$$(\delta_t e^{k+\frac{1}{2}}, e^{k+\frac{1}{2}}) = \frac{1}{2\tau}(\|e^{k+1}\|^2 - \|e^k\|^2). \tag{8.21}$$

注意到

$$\begin{aligned}&\psi(U^{k+\frac{1}{2}}, U^{k+\frac{1}{2}}) - \psi(u^{k+\frac{1}{2}}, u^{k+\frac{1}{2}})\\=&\psi(U^{k+\frac{1}{2}}, U^{k+\frac{1}{2}}) - \psi(U^{k+\frac{1}{2}} - e^{k+\frac{1}{2}}, U^{k+\frac{1}{2}} - e^{k+\frac{1}{2}})\\=&\psi(e^{k+\frac{1}{2}}, U^{k+\frac{1}{2}}) + \psi(U^{k+\frac{1}{2}}, e^{k+\frac{1}{2}}) - \psi(e^{k+\frac{1}{2}}, e^{k+\frac{1}{2}}),\end{aligned}$$

再应用引理 8.1, 可得

$$\begin{aligned}&-(\psi(U^{k+\frac{1}{2}}, U^{k+\frac{1}{2}}) - \psi(u^{k+\frac{1}{2}}, u^{k+\frac{1}{2}}), e^{k+\frac{1}{2}})\\=&-(\psi(e^{k+\frac{1}{2}}, U^{k+\frac{1}{2}}), e^{k+\frac{1}{2}})\\=&-\frac{1}{3}h\sum_{i=1}^{m-1}[e_i^{k+\frac{1}{2}}\Delta_x U_i^{k+\frac{1}{2}} + \Delta_x(e^{k+\frac{1}{2}}U^{k+\frac{1}{2}})_i]e_i^{k+\frac{1}{2}}\\=&-\frac{1}{3}h\sum_{i=1}^{m-1}(e_i^{k+\frac{1}{2}})^2\Delta_x U_i^{k+\frac{1}{2}} + \frac{1}{3}h\sum_{i=1}^{m-1}e_i^{k+\frac{1}{2}}U_i^{k+\frac{1}{2}}\Delta_x e_i^{k+\frac{1}{2}}\\=&-\frac{1}{3}h\sum_{i=1}^{m-1}(e_i^{k+\frac{1}{2}})^2\Delta_x U_i^{k+\frac{1}{2}} - \frac{1}{6}h\sum_{i=0}^{m-1}\frac{U_{i+1}^{k+\frac{1}{2}} - U_i^{k+\frac{1}{2}}}{h}e_i^{k+\frac{1}{2}}e_{i+1}^{k+\frac{1}{2}}\\\leqslant&\frac{1}{2}c_3\|e^{k+\frac{1}{2}}\|^2.\end{aligned} \tag{8.22}$$

将 (8.21) 和 (8.22) 代入 (8.20), 可得

$$\begin{aligned}&\frac{1}{2\tau}(\|e^{k+1}\|^2 - \|e^k\|^2)\\\leqslant&\frac{1}{2}c_3\|e^{k+\frac{1}{2}}\|^2 + \|(R_1)^k\|\cdot\|e^{k+\frac{1}{2}}\|\\\leqslant&\frac{1}{2}c_3\left(\frac{\|e^k\| + \|e^{k+1}\|}{2}\right)^2 + \|(R_1)^k\|\cdot\frac{\|e^k\| + \|e^{k+1}\|}{2}, \quad 0 \leqslant k \leqslant n-1.\end{aligned}$$

上式两边约去 $\dfrac{\|e^{k+1}\|+\|e^k\|}{2}$, 得到

$$\frac{1}{\tau}(\|e^{k+1}\|-\|e^k\|)\leqslant\frac{c_3}{4}(\|e^k\|+\|e^{k+1}\|)+\|(R_1)^k\|,\quad 0\leqslant k\leqslant n-1,$$

即

$$\left(1-\frac{c_3}{4}\tau\right)\|e^{k+1}\|\leqslant\left(1+\frac{c_3\tau}{4}\right)\|e^k\|+\tau\|(R_1)^k\|,\quad 0\leqslant k\leqslant n-1.$$

当 $\dfrac{c_3}{4}\tau\leqslant\dfrac{1}{3}$, 并注意到(8.9), 有

$$\begin{aligned}\|e^{k+1}\|&\leqslant\left(1+\frac{3c_3\tau}{4}\right)\|e^k\|+\frac{3}{2}\tau\|(R_1)^k\|\\&\leqslant\left(1+\frac{3c_3}{4}\tau\right)\|e^k\|+\frac{3}{2}c_1\sqrt{L}\tau(\tau^2+h^2),\quad 0\leqslant k\leqslant n-1.\end{aligned}$$

由 Gronwall 不等式 (引理 3.3), 并注意到 $\|e^0\|=0$, 得

$$\|e^{k+1}\|\leqslant \mathrm{e}^{\frac{3c_3}{4}k\tau}\cdot\frac{2c_1\sqrt{L}}{c_3}(\tau^2+h^2)<c_4(\tau^2+h^2),\quad 0\leqslant k\leqslant n-1,$$

其中 $c_4=\mathrm{e}^{\frac{3c_3}{4}T}\cdot\dfrac{2c_1\sqrt{L}}{c_3}$.

定理证毕. □

类似于定理 8.2的证明, 我们可以得到误差的无穷模的估计.

记

$$c_0=\max_{0\leqslant x\leqslant l,0\leqslant t\leqslant T}|u(x,t)|.$$

我们有如下收敛性结果.

定理 8.7 设 $\{U_i^k\,|\,0\leqslant i\leqslant m,0\leqslant k\leqslant n\}$ 为问题 (8.1) 的解, $\{u_i^k\,|\,0\leqslant i\leqslant m,0\leqslant k\leqslant n\}$ 为差分格式 (8.11) 的解, 记

$$e_i^k=U_i^k-u_i^k,\quad 0\leqslant i\leqslant m,\quad 0\leqslant k\leqslant n$$

及

$$c_5=\frac{125\left(c_0\sqrt{L}+c_2\right)^4}{16\nu^3}+\frac{5\left(c_0\sqrt{L}+c_2\right)^2}{4\nu L}+\frac{5(c_0+c_3)^2}{4\nu}\left(1+\frac{L^2}{6}\right),$$

则有

$$\|e^k\|_\infty\leqslant\frac{1}{4}Lc_1\mathrm{e}^{\frac{3}{2}c_5T}\sqrt{\frac{5}{\nu c_5}}(\tau^2+h^2),\quad 0\leqslant k\leqslant n.$$

证明　将 (8.8)、(8.10) 和 (8.11) 相减, 得到误差方程组

$$\begin{cases}\delta_t e_i^{k+\frac{1}{2}}+\psi(U^{k+\frac{1}{2}},U^{k+\frac{1}{2}})_i-\psi(u^{k+\frac{1}{2}},u^{k+\frac{1}{2}})_i=\nu\delta_x^2 e_i^{k+\frac{1}{2}}+(R_1)_i^k,\\ \qquad\qquad 1\leqslant i\leqslant m-1,\quad 0\leqslant k\leqslant m-1, & (8.23\text{a})\\ e_i^0=0,\quad 1\leqslant i\leqslant m-1, & (8.23\text{b})\\ e_0^k=0,\quad e_m^k=0,\quad 0\leqslant k\leqslant n. & (8.23\text{c})\end{cases}$$

由推论 8.3可得

$$\|e^k\|=\|U^k-u^k\|\leqslant\|U^k\|+\|u^k\|\leqslant c_0\sqrt{L}+c_2,\quad 0\leqslant k\leqslant n. \tag{8.24}$$

由(8.23c), 有

$$e_0^{k+\frac{1}{2}}=0,\quad e_m^{k+\frac{1}{2}}=0,\quad \delta_t e_0^{k+\frac{1}{2}}=0,\quad \delta_t e_m^{k+\frac{1}{2}}=0,\quad 0\leqslant k\leqslant n-1. \tag{8.25}$$

用 $-\delta_x^2\mathrm{e}^{k+\frac{1}{2}}$ 与(8.23a)的两边做内积, 得到

$$\begin{aligned}&-\left(\delta_t e^{k+\frac{1}{2}},\delta_x^2 e^{k+\frac{1}{2}}\right)+\nu\|\delta_x^2 e^{k+\frac{1}{2}}\|^2\\ =&\left(\psi(U^{k+\frac{1}{2}},U^{k+\frac{1}{2}})-\psi(u^{k+\frac{1}{2}},u^{k+\frac{1}{2}}),\delta_x^2 e^{k+\frac{1}{2}}\right)-\left((R_1)^k,\delta_x^2 e^{k+\frac{1}{2}}\right)\\ =&\left(\psi(U^{k+\frac{1}{2}},e^{k+\frac{1}{2}})+\psi(e^{k+\frac{1}{2}},U^{k+\frac{1}{2}}),\delta_x^2 e^{k+\frac{1}{2}}\right)-\left(\psi(e^{k+\frac{1}{2}},e^{k+\frac{1}{2}}),\delta_x^2 e^{k+\frac{1}{2}}\right)\\ &-\left((R_1)^k,\delta_x^2 e^{k+\frac{1}{2}}\right),\quad 0\leqslant k\leqslant n-1.\end{aligned} \tag{8.26}$$

对于(8.26)左边的第一项, 利用分部求和公式, 并注意到(8.25), 有

$$-\left(\delta_t e^{k+\frac{1}{2}},\delta_x^2 e^{k+\frac{1}{2}}\right)=\frac{1}{2\tau}\left(|e^{k+1}|_1^2-|e^k|_1^2\right). \tag{8.27}$$

对于 (8.26)右端的第一项, 应用 Cauchy-Schwarz 不等式和引理 8.1, 有

$$\begin{aligned}&\left(\psi(U^{k+\frac{1}{2}},e^{k+\frac{1}{2}})+\psi(e^{k+\frac{1}{2}},U^{k+\frac{1}{2}}),\delta_x^2 e^{k+\frac{1}{2}}\right)\\ =&\frac{h}{3}\sum_{i=1}^{m-1}\left[U_i^{k+\frac{1}{2}}\Delta_x e_i^{k+\frac{1}{2}}+e_i^{k+\frac{1}{2}}\Delta_x U_i^{k+\frac{1}{2}}+2\Delta_x\left(Ue\right)_i^{k+\frac{1}{2}}\right]\cdot\delta_x^2 e_i^{k+\frac{1}{2}}\\ =&\frac{h}{3}\sum_{i=1}^{m-1}\left(U_i^{k+\frac{1}{2}}\Delta_x e_i^{k+\frac{1}{2}}+3e_i^{k+\frac{1}{2}}\Delta_x U_i^{k+\frac{1}{2}}+U_{i+1}^{k+\frac{1}{2}}\delta_x e_{i+\frac{1}{2}}^{k+\frac{1}{2}}+U_{i-1}^{k+\frac{1}{2}}\delta_x e_{i-\frac{1}{2}}^{k+\frac{1}{2}}\right)\cdot\delta_x^2 e_i^{k+\frac{1}{2}}\\ \leqslant&(c_0+c_3)\left(|e^{k+\frac{1}{2}}|_1+\|e^{k+\frac{1}{2}}\|\right)\cdot\|\delta_x^2 e^{k+\frac{1}{2}}\|\end{aligned}$$

$$
\begin{aligned}
&= (c_0+c_3)|e^{k+\frac{1}{2}}|_1 \cdot \|\delta_x^2 e^{k+\frac{1}{2}}\| + (c_0+c_3)\|e^{k+\frac{1}{2}}\| \cdot \|\delta_x^2 e^{k+\frac{1}{2}}\| \\
&\leqslant \left(\frac{\nu}{5}\|\delta_x^2 e^{k+\frac{1}{2}}\|^2 + \frac{5(c_0+c_3)^2}{4\nu}|e^{k+\frac{1}{2}}|_1^2\right) + \left(\frac{\nu}{5}\|\delta_x^2 e^{k+\frac{1}{2}}\|^2 + \frac{5(c_0+c_3)^2}{4\nu}\|e^{k+\frac{1}{2}}\|^2\right) \\
&\leqslant \frac{2\nu}{5}\|\delta_x^2 e^{k+\frac{1}{2}}\|^2 + \frac{5(c_0+c_3)^2}{4\nu}\left(1+\frac{L^2}{6}\right)|e^{k+\frac{1}{2}}|_1^2.
\end{aligned}
$$

对于(8.26)右端的第二项, 有

$$
\begin{aligned}
& -\left(\psi(e^{k+\frac{1}{2}}, e^{k+\frac{1}{2}}), \delta_x^2 e^{k+\frac{1}{2}}\right) \\
&= -\frac{h}{3}\sum_{i=1}^{m-1}\left(e_{i+1}^{k+\frac{1}{2}} + e_i^{k+\frac{1}{2}} + e_{i-1}^{k+\frac{1}{2}}\right)\Delta_x e_i^{k+\frac{1}{2}} \cdot \delta_x^2 e_i^{k+\frac{1}{2}} \\
&\leqslant \frac{h}{3}\sum_{i=1}^{m-1}\left(|e_{i+1}^{k+\frac{1}{2}}| + |e_i^{k+\frac{1}{2}}| + |e_{i-1}^{k+\frac{1}{2}}|\right)|\Delta_x e_i^{k+\frac{1}{2}}| \cdot |\delta_x^2 e_i^{k+\frac{1}{2}}| \\
&\leqslant \|\delta_x e^{k+\frac{1}{2}}\|_\infty \cdot \frac{h}{3}\sum_{i=1}^{m-1}\left(|e_{i+1}^{k+\frac{1}{2}}| + |e_i^{k+\frac{1}{2}}| + |e_{i-1}^{k+\frac{1}{2}}|\right) \cdot |\delta_x^2 e_i^{k+\frac{1}{2}}| \\
&\leqslant \|\delta_x e^{k+\frac{1}{2}}\|_\infty \cdot \|e^{k+\frac{1}{2}}\| \cdot \|\delta_x^2 e^{k+\frac{1}{2}}\| \\
&\leqslant \left(c_0\sqrt{L}+c_2\right)\|\delta_x e^{k+\frac{1}{2}}\|_\infty \|\delta_x^2 e^{k+\frac{1}{2}}\| \\
&\leqslant \frac{\nu}{5}\|\delta_x^2 e^{k+\frac{1}{2}}\|^2 + \frac{5}{4\nu}\left(c_0\sqrt{L}+c_2\right)^2\|\delta_x e^{k+\frac{1}{2}}\|_\infty^2 \\
&\leqslant \frac{\nu}{5}\|\delta_x^2 e^{k+\frac{1}{2}}\|^2 + \frac{5}{4\nu}\left(c_0\sqrt{L}+c_2\right)^2\left[\varepsilon\|\delta_x^2 e^{k+\frac{1}{2}}\|^2 + \left(\frac{1}{\varepsilon}+\frac{1}{L}\right)|e^{k+\frac{1}{2}}|_1^2\right] \\
&= \frac{2\nu}{5}\|\delta_x^2 e^{k+\frac{1}{2}}\|^2 + \frac{5}{4\nu}\left(c_0\sqrt{L}+c_2\right)^2\left(\frac{25\left(c_0\sqrt{L}+c_2\right)^2}{4\nu^2}+\frac{1}{L}\right)|e^{k+\frac{1}{2}}|_1^2.
\end{aligned}
$$

上面第四个不等式中应用了(8.24), 最后一个不等式应用了习题 1.6, 最后一个等式中取了 $\varepsilon = \dfrac{4}{25}\nu^2\left(c_0\sqrt{L}+c_2\right)^{-2}$.

对于(8.26)右端的第三项, 应用 Cauchy-Schwarz 不等式并注意到(8.9), 有

$$
-\left((R_1)^k, \delta_x^2 e^{k+\frac{1}{2}}\right) \leqslant \frac{\nu}{5}\|\delta_x^2 e^{k+\frac{1}{2}}\|^2 + \frac{5}{4\nu}\|(R_1)^k\|^2 \leqslant \frac{\nu}{5}\|\delta_x^2 e^{k+\frac{1}{2}}\|^2 + \frac{5}{4\nu}Lc_1^2(\tau^2+h^2)^2. \tag{8.28}
$$

将 (8.27)—(8.28) 代入(8.26), 可得

$$
\begin{aligned}
&\frac{1}{2\tau}\left(|e^{k+1}|_1^2-|e^k|_1^2\right)\\
\leqslant&\left[\frac{125\left(c_0\sqrt{L}+c_2\right)^4}{16\nu^3}+\frac{5\left(c_0\sqrt{L}+c_2\right)^2}{4\nu L}+\frac{5(c_0+c_3)^2}{4\nu}\left(1+\frac{L^2}{6}\right)\right]|e^{k+\frac{1}{2}}|_1^2\\
&+\frac{5}{4\nu}Lc_1^2(\tau^2+h^2)^2,\quad 0\leqslant k\leqslant n-1.
\end{aligned}
$$

易知

$$
(1-c_5\tau)\,|e^{k+1}|_1^2\leqslant(1+c_5\tau)\,|e^k|_1^2+\frac{5Lc_1^2}{2\nu}\tau(\tau^2+h^2)^2,\quad 0\leqslant k\leqslant n-1.
$$

当 $c_5\tau\leqslant\dfrac{1}{3}$ 时, 有

$$
|e^{k+1}|_1^2\leqslant(1+3c_5\tau)\,|e^k|_1^2+\frac{15Lc_1^2}{4\nu}\tau(\tau^2+h^2)^2,\quad 0\leqslant k\leqslant n-1.
$$

应用 Gronwall 不等式 (引理 3.3), 得到

$$
|e^k|_1^2\leqslant\exp\{3c_5k\tau\}\frac{5Lc_1^2}{4\nu c_5}(\tau^2+h^2)^2\leqslant\exp\{3c_5T\}\frac{5Lc_1^2}{4\nu c_5}(\tau^2+h^2)^2,\quad 0\leqslant k\leqslant n.
$$

两边开方, 再由嵌入不等式 (引理 1.4), 即得所要得结论.

定理证毕. □

8.2.6 数值算例

算例 8.1　应用差分格式 (8.11)计算初边值问题[36]

$$
\begin{cases}
u_t+uu_x=\nu u_{xx}, & 0\leqslant x\leqslant 1,\quad 0<t\leqslant 1,\\
u(x,0)=2\pi\dfrac{\sin(\pi x)}{100+\cos(\pi x)}, & 0<x<1,\\
u(0,t)=0,\quad u(1,t)=0, & 0\leqslant t\leqslant 1.
\end{cases}
\tag{8.29}
$$

该定解问题的精确解为

$$
u(x,t)=2\pi\frac{\sin(\pi x)\exp(-\pi^2\nu t)}{100+\cos(\pi x)\exp(-\pi^2\nu t)}.
$$

由定理 8.4的证明过程知, 需要求解关于 $\{w_i\,|\,1\leqslant i\leqslant m-1\}$ 的非线性方程组(8.13). 利用 Newton 迭代法求解方程组(8.13). 当求得 $\{w_i\,|\,1\leqslant i\leqslant m-1\}$ 后, 令

$$u_i^{k+1}=2w_i-u_i^k,\quad 1\leqslant i\leqslant m-1.$$

取 $\nu=1$. 表 8.1和表 8.2 给出了取不同步长时由差分格式 (8.11)所得数值解的最大误差

$$E_\infty(h,\tau)=\max_{0\leqslant k\leqslant n,0\leqslant j\leqslant m}\left|u(x_j,t_k)-u_j^k\right|.$$

表 8.1 算例 8.1 取不同空间步长时数值解的最大误差 ($\tau=1/1600$)

h	$E_\infty(h,\tau)$	$E_\infty(2h,\tau)/E_\infty(h,\tau)$
1/10	1.902120e−04	
1/20	4.746880e−05	4.0071
1/40	1.181041e−05	4.0192
1/80	2.897518e−06	4.0760
1/160	6.694009e−07	4.3285

表 8.2 算例 8.1 取不同时间步长时数值解的最大误差 ($h=1/1600$)

τ	$E_\infty(h,\tau)$	$E_\infty(h,2\tau)/E_\infty(h,\tau)$
1/10	2.110609e−03	
1/20	4.821319e−04	4.3777
1/40	1.180817e−04	4.0830
1/80	2.936737e−05	4.0208
1/160	7.327130e−06	4.0080

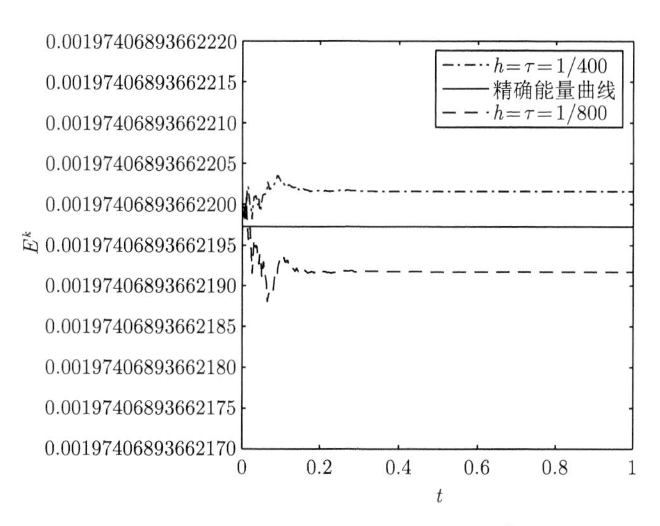

图 8.1 算例 8.1 差分格式 (8.11)守恒量 E^k 的曲线

从表 8.1 可以看出, 当步长 h 缩小到原来的 1/2 时, 最大误差约缩小到原来的 1/4. 从表 8.2 可以看出, 当步长 τ 缩小到原来的 1/2 时, 最大误差约缩小到原来的 1/4. 图 8.1 给出了定理 8.3中的守恒量 E^k 的曲线.

8.3　三层线性化差分格式

8.3.1　差分格式的建立

在结点 (x_i, t_0) 处考虑方程 (8.1a), 并注意到 (8.1b), 有

$$u_t(x_i, 0) = \nu\varphi''(x_i) - \varphi(x_i)\varphi'(x_i), \quad 1 \leqslant i \leqslant m-1.$$

记

$$\hat{u}_i = \varphi(x_i) + \frac{\tau}{2}[\nu\varphi''(x_i) - \varphi(x_i)\varphi'(x_i)], \quad 0 \leqslant i \leqslant m.$$

在点 $(x_i, t_{\frac{1}{2}})$ 处考虑方程 (8.1a), 并应用 Taylor 展开式, 有

$$\delta_t U_i^{\frac{1}{2}} + \psi(\hat{u}, U^{\frac{1}{2}})_i = \nu\delta_x^2 U_i^{\frac{1}{2}} + (R_2)_i^0, \quad 1 \leqslant i \leqslant m-1, \tag{8.30}$$

且存在常数 c_6 使得

$$|(R_2)_i^0| \leqslant c_6(\tau^2 + h^2), \quad 1 \leqslant i \leqslant m-1. \tag{8.31}$$

在结点 (x_i, t_k) 处考虑方程 (8.1a), 并应用 Taylor 展开式, 得到

$$\Delta_t U_i^k + \psi(U^k, U^{\bar{k}})_i = \nu\delta_x^2 U_i^{\bar{k}} + (R_2)_i^k, \quad 1 \leqslant i \leqslant m-1, \quad 1 \leqslant k \leqslant n-1, \tag{8.32}$$

且存在常数 c_7 使得

$$|(R_2)_i^k| \leqslant c_7(\tau^2 + h^2), \quad 1 \leqslant i \leqslant m-1, \quad 1 \leqslant k \leqslant n-1. \tag{8.33}$$

注意到初边值条件 (8.1b) 和 (8.1c), 有

$$\begin{cases} U_i^0 = \varphi(x_i), \quad 1 \leqslant i \leqslant m-1, \\ U_0^k = 0, \quad U_m^k = 0, \quad 0 \leqslant k \leqslant n. \end{cases} \tag{8.34}$$

在 (8.30) 和 (8.32) 中略去小量项 $(R_2)_i^0$ 和 $(R_2)_i^k$, 对问题 (8.1) 建立如下差分格式

$$\begin{cases} \delta_t u_i^{\frac{1}{2}} + \psi(\hat{u}, u^{\frac{1}{2}})_i = \nu\delta_x^2 u_i^{\frac{1}{2}}, \quad 1 \leqslant i \leqslant m-1, & \text{(8.35a)} \\ \Delta_t u_i^k + \psi(u^k, u^{\bar{k}})_i = \nu\delta_x^2 u_i^{\bar{k}}, \quad 1 \leqslant i \leqslant m-1, \quad 1 \leqslant k \leqslant n-1, & \text{(8.35b)} \\ u_i^0 = \varphi(x_i), \quad 1 \leqslant i \leqslant m-1, & \text{(8.35c)} \\ u_0^k = 0, \quad u_m^k = 0, \quad 0 \leqslant k \leqslant n. & \text{(8.35d)} \end{cases}$$

8.3.2 差分格式解的守恒性和有界性

定理 8.8 设 $\{u_i^k \,|\, 0 \leqslant i \leqslant m, 0 \leqslant k \leqslant n\}$ 为 (8.35) 的解. 则有

$$\begin{cases} \dfrac{1}{2}(\|u^1\|^2 + \|u^0\|^2) + \nu\tau|u^{\frac{1}{2}}|_1^2 = \|u^0\|^2, & (8.36\text{a}) \\ E^k = E^0, \quad k = 1, 2, 3, \cdots, n-1, & (8.36\text{b}) \end{cases}$$

其中

$$E^k = \frac{1}{2}(\|u^{k+1}\|^2 + \|u^k\|^2) + 2\nu\tau \sum_{l=1}^{k} |u^{\bar{l}}|_1^2, \quad k = 0, 1, \cdots, n-1.$$

证明 (I) 用 $u^{\frac{1}{2}}$ 与 (8.35a) 做内积, 得

$$(\delta_t u^{\frac{1}{2}}, u^{\frac{1}{2}}) + (\psi(\hat{u}, u^{\frac{1}{2}}), u^{\frac{1}{2}}) = \nu(\delta_x^2 u^{\frac{1}{2}}, u^{\frac{1}{2}}).$$

由

$$(\delta_t u^{\frac{1}{2}}, u^{\frac{1}{2}}) = \frac{1}{2\tau}(\|u^1\|^2 - \|u^0\|^2),$$

$$(\psi(\hat{u}, u^{\frac{1}{2}}), u^{\frac{1}{2}}) = 0,$$

$$(\delta_x^2 u^{\frac{1}{2}}, u^{\frac{1}{2}}) = -|u^{\frac{1}{2}}|_1^2,$$

得

$$\frac{1}{2\tau}(\|u^1\|^2 - \|u^0\|^2) + \nu|u^{\frac{1}{2}}|_1^2 = 0, \tag{8.37}$$

即

$$\frac{1}{2}(\|u^1\|^2 + \|u^0\|^2) + \nu\tau|u^{\frac{1}{2}}|_1^2 = \|u^0\|^2.$$

(II) 用 $u^{\bar{k}}$ 与 (8.35b) 做内积, 得到

$$(\Delta_t u^k, u^{\bar{k}}) + (\psi(u^k, u^{\bar{k}}), u^{\bar{k}}) = \nu(\delta_x^2 u^{\bar{k}}, u^{\bar{k}}), \quad 1 \leqslant k \leqslant n-1.$$

易得

$$\frac{1}{4\tau}(\|u^{k+1}\|^2 - \|u^{k-1}\|^2) + \nu|u^{\bar{k}}|_1^2 = 0, \quad 1 \leqslant k \leqslant n-1, \tag{8.38}$$

或

$$\frac{1}{2\tau}\left(\frac{\|u^{k+1}\|^2 + \|u^k\|^2}{2} - \frac{\|u^k\|^2 + \|u^{k-1}\|^2}{2}\right) + \nu|u^{\bar{k}}|_1^2 = 0, \quad 1 \leqslant k \leqslant n-1.$$

上式可进一步写为

$$\frac{1}{2\tau}\left(E^k - E^{k-1}\right) = 0, \quad 1 \leqslant k \leqslant n-1.$$

因而

$$E^k = E^0, \quad 1 \leqslant k \leqslant n-1.$$

定理证毕. □

注 8.2 (8.36a) 和 (8.36b) 可以统一写为

$$\frac{1}{2}(\|u^{k+1}\|^2 + \|u^k\|^2) + \nu\tau|u^{\frac{1}{2}}|_1^2 + 2\nu\tau\sum_{l=1}^{k}|u^{\bar{l}}|_1^2 = \|u^0\|^2, \quad k = 0, 1, \cdots, n-1.$$

注 8.3 由 (8.37) 和 (8.38) 可得

$$\|u^k\| \leqslant \|u^0\|, \quad 1 \leqslant k \leqslant n.$$

8.3.3 差分格式解的存在性和唯一性

定理 8.9 差分格式 (8.35) 的解是存在唯一的.

证明 由 (8.35c) 和 (8.35d) 知第 0 层的值 u^0 已给定. 由 (8.35a) 和 (8.35d) 可得关于第 1 层值 u^1 的线性方程组. 考虑其齐次方程组

$$\begin{cases} \dfrac{1}{\tau}u_i^1 + \dfrac{1}{2}\psi(\hat{u}, u^1)_i = \dfrac{1}{2}\nu\delta_x^2 u_i^1, \quad 1 \leqslant i \leqslant m-1, & (8.39\text{a}) \\ u_0^1 = 0, \quad u_m^1 = 0. & (8.39\text{b}) \end{cases}$$

用 u^1 与 (8.39a) 做内积, 得

$$\frac{1}{\tau}\|u^1\|^2 + \frac{1}{2}(\psi(\hat{u}, u^1), u^1) = \frac{1}{2}\nu(\delta_x^2 u^1, u^1).$$

由 $(\psi(\hat{u}, u^1), u^1) = 0$ 和 $(\delta_x^2 u^1, u^1) = -|u^1|_1^2$ 得

$$\frac{1}{\tau}\|u^1\|^2 + \frac{1}{2}\nu|u^1|_1^2 = 0.$$

因而 $\|u^1\| = 0$. 方程组 (8.39) 只有零解. (8.35a) 和 (8.35d) 唯一确定 u^1.

现设第 $k-1$ 层值 u^{k-1} 和第 k 层值 u^k 已确定, 则由 (8.35b) 和 (8.35d) 可得关于 u^{k+1} 的线性方程组. 考虑其齐次方程组

$$\begin{cases} \dfrac{1}{2\tau}u_i^{k+1} + \dfrac{1}{2}\psi(u^k, u^{k+1})_i = \dfrac{1}{2}\nu\delta_x^2 u_i^{k+1}, \quad 1 \leqslant i \leqslant m-1, & (8.40\text{a}) \\ u_0^{k+1} = 0, \quad u_m^{k+1} = 0. & (8.40\text{b}) \end{cases}$$

用 u^{k+1} 与 (8.40a) 做内积, 得

$$\frac{1}{2\tau}\|u^{k+1}\|^2+\frac{1}{2}(\psi(u^k,u^{k+1}),u^{k+1})=\frac{1}{2}\nu(\delta_x^2u^{k+1},u^{k+1}).$$

由 $(\psi(u^k,u^{k+1}),u^{k+1})=0$ 及 $(\delta_x^2u^{k+1},u^{k+1})=-|u^{k+1}|_1^2$ 得

$$\frac{1}{2\tau}\|u^{k+1}\|^2+\frac{1}{2}\nu|u^{k+1}|_1^2=0.$$

所以 $\|u^{k+1}\|=0$. 方程组 (8.40) 只有零解. 因而 (8.35b) 和 (8.35d) 唯一确定 u^{k+1}.

由归纳原理, 定理证毕. □

8.3.4 差分格式解的收敛性

定理 8.10 设 $\{U_i^k\,|\,0\leqslant i\leqslant m,0\leqslant k\leqslant n\}$ 为问题(8.1)的解, $\{u_i^k\,|\,0\leqslant i\leqslant m,0\leqslant k\leqslant n\}$ 为差分格式 (8.35) 的解. 记

$$e_i^k=U_i^k-u_i^k,\quad 0\leqslant i\leqslant m,\quad 0\leqslant k\leqslant n.$$

则存在常数 c_8, 当 $\tau^2+h^2\leqslant\dfrac{1}{c_8}$ 时成立

$$|e^k|_1\leqslant c_8(\tau^2+h^2),\quad 0\leqslant k\leqslant n, \tag{8.41}$$

$$\|e^k\|_\infty\leqslant\frac{\sqrt{L}}{2}c_8(\tau^2+h^2),\quad 0\leqslant k\leqslant n. \tag{8.42}$$

证明 如果 (8.41)成立, 则由嵌入定理 (引理 1.4) 可知

$$\|e^k\|_\infty\leqslant\frac{\sqrt{L}}{2}|e^k|_1\leqslant\frac{\sqrt{L}}{2}c_8(\tau^2+h^2),\quad 0\leqslant k\leqslant n,$$

即(8.42)成立. 故我们只要证明(8.41).

将 (8.30)、(8.32) 和 (8.34) 与 (8.35) 相减, 得误差方程组

$$\begin{cases}\delta_te_i^{\frac{1}{2}}+\psi(\hat{u},e^{\frac{1}{2}})_i=\nu\delta_x^2e_i^{\frac{1}{2}}+(R_2)_i^0,\quad 1\leqslant i\leqslant m-1, & (8.43\text{a})\\ \Delta_te_i^k+\psi(U^k,U^{\bar{k}})_i-\psi(u^k,u^{\bar{k}})_i=\nu\delta_x^2e_i^{\bar{k}}+(R_2)_i^k, & \\ \qquad\qquad 1\leqslant i\leqslant m-1,\quad 1\leqslant k\leqslant n-1, & (8.43\text{b})\\ e_i^0=0,\quad 1\leqslant i\leqslant m-1, & (8.43\text{c})\\ e_0^k=0,\quad e_m^k=0,\quad 0\leqslant k\leqslant n. & (8.43\text{d})\end{cases}$$

我们将用数学归纳法证明所要的结果.

由 (8.43c)—(8.43d) 得

$$|e^0|_1 = 0. \tag{8.44}$$

故 (8.41) 对 $k=0$ 成立.

(I) 用 $\delta_t e^{\frac{1}{2}}$ 与 (8.43a) 做内积, 得

$$\|\delta_t e^{\frac{1}{2}}\|^2 + (\psi(\hat{u}, e^{\frac{1}{2}}), \delta_t e^{\frac{1}{2}}) = \nu(\delta_x^2 e^{\frac{1}{2}}, \delta_t e^{\frac{1}{2}}) + \big((R_2)^0, \delta_t e^{\frac{1}{2}}\big),$$

注意到

$$e_i^0 = 0, \quad 0 \leqslant i \leqslant m,$$

有

$$\frac{1}{\tau^2}\|e^1\|^2 + \frac{1}{2\tau}(\psi(\hat{u}, e^1), e^1) = -\frac{\nu}{2\tau}|e^1|_1^2 + \frac{1}{\tau}\big((R_2)^0, e^1\big).$$

再注意到

$$\big(\psi(\hat{u}, e^1), e^1\big) = 0,$$

有

$$\frac{1}{\tau^2}\|e^1\|^2 + \frac{\nu}{2\tau}|e^1|_1^2 = \frac{1}{\tau}\big((R_2)^0, e^1\big) \leqslant \frac{1}{\tau^2}\|e^1\|^2 + \frac{1}{4}\|(R_2)^0\|^2.$$

再由 (8.31), 得到

$$|e^1|_1^2 \leqslant \frac{2\tau}{\nu} \cdot \frac{1}{4}\|(R_2)^0\|^2 \leqslant \frac{\tau}{2\nu} L c_6^2 (\tau^2 + h^2)^2.$$

当 $\tau \leqslant 2\nu$ 时

$$|e^1|_1^2 \leqslant L c_6^2 (\tau^2 + h^2)^2,$$

或

$$|e^1|_1 \leqslant \sqrt{L} c_6 (\tau^2 + h^2). \tag{8.45}$$

(II) 将 $\Delta_t e^k$ 与 (8.43b) 做内积, 得

$$\|\Delta_t e^k\|^2 + \big(\psi(U^k, U^{\bar{k}}) - \psi(u^k, u^{\bar{k}}), \Delta_t e^k\big) = \nu\big(\delta_x^2 e^{\bar{k}}, \Delta_t e^k\big) + \big((R_2)^k, \Delta_t e^k\big),$$
$$1 \leqslant k \leqslant n-1,$$

或

$$\begin{aligned}&\|\Delta_t e^k\|^2 + \frac{\nu}{4\tau}(|e^{k+1}|_1^2 - |e^{k-1}|_1^2) \\ =& -(\psi(U^k, U^{\bar{k}}) - \psi(u^k, u^{\bar{k}}), \Delta_t e^k) + \big((R_2)^k, \Delta_t e^k\big), \quad 1 \leqslant k \leqslant n-1.\end{aligned} \tag{8.46}$$

由(8.18)得

$$|U^k|_1 \leqslant \sqrt{L}c_3, \quad \|U^k\|_\infty \leqslant \frac{\sqrt{L}}{2}|U^k|_1 \leqslant \frac{L}{2}c_3, \quad 0 \leqslant k \leqslant n. \tag{8.47}$$

设 (8.41) 对 $k = 1, 2, \cdots, l$ 成立. 则当 $c_8(\tau^2 + h^2) \leqslant 1$, 有

$$\begin{cases} |u^k|_1 \leqslant |U^k|_1 + |e^k|_1 \leqslant \sqrt{L}c_3 + 1, \quad 1 \leqslant k \leqslant l, \\ \|u^k\|_\infty \leqslant \dfrac{\sqrt{L}}{2}|u^k|_1 \leqslant \dfrac{\sqrt{L}}{2}(\sqrt{L}c_3 + 1), \quad 1 \leqslant k \leqslant l. \end{cases} \tag{8.48}$$

注意到

$$\begin{aligned} & \psi(U^k, U^{\bar{k}})_i - \psi(u^k, u^{\bar{k}})_i \\ =& \psi(e^k, U^{\bar{k}})_i + \psi(u^k, e^{\bar{k}})_i \\ =& \frac{1}{3}[e_i^k \Delta_x U_i^{\bar{k}} + \Delta_x(e^k U^{\bar{k}})_i] + \frac{1}{3}[u_i^k \Delta_x e_i^{\bar{k}} + \Delta_x(u^k e^{\bar{k}})_i] \\ =& \frac{1}{3}\left[e_i^k \Delta_x U_i^{\bar{k}} + \frac{1}{2}(\delta_x e_{i+\frac{1}{2}}^k) U_{i+1}^{\bar{k}} + e_i^k \Delta_x U_i^{\bar{k}} + \frac{1}{2}(\delta_x e_{i-\frac{1}{2}}^k) U_{i-1}^{\bar{k}}\right] \\ & + \frac{1}{3}\left[u_i^k \Delta_x e_i^{\bar{k}} + \frac{1}{2}(\delta_x u_{i+\frac{1}{2}}^k) e_{i+1}^{\bar{k}} + u_i^k \Delta_x e_i^{\bar{k}} + \frac{1}{2}(\delta_x u_{i-\frac{1}{2}}^k) e_{i-1}^{\bar{k}}\right], \end{aligned}$$

以及(8.47)—(8.48), 有

$$\begin{aligned} & -(\psi(U^k, U^{\bar{k}}) - \psi(u^k, u^{\bar{k}}), \Delta_t e^k) \\ \leqslant& \frac{1}{3}(\|e^k\|_\infty |U^{\bar{k}}|_1 + \|U^{\bar{k}}\|_\infty |e^k|_1 + \|e^k\|_\infty |U^{\bar{k}}|_1)\|\Delta_t e^k\| \\ & + \frac{1}{3}(\|u^k\|_\infty |e^{\bar{k}}|_1 + \|e^{\bar{k}}\|_\infty |u^k|_1 + \|u^k\|_\infty |e^{\bar{k}}|_1)\|\Delta_t e^k\| \\ \leqslant& \frac{1}{3}\left(2\sqrt{L}c_3\|e^k\|_\infty + \frac{L}{2}c_3|e^k|_1\right)\|\Delta_t e^k\| \\ & + \frac{1}{3}\left(2 \cdot \frac{\sqrt{L}}{2}(\sqrt{L}c_3 + 1)|e^{\bar{k}}|_1 + (\sqrt{L}c_3 + 1)\|e^{\bar{k}}\|_\infty\right)\|\Delta_t e^k\| \\ \leqslant& \frac{1}{3}\left(2\sqrt{L}c_3\frac{\sqrt{L}}{2}|e^k|_1 + \frac{L}{2}c_3|e^k|_1\right)\|\Delta_t e^k\| \\ & + \frac{1}{3}\left[\sqrt{L}(\sqrt{L}c_3 + 1)|e^{\bar{k}}|_1 + (\sqrt{L}c_3 + 1)\frac{\sqrt{L}}{2}|e^{\bar{k}}|_1\right]\|\Delta_t e^k\| \end{aligned}$$

$$
\begin{aligned}
&=\frac{1}{2}Lc_3|e^k|_1\cdot\|\Delta_t e^k\|+\frac{1}{2}\sqrt{L}(\sqrt{L}c_3+1)|e^{\bar{k}}|_1\cdot\|\Delta_t e^k\|\\
&\leqslant\frac{1}{4}\|\Delta_t e^k\|^2+\frac{L^2c_3^2}{4}|e^k|_1^2+\frac{1}{4}\|\Delta_t e^k\|^2+\frac{L(\sqrt{L}c_3+1)^2}{4}|e^{\bar{k}}|_1^2,\quad 1\leqslant k\leqslant l.
\end{aligned}
$$

此外, 有

$$
\left((R_2)^k,\Delta_t e^k\right)\leqslant\frac{1}{2}\|\Delta_t e^k\|^2+\frac{1}{2}\|(R_2)^k\|^2.
$$

将以上两式代入 (8.46), 并利用(8.33), 得到

$$
\begin{aligned}
&\frac{\nu}{4\tau}(|e^{k+1}|_1^2-|e^{k-1}|_1^2)\\
\leqslant&\frac{L^2c_3^2}{4}|e^k|_1^2+\frac{L(\sqrt{L}c_3+1)^2}{4}|e^{\bar{k}}|_1^2+\frac{1}{2}\|(R_2)^k\|^2\\
\leqslant&\frac{L^2c_3^2}{4}|e^k|_1^2+\frac{L(\sqrt{L}c_3+1)^2}{4}\cdot\frac{|e^{k+1}|_1^2+|e^{k-1}|_1^2}{2}+\frac{1}{2}Lc_7^2(\tau^2+h^2)^2,\quad 1\leqslant k\leqslant l.
\end{aligned}
$$

将上式两边乘以 $\dfrac{4\tau}{\nu}$, 并移项, 得

$$
\begin{aligned}
|e^{k+1}|_1^2\leqslant&|e^{k-1}|_1^2+\frac{L^2c_3^2}{\nu}\tau|e^k|_1^2+\frac{1}{2\nu}L(\sqrt{L}c_3+1)^2\tau(|e^{k+1}|_1^2+|e^{k-1}|_1^2)\\
&+\frac{2}{\nu}Lc_7^2\tau(\tau^2+h^2)^2,\quad 1\leqslant k\leqslant l,
\end{aligned}
$$

即

$$
\begin{aligned}
&\left[1-\frac{L(\sqrt{L}c_3+1)^2}{2\nu}\tau\right]|e^{k+1}|_1^2\\
\leqslant&\frac{L^2c_3^2}{\nu}\tau|e^k|_1^2+\left[1+\frac{L(\sqrt{L}c_3+1)^2}{2\nu}\tau\right]|e^{k-1}|_1^2+\frac{2}{\nu}Lc_7^2\tau(\tau^2+h^2)^2,\quad 1\leqslant k\leqslant l.
\end{aligned}
$$

当 $\dfrac{L(\sqrt{L}c_3+1)^2}{2\nu}\tau\leqslant\dfrac{1}{3}$ 时,

$$
|e^{k+1}|_1^2\leqslant\frac{3L^2c_3^2}{2\nu}\tau|e^k|_1^2+\left[1+\frac{3L(\sqrt{L}c_3+1)^2}{2\nu}\tau\right]|e^{k-1}|_1^2+\frac{3}{\nu}Lc_7^2\tau(\tau^2+h^2)^2,
$$

$$
1\leqslant k\leqslant l.
$$

易知

$$
\max\{|e^k|_1^2,|e^{k+1}|_1^2\}
$$

$$\leqslant \left[1+\frac{3L^2c_3^2+3L(\sqrt{L}c_3+1)^2}{2\nu}\tau\right]\max\{|e^{k-1}|_1^2,|e^k|_1^2\}+\frac{3}{\nu}Lc_6^2\tau(\tau^2+h^2)^2,$$

$$1\leqslant k\leqslant l.$$

由 Gronwall 不等式 (引理 3.3), 得

$$\begin{aligned}&\max\{|e^l|_1^2,|e^{l+1}|_1^2\}\\ \leqslant&\exp\left\{\frac{3L^3c_3^2+3L(\sqrt{L}c_3+1)^2}{2\nu}T\right\}\\ &\cdot\left(\max\{|e^0|_1^2,|e^1|_1^2\}+\frac{2Lc_7^2}{L^2c_3^2+L(\sqrt{L}c_3+1)^2}(\tau^2+h^2)^2\right).\end{aligned}$$

注意到 (8.44) 和 (8.45), 可得

$$\begin{aligned}|e^{l+1}|_1^2\leqslant&\exp\left\{\frac{3L^2c_3^2+3L(\sqrt{L}c_3+1)^2}{2\nu}T\right\}\\ &\cdot\left(Lc_5^2+\frac{2c_7^2}{Lc_3^2+(\sqrt{L}c_3+1)^2}\right)(\tau^2+h^2)^2\\ \equiv&c_8^2(\tau^2+h^2)^2,\end{aligned}$$

其中

$$c_8=\exp\left\{\frac{3L^2c_3^2+3L(\sqrt{L}c_3+1)^2}{4\nu}T\right\}\cdot\left(Lc_6^2+\frac{2c_7^2}{Lc_3^2+(\sqrt{L}c_3+1)^2}\right)^{\frac{1}{2}}.$$

即 (8.41) 对 $k=l+1$ 成立. 由归纳原理知 (8.41) 对 $k=0,1,2,\cdots,n$ 成立.

定理证毕. □

8.3.5 数值算例

算例 8.2 *应用差分格式 (8.35)计算初边值问题 (8.29).*

利用追赶法求解差分格式 (8.35).

取 $\nu=1$. 表 8.3和表 8.4给出了取不同步长时由差分格式 (8.35)所得数值解的最大误差

$$E_\infty(h,\tau)=\max_{0\leqslant k\leqslant n,0\leqslant j\leqslant m}\left|u(x_j,t_k)-u_j^k\right|.$$

表 8.3　算例 8.2 取不同空间步长时数值解的最大误差 ($\tau = 1/1600$)

h	$E_\infty(h,\tau)$	$E_\infty(2h,\tau)/E_\infty(h,\tau)$
1/10	1.899969e−04	
1/20	4.725070e−05	4.0071
1/40	1.159189e−05	4.0192
1/80	2.678947e−06	4.0760
1/160	4.508333e−07	4.3285

表 8.4　算例 8.2 取不同时间步长时数值解的最大误差 ($h = 1/1600$)

τ	$E_\infty(h,\tau)$	$E_\infty(h,2\tau)/E_\infty(h,\tau)$
1/10	8.320394e−03	
1/20	2.111490e−03	4.3777
1/40	4.821587e−04	4.0830
1/80	1.180908e−04	4.0208
1/160	2.936970e−05	4.0080

从表 8.3可以看出, 当步长 h 缩小到原来的 $1/2$ 时, 最大误差约缩小到原来的 $1/4$. 从表 8.4可以看出, 当步长 τ 缩小到原来的 $1/2$ 时, 最大误差约缩小到原来的 $1/4$. 图 8.2给出了定理 8.8中定义的守恒量 E^k 的曲线.

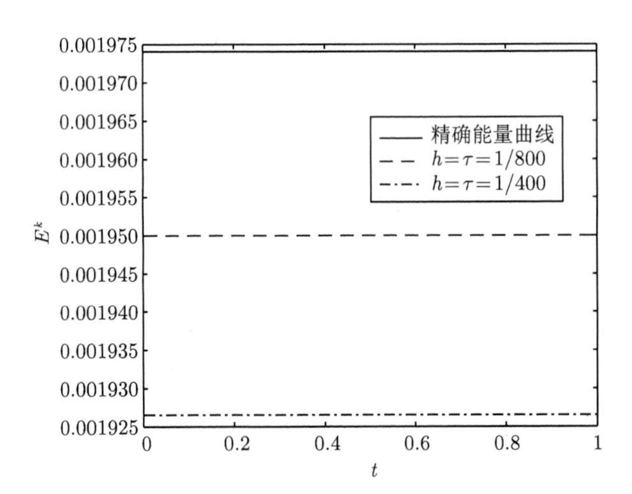

图 8.2　算例 8.2差分格式 (8.35)的守恒量 E^k 的曲线

8.4　小结与拓展

本章讨论了 Burgers 方程的差分方法. 首先证明了问题 (8.1) 的解满足能量守恒性, 并给出了解的无穷模估计式. 接着在 8.2 节和 8.3 节分别介绍了二层非线性差分格式和三层线性化差分格式. 证明了差分格式解的存在性、唯一性、有界性和收敛性. 本章综合了文献 [37, 38] 的成果.

对于问题 (8.1) 可建立如下二层线性化差分格式

$$\begin{cases} \delta_t u_i^{k+\frac{1}{2}} + \dfrac{1}{2}(u_i^k \Delta_x u_i^{k+1} + u_i^{k+1} \Delta_x u_i^k) = \nu \delta_x^2 u_i^{k+\frac{1}{2}}, \\ \qquad\qquad 1 \leqslant i \leqslant m-1, \quad 0 \leqslant k \leqslant n-1, \\ u_i^0 = \varphi(x_i), \quad 1 \leqslant i \leqslant m-1, \\ u_0^k = 0, \quad u_m^k = 0, \quad 0 \leqslant k \leqslant n. \end{cases} \tag{8.49}$$

可以证明差分格式 (8.49) 是唯一可解的, 在无穷范数下关于时间步长和空间步长均是二阶收敛的 [37].

文 [39] 研究了 Burgers 方程的紧致差分方法, 文 [40] 研究了广义 Burgers 方程的差分方法, 文 [41] 研究了二维 Burgers 方程的差分方法.

我们借助于 Browder 定理证明了非线性方程组 (8.13) 解的存在性. 与 Browder 定理相伴的还有一个 Leray-Schauder 定理 [42].

定理 8.11 设 $\mathcal{H}$ 是一个有限维内积空间, $\|\cdot\|$ 是导出范数. 考虑 $H \to H$ 的算子 $T_\lambda(w)$, 其中 $\lambda \in [0,1]$ 为参数. 如果 $T_\lambda(w)$ 满足如下条件:

(I) $T_\lambda(w)$ 是 H 上的连续算子;

(II) $T_0(w) = 0$ 有唯一解;

(III) $T_\lambda(w) = 0$ 的一切可能解有一致的界.

则对任意 $\lambda \in [0,1], T_\lambda(w) = 0$ 存在解. 特别地, $T_1(w) = 0$ 存在解.

现在用上述结论来证明定理 8.4, 即证明 (8.13) 存在解.

令 $\mathcal{H} = \mathring{\mathcal{U}}_h$. 对任意的 $w \in \mathring{\mathcal{U}}_h$, 定义

$$\begin{cases} T_\lambda(w)_i = \dfrac{2}{\tau}(w_i - u_i^k) + \lambda \psi(w, w)_i - \nu \delta_x^2 w_i, \quad 1 \leqslant i \leqslant m-1, \\ T_\lambda(w)_0 = 0, \quad T_\lambda(w)_m = 0. \end{cases}$$

易知 (I) $T_\lambda(w)$ 是连续的; (II) $T_0(w)_i = 0,\ i = 0, 1, 2, \cdots, m$ 是一个严格对角占优的三对角线性方程组, 故有唯一解. 现在来检验 (III). 设 w 是 $T_\lambda(w) = 0$ 可能的解. 用 w 和 $T_\lambda(w) = 0$ 做内积, 得

$$\frac{2}{\tau}\big((w, w) - (u^k, w)\big) + \lambda\big(\psi(w, w), w\big) - \nu\big(\delta_x^2 w, w\big) = 0.$$

利用

$$(\psi(w, w), w) = 0, \quad -(\delta_x^2 w, w) = |w|_1^2,$$

得

$$\frac{2}{\tau}\left(\|w\|^2-(u^k,w)\right)+\nu|w|_1^2=0.$$

于是

$$\|w\|^2\leqslant(u^k,w)\leqslant\|u^k\|\cdot\|w\|.$$

易知

$$\|w\|\leqslant\|u^k\|.$$

条件 (III) 满足. 由 Leray-Schauder 定理, (8.13) 存在解.

习　题　8

8.1 考虑正则长波方程初边值问题

$$\begin{cases}u_t-\mu u_{xxt}+\gamma uu_x+u_x=0, & 0<x<L,\quad 0<t\leqslant T,\\ u(x,0)=\varphi(x), & 0<x<L,\\ u(0,t)=0,\quad u(L,t)=0, & 0\leqslant t\leqslant T,\end{cases}\tag{8.50}$$

其中 μ,γ 为正常数, $\varphi(0)=\varphi(L)=0$. 对问题 (8.50) 建立如下差分格式

$$\begin{cases}\delta_t u_i^{k+\frac{1}{2}}-\mu\delta_t\delta_x^2u_i^{k+\frac{1}{2}}+\gamma\psi(u^{k+\frac{1}{2}},u^{k+\frac{1}{2}})_i+\Delta_x u_i^{k+\frac{1}{2}}=0,\\ \qquad\qquad 1\leqslant i\leqslant m-1,\quad 0\leqslant k\leqslant n-1,\\ u_i^0=\varphi(x_i),\quad 1\leqslant i\leqslant m-1,\\ u_0^k=0,\quad u_m^k=0,\quad 0\leqslant k\leqslant n.\end{cases}$$

(1) 分析差分格式的截断误差.

(2) 分析差分格式的守恒性.

(3) 证明差分格式的存在性.

(4) 证明差分格式的收敛性.

8.2 对问题 (8.50) 建立如下差分格式

$$\begin{cases}\delta_t u_i^{\frac{1}{2}}-\mu\delta_t\delta_x^2u_i^{\frac{1}{2}}+\gamma\psi(u^0,u^{\frac{1}{2}})_i+\Delta_x u_i^{\frac{1}{2}}=0,\\ \qquad\qquad 1\leqslant i\leqslant m-1,\\ \Delta_t u_i^k-\mu\Delta_t\delta_x^2u_i^k+\gamma\psi(u^k,u^{\bar{k}})_i+\Delta_x u_i^{\bar{k}}=0,\\ \qquad\qquad 1\leqslant i\leqslant m-1,\quad 1\leqslant k\leqslant n-1,\\ u_i^0=\varphi(x_i),\quad 1\leqslant i\leqslant m-1,\\ u_0^k=0,\quad u_m^k=0,\quad 0\leqslant k\leqslant n.\end{cases}$$

(1) 分析差分格式的截断误差.

(2) 分析差分格式的守恒性.

(3) 证明差分格式的存在性.

(4) 证明差分格式的收敛性.

第 9 章　Korteweg-de Vries 方程的差分方法

9.1　Korteweg-de Vries 方程

Korteweg-de Vries (KdV) 方程是非线性色散方程的典型代表. 因其具有无穷多个守恒律, 在固体、液体、气体以及等离子体等学科领域中得到了广泛应用. KdV 方程是 1895 年由荷兰数学家 Diederik Korteweg 和 Gustav de Vries 在研究浅水波中小振幅长波运动时共同发现的一种单向运动偏微分方程. Boussinesq 于 1877 年首先引入了 KdV 方程. 后来人们认识到 KdV 方程可以用来描述等离子体中的磁流波和离子声波、液气混合物中的压力波等多种物理现象.

本章研究 KdV 方程初边值问题

$$\begin{cases} u_t + \gamma u u_x + u_{xxx} = 0, \quad 0 < x < L, \quad 0 < t \leqslant T, & (9.1\text{a}) \\ u(x,0) = \varphi(x), \quad 0 < x < L, & (9.1\text{b}) \\ u(0,t) = 0, \quad u(L,t) = 0, \quad u_x(L,t) = 0, \quad 0 \leqslant t \leqslant T & (9.1\text{c}) \end{cases}$$

的差分方法, 其中 γ 为常数, $\varphi(0) = \varphi(L) = \varphi'(L) = 0$.

在介绍差分方法之前, 我们先用能量方法给出问题 (9.1) 解的先验估计式.

定理 9.1　设 $u(x,t)$ 为问题 (9.1) 的解, 记

$$E(t) = \int_0^L u^2(x,t)\mathrm{d}x + \int_0^t u_x^2(0,s)\mathrm{d}s,$$

则有

$$E(t) = E(0), \quad 0 < t \leqslant T. \tag{9.2}$$

证明　用 $u(\cdot,t)$ 与 (9.1a) 的两边做内积, 得

$$\int_0^L u(x,t)u_t(x,t)\mathrm{d}x + \gamma\int_0^L u^2(x,t)u_x(x,t)\mathrm{d}x + \int_0^L u(x,t)u_{xxx}(x,t)\mathrm{d}x = 0. \tag{9.3}$$

现在来分析上式左端每一项.

第一项

$$\int_0^L u(x,t)u_t(x,t)\mathrm{d}x = \frac{1}{2}\frac{\mathrm{d}}{\mathrm{d}t}\int_0^L u^2(x,t)\mathrm{d}x. \tag{9.4}$$

第二项, 利用边界条件(9.1c), 得

$$\int_0^L u^2(x,t)u_x(x,t)\mathrm{d}x=\frac{1}{3}u^3(x,t)|_{x=0}^L=0. \tag{9.5}$$

第三项, 利用边界条件(9.1c), 得

$$\int_0^L u(x,t)u_{xxx}(x,t)\mathrm{d}x=\left[u(x,t)u_{xx}(x,t)-\frac{1}{2}u_x^2(x,t)\right]\Big|_{x=0}^L=\frac{1}{2}u_x^2(0,t). \tag{9.6}$$

将(9.4)—(9.6)代入(9.3)得到

$$\frac{1}{2}\frac{\mathrm{d}}{\mathrm{d}t}\int_0^L u^2(x,t)\mathrm{d}x+\frac{1}{2}u_x^2(0,t)=0,$$

即

$$\frac{\mathrm{d}}{\mathrm{d}t}\left[\int_0^L u^2(x,t)\mathrm{d}x+\int_0^t u_x^2(0,s)\mathrm{d}s\right]=0.$$

因而

$$E(t)=E(0),\quad 0<t\leqslant T.$$

定理证毕. □

称 (9.2) 为能量守恒律.

9.2 空间一阶差分格式

以下设问题 (9.1) 存在解 $u\in C_{x,t}^{4,3}([0,L]\times[0,T])$.

与第 8 章一样, 设 $v,w\in\mathcal{U}_h$, 引进记号

$$\psi(v,w)_i=\frac{1}{3}\left[v_i\Delta_x w_i+\Delta_x(vw)_i\right],\quad 1\leqslant i\leqslant m-1.$$

9.2.1 差分格式的建立

在方程 (9.1a) 中令 $x=L$, 并注意到 $u(L,t)=0$, 得

$$u_{xxx}(L,t)=0.$$

在点 (x_i,t) 处考虑方程 (9.1a), 有

$$u_t(x_i,t)+\gamma u(x_i,t)u_x(x_i,t)+u_{xxx}(x_i,t)=0,\quad 1\leqslant i\leqslant m-1. \tag{9.7}$$

先来考虑 $u_{xxx}(x_i,t)$ 的离散化.

由数值微分公式 (引理 1.2) 可得

$$
\begin{aligned}
& u_{xxx}(x_i,t)\\
=&\frac{1}{h}\Big(u_{xx}(x_{i+1},t)-u_{xx}(x_i,t)\Big)+O(h)\\
=&\frac{1}{h}\bigg[\Big(\frac{u(x_{i+2},t)-2u(x_{i+1},t)+u(x_i,t)}{h^2}+O(h^2)\Big)\\
&-\Big(\frac{u(x_{i+1},t)-2u(x_i,t)+u(x_{i-1},t)}{h^2}+O(h^2)\Big)\bigg]+O(h)\\
=&\frac{1}{h^3}\Big[u(x_{i+2},t)-3u(x_{i+1},t)+3u(x_i,t)-u(x_{i-1},t)\Big]+O(h),\quad 1\leqslant i\leqslant m-2
\end{aligned}
\tag{9.8}
$$

和

$$
\begin{aligned}
& u_{xxx}(x_{m-1},t)\\
=&\frac{1}{h}\Big(u_{xx}(x_m,t)-u_{xx}(x_{m-1},t)\Big)+O(h)\\
=&\frac{1}{h}\bigg[\frac{2}{h}\Big(u_x(x_m,t)-\frac{u(x_m,t)-u(x_{m-1},t)}{h}\Big)+\frac{h}{3}u_{xxx}(x_m,t)+O(h^2)\\
&-\Big(\frac{u(x_m,t)-2u(x_{m-1},t)+u(x_{m-2},t)}{h^2}+O(h^2)\Big)\bigg]+O(h)\\
=&\frac{1}{h}\Big[-\frac{2}{h}\cdot\frac{u(x_m,t)-u(x_{m-1},t)}{h}-\frac{u(x_m,t)-2u(x_{m-1},t)+u(x_{m-2},t)}{h^2}\Big]+O(h).
\end{aligned}
\tag{9.9}
$$

定义网格函数

$$
U_i^k=u(x_i,t_k),\quad 0\leqslant i\leqslant m,\quad 0\leqslant k\leqslant n.
$$

在 (9.7) 中令 $t=t_k$ 和 $t=t_{k+1}$, 将两式作平均, 并利用 (9.8) 和(9.9), 得

$$
\begin{cases}
\delta_t U_i^{k+\frac{1}{2}}+\gamma\psi(U^{k+\frac{1}{2}},U^{k+\frac{1}{2}})_i+\delta_x^2(\delta_x U_{i+\frac{1}{2}}^{k+\frac{1}{2}})=(R_1)_i^k,\\
\qquad\qquad 1\leqslant i\leqslant m-2,\quad 0\leqslant k\leqslant n-1,\\
\delta_t U_{m-1}^{k+\frac{1}{2}}+\gamma\psi(U^{k+\frac{1}{2}},U^{k+\frac{1}{2}})_{m-1}+\dfrac{1}{h}\Big(-\dfrac{2}{h}\delta_x U_{m-\frac{1}{2}}^{k+\frac{1}{2}}-\delta_x^2 U_{m-1}^{k+\frac{1}{2}}\Big)=(R_1)_{m-1}^k,\\
\qquad 0\leqslant k\leqslant n-1.
\end{cases}
\tag{9.10}
$$

存在常数 c_1 使得

$$|(R_1)_i^k| \leqslant c_1(\tau^2 + h), \quad 1 \leqslant i \leqslant m-1, \quad 0 \leqslant k \leqslant n-1. \tag{9.11}$$

由初边值条件 (9.1b)—(9.1c), 有

$$\begin{cases} U_i^0 = \varphi(x_i), \quad 1 \leqslant i \leqslant m-1, \\ U_0^k = 0, \quad U_m^k = 0, \quad 0 \leqslant k \leqslant n. \end{cases} \tag{9.12}$$

在 (9.10) 中略去小量项 $(R_1)_i^k$, 对 (9.1) 建立如下差分格式

$$\begin{cases} \delta_t u_i^{k+\frac{1}{2}} + \gamma\psi(u^{k+\frac{1}{2}}, u^{k+\frac{1}{2}})_i + \delta_x^2(\delta_x u_{i+\frac{1}{2}}^{k+\frac{1}{2}}) = 0, \\ \qquad\qquad 1 \leqslant i \leqslant m-2, \quad 0 \leqslant k \leqslant n-1, & (9.13\text{a}) \\ \delta_t u_{m-1}^{k+\frac{1}{2}} + \gamma\psi(u^{k+\frac{1}{2}}, u^{k+\frac{1}{2}})_{m-1} + \dfrac{1}{h}\Big(-\dfrac{2}{h}\delta_x u_{m-\frac{1}{2}}^{k+\frac{1}{2}} - \delta_x^2 u_{m-1}^{k+\frac{1}{2}}\Big) = 0, \\ \qquad\qquad 0 \leqslant k \leqslant n-1, & (9.13\text{b}) \\ u_i^0 = \varphi(x_i), \quad 1 \leqslant i \leqslant m-1, & (9.13\text{c}) \\ u_0^k = 0, \quad u_m^k = 0, \quad 0 \leqslant k \leqslant n. & (9.13\text{d}) \end{cases}$$

9.2.2 差分格式解的存在性

引理 9.1 设 $w \in \mathring{\mathcal{U}}_h$, 则有

$$\begin{aligned} & h\sum_{i=1}^{m-2}(\delta_x^2\delta_x w_{i+\frac{1}{2}})w_i + \Big(-\frac{2}{h}\delta_x w_{m-\frac{1}{2}} - \delta_x^2 w_{m-1}\Big)w_{m-1} \\ =& \frac{1}{2}h|w|_2^2 + \frac{1}{2}(\delta_x w_{\frac{1}{2}})^2 + \frac{3}{2}(\delta_x w_{m-\frac{1}{2}})^2, \end{aligned}$$

其中

$$|w|_2^2 = h\sum_{i=1}^{m-1}(\delta_x^2 w_i)^2.$$

证明

$$\begin{aligned} & h\sum_{i=1}^{m-2}(\delta_x^2\delta_x w_{i+\frac{1}{2}})w_i + \Big(-\frac{2}{h}\delta_x w_{m-\frac{1}{2}} - \delta_x^2 w_{m-1}\Big)w_{m-1} \\ =& \sum_{i=1}^{m-2}(\delta_x^2 w_{i+1} - \delta_x^2 w_i)w_i + \big(2\delta_x w_{m-\frac{1}{2}} + h\delta_x^2 w_{m-1}\big)\delta_x w_{m-\frac{1}{2}} \end{aligned}$$

$$
\begin{aligned}
&=\sum_{i=2}^{m-1}(\delta_x^2 w_i)w_{i-1}-\sum_{i=1}^{m-2}(\delta_x^2 w_i)w_i+\big(3\delta_x w_{m-\frac{1}{2}}-\delta_x w_{m-\frac{3}{2}}\big)(\delta_x w_{m-\frac{1}{2}})\\
&=-h\sum_{i=1}^{m-1}(\delta_x^2 w_i)(\delta_x w_{i-\frac{1}{2}})+(\delta_x^2 w_{m-1})w_{m-1}+3(\delta_x w_{m-\frac{1}{2}})^2-(\delta_x w_{m-\frac{3}{2}})(\delta_x w_{m-\frac{1}{2}})\\
&=\sum_{i=1}^{m-1}(\delta_x w_{i-\frac{1}{2}})^2-\sum_{i=1}^{m-1}(\delta_x w_{i+\frac{1}{2}})(\delta_x w_{i-\frac{1}{2}})+2(\delta_x w_{m-\frac{1}{2}})^2\\
&=\frac{1}{2}\sum_{i=0}^{m-2}(\delta_x w_{i+\frac{1}{2}})^2+\frac{1}{2}\sum_{i=1}^{m-1}(\delta_x w_{i-\frac{1}{2}})^2-\sum_{i=1}^{m-1}(\delta_x w_{i+\frac{1}{2}})(\delta_x w_{i-\frac{1}{2}})+2(\delta_x w_{m-\frac{1}{2}})^2\\
&=\frac{1}{2}\sum_{i=1}^{m-1}(\delta_x w_{i+\frac{1}{2}}-\delta_x w_{i-\frac{1}{2}})^2+\frac{1}{2}(\delta_x w_{\frac{1}{2}})^2+\frac{3}{2}(\delta_x w_{m-\frac{1}{2}})^2.
\end{aligned}
$$

引理证毕. □

定理 9.2　*差分格式 (9.13) 的解是存在的.*

证明　由 (9.13c)—(9.13d) 知第 0 层的解 u^0 已经确定.

设第 k 层的解 u^k 已确定. 令

$$
w_i=u_i^{k+\frac{1}{2}},\quad 0\leqslant i\leqslant m,
$$

则可得到关于 w 的方程组

$$
\begin{cases}
\dfrac{2}{\tau}(w_i-u_i^k)+\gamma\psi(w,w)_i+\delta_x^2(\delta_x w_{i+\frac{1}{2}})=0,\quad 1\leqslant i\leqslant m-2,\\
\dfrac{2}{\tau}(w_{m-1}-u_{m-1}^k)+\gamma\psi(w,w)_{m-1}+\dfrac{1}{h}\left(-\dfrac{2}{h}\delta_x w_{m-\frac{1}{2}}-\delta_x^2 w_{m-1}\right)=0,\\
w_0=0,\quad w_m=0.
\end{cases}
\tag{9.14}
$$

对 $w\in\mathring{\mathcal{U}}_h$, 定义

$$
\Pi(w)_i=\begin{cases}
\dfrac{2}{\tau}(w_i-u_i^k)+\gamma\psi(w,w)_i+\delta_x^2(\delta_x w_{i+\frac{1}{2}}),\quad 1\leqslant i\leqslant m-2,\\
\dfrac{2}{\tau}(w_{m-1}-u_{m-1}^k)+\gamma\psi(w,w)_{m-1}\\
+\dfrac{1}{h}\left(-\dfrac{2}{h}\delta_x w_{m-\frac{1}{2}}-\delta_x^2 w_{m-1}\right),\quad i=m-1,\\
0,\quad i=0,m.
\end{cases}
$$

计算可得

$$\begin{aligned}(\Pi(w),w)=&\frac{2}{\tau}\left[\|w\|^2-(u^k,w)\right]+\gamma\big(\psi(w,w),w\big)\\&+h\sum_{i=1}^{m-2}(\delta_x^2\delta_x w_{i+\frac{1}{2}})w_i+\Big(-\frac{2}{h}\delta_x w_{m-\frac{1}{2}}-\delta_x^2 w_{m-1}\Big)w_{m-1}.\end{aligned}$$

由引理 9.1及 $(\psi(w,w),w)=0$, 得

$$(\Pi(w),w)\geqslant\frac{2}{\tau}\left[\|w\|^2-(u^k,w)\right]\geqslant\frac{2}{\tau}\|w\|\big(\|w\|-\|u^k\|\big).$$

当 $\|w\|=\|u^k\|$ 时 $(\Pi(w),w)\geqslant 0$.

由定理 7.4(Browder 定理) 存在 $w^*\in\mathring{\mathcal{U}}_h$ 且 $\|w^*\|\leqslant\|u^k\|$ 使得

$$\Pi(w^*)=0.$$

定理证毕. □

9.2.3 差分格式解的守恒性和有界性

定理 9.3 设 $\{u_i^k\,|\,0\leqslant i\leqslant m,0\leqslant k\leqslant n\}$ 为差分格式 (9.13) 的解. 记

$$E^k=\|u^{k+1}\|^2+\tau\sum_{l=0}^{k}\left[(\delta_x u_{\frac{1}{2}}^{l+\frac{1}{2}})^2+3(\delta_x u_{m-\frac{1}{2}}^{l+\frac{1}{2}})^2+h|u^{l+\frac{1}{2}}|_2^2\right],$$

则有

$$E^k=\|u^0\|^2,\quad 0\leqslant k\leqslant n-1.$$

证明 用 $hu_i^{k+\frac{1}{2}}$ 与 (9.13a) 相乘, 用 $hu_{m-1}^{k+\frac{1}{2}}$ 与 (9.13b) 相乘, 并将所得结果相加, 得

$$\begin{aligned}&\frac{1}{2\tau}(\|u^{k+1}\|^2-\|u^k\|^2)+\gamma(\psi(u^{k+\frac{1}{2}},u^{k+\frac{1}{2}}),u^{k+\frac{1}{2}})\\&+h\sum_{i=1}^{m-2}(\delta_x^2\delta_x u_{i+\frac{1}{2}}^{k+\frac{1}{2}})u_i^{k+\frac{1}{2}}+\Big(-\frac{2}{h}\delta_x u_{m-\frac{1}{2}}^{k+\frac{1}{2}}-\delta_x^2 u_{m-1}^{k+\frac{1}{2}}\Big)u_{m-1}^{k+\frac{1}{2}}=0.\end{aligned}\tag{9.15}$$

由引理 9.1 得

$$h\sum_{i=1}^{m-2}(\delta_x^2\delta_x u_{i+\frac{1}{2}}^{k+\frac{1}{2}})u_i^{k+\frac{1}{2}}+\Big(-\frac{2}{h}\delta_x u_{m-\frac{1}{2}}^{k+\frac{1}{2}}-\delta_x^2 u_{m-1}^{k+\frac{1}{2}}\Big)u_{m-1}^{k+\frac{1}{2}}$$

$$=\frac{1}{2}h|u^{k+\frac{1}{2}}|_2^2+\frac{1}{2}(\delta_x u_{\frac{1}{2}}^{k+\frac{1}{2}})^2+\frac{3}{2}(\delta_x u_{m-\frac{1}{2}}^{k+\frac{1}{2}})^2.$$

将上式代入 (9.15) 并注意到 $\left(\psi(u^{k+\frac{1}{2}},u^{k+\frac{1}{2}}),u^{k+\frac{1}{2}}\right)=0$, 得

$$\frac{1}{2\tau}(\|u^{k+1}\|^2-\|u^k\|^2)+\frac{1}{2}h|u^{k+\frac{1}{2}}|_2^2+\frac{1}{2}(\delta_x u_{\frac{1}{2}}^{k+\frac{1}{2}})^2+\frac{3}{2}(\delta_x u_{m-\frac{1}{2}}^{k+\frac{1}{2}})^2=0,\quad 0\leqslant k\leqslant n-1.$$

将上式中的 k 换为 l, 并对 l 从 0 到 k 求和, 得

$$\|u^{k+1}\|^2+\tau\sum_{l=0}^{k}\left[(\delta_x u_{\frac{1}{2}}^{l+\frac{1}{2}})^2+3(\delta_x u_{m-\frac{1}{2}}^{l+\frac{1}{2}})^2+h|u^{l+\frac{1}{2}}|_2^2\right]=\|u^0\|^2,\quad 0\leqslant k\leqslant n-1,$$

即

$$E^k=\|u^0\|^2,\quad 0\leqslant k\leqslant n-1.$$

定理证毕. □

9.2.4 差分格式解的收敛性

定理 9.4 设 $\{U_i^k\,|\,0\leqslant i\leqslant m,0\leqslant k\leqslant n\}$ 为 (9.1) 的解, $\{u_i^k\,|\,0\leqslant i\leqslant m,0\leqslant k\leqslant n\}$ 为 (9.13) 的解. 记

$$e_i^k=U_i^k-u_i^k,\quad 0\leqslant i\leqslant m,\quad 0\leqslant k\leqslant n,$$

则存在常数 c_2 使得

$$\|e^k\|\leqslant c_2(\tau^2+h),\quad 0\leqslant k\leqslant n.$$

证明　将 (9.10) 和 (9.12) 与 (9.13) 相减, 得误差方程

$$\begin{cases}\delta_t e_i^{k+\frac{1}{2}}+\gamma\left[\psi(U^{k+\frac{1}{2}},U^{k+\frac{1}{2}})_i-\psi(u^{k+\frac{1}{2}},u^{k+\frac{1}{2}})_i\right]+\delta_x^2\delta_x e_{i+\frac{1}{2}}^{k+\frac{1}{2}}=(R_1)_i^k,\\ \qquad\qquad 1\leqslant i\leqslant m-2,\quad 0\leqslant k\leqslant n-1, & (9.16\text{a})\\ \delta_t e_{m-1}^{k+\frac{1}{2}}+\gamma\left[\psi(U^{k+\frac{1}{2}},U^{k+\frac{1}{2}})_{m-1}-\psi(u^{k+\frac{1}{2}},u^{k+\frac{1}{2}})_{m-1}\right]\\ +\frac{1}{h}\left(-\frac{2}{h}\delta_x e_{m-\frac{1}{2}}^{k+\frac{1}{2}}-\delta_x^2 e_{m-1}^{k+\frac{1}{2}}\right)=(R_1)_{m-1}^k,\quad 0\leqslant k\leqslant n-1, & (9.16\text{b})\\ e_i^0=0,\quad 1\leqslant i\leqslant m-1, & (9.16\text{c})\\ e_0^k=0,\quad e_m^k=0,\quad 0\leqslant k\leqslant n. & (9.16\text{d})\end{cases}$$

用 $he_i^{k+\frac{1}{2}}$ 乘以 (9.16a), 用 $he_{m-1}^{k+\frac{1}{2}}$ 乘以 (9.16b), 将所得结果相加, 得

$$\frac{1}{2\tau}(\|e^{k+1}\|^2-\|e^k\|^2)+\gamma\left(\psi(U^{k+\frac{1}{2}},U^{k+\frac{1}{2}})-\psi(u^{k+\frac{1}{2}},u^{k+\frac{1}{2}}),e^{k+\frac{1}{2}}\right)$$

$$
\begin{aligned}
&+h\sum_{i=1}^{m-2}\left(\delta_x^2\delta_x e_{i+\frac{1}{2}}^{k+\frac{1}{2}}\right)e_i^{k+\frac{1}{2}}+\left(-\frac{2}{h}\delta_x e_{m-\frac{1}{2}}^{k+\frac{1}{2}}-\delta_x^2 e_{m-1}^{k+\frac{1}{2}}\right)e_{m-1}^{k+\frac{1}{2}}\\
=&\left((R_1)^k,e^{k+\frac{1}{2}}\right),\quad 0\leqslant k\leqslant n-1.
\end{aligned}\tag{9.17}
$$

由引理 9.1可得

$$
\begin{aligned}
&h\sum_{i=1}^{m-2}\left(\delta_x^2\delta_x e_{i+\frac{1}{2}}^{k+\frac{1}{2}}\right)e_i^{k+\frac{1}{2}}+\left(-\frac{2}{h}\delta_x e_{m-\frac{1}{2}}^{k+\frac{1}{2}}-\delta_x^2 e_{m-1}^{k+\frac{1}{2}}\right)e_{m-1}^{k+\frac{1}{2}}\\
=&\frac{1}{2}h^2\sum_{i=1}^{m-1}\left(\delta_x^2 e_i^{k+\frac{1}{2}}\right)^2+\frac{1}{2}\left(\delta_x e_{\frac{1}{2}}^{k+\frac{1}{2}}\right)^2+\frac{3}{2}\left(\delta_x e_{m-\frac{1}{2}}^{k+\frac{1}{2}}\right)^2.
\end{aligned}\tag{9.18}
$$

下面分析 (9.17) 左端第二项, 由引理 8.1, 有

$$
\begin{aligned}
&\left(\psi(U^{k+\frac{1}{2}},U^{k+\frac{1}{2}})-\psi(u^{k+\frac{1}{2}},u^{k+\frac{1}{2}}),e^{k+\frac{1}{2}}\right)\\
=&\left(\psi(U^{k+\frac{1}{2}},U^{k+\frac{1}{2}})-\psi(U^{k+\frac{1}{2}}-e^{k+\frac{1}{2}},U^{k+\frac{1}{2}}-e^{k+\frac{1}{2}}),e^{k+\frac{1}{2}}\right)\\
=&\left(\psi(e^{k+\frac{1}{2}},U^{k+\frac{1}{2}})+\psi(U^{k+\frac{1}{2}},e^{k+\frac{1}{2}})-\psi(e^{k+\frac{1}{2}},e^{k+\frac{1}{2}}),e^{k+\frac{1}{2}}\right)\\
=&(\psi(e^{k+\frac{1}{2}},U^{k+\frac{1}{2}}),e^{k+\frac{1}{2}})\\
=&\frac{1}{3}h\sum_{i=1}^{m-1}\left[e_i^{k+\frac{1}{2}}\Delta_x U_i^{k+\frac{1}{2}}+\Delta_x(eU)_i^{k+\frac{1}{2}}\right]e_i^{k+\frac{1}{2}}\\
=&\frac{1}{3}\left[h\sum_{i=1}^{m-1}(\Delta_x U_i^{k+\frac{1}{2}})(e_i^{k+\frac{1}{2}})^2+\frac{1}{2}\sum_{i=1}^{m-1}(e_{i+1}^{k+\frac{1}{2}}U_{i+1}^{k+\frac{1}{2}}-e_{i-1}^{k+\frac{1}{2}}U_{i-1}^{k+\frac{1}{2}})e_i^{k+\frac{1}{2}}\right]\\
=&\frac{1}{3}\left[h\sum_{i=1}^{m-1}(\Delta_x U_i^{k+\frac{1}{2}})(e_i^{k+\frac{1}{2}})^2+\frac{1}{2}h\sum_{i=1}^{m-2}e_{i+1}^{k+\frac{1}{2}}e_i^{k+\frac{1}{2}}\delta_x U_{i+\frac{1}{2}}^{k+\frac{1}{2}}\right].
\end{aligned}
$$

记

$$
\hat{c}_1=\max_{0\leqslant x\leqslant L,0\leqslant t\leqslant T}|u_x(x,t)|.
$$

则

$$
\begin{aligned}
&-(\psi(U^{k+\frac{1}{2}},U^{k+\frac{1}{2}})-\psi(u^{k+\frac{1}{2}},u^{k+\frac{1}{2}}),e^{k+\frac{1}{2}})\\
\leqslant&\frac{1}{3}\hat{c}_1\left[h\sum_{i=1}^{m-1}(e_i^{k+\frac{1}{2}})^2+\frac{1}{2}h\sum_{i=1}^{m-2}|e_{i+1}^{k+\frac{1}{2}}e_i^{k+\frac{1}{2}}|\right]\\
\leqslant&\frac{1}{2}\hat{c}_1\|e^{k+\frac{1}{2}}\|^2.
\end{aligned}\tag{9.19}
$$

将 (9.18) 和 (9.19) 代入 (9.17) 得到

$$\begin{aligned}\frac{1}{2\tau}(\|e^{k+1}\|^2-\|e^k\|^2)\leqslant&\frac{1}{2}|\gamma|\hat{c}_1\|e^{k+\frac{1}{2}}\|^2+\|(R_1)^k\|\cdot\|e^{k+\frac{1}{2}}\|\\ \leqslant&\frac{1}{2}|\gamma|\hat{c}_1\left(\frac{\|e^{k+1}\|+\|e^k\|}{2}\right)^2+\|(R_1)^k\|\cdot\frac{\|e^{k+1}\|+\|e^k\|}{2},\\ &0\leqslant k\leqslant n-1.\end{aligned}$$

两边约去 $\frac{1}{2}(\|e^{k+1}\|+\|e^k\|)$, 并注意到 (9.11), 得

$$\begin{aligned}\frac{1}{\tau}(\|e^{k+1}\|-\|e^k\|)\leqslant&\frac{1}{2}|\gamma|\hat{c}_1\frac{\|e^{k+1}\|+\|e^k\|}{2}+\|(R_1)^k\|\\ \leqslant&\frac{1}{2}|\gamma|\hat{c}_1\frac{\|e^{k+1}\|+\|e^k\|}{2}+\sqrt{L}c_1(\tau^2+h),\quad 0\leqslant k\leqslant n-1.\end{aligned}\tag{9.20}$$

(I) $\gamma=0$: 由(9.20)得到

$$\|e^{k+1}\|\leqslant\|e^0\|+(k+1)\sqrt{L}c_1\tau(\tau^2+h)\leqslant T\sqrt{L}c_1(\tau^2+h),\quad 0\leqslant k\leqslant n-1.$$

(II) $\gamma\neq0$: 当 $\frac{|\gamma|\hat{c}_1}{4}\tau\leqslant\frac{1}{3}$ 时, 由(9.20)得到

$$\|e^{k+1}\|\leqslant\left(1+\frac{3|\gamma|\hat{c}_1}{4}\tau\right)\|e^k\|+\frac{3}{2}\sqrt{L}c_1\tau(\tau^2+h),\quad 0\leqslant k\leqslant n-1.$$

由 Gronwall 不等式 (引理 3.3) 得到

$$\|e^{k+1}\|\leqslant\mathrm{e}^{\frac{3|\gamma|\hat{c}_1}{4}T}\frac{2\sqrt{L}c_1}{|\gamma|\hat{c}_1}(\tau^2+h)\equiv c_2(\tau^2+h),\quad 0\leqslant k\leqslant n-1.$$

定理证毕. □

9.2.5 数值算例

算例 9.1 应用差分格式 (9.13)计算初边值问题

$$\begin{cases}u_t-6uu_x+u_{xxx}=0,\quad 0<x<1,\quad 0<t\leqslant1,\\ u(x,0)=x(x-1)^2(x^3-2x^2+2),\quad 0\leqslant x\leqslant1,\\ u(0,t)=0,\quad u(1,t)=0,\quad u_x(1,t)=0,\quad 0<t\leqslant1.\end{cases}\tag{9.21}$$

由定理 9.2的证明过程知, 需要求解关于 $\{w_i\,|\,1\leqslant i\leqslant m-1\}$ 的非线性方程组(9.14). 利用 Newton 迭代法求解(9.14). 当 $\{w_i\,|\,1\leqslant i\leqslant m-1\}$ 得到后, 令

$$u_i^{k+1}=2w_i-u_i^k,\quad 1\leqslant i\leqslant m-1.$$

表 9.1 和表 9.2 给出了取不同步长时由差分格式 (9.13)所得数值解的后验误差

$$F(h,\tau)=\max_{0\leqslant k\leqslant n}\sqrt{h\sum_{i=1}^{m-1}\Big(u_i^k(h,\tau)-u_i^{2k}(h,\frac{\tau}{2})\Big)^2},$$

$$G(h,\tau)=\max_{0\leqslant k\leqslant n}\sqrt{h\sum_{i=1}^{m-1}\Big(u_i^k(h,\tau)-u_{2i}^k(\frac{h}{2},\tau)\Big)^2}.$$

表 9.1 算例 9.1 取不同空间步长时数值解的后验误差 ($\tau=1/2^{10}$)

h	$G(h,\tau)$	$G(2h,\tau)/G(h,\tau)$
1/32	1.275285e−03	
1/64	6.466659e−04	1.9721
1/128	3.259361e−04	1.9840
1/256	1.636640e−04	1.9915

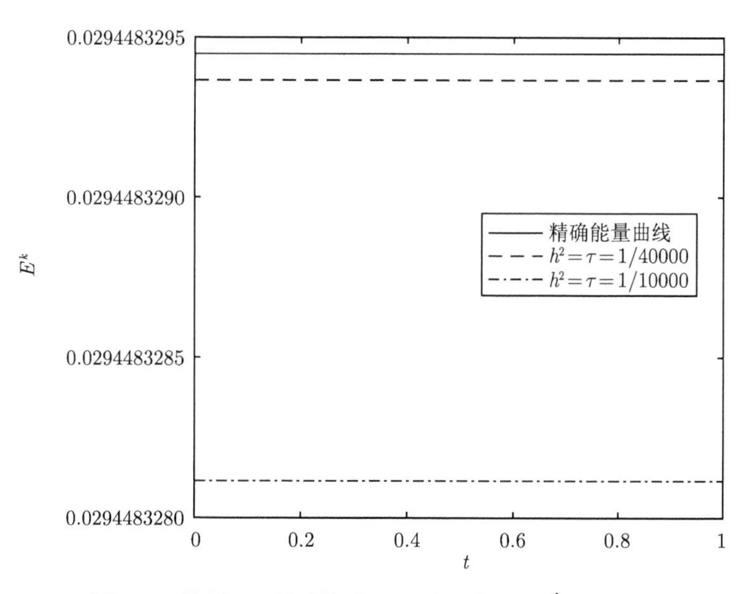

图 9.1 算例 9.1 差分格式(9.13)的守恒量 E^k 的曲线

表 9.2 算例 9.1 取不同时间步长时数值解的后验误差 ($h = 1/2^{17}$)

τ	$F(h,\tau)$	$F(h,2\tau)/F(h,\tau)$
1/32	2.243459e−02	
1/64	5.647851e−03	3.9722
1/128	1.849730e−03	3.0533
1/256	4.039513e−04	4.5791

从表 9.1 可以看出, 当步长 h 缩小到原来的 1/2 时, 后验误差约缩小到原来的 1/2. 从表 9.2 可以看出, 当步长 τ 缩小到原来的 1/2 时, 后验误差约缩小到原来的 1/4. 图 9.1 给出了定理 9.3中的守恒量 E^k 的曲线.

9.3 空间二阶差分格式

令

$$v = u_x,$$

则 (9.1) 等价于

$$\begin{cases} u_t + \gamma u u_x + v_{xx} = 0, \quad 0 < x < L, \quad 0 < t \leqslant T, & (9.22\text{a}) \\ v = u_x, \quad 0 < x < L, \quad 0 < t \leqslant T, & (9.22\text{b}) \\ u(x,0) = \varphi(x), \quad 0 < x < L, & (9.22\text{c}) \\ u(0,t) = 0, \quad u(L,t) = 0, \quad v(L,t) = 0, \quad 0 \leqslant t \leqslant T. & (9.22\text{d}) \end{cases}$$

9.3.1 差分格式的建立

定义网格函数 U, V 如下

$$U_i^k = u(x_i, t_k), \quad V_i^k = v(x_i, t_k), \quad 0 \leqslant i \leqslant m, \quad 0 \leqslant k \leqslant n.$$

在点 $(x_i, t_{k+\frac{1}{2}})$ 和 $(x_{i+\frac{1}{2}}, t_k)$ 处考虑方程 (9.22a) 和 (9.22b) 有

$$u_t(x_i, t_{k+\frac{1}{2}}) + \gamma u(x_i, t_{k+\frac{1}{2}}) u_x(x_i, t_{k+\frac{1}{2}}) + v_{xx}(x_i, t_{k+\frac{1}{2}}) = 0,$$
$$1 \leqslant i \leqslant m-1, \quad 0 \leqslant k \leqslant n-1,$$
$$v(x_{i+\frac{1}{2}}, t_k) = u_x(x_{i+\frac{1}{2}}, t_k), \quad 0 \leqslant i \leqslant m-1, \quad 0 \leqslant k \leqslant n.$$

应用数值微分公式 (引理 1.2) 可得

$$\begin{cases} \delta_t U_i^{k+\frac{1}{2}} + \gamma \psi(U^{k+\frac{1}{2}}, U^{k+\frac{1}{2}})_i + \delta_x^2 V_i^{k+\frac{1}{2}} = P_i^k, \\ \qquad\qquad 1 \leqslant i \leqslant m-1, \quad 0 \leqslant k \leqslant n-1, \\ V_{i+\frac{1}{2}}^k = \delta_x U_{i+\frac{1}{2}}^k + Q_{i+\frac{1}{2}}^k, \quad 0 \leqslant i \leqslant m-1, \quad 0 \leqslant k \leqslant n, \end{cases} \tag{9.23}$$

存在常数 c_3 使得

$$\begin{cases} |P_i^k| \leqslant c_3(h^2+\tau^2), \quad 1 \leqslant i \leqslant m-1, \quad 0 \leqslant k \leqslant n-1, & (9.24\text{a}) \\ |Q_{i+\frac{1}{2}}^k| \leqslant c_3 h^2, \quad 0 \leqslant i \leqslant m-1, \quad 0 \leqslant k \leqslant n. & (9.24\text{b}) \end{cases}$$

由

$$\begin{aligned} v(x_{i+\frac{1}{2}},t_k) =& \frac{1}{2}\big[v(x_i,t_k)+v(x_{i+1},t_k)\big] \\ &- \frac{h^2}{8}\int_0^1 \left[v_{xx}\left(x_{i+\frac{1}{2}}+\frac{h}{2}s,t_k\right)+v_{xx}\left(x_{i+\frac{1}{2}}-\frac{h}{2}s,t_k\right)\right](1-s)\mathrm{d}s, \\ u_x(x_{i+\frac{1}{2}},t_k) =& \frac{u(x_{i+1},t_k)-u(x_i,t_k)}{h} \\ &- \frac{h^2}{16}\int_0^1 \left[u_{xxx}\left(x_{i+\frac{1}{2}}+\frac{h}{2}s,t_k\right)+u_{xxx}\left(x_{i+\frac{1}{2}}-\frac{h}{2}s,t_k\right)\right](1-s)^2\mathrm{d}s, \end{aligned}$$

可得

$$Q_{i+\frac{1}{2}}^k = \frac{h^2}{16}\int_0^1 (1-s^2)\left[u_{xxx}\left(x_{i+\frac{1}{2}}+\frac{sh}{2},t_k\right)+u_{xxx}\left(x_{i+\frac{1}{2}}-\frac{sh}{2},t_k\right)\right]\mathrm{d}s. \quad (9.25)$$

关于截断误差 $Q_{i+\frac{1}{2}}^k$ 的估计有如下更深入的结论.

引理 9.2 对于任意固定的 $t\in[0,T]$, 记 $g(x)=u(x,t), x\in[0,L]$. 并假设 $g\in C^6([0,L])$. 记

$$S_i^k = \frac{1}{h}\left(Q_{i+\frac{1}{2}}^k - Q_{i-\frac{1}{2}}^k\right), \quad 1 \leqslant i \leqslant m-1, \quad 0 \leqslant k \leqslant n,$$

$$R_{m-1}^k = 0, \quad R_j^k = \sum_{i=j+1}^{m-1}(-1)^{i-j-1}S_i^k, \quad j=m-2,\ m-3,\ \cdots,\ 0, \quad 0 \leqslant k \leqslant n,$$

则存在常数 c_4 使得

$$\begin{aligned} &\left|S_i^k\right| \leqslant c_4 h^2, \quad 1 \leqslant i \leqslant m-1, \quad 0 \leqslant k \leqslant n, \\ &\left|R_j^k\right| \leqslant c_4 h^2, \quad 0 \leqslant j \leqslant m-2, \quad 0 \leqslant k \leqslant n, \\ &\left|\delta_x R_{j+\frac{1}{2}}^k\right| \leqslant c_4 h^2, \quad 0 \leqslant j \leqslant m-2, \quad 0 \leqslant k \leqslant n. \end{aligned}$$

该引理的证明后置于 9.3.6 节.

在 (9.23) 中略去小量项 P_i^k 和 $Q_{i+\frac{1}{2}}^k$, 并注意到初边值条件

$$\begin{cases} U_i^0 = \varphi(x_i), \quad 1 \leqslant i \leqslant m-1, \\ U_0^k = 0, \quad U_m^k = 0, \quad V_m^k = 0, \quad 0 \leqslant k \leqslant n, \end{cases} \quad (9.26)$$

对 (9.22) 建立如下差分格式

$$
\begin{cases}
\delta_t u_i^{k+\frac{1}{2}} + \gamma\psi(u^{k+\frac{1}{2}}, u^{k+\frac{1}{2}})_i + \delta_x^2 v_i^{k+\frac{1}{2}} = 0, \\
\qquad\qquad 1 \leqslant i \leqslant m-1, \quad 0 \leqslant k \leqslant n-1, & (9.27\text{a}) \\
v_{i+\frac{1}{2}}^k = \delta_x u_{i+\frac{1}{2}}^k, \quad 0 \leqslant i \leqslant m-1, \quad 0 \leqslant k \leqslant n, & (9.27\text{b}) \\
u_i^0 = \varphi(x_i), \quad 1 \leqslant i \leqslant m-1, & (9.27\text{c}) \\
u_0^k = 0, \quad u_m^k = 0, \quad 0 \leqslant k \leqslant n, & (9.27\text{d}) \\
v_m^k = 0, \quad 0 \leqslant k \leqslant n. & (9.27\text{e})
\end{cases}
$$

由 (9.24) 知差分格式 (9.27a) 和 (9.27b) 的截断误差关于空间步长和时间步长均是二阶的.

定理 9.5 差分格式 (9.27) 等价于

$$
\begin{cases}
\delta_t u_{i+\frac{1}{2}}^{k+\frac{1}{2}} + \dfrac{\gamma}{2}[\psi(u^{k+\frac{1}{2}}, u^{k+\frac{1}{2}})_i + \psi(u^{k+\frac{1}{2}}, u^{k+\frac{1}{2}})_{i+1}] + \delta_x^2\left(\delta_x u_{i+\frac{1}{2}}^{k+\frac{1}{2}}\right) = 0, \\
\qquad\qquad 1 \leqslant i \leqslant m-2, \quad 0 \leqslant k \leqslant n-1, & (9.28\text{a}) \\
\delta_t u_{m-1}^{k+\frac{1}{2}} + \gamma\psi(u^{k+\frac{1}{2}}, u^{k+\frac{1}{2}})_{m-1} + \dfrac{2}{h}\left(-\dfrac{2}{h}\delta_x u_{m-\frac{1}{2}}^{k+\frac{1}{2}} - \delta_x^2 u_{m-1}^{k+\frac{1}{2}}\right) = 0, \\
\qquad\qquad 0 \leqslant k \leqslant n-1, & (9.28\text{b}) \\
u_i^0 = \varphi(x_i), \quad 1 \leqslant i \leqslant m-1, & (9.28\text{c}) \\
u_0^k = 0, \quad u_m^k = 0, \quad 0 \leqslant k \leqslant n, & (9.28\text{d}) \\
v_m^k = 0, \quad 0 \leqslant k \leqslant n, & (9.28\text{e}) \\
v_i^k = 2\delta_x u_{i+\frac{1}{2}}^k - v_{i+1}^k, \quad i = m-1, m-2, \cdots, 1, 0, \quad 0 \leqslant k \leqslant n. & (9.28\text{f})
\end{cases}
$$

证明 (9.27b) 等价于

$$
\begin{cases}
v_{i+\frac{1}{2}}^0 = \delta_x u_{i+\frac{1}{2}}^0, \quad 0 \leqslant i \leqslant m-1, & (9.29\text{a}) \\
v_{i+\frac{1}{2}}^{k+\frac{1}{2}} = \delta_x u_{i+\frac{1}{2}}^{k+\frac{1}{2}}, \quad 0 \leqslant i \leqslant m-1, \quad 0 \leqslant k \leqslant n-1. & (9.29\text{b})
\end{cases}
$$

(9.27e) 等价于

$$
\begin{cases}
v_m^0 = 0, & (9.30\text{a}) \\
v_m^{k+\frac{1}{2}} = 0, \quad 0 \leqslant k \leqslant n-1. & (9.30\text{b})
\end{cases}
$$

(9.27a) 等价于

$$\begin{cases} \delta_t u_{i+\frac{1}{2}}^{k+\frac{1}{2}} + \dfrac{\gamma}{2}\left[\psi(u^{k+\frac{1}{2}},u^{k+\frac{1}{2}})_i + \psi(u^{k+\frac{1}{2}},u^{k+\frac{1}{2}})_{i+1}\right] + \delta_x^2\left(\dfrac{v_i^{k+\frac{1}{2}} + v_{i+1}^{k+\frac{1}{2}}}{2}\right) = 0, \\ \qquad\qquad\qquad\qquad 1 \leqslant i \leqslant m-2, \quad 0 \leqslant k \leqslant n-1, \\ \delta_t u_{m-1}^{k+\frac{1}{2}} + \gamma\psi(u^{k+\frac{1}{2}},u^{k+\frac{1}{2}})_{m-1} + \delta_x^2 v_{m-1}^{k+\frac{1}{2}} = 0, \quad 0 \leqslant k \leqslant n-1. \end{cases} \tag{9.31}$$

由 (9.29b) 和 (9.30b) 并注意到

$$\begin{aligned} \delta_x^2 v_{m-1}^{k+\frac{1}{2}} =& \frac{1}{h^2}\left(v_m^{k+\frac{1}{2}} - 2v_{m-1}^{k+\frac{1}{2}} + v_{m-2}^{k+\frac{1}{2}}\right) = \frac{1}{h^2}\left(-3v_m^{k+\frac{1}{2}} - 3v_{m-1}^{k+\frac{1}{2}} + v_{m-1}^{k+\frac{1}{2}} + v_{m-2}^{k+\frac{1}{2}}\right) \\ =& \frac{2}{h^2}\left(v_{m-\frac{3}{2}}^{k+\frac{1}{2}} - 3v_{m-\frac{1}{2}}^{k+\frac{1}{2}}\right) = \frac{2}{h}\left(-\frac{2}{h}v_{m-\frac{1}{2}}^{k+\frac{1}{2}} - \frac{v_{m-\frac{1}{2}}^{k+\frac{1}{2}} - v_{m-\frac{3}{2}}^{k+\frac{1}{2}}}{h}\right) \\ =& \frac{2}{h}\left(-\frac{2}{h}\delta_x u_{m-\frac{1}{2}}^{k+\frac{1}{2}} - \frac{\delta_x u_{m-\frac{1}{2}}^{k+\frac{1}{2}} - \delta_x u_{m-\frac{3}{2}}^{k+\frac{1}{2}}}{h}\right) = \frac{2}{h}\left(-\frac{2}{h}\delta_x u_{m-\frac{1}{2}}^{k+\frac{1}{2}} - \delta_x^2 u_{m-1}^{k+\frac{1}{2}}\right), \end{aligned}$$

可知 (9.27a) 等价于

$$\begin{cases} \delta_t u_{i+\frac{1}{2}}^{k+\frac{1}{2}} + \dfrac{\gamma}{2}\left[\psi(u^{k+\frac{1}{2}},u^{k+\frac{1}{2}})_i + \psi(u^{k+\frac{1}{2}},u^{k+\frac{1}{2}})_{i+1}\right] + \delta_x^2\left(\delta_x u_{i+\frac{1}{2}}^{k+\frac{1}{2}}\right) = 0, \\ \qquad\qquad\qquad\qquad 1 \leqslant i \leqslant m-2, \quad 0 \leqslant k \leqslant n-1, \\ \delta_t u_{m-1}^{k+\frac{1}{2}} + \gamma\psi(u^{k+\frac{1}{2}},u^{k+\frac{1}{2}})_{m-1} + \dfrac{2}{h}\left(-\dfrac{2}{h}\delta_x u_{m-\frac{1}{2}}^{k+\frac{1}{2}} - \delta_x^2 u_{m-1}^{k+\frac{1}{2}}\right) = 0, \\ \qquad\qquad\qquad\qquad 0 \leqslant k \leqslant n-1. \end{cases}$$

此外, (9.28e)与(9.27e)相同, (9.28c)与(9.27c)相同, 由 (9.27e) 可以将 (9.27b) 改写为 (9.28f).

定理证毕. □

由定理 9.5, 我们对问题 (9.1) 建立差分格式 (9.28a)—(9.28d).

由对称性易知差分格式 (9.28a) 的截断误差为 $O(\tau^2+h^2)$.

由 $u(x_m,t)=0, u_x(x_m,t)=0, u_{xxx}(x_m,t)=0, u_{xxxx}(x_m,t)=0$, Taylor 展开式和引理 1.2 可得

$$u_{xxx}(x_{m-1},t) = u_{xxx}(x_m,t) - hu_{xxxx}(x_m,t) + O(h^2) = O(h^2)$$

及 ·

$$u_{xxx}(x_{m-1},t)$$

$$
\begin{aligned}
=&\frac{1}{h}\left[u_{xx}\left(x_m,t\right)-u_{xx}\left(x_{m-1},t\right)\right]-\frac{h}{2}u_{xxx}\left(x_m,t\right)+O\left(h^2\right)\\
=&\frac{1}{h}\left\{\frac{2}{h}\left[u_x\left(x_m,t\right)-\frac{u\left(x_m,t\right)-u\left(x_{m-1},t\right)}{h}\right]+\frac{h}{3}u_{xxx}\left(x_m,t\right)+O\left(h^2\right)\right.\\
&-\left[\frac{u\left(x_m,t\right)-2u\left(x_{m-1},t\right)+u\left(x_{m-2},t\right)}{h^2}-\frac{h^2}{12}u_{xxxx}\left(x_m,t\right)\right]\\
&\left.+O\left(h^4\right)\right\}-\frac{h}{2}u_{xxx}\left(x_m,t\right)+O\left(h^2\right)\\
=&\frac{1}{h}\left[-\frac{2}{h}\cdot\frac{u\left(x_m,t\right)-u\left(x_{m-1},t\right)}{h}-\frac{u\left(x_{m-2},t\right)-2u\left(x_{m-1},t\right)+u\left(x_{m,t}\right)}{h^2}\right]\\
&+O\left(h^2\right).
\end{aligned}
$$

于是对任意常数 α 有

$$
\begin{aligned}
&u_{xxx}(x_{m-1},t)\\
=&\alpha\cdot\frac{1}{h}\left[-\frac{2}{h}\cdot\frac{u(x_m,t)-u(x_{m-1},t)}{h}-\frac{u(x_{m-2},t)-2u(x_{m-1},t)+u(x_m,t)}{h^2}\right]\\
&+O(h^2).
\end{aligned}
$$

由上式可知差分格式 (9.28b) 的截断误差也是 $O(\tau^2+h^2)$.

观察 (9.28b) 和 (9.13b) 发现它们的左端第三项相差一个常数. 差分格式 (9.13b) 为与 (9.13a) 在 $i=m-2$ 处的差分格式相“匹配”的差分格式, 差分格式 (9.28b) 为与 (9.28a) 在 $i=m-2$ 处的差分格式相“匹配”的差分格式. 这里的“匹配”是指保证差分格式解的守恒性、有界性和收敛性.

9.3.2 差分格式解的存在性

定理 9.6 *差分格式 (9.27) 解是存在的.*

证明 由 (9.27c) 和 (9.27d) 可得 $\{u_i^0\,|\,0\leqslant i\leqslant m\}$.

(9.27b) 可以写成如下等价形式

$$
\begin{cases}
v_{i+\frac{1}{2}}^0=\delta_x u_{i+\frac{1}{2}}^0, & 0\leqslant i\leqslant m-1,\\
v_{i+\frac{1}{2}}^{k+\frac{1}{2}}=\delta_x u_{i+\frac{1}{2}}^{k+\frac{1}{2}}, & 0\leqslant i\leqslant m-1,\quad 0\leqslant k\leqslant n-1.
\end{cases}
$$

现设第 k 层的解 $\{u^k,v^k\}$ 已求得. 记

$$
w_i=u_i^{k+\frac{1}{2}},\quad z_i=v_i^{k+\frac{1}{2}},\quad 0\leqslant i\leqslant m,
$$

则有

$$u_i^{k+1}=2w_i-u_i^k,\quad v_i^{k+1}=2z_i-v_i^k,\quad 0\leqslant i\leqslant m.$$

由差分格式 (9.27a)、(9.27b) 及 (9.27d)、(9.27e) 可得关于 $\{w,z\}$ 的方程组

$$\begin{cases}\dfrac{2}{\tau}\big(w_i-u_i^k\big)+\gamma\psi(w,w)_i+\delta_x^2 z_i=0,\quad 1\leqslant i\leqslant m-1, & (9.32\text{a})\\ z_{i+\frac12}=\delta_x w_{i+\frac12},\quad 0\leqslant i\leqslant m-1, & (9.32\text{b})\\ w_0=0,\quad w_m=0, & (9.32\text{c})\\ z_m=0. & (9.32\text{d})\end{cases}$$

由 (9.32b) 和 (9.32d) 可知

$$z_m=0;\quad z_i=2\delta_x w_{i+\frac12}-z_{i+1},\quad i=m-1,m-2,\cdots,0. \tag{9.33}$$

易知 $z_i(i=m-1,m-2,\cdots,1,0)$ 可由 $\{w_i\,|\,0\leqslant i\leqslant m\}$ 线性表示:

$$z_{m-2p}=-2h\sum_{l=1}^{p}\delta_x^2 w_{m-2l+1},\quad p=0,1,2,\cdots,\lfloor\frac{m}{2}\rfloor;$$

$$z_{m-2p-1}=2\delta_x w_{m-\frac12}-2h\sum_{l=1}^{p}\delta_x^2 w_{m-2l},\quad p=0,1,2,\cdots,\lfloor\frac{m-1}{2}\rfloor.$$

定义 $\mathring{\mathcal{U}}_h$ 上的算子

$$\Pi(w)_i=\frac{2}{\tau}\big(w_i-u_i^k\big)+\gamma\psi(w,w)_i+\delta_x^2 z_i,\quad 1\leqslant i\leqslant m-1,$$

其中 $z_i(i=m,m-1,\cdots,0)$ 由 (9.32b) 和 (9.32d) 定义.

计算得到

$$\begin{aligned}(\Pi(w),w)&=\frac{2}{\tau}[(w,w)-(u^k,w)]+\gamma(\psi(w,w),w)+h\sum_{i=1}^{m-1}(\delta_x^2 z_i)w_i\\&=\frac{2}{\tau}[(w,w)-(u^k,w)]-h\sum_{i=0}^{m-1}(\delta_x z_{i+\frac12})(\delta_x w_{i+\frac12})\\&=\frac{2}{\tau}[(w,w)-(u^k,w)]-h\sum_{i=0}^{m-1}(\delta_x z_{i+\frac12})z_{i+\frac12}\\&=\frac{2}{\tau}[(w,w)-(u^k,w)]-\frac12(z_m^2-z_0^2)\end{aligned}$$

$$
\begin{aligned}
&\geqslant \frac{2}{\tau}(\|w\|^2 - \|u^k\| \cdot \|w\|) + \frac{1}{2}z_0^2 \\
&\geqslant \frac{2}{\tau}(\|w\| - \|u^k\|)\|w\|.
\end{aligned}
$$

当 $\|w\| = \|u^k\|$ 时 $(\Pi(w), w) \geqslant 0$. 由 Browder 定理 (定理 7.4) 知方程组 (9.32) 存在解 $w \in \mathring{\mathcal{U}}_h$, 且 $\|w\| \leqslant \|u^k\|$ 使得 $\Pi(w) = 0$. 当得到 w 后, 再由 (9.33) 得到 z.

定理证毕. □

注 9.1 由定理 9.5和定理 9.6, 我们间接证明了差分格式 (9.28a)—(9.28d) 解的存在性, 也证明了如下非线性方程组解的存在性.

$$
\begin{cases}
\dfrac{2}{\tau}\left(w_{i+\frac{1}{2}} - u_{i+\frac{1}{2}}^k\right) + \dfrac{\gamma}{2}[\psi(w, w)_i + \psi(w, w)_{i+1}] + \delta_x^2(\delta_x w_{i+\frac{1}{2}}) = 0, \\
\qquad\qquad\qquad 1 \leqslant i \leqslant m-2, \\
\dfrac{2}{\tau}\left(w_{m-1} - u_{m-1}^k\right) + \gamma\psi(w, w)_{m-1} + \dfrac{2}{h}\left(-\dfrac{2}{h}\delta_x w_{m-\frac{1}{2}} - \delta_x^2 w_{m-1}\right) = 0, \\
w_0 = 0, \quad w_m = 0.
\end{cases}
\tag{9.34}
$$

9.3.3 差分格式解的守恒性和有界性

定理 9.7 设 $\{u_i^k, v_i^k \mid 0 \leqslant i \leqslant m, 0 \leqslant k \leqslant n\}$ 为差分格式 (9.27) 的解. 记

$$
E^k = \|u^{k+1}\|^2 + \tau\sum_{l=0}^{k}(v_0^{l+\frac{1}{2}})^2,
$$

则有

$$
E^k = \|u^0\|^2, \quad 0 \leqslant k \leqslant n-1. \tag{9.35}
$$

证明 由定理 9.5 知只要证明 (9.27) 的解 $\{u^k \mid 0 \leqslant k \leqslant n\}$ 满足 (9.35).

用 $u^{k+\frac{1}{2}}$ 与 (9.27a) 做内积, 可得

$$
\frac{1}{2\tau}(\|u^{k+1}\|^2 - \|u^k\|^2) + \gamma(\psi(u^{k+\frac{1}{2}}, u^{k+\frac{1}{2}}), u^{k+\frac{1}{2}}) + h\sum_{i=1}^{m-1}(\delta_x^2 v_i^{k+\frac{1}{2}})u_i^{k+\frac{1}{2}} = 0.
$$

注意到

$$
\begin{aligned}
&(\psi(u^{k+\frac{1}{2}}, u^{k+\frac{1}{2}}), u^{k+\frac{1}{2}}) = 0, \\
&h\sum_{i=1}^{m-1}\left(\delta_x^2 v_i^{k+\frac{1}{2}}\right)u_i^{k+\frac{1}{2}} = -h\sum_{i=0}^{m-1}\left(\delta_x v_{i+\frac{1}{2}}^{k+\frac{1}{2}}\right)\delta_x u_{i+\frac{1}{2}}^{k+\frac{1}{2}}
\end{aligned}
$$

$$= - h\sum_{i=0}^{m-1}\left(\delta_x v_{i+\frac{1}{2}}^{k+\frac{1}{2}}\right)\left(v_{i+\frac{1}{2}}^{k+\frac{1}{2}}\right) = -\frac{1}{2}\left[(v_m^{k+\frac{1}{2}})^2 - (v_0^{k+\frac{1}{2}})^2\right],$$

有

$$\frac{1}{2\tau}\left(\|u^{k+1}\|^2 - \|u^k\|^2\right) + \frac{1}{2}\left(v_0^{k+\frac{1}{2}}\right)^2 = 0, \quad 0 \leqslant k \leqslant n-1.$$

于是,

$$\|u^{k+1}\|^2 + \tau\sum_{l=0}^{k}\left(v_0^{l+\frac{1}{2}}\right)^2 = \|u^0\|^2, \quad 0 \leqslant k \leqslant n-1.$$

定理证毕. □

由定理 9.7易得

$$\|u^k\| \leqslant \|u^0\|, \quad 0 \leqslant k \leqslant n.$$

9.3.4 差分格式解的收敛性

现在来证明差分格式的收敛性.

定理 9.8 设 $\{u(x,t), v(x,t)\}$ 为问题 (9.22) 的解, $\{u_i^k, v_i^k \mid 0 \leqslant i \leqslant m, 0 \leqslant k \leqslant n\}$ 为差分格式 (9.27) 的解. 记

$$e_i^k = u(x_i, t_k) - u_i^k, \quad f_i^k = v(x_i, t_k) - v_i^k, \quad 0 \leqslant i \leqslant m, \quad 0 \leqslant k \leqslant n,$$

则存在常数 c_5 使得

$$\|e^k\| \leqslant c_5(h^2 + \tau^2), \quad 0 \leqslant k \leqslant n.$$

证明 将(9.23)和(9.26)与(9.27)相减得到如下误差方程组

$$\begin{cases} \delta_t e_i^{k+\frac{1}{2}} + \gamma\left[\psi(U^{k+\frac{1}{2}}, U^{k+\frac{1}{2}})_i - \psi(u^{k+\frac{1}{2}}, u^{k+\frac{1}{2}})_i\right] + \delta_x^2 f_i^{k+\frac{1}{2}} = P_i^k, \\ \qquad\qquad 1 \leqslant i \leqslant m-1, \quad 0 \leqslant k \leqslant n-1, & (9.36\text{a}) \\ f_{i+\frac{1}{2}}^k = \delta_x e_{i+\frac{1}{2}}^k + Q_{i+\frac{1}{2}}^k, \quad 0 \leqslant i \leqslant m-1, \quad 0 \leqslant k \leqslant n, & (9.36\text{b}) \\ e_i^0 = 0, \quad 1 \leqslant i \leqslant m-1, & (9.36\text{c}) \\ e_0^k = 0, \quad e_m^k = 0, \quad f_m^k = 0, \quad 0 \leqslant k \leqslant n. & (9.36\text{d}) \end{cases}$$

将(9.36b)和(9.36d)关于上标 k 和 $k+1$ 分别取平均, 得到

$$f_{i+\frac{1}{2}}^{k+\frac{1}{2}} = \delta_x e_{i+\frac{1}{2}}^{k+\frac{1}{2}} + Q_{i+\frac{1}{2}}^{k+\frac{1}{2}}, \quad 0 \leqslant i \leqslant m-1, \quad 0 \leqslant k \leqslant n-1, \tag{9.37}$$

$$e_0^{k+\frac{1}{2}} = 0, \quad e_m^{k+\frac{1}{2}} = 0, \quad f_m^{k+\frac{1}{2}} = 0, \quad 0 \leqslant k \leqslant n-1. \tag{9.38}$$

用 $e^{k+\frac{1}{2}}$ 和 (9.36a)做内积, 得

$$\left(\delta_t e^{k+\frac{1}{2}}, e^{k+\frac{1}{2}}\right) + \gamma\left(\psi(U^{k+\frac{1}{2}}, U^{k+\frac{1}{2}}) - \psi(u^{k+\frac{1}{2}}, u^{k+\frac{1}{2}}), e^{k+\frac{1}{2}}\right)$$

$$+\left(\delta_x^2 f^{k+\frac{1}{2}}, e^{k+\frac{1}{2}}\right)=\left(P^k, e^{k+\frac{1}{2}}\right), \quad 0 \leqslant k \leqslant n-1. \tag{9.39}$$

对于(9.39)左端的第一项, 有

$$\left(\delta_t e^{k+\frac{1}{2}}, e^{k+\frac{1}{2}}\right)=\frac{1}{2\tau}\left(\|e^{k+1}\|^2-\|e^k\|^2\right).$$

由引理 8.1, 计算可得

$$\begin{aligned}
&\left(\psi(U^{k+\frac{1}{2}}, U^{k+\frac{1}{2}})-\psi(u^{k+\frac{1}{2}}, u^{k+\frac{1}{2}}), e^{k+\frac{1}{2}}\right)\\
=&\left(\psi(U^{k+\frac{1}{2}}, U^{k+\frac{1}{2}})-\psi(U^{k+\frac{1}{2}}-e^{k+\frac{1}{2}}, U^{k+\frac{1}{2}}-e^{k+\frac{1}{2}}), e^{k+\frac{1}{2}}\right)\\
=&\left(\psi(e^{k+\frac{1}{2}}, U^{k+\frac{1}{2}}), e^{k+\frac{1}{2}}\right),
\end{aligned}$$

因而

$$\begin{aligned}
&\left|\left(\psi(U^{k+\frac{1}{2}}, U^{k+\frac{1}{2}})-\psi(u^{k+\frac{1}{2}}, u^{k+\frac{1}{2}}), e^{k+\frac{1}{2}}\right)\right|\\
=&\left|\frac{h}{3}\sum_{i=1}^{m-1}\left[e_i^{k+\frac{1}{2}}\Delta_x U_i^{k+\frac{1}{2}}+\Delta_x(e^{k+\frac{1}{2}}U^{k+\frac{1}{2}})_i\right]\cdot e_i^{k+\frac{1}{2}}\right|\\
=&\left|\frac{h}{3}\sum_{i=1}^{m-1}(e_i^{k+\frac{1}{2}})^2\Delta_x U_i^{k+\frac{1}{2}}+\frac{h}{3}\sum_{i=1}^{m-1}e_i^{k+\frac{1}{2}}\frac{U_{i+1}^{k+\frac{1}{2}}e_{i+1}^{k+\frac{1}{2}}-U_{i-1}^{k+\frac{1}{2}}e_{i-1}^{k+\frac{1}{2}}}{2h}\right|\\
=&\left|\frac{h}{3}\sum_{i=1}^{m-1}(e_i^{k+\frac{1}{2}})^2\Delta_x U_i^{k+\frac{1}{2}}+\frac{h}{6}\sum_{i=0}^{m-1}e_i^{k+\frac{1}{2}}e_{i+1}^{k+\frac{1}{2}}\left(\delta_x U_{i+\frac{1}{2}}^{k+\frac{1}{2}}\right)\right|\\
\leqslant&\frac{\hat{c}_1}{2}\|e^{k+\frac{1}{2}}\|^2,
\end{aligned}\tag{9.40}$$

其中

$$\hat{c}_1=\max_{0\leqslant x\leqslant L, 0\leqslant t\leqslant T}|u_x(x,t)|.$$

根据(9.37)和(9.38), 可得

$$\begin{aligned}
&-\left(\delta_x^2 f^{k+\frac{1}{2}}, e^{k+\frac{1}{2}}\right)\\
=&\left(\delta_x f^{k+\frac{1}{2}}, \delta_x e^{k+\frac{1}{2}}\right)\\
=&h\sum_{i=0}^{m-1}\left(\delta_x f_{i+\frac{1}{2}}^{k+\frac{1}{2}}\right)\cdot\left(f_{i+\frac{1}{2}}^{k+\frac{1}{2}}-Q_{i+\frac{1}{2}}^{k+\frac{1}{2}}\right)\\
=&h\sum_{i=0}^{m-1}\left(\delta_x f_{i+\frac{1}{2}}^{k+\frac{1}{2}}\right)\cdot f_{i+\frac{1}{2}}^{k+\frac{1}{2}}-h\sum_{i=0}^{m-1}\left(\delta_x f_{i+\frac{1}{2}}^{k+\frac{1}{2}}\right)\cdot Q_{i+\frac{1}{2}}^{k+\frac{1}{2}}
\end{aligned}$$

$$
\begin{aligned}
&= \frac{1}{2}\sum_{i=0}^{m-1}\left[\left(f_{i+1}^{k+\frac{1}{2}}\right)^2-\left(f_i^{k+\frac{1}{2}}\right)^2\right]-\sum_{i=0}^{m-1}\left(f_{i+1}^{k+\frac{1}{2}}-f_i^{k+\frac{1}{2}}\right)\cdot Q_{i+\frac{1}{2}}^{k+\frac{1}{2}}\\
&= -\frac{1}{2}\left(f_0^{k+\frac{1}{2}}\right)^2+h\sum_{i=1}^{m-1}f_i^{k+\frac{1}{2}}S_i^{k+\frac{1}{2}}+f_0^{k+\frac{1}{2}}Q_{\frac{1}{2}}^{k+\frac{1}{2}}. \qquad (9.41)
\end{aligned}
$$

将 f_i^k 做如下改写

$$
\begin{aligned}
f_i^k &= \left(f_i^k+f_{i-1}^k\right)-\left(f_{i-1}^k+f_{i-2}^k\right)+\cdots+(-1)^{i-1}\left(f_1^k+f_0^k\right)+(-1)^i f_0^k\\
&=2\sum_{j=0}^{i-1}(-1)^{i-j-1}f_{j+\frac{1}{2}}^k+(-1)^i f_0^k.
\end{aligned}
$$

由 R_j^k 和 $\delta_x R_{j+\frac{1}{2}}^k$ 的定义, 可得

$$
\begin{aligned}
&h\sum_{i=1}^{m-1}f_i^{k+\frac{1}{2}}S_i^{k+\frac{1}{2}}\\
&=h\sum_{i=1}^{m-1}\left[2\sum_{j=0}^{i-1}(-1)^{i-j-1}f_{j+\frac{1}{2}}^{k+\frac{1}{2}}+(-1)^i f_0^{k+\frac{1}{2}}\right]S_i^{k+\frac{1}{2}}\\
&=2h\sum_{j=0}^{m-2}f_{j+\frac{1}{2}}^{k+\frac{1}{2}}\sum_{i=j+1}^{m-1}(-1)^{i-j-1}S_i^{k+\frac{1}{2}}+h\sum_{i=1}^{m-1}(-1)^i f_0^{k+\frac{1}{2}}S_i^{k+\frac{1}{2}}\\
&=2h\sum_{j=0}^{m-2}f_{j+\frac{1}{2}}^{k+\frac{1}{2}}R_j^{k+\frac{1}{2}}+f_0^{k+\frac{1}{2}}\left[h\sum_{i=1}^{m-1}(-1)^i S_i^{k+\frac{1}{2}}\right]\\
&=2h\sum_{j=0}^{m-2}\left(\delta_x e_{j+\frac{1}{2}}^{k+\frac{1}{2}}+Q_{j+\frac{1}{2}}^{k+\frac{1}{2}}\right)R_j^{k+\frac{1}{2}}+f_0^{k+\frac{1}{2}}\left(-hR_0^{k+\frac{1}{2}}\right)\\
&=2h\sum_{j=0}^{m-2}Q_{j+\frac{1}{2}}^{k+\frac{1}{2}}R_j^{k+\frac{1}{2}}-2h\sum_{j=1}^{m-1}e_j^{k+\frac{1}{2}}\left(\delta_x R_{j-\frac{1}{2}}^{k+\frac{1}{2}}\right)-hf_0^{k+\frac{1}{2}}R_0^{k+\frac{1}{2}}.
\end{aligned}
$$

将上述结果代到(9.41), 再应用 (9.24b)和引理 9.2, 得到

$$
\begin{aligned}
&-\left(\delta_x^2 f^{k+\frac{1}{2}},e^{k+\frac{1}{2}}\right)\\
&=-\frac{1}{2}\left(f_0^{k+\frac{1}{2}}\right)^2+f_0^{k+\frac{1}{2}}Q_{\frac{1}{2}}^{k+\frac{1}{2}}-hf_0^{k+\frac{1}{2}}R_0^{k+\frac{1}{2}}\\
&\quad+2h\sum_{j=0}^{m-2}Q_{j+\frac{1}{2}}^{k+\frac{1}{2}}R_j^{k+\frac{1}{2}}-2h\sum_{j=1}^{m-1}e_j^{k+\frac{1}{2}}\left(\delta_x R_{j-\frac{1}{2}}^{k+\frac{1}{2}}\right)
\end{aligned}
$$

$$\leqslant -\frac{1}{2}\Big(f_0^{k+\frac{1}{2}}\Big)^2 + \Big[\frac{1}{4}\Big(f_0^{k+\frac{1}{2}}\Big)^2 + \Big(Q_{\frac{1}{2}}^{k+\frac{1}{2}}\Big)^2\Big] + \Big[\frac{1}{4}\Big(f_0^{k+\frac{1}{2}}\Big)^2 + h^2\Big(R_0^{k+\frac{1}{2}}\Big)^2\Big]$$

$$+ 2h\sum_{j=0}^{m-2}\big|Q_{j+\frac{1}{2}}^{k+\frac{1}{2}}\big|\cdot\big|R_j^{k+\frac{1}{2}}\big| + \|e^{k+\frac{1}{2}}\|^2 + h\sum_{j=1}^{m-1}\Big(\delta_x R_{j-\frac{1}{2}}^{k+\frac{1}{2}}\Big)^2$$

$$\leqslant \|e^{k+\frac{1}{2}}\|^2 + \big(c_3^2 + c_4^2 + 2Lc_3c_4 + Lc_4^2\big)h^4, \quad 0 \leqslant k \leqslant n-1. \tag{9.42}$$

将(9.40)和(9.42)代入(9.39), 并应用 (9.24a), 得到

$$\frac{1}{2\tau}\left(\|e^{k+1}\|^2 - \|e^k\|^2\right)$$

$$\leqslant \frac{\hat{c}_1|\gamma|}{2}\|e^{k+\frac{1}{2}}\|^2 + \|e^{k+\frac{1}{2}}\|^2 + \big(c_3^2 + c_4^2 + 2Lc_3c_4 + Lc_4^2\big)h^4 + \big(P^k, e^{k+\frac{1}{2}}\big)$$

$$\leqslant \frac{\hat{c}_1|\gamma|}{2}\|e^{k+\frac{1}{2}}\|^2 + \|e^{k+\frac{1}{2}}\|^2 + \big(c_3^2 + c_4^2 + 2Lc_3c_4 + Lc_4^2\big)h^4 + \|e^{k+\frac{1}{2}}\|^2 + \frac{1}{4}\|P^k\|^2$$

$$\leqslant \Big(2 + \frac{\hat{c}_1|\gamma|}{2}\Big)\|e^{k+\frac{1}{2}}\|^2 + \big(c_3^2 + c_4^2 + 2Lc_3c_4 + Lc_4^2 + \frac{1}{4}Lc_3^2\big)(\tau^2 + h^2)^2$$

$$\leqslant \Big(1 + \frac{\hat{c}_1|\gamma|}{4}\Big)(\|e^{k+1}\|^2 + \|e^k\|^2) + \Big(c_3^2 + c_4^2 + 2Lc_3c_4 + Lc_4^2 + \frac{1}{4}Lc_3^2\Big)(\tau^2 + h^2)^2,$$

$$0 \leqslant k \leqslant n-1,$$

即

$$\Big[1 - 2\Big(1 + \frac{\hat{c}_1|\gamma|}{4}\Big)\tau\Big]\|e^{k+1}\|^2$$

$$\leqslant \Big[1 + 2\Big(1 + \frac{\hat{c}_1|\gamma|}{4}\Big)\tau\Big]\|e^k\|^2 + 2\Big(c_3^2 + c_4^2 + 2Lc_3c_4 + Lc_4^2 + \frac{1}{4}Lc_3^2\Big)\tau(\tau^2 + h^2)^2,$$

$$0 \leqslant k \leqslant n-1.$$

当 $(2 + \hat{c}_1|\gamma|/2)\tau \leqslant 1/3$, 我们有

$$\|e^{k+1}\|^2 \leqslant \Big[1 + 6\Big(1 + \frac{\hat{c}_1|\gamma|}{4}\Big)\tau\Big]\|e^k\|^2$$

$$+ 3\Big(c_3^2 + c_4^2 + 2Lc_3c_4 + Lc_4^2 + \frac{1}{4}Lc_3^2\Big)\tau(\tau^2 + h^2)^2,$$

$$0 \leqslant k \leqslant n-1.$$

由 Gronwall 不等式 (引理 3.3) 易得

$$\|e^k\|^2 \leqslant \exp\Big\{6\Big(1 + \frac{\hat{c}_1|\gamma|}{4}\Big)T\Big\}\cdot\frac{c_3^2 + c_4^2 + 2Lc_3c_4 + Lc_4^2 + \frac{1}{4}Lc_3^2}{2(1 + \frac{\hat{c}_1|\gamma|}{4})}(\tau^2 + h^2)^2$$

$$\equiv c_5^2\left(\tau^2+h^2\right)^2, \quad 1\leqslant k\leqslant n. \qquad \square$$

注 9.2 上述收敛性证明的关键是分析 $(\delta_x^2 f^{k+\frac{1}{2}}, e^{k+\frac{1}{2}})$. 通过几次分部求和公式并利用(9.37)将有关 $f^{k+\frac{1}{2}}$ 的信息替换成 $e^{k+\frac{1}{2}}$ 的信息.

9.3.5 数值算例

算例 9.2 应用差分格式(9.28a)—(9.28d)计算初边值问题 (9.21).

由定理 9.6 的证明过程和注 9.1知, 需要求解非线性方程组 (9.34). 利用 Newton 迭代法求解非线性方程组(9.34). 当得到 $\{w_i\,|\,1\leqslant i\leqslant m-1\}$ 后, 令

$$u_i^{k+1}=2w_i-u_i^k, \quad 1\leqslant i\leqslant m-1.$$

表 9.3 和表 9.4 给出了取不同步长时由差分格式(9.28a)—(9.28d)所得数值解的后验误差

$$F(h,\tau)=\max_{0\leqslant k\leqslant n}\sqrt{h\sum_{i=1}^{m-1}\left(u_i^k(h,\tau)-u_i^{2k}\left(h,\frac{\tau}{2}\right)\right)^2},$$

$$G(h,\tau)=\max_{0\leqslant k\leqslant n}\sqrt{h\sum_{i=1}^{m-1}\left(u_i^k(h,\tau)-u_{2i}^{k}\left(\frac{h}{2},\tau\right)\right)^2}.$$

从表 9.3 可以看出, 当步长 h 缩小到原来的 1/2 时, 后验误差约缩小到原来的 1/4. 从表 9.4 可以看出, 当步长 τ 缩小到原来的 1/2 时, 后验误差约缩小到原来的 1/4. 图 9.2 给出了定理 9.7中的守恒量 E^k 的曲线.

表 9.3 算例 9.2 取不同空间步长时数值解的后验误差 ($\tau=1/5120$)

h	$G(h,\tau)$	$G(2h,\tau)/G(h,\tau)$
1/80	8.250003e−07	
1/160	2.062497e−07	4.0000
1/320	5.156299e−08	4.0000
1/640	1.289139e−08	3.9998
1/1280	3.234988e−09	3.9850

表 9.4 算例 9.2 取不同时间步长时数值解的后验误差 ($h=1/5120$)

τ	$F(h,\tau)$	$F(h,2\tau)/F(h,\tau)$
1/80	4.445484e−03	
1/160	1.030212e−03	4.3151
1/320	2.507906e−04	4.1079
1/640	7.133053e−05	3.5159
1/1280	1.842227e−05	3.8720

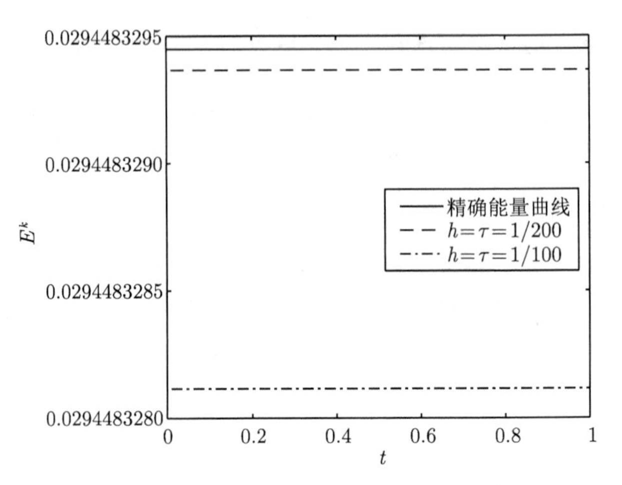

图 9.2　算例 9.2 差分格式 (9.28)的守恒量 E^k 的曲线

9.3.6　引理 9.2的证明

(I) 由微分中值定理可得存在 $\xi_i \in (0,1)$ 使得

$$\begin{aligned}S_i^k =&\frac{1}{h}\left(Q_{i+\frac{1}{2}}^k - Q_{i-\frac{1}{2}}^k\right)\\ =&\frac{h}{16}\int_0^1 (1-s^2)\bigg\{\Big[u_{xxx}\Big(x_{i+\frac{1}{2}}+\frac{sh}{2},t_k\Big)+u_{xxx}\Big(x_{i+\frac{1}{2}}-\frac{sh}{2},t_k\Big)\Big]\\ &-\Big[u_{xxx}\Big(x_{i-\frac{1}{2}}+\frac{sh}{2},t_k\Big)+u_{xxx}\Big(x_{i-\frac{1}{2}}-\frac{sh}{2},t_k\Big)\Big]\bigg\}\mathrm{d}s\\ =&\frac{h^2}{16}\int_0^1 (1-s^2)\Big[u_{xxxx}\Big(x_{i-\frac{1}{2}}+\xi_i h+\frac{sh}{2},t_k\Big)+u_{xxxx}\Big(x_{i-\frac{1}{2}}+\xi_i h-\frac{sh}{2},t_k\Big)\Big]\mathrm{d}s.\end{aligned}$$

因而

$$|S_i^k| \leqslant \frac{h^2}{16}\cdot 2\hat{c}_4\int_0^1 (1-s^2)\mathrm{d}s = \frac{\hat{c}_4}{12}h^2,\quad 1\leqslant i\leqslant m-1,\quad 0\leqslant k\leqslant n, \tag{9.43}$$

其中

$$\hat{c}_4 = \max_{0\leqslant x\leqslant L,0\leqslant t\leqslant T}|u_{xxxx}(x,t)|.$$

(II) 由微分中值定理可得存在 $\eta_i \in (-1,1)$ 使得

$$\delta_x S_{i+\frac{1}{2}}^k = \frac{1}{h^2}\left(Q_{i+\frac{3}{2}}^k - 2Q_{i+\frac{1}{2}}^k + Q_{i-\frac{1}{2}}^k\right)$$

$$
\begin{aligned}
&= \frac{1}{16}\int_0^1 (1-s^2)\Big\{\Big[u_{xxx}\Big(x_{i+\frac{3}{2}}+\frac{sh}{2},t_k\Big)+u_{xxx}\Big(x_{i+\frac{3}{2}}-\frac{sh}{2},t_k\Big)\Big]\\
&\quad -2\Big[u_{xxx}\Big(x_{i+\frac{1}{2}}+\frac{sh}{2},t_k\Big)+u_{xxx}\Big(x_{i+\frac{1}{2}}-\frac{sh}{2},t_k\Big)\Big]\\
&\quad +\Big[u_{xxx}\Big(x_{i-\frac{1}{2}}+\frac{sh}{2},t_k\Big)+u_{xxx}\Big(x_{i-\frac{1}{2}}-\frac{sh}{2},t_k\Big)\Big]\Big\}\mathrm{d}s\\
&=\frac{h^2}{16}\int_0^1 (1-s^2)\Big[u_{xxxxx}\Big(x_{i+\frac{1}{2}}+\eta_i h+\frac{sh}{2},t_k\Big)\\
&\quad +u_{xxxxx}\Big(x_{i+\frac{1}{2}}+\eta_i h-\frac{sh}{2},t_k\Big)\Big]\mathrm{d}s
\end{aligned}
$$

因而

$$
|\delta_x S^k_{i+\frac{1}{2}}| \leqslant \frac{h^2}{16}\cdot 2\hat{c}_5\int_0^1 (1-s^2)\mathrm{d}s=\frac{\hat{c}_5}{12}h^2,\quad 1\leqslant i\leqslant m-2,\quad 0\leqslant k\leqslant n, \tag{9.44}
$$

其中

$$
\hat{c}_5=\max_{0\leqslant x\leqslant L, 0\leqslant t\leqslant T}|u_{xxxxx}(x,t)|.
$$

(III) 由微分中值定理可得存在 $\theta_i\in(-1,2)$ 使得

$$
\begin{aligned}
\delta_x^2 S_i^k &= \frac{1}{h^3}\big(Q^k_{i+\frac{3}{2}}-3Q^k_{i+\frac{1}{2}}+3Q^k_{i-\frac{1}{2}}-Q^k_{i-\frac{3}{2}}\big)\\
&= \frac{1}{16h}\int_0^1 (1-s^2)\Big\{\Big[u_{xxx}\Big(x_{i+\frac{3}{2}}+\frac{sh}{2},t_k\Big)+u_{xxx}\Big(x_{i+\frac{3}{2}}-\frac{sh}{2},t_k\Big)\Big]\\
&\quad -3\Big[u_{xxx}\Big(x_{i+\frac{1}{2}}+\frac{sh}{2},t_k\Big)+u_{xxx}\Big(x_{i+\frac{1}{2}}-\frac{sh}{2},t_k\Big)\Big]\\
&\quad +3\Big[u_{xxx}\Big(x_{i-\frac{1}{2}}+\frac{sh}{2},t_k\Big)+u_{xxx}\Big(x_{i-\frac{1}{2}}-\frac{sh}{2},t_k\Big)\Big]\\
&\quad -\Big[u_{xxx}\Big(x_{i-\frac{3}{2}}+\frac{sh}{2},t_k\Big)+u_{xxx}\Big(x_{i-\frac{3}{2}}-\frac{sh}{2},t_k\Big)\Big]\Big\}\mathrm{d}s\\
&=\frac{h^2}{16}\int_0^1 (1-s^2)\Big[u_{xxxxxx}\Big(x_{i-\frac{1}{2}}+\theta_i h+\frac{sh}{2},t_k\Big)\\
&\quad +u_{xxxxxx}\Big(x_{i-\frac{1}{2}}+\theta_i h-\frac{sh}{2},t_k\Big)\Big]\mathrm{d}s.
\end{aligned}
$$

因而

$$
|\delta_x^2 S_i^k| \leqslant \frac{h^2}{16}\cdot 2\hat{c}_6\int_0^1 (1-s^2)\mathrm{d}s=\frac{\hat{c}_6}{12}h^2,\quad 2\leqslant i\leqslant m-2,\quad 0\leqslant k\leqslant n, \tag{9.45}
$$

其中

$$\hat{c}_6 = \max_{0 \leqslant x \leqslant L, 0 \leqslant t \leqslant T} |u_{xxxxxx}(x,t)|.$$

(IV) 由 $R_{m-2}^k = S_{m-1}^k$ 和(9.43)得

$$\left|R_{m-2}^k\right| = \left|S_{m-1}^k\right| \leqslant \frac{\hat{c}_4}{12} h^2, \quad 0 \leqslant k \leqslant n. \tag{9.46}$$

当 $0 \leqslant j \leqslant m-3$, $0 \leqslant k \leqslant n$ 时, 有

$$\begin{aligned}
R_j^k =& \sum_{i=j+1}^{m-1} (-1)^{i-j-1} S_i^k = \sum_{i=1}^{m-j-1} (-1)^{i-1} S_{j+i}^k \\
=& \sum_{l=1}^{\lfloor \frac{m-j-1}{2} \rfloor} \left[(-1)^{2l-1-1} S_{j+2l-1}^k + (-1)^{2l-1} S_{j+2l}^k\right] \\
&+ \frac{1-(-1)^{m-j-1}}{2} \cdot (-1)^{m-j-2} S_{m-1}^k \\
=& h \sum_{l=1}^{\lfloor \frac{m-j-1}{2} \rfloor} (-1)^{2l-1} \delta_x S_{j+2l-\frac{1}{2}}^k + \frac{1-(-1)^{m-j-1}}{2} \cdot (-1)^{m-j-2} R_{m-2}^k.
\end{aligned}$$

利用(9.44)和 (9.46)可得

$$\begin{aligned}
|R_j^k| \leqslant& h \sum_{l=1}^{\lfloor \frac{m-j-1}{2} \rfloor} |\delta_x S_{j+2l-\frac{1}{2}}^k| + \frac{1-(-1)^{m-j-1}}{2} \cdot |R_{m-2}^k| \\
\leqslant& \frac{L}{2} \cdot \frac{\hat{c}_5}{12} h^2 + \frac{\hat{c}_4}{12} h^2 = \frac{1}{12}\left(\hat{c}_4 + \frac{L}{2}\hat{c}_5\right) h^2, \quad 0 \leqslant j \leqslant m-3, \quad 0 \leqslant k \leqslant n.
\end{aligned}$$

(V) 将方程(9.1a)的两边关于 x 求导得到

$$u_{xt} + \gamma u u_{xx} + \gamma (u_x)^2 + u_{xxxx} = 0.$$

注意到 (9.1c), 可知

$$u_{xxxx}(L,t) = 0.$$

由 (I) 知存在 $\xi_{m-1} \in (0,1)$ 使得

$$S_{m-1}^k = \frac{h^2}{16} \int_0^1 (1-s^2) \Big[u_{xxxx}\Big(x_{m-\frac{3}{2}} + \xi_{m-1} h + \frac{sh}{2}, t_k\Big)$$

$$
\begin{aligned}
&+ u_{xxxx}\Big(x_{m-\frac{3}{2}}+\xi_{m-1}h-\frac{sh}{2},t_k\Big)\Big]\mathrm{d}s\\
=&\frac{h^2}{16}\int_0^1(1-s^2)\Big\{\Big[u_{xxxx}\Big(x_{m-\frac{3}{2}}+\xi_{m-1}h+\frac{sh}{2},t_k\Big)-u_{xxxx}(x_m,t_k)\Big]\\
&+\Big[u_{xxxx}\Big(x_{m-\frac{3}{2}}+\xi_{m-1}h-\frac{sh}{2},t_k\Big)-u_{xxxx}(x_m,t_k)\Big]\Big\}\mathrm{d}s.
\end{aligned}
$$

由微分中值定理可得

$$
\begin{aligned}
|S_{m-1}^k|\leqslant&\frac{h^2}{16}\hat{c}_5\int_0^1(1-s^2)\Big\{\Big[x_m-\Big(x_{m-\frac{3}{2}}+\xi_{m-1}h+\frac{sh}{2}\Big)\Big]\\
&+\Big[x_m-\Big(x_{m-\frac{3}{2}}+\xi_{m-1}h-\frac{sh}{2}\Big)\Big]\Big\}\mathrm{d}s\\
=&\frac{\hat{c}_5}{8}h^3,\quad 0\leqslant k\leqslant n.
\end{aligned}
$$

由 $R_{m-2}^k=S_{m-1}^k$ 得

$$
|R_{m-2}^k|=|S_{m-1}^k|\leqslant\frac{\hat{c}_5}{8}h^3,\quad 0\leqslant k\leqslant n. \tag{9.47}
$$

(VI) 当 $1\leqslant j\leqslant m-2,\ 0\leqslant k\leqslant n$ 时,

$$
\begin{aligned}
\delta_xR_{j+\frac{1}{2}}^k=&\frac{1}{h}\Big[\sum_{i=1}^{m-(j+1)-1}(-1)^{i-1}S_{j+1+i}^k-\sum_{i=1}^{m-j-1}(-1)^{i-1}S_{j+i}^k\Big]\\
=&\frac{1}{h}\Big[\sum_{i=1}^{m-j-2}(-1)^{i-1}\big(S_{j+1+i}^k-S_{j+i}^k\big)-(-1)^{m-j-2}S_{m-1}^k\Big]\\
=&\Big[h\sum_{l=1}^{\lfloor\frac{m-j-2}{2}\rfloor}(-1)^{2l-1}\delta_x^2S_{j+2l}^k+\frac{1-(-1)^{m-j-2}}{2}\cdot(-1)^{m-j-3}\delta_xS_{m-\frac{3}{2}}^k\\
&+\frac{1}{h}(-1)^{m-j-2}R_{m-2}^k\Big].
\end{aligned}
$$

利用(9.44)、(9.45)和(9.47) 得到

$$
\begin{aligned}
|\delta_xR_{j+\frac{1}{2}}^k|\leqslant&h\sum_{l=1}^{\lfloor\frac{m-j-2}{2}\rfloor}|\delta_x^2S_{j+2l}^k|+\big|\delta_xS_{m-\frac{3}{2}}^k\big|+\frac{1}{h}\big|R_{m-2}^k\big|\\
\leqslant&\frac{L}{2}\cdot\frac{\hat{c}_6}{12}h^2+\frac{\hat{c}_5}{12}h^2+\frac{1}{h}\cdot\frac{\hat{c}_5}{8}h^3
\end{aligned}
$$

$$=\frac{1}{24}\left(5\hat{c}_5+L\hat{c}_6\right)h^2,\quad 1\leqslant j\leqslant m-2,\quad 0\leqslant k\leqslant n.$$

9.4　小结与拓展

Korteweg-de Vires 方程是一个空间三阶的方程. Korteweg-de Vires 方程初边值问题 (9.1) 的解满足守恒律 (9.2). 本章对其建立了两个差分格式. 前一个差分格式关于空间步长是一阶收敛的, 后一个差分格式关于空间步长是二阶收敛的. 空间一阶差分格式取材于 [43]. 空间二阶差分格式取材于 [44].

引进新变量 $v=u_x$, 将原方程 (9.1) 写为等价的方程组 (9.22). (9.22a) 是一个空间二阶方程, (9.22b) 是一个空间一阶方程. 然后对 (9.22) 建立差分格式 (9.27). 如此建立差分格式比较自然. 引进的中间变量 $\{v_i^k\}$ 不必实际参加计算. 可以将差分格式 (9.27) 作变量分离, 得到仅含变量 $\{u_i^k\}$ 的差分方程组 (9.28a)–(9.28d). 我们证明了差分格式 (9.28a)–(9.28d) 解的存在性、有界性和收敛性.

习　题　9

9.1　设 $\{u(x,t)\,|\,0\leqslant x\leqslant L,0\leqslant t\leqslant T\}$ 为下列 Rosenau-KdV 方程初边值问题

$$\begin{cases} u_t+u_x+u_{xxx}+u_{xxxxt}+uu_x=0, & 0<x<L,\quad 0<t\leqslant T,\\ u(x,0)=\varphi(x), & 0<x<L,\\ u(0,t)=0,\quad u(L,t)=0,\quad u_x(0,t)=0,\quad u_x(L,t)=0, & 0<t\leqslant T \end{cases}\tag{9.48}$$

的解, 其中 $\varphi(0)=\varphi(L)=\varphi_x(0)=\varphi_x(L)=0$. 记

$$E(t)=\int_0^L\Big[u^2(x,t)+u_{xx}^2(x,t)\Big]\mathrm{d}x.$$

证明

$$E(t)=E(0),\quad 0\leqslant t\leqslant T.$$

9.2　设 $v\in\mathcal{U}_h$. 定义

$$\delta_x^2v_0=\frac{2}{h}\delta_xv_{\frac{1}{2}},\quad \delta_x^2v_m=\frac{2}{h}\left(-\delta_xv_{m-\frac{1}{2}}\right),$$

$$\|\delta_x^2v\|^2=h\Big[\frac{1}{2}\left(\delta_x^2v_0\right)^2+\sum_{i=1}^{m-1}\left(\delta_x^2v_i\right)^2+\frac{1}{2}\left(\delta_x^2v_m\right)^2\Big],$$

$$\delta_x^4v_i=\delta_x^2\left(\delta_x^2v_i\right),\quad 1\leqslant i\leqslant m-1.$$

对(9.48)建立差分格式

$$\begin{cases} \delta_t u_i^{k+\frac{1}{2}} + \Delta_x u_i^{k+\frac{1}{2}} + \Delta_x \delta_x^2 u_i^{k+\frac{1}{2}} + \delta_x^4 \delta_t u_i^{k+\frac{1}{2}} + \psi(u^{k+\frac{1}{2}}, u^{k+\frac{1}{2}})_i = 0, \\ \qquad\qquad\qquad\qquad\qquad\qquad\qquad 1 \leqslant i \leqslant m-1, \quad 0 \leqslant k \leqslant n-1, \\ u_i^0 = \varphi(x_i), \quad 1 \leqslant i \leqslant m-1, \\ u_0^k = 0, \quad u_m^k = 0, \quad 0 \leqslant k \leqslant n. \end{cases}$$

(1) 证明差分格式满足守恒律.

(2) 分析差分格式的截断误差.

(3) 证明差分格式解的存在性.

(4) 证明差分格式的收敛性.

参 考 文 献

[1] Samarskiĭ A A, Andreev V B. Difference Methods for Elliptic Equations. Moscow: Nauka, 1976 (萨马尔斯基, 等. 椭圆型方程差分方法, 武汉大学计算数学教研室, 译. 北京: 科学出版社, 1984)

[2] Sun Z Z, Compact difference schemes for heat equation with the Neumann boundary conditions. Numer. Methods Partial Differential Equations, 2009, 25: 1320-1341

[3] 孙志忠. 偏微分方程数值解法. 2 版. 北京：科学出版社, 2012

[4] Sun Z Z. An unconditionally stable and $O(\tau^2 + h^4)$ order L_∞ convergent difference scheme for parabolic equations with variable coefficients. Numer. Methods Partial Differential Equations, 2001, 17: 619-631

[5] Gao G H, Sun Z Z. Compact difference schemes for heat equation with Neumann boundary conditions (II). Numer. Methods Partial Differential Equations 2013, 29, 1459-1486

[6] 李立康, 於崇华, 朱政华. 微分方程数值解法. 上海: 复旦大学出版社, 1999

[7] 胡健伟, 汤怀民. 微分方程数值方法. 2 版. 北京: 科学出版社, 2020

[8] 陆金甫, 关治. 偏微分方程数值方法. 3 版. 北京: 清华大学出版社, 2016

[9] 李荣华, 刘播. 微分方程数值解法. 4 版. 北京: 高等教育出版社, 2009

[10] Richtmyer R D, Morton K W. 初值问题的差分方法. 袁国兴, 等译. 广州: 中山大学出版社, 1992

[11] Peacemann D W, Rechford H H. The numerical solution of parabolic and elliptic differential equations. J. Inst. Math. Applic., 1955, 15: 239-248

[12] D'Yakonov E G. Difference schemes of second-order accuracy with a splitting operator for parabolic equations without mixed partial derivatives. Zh Vychisl Mat Mat Fiz, 1964, 4: 935-941

[13] 孙志忠, 李雪玲. 反应扩散方程紧交替方向隐式差分方法. 计算数学, 2005, 27: 209-224

[14] Liao H L, Sun Z Z. Maximum norm error bounds of ADI and compact ADI methods for solving parabolic equations. Numer. Methods Partial Differential Equations, 2010, 26: 37-60

[15] Ji C C, Du R, Sun Z Z. Stability and convergence of difference schemes for multi-dimensional parabolic equations with variable coefficients and mixed derivatives. Int. J. Comput. Math., 2018, 95: 255-277

[16] Liao H L, Sun Z Z. Maximum norm error estimates of efficient difference schemes for second-order wave equations. J. Comput. Appl. Math., 2011, 235: 2217-2233

[17] Liao H L, Sun Z Z. A two-level compact ADI method for solving second-order wave equations. Int. J. Comput. Math., 2013, 90: 1471-1488

[18] Lopez-Marcos J. A difference scheme for a nonlinear partial integrodifferential equation. SIAM J. Numer. Anal., 1990, 27: 20-31

[19] Sun Z Z, Wu X. A fully discrete difference scheme for a diffusion-wave system. Appl. Numer. Math., 2006, 56: 193-209

[20] Gao G H, Sun Z Z, Zhang H W. A new fractional numerical differentiation formula to approximate the Caputo fractional derivative and its applications. J. Comput. Phys., 2014, 259: 33-50

[21] Li M, Xiong X T, Wang Y J. A numerical evaluation and regularization of Caputo fractional derivatives. J. Phys.: Conf. Ser., 2011, 290: 012011

[22] Sun Z Z, Ji C C, Du R. A new analytical technique of the L-type difference schemes for time fractional mixed sub-diffusion and diffusion-wave equations. Appl. Math. Lett., 2020, 102: 106115

[23] Alikhanov A A. A new difference scheme for the time fractional diffusion equation. J. Comput. Phys., 2015, 280: 424-438

[24] Sun H, Sun Z Z, Gao G H. Some temporal second order difference schemes for fractional wave equations. Numer. Methods Partial Differential Equations, 2016, 32: 970-1001

[25] 孙志忠, 高广花. 分数阶微分方程的有限差分方法. 2 版, 北京: 科学出版社, 2021

[26] Browder F E. Existence and uniqueness theorems for solutions of nonlinear boundary value problems. Proc. Sympos. Appl. Math., Amer. Math. Soc., Providence, R. I., 1965, 17: 24-49

[27] Akrivis G D. Finite difference discretization of the cubic Schrödinger equation. IMA J. Numer. Anal., 1993, 13: 115-124

[28] Sun Z Z, Zhao D D. On the L_∞ convergence of a difference scheme for coupled nonlinear Schrödinger equations. Comput. Math. Appl., 2010, 59: 3286-3300

[29] 王廷春, 郭柏灵. 一维非线性 Schrödinger 方程的两个无条件收敛的守恒紧致差分格式. 中国科学: 数学, 2011, 41(3): 207-233

[30] 张培荣, 曹圣山. 一类非线性 Schrödinger 方程的高精度守恒差分格式. 高等学校计算数学学报, 2007, 29(3): 226-235

[31] 崔进, 孙志忠, 吴宏伟. 一类非线性 Schrödinger 方程的高精度守恒差分格式. 高等学校计算数学学报, 2015, 37(1): 31-52

[32] 孙志忠. 非线性发展方程的有限差分方法, 北京: 科学出版社, 2018

[33] Speúlveda M, Vera O. Numerical methods for a coupled nonlinear Schrödinger system. Bol. Soc. Esp. Mat. Apl. SeMA, 2008, 43: 95-102

[34] Wang T C. Maximum norm error bound of a linearized difference scheme for a coupled nonlinear Schrödinger equations. J. Comput. Appl. Math., 2011, 235: 4237-4250

[35] Wang T C, Guo B L, Xu Q. Fourth-order compact and energy conservative difference schemes for the nonlinear Schrödinger equation in two dimensions. J. Comput. Phys., 2013, 243: 382-399

[36] Cole J D. On a quasi-linear parabolic equation occurring in aerodynamics. Q. Appl. Math., 1951, 9: 225-236

[37] Sun H, Sun Z Z. On two linearized difference schemes for the Burgers equation. Int. J. Comput. Math., 2015, 92(6): 1160-1179

[38] Zhang Q, Wang X, Sun Z Z. The pointwise estimates of a conservative difference scheme for Burgers' equation. Numer. Methods Partial Differential Equations. 2020, 36:1611-1628

[39] Wang X, Zhang Q, Sun Z Z. The pointwise error estimates of two energy-preserving fourth-order compact schemes for viscous Burgers' equation. Adv. Comput. Math., 2021, 47: 23

[40] Zhang Q, Qin Y, Wang X, Sun Z Z. The study of exact and numerical solutions of the generalized viscous Burgers' equation. Appl. Math. Lett., 2021, 112: 106719

[41] Xu P P, Sun Z Z. A second order accurate difference scheme for the two-dimensional Burgers system. Numer. Methods Partial Differential Equations, 2009, 25(1): 172-194

[42] Zhou Y L. Applications of Discrete Functional Analysis to the Finite Difference Method. Beijing: International Academic Publishers, 1991

[43] Shen J Y, Wang X P, Sun Z Z. The conservation and convergence of two finite difference schemes for Korteweg-de Vries equations with the initial and boundary value conditions. Numer. Math. Theor. Meth. Appl., 2020, 13(1): 253-280

[44] Wang X P, Sun Z Z. A second order convergent difference scheme for the initial-boundary value problem of Korteweg-de Vries equation. Numer. Methods Partial Differential Equations, 2021, 37: 2873-2894

索　引

$\Delta_h v_{ij}^k$, 227
$\delta_x^2 v_{ij}^k$, 227
$(\Delta_h v, \Delta_h w)$, 62
$(\delta_x\delta_y v, \delta_x\delta_y w)$, 62
$(\delta_x u, \delta_x v)$, 16, 323
$(\delta_x^2 u, \delta_x^2 v)$, 16
(u, v), 16, 323, 354
$D_t v_i^k$, 90
$D_x v_i^k$, 90
$D_{\bar{x}} v_i^k$, 90
$D_{\bar{t}} v_i^k$, 90
$\Delta_h v_{ij}^k$, 227
$\Delta_t v_i^k$, 90
$\Delta_t v_{ij}^k$, 227
$\Delta_h v_{ij}$, 49
$\Delta_x u_i$, 354
$\varGamma_h$, 48
$\varGamma$, 45, 226
$\varOmega$, 45, 226
$\varOmega_h$, 9, 89, 177, 296, 322, 354
$\varOmega_\tau$, 89, 177, 226, 296, 322, 354
$\varOmega_{h\tau}$, 89, 296, 354
$\bar{\omega}$, 48, 227
$\delta_t^2 v_i^k$, 177
$\delta_t v_{ij}^{k+\frac{1}{2}}$, 226
$\delta_x^2 v_i^k$, 90
$\delta_x v_{i+\frac{1}{2}}^k$, 90
$\delta_x v_{i-\frac{1}{2},j}^k$, 227
$\delta_y^2 v_{ij}^k$, 227
$\delta_y v_{i,j-\frac{1}{2}}^k$, 227
$\delta_x^2 u_i$, 354
$\delta_t v_i^{k+\frac{1}{2}}$, 90
$\delta_x u_{i+\frac{1}{2}}$, 354
$\delta_x^2 v_i$, 9
$\delta_x^2 v_{ij}$, 49
$\delta_x v_{i-\frac{1}{2},j}$, 49
$\delta_x v_{i-\frac{1}{2}}$, 9
$\delta_y^2 v_{ij}$, 49
$\delta_y v_{i,j-\frac{1}{2}}$, 49
$\mathring{\mathcal{U}}_h$, 16, 90, 296, 354, 383
$\mathring{\mathcal{V}}_h$, 49, 227
γ, 48, 226
$\mathcal{A}$, 29
$\mathcal{U}_h$, 16, 90, 296, 354, 381
$\mathcal{V}_h$, 49, 227
$\mathcal{W}_h$, 322
D, 89, 176
ω, 48, 226
$\psi(v, w)_i$, 356, 381
τ, 89, 176, 226, 296, 322, 354
$a_l^{(\alpha)}$, 291
$b_l^{(\gamma)}$, 294
h, 9, 89, 176, 296, 322, 354
h_1, 48, 226
h_2, 48, 226
p 阶收敛, 26
$v_i^{\bar{k}}$, 90
$v_i^{k+\frac{1}{2}}$, 90
$v_{i-\frac{1}{2}}$, 9
$v_{ij}^{k+\frac{1}{2}}$, 226

$\mathring{\Omega}_h$, 48
$\mathring{\mathcal{W}}_h$, 322
2 范数, 17

Browder 定理, 327, 358, 385, 396
Burgers 方程, 352

Caputo 分数阶导数, 288
Crank-Nicolson 格式, 119, 153

Grünwald-Letnikov 分数阶导数, 287
　　${}_aD_t^\alpha f(t)$, 287
Gronwall 不等式, 139
Gronwall 不等式-E, 238

H^1 范数, 16
H^2 范数, 16

Korteweg-de Vries 方程, 380

L1 公式, 292
L1 逼近, 292
Leray-Schauder 定理, 377

Richardson 格式, 114
Richardson 外推法, 26, 58, 128
Riemann-Liouville 分数阶导数, 288
Riesz 分数阶导数, 290

Schrödinger 方程, 320

一致范数, 17
不稳定, 117
两点边值问题, 1
二维问题 226
二维抛物方程 226，243
二维双曲方程 257，275
二维双曲型方程, 257
二维:$(\delta_x v, \delta_x w)$, 62
二维:$(\delta_y v, \delta_y w)$, 62
二维:(v, w), 62
二维:$\mathcal{A}v$, 61, 243
二维:$\mathcal{B}v$, 61, 243
二维:Ω_h, 48, 226
二维:H^1, 62
二维: 差商的 2 范数, 62
交替方向隐格式, 235, 264

内积, 17
分数阶导数的逼近, 290
分数阶微分方程, 287
分数阶慢扩散方程, 296
分数阶混合扩散和波方程, 308
分数阶积分, 287
分部求和公式, 23
双曲型方程, 174
向前 Euler 格式, 92, 141
向后 Euler 格式, 104, 147
守恒律, 320
局部截断误差, 11, 92
嵌入定理, 23
差商的 2 范数, 17
平均范数, 17

抛物型方程, 226
摄动方程, 26, 58, 100
收敛性, 11
数值微分公式, 7
无穷范数, 17
时间分数阶波方程, 301
有限 Fourier 级数, 206
条件稳定, 103
极值原理, 17, 55, 96, 109
极值原理分析法, 17

椭圆型方程, 44
步长比 s, 176
步长比 r, 89

相容, 11
离散化过程, 10
稳定, 26, 117
稳定性, 11
紧致差分格式, 29, 61, 130

能量分析方法, 17

逆估计式, 23
非线性抛物方程, 139